原油地面工程设计

（下卷）

银永明　仝淑月　宋世昌　编著

中国石化出版社

内 容 提 要

本书系统介绍了原油集输及处理的基本原理和实用技术，从原油基础知识、原油矿场集输、原油长输管道设计以及油田采注水工程四个方面进行重点介绍，包括油气分离、原油脱水、原油稳定、油田污水处理、矿场油气集输管道等原理和实用技术内容。全书共五编，分为上、下两卷。第一编基础知识，包括油气资源现状，原油及产品的性质和原油地面工程设计状况；第二编原油矿场集输，包括原油集输流程，油气混输管路，气液分离和原油处理及稳定；第三编原油长输管道设计，包括输油管道的工艺设计及调节，原油线路、计量；第四编油田产出水处理及注水工程，包括油田污水和含油污泥处理工艺，油田污水腐蚀与防护和油田注水设计；第五编设备，包括各种泵、罐、清管设备、加热炉、锅炉、换热器的结构、原理、性能参数、特点及选型。

本书可为从事原油地面开发、设计的专业人员和工程技术人员提供一部较为实用的工具书，也可供高等院校相关专业的师生参考使用。

图书在版编目（CIP）数据

原油地面工程设计/银永明，仝淑月，宋世昌编著.
—北京：中国石化出版社，2017.12
ISBN 978-7-5114-4741-8

Ⅰ.①原… Ⅱ.①银… ②仝…③宋… Ⅲ.①油气田-地面工程-工程设计
Ⅳ.①TE4

中国版本图书馆 CIP 数据核字（2017）第 283055 号

中国石化出版社出版发行
地址:北京市朝阳区吉市口路 9 号
邮编:100020　电话:(010)59964500
发行部电话:(010)59964526
http://www.sinopec-press.com
E-mail:press@sinopec.com
北京科信印刷有限公司印刷
全国各地新华书店经销
*
787×1092 毫米 16 开本 65.75 印张 1445 千字
2018 年 1 月第 1 版　2018 年 1 月第 1 次印刷
定价:336.00 元

《原油地面工程设计》
编 委 会

《原油地面工程设计》
编写人员及分工

主　　编： 银永明　仝淑月　宋世昌

副 主 编： 高继峰　王海琴　公明明

总 校 对： 牛　军　张建强　李延金

总 审 核： 梁法春（特邀）

编写人员：（人员及分工见下表）

<table>
<tr><th rowspan="2">编名称</th><th rowspan="2">章节
主编</th><th colspan="2">章节编写人</th></tr>
<tr><th>章节名称</th><th>参编人员</th></tr>
<tr><td rowspan="3">第一编
基础知识</td><td rowspan="3">梁法春
史世杰</td><td>第一章　油气资源现状</td><td>丁锋　龚瑶</td></tr>
<tr><td>第二章　原油及产品的性质</td><td>李英存　张庆国</td></tr>
<tr><td>第三章　原油地面工程设计状况</td><td>李晓鹏　冯丽丽</td></tr>
<tr><td rowspan="6">第二编
原油矿场集输</td><td rowspan="6">梁法春
张　尧
籍文瑜</td><td>第一章　概述</td><td>薛吉利　李文广</td></tr>
<tr><td>第二章　原油集输流程</td><td>刘胜　史衍伟　史世杰</td></tr>
<tr><td>第三章　油气混输管路</td><td>赵晓燕　何冰清</td></tr>
<tr><td>第四章　气液分离</td><td>魏丹　罗珊　考丽</td></tr>
<tr><td>第五章　原油处理</td><td>黄宁　王嘉琪</td></tr>
<tr><td>第六章　原油稳定</td><td>杜丽民　尚德彬</td></tr>
<tr><td rowspan="3">第三编
原油长输管道
设计</td><td rowspan="3">朱瑞苗
孙　娟
陈清涛</td><td>第一章　输油管道的工艺设计及调节</td><td>曹斌　张芳芳　丁锋</td></tr>
<tr><td>第二章　线路</td><td>郑焯　梅玲玲</td></tr>
<tr><td>第三章　计量</td><td>任宁宁　谢天天</td></tr>
<tr><td rowspan="5">第四编
油田产出水处理及
注水工程</td><td rowspan="5">刘德绪
燕　红
黄　巍</td><td>第一章　概述</td><td>张国华　方召君</td></tr>
<tr><td>第二章　油田污水处理</td><td>赵颖　孙静</td></tr>
<tr><td>第三章　油田含油污泥处理</td><td>刘学勤　龚瑶</td></tr>
<tr><td>第四章　油田污水腐蚀与防护</td><td>肖丁铭　李锐</td></tr>
<tr><td>第五章　油田注水设计</td><td>王世宇　吴雪莹　罗珊</td></tr>
<tr><td rowspan="7">第五编
设　备</td><td rowspan="7">王海琴
王　宁
李　光</td><td>第一章　原油储罐</td><td>王崇高　何国辉</td></tr>
<tr><td>第二章　泵</td><td>王艳丽　徐琳　林瑜洁</td></tr>
<tr><td>第三章　分离器</td><td>魏丹　龚金海　张晓冉</td></tr>
<tr><td>第四章　换热器</td><td>宋燕　孙恺丽　张磊</td></tr>
<tr><td>第五章　加热炉</td><td>刘新　丁振周　吴小勇</td></tr>
<tr><td>第六章　蒸汽锅炉与水处理</td><td>张新战　宋莉莉</td></tr>
<tr><td>第七章　压力容器选材</td><td>李慧峰　吴岐坤　赵国勇</td></tr>
</table>

Preface 序

石油工业是能源和原材料工业的重要组成部分，在国民经济中具有举足轻重的地位，发挥着重要作用。中国是世界上对石油需求量增长最快的国家，2016年我国石油消费量已达到5.56亿吨，成为世界第二大石油消费国。随着我国经济进入新常态，经济换挡升级，产业结构调整，未来我国石油需求增速放缓，但绝对值仍然较高。

目前，我国石油工业正处于发展高峰期，石油储运设施也得到快速发展，截至2016年，我国在役油气管道总里程累计约为12万千米，其中天然气管道约7.2万千米，原油管道约2.5万千米(已扣减封存退役管道)，成品油管道约2.3万千米，并且管网仍在持续完善中。我国四大油气资源进口战略通道已初步建成，基本形成了连通海外、覆盖全国、横跨东西、纵贯南北、区域管网紧密跟进的油气骨干管网布局。

中石化中原石油工程设计有限公司(原中国石化中原石油勘探局勘查设计研究院，以下简称“中原设计公司”)成立30多年来，在油气田集输、长输管道工程、地下储气库工程、天然气处理及深冷加工、天然气液化等领域，积累了丰富的工程设计、管理和技术研发经验，形成了独具特色的系列核心技术。为适应新形势下石油工业的发展和不断提高原油地面工程开发及设计水平，中原设计公司专门组织技术人员和管理人员在总结中原油田40年开发经验的基础上，凝练工程设计、管理和研究成果，编著成《原油地面工程设计》一书。

该书内容丰富、条目清晰、层次分明，通过翔实的数据、公式和图表对原油地面工程中的工艺设计和计算应用进行阐述；通过工程实例系统介绍了原油集输工艺、处理技术和储运技术的基本原理，从石油的组成和性质、石油集输流程、油气混输管路、原油净化、原油稳定、油田污水处理以及防腐、公用工程等方面进行了讲解，并加入原油集输工程技术的最新发展趋势和成果，力求达到理论与工程实践的无缝对接，希望能为国内石油领域相关从业者提供有益的参考。

经过几代石油工程技术人员的共同努力，我国在原油地面工程建设领域形成了大量的具有中国特色、适合国内原油特点的理论成果，并且相关研究和工程建设还在不断深入，希望我们的编者、同行以及读者能够秉承终身学习的理念，在工作中不断探索研究和积累。

随着石油工程的不断发展，新理念、新技术的不断涌现和应用，我们要与时俱进，不断吸收新的成果，把油田地面工程设计工作完善并提高到一个新的水平！

Foreword 前 言

原油地面工程包括将油井采出的原油进行收集、输送、储存和进行一系列加工处理的工艺流程；包括将从采出物中分离出来的伴生气轻烃输送到天然气处理厂进行净化处理和将原油进行脱水处理后把合格的原油通过长输管道进行输送的过程，以及原油集输、处理工艺配套的采注水工程和水电气等公用工程。

原油地面工程设计具有很多独特的工艺特点：覆盖线长、油田点多、覆盖面广，设计水平直接影响到整个油田的生产运输流程和效益。经过几代石油人在科研、设计、工程建设和生产实践中的探索积累，我国石油行业已形成了系统的原油地面工程工艺和理论，培养了大批地面工程技术人才，不仅为人民群众的交通出行和日常生活提供了密切相关的产品，也为国家能源行业发展和国民经济良好运行作出了重要贡献。

在中原油田开发建设40年过程中，中石化中原石油工程设计有限公司(原中国石化中原石油勘探局勘查设计研究院，以下简称“中原设计公司”)承担了包括井口集输、油气混输管路、原油净化、原油稳定和油田污水处理等一系列地面工程设计工作，在原油集输与处理领域形成了包括原油常温输送、连续气举采油工艺、特高含水油田集输系统节能降耗、旋流分流取样多相计量、超声监测流型识别、原油低温脱水、二氧化碳驱注入工艺、35kV高压配电等技术在内的原油地面工程设计成套技术。所有油田开发都要经历产油量上升阶段、油量达到高峰稳产阶段和油井见水、产量递减三个阶段，中原设计公司的老一代工程技术人员针对油田开发过程中产水量不断上升、油气集输与处理系统运行效率下降等问题，不断研究和提出适应性改造设计技术方案，积累了丰富的整装油田全生命周期地面工程设计经验，亟需进行归纳整理，使其系统化、逻辑化、规范化，以供广大设计工作者及有关工程技术人员使用。为此，中原设计公司组织相关专家及技术、管理人员编写了《原油地面工程设计》一书。

全书共分五编。第一编介绍原油的基础知识，包括原油工业现状、原油及产品性质等；第二编介绍原油矿场集输，包括原油集输流程、混输管路、分离、原油处理、稳定以及联合站设计等知识；第三编介绍原油长输管道设计，包括长输管道水力学基础知识、输油管道的工艺设计、管道防腐和清管技术等内容；第四编介绍油田产出水处理与注水工程，包括油田产出水性质、产出水处理工艺及流程、油田污泥处理、污水处理站设计以及油田注水系统工艺；第五编介绍原油地面工程涉及的各种设备，包括压力容器、储罐、泵、换热器、加热炉等。

原油的分类方法有很多种，限于篇幅，同时又考虑到工程设计的普遍适用性，没有按照组分、含硫量、密度等指标对原油地面工程设计方法进行更详细的划分，但本书关于工艺设计的基本原理和计算方法等内容能够为相关从业者提供有价值的参考。

参与《原油地面工程设计》编写工作的人员主要为具有多年油气田地面工程建设经验的技术及管理人员和相关领域的专家学者。编者力求为从事原油地面工程设计的专业人员和工程管理人员提供一部较为实用的工具书，也为相关从业者提供一部较为全面的参考书。主编银永明、仝淑月、宋世昌，负责确定全书编写大纲，明确编写人员组成，并对全书进行通稿校核，对编写内容存在的不足加以修正与调整；副主编高继峰、王海琴、公明明，主要协助主编完成具体编写事宜，落实大纲章节与编写内容的对应性，指导各章节内容编写工作，并进行初稿的审查与调整；全书由宋世昌统稿。参加本书校核工作的人员有牛军、张建强、李延金等，同时得到了中国石油大学（华东）等单位的大力支持，储建学院梁法春副教授作为特邀专家对本书稿进行了审核工作；中原设计公司相关专业技术骨干参与了各章节的编写，为本书成稿作出了突出贡献，各章节主编与参编人员详见编写人员分工表。

《原油地面工程设计》的研究与编写工作，从2014年年初正式启动，到2017年8月全部编写完成，历时三年多时间。全书分上、下两卷，共1000多页。在书稿编写过程中，先后有40余人在主编银永明、仝淑月、宋世昌同志的带领下参与了这项工作，查阅了大量的专业书籍，整理了大量的数据和工程案例。在本书的编写过程中，编委会主任任明强时刻关注书稿相关技术内容的先进性及适用性；编委会副主任刘德绪多次组织相关专家和技术人员对书稿中的技术细节进行讨论交流；编委会副主任李明和时刻关注本书的编写进度及出版计划，为本书的顺利出版作出了贡献。

中石化中原石油工程设计有限公司博士后工作站自设站以来，先后培养博士后数十名，出站博士后在各高校任教或在油气田建设单位从业，其中很多人已经成为油气田工程领域的专家学者。他们经过多年实践经验的积累和沉淀，在油气田地面工程领域取得的丰硕研究成果，为本书的成稿奠定了扎实的理论基础。副主编王海琴同志，原中原设计公司博士后，现为中国石油大学(华东)副教授，储建学院硕士研究生导师，多年来致力于油气田地面工程领域的教学与研究，具有扎实的理论知识与丰富的实践经验，王海琴同志积极参与到本书的编写工作中，指导完成了第五编内容的编写；总审核梁法春同志，原中原设计公司博士后，现为中国石油大学(华东)教授，储建学院硕士研究生导师，在本书的编写过程中，组织学校多名具有编著经验的教授对本书进行审核，并指导完成了第一编和第二编内容的编写。因此，本书是集体劳动的结晶，汇集了中原设计公司几代技术人员的工作成果和编写组全体人员的辛勤努力和汗水！

本书在编写过程中自始至终得到了中国石油大学(华东)和中国石化出版社等单位的关心和大力支持，对本书的成稿和出版提出了宝贵意见，在此表示感谢！同时，也要对本书所引用的参考文献的作者们表达我们衷心的谢意！

由于本书内容涵盖范围较广，且新技术和新工艺不断涌现，限于编者水平，书中若有不足或不妥之处，敬请各位专家、同行以及广大读者批评指正，以便修订时补充更正。

编著者

Contents 目　录

（上　卷）

第一编　基础知识

第二编　原油矿场集输

第三编　原油长输管道设计

（下 卷）

第四编 油田产出水处理及注水工程

第五编　设　　备

第四编　油田产出水处理及注水工程

第一章 概 述

在石油的生成、运移和储集过程中，石油的主要天然伴生物是水。在油藏勘探开发初期，通常情况下，原始地层能量可将部分油、气、水驱向井底并举升至地面，以自喷方式开采，该采油方式采出液含水率很低，称之为一次采油。但是，如果油藏圈闭良好，边水补充不足，原始地层能量递减很快，一次采油方式难以维持。为获得较高采收率，需向地层补充能量，实施二次采油，二次采油有注水开发和注气开发方式等。目前，全国绝大部分油田都采用注水开发方式，即注入高压水驱动原油，使其从油井中开采出来。但经过一段时间注水后，注入水将随原油一起被带出，随着开发时间的延长，采出原油含水率不断上升。油田原油在外输或外运之前必须将水脱出，合格原油允许含水率为 0.5% 以下。脱出的水中主要污染物为原油，此污水又是在油田开发过程中产生的，因此称为油田含油污水。由此可知，污水主要来自原油脱水站，联合站内各种原油储罐的罐底水、将含盐量较高的原油用其他清水洗盐后的污水；再者，为了提高注水量，有效地保护井下管柱，需定期对注水井进行洗井作业，为减少油区环境污染，大部分油田都将洗井水建网回收进入污水处理站；此外，随着人们生活质量的提高，国家进一步加大了环境保护的力度，石油行业环保规定也更加严格，要求将钻井污水、井下作业污水、油区站场周边工业废水等，全部回收处理净化，减少污染。

为便于叙述，对未经任何处理的油田污水简称为原水；经过自然除油或混凝沉降除油后的污水称为初步净化水；经过过滤的污水称为滤后水；凡是经过系统处理后的污水都叫净化水。

第一节 原水中的杂质

一、原水杂质分类

油田污水主要是从地层中随原油一起被开采出来的，该污水经过了从原油集输到初加工整个过程，因此污水中杂质种类及性质和原油地质条件、注入水性质、原油集输条件等因素有关。另外，洗井回水、钻井污水、作业污水的回收，使油田污水的成分更加复杂、水质进一步恶化，但从总体上讲，这种污水是一种含有固体杂质、液体杂质、溶解气体和溶解盐类等较复杂的多相体系。从颗粒大小和外观来看，可按表 4-1-1 进行分类。

表 4-1-1　污水中杂质分类

分散颗粒	溶解物（低分子、离子）	胶体颗粒	悬浮物	
颗粒大小	0.1nm　1nm	10nm　100nm	1μm　10μm	100μm　1mm
外观	透明	光照下混浊	混浊	肉眼可见

原水中的细小杂质，若按油田污水处理的观点，可以分为五大类。

1. 悬浮固体

其颗粒直径范围取 1～100μm，因为大于 100μm 的固体颗粒在处理过程中很容易被沉降下来。此部分杂质主要包括：

（1）泥砂：0.05～4μm 的黏土、4～60μm 的粉砂和大于 60μm 的细砂；

（2）各种腐蚀产物及垢：Fe_2O_3、CaO、MgO、FeS、$CaSO_4$ 和 $CaCO_3$ 等；

（3）细菌：硫酸盐还原菌（SRB）5～10μm、腐生菌（TGB）10～30μm；

（4）有机物：胶质、沥青质类和石蜡等重质油类。

2. 胶体

粒径为 1×10^{-3}～1μm，主要由泥砂、腐蚀结垢产物和微细有机物构成，物质组成与悬浮固体基本相似。

3. 分散油及浮油

原水中一般有 1000mg/L 左右的原油，偶尔出现瞬时 2000～5000mg/L 的峰值含油量，其中 90% 左右为 10～100μm 的分散油和大于 100μm 的浮油。

4. 乳化油

原水中有 10% 左右的 1×10^{-3}～10μm 的乳化油。

5. 溶解物质

在污水中处于溶解状态的低分子及离子物质，主要包括：

（1）溶解在水中的无机盐类。基本上以阳离子和阴离子的形式存在，其粒径都在 1×10^{-3}μm 以下，主要包括如下离子：Ca^{2+}、Mg^{2+}、K^+、Na^+、Fe^{2+}、Cl^-、HCO_3^- 和 CO_3^{2-} 等，此外还包括环烷酸类等有机溶解物。

（2）溶解的气体。如溶解氧、二氧化碳、硫化氢、烃类气体等，其粒径一般为 3×10^{-4}～5×10^{-4}μm。处理后污水无论是回注或是排放，上述五类杂质中有关部分都要求净化达到一定的指标。

二、原水杂质分析

根据净化水的不同去向，选择不同的分析项目。

1. 净化污水回注时分析项目

（1）pH 值。

原水的 pH 值是判断腐蚀与结垢趋势的重要因素之一。因为某些水垢的溶解度与水的 pH 值有密切的关系，一般水的 pH 值越高，结垢的趋势就越大；若 pH 值较低，则结垢趋势小。结垢与腐蚀是相互矛盾的，在结垢趋势减小的同时，水的腐蚀性往往会增加。

大多数原水的pH值在5~8之间，但当H_2S和CO_2溶于水后，能使水的pH值降低，因为H_2S和CO_2都是酸性气体。

（2）悬浮固体。

悬浮固体是引起油层堵塞的重要因素，是污水处理的主要去除对象，当颗粒直径大于孔隙喉道直径的1/2时，易引起桥架堵塞，当颗粒直径大于油层喉道直径时，更易引起堵塞。为了衡量水中固体悬浮物含量，通常量取已知体积的原水，测定薄膜过滤器过滤出来的固体数量，常用的是滤膜孔径为0.45μm的过滤器。

（3）浊度。

浊度是水的“混浊”程度的一个量度，浊度高意味着水是不“清洁”的，含有较多的悬浮固体。水的浊度高也标志着地层堵塞的可能性大，因而浊度的测定也是应当控制的一个重要水质指标。

（4）温度。

水温将影响水的结垢趋势、水的pH值以及各有关气体在水中的溶解度。水温过低原水不易处理。另外，水温对腐蚀也会有一定的影响，一般情况下，水温增高，腐蚀将加剧。

（5）相对密度。

$$相对密度=\frac{实际原水的密度}{纯水的密度} \tag{4-1-1}$$

由于原水中含有溶解的杂质（离子、气体等），因此它总是比纯水更致密，一般原水的相对密度均大于1.0。它也是水中溶解固体总量的直接标志，即比较几种水就能估计出溶解于这些水中的固体的相对含量。

（6）溶解氧。

溶解氧对原水的腐蚀和堵塞都有明显的影响，它不仅直接影响水对金属的腐蚀，而且如果水中存在溶解的二价铁，氧气进入系统就会使不溶的铁氧化物沉淀，从而造成水中二价铁溶解度失衡，引起钢管、钢制容器的铁原子失去电子溶入水中，导致腐蚀产生。并且，会产生因氧化而生成的三价铁沉淀物，腐蚀产物增加水中悬浮物的含量。

（7）硫化物。

原水中的硫化物（主要是H_2S）可能是自然存在于水中的，也可能是由于水中存在的硫酸盐还原菌（SRB）产生的。H_2S的存在将加剧腐蚀。如果在正常情况下的“甜水”，即无H_2S的水，在运行过程中开始显示出有H_2S的痕迹，则表明可能为硫酸盐还原菌在系统中的某些地方（例如管道或罐壁上）产生了腐蚀。此外，硫化物也可能对堵塞产生一定的影响，这是因为硫化亚铁（FeS）既是一种腐蚀产物，也是一种潜在的地层堵塞物。

（8）细菌数量。

由于原水中细菌的存在，既可能引起腐蚀，又可能引起地层堵塞，因此需要测定和监视细菌的生长情况，除测定原水中危害较大的硫酸盐还原菌（SRB）的数目外，还需要测定黏泥生成菌（TGB）及细菌总数等。

（9）阳离子组分。

①钙。钙离子是原水的主要成分之一，钙离子能很快地与碳酸根（CO_3^{2-}）或硫酸根（SO_4^{2-}）离子结合，并生成沉淀附着的垢或悬浮固体，因而通常是造成地层堵塞的主要原因之一。

②镁。通常镁离子浓度比钙离子浓度低得多，但镁离子与碳酸根离子结合也会引起结垢和堵塞问题。不同的是，碳酸镁引起的结垢和堵塞不如碳酸钙那么严重，此外，碳酸镁是可溶解的，而碳酸钙则不溶解。

③ 铁。地层水中天然的铁的含量很低，因此在水系统中铁的存在并达到一定含量，通常标志着存在金属的腐蚀。在水中的铁可能以高铁（Fe^{3+}）或低铁（Fe^{2+}）的离子形式存在，也可能作为沉淀出来的铁化合物悬浮在水中，故通常可用铁的含量来检验或监视腐蚀情况，沉淀出来的铁化合物还会引起地层的堵塞。

④钡。钡离子在原水中之所以重要，主要是由于它能和硫酸根离子结合生成硫酸钡，而硫酸钡是极其难以溶解的，甚至少量硫酸钡的存在也能引起严重的堵塞，与此类似原水中的锶离子（Sr^{2+}），也会导致严重结垢和堵塞。

（10）阴离子组分。

①氯离子。在采出污水中，氯离子是主要的阴离子，在通常的淡水中其也是一种主要组分。氯离子的主要来源是氯化钠等盐类，因此有时水中氯离子浓度被用来作为水中含盐量的度量。此外，由于氯离子是一种稳定成分，因此鉴定它的含量也是鉴定水质的较容易的方法之一。氯离子可能造成的影响，主要是随着水中含盐量的增加，水的腐蚀性也增强。因此，在其他条件相同的情况下，水中氯离子浓度增高就意味着更容易引起腐蚀，尤其是点腐蚀。

②碳酸根和碳酸氢根。由于这类离子能生成不溶解的水垢，因此它们在油田污水中也是很重要的阴离子。在水的碱度测定中，以碳酸根离子浓度表示的碱度称为酚酞碱度，而以碳酸氢根离子浓度表示的碱度则称为甲基橙碱度。

③硫酸根。由于硫酸根离子能与钙，尤其是与钡和锶等生成不溶解的水垢，因此硫酸根离子在原水中的含量也是值得注意的一个问题。

（11）总矿化度。

总矿化度高对抑制油层黏土膨胀有利，但易结垢，更易引起腐蚀。高矿化度水对水中溶解氧含量敏感，即使是微量的氧也会引起严重腐蚀。

2. 净化污水排放时分析项目

为了使净化水达到排放标准，净化水质要按《污水综合排放标准》GB 8978—1996 有关规定执行。结合石油行业特点，除严格检测第一类指标外，还应对如下所示第二类主控指标进行分析：pH 值、色度、悬浮物、BOD_5、COD、石油类、硫化物、氨氮、氟化物、磷酸盐、苯胺类、硝基苯类、阴离子表面活性剂、铜、锌和锰等。以期尽可能降低排出污水对受纳水体的污染程度。

3. 国内主要油田原水水质分析

在国内主要油田中，有代表性的污水处理站原水水质分析见表4-1-2。除表4-1-2所列数据外，还有油、悬浮固体及水温等也是原水的重要指标。含油量一般为1000 mg/L左右，相应的悬浮固体含量一般为80～250mg/L，小部分油田的原水含油量高达3000～5000mg/L，相应的悬浮固体含量高达1000～2000mg/L，这两项指标在同一污水站瞬时变化很大。水温一般为30～60℃，个别油田有所差异，如华北油田为60～70℃，长庆油田为30℃左右、中原油田为50℃左右。在进行污水处理站工程设计之前，要对其水质进行详细化验分析。

表4-1-2 国内油田部分污水站原水水质分析表

油田	站名	主要离子含量/（mg/L）						
		$K^+ + Na^+$	Ca^{2+}	Mg^{2+}	Cl^-	SO_4^{2-}	HCO_3^-	CO_3^{2-}
大庆	喇二联	1184.0	10.0	1.2	833.1	0.0	1549.9	96.0
	中三污	1206.0	8.0	2.4	730.3	4.8	1769.5	102.8
胜利	坨四	3837	181	44	5900	0	791	12
	辛一	11952	1661	217	21804	0	402	0
	滨二首站	15285	539	148	23453	612	1860	0
	临盘首站	7455	414	88	12223	0	481	0
	孤一联	1722	24	17	2044	50	1114	17
辽河	兴一联	887.8	8.0	4.9	326.2	0.0	1672.0	84
	高升联	188.6	44.1	14.6	212.8	0.0	317.3	12.0
中原	明一联	30428	960	196	48353	741	599	0
	濮一联	48647	2502	192	78631	1509	599	0
华北	雁一联	929.7	29.3	7.8	1178.7	11.3	552.3	0
长庆	中区集油站	2790.1	3367	578	48496	2751	201	0
江汉	广华集油站	75255	545	57	116874	112	322	0

油田	站名	总矿化度/（mg/L）	pH值	总铁/（mg/L）	CO_2/（mg/L）	H_2S/（mg/L）	TGB/（个/毫升）	SRB/（个/毫升）
大庆	喇二联	3674.2	8.85	0.15	0.0	13.0	250	250
	中三污	3824.6	8.50	0.10	0.0	4.0	25	250
胜利	坨四	10765	7.99	0.48		0.08	4×10^4	1.4×10^4
	辛一	36036	7.15	6.24		0.02	0	0
	滨二首站	41897	6.73	1.23		0.26	11.5×10^4	1.5×10^4
	临盘首站	20661	7.76	0.80		0.06	2.5×10^4	9.5×10^4
	孤一联	4988	8.10	0.61		0.00		3.1×10^4
辽河	兴一联	2982.7	8.60	0.07				
	高升联	289.3	8.72	0.00				
中原	明一联	81277	6.50	2.00	57.4	3.10		3.5×10^3
	濮一联	132081	6.50	2.00	74.5	2.02		3.5×10^2
华北	雁一联	2709	7.50	—				
长庆	中区集油站	83300	6.4	—		0.05		1.6×10^4
江汉	广华集油站	195178	6.7	1.4	297			

第二节 水质标准

一、净化污水回注水质标准

1. 注水水质基本要求

注水水质必须根据注入油层物性指标进行优选确定。通常要求：①在运行条件下注入水不应结垢；②注入水对水处理设备、注水设备和输水管线腐蚀性要小；③注入水不应携带超标悬浮物，有机淤泥和油；④注入水注入油层后不使黏土发生膨胀和移动，与油层流体配伍性良好。

如果油田含油污水与其他供给水（如浅层地下水、地面净化污水和地面江河湖泊水等）混注时，必须要具备完全的可能性，否则必须进行必要的处理改性后方可混注。考虑到油藏孔隙结构和喉道直径，要严格限制水中固体颗粒的粒径。

2. 注水水质标准

由于各油田或区块油藏孔隙结构和喉道直径不同，相应的渗透率也不相同，因此注水水质标准也不相同，目前全国主要油田都制定了本油田的注水水质标准，尽管各油田标准差异较大，但都要符合注水水质基本要求。现将石油天然气行业标准《碎屑岩油藏注水水质推荐指标》SY/T 5329 水质主控指标示于表 4-1-3 中。由于净化水主要用于回注油层，所以污水处理工艺必须设法使净化水达到有关注水水质标准。

表 4-1-3　推荐水质主要控制指标

	注入层平均空气渗透率/μm²	<0.10			0.1~0.6			>0.6		
	标准分级	A_1	A_2	A_3	B_1	B_2	B_3	C_1	C_2	C_3
控制指标	悬浮固体含量/（mg/L）	≤1.0	≤2.0	≤3.0	≤3.0	≤4.0	≤5.0	≤5.0	≤7.0	≤10.0
	悬浮物颗粒直径中值/μm	≤1.0	≤1.5	≤2.0	≤2.0	≤2.5	≤3.0	≤3.0	≤3.5	≤4.0
	含油量/（mg/L）	≤5.0	≤6.0	≤8.0	≤8.0	≤10.0	≤15.0	≤15.0	≤20	≤30
	平均腐蚀率/（mm/a）	<0.076								
	点腐蚀	A_1、B_1、C_1 级，试片各面都无点腐蚀； A_2、B_2、C_2 级，试片有轻微点蚀； A_3、B_3、C_3 级，试片有明显点蚀								
	SRB 菌/（个/毫升）	0	<10	<25	0	<10	<25	0	<10	<25
	铁细菌/（个/毫升）	$n\times10^2$			$n\times10^3$			$n\times10^4$		
	腐生菌/（个/毫升）	$n\times10^2$			$n\times10^3$			$n\times10^4$		

注：1 $1<n<10$。

2 清水水质指标中去掉含油量。

3 新投入开发的油田、新建污水处理站，注水水质要根据油层渗透率高低分别执行相应分级（A_1、B_1、C_1）标准。

3. 注水水质辅助性指标

除了上述对注水水质的主要控制指标外，SY/T 5329 对注水水质的辅助性指标作出指导性规定。辅助性指标主要包括溶解氧、硫化氢、侵蚀性二氧化碳、铁和 pH 值等。

（1）溶解氧。水中含溶解氧时可加剧腐蚀，当腐蚀率不达标时，应首先检测溶解氧浓度。一般情况下要求油田污水溶解氧浓度小于 0.05mg/L，特殊情况下不能超过 0.1mg/L。清水中的溶解氧含量要小于 0.50mg/L。

（2）硫化氢。如果原水中不含硫化物，或发现污水处理和注水系统硫化物含量增加，说明系统细菌增生严重。硫化物含量过高的污水，可引起水中悬浮物增加，通常清水中不应含硫化物，油田污水中硫化物含量应小于 2.0mg/L。

（3）侵蚀性二氧化碳。水中侵蚀性二氧化碳含量等于 0 时，此水稳定；大于 0 时，此水可溶解碳酸钙垢，并对设施有腐蚀作用；小于 0 时，有碳酸盐沉淀析出。一般要求侵蚀性二氧化碳含量为：$-1.0\text{mg/L} \leqslant CO_2 \leqslant 1.0\text{mg/L}$。

（4）pH 值。水的 pH 值应控制在 7 ± 0.5 为宜。

（5）铁。当水中含亚铁时，由于铁细菌作用可将二价铁转化为三价铁，生成氢氧化铁沉淀，当水中含硫化物（H_2S）时，可生成 FeS 沉淀，使水中悬浮物增加。

二、污水综合排放标准

1. 概要

为贯彻《中华人民共和国环境保护法》《中华人民共和国污染防治法》和《中华人民共和国海洋环境保护法》，要控制水污染，保护江河、湖泊、运河、渠道、水库和海洋等地面水以及地下水水质的良好状态，保障人体健康，维护生态平衡，促进国民经济和城乡建设的发展。

2. 主要技术内容

该标准按照污水排放去向，分年限规定了 69 种水污染物最高允许排放浓度及部分行业最高允许排水量。

该标准适用于现有单位水污染物的排放管理，以及建设项目的环境影响评价、建设项目环境保护设施设计、竣工验收及其投产后的排放管理。

标准中主要概念定义有：

（1）污水。指在生产与生活活动中排放的水的总称。

（2）排水量。指在生产过程中，直接用于工艺生产的水的排放量。不包括间接冷却水、厂区锅炉、电站排水。

（3）一切排污单位。指该标准适用范围所包括的一切排污单位。

（4）其他排污单位。指在某一控制项目中，除所列行业以外的一切排污单位。

3. 主要控制指标

该标准将排放的污染物按其性质和控制方式分为两类。对于第一类污染物，不分行业和污染排放方式，也不分受纳水体的功能分类，一律在排放口取样，其最高允许排放浓度必须达到表4-1-4中所列要求。

表4-1-4 第一类污染物最高允许排放浓度

序号	污染物	最高允许排放浓度
1	总汞	0.05mg/L
2	烷基汞	不得检出
3	总镉	0.1mg/L
4	总铬	1.5mg/L
5	六价铬	0.5mg/L
6	总砷	0.5mg/L
7	总铅	1.0mg/L
8	总镍	1.0mg/L
9	苯并（a）芘	0.00003mg/L
10	总铍	0.005mg/L
11	总银	0.5mg/L
12	总α放射性	1 Bq/L
13	总β放射性	10 Bq/L

对于第二类污染物，在排放口采样按工程建设年限不同必须达到相应指标要求。主要控制指标有：pH值、色度、悬浮物、BOD_5、COD、石油类、动植物油、挥发酚、总氰化物、硫化物、氨氮、氟化物、磷（酸盐）、甲醛、苯胺类、硝基苯类、阴离子表面活性剂、总铜、总锌、总锰、彩色显影剂、粪大肠菌群数和总余氯等50余项（见表4-1-5）。

表4-1-5 第二类污染物最高允许排放浓度

序号	污染物	适应范围	一级标准/（mg/L）	二级标准/（mg/L）	三级标准/（mg/L）
1	pH值	一切排污单位	6～9	6～9	6～9
2	色度（稀释倍数）	染料工业	50	180	—
		其他排污单位	50	80	—
3	悬浮物（SS）	采矿、选矿、选煤工业	100	300	—
		脉金选矿	100	500	—
		边远地区砂金选矿	100	800	—
		城镇二级污水处理厂	20	30	—
		其他排污单位	70	200	400
4	五日生化需氧量（BOD_5）	甘蔗制糖、苎麻脱胶、湿法纤维板工业	30	100	600
		甜菜制糖、酒精、味精、皮革、化纤浆粕工业	30	150	600
		城镇二级污水处理厂	20	30	—
		其他排污单位	30	60	300

续表

序号	污染物	适应范围	一级标准/（mg/L）	二级标准/（mg/L）	三级标准/（mg/L）
5	化学需氧量（COD）	甜菜制糖、焦化、合成脂肪酸、湿法纤维板、染料、洗毛、有机磷农药工业	100	200	1000
		味精、酒精、医药原料药、生物制药、苎麻脱胶、皮革、化纤浆粕工业	100	300	1000
		石油化工工业（包括石油炼制）	100	150	500
		城镇二级污水处理厂	60	120	—
		其他排污单位	100	150	500
6	石油类	一切排污单位	10	10	30
7	动植物油	一切排污单位	20	20	100
8	挥发酚	一切排污单位	0.5	0.5	2.0
9	总氰化合物	电影洗片（铁氰化合物）	0.5	5.0	5.0
		其他排污单位	0.5	0.5	1.0
10	硫化物	一切排污单位	1.0	1.0	2.0
11	氨氮	医药原料药、染料、石油化工工业	15	50	—
		其他排污单位	15	25	—
12	氟化物	黄磷工业	10	20	20
		低氟地区（水体含氟量 <0.5mg/L）	10	20	30
		其他排污单位	10	10	20
13	磷酸盐（以 P 计）	一切排污单位	0.5	1.0	—
14	甲醛	一切排污单位	1.0	2.0	5.0
15	苯胺类	一切排污单位	1.0	2.0	5.0
16	硝基苯类	一切排污单位	2.0	3.0	5.0
17	阴离子表面活性剂（LAS）	合成洗涤剂工业	5.0	15	20
		其他排污单位	5.0	10	20
18	总铜	一切排污单位	0.5	1.0	2.0
19	总锌	一切排污单位	2.0	5.0	5.0
20	总锰	合成脂肪酸工业	2.0	5.0	5.0
		其他排污单位	2.0	2.0	5.0
21	彩色显影剂	电影洗片	2.0	3.0	5.0
22	显影剂及氧化物总量	电影洗片	3.0	6.0	6.0
23	元素磷	一切排污单位	0.1	0.3	0.3
24	有机磷农药（以 P 计）	一切排污单位	不得检出	0.5	0.5

续表

序号	污染物	适应范围	一级标准/(mg/L)	二级标准/(mg/L)	三级标准/(mg/L)
25	粪大肠菌群数	医院*、兽医院及医疗机构含病原体污水	500 个/升	1000 个/升	5000 个/升
		传染病、结核病医院污水	100 个/升	500 个/升	1000 个/升
26	总余氯（采用氯化消毒的医院污水）	医院*、兽医院及医疗机构含病原体污水	<0.5**	>3（接触时间≥1h）	>2（接触时间≥1h）
		传染病、结核病医院污水	<0.5**	>6.5（接触时间≥1.5h）	>5（接触时间≥1.5h）

注：*指50个床位以上的医院。
**指加氯消毒后须进行脱氯处理，达到本标准。

4. 主要分析检测方法

（1）采样点：采样点应按有关污染物排放口的规定设置，在排放口必须设置排放口标志、污水水量计量装置和污水比例采样装置。

（2）采样频率：工业污水按生产周期确定监测频率。生产周期在8h以内的，每2h采样一次。其他污水采样，每24h不少于2次。最高允许排放浓度按日均值计算。

（3）排水量：以最高允许排水量或最低允许水重复利用率来控制，均以月均值计算。

（4）统计：企业的原材料使用量、产品产量等，以法定月报表或年报表为准。

（5）测定方法：该标准采用的主要测定方法见表4-1-6。

表4-1-6 水质主要测定方法

序号	项目	测定方法	方法来源
1	总汞	冷原子吸收光度法	HJ 597-2011
2	总镉	原子吸收分光光度法	GB/T 14204—93
3	总铬	高锰酸钾氧化-二苯碳酰二肼分光光度法	GB 7466—87
4	六价铬	二苯碳酰二肼分光光度法	GB 7467—87
5	总砷	二已基二硫代氨基甲酸银分光光度法	GB 7485—87
6	总铅	原子吸收分光光度法	GB 7475—87
7	总镍	火焰原子吸收分光光度法	GB 11912—89
8	总银	火焰原子吸收分光光度法	GB 11907—89
9	pH 值	玻璃电极法	GB 6920—86
10	色度	稀释倍数法	GB 11903—89
11	悬浮物	重量法	GB 11901—89
12	五日生化需氧量（BOD_5）	稀释与接种法	HJ 505—2009
13	生化需氧量（COD）	重铬酸钾法	HJ 828—2017
14	石油类	红外光度法	HJ 637-2012
15	动植物油	红外光度法	HJ 637-2012
16	挥发酚	蒸馏后用4-氨基安替比林分光光度法	HJ 503-2009

续表

序　号	项　目	测定方法	方法来源
17	总氰化物	硝酸银滴定法	HJ 484 －2009
18	硫化物	亚甲基蓝分光光度法	GB/T 16489 －1996
19	氨氮	钠氏试剂比色法	HJ 537 －2009
20	氟化物	离子选择电极法	GB 7484—87
21	磷酸盐	钼蓝比色法	*
22	甲醛	已酰丙酮分光光度法	HJ 601 －2011
23	苯胺类	N－（1－萘基）乙二胺偶氮分光光度法	GB 11889—89
24	硝基苯类	还原－偶氮比色法或分光光度法	*
25	阴离子表面活性剂	亚甲基蓝分光光度法	GB 7494—87
26	总铜	原子吸收分光光度法	GB 7475—87
27	总锌	原子吸收分光光度法	GB 7475—87
28	总锰	火焰原子吸收分光光度法 高锰酸钾分光光度法	GB 11911—89 GB 11906—89
29	三氯甲烷	气相色谱法	待颁布
30	四氯化碳	气相色谱法	待颁布
31	苯酚	气相色谱法	待颁布
32	余氯量	N，N－二乙基－1，4－苯二胺分光光度法	HJ 586 －2010
33	总有机碳（TOC）	非色散红外吸收法	待制定

注：*指《水和废水监测分析方法（第三版）》，中国环境科学出版社，1989 年。

第三节　污水处理利用的意义

一、处理利用的重要性

如果含油污水不合理处理回注和排放，不仅使油田地面设施不能正常运作，而且会因地层堵塞而带来危害，同时也会造成环境污染，影响油田安全生产。因此，必须合理地处理和利用含油污水。

随着油田注水开发生产的进行引起了两大问题：①注入水的水源问题，人们希望得到供水量大而且稳定的水源，油田注水开发初期注水水源是通过开采浅层地下水或地表水来解决，过量开采清水会引起局部地层水位下降，影响生态环境；②原油含水量不断上升，含油污水量越来越大，污水的排放和处理是个大问题，大量含油污水不合理排放会引起受纳水体的潜移性侵害，污染生态环境。在生产实践中，人们认识到油田污水回注是合理开发和利用水资源的正确途径。

二、腐蚀防护与环境保护

众所周知，水对金属设备和管道会产生严重的腐蚀。尤其，油田含油污水由于矿化度高，又溶解了不同程度的硫化氢、二氧化碳等酸性气体及溶解氧，这样的污水回收处理回注地层会对处理设施、注水系统产生腐蚀。例如，某油田一条钢质污水回注管线一年腐蚀穿孔 123 次，注水泵一般运转 6 ~ 15d 即因腐蚀被迫停产，点蚀深度达到 4mm。由于油田污水水质十分复杂，污水中大量成垢盐类随着温度、压力变化，以及因与不同水体的混合，将出现结垢、堵塞现象。例如，某油田一口油井投产仅 10d，集油管就因结垢而被堵死，先后更换 6 次管线，最后被迫关井。

污水中含有大量有机物质，加上适宜的温度范围为有害细菌提供了良好的滋生环境。例如，某南方油田注水泵，由于细菌生长，泵吸入口滤网出现了黏膜，使其发生了堵塞。又如，某油田污水中含硫酸盐还原菌达 7.5×10^4 个/毫升，另一油田污水铁细菌含量则达到 1.5×10^5 个/毫升。细菌增生严重制约了油田污水处理和注水系统的正常运行。

针对我国目前污水处理现状，各陆上油田污水基本都进行处理后回注，最大限度地减少污水直接外排，从而达到了保护环境的目的。另外，针对油田污水腐蚀、结垢和细菌增生造成的危害，应采取有力的缓蚀、阻垢和杀菌措施，不断提高和改进油田污水处理技术，充分预防对金属设备、管道和注水系统设施产生较严重的腐蚀。

三、合理利用污水资源

由于现代工业的迅速发展和城市人口的增加，生活用水和工业用水量急剧增加，因此不少国家颇感水源不足。解决水源缺乏的办法之一是提高水的循环利用率。石油行业中通过注水开发油田，随着开采时间的延长，采出污水量逐渐增加，将油田污水经处理后代替地下水进行回注是循环利用水的一种方式。如果污水处理回注率为 100%，即不管原油含水率多高，从油层中采出的污水和地面处理、钻井、作业过程排出的污水全部处理后回注，那么注水量中只需要补充由于采油造成的地层亏空水量便可以了。这样，不仅可以节省大量清水资源和取水设施的建设费用，而且使油田污水资源变废为宝，实现可持续发展，提高油田注水开发的总体技术、经济效益。

第二章　油田污水处理

第一节　工艺流程

目前，国内油田污水处理工艺流程由于污水水质差异较大，种类较多，现针对不同原水水质特点、净化处理要求，按照主要处理工艺过程，大致可划分为重力式收油、沉降、过滤流程，压力式聚结沉降分离、过滤流程和浮选式除油净化、过滤流程三种污水回用基本处理流程。另有除油、浮选、生物降解、沉降、吸附过滤流程用于污水排放处理。

一、重力式流程

自然除油—混凝沉降—压力（或重力）过滤流程。该流程如图4-2-1所示，20世纪70～80年代，在国内各陆上油田中较普遍被采用。从脱水转油站送来的含油污水（原水）经自然收油初步沉降后，投加混凝剂进行混凝沉降，再经过缓冲、提升、进行压力过滤，滤后水再加杀菌剂，得到合格的净化水，外输用于回注。滤罐反冲洗排水用回收水泵均匀地加入原水中，再进行处理。回收的油送回原油集输系统或者用作燃料。

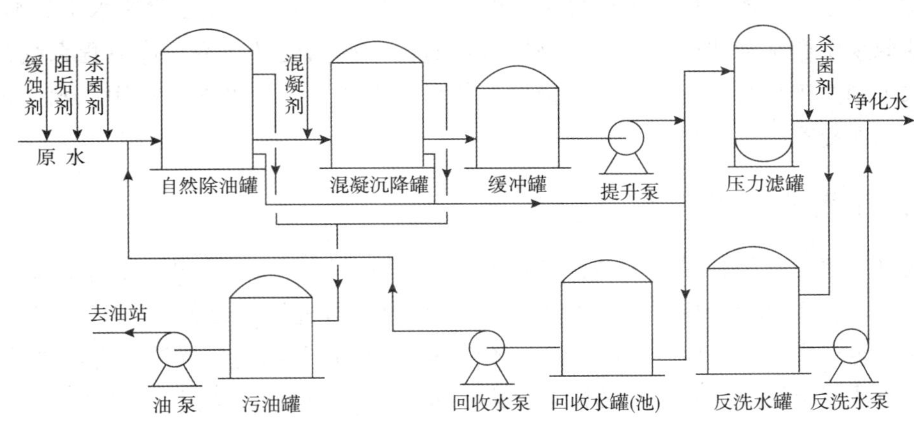

图4-2-1　重力式污水处理流程

重力式处理流程处理效果良好，对原水含油量、水量变化波动适应性强，自然除油回收油品好，投加净化剂混凝沉降后净化效果好。但当处理规模较大时，压力滤罐数量较多、操作量大，处理工艺自动化程度稍低。当对净化水质要求较低，且处理规模较大时，可采用重力式单阀滤罐提高处理能力。

二、压力式流程

旋流（或立式除油罐）除油—聚结分离—压力沉降—压力过滤流程。如图 4-2-2 所示，该流程是 20 世纪 80 年代后期和 90 年代初才发展起来的，它加强了流程前段除油和后段过滤净化，脱水站送来的原水，若压力较高，可进旋流除油器；若压力适中，可进接收罐除油，为了提高沉降净化效果，在压力沉降之前增加一级聚结（亦称粗粒化），使油珠粒径变大，易于沉降分离。亦或采用旋流除油后进入压力沉降。根据对净化水质的要求可设置一级过滤和二级过滤净化。

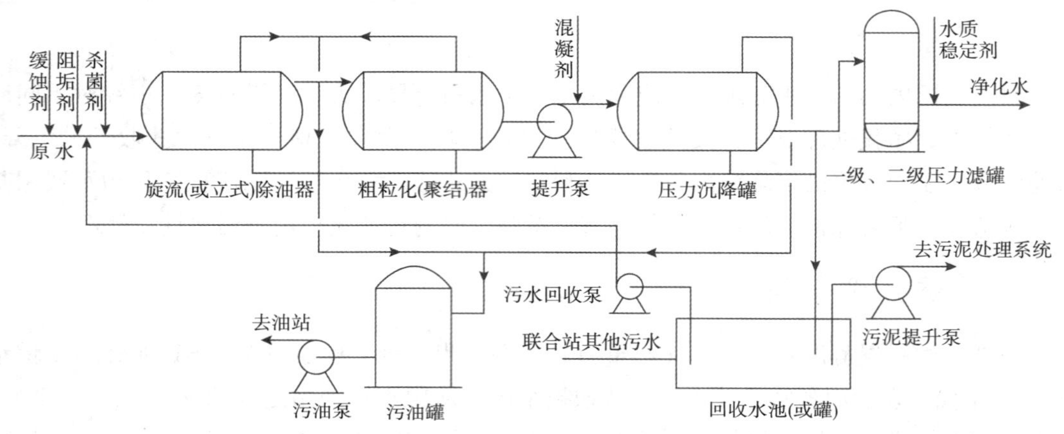

图 4-2-2　压力式污水处理流程

压力式处理流程处理净化效率较高，效果良好，污水在处理流程内停留时间较短，但适应水质、水量波动能力稍低于重力式流程。旋流除油装置可高效去除原水中的油，聚结分离可使原水中微细油珠聚结变大，缩短分离时间，提高处理效率。该流程系统机械化、自动化水平稍高于重力式流程，现场预制工作量大大降低，且可充分利用原水来水水压，减少系统二次提升。

三、浮选式流程

接收（溶气浮选）除油—射流浮选或诱导浮选—过滤、精滤流程。如图 4-2-3 所示，该流程主要是在 20 世纪 80 年代末和 90 年代初从国外引进污水处理技术的基础上，结合国内各油田生产实际需要而发展起来的。该流程首端大都采用溶气气浮，再用诱导气浮或射流气浮取代混凝沉降设施，后端根据净化水回注要求，可设一级过滤和精细过滤装置。

浮选流程处理效率高，设备组装化、自动化程度高，现场预制工作量小。因此，广泛应用于海上采油平台，在陆上油田，尤其是稠油污水处理中也被较多使用。但该流程动力消耗大，维护工作量稍大。

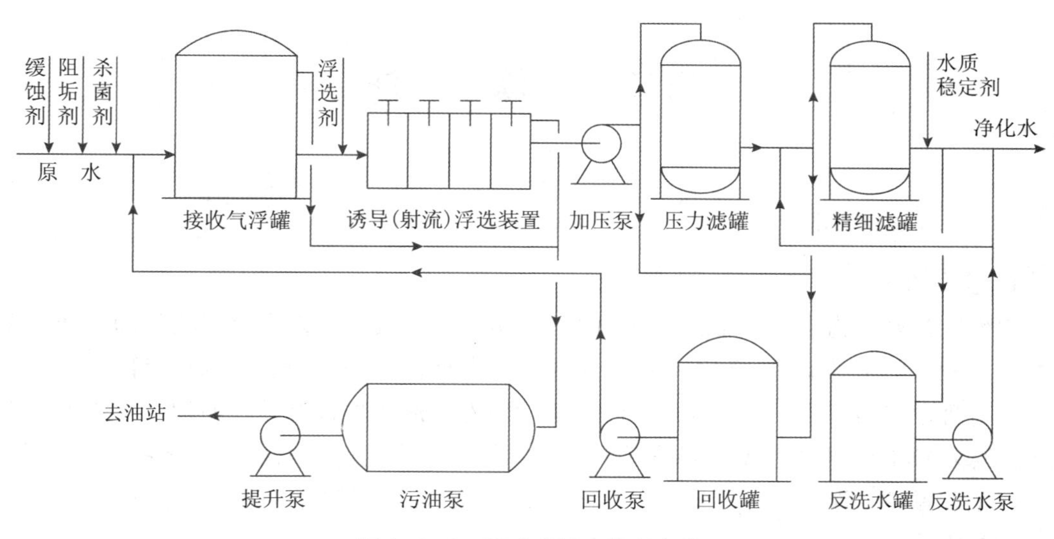

图 4-2-3　浮选式污水处理流程

四、开式生化处理流程

隔油—浮选—生化降解—沉降—吸附过滤流程。如图 4-2-4 所示，该流程是针对部分油田污水采出量较大，回用量不够大，必须处理达标外排而设计的。原水经过平流隔油池除油沉降，再经过溶气气浮池净化，然后进入曝气池、一级、二级生物降解池和沉降池，最后提升经吸附过滤后达标外排。

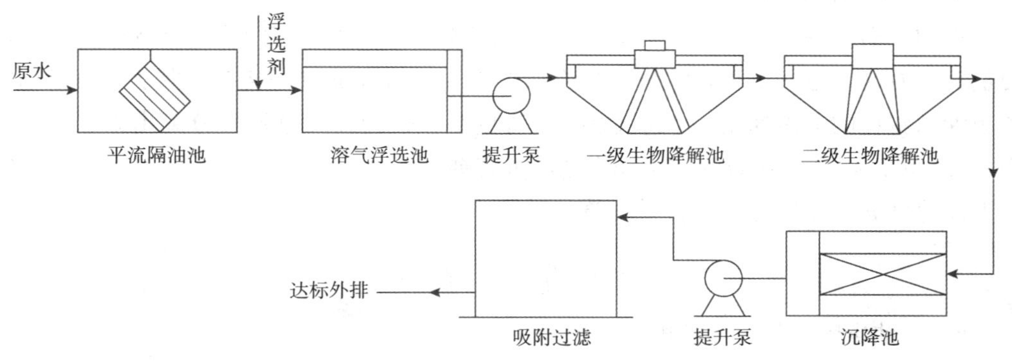

图 4-2-4　开式生化处理流程

一般情况下，通过上述开式生物处理流程净化，排放水质可以达到《污水综合排放标准》GB 8978 要求。对于少部分油田污水水温过高，若直接外排，将引起受纳水体生态平衡的破坏。因此，尚需在排放前进行淋水降温处理；对于少部分矿化度高的油田污水，有必要进行除盐软化，适当降低含盐量，以免引起受纳水体盐碱化。

第二节 除 油

一、自然除油

1. 基本原理

自然除油属于物理法除油的范畴，是一种重力分离技术。重力分离法处理含油污水，是根据油和水的密度不同，利用油和水的密度差使油上浮，达到油水分离的目的。

这种理论忽略了进、出配水口水流的不均匀性、油珠颗粒上浮中的絮凝等影响因素，认为油珠颗粒是在理想的状态下进行重力分离的，即假定过水断面上各点的水流速度相等，且油珠颗粒上浮时的水平分速度等于水流速度；油珠颗粒等速上浮；油珠颗粒上浮到水面即被去除。

含油污水在这种重力分离池中的分离效率为：

$$E = \frac{u}{Q/A} \tag{4-2-1}$$

式中 E——油珠颗粒的分离效率，%；
u——油珠颗粒的上浮速度，m/s；
Q/A——表面负荷率，m/s；
Q——处理流量，m^3/s；
A——除油设备水平工作面积，m^2。

这里的分离效率是以大于浮升速度 u 的油珠颗粒去除率来表示的，也就是除油效率。表面负荷率 Q/A，是一个重要参数，当除油设备通过的流量 Q 一定时，加大表面积 A，可以减小油珠颗粒的上浮速度 u，这就意味着有更小直径的油珠颗粒被分离出来，因此加大表面积 A，可以提高除油效率或增加设备的处理能力。

上浮速度 u 可用斯托克斯公式计算：

$$u = \frac{g}{18\mu}(\rho_w - \rho_o)d_p^2 \tag{4-2-2}$$

式中 u——油珠颗粒的上浮速度，m/s；
g——重力加速度，m/s^2；
μ——污水的动力黏度，Pa · s；
ρ_w——污水的密度，kg/m^3；
ρ_o——油的密度，kg/m^3；
d_p——油珠颗粒直径，m。

由斯托克斯公式可知，若污水中的油珠颗粒直径、污水密度、油的密度和水温一定时，则油珠颗粒的上浮速度亦为定值，除油效率与油珠颗粒的上浮速度成正比，与表面负荷率成反比。

2. 装置结构

自然除油设施一般兼有调储功能，其油水分离效率不够高，通常工艺结构采用下向流设置。如图 4-2-5 所示，立式容器上部设收油构件，中上部设配水构件，中下部设集水构件，底部设排污构件。

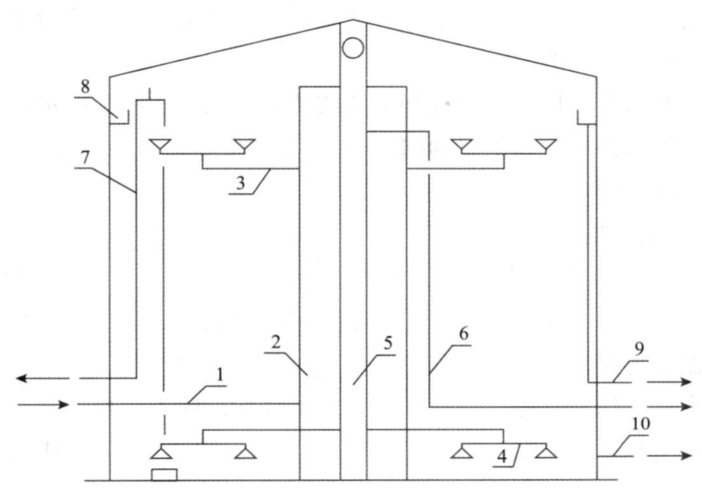

图 4-2-5　自然除油罐结构

1—进水管；2—中心反应筒；3—配水管；4—集水管；5—中心柱管；6—出水管；7—溢流管；8—集油槽；9—出油管；10—排污管

二、斜板（管）除油

1. 基本原理

斜板（管）除油是目前最常用的高效除油方法之一，它同样属于物理法除油范畴。斜板（管）除油的基本原理是“浅层沉淀”，又称“浅池理论”，通俗地讲，若将水深为 H 的除油设备分隔为 n 个水深为 H/n 的分离池，而当分离池的长度为原除油分离区长度的 $1/n$ 时，便可处理与原来的分离区同样的水量，并达到完全相同的效果。为了让浮升到斜板（管）上部的油珠便于流动和排除，把这些浅的分离池倾斜一定角度（通常为 45°～60°），超过污油流动的休止角。这就形成了所谓的斜板（管）除油罐。

假设除油设备的高度为 H，油珠颗粒分离时间为 t，则表面负荷率可表示为 $Q/A = H/t$，将其代入分离效率公式，可得：

$$E = \frac{u}{Q/A} = \frac{u}{H/t} = \frac{ut}{H} \tag{4-2-3}$$

由式（4-2-3）可见，重力分离除油设备的除油效率是其分离高度的函数，减小除油设备的分离高度，可以提高除油效率。在其他条件相同时，除油设备的分离高度越小，油珠颗粒上浮到表面所需要的时间就越短，因此在油水分离设备中加设斜板，增加分离设备的工作表面积，缩小分离高度，从而可提高油珠颗粒的去除效率。

从理论上讲，加设斜板不论其角度如何，其去除效率提高的倍数，相当于斜板总水平投影面积比不加斜板的水面面积所增加的倍数。当然，实际效果不可能达到理想的倍数，这是因为存在着斜板的具体布置、进出水流的影响、板间流态的干扰和积油等因素。但是，由于斜板的存在，增大了湿周，缩小了水力半径，因而雷诺数（Re）较小，这就创造了层流条件，水流较平稳，同时富劳德数（F_r）较大，更有利于油水分离，这就是斜板除油装置成为高效除油设备的原理。

斜板除油装置基本上可以分为立式和平流式两种，如立式斜板除油罐和平流式斜板隔油池。在油田上常用的是立式斜板除油罐。

2. 斜板板组工艺计算

1）斜板板组水力计算

斜板罐（池）斜板板组水力计算方法较多，斜板板组水力计算大致可分为田中法（分离粒径法）和姚氏法（特性参数法）和理想分离法，三者在计算中有自己的假定条件，共同点是遵循水力学质点运动方程。

根据含油污水油珠运动规律：当某一粒径的油珠 P，处于斜板中某一位置时，它具有上浮速度 V_0，轴向速度 V。由此，可建立质点 P 的 y 方向与 x 方向瞬时合成速度 u、v 的方程式，即：

$$y = \int u\mathrm{d}t + c_1 \tag{4-2-4}$$

$$x = \int v\mathrm{d}t + c_2 \tag{4-2-5}$$

由图 4-2-6 可知，油珠 P 在 y 方向的瞬时合速度为：$u = V_0\cos\alpha$；在 x 方向的瞬时合速度为：$v = V - V_0\sin\alpha$，将上式代入式（4-2-4）和式（4-2-5）中即得油珠 P 的运动方程，它适于各种计算方法，其运动方程式如下：

$$y = \int V_0\cos\alpha\mathrm{d}t + c_1 \tag{4-2-6}$$

$$x = \int (V - V_0\sin\alpha)\mathrm{d}t + c_2 \tag{4-2-7}$$

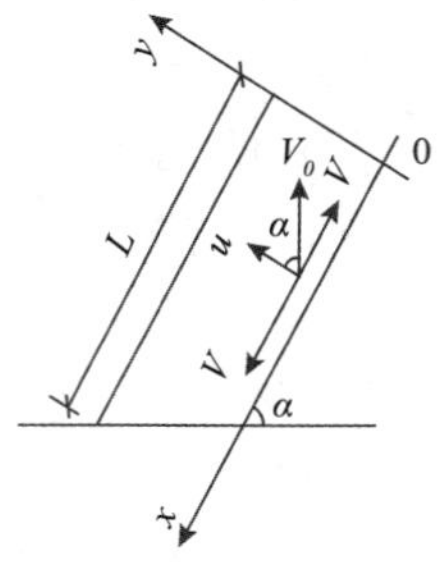

图 4-2-6 斜板组织点运动

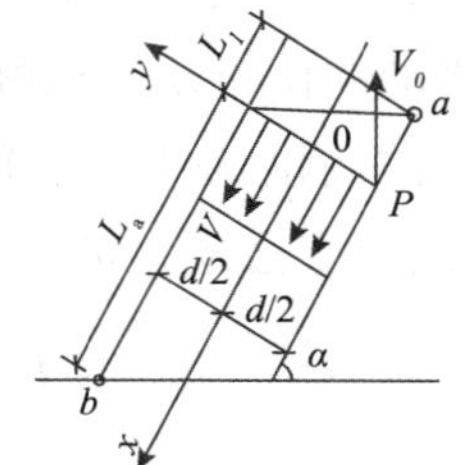

图 4-2-7 田中法质点运动

（1）田中法。

田中法假设油珠上浮过程中上浮速度不变，即 V_0 为常数，轴向速度采用过水断面平均流速，即 V 为常数，如图 4-2-7 所示。

由图 4-2-7 可知，田中法认为油珠由 a 点进入斜板，而到 b 点被截留，这样油珠所流经的长度为板长 L_a 与 L_1 之和，其中 $L_1 = \dfrac{d\cos\alpha}{\sin\alpha} = \dfrac{d}{\tan\alpha}$（$d$ 为板距）。这样依据田中法，当 $t=0$ 时，$y=-d/2$，$x=-d/\tan\alpha$，求得式（4-2-6）和式（4-2-7）中 $c_1=-d/2$，$c_2=-d/\tan\alpha$；将式（4-2-6）和式（4-2-7）积分则得：

$$y = V_0 t\cos\alpha - d/2 \tag{4-2-8}$$

$$x = Vt - vt\sin\alpha - d/\tan\alpha \tag{4-2-9}$$

当油珠由 a 点运动到 b 点，即油珠由板底至板顶时，在 y 方向位移为 d，则 $y=d/2$，由式（4-2-8）求得 $t=d/(V_0\cos\alpha)$，代入式（4-2-9）得：

$$x = L_a = \frac{Vd}{V_0\cos\alpha} - \frac{d}{\sin\alpha\cos\alpha} \tag{4-2-10}$$

（2）姚氏法。

姚氏法假定油珠在上浮过程中上浮速度 V_0 为常数，轴向速度为变值，即 $V=f(y)$，如图 4-2-8 所示，由此得方程式为：

$$y = \int V_0\cos\alpha \mathrm{d}t + c_1 \tag{4-2-11}$$

$$x = \int V(y)\mathrm{d}t - \int V_0\sin\alpha \mathrm{d}t + c_2 \tag{4-2-12}$$

姚式法认为油珠由 a 点至 b 点的历程为 L_b（板长），即 $t=0$ 时，$y=-d/2$，$x=0$；则 $c_1=-d/2$，$c_2=0$；将此值代入式（4-2-11）和式（4-2-12）得：

$$y = V_0 t\cos\alpha - d/2 \tag{4-2-13}$$

$$x = \int_0^t V(y)\mathrm{d}t - V_0 t\sin\alpha \tag{4-2-14}$$

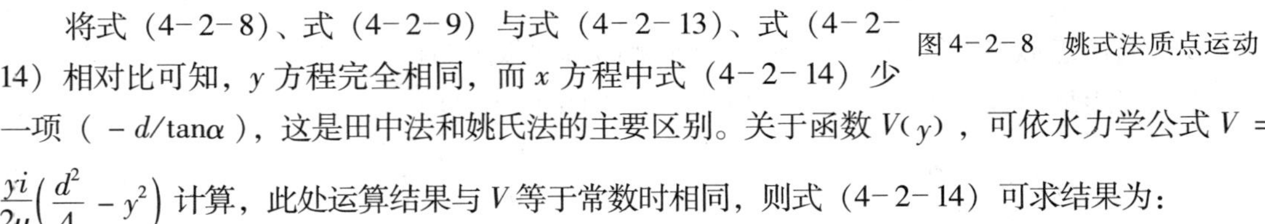

图 4-2-8　姚式法质点运动

将式（4-2-8）、式（4-2-9）与式（4-2-13）、式（4-2-14）相对比可知，y 方程完全相同，而 x 方程中式（4-2-14）少一项（$-d/\tan\alpha$），这是田中法和姚氏法的主要区别。关于函数 $V(y)$，可依水力学公式 $V=\dfrac{\gamma i}{2\mu}\left(\dfrac{d^2}{4}-y^2\right)$ 计算，此处运算结果与 V 等于常数时相同，则式（4-2-14）可求结果为：

$$x = L_b = \frac{Vd}{V_0\cos\alpha} - \frac{d}{\sin\alpha\cos\alpha} + \frac{d}{\tan\alpha} \tag{4-2-15}$$

由式（4-2-10）与式（4-2-15）可知，姚氏法计算长度比田中法计算长度增加 $d/\tan\alpha$。式（4-2-15）也可写成如下形式：

$$x = L_b = \frac{Vd}{V_0\cos\alpha} - \frac{d\sin\alpha}{\cos\alpha} \tag{4-2-16}$$

（3）理想分离法。

理想分离法基本假设与田中法相似，不描述油珠在板体中上浮轨迹，它认为田中法与姚氏法虽采用轴向速度相同与不同的假设，但因二者质点起落位置在实际中是相同的。对于层流，即理想状态下二者假设无质的区别。也就是说，当油珠的边界条件已定时，斜板长度决定于油珠的轴向速度与上浮速度的合成速度，也决定于板组的材质及构造。板长、板距、轴向速度和上浮速度之间符合矩形或平行四边形相似原理，下面分别对矩形斜板组与平行四边形斜板组进行水力计算。

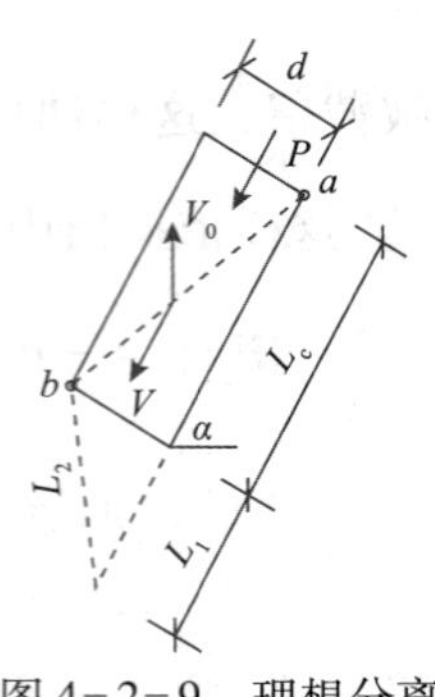

图 4-2-9 理想分离法质点运动（一）

①下向流矩形平行斜板板组，依据平行四边形相似原理（见图 4-2-9）。

$$\frac{V_0}{V}=\frac{L_2}{L_c+L_1} \quad (4-2-17)$$

其中，$L_2=d/\cos\alpha$，$L_1=d\sin\alpha/\cos\alpha$，则：

$$L_c=\frac{Vd}{V_0\cos\alpha}-\frac{d\sin\alpha}{\cos\alpha}=\frac{Vd}{V_0\cos\alpha}-\frac{d}{\sin\alpha\cos\alpha}+\frac{d}{\tan\alpha} \quad (4-2-18)$$

②下向流平行四边形平行斜板板组，依据矩形相似原理（见图 4-2-10）。

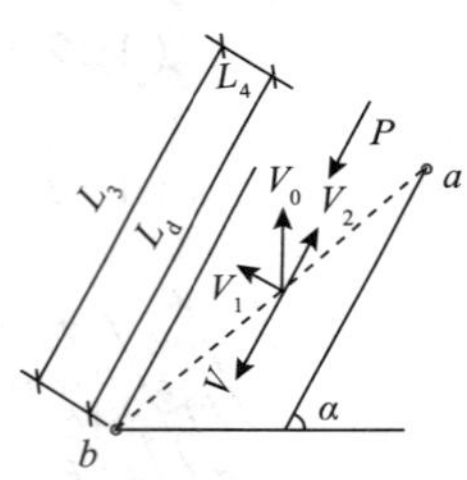

图 4-2-10 理想分离法质点运动（二）

$$\frac{L_3}{d}=\frac{V-V_2}{V_1} \quad (4-2-19)$$

其中，$V_1=V_0\cos\alpha$，$V_2=V_0\sin\alpha$，则：

$$L_3=\frac{Vd}{V_0\cos\alpha}-\frac{d\sin\alpha}{\cos\alpha} \quad (4-2-20)$$

式（4-2-20）与式（4-2-18）相同，但式（4-2-20）中 $L_3=L_d+L_4$，又因 $L_4=d/\tan\alpha$，则：

$$L_d=\frac{Vd}{V_0\cos\alpha}-\frac{d\sin\alpha}{\cos\alpha}-\frac{d\cos\alpha}{\sin\alpha}=\frac{Vd}{V_0\cos\alpha}-\frac{d}{\sin\alpha\cos\alpha} \quad (4-2-21)$$

③上向流矩形与平行四边形斜板板组及侧向流斜板组的板长。

上向流矩形斜板板组依据矩形相似原理（见图 4-2-11）。

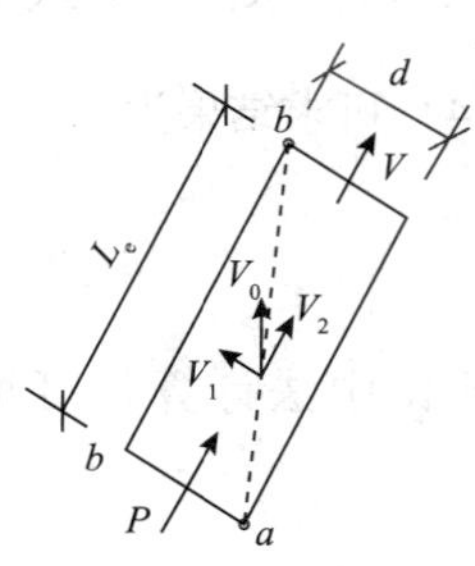

图 4-2-11 理想分离法质点运动（三）

$$\frac{V_1}{d}=\frac{V+V_2}{L} \quad (4-2-22)$$

其中：$V_1=V_0\cos\alpha$，$V_2=V_0\sin\alpha$，则：

$$L_e=\frac{Vd}{V_0\cos\alpha}+\frac{d\sin\alpha}{\cos\alpha} \quad (4-2-23)$$

同理，可计算上向流平行四边形与侧向流斜板板组板长，见式（4-2-24）和式（4-2-25）：

上向流：
$$L_f=\frac{Vd}{V_0\cos\alpha}+\frac{d}{\sin\alpha\cos\alpha} \quad (4-2-24)$$

侧向流：
$$L_g = \frac{Vd}{V_0 \cos\alpha} \tag{4-2-25}$$

2）各种板组计算板长与上浮速度的对比

从各种板组计算中可知，它们的计算板长并不一样，为便于比较，将计算板长与上浮速度汇集成表4-2-1和表4-2-2。

表4-2-1 板长计算公式汇总

序号	计算方法		表达式	尾项变化范围	
				斜角45°	斜角60°
1	田中法		$L_a = \frac{Vd}{V_0\cos\alpha} - \frac{d}{\sin\alpha\cos\alpha}$	$-2d$	$-2.31d$
2	姚氏法		$L_b = \frac{Vd}{V_0\cos\alpha} - \frac{d\sin\alpha}{\cos\alpha}$	$-d$	$-1.73d$
3	理想分离	下向矩形	$L_c = \frac{Vd}{V_0\cos\alpha} - \frac{d\sin\alpha}{\cos\alpha}$	$-d$	$-1.73d$
4	理想分离	下向四边形	$L_d = \frac{Vd}{V_0\cos\alpha} - \frac{d}{\sin\alpha\cos\alpha}$	$-2d$	$-2.31d$
5	理想分离	上向矩形	$L_e = \frac{Vd}{V_0\cos\alpha} + \frac{d\sin\alpha}{\cos\alpha}$	$+d$	$+1.73d$
6	理想分离	上向四边形	$L_f = \frac{Vd}{V_0\cos\alpha} + \frac{d}{\sin\alpha\cos\alpha}$	$+2d$	$+2.31d$
7	理想分离	侧向	$L_g = \frac{Vd}{V_0\cos\alpha}$	0	0

表4-2-2 上浮速度计算公式汇总

序号	计算方法		表达式	上浮速度计算值/（mm/s）	
				斜角45°	斜角60°
1	田中法		$V_0 = \frac{Vd}{L\cos\alpha + d/\sin\alpha}$	0.429	0.619
2	姚氏法		$V_0 = \frac{Vd}{L\cos\alpha + d\sin\alpha}$	0.441	0.630
3	理想分离	下向矩形	$V_0 = \frac{Vd}{L\cos\alpha + d\sin\alpha}$	0.441	0.630
4	理想分离	下向四边形	$V_0 = \frac{Vd}{L\cos\alpha + d/\sin\alpha}$	0.429	0.619
5	理想分离	上向矩形	$V_0 = \frac{Vd}{L\cos\alpha - d\sin\alpha}$	0.471	0.708
6	理想分离	上向四边形	$V_0 = \frac{Vd}{L\cos\alpha - d/\sin\alpha}$	0.486	0.722
7	理想分离	侧向	$V_0 = \frac{Vd}{L\cos\alpha}$	0.455	0.667

注：上浮速度计算值的假设条件为 $L=1500$mm，$d=50$mm，$V=10.0$mm/s。

从表4-2-1、表4-2-2中可得出如下规律：

（1）条件相同时，田中法与下向流平行四边形板组计算结果相同，姚氏法与下向流矩形板组计算结果相同。

（2）条件相同时，田中法与理想分离法中下向平行四边形板组计算板长最短；姚氏法与下向流矩形板组计算长度次之，上向流平行四边形板组计算长度最长，上向流矩形次之，侧向流板组计算长度为上述的平均值。

（3）条件相同时，田中法可去除较小油珠，而上向流平行四边形板组只能去除较大的油珠，分离效果较差。

（4）条件相同时，板组倾角对板长与分离效果影响较大，这种影响对各种计算方法均存在。随着倾角的增加，式中 $\frac{Vd}{V_0\cos\alpha}$ 值增加较快，所需斜板增长；当倾角接近90°时，失去斜板隔油意义。倾角减小，斜板计算长度减小，当 $\alpha=0$ 时，斜板长度最小，此时尾项为0，各种斜板组的计算长度均与侧向流相等，从表中可以看出，当 $\alpha=0$ 时，平行四边形板组已不能适用，此时隔油构筑物水平面积将无限大。当倾角小时矩形板组适用，当 $\alpha=0$ 时，斜板隔油设施成为水平板隔油池，也称PPI隔油池。

由以上对比可知，各种计算方法之间均存在差别，从计算中也知差别比较小，计算板长相差（4～5）d，上浮速度相差10%。但倾角对各种板组计算参数影响均比较大。据此情况，一些资料认为：板组计算均可采用侧向流方法，这样可简化计算公式，计算结果也无大的差别。但也有资料认为：水平面积对油水分离确有影响，应计算在内，如何计算目前尚未得到统一，但在应用中选用下向流较多。采用哪种方法一般按污水性质、隔油设施形式与板组构造而定。

（5）理想分离按下向流、上向流、侧向流，分别适应平行四边形板组与矩形板组各种情况计算。

3）隔油池斜板板组计算

设隔油池板组符合下向流平行四边形斜板板组条件。

（1）V_0 的确定。

V_0 与表面负荷 $s_i=Q/A$ 均为板组计算的重要参数，V_0 可以通过斯托克斯公式求得。表面负荷可以从隔油池运行中测得，无实测资料时 s_i 可取0.15～0.4mm/s。表面负荷是隔油池实际运行参数，它考虑了斜板隔油池工作效率。s_i 的缺点在于没有去除油珠最小粒径概念。

（2）斜板层流起始段计算。

斜板计算长度是在理想状态下求得的，实际上，当水流刚进入斜板时并不是层流，此时水流紊乱，严重影响油水分离效果。水流进入斜板，在形成层流之前的一段称为层流起始段，此后形成层流并进入分离段，在确定斜板长度时，应在分离段前另加层流起始段长度。

有关层流起始段长度计算，对于斜板隔油池，可采用式（4-2-26）计算：

$$L_0 = 0.052dRe \tag{4-2-26}$$

式中　L_0——层流起始段长度，cm；

d——斜板板距，cm；

Re——雷诺数。

由式（4-2-26）可知，当板距与雷诺数增大时，起始段增加；当板距为 20～50mm 时，层流起始段长度计算值有时很长。计算时可取 200～400mm，即认为此时水流已基本稳定。起始段长度也可从实验室中测得，计算层流起始段时，Re 尚未最后确定，故应先进行假定，必要时进行二次计算，修正板长。

（3）板长计算。

斜板设计长度应为层流起始段长度与计算板长之和，即：

$$L = L_c + L_0 \tag{4-2-27}$$

式中，L_c 的计算见式（4-2-18）。

（4）板组面积与板组尺寸的确定。

设斜板长为 L，宽为 B，间距为 d，为增加表面积与刚度采用波纹板，板组斜角为 α，出水流量为 Q，斜板块数为 n，则 V 的理论值为：

$$V = \frac{Q}{nBd} \tag{4-2-28}$$

又依表 4-2-2：

$$V_0 = \frac{Vd}{L\cos\alpha + d/\sin\alpha} \tag{4-2-29}$$

式中　$L\cos\alpha$——斜板水平投影长度；

$d/\sin\alpha$——斜板水平距。

将式（4-2-28）代入式（4-2-29），得：

$$V_0 = \frac{Q}{nBL\cos\alpha + nBd/\sin\alpha} \tag{4-2-30}$$

式中　$nBL\cos\alpha$——斜板组水平投影面积（A）；

$nBd/\sin\alpha$——斜板组水平距总面积（A_1）。

则：

$$\sum A = A + A_1 = \frac{Q}{EV_0} = \frac{Q}{s_i} \tag{4-2-31}$$

式中　E——斜板隔油池工作效率，取 75%～85%。

因 Q、E、V_0 或 s_i 已知，则 $\sum A$ 可解。

（5）雷诺数和富劳德数计算。

隔油池的水力计算均以理想流体为基础，则含油污水在层流状态下运行，为此应降低雷诺数 Re；但为保持水流的稳定性，水体又应有一定能量以防干扰；这样就需增大富劳德数 F_r，从而提高水流稳定性，Re 与 F_r 计算如下：

$$Re = \frac{VF}{\mu x} \tag{4-2-32}$$

式中 F——过水断面积（横断面积）；

μ——水的运动黏滞系数；

x——湿周；

V——板间轴向流速。

$$F_r = \frac{V^2 x}{Fg} \tag{4-2-33}$$

式中 g——重力加速度。

其他符号意义同前。

由式（4-2-32）和式（4-2-33）可知，只有增大湿周，才能降低 Re，同时增大 F_r，因此斜板板组制作成各种波纹板，其目的在于增加湿周 x。通常将 Re 限制在500之内；而将 F_r 限制在 10^{-5} 之外。

3. 斜板除油装置

1）立式斜板除油罐

立式斜板除油罐的结构形式与普通立式除油罐基本相同，其主要区别是在普通除油罐中心反应筒外的分离区的一定部位加设了斜板组（见图4-2-12）。

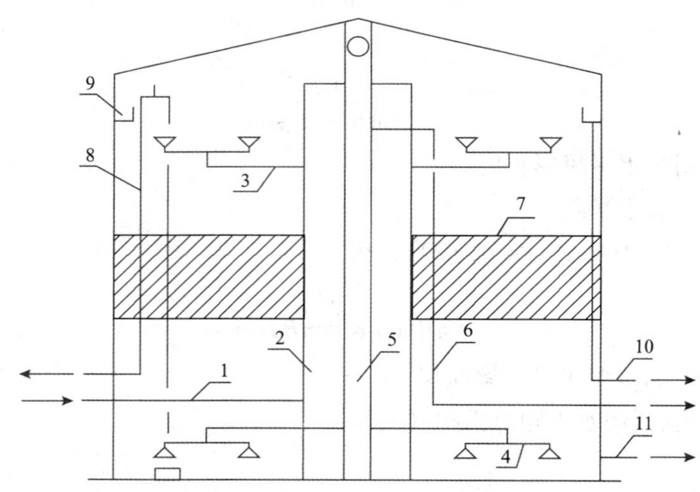

图4-2-12 立式斜板除油罐结构

1—进水管；2—中心反应筒；3—配水管；4—集水管；5—中心柱管；6—出水管；7—波纹斜板组；8—溢流管；9—集油槽；10—出油管；11—排污管

含油污水从中心反应筒出来之后，先在上部分离区进行初步重力分离，较大的油珠颗粒先分离出来，然后污水通过斜板区，进一步分离。分离后的污水在下部集水区流入集水管、汇集后的污水由中心柱管上部流出除油罐。在斜板区分离出的油珠颗粒上浮到水面，进入集油槽后由出油管排出进入收油装置。

斜板材质应是在污水中长期浸泡不软化、不变形、耐油、耐腐蚀的材料。常用的斜板规格有多种：①板长1750mm，板宽750mm，板厚1.5～1.9mm，每块板有6个波，波长130mm，波高16.5mm，波峰处的夹角101°；②板长1550mm，板宽650mm，板厚1.2～1.6mm，每块板有11个波，波长59mm，波高28mm；③板长1360mm，板宽760mm，板厚1.6～1.9mm，每块板有5～8个波，波长120mm左右，波高15～20mm。为安装和检修方便，可把斜板拼装成若干个斜板组块。斜板组块排列在除油罐内的钢支架上。

立式斜板除油罐的主要设计参数如下：斜板间距80～100mm，斜板倾角45°～60°，斜板水平投影负荷（1.5～2.0）$\times 10^{-4}m^3/(s \cdot m^2)$，其他设计数据与普通除油罐基本相同。

油田上使用立式斜板除油罐的实践证明，在除油效率相同的条件下，与普通立式除油罐相比，同样大小的除油罐的除油处理能力可提高1～1.5倍。

2）平流式斜板隔油池

平流式斜板隔油池是在普通的平流式隔油池中加设斜板组所构成的。如图4-2-13所示，这种隔油池一般是由钢筋混凝土制成的池体，池中波纹斜板大多为45°安装。进入的含油污水通过配水堰、布水栅后，均匀而缓慢地从上而下地经过斜板区，油、水、泥在斜板中进行分离，油珠颗粒沿斜板组的上层板面，向上浮升滑出斜板到水面，通过活动集油管槽收集到污油罐，再送去脱水，泥砂则沿斜板组的下层斜板面滑向集泥区落到池底，定时排除；分离后的水，从下部分离区进入折向上部的出水槽，然后排出或送去进一步处理，由于高程上布置的原因，污水进入下一步处理工序，往往需要用泵进行提升。

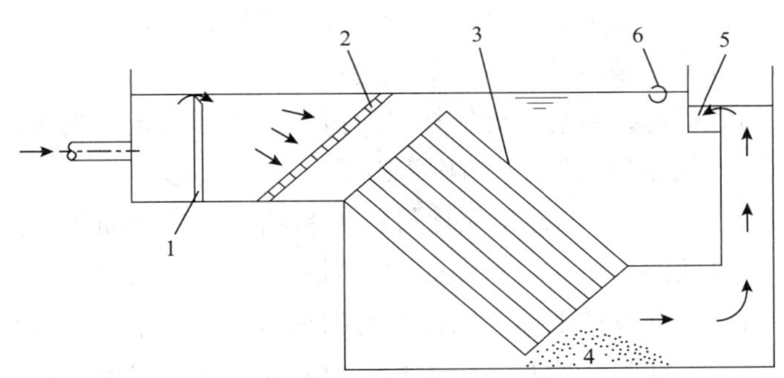

图4-2-13　平流式斜板隔油池构造

1—配水堰；2—布水栅；3—斜板；4—集泥区；5—出水槽；6—集油管

三、粗粒化（聚结）除油

早在20世纪50年代就有人在普通隔油池前段设填料段，填充碎石等粒状物，借以提高除油效率。由于采用的碎石填料粒径较大，聚结性能较差，收效不大，所以该法除油在相当长的一段时间内没有引起人们的重视。直至70年代初，由于原油开采业及石油化工工业的发展，一方面待处理的含油污水水量大幅度增加，迫切要求提高除油构筑物的处理效率，从而缩小其体积；另一方面化学工业也提供了性能较好的粗粒化材料，因而粗粒化除油技术才能大力发展起来。美国、日本等国都有大批这方面的资料及专利指导，并有大量工业化应用的实例。

1. 粗粒化（聚结）除油机理

所谓粗粒化，就是使含油污水通过一个装有填充物（也叫粗粒化材料）的装置，在污水流经填充物时，使油珠由小变大的过程。经过粗粒化后的污水，其含油量及污油性质并不变化，只是更容易用重力分离法将油除去。粗粒化处理的对象主要是水中的分散油，粗粒化除油是粗粒化及相应的沉降过程的总称。

在设计除油装置之前，都要用“静止浮升法”或显微镜观察法对污水中油珠粒径大小及分布进行测试，大量的测试结果表明：尽管随着脱水效果的好坏及污水用离心泵提升次数的不同，油珠粒径分布有较大的差异，但总体来看，油田含油污水乳化程度并不高，即绝大多数是粒径为10μm及以上的分散油和浮油。浮油在除油罐中几分钟之内便可去除，乳化油则必须用化学混凝法破乳去除，分散油虽然可以不用混凝法而靠自然沉降去除，但沉降时间要长。例如，要去除粒径为d_0以上的油珠，则污水自上而下流动的速度v必须小于油珠上浮速度u，油珠才可上浮至水面去除。油珠浮升符合斯托克斯公式（4-2-2），该式表明，对温度一定的特定污水而言，其动力黏滞系数、污水密度、污油密度和重力加速度都是一定值，式（4-2-2）可简化为：

$$u = Kd_0^2 \quad (4-2-34)$$

可以看出，油珠上浮速度与油珠粒径平方成正比。如果在污水沉降之前，设法使油珠粒径增大，则可大大增加油珠上浮速度，进而使污水在沉降罐中向下流速（v）加大，这样便可提高除油罐的效率。有关学者经过大量研究，采用粗粒化法（也称聚结）可达到增大油珠粒径的目的。以上便是粗粒化除油的理论依据。

关于粗粒化除油的机理，目前尚处在探讨阶段，还未形成统一的理论。总体来说，大体上有两种观点，即“润湿聚结”和“碰撞聚结”。

“润湿聚结”理论建立在亲油性粗粒化材料的基础上。当含油污水流经由亲油性材料组成的粗粒化床时，分散油珠便在材料表面润湿附着，这样材料表面几乎全被油包住，再流来的油珠也更容易润湿附着在上面，因而附着的油珠不断聚结扩大并形成油膜。由于浮力和反相水流冲击作用，油膜开始脱落，于是材料表面得到一定的更新。脱落的油膜到水相中仍形成油珠，该油珠粒径比聚结前的油珠粒径要大，从而达到粗粒化的目的。例如，用聚丙烯塑料球及无烟煤作粗粒化材料的聚结，就属于“润湿聚结”。

“碰撞聚结”理论建立在疏油材料的基础上。由粒状的或纤维状的粗粒化材料组成的粗粒化床，其空隙均构成互相连续的通道，尤其如无数根直径很小交错的微管。当含油污水流经该粗粒化床时，由于粗粒化材料是疏油的，两个或多个油珠有可能同时与管壁碰撞或互相碰撞。其冲量足可以将它们合并成为一个较大的油珠，从而达到粗粒化的目的。例如，蛇纹石及陶粒作的粗粒化材料的聚结，就属于“碰撞聚结”。

当然，无论是亲油的还是疏油的材料，两种聚结都是同时存在的，只是前者以“润湿聚结”为主，也有“碰撞聚结”，原因是污水流经粗粒化床时，油珠之间也有碰撞；后者以“碰撞聚结”为主，也有“润湿聚结”，原因是当疏油材料表面沉积油泥时，该材料便有亲油性，自然有“润湿聚结”现象。因此，无论是亲油性材料还是疏油性材料，只要粒径合适，都有比较好的粗粒化效果。

2. 粗粒化材料（聚结板材）的选择

粗粒化材料从形状来看分粒状的材料和纤维状的材料两大类，从材质上分为天然矿石材料（如无烟煤、蛇纹石、石英砂等）和人造的材料（如聚丙烯塑料球和陶粒等）两大类。国外应用的粗粒化材料有很多，以各种化工产品居多，如聚酯、聚丙烯、聚乙烯、聚氯乙烯等。作为一次性使用材料主要为纤维状材料，重复使用的材料主要为粒状材料。目前，国内各油田工业化的粗粒化装置大多采用粒状材料，各种材料性能见表4-2-3。

粗粒化材料选择原则为：耐油性能好，不能被油溶解或溶涨；具有一定的机械强度，且不易磨损；不易板结，冲洗方便；一般主张用亲油性材料；尽量采用相对密度大于1的材料；货源充足，加工、运输方便，价格便宜；粒径3～5mm为宜。

表4-2-3　粗粒化材料物性表

材料名称	润湿角	相对密度	润湿角测定条件
聚丙烯	7°38′	0.91	水温44℃； 介质为净化后含油污水； 润湿剂为原油
无烟煤	13°18′	1.60	
陶 粒	72°42′	1.50	
石英砂	99°30′	2.66	
蛇纹石	72°9′	2.52	

对于聚结板材通常可采用聚氯乙烯、聚丙烯塑料、玻璃钢、普通碳钢和不锈钢等。具体选用哪种材质的聚结板，要根据处理水质特性和生产实际需要来确定。一般来说，聚丙烯和玻璃钢塑料聚结板属湿润聚结范畴；纯聚丙烯板材，当吸油接近饱和时，纤维周围会产生油水界面引起的分子膜状薄油膜，吸油趋于平衡，影响聚结效果。玻璃钢材质吸油时，对油水界面引起的分子膜状薄油膜影响较小，吸油功能可保持良好，但板材加工难度较大。碳钢和不锈钢聚结板材属碰撞聚结范畴，板材表面经过特殊处理后，亲水性能良好。不锈钢板聚结效果优于碳钢板，其运行寿命也大于碳钢板，但不锈钢板造价远高于碳钢板。

3. 粗粒化（聚结）装置

单一的粗粒化装置一般为立式结构，下部配水，中部装填粗粒化材料，上部出水。组合式粗粒化除油装置一般为卧式，装置首端为配水部分，中部为粗粒化部分，中后部为斜板（管）分离部分，后部为集水部分。粗粒化除油装置工艺原理如图4-2-14所示。

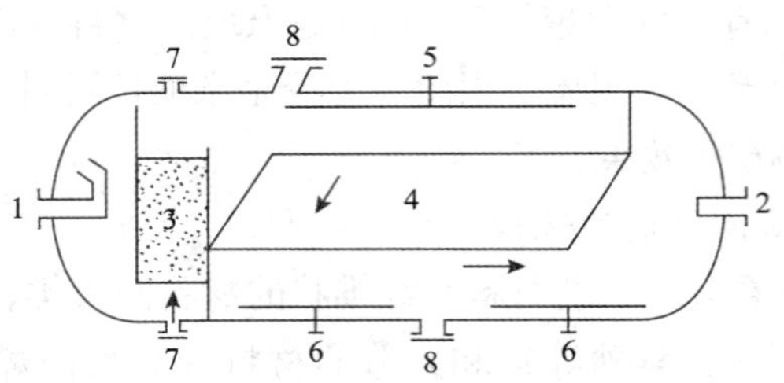

图4-2-14 粗粒化除油器工艺原理

1—进水口；2—出水口；3—粗粒化段；4—蜂窝斜管；
5—排油口；6—排污口；7—维修人孔；8—拆装斜管人孔

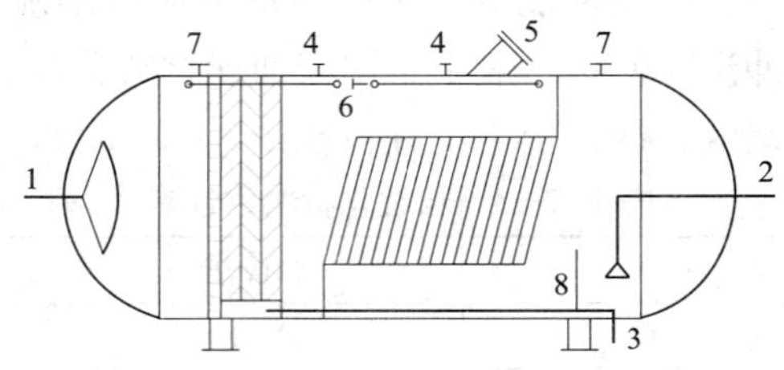

图4-2-15 聚结分离器工艺原理

1—进水口；2—出水口；3—排污口；4—污油口；
5—进料口；6—蒸汽、回水口；7—安全阀；8—出水挡板

聚结分离器采用卧式压力聚结方式与斜板（管）除油装置结合除油。原水进入装置首端，通过多喇叭口均匀布水，水流方式为横向流经三组斜交错聚结板，使油珠聚结，悬浮物颗粒增大，然后再横向上移，自斜板组上部均布，经斜板分离，油珠上浮聚结，固体悬浮物下沉聚集排除，净化水由斜板下方横向流入集水腔。高效聚结分离器工艺原理如图4-2-15所示。

四、气浮除油（除悬浮物）

1. 基本原理

气浮除油就是在含油污水中通入空气（或天然气）设法使水中产生微小气泡，有时还需加入浮选剂或混凝剂，使污水中颗粒为0.25～25μm的乳化油和分散油或水中悬浮颗粒黏附在气泡上，随气体一起上浮到水面并加以回收，从而达到含油污水除油、除悬浮物的目的。

由物理学基本概念可知，各种液体都有表面能，其表达式为：

$$W = \sigma S \qquad (4-2-35)$$

式中 W——表面能，J；

σ——表面张力，N/m；

S——液体表面面积，m^2。

表面能是储存在液体表面的位能，有力图减至最小的趋势，在两种互相不溶的液体（如含油污水中的油和水）接触所产生的界面之间也产生界面张力。例如，水与原油之间

的界面张力可写成式（4-2-36）：

$$\sigma_{wo} = \sigma_w - \sigma_o \tag{4-2-36}$$

式中　σ_{wo}——水与油接触的界面张力，N/m；

σ_w——水与空气界面的表面张力，N/m；

σ_o——油与空气界面的表面张力，N/m。

同样，界面能也等于界面张力乘界面面积，界面能也有减至最小的趋势，所以水中油呈圆球形。当把空气通入含有分散油的污水中，形成大量微小气泡时，油粒同样具有黏附到气泡上的趋势，以减小其界面能。但并非所有的物质都能黏附到气泡上，这取决于该物质的润湿性，即被水润湿的程度。各种物质对水的润湿性，可用它们与水接触角 θ 来表示（以对着水的角为准）。接触角 $\theta>90℃$ 称疏水性物质，容易被气泡黏附，接触角 $\theta<90°$ 称为亲水性物质，不易从水中向气泡黏附。

为使污水中有些亲水性的悬浮物用气浮法分离，则应在水中加入一定量的浮选剂，使悬浮物表面变为疏水性物质，使其易于黏附在气泡上去除。浮选剂是由极性-非极性分子组成，为表面活性物质，例如含油污水中的环烷酸及脂肪酸都可起浮选剂作用。有时，水中乳化油含量较高时，气浮之前还需加混凝剂进行破乳，使水中油呈分散油状态，以便于气泡黏附，易于用气浮法分离。

2. 气浮除油（除悬浮物）装置

气浮除油（除悬浮物）装置，按照气体被引入水中的方式分为两大类：溶解气浮选装置和分散气浮选装置。

1）溶解气浮选装置

该装置首先使气体在压力状态下溶于水中，再将溶气水引入浮选器首端或底部均匀排出，待压力降低后，溶入水中的气体便释放出来，使被处理水中的油珠和悬浮物吸附到气泡上，上浮聚集被去除。如图4-2-16所示为溶解气浮选装置工艺示意图。

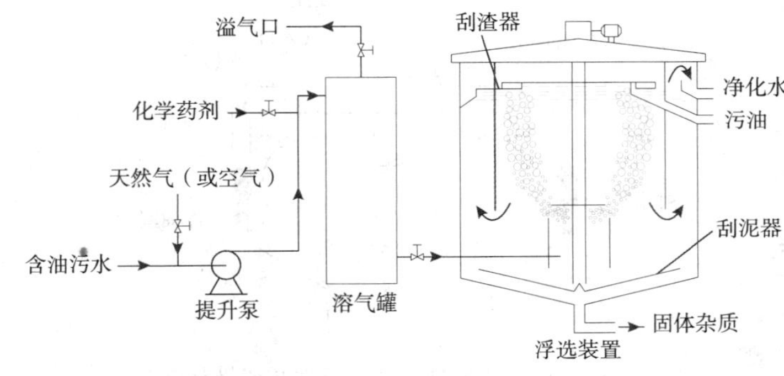

图4-2-16　溶解气浮选装置工艺示意图

2）分散气浮选装置

（1）旋转型浮选装置。

该装置机械转子旋转在气液界面上产生一个液体旋涡，旋涡气液界面随着转速升高可扩展到分离室底部以上。在涡旋中心的气腔中，压力低于大气压，这就引起分离室上部气相空间的蒸汽下移，通过转子与水相混合形成气水混合体。而后在转子的旋转推动下向周边扩散，形成与油、悬浮物混合、碰撞、吸附、聚集，上浮被去除的循环过程。图 4-2-17 为分散气浮选装置的横截面图。

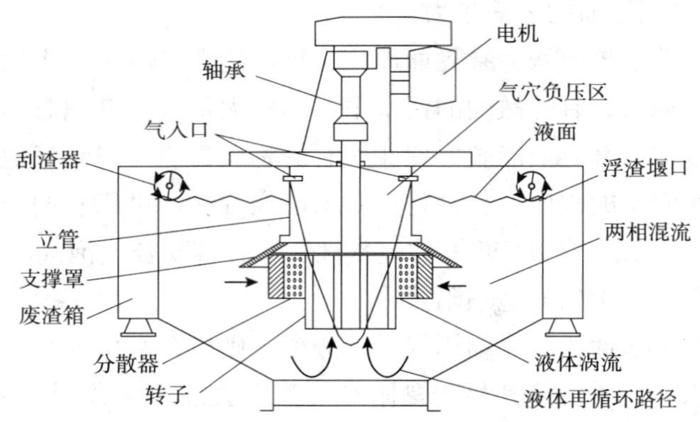

图 4-2-17 分散气浮选分散装置横截面

大多数旋转式分散气浮选装置设置有四个浮选单元室。含油污水依次流经四个浮选单元室，水中含油和悬浮物逐级被去除净化。

（2）喷射型浮选装置。

该装置每个浮选单元均设置一个喷射器，利用泵将净化水打入浮选单元的喷射器，如图 4-2-18 所示，在喷射器内的喷嘴局部产生低气压，这就引起气浮单元上部气相空间的气体流向喷射器喷嘴，从而使气、水在喷嘴出口后的扩散段充分混合，然后射流进入浮选单元中下部与被处理的污水混合，形成油、悬浮物与气泡吸附、聚集，上浮被去除的循环过程。

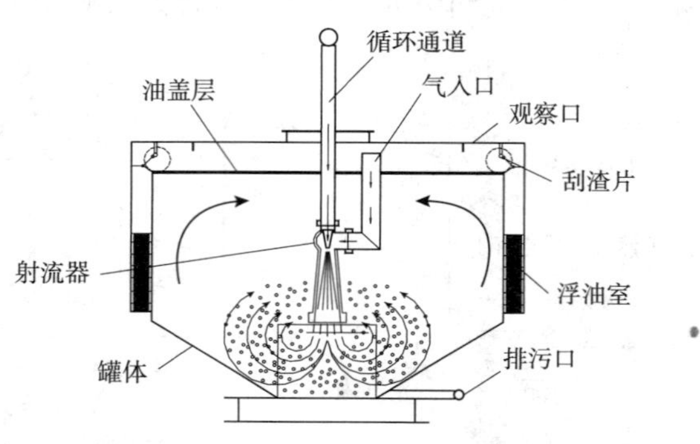

图 4-2-18 喷射型分散气浮选装置横截面

喷射型分散气浮选装置可设计为单浮选室、三浮选室和四浮选室，具体可根据处理污水水质情况确定。

生产实践证明，旋转型分散气浮选装置比喷射型分散气浮选装置能耗稍高，气耗也稍大。

五、旋流除油

1. 基本原理

水力旋流器是利用油水密度差，在液流调整旋转时受到不等离心力的作用而实现油水分离。其基本工艺结构如图 4-2-19 所示。

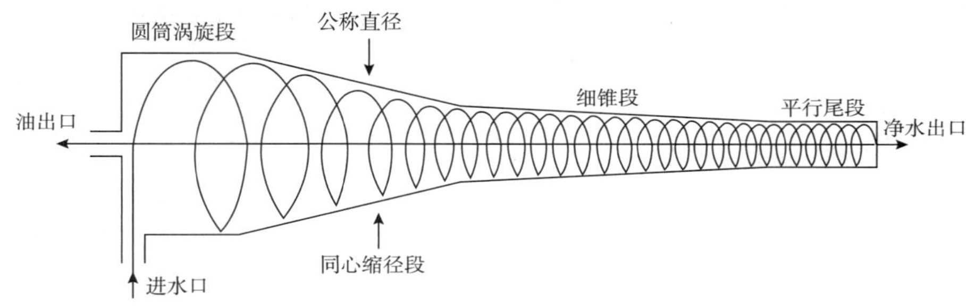

图 4-2-19 水力旋流器工作原理示意图

含油污水切向进入圆筒涡旋段，并沿旋流管轴向螺旋态流动。在同心缩径段，由于圆锥截面的收缩，使流体增速，并促使已形成的螺旋流态的污水向前流动，由于油、水的密度差，使水沿着器壁旋流，而油珠移向中心。流体进入细锥段，截面不断缩小，流速继续增大，小油珠继续移到中心汇成油芯。流体进入平行尾段，由于流体恒速流动，对上段产生一定的回压，使低压油芯从溢流口排出。

高速旋转的物体能产生离心力。含悬浮物（或分散油）的水在高速旋转时，由于颗粒和水的质量不同，因此受到的离心力大小也不同，质量大的被甩到外围，质量小的则留在内围，通过不同的出口分别导引出来，从而回收了水中的悬浮颗粒（或分散油），并净化了水质。

1）离心力和介质阻力

由旋流管中心向器壁辐射的力为离心力。球形液滴所受的离心力可按式（4-2-37）计算：

$$F_1 = \frac{\pi d^3(\rho_w - \rho_o)V_t^2}{6gr} \tag{4-2-37}$$

式中 d——液滴直径，cm；

ρ_w——连续相密度，kg/cm^3；

ρ_o——分散相密度，kg/cm^3；

V_t——切向速度，cm/s；

r——旋转半径，cm；

V_t^2/r——离心加速度，cm/s^2；

g——重力加速度，cm/s^2。

按斯托克斯公式求得的介质阻力为：

$$F_2 = 3\pi\mu_w dV_r \tag{4-2-38}$$

式中 μ_w——连续相的运动黏度，N·s/cm²；

V_r——液滴的径向速度，cm/s。

其他符号意义同前。

忽略重力不计，当离心力 F_1 和介质阻力 F_2 相等时，油滴的径向速度为：

$$V_r = \frac{d^2(\rho_w - \rho_o)V^2}{18\mu_w r} \tag{4-2-39}$$

油滴在重力场内的上浮速度为：

$$V_g = \frac{d^2(\rho_w - \rho_o)}{18\mu_w g} \tag{4-2-40}$$

比较式（4-2-39）和式（4-2-40）可得出：

$$K_c = \frac{V_r}{V_g} = \frac{V_t^2}{gr} \tag{4-2-41}$$

式（4-2-41）说明，K_c 是离心加速度和重力加速度的比值，称为分离因素。统计计算表明，水力旋流器的分离因素在 500～2000 之间。

2）油滴直径

由式（4-2-39）可知：

$$d = \frac{1}{V_t}\sqrt{\frac{18\mu_w r V_r}{\rho_w - \rho_o}} \tag{4-2-42}$$

$$V_t = \frac{4Q_{in}}{\pi D_{in}^2} \tag{4-2-43}$$

式中 Q_{in}——旋流管的进口流量，m³/s；

D_{in}——旋流管进口当量直径，m。

$$V_r = \frac{r}{t} \tag{4-2-44}$$

式中 t——液体在旋流管内的停留时间，s。

$$d = \frac{\pi D_{in}^2 r}{4Q_{in}}\sqrt{\frac{18\mu_w}{(\rho_w - \rho_o)t}} \tag{4-2-45}$$

油滴直径对分离效率有很大影响，研究旋流器进、出口水样中油滴直径的分布可用以评价旋流器的分离效果。假定，在特定的油品试样中，旋流管分离粒径为 40μm 油滴所需时间为 1s，分离 20μm 粒径油滴所需时间则为 4s，而分离粒径为 10μm 油滴所需时间为 16s。液体在旋流管内的停留时间仅为 1～2s。因此，当小粒径油滴占很大比例时，不可能有高的分离效率。

需要指出的是，式（4-2-45）的唯一条件是在旋流管内油滴尺寸及数量的分布是固定的，但在液－液分离体系中，上述情况是变化的。采样分析的样品和实际也会产生一定差异。可以采取的措施是，在流程设计中尽量增加油滴的聚集，减少泵、阀对油滴的剪切。

3）流量

随着流量的增加，离心力也相应增加，对一个特定的旋流器来说，在保证分离效率的前提下，有一个最小流量和最大流量的工作范围。流量过小，则由于离心力不足影响油滴的聚集，流量过大，油芯容易变得不稳定，另外，由于进、出口压差过大会，对油滴产生剪切。一根直径 35mm 的旋流管最佳流量范围为 100 ~ 200m^3/d。

4）密度

两种液体的密度差越大则分离效率越高。

2. 旋流除油器

液－液旋流分离由固－液（气）分离发展而来，但是具有更大的分离难度，原因是：液－液之间密度差太小，产生的分离力量太小；剪切力使油滴不产生聚结而是进一步破碎。对液－液旋流分离进一步研究得到：

（1）应产生非常强烈的旋流，使分散相有足够的径向迁移；

（2）旋流器直径要小，并有足够大的长径比；

（3）油芯附近的液流层必须稳定，避免油、水两相的重混；

（4）旋流器应具有很小的圆锥角，导流口能使液流产生好的旋转，旋转轴与旋流器几何轴线重合。

旋流除油器自 20 世纪 80 年代开始应用以来，很快在全世界各国油田得到了推广应用，特别是海上油田。旋流器产品就其结构形式而言，有静态和动态两种；按其用途分为油水预分离旋流器、污水除油旋流器及原油脱水旋流器。

影响油、水两相溶液分离效果的因素除了旋流器本身的结构尺寸和操作条件（压力、压差和流量）外，起决定作用的是分离液的物理性质。

水的相对密度大、液体温度高、分散相（油）液滴尺寸大，对分离效果有利；油的相对密度大、黏度高、表面活性剂含量高，对分离效果不利。增大压差，可提高处理量，便于调节，在操作范围内对分离效果影响不大。在保证溢液比大于 1% 的情况下，增加溢流量对分离效果没有影响。旋流器的入口流速过高，则液滴易分裂，入口流速过低，则离心力不足。图 4-2-20 为多管污水除油水力旋流器结构图。

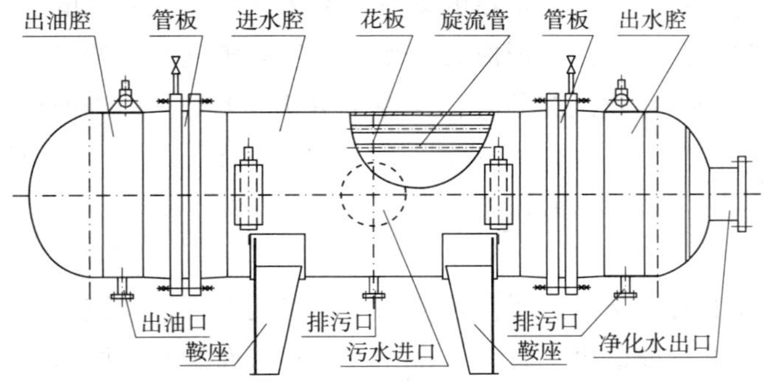

图 4-2-20 多管污水除油水力旋流器结构

第三节 混凝沉降

一、混凝机理

混凝指“凝聚”和“絮凝”过程。一般认为水中胶体失去稳定性，即“脱稳”的过程称为“凝聚”；而脱稳胶体中粒子及微小悬浮物聚集的过程称为“絮凝”。在实际生产应用中，很难将“凝聚”和“絮凝”两者截然分开，只是在概念上可以这样理解。

油田含油污水处理中的混凝现象比较复杂，室内实验研究证实，在不同的凝聚剂、絮凝剂组合，不同的水质条件下，混凝作用机理也有所不同。一般来说，混凝剂对水中胶体颗粒的混凝作用有三种：电性中和、吸附桥架和网扫作用。这三种作用以何者为主，取决于混凝剂的种类、投加量、水中胶体粒子的性质、含量和水的 pH 值等因素。

1. 电性中和

要使胶体颗粒通过布郎运动相互碰撞聚集，就必须消除颗粒表面同性电荷的排斥作用，亦称“排斥能峰”。排斥能峰的办法是降低或消除胶体颗粒的 ζ 电位，即在水中投入电解质便可达到此目的。含油污水中胶体颗粒大都带负电荷，故通常投入的电解质——凝聚剂，是带正电荷的离子或聚合离子，如 Na^{+}、Ca^{2+} 和 Al^{3+} 等。

2. 吸附桥架

不仅带异性电荷的高分子物质（即絮凝剂）与胶体颗粒具有强烈的吸附作用，不带电的甚至带有与胶粒同性电荷的高分子物质与胶粒也有吸附作用。当高分子链的一端吸附了某一胶粒后，另一端又吸附了另一胶粒，形成“胶粒－高分子－胶粒”絮体。高分子物质在这里起到了胶粒与胶粒之间相互结合的桥梁作用，故称吸附桥架。起桥架作用的高分子都是线性高分子且需要达到一定长度，当长度不够时，不能起到颗粒间桥架作用，只能单个吸附胶粒。

3. 网扫作用

当水中投加的混凝剂量足够大时，便可形成大量絮体。形成絮体的线性高分子物质，不仅具有一定的长度，且大都有一定量的支链，絮体之间也有一定的吸附作用。混凝过程中在相对较短的时间内，在水体中形成大量絮体，趋向于沉淀，便可以进行网捕，卷扫水中的胶体颗粒，以致产生净化沉淀分离，这种作用基本上是一种机械作用。

二、混凝工艺

1. 混合

投药口的位置和混合设备的选择必须使加入的混凝剂与水急剧、充分地混合，如在投加两种及两种以上混凝剂或助凝剂时，应事先进行配伍性实验。所谓配伍性实验，是几种药剂投入污水后必须有利于混凝沉淀处理，而且不能起相反的作用。例如，用聚合氯化铝作凝聚剂，用 CG－A 作絮凝剂时，应先投聚合氯化铝再投 CG－A。由于受污水处理站处理工艺的限制，两种药剂投入口不可能相隔太远，但至少应有 10s 左右的混合时间。投药口的位置根据采用的流程不同而异。

目前，各油田投药口大部分都设在压力管线上，为保证充分混合，一般采用图 4－2－21所示的静态简易管式混合器，其喷嘴流速 3～4m/s，也有采用图 4－2－22 所示的静态叶片涡流形式的管式混合器。混合时间一般为 10～20s，混合管线流速为 1～1.5m/s。

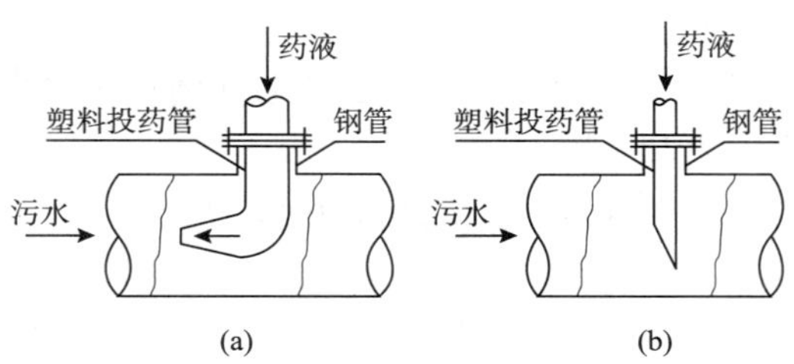

图 4－2－21 简易管式混合器示意图

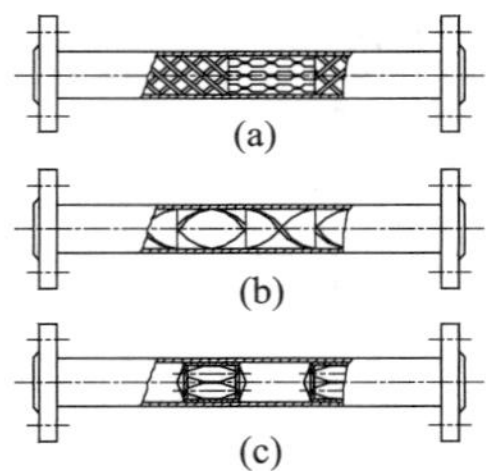

图 4－2－22 叶片涡流管式混合器示意图

2. 反应

油田污水处理站一般不设单独的反应构筑物，大都是反应与分离（沉淀）合建在一起的卧式或立式混凝沉降设施。反应部分从反应的水力原理上分为旋流式中心反应器和涡流式中心反应器，以及旋流涡流组合式反应器。

1）旋流式中心反应器

旋流式中心反应器的有效反应时间一般为 8～12min，喷嘴进口流速 2～3m/s。也可根据原水水质情况，以及投加的混凝药剂性能，通过实验确定。

旋流式中心反应筒计算公式如下。

（1）有效容积。

$$W_1 = \frac{TQ_1}{60} \tag{4-2-46}$$

式中 W_1——反应筒有效容积，m^3；

T——反应时间，min；

Q_1——单罐设计水量，m^3/h。

（2）直径。

$$D_1 = \sqrt{\frac{4W_1}{\pi H_r}} \tag{4-2-47}$$

式中 D_1——反应筒直径，m；

H_r——反应筒有效高度，m。

其他符号意义同前。

（3）反应筒总高度。

由图4-2-23可以看出，反应器总高度应包括上部椭圆形封头高度，中下部整流隔板高度、配水及排污部分高度之和，即：

$$H = H_r + H_1 + H_2 + H_3 \tag{4-2-48}$$

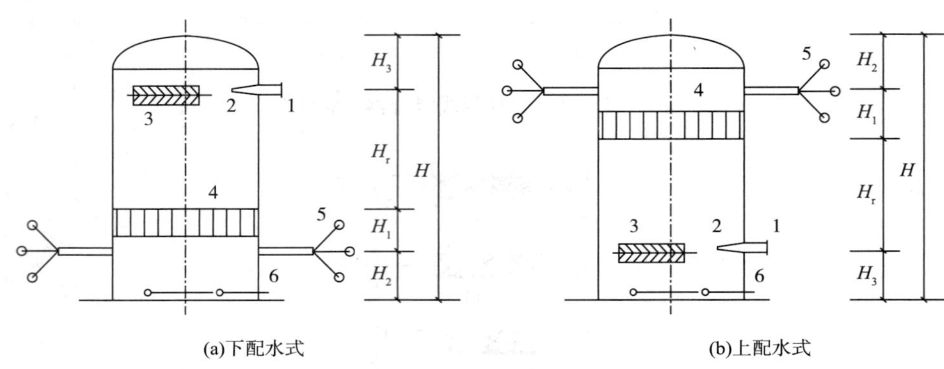

(a)下配水式 (b)上配水式

图4-2-23 旋流式中心反应器工艺结构

1—进水口；2—喷嘴；3—防冲导流板；4—整流格板；5—出口配水；6—排污口

2）涡流式中心反应器

涡流式中心反应器工艺构造如图4-2-24所示。

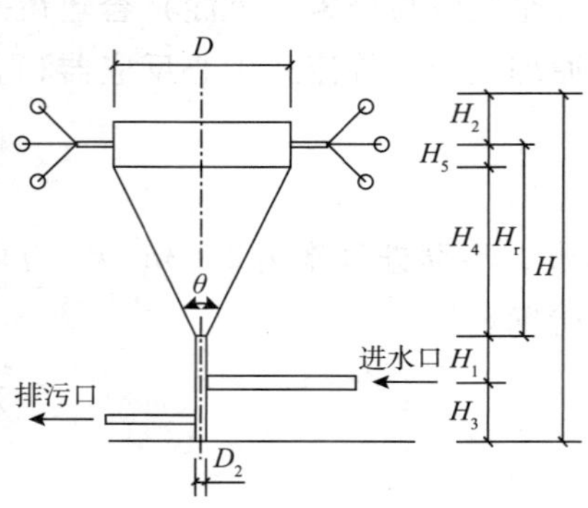

图4-2-24 涡流中心反应器工艺结构

污水有效反应时间一般为6～10min，进水管流速0.8～1.0m/s，锥底夹角θ为30°～45°。涡流式中心反应器有关计算公式如下：

（1）有效容积。

$$W_1 = \frac{TQ_1}{60} \tag{4-2-49}$$

（2）有效高度。

$$H_r = H_4 + H_5 \tag{4-2-50}$$

根据几何关系列出：

$$\frac{D_1}{2H_4} = \tan\frac{\theta}{2} \tag{4-2-51}$$

$$W_1 = \frac{\pi}{4}D_1^2\left(H_5 + \frac{2}{3}H_4\right) \tag{4-2-52}$$

解联立方程式即可求出D_1及H_4。

三、沉降分离工艺

经重力除油或其他除油设备初步净化后的污水加入混凝剂，通过进水管道混合后，分别进入两种形式的中心反应器。反应后形成矾花的污水，经布水管进入混凝沉降罐沉降分离部分，对下向流沉降罐，反应器采用上配水式，污水经多点配水喇叭口均匀分配至配水断面。污水在自上而下流动过程中，污油携带大部分悬浮物上浮至油层，经出油管流出。少量相对密度比较大的悬浮物下沉至罐底。因此，混凝沉降包括：上浮除去油和悬浮物和下沉少量悬浮物。一般认为，若污水中油是主要污染指标，固体悬浮物为次要污染指标，多采用下向流模式，这种罐称混凝除油罐；若污水中主要污染指标是固体悬浮物，而油是次要污染指标，常采用上向流（也称逆向流）模式，通常叫做混凝沉降罐，其意义是以除去固体悬浮物为主。

1. 下向流混凝沉降罐工艺结构

下向流混凝沉降罐与混凝除油罐的工艺构造基本一致。

2. 上向流混凝沉降罐工艺结构

重力式上向流混凝沉降罐为立式装配。设备中心中下部为混凝反应部分；环空底部为集泥、排污和冲洗系统，中部为下向逆流配水系统，上部为逆流斜板（管）分离部分；设备中上部为周向斜挡板集水部分，设备上部为浮渣污油加热收除系统。图 4-2-25 为上向流混凝沉降罐工艺结构示意图。

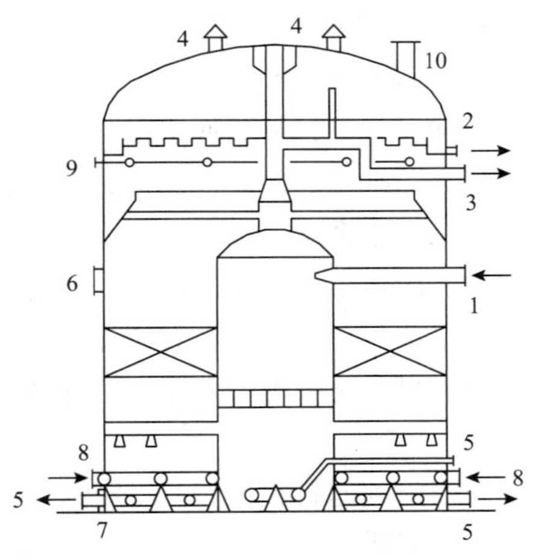

图 4-2-25　上向流混凝沉降罐工艺结构

1—进水口；2—收油口；3—出水口；4—呼吸口；
5—排污口；6—进料口；7—人孔；8—冲洗口；9—蒸汽回水口；10—密封口

3. 压力式混凝逆流沉降罐工艺结构

压力式混凝逆流沉降罐为卧式装配。设备首段为组合式混凝反应部分，外侧环空为旋流反应，内侧锥形空间为涡流反应；中段为整流过渡和配液区，中后段为逆流板（管）沉降分离区，后段为集水出流部分。设备中段、中后段上部为浮渣、污油收除内件，中部为配水分离内件，下部为污泥集聚和排除内件。图 4-2-26 为压力式混凝逆流沉降罐工艺结构示意图。

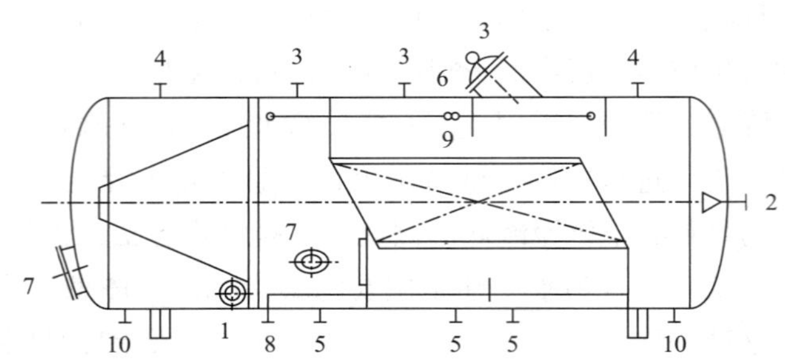

图 4-2-26 压力式混凝逆流沉降罐工艺结构

1—进水口；2—出水口；3—收油口；4—安全口；5—排污口；6—进料口；7—人孔；8—冲洗水口；9—蒸汽、回水口；10—放空口

第四节 过 滤

一、基本原理

过滤是指水体流过一定厚度（一般为 700mm 左右）而多孔的粒状物质的过滤床，这些粒状物滤床通常由石英砂、无烟煤、磁铁矿、石榴石、铝矾土等组成，并由垫层支撑。杂质被截留在这些介质的孔隙里和介质上，从而使水得到进一步净化。滤池不但能去除水中的悬浮物和胶体物质，还可以去除细菌、藻类、病毒、油类、铁和锰的氧化物、放射性颗粒、在预处理中加入的化学药品、重金属，以及很多其他物质。

采用过滤方式去除水中杂质，所包括的机理非常多。国内外很多学者都做过这方面的研究，但由于出发角度不同，所以解释程度也就各有所异。从过滤性质来说，一般可以分为物理作用和化学作用。过滤机理可分为吸附、絮凝、沉降和截留等。

1. 吸附

滤池功能之一是把悬浮颗粒吸附到滤料颗粒表面。吸附性能是滤料颗粒尺寸、絮体颗粒尺寸以及吸附性质和抗剪强度的函数。影响吸附的物理因素包括滤池和悬浮液的性质。影响吸附的化学因素包括悬浮颗粒、悬浮液水体以及滤料的化学性质，其中电化学性质和范德华力（颗粒间分子的内聚力）是两种最重要的化学性质。

2. 絮凝

为了得到水的最佳过滤性，有两种基本方法：①按取得最佳过滤性而不是为产生最易沉淀的絮凝体，来确定混凝剂的最初投药量；②在沉淀后的水进入滤池时，向其投加作为助滤剂的二次混凝剂。

为了实现有效过滤，预处理的目的应是产生小而致密，不是大而松散的絮凝体，使之能穿透表面而进入滤床。絮体颗粒的形成，大大地提高了其与滤料颗粒表面的接触概率。在滤床内，主要依靠絮体颗粒与滤料颗粒表面或先前已沉积的絮凝体相接触产生吸附来去除絮凝体。接触主要是滤料颗粒之间的孔隙通道的弯折处由于流水线的汇集而造成的。当絮体被截留在个别孔隙中时，其孔隙流速必然有所增高。然而，水流通道受到的这种侵占将造成未絮凝的固体穿透至滤池的深处。在低温时，水的黏度增高，絮凝作用有所减弱。同时，水的剪力也有所增强，当这种力超过絮体颗粒的抗剪强度时，絮体颗粒即被撕碎而破裂。这样，它们就将穿透至滤床的更深、更远处。也正因此，使得过滤的效率随着温度的下降而降低。

3. 沉降

小于孔隙空间的颗粒的过滤去除，与一个布满着极大数目浅盘的水池中的沉淀作用是类似的。据此联想，以粒径为 5×10^{-2}cm 的球状砂粒为例，在 $1m^3$ 体积中，所含的孔隙空间为40%，有 9.15×10^9 个颗粒，其总表面积为 $7.2\times10^3m^2$。假定只有1/6 的面积是水平的和面向上的，其中1/2 又是同其他砂粒相接触的，而余下的1/3 是受冲刷的，则相当于一个沉淀池的有效面积为 $100m^2$，或相当于每米深度中布置着400 个浅盘，按斯托克斯和其他有关公式计算，可得出被去除的颗粒的沉降速度和直径是同等负荷沉淀池中可被沉淀掉的颗粒速度的1/4 和其直径的1/20。慢速砂滤池与沉淀池相比，预期可去除掉沉降速度为1/4000 的和直径小于1/60 的那些颗粒。

4. 截留

截留也可以说成筛滤，这是最简单的过滤方式。它几乎全部发生在滤层的表面上，也就是水进入滤床的孔隙。开始时，筛滤只能去除比孔隙大的那些物质。随着过滤的进行，筛滤出的物质贮积在滤池滤料的表面上，形成一层面膜，此时水必须先通过它方能到达过滤介质。这样，杂质的去除也就更加限制在滤层的表面上了。

当被过滤的水中含有很多有机物质时，只要那层面膜能被长久地遗留着，那么外来的生物，主要是腐生菌，将利用这些物质作为能量的来源而繁育在这层面膜上。在此情况下，胶团性生物的繁殖将使这层面膜具有黏性，使筛滤过程的效率进一步增强。这样所造成的效率的逐渐增长，称为滤池的成熟或突破。滤池成熟所需的时间，主要是随着作为微生物养料的杂质的浓度、可利用程度以及水温度而变化的。高浓度、高营养价值和高温度有助于细菌的繁育，并产生一层厚的面膜。富有藻类或类似生物的水，可能形成一层很厚的面膜，当过滤的阻力升高到一个过大的数值时，或表面膜有破裂的危险时，就必须把这层面膜和支撑它的滤料表面层加以清理。

所以，过滤去除杂质的过程是相当复杂的，对于不同的水质，可能是以某一种机理为主，而以其他机理为辅，或者说去除机理包括一种或几种。

二、过滤工艺设计

1. 滤速

以过滤面积除过滤流量而得的商为过滤速度，即：

$$v = \frac{Q}{A} \tag{4-2-53}$$

式中　v——过滤速度，m/d 或 m/h；

Q——过滤流量，m^3/d 或 m^3/h；

A——过滤面积，m^2。

过滤速度的单位有：m/d、m^3/（d·m^2）、m/h 和 m^3/（h·m^2）等。

一般采用的过滤速度的数值如下。对双向流滤池来说，只表示一个方向的流速。

（1）范围：100～1000 m/d；

（2）一般单层过滤：120～250 m/d；

（3）一般双层过滤：200～400 m/d；

（4）当过滤速度超过 400m/d 时，常使用高分子絮凝剂来提高净化效果。

究竟采用多大滤速才合适，这是设计中最重要的问题之一。如果滤速小，必然使过滤面积大，因而不经济；如果滤速过大，则过滤持续时间太短。然而，通过计算求出最佳滤速也是很困难的。所以，必须在综合考虑经济性、过滤持续时间和滤过水质的基础上，参照上述滤速范围，并根据经验加以确定。

2. 过滤阻力

当水体通过滤层时，在滤层的进水两侧便产生水头差。这个水头差称为过滤水头损失或过滤阻力，其值随过滤时间延长而增大。

滤池常以过滤阻力达到预定值作为结束过滤的标志。当然，当过滤阻力在某一值以下时，如果事先知道滤过水质在容许值范围以内，那么即使把过滤阻力作为终止过滤的标志，仍能保证滤过水的水质。从图 4-2-27 亦可看出，可能达到的最大过滤阻力与滤池高度有关。

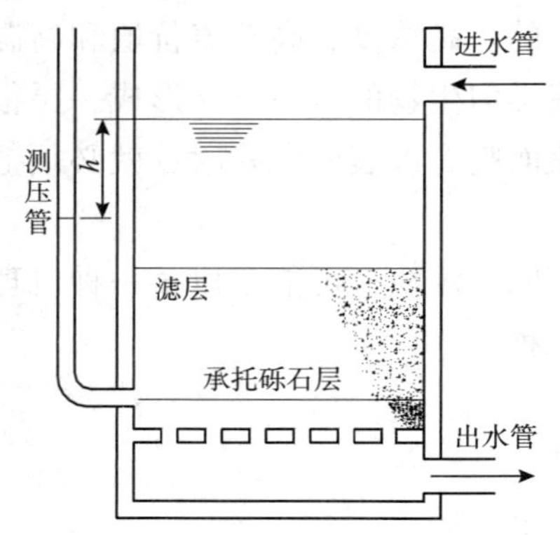

图 4-2-27　过滤阻力（以图中的 h 表示）

过滤阻力在设计上是决定构筑物高低的一个指标，在运行上是停止过滤的时间指标，所以是很重要的。

重力式过滤一般采用的最大过滤阻力的数值如下：

（1）范围：1.3～3.0m（水柱）；

（2）一般：1.5～2.0m（水柱）。

1）清洁滤层的过滤阻力（初期水头损失）

滤层尚未截留悬浮物时的过滤阻力，称为初期水头损失。

流体流过颗粒材料滤层时的水头损失，常用利瓦（Leva）公式或弗尔－哈奇（Fair－Hatch）公式表示，即

利瓦公式：

$$h_0 = \frac{200\mu v L_0 (1 - \varepsilon_0)^2}{\rho_F g \varphi^2 D^2 \varepsilon_0^3} \tag{4-2-54}$$

$$Re = \frac{\rho_F D_V}{\mu} < 10 \tag{4-2-55}$$

弗尔－哈奇公式：

$$h_0 = 0.178 \frac{\alpha C_D v^2 L_0}{\beta g \varepsilon_0^4 D} \tag{4-2-56}$$

$$C_D = \frac{24}{Re} + \frac{3}{\sqrt{Re}} + 0.34 \quad Re \geqslant 1 \tag{4-2-57}$$

$$C_D = \frac{24}{Re} \qquad Re < 1 \tag{4-2-58}$$

式中　h_0——清洁滤层的过滤阻力，m；

v——过滤速度，m/s；

L_0——滤层厚度，m；

D——滤料粒径，m；

φ——滤料的形状系数；

ε_0——滤层的初期孔隙度；

ρ_F——液体的密度，kg/m^3；

μ——液体动力黏滞系数，kg/(m·s)；

g——重力加速度，m/s^2；

Re——雷诺系数；

α——与滤料表面积有关的形状系数；

β——与滤料体积有关的形状系数。

如同快滤池的滤层一样，当具有层状构造时，滤层的过滤阻力可表示如下。但假定孔隙度 ε_0，形状系数 α/β 及阻力系数 C_D 对整个滤层都是相同的，则

利瓦公式：

$$h_0 = \frac{200\mu v L_0 (1 - \varepsilon_0)^2}{\rho_F g \varphi^2 \varepsilon_0^3} \sum_{i=1}^{n} \frac{p_i}{D_i^2} \tag{4-2-59}$$

弗尔－哈奇公式：

$$h_0 = 0.178 L_0 \frac{\alpha C_D v^2}{\beta g \varepsilon_0^4} \sum_{i=1}^{n} \frac{p_i}{D_i^2} \tag{4-2-60}$$

式中　p_i——粒径为 D_i 的滤料在整个滤层中所占的比例。

其他符号意义同前。

利瓦公式和弗尔－哈奇公式都是从科泽尼－卡曼（Kozeny－Carman）公式推导出来

第四编
CHAPTER FOUR
油田产出水处理及注水工程

的。特别是弗尔－哈奇公式是以滤池为对象求出的，所以与实测值吻合，但以 $Re=1$ 为界，公式的形式有变化，所以在 $Re=1$ 附近探讨过滤阻力有些不便。然而，利瓦公式适用于 $Re<10$ 的范围，所以它是个便于应用的公式。

为了便于应用上述公式，对一般快滤池可采用下列数值：

（1）动力黏滞系数（μ）：1.0×10^{-3}kg/（m·s）；

（2）形状系数（φ）：0.7～0.85；

（3）形状系数（α/β）：5.5～5.7；

（4）孔隙度（ε_0）：0.4～0.5。

2）堵塞滤层的过滤阻力

过滤阻力 h 随截留悬浮物的增加而加大。当然，即使截留悬浮物总量相同，但截留方式不同时，其过滤阻力的增加情况也不同。例如，下向流过滤时，悬浮物多被截留于滤层的表层，那么过滤阻力增加得很快；但悬浮物若能到达滤层深处而被截留，那么过滤阻力的增加也就要慢一些。

表4－2－4为各位研究者提出的过滤阻力公式，都是以与利瓦公式相同形式的科泽尼－卡曼（Kozeny－Carman）公式为基础推导出来的。

这些数学式表示的都是微分厚度 ΔZ 滤层中的微分过滤阻力 Δh。全滤层的过滤阻力 h 只能通过对这些公式由 $Z=0$ 至 $Z=L$ 进行积分的方法才能求出来，即：

$$h=\int_{Z=0}^{Z=L}\mathrm{d}h=\int_0^L f(\sigma)\mathrm{d}Z \tag{4-2-61}$$

单位体积滤料的截留悬浮物 σ 的值随滤层深度而异。因此，对式（4－2－61）进行积分时，必须知道 σ 与 Z 的关系。但由于从上述过滤方程式中得不到解析性的解答，所以用一般函数形式来表示过滤阻力公式也是很困难的。

表4－2－4　不同研究者提出的过滤阻力计算公式

研究者	计算公式	附　注
艾芙斯（Ives）1960	$\frac{\Delta h}{h_0}=\frac{f'}{f}\frac{r}{r_0}\left(\frac{\varepsilon_0}{\varepsilon_0-\sigma}\right)^3\left(\frac{1-\varepsilon_0+\sigma}{1-\varepsilon_0}\right)^2\frac{\Delta Z}{L}$	
谢克特曼（Shektman）1961	$\frac{\Delta h}{h_0}=\left(1-\sqrt{1-\frac{\varepsilon_0-\sigma}{\varepsilon_0}}\right)^{13}\frac{\Delta Z}{L}$	认为 $\frac{f'}{f}\left(\frac{\varphi D}{\varphi' D'}\right)=1$
坎普（Camp）1964	$\frac{\Delta h}{h_0}=\left[\sqrt{\frac{\zeta}{3(1-\varepsilon_0)}+\frac{1}{4}}+\frac{\sigma}{3(1-\varepsilon_0)}+\frac{1}{2}\right]\left(\frac{\varepsilon_0}{\varepsilon_0-\sigma}\right)^3\left(\frac{1-\varepsilon_0+\sigma}{1-\varepsilon}\right)^2\frac{\Delta Z}{L}$	$\frac{f'}{f}=1$ $\left(\frac{\varphi D}{\varphi' D'}\right)^2=\sqrt{\frac{\sigma}{3(1-\varepsilon_0)}+\frac{1}{4}}+\frac{\sigma}{3(1-\varepsilon_0)}$
麦克尔（Mackrle）1965	$\frac{\Delta h}{h_0}=\left(1+\frac{p\sigma}{\sigma}\right)^3\left(\frac{\varepsilon_0}{\varepsilon_0-\sigma}\right)^{1.5}\frac{\Delta Z}{L}$	$\frac{\varphi D}{\varphi' D'}=\left(1+\frac{\sigma}{\varepsilon_0}\right)^x\left(1-\frac{\sigma}{\varepsilon_0}\right)^y$ $x=1.5$，$y=0.75$

续表

研究者	计算公式	附注
萨克西瓦德维尔（Sakthivadivel）1966	$\frac{\Delta h}{h_0}=\frac{1}{\xi^2}\left(\frac{\varepsilon_0}{\varepsilon_0-\sigma}\right)^3\left(\frac{1-\varepsilon_0+\sigma}{1-\varepsilon_0}\right)^2\frac{\Delta Z}{L}$	$\xi^2=\frac{f'}{f}\left(\frac{\varphi D}{\varphi' D'}\right)^2$
莫汉卡（Mohanka）1969	$\frac{\Delta h}{h_0}=\left(1+\frac{p\sigma}{\varepsilon_0}\right)^2\left(\frac{\varepsilon_0}{\varepsilon_0-\sigma}\right)\frac{\Delta Z}{L}$	$x=y=1, p=\frac{29}{(S')^{0.65}}$
德布（Deb）1969	$\frac{\Delta h}{h_0}=[1+G(1-10^{-k\sigma})]\left(\frac{\varepsilon_0}{\varepsilon_0-\sigma}\right)\frac{\Delta Z}{L}$	$\frac{f'}{f}\left(\frac{\varphi D}{\varphi' D'}\right)^2=1+G(1-10^{-k\sigma})$ $\sigma=3.2,\ k=13.3$

现将我们所掌握的关于过滤阻力的一般规律归纳起来如下：

（1）滤料粒径愈粗，过滤阻力的绝对值增大得也愈慢。

（2）对悬浮物截留量及截留模式都相同的滤层来说，过滤阻力与滤速成比例变化。

（3）当滤速变大时，初期过滤阻力也大，但悬浮物进入滤层的深度也大。所以，对同一截留悬浮物数量而言，过滤阻力的增高较慢。

（4）对一定浓度的原水进行等速过滤时，过滤阻力在开始时按比例上升，随后急剧加大。

3. 反冲洗

影响滤料反冲洗效果的最重要的因素是反冲洗强度。为保证反冲洗强度，必须维持必要的反冲洗压力。

现行的反冲洗方式有水冲洗和气－水冲洗两种。当单独用水冲洗滤层时，依靠从滤层下部喷出的压力水使滤层处于流态化，并利用滤料颗粒相互碰撞将截留的悬浮物冲洗下来。这种方法在日本和美国用得很广，并且在多数情况下还要辅以表面冲洗。

气－水冲洗滤层用于欧洲式滤池。它是用空气气泡搅动滤层，使悬浮物从滤料颗粒上脱落下来，再用水将其冲走。

有时，在采用粗滤的滤池中使用气－水冲洗方法比较经济，下面主要对前一种方法，即流态化冲洗的问题加以阐述。

1）反冲洗水头

当反冲洗强度由零开始逐渐增大时，反冲洗水头按式（4-2-62）直线增大。但当滤层开始流态化后，即使再增大流速，水头也不再随反冲洗强度的增大而增大了。这时的水头，即流态化滤层中的水头损失，在数值上恰好等于单位面积滤层上滤料在水中的重量，可用式（4-2-62）表示。

$$h_B=\frac{L_0}{\rho_F}(1-\varepsilon_0)(\rho_S-\rho_F) \quad (4-2-62)$$

式中 h_B——在滤层中的水头损失，m；

L_0——静止滤层的厚度，m；

ε_0——静止滤层的孔隙度；

ρ_F——水的密度，kg/m^3；

ρ_S——滤料的密度，kg/m^3。

实际上，反冲洗所需水头等于滤层、砾石承托层和集水装置中的水头损失之和，即：

$$h = h_B + h_G + h_C \tag{4-2-63}$$

$$h_G = \frac{200L_G\mu u_B(1 - \varepsilon_G)^2}{\rho_F g\varphi_G^2 D_G^2 \varepsilon_G^3} \tag{4-2-64}$$

$$h_C = \frac{1}{2g}\left(\frac{u_B}{\alpha\beta}\right)^2 \tag{4-2-65}$$

式中 h——滤池的水头损失，m；

h_G——砾石承托层中的水头损失，m；

h_C——集水装置中的水头损失，m；

L_G——砾石承托层的厚度，m；

u_B——反冲洗强度，m/s；

φ_G——砾石的形状系数；

D_G——砾石粒径，m；

ε_G——砾石层的孔隙度；

α——集水装置喷水孔的流量系数；

β——集水装置喷水孔总面积与滤池面积之比，称为开孔比。

其他符号意义同前。

在设有管路的情况下，还必须加上在管路中的水头损失。

在表示反冲洗强度时，应注意正确选择基准面。有些书籍中常以集水装置部位为基准来表示反冲洗水头，如图4-2-28之中 h'。但反冲洗水头应为 h' 与 L_F 之差 h，即以排水槽上缘为基准表示的水头。

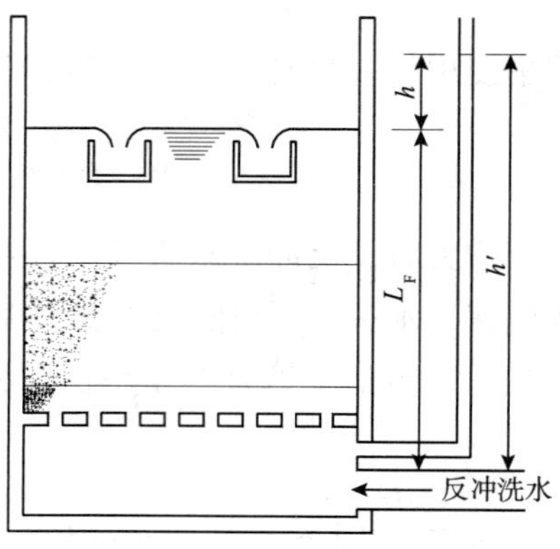

图4-2-28 反冲洗水头的表示方法

注：反冲洗水头是 h，而不是 h'。

显然，正确的表示方法是 h，而且在本书中，反冲洗水头 h 皆以排水槽上沿为基准，或以滤池进水口和出水口处的水头差来表示。

2）最佳反冲洗强度

如果说，当滤料颗粒相互碰撞最多时，其反冲洗的效果最好，那么，我们就可以说明上述的实验结果。

根据这个假定，流态化冲洗方式中最佳反冲洗强度可表示如下：

$$u_B = u_t/10 \tag{4-2-66}$$

$$u_t = \left[\frac{4(\rho_S - \rho_F)^2 g^2}{225\rho_F\mu}\right]^{\frac{1}{3}} D \tag{4-2-67}$$

式中　u_B——最佳反冲洗强度，m/s；

u_t——单一滤料颗粒的沉降速度，m/s；

D——滤料粒径（调和平均粒径），m。

其他符号意义同前。

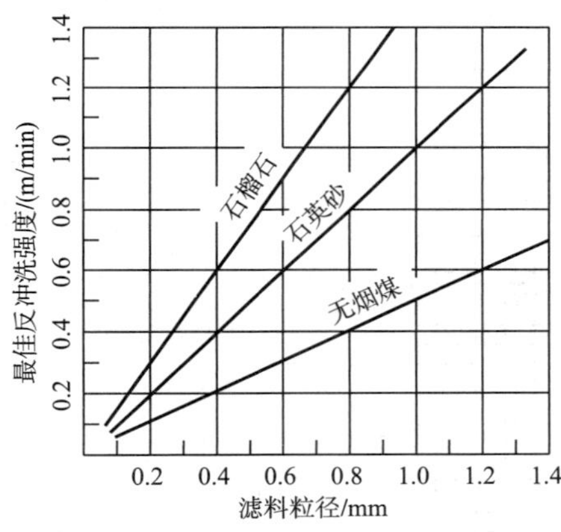

图 4-2-29　常温下的最佳反冲洗强度

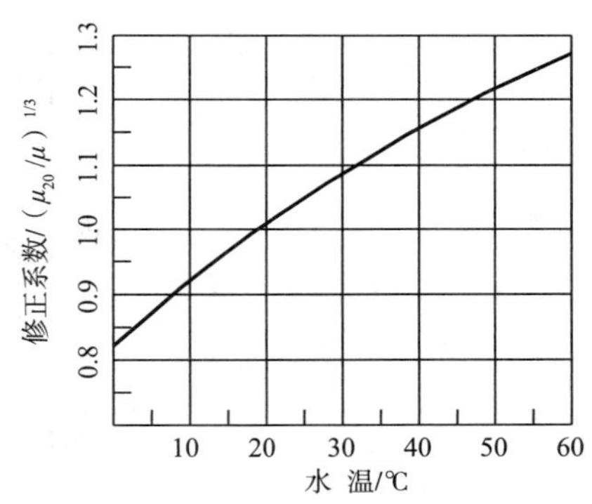

图 4-2-30　温度修正系数

图 4-2-29 说明了在常温下石英砂、无烟煤和石榴石的最佳反冲洗强度与滤料粒径的关系。在常温以外的温度下进行冲洗时，可由图 4-2-30 求得修正系数，然后与由图 4-2-29所得值相乘即可。

3）最佳膨胀率

滤层的膨胀率常用来作为反冲洗操作的控制指标。最佳反冲洗强度时的滤层膨胀率 E_m 可表示如下：

$$E_m = \frac{0.6 - \varepsilon_0}{0.4} \tag{4-2-68}$$

由此可以看出，滤层的最佳膨胀率只用膨胀前滤层的孔隙度 ε_0 来表示。图 4-2-31 说明了这个关系。

4）反冲洗时间

反冲洗时间因滤层污染程度而异，所以应根据运行情况来确定。但一般反冲洗所需的时间为 5～10min，因此设计时采用 10min 左右已足够。当然，这只是实际反冲洗时间。反冲洗操作尚包括启，闭阀门的时间和表面冲洗时间，总计需 15～30min。

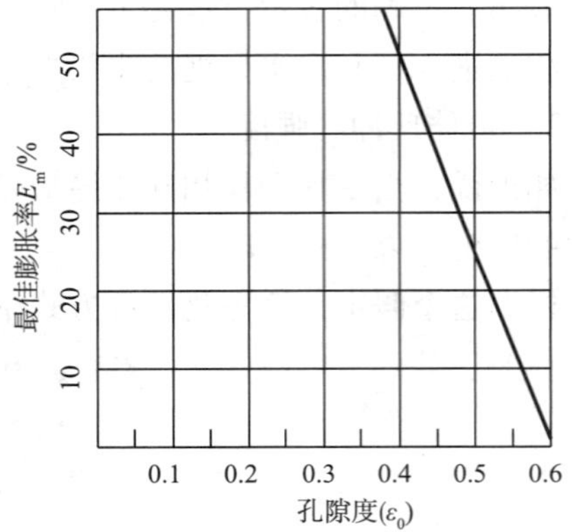

图 4－2－31　反冲洗的最佳膨胀率

注：最佳膨胀率由膨胀前滤料的孔隙度决定。

冲洗废水的浊度在冲洗开始后急剧升高，并到达顶峰后逐渐降低。如果认为滤池是由流态化滤层和滤层上面水层这两个完全混合区组成的模型的话，那么就可以用非常接近于实际的方法表示冲洗废水浊度随时间的变化。

从完全混合模型来看，冲洗废水浊度随时间的变化情况因滤池的构造不同而有所不同，但在实用范围内可表示为图 4－2－32。

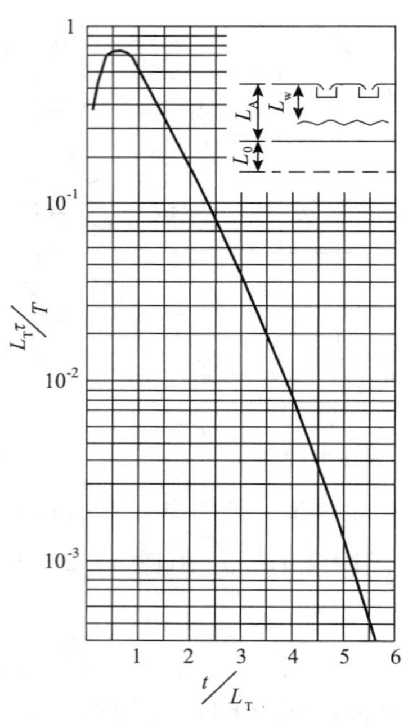

图 4－2－32　完全混合模型的冲洗废水浊度变化曲线

注：t 为冲洗时间，s；T 为冲洗前单位面积滤层上截留的悬浮物，kg/m^2。

排出截留悬浮物的 99% 和 90% 所需时间 t_{99} 和 t_{90} 可表示如下：

$$t_{99} \approx 3.5 \frac{L_T}{u_B} \tag{4-2-69}$$

$$t_{99} \approx 2.0 \frac{L_T}{u_B} \tag{4-2-70}$$

滤层中残留悬浮物量 T_R 与冲洗废水浊度 τ 的关系为：

$$T_R \approx 0.6\tau L_T \tag{4-2-71}$$

并且

$$L_T = L_A + L_0\varepsilon_0 \tag{4-2-72}$$

5）气－水冲洗

在欧洲式的滤池中，常用空气和水自滤层下部送入的气－水冲洗方式。气－水冲洗方式是利用空气泡在滤层中上升时引起的搅动，使滤层截留的悬浮物从滤料颗粒上脱落下来，并被水流冲走。由于它不需要使滤层全部流态化，所以与流态化冲洗比起来有以下不同点：

（1）滤层不产生分层现象；

（2）不必担心由于滤层膨胀而导致滤料流失，所以排水槽到滤层表面的高度可以减小，槽间间距可以加大；

（3）即便使用粗重的滤料，也不必增大反冲洗强度；

（4）为使空气和水在滤层中能均匀分布，需设特殊的集水装置。

截至目前，还没有从理论上推导出气－水冲洗的最佳空气流量和冲洗水量。若以有效粒径为0.9mm、滤层厚度为0.8～1m的砂层为例，其数据如下：

（1）第一阶段：以水0.1m/min，冲洗4～6min；

（2）第二阶段：以水0.1m/min、空气1m/min，冲洗8～10min；

（3）第三阶段：水0.3m/min，冲洗5～6min。

近来，将气－水冲洗用于多层滤池和双向流滤池等深层滤池的情况越来越多。这时，由于上层比重小的无烟煤能随空气泡逸出，所以有必要采取分别进行气冲洗和水冲洗等措施。

三、滤料及垫层

1. 滤料

1）滤料的性能

滤料具有吸附悬浮物的功能，滤池主要靠滤料使水净化。常用的滤料有石英砂和无烟煤粒。此外，核桃壳、石榴石、钛铁矿砂、磁铁矿砂、金刚砂和铝矾土等也可供使用。近年来，人们还创造了人工优质滤料，例如陶粒和活性炭、聚苯乙烯球粒和聚氯乙烯球粒等。凡满足下列要求的固体颗粒，都可以作为滤料。

（1）有足够的机械强度。在冲洗过程中，机械强度低的颗粒由于摩擦会破碎，破碎的细粒容易进入过滤水中，摩擦与破碎使颗粒粒径变小，这样更增加了“干净滤层的水头损失”；而且在冲洗时，也将会被水流带出滤池，增加了滤料的损耗。所以，滤料必须具有足够的机械强度。

（2）具有足够的化学稳定性。在过滤的过程中，滤料与水产生化学反应会使水质恶化。滤料尤其不能含有对人体健康和生产有害的物质。严格来说，水是万能溶剂，对一切固体物质都有极微小的溶解现象，当然滤料也不例外，但一般不会影响用户对水质的要求。例如，最常用的石英砂滤料有微量溶解于水，但生活用水对 SiO_2 含量没有严格的要求，所以作为滤料是没有问题的。但某些工业用水（如锅炉补充用水），对 SiO_2 的含量有严格要求，这时用无烟煤代替石英砂作为滤料就比较合适些。

(3) 能就地取材，货源充足，价格合理。

(4) 具有一定的颗粒级配和适当的孔隙度。

(5) 外形接近于球状，表面比较粗糙而有棱角。因为，球状颗粒间的孔隙比较大，表面粗糙的颗粒，其比表面较大（比表面指单位体积滤料的表面积，见表 4-2-5），棱角处吸附力量强。

表 4-2-5 滤料的比表面积

粒度/mm	石英砂			无烟煤粒		石榴石粒	
	孔隙度	比表面积		孔隙度	比表面积/(cm^2/cm^3)	孔隙度	比表面积/(cm^2/cm^3)
		cm^2/g	(cm^2/cm^3)				
1.2~2.5	0.44	25.5	37.8	0.55	30.4	0.45	37.1
0.6~1.2	0.44	50.6	75.1	0.55	60.4	0.45	74.8
0.3~0.6	0.46	87.3	125	0.55	104	0.50	116
0.15~0.3	0.46	174	249	0.55	208	0.56	203

2) 滤料颗粒级配

滤料颗粒的大小用“粒径”来表示，因为滤料不是球形，所以粒径是指能把滤料颗粒包围在内的一个假想的球面直径，如图 4-2-33 所示。通常用不同网孔的筛子来确定滤料的粒径。例如，一般快滤池中所用砂，能通过 18 目/英寸（孔径为 1mm）的网孔，但截留在 36 目/英寸（孔径为 0.5mm）的筛上，则滤料最大粒径为 1mm，最小粒径为 0.5mm。

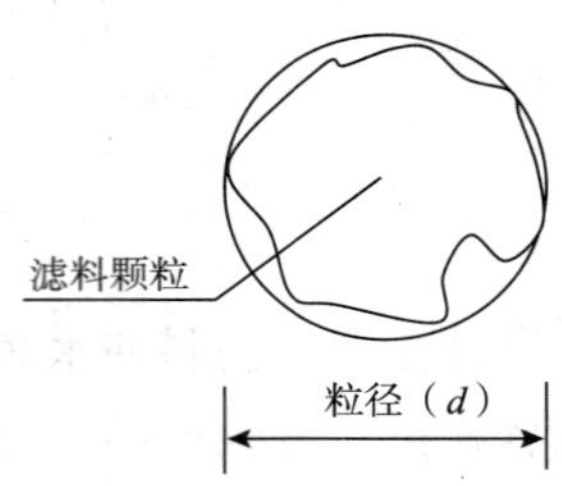

图 4-2-33 滤料粒径示意图

为了更明确地选择滤料，只有最大和最小粒径是不够的，还必须考虑滤料的均匀程度，也就是滤料的级配情况。滤料级配是指滤料粒径大小不同的颗粒所占比例。具有适当的滤料级配，才能取得良好的过滤效果。

滤料级配的表示方法是规定最大、最小两种粒径和 K_{80}。我国现行规范即采用这种表示方法，见表 4-2-6。

表 4-2-6 快滤池单层及双层滤料组成

<table>
<tr><th rowspan="2" colspan="2">类 别</th><th colspan="3">滤料组成</th><th rowspan="2">滤速/(m/h)</th><th rowspan="2">强制滤速/(m/h)</th></tr>
<tr><th>粒径/mm</th><th>不均匀系数（K_{80}）</th><th>厚度/mm</th></tr>
<tr><td colspan="2">单层石英砂滤料</td><td>$d_{max}=1.2$ $d_{min}=0.5$</td><td>2.0</td><td>700</td><td>8～12</td><td>10～14</td></tr>
<tr><td rowspan="2">双层滤料</td><td>无烟煤</td><td>$d_{max}=1.8$ $d_{min}=0.8$</td><td>2.0</td><td>400～500</td><td rowspan="2">12～16</td><td rowspan="2">14～18</td></tr>
<tr><td>石英砂</td><td>$d_{max}=1.2$ $d_{min}=0.5$</td><td>2.0</td><td>400～500</td></tr>
</table>

这种滤料级配的表示方法用起来十分方便，在加工滤料时，只要按照这个要求把砂样中不合用的两头颗粒筛去就行了。以最小和最大粒度为规格滤料，其最小粒径和最大粒径一般会和它的 d_{10} 和 d_{80} 接近，故 K_{80} 值也就自动定下来了。

在进行有关滤料的水力计算时，往往用当量粒径来表示粒径大小。当量粒径 d_e 按式（4-2-73）计算：

$$d_e = \frac{1}{\sum \frac{P_i}{d_i}} \tag{4-2-73}$$

式（4-2-73）中符号的意义是将筛分级配曲线分为若干段，每段在粒径 d_{i1} 及 d_{i2} 之间，其平均粒径为 d_i，相应于 d_{i1} 及 d_{i2} 之间的颗粒重量,%，用小数表示为 P_i。平均粒径 d_{50} 为滤料重量的 50% 通过的筛孔孔径。当量粒径 d_e 与平均粒度数值 d_{50} 一般都很接近。

在计算当量直径时，往往要用"筛的校准孔径"代替筛子的名义孔径。校准孔径 d' 的求法如下：将砂样放在筛孔为 d 的筛子里筛掉细砂。筛完后将筛子放在另一张纸上，并用盖将筛子盖好。使劲将筛子振动几下，这样又有一些颗粒筛落下来，这是刚好通过此筛孔的最大颗粒粒径 d。从中取出若干颗粒放在分析天平上称重，并数出颗粒数，用式（4-2-74）计算筛的校准孔径：

$$d' = \sqrt[3]{\frac{6W}{\pi n \rho}} \tag{4-2-74}$$

式中 W——天平上称出的颗粒质量，g；

n——在 W 质量中，滤料的颗粒数；

ρ——滤料颗粒密度，g/cm^3。

3）滤料孔隙度

滤料层的孔隙度是指某一体积滤层中孔隙的体积与其总体积（即滤料颗粒的体积与滤粒间孔隙体积的和）的比值。测量方法是取一定量的滤料，在 105℃ 下烘干称重，并用比重瓶测出相对密度。然后放入过滤筒中，用清水过滤一段时间后，量出滤层体积，按式（4-2-75）求出滤料孔隙度 ε：

$$\varepsilon = 1 - \frac{G}{\rho V} \tag{4-2-75}$$

式中 G——滤料质量（在 105℃ 下烘干），g；

V——滤料体积，cm^3；

ρ——滤料密度，g/cm^3。

滤料层孔隙度与滤料颗粒形状、均匀程度以及压实程度等有关。均匀颗粒和不规则形状的滤料，其孔隙度大。一般所用的石英砂滤料孔隙度在0.42左右，无烟煤滤料的孔隙度为0.5～0.6。

4）滤料形状

滤料形状影响滤层中水头损失和滤层孔隙度。迄今为止还没有一种让人满意的方法来确定不规则形状颗粒的实际表面积以及有关形状系数，各种方法求出的只能是大体的平均值。这里只介绍颗粒球形度系数概念和几种典型颗粒形状的有关值以供参考。

设某一形状不规则的颗粒粒径为 d_i，与其同体积的球体直径为 d_0，则颗粒的球形度系数 φ 为：

$$\varphi = \frac{d_0}{d_i} \tag{4-2-76}$$

表4-2-7列出了几种不同形状颗粒的球形度系数可供参考。

表4-2-7 滤料颗粒球形度系数及孔隙度

序 号	形状描述	球形度系数（φ）	孔隙度（ε）
1	圆球形	1.0	0.38
2	圆形	0.98	0.38
3	已磨蚀的	0.94	0.39
4	较锐利的	0.81	0.40
5	有尖角的	0.78	0.43

5）滤层规格

滤层的规格包括对滤层的材料、粒度和厚度三者的规定。滤料的粒度都比较小，一般在0.3～2.0mm范围内，小粒度的滤料比表面积较大，有利于过滤。滤料的比表面积数据可参考表4-2-5。表4-2-5中石英砂的比表面积值（单位为 cm^2/g）是实测的资料，其他的数值（单位为 cm^2/cm^3）是根据石英砂的相对密度2.65及孔隙度数据计算的。

滤层的厚度可以理解为矾花所穿透的深度和一个保护厚度的和。穿透深度和滤料粒度、滤速与水的混凝处理效果都有关系，粒度大、滤速高，混凝效果差，穿透深度会深一些，一般情况下，穿透深度约为400mm，相应的保护厚度约为200～300mm，滤层总厚度应为600～700mm。表4-2-8列出了粒度和允许滤速及水头损失的经验数据，滤层按600～700mm厚度考虑，是从控制穿透深度的角度得来的，可以作为选用滤料粒度时的参考。

表4-2-8 滤料粒度的适用条件

粒度/mm	适 用 条 件
0.3～0.5	滤速小于25m/h
0.6～0.8	滤速小于15m/h，水头损失小于6m
0.9～1.0	要求良好的混凝过程，水头损失小于4m
1.3～1.5	水头损失小于1.5m

上面主要是针对单层滤料所说的，如果石英砂上面加一层煤粒滤料，则构成双层滤料滤池。由于煤粒间的孔隙比较大，矾花可以穿透得更深一些，因此较好地发挥了整个滤层表面积的吸附能力。

在双层滤料中，煤和砂粒度选择合适与否是关键问题。根据煤、砂相对密度差，选配适当的粒径级配，可形成良好的上粗下细的分层状态。如果煤、砂粒径选配不当，在滤池反冲洗时会引起煤粒、砂粒间的互相混杂，小颗粒的砂掺在大颗粒煤粒的孔隙间，这样，颗粒间的孔隙甚至会小于单层石英砂滤料孔隙，双层滤料的优点也就不存在了。

煤、砂双层滤料在反冲洗以后，之所以能分层，主要原因是两种不同相对密度的滤料在反冲洗上升水流中所形成的两种悬浮体（即煤-水混合体和砂-水混合体）相对密度大的趋向下层，相对密度小的趋向上层。反冲洗一旦停止，两种滤料便保持分层状态。如果两种滤料所形成的悬浮体相对密度相同，则会造成混杂。设无烟煤相对密度为 ρ_1，在反冲洗状态下的孔隙度为 ε_1，则煤-水悬浮体相对密度 $\rho_{煤}$ 为：

$$\rho_{煤} = \rho_1 - (\rho_1 - \rho)\varepsilon_1 \tag{4-2-77}$$

设石英砂相对密度为 ρ_2，悬浮状态下的孔隙度为 ε_2，则砂-水悬浮体相对密度 $\rho_{砂}$ 为：

$$\rho_{砂} = \rho_2 - (\rho_2 - \rho)\varepsilon_2 \tag{4-2-78}$$

式中 ρ——水的相对密度。

将式（4-2-78）减去式（4-2-77），经整理得：

$$\rho_{砂} - \rho_{煤} = (\rho_2 - \rho)(1 - \varepsilon_2) - (\rho_1 - \rho)(1 - \varepsilon_1) \tag{4-2-79}$$

在反冲洗过程中，如果 $\rho_{砂} - \rho_{煤} > 0$，且 $\rho_{砂} - \rho_{煤}$ 值足够大时，则无烟煤浮于上层，石英砂处于下层，分层正常；如果 $\rho_{砂} - \rho_{煤}$ 值减小，煤、砂开始混杂，$\rho_{砂} - \rho_{煤}$ 值趋近于 0，混杂趋于严重；如果 $\rho_{砂} - \rho_{煤} = 0$，煤、砂完全混杂；如果 $\rho_{砂} - \rho_{煤} < 0$，便会出现石英砂在上而无烟煤在下的反分层状态。由于 $\rho_{砂} > \rho_{煤}$，这给煤、砂正常分层提供了有利条件。然而，煤、砂混杂却并非不可能。因为，在反冲洗时，煤、砂孔隙度 ε_2 和 ε_1 与各自膨胀度有关。而煤层和砂层的膨胀度与煤、砂颗粒的相对密度、粒径及冲洗强度有关，它们之间关系比较复杂。但在正常冲洗强度下，煤、砂混杂与否主要决定于煤、砂相对密度差和它们的粒径之比。石英砂相对密度一般为 2.65，无烟煤相对密度在 1.4～1.8。为防止煤、砂混杂，当选用的无烟煤相对密度较大时，煤、砂粒径比较小，反之亦然。因为无烟煤和石英砂均为非均匀粒径，经反冲洗水力分级后，煤、砂交界面处是最粗的无烟煤和最细的石英砂。此处最易产生混杂现象。根据生产经验，最粗的无烟煤和最细的石英砂粒径之比在 3.5～4.0，可形成良好的分层状态，但交界面处有一定的混杂是难免的。根据我国许多水厂生产经验表明，煤、砂交界面处混杂厚度在 5cm 左右，对过滤效果影响不大。

双层滤料级配参见表 4-2-6。实际上，各地使用的级配规格并不完全相同，可根据具体情况决定。双层滤料接触滤池的滤料级配可参见表 4-2-9。

表 4-2-9 双层滤料接触滤池滤料组成

滤料类别	粒径/mm	不均匀系数（K_{80}）	滤层厚度/mm	滤速/（m/h）	强制滤速/（m/h）
无烟煤	$d_{max}=1.2$ $d_{min}=0.8$	1.3	400～600	6～10	8～12
石英砂	$d_{max}=1.0$ $d_{min}=0.5$	1.5	400～600		

三层滤料是双层滤料发展的结果。其粒径级配原则基本上同于双层滤料，即根据三种滤料相对密度的不同，选配适当的粒径比，以防滤层混杂。三层滤料选用最多的形式是：在无烟煤、石英砂两层滤料的下面，加一层比石英砂细的磁铁矿薄层。允许矾花在滤层中比在双层滤料中穿透得更深一些，进一步发挥了整个滤层表面积的吸附能力。表 4-2-10 可作为选用参考。在我国，有的水厂设计滤速可达 30～40 m/h。

表 4-2-10 三层滤料滤池

层次	滤料	滤料规格		
		相对密度	粒径/mm	厚度/mm
第一层	无烟煤	1.5	08～2.0	420
第二层	石英砂	2.65	0.5～0.8	230
第三层	磁铁矿	4.75	0.25～0.5	90～120

三层滤料接触滤池的滤料级配、厚度及设计滤速应根据原水水质确定，通常需通过模型实验确定。一般来说，粒径级配大体如表 4-2-10 所示数据或略有变动。而滤层厚度通常大于普通多层滤池滤层厚度，约在 1m 左右或稍大于 1m。

2. 垫层

垫层也称为承托层，一般只是配合管式大阻力配水系统使用，但在油田污水处理中，小阻力配水系统中也广泛采用。其作用有两个：①防止过滤时滤料从配水系统中流失；②冲洗过程中保证均匀布水。当单层或双层滤料滤池采用大阻力配水时，承托层均用天然卵石。颗粒直径最小为 2mm，是由滤料的最大粒径定出来的。最大粒径为 32mm，是根据冲洗时孔隙射流所产生最大冲击力确定的。承托层自上而下分为四层，规格见表 4-2-11。在油田污水处理中，小阻力配水系统采用的垫层也参见此表。

对于三层滤料滤池，由于下层滤料粒径很小而相对密度很大，垫层必须与之相适应。表 4-2-12 所列垫层组成可作为选用时的参考。

表 4-2-11 承托层规格

层次（自上而下）	粒径/mm	厚度/mm
1	2～4	100
2	4～8	100
3	8～16	100
4	16～32	150

表 4-2-12　三层滤料滤池中承托层规格

层次（自上而下）	材 料	粒径/mm	厚度/mm
1	磁铁矿	1 ~ 2	70 ~ 100
2	磁铁矿	2 ~ 4	60 ~ 100
3	磁铁矿	4 ~ 8	60 ~ 100
4	卵石	8 ~ 16	60 ~ 120

四、过滤设施的分类

1. 非均质滤层向下过滤

假如某水处理装置采用有效粒径约为 0. 55mm 的砂滤池。用一定强度的反向水流冲洗后促成了滤池的滤层膨胀。这个在原来装入滤池时为均质的砂层经受了水力分级，0. 3mm 的细砂在滤层的表面，而 0. 9 mm 的颗粒则在滤层的底部。这样，滤料就变成非均质的，因而不利于滤床整个深度的利用。过滤的结果是截留的杂质都集中在滤层表面的几厘米内，在这里引起很大的局部水头损失，使滤池工作周期缩短。

实验研究证明，无论是在给水处理还是在污水处理上都不同程度地存在滤床中积气的问题。由于滤池积气，它带来三个不良影响：①使过滤时阻力迅速增大，大大增加了过滤时的水头损失；②在过滤过程中，有少量气泡穿过滤层上升至滤料表面，破坏了滤层的过滤作用；③在反冲洗开始时，由于滤床中气泡大量上升，造成了滤床强烈搅动，极易使滤料随冲洗水流出池外，特别是对较轻的无烟煤滤料，更容易造成滤料的流失。所以，在滤池用水反冲洗开始之时，不宜马上采用大强度冲洗，必须用小强度冲洗，然后再逐渐加大，以免冲跑滤料，确保滤池的正常工作。

2. 均质滤层向下过滤

在均质深层滤池中，整个滤床深度的滤料，其有效粒径在开始过滤时以及冲洗以后都是不变的。这种滤池是想用气和水同时冲洗，而后在过滤介质不膨胀的条件下漂洗。

在第一漂洗阶段，反洗是与气洗结合的，滤层并不膨胀；当反洗流量小时，砂层反而具有一定程度的压实；空气可保证砂层的搅动是完全的，在气洗以后，砂层完全和原先一样是均匀的。在第二漂洗阶段（从滤池中去除已从砂层洗出并聚集在水的表面的污物），滤床实际上不会膨胀，为了防止在前一阶段已经均匀混合的砂层受到水力分级，而这也正是所希望的。

因此，在过滤期间，杂质渗入到砂层的深部。而不像非均质滤床（即非均匀滤床）那样杂质堵塞其表面。另外，采用较粗的砂滤料可减少由真空形成的危险因素。

在生产过程中，采用单一介质的石英砂作为滤料，要想达到理想状态下的颗粒均匀是不容易的，这是因为砂粒不可能是完全的球状体，颗粒大小做不到完全一致；油田给水或污水处理工艺过程中大多采用水反洗滤池，由于水力筛分，必然会造成最细的砂排在最上面，而最粗的砂排在最下面。

3. 多滤层过滤

这种过滤可以是向下的，也可以是向上的，其目的就是避免非均质滤层滤池所固有的缺点，即表面堵塞和过滤速度受到限制。

1）向下过滤

为了提高这种滤池的滤速和延长其运行时间，用有效粒径大于其下面砂料的轻质材料来代替上面一层细砂。这种较轻的材料一般采用无烟煤，由于无烟煤的相对密度比砂的相对密度小，反冲后它们仍然能保留在滤池的上部，大的无烟煤粒使滤层上部形成了较大孔隙，减缓了孔隙中水流阻力增长的速度，使水中各种杂质有机会进入深层，使滤层得到较为充分、合理的应用，因此增长了过滤时间。实验和生产实践都证明，一般在相同周期情况下，其产水量约比砂滤料快滤池多 0.5 ~1 倍。这对于老厂来说，把砂滤池改变成双层滤料过滤，是挖掘滤池潜力和提高出水量的有效途径之一。无烟煤的有效粒径较砂的有效粒径大 2 ~3 倍为好。

在选择每一滤层的粒径时，应使冲洗水流量相同时它们的膨胀程度也相同，这样可使它们在重新开始过滤以前重新得到分级。

各种材料特别是上层滤料材料的均匀系数必须尽可能低（不超过 1.5），以防止杂质堵塞各滤层的表面。反冲洗流速的提高应与颗粒尺寸和水温成正比，每一滤层必须可以至少膨胀 10% ~15%。在某些场合中，必须采取措施使反冲洗水流速与水温相适应，以便经常维持适当程度的膨胀，而滤料又不会随排水而流失。在冲洗时很难做到滤料一点也不被冲走，所以每年必须补充 5% ~7% 的滤料。在实际应用中，也有用 3 层或 4 层滤料组成的滤池，相对密度越大且颗粒越小的滤料放在滤床的最底层，例如相对密度为 4.2 的磁铁砂常被用于作砂层下的滤料。这种多层滤池和双层滤池一样改善了杂质向深层渗入的情况，但是无论哪种滤池都消除不了必须进行冲洗这一固有的缺点。

2）向上过滤

在这种系统中，滤床粒径自底部至顶部逐渐减小，目的还是使杂质能够渗入滤床深部，以便尽量利用过滤体和延长过滤周期。另外，由于水是自底部向上流，因而砂层会承受一种浮力作用，这种作用随水头损失的增加而增大，可使滤床上部的细砂产生局部膨胀区，在恢复过滤以前，滤床会泄漏几分钟，为了克服这一缺点，在顶部埋置固定在边缘上由扁平栅条构成的水平格栅，用以稳定细砂。

这种格栅系统不能完全消除不希望有的突然膨胀，这种膨胀主要是在过滤水流量急剧或大幅度增加致使滤速加快时发生。为了进一步克服这种缺点，应当采用更深的砂层，这仅仅是为了提供更大的质量，另外，每个滤池都必须装有流速测量装置和过滤水量计量仪表，以便根据过滤水量而不是根据水头损失来确定是否需要冲洗；必须制定严格的操作规程，以保证流量只会缓慢地发生变化。

由于上向滤池本身存在的这一问题，尚未得到很好的解决，故在我国很少采用上向滤池。

3）双向流过滤

双向流式滤池是上向流滤池的改进形式，用池中的分流（从顶部向下流与从底部向上流，如图 4-2-34 所示，试图截住上向流的滤池。双向流式滤池主要用于荷兰和前苏联，在美国没有得到发展。双向流式滤池允许过滤工作从两个相对方向同时进行，其容量相等，从而使结构上和排水系统上都得到一定节省。

遗憾地是，双向流式滤池存在着一个固有的局限性，使它不能用来作为生产特别高质量出水的设备。单一滤料的双向流式滤池的最细滤料放在上半部下向流式滤床的顶部，这就使滤床的上半部构成一个快滤池或表面式过滤池，由它得出的水质最好也不会超过一个普通快滤池的水质，滤池的下半部是一个由粗到细的滤池，但是在滤床上部出口处的最细颗粒比普通快滤池中所成功地应用的最细颗粒还要粗。显然，从这个滤床出来的水比上面的下向流式滤池产生的水水质要差一些。双向流式双层滤料滤池（见图 4-2-34）构造比单一滤料双向流式滤池要好，其优点是把细砂放在更靠近中间的收集管的地方，这样便在由粗到细单一滤料（砂）的上向流滤床之上组成了一个双层滤料（煤-砂）的下向流滤床，最细砂粒的粒度根椐实际应用情况决定，在这一点上仍是有局限性的，如果砂粒比普通快滤池中应用的砂更细，（因为必须使它在滤床的下半部构成最好的上向流式滤池），则在反冲洗时砂粒就会由于太细而被过多地提升到煤层中去。如果要使砂粒的级配在上半部适合于双层滤料滤床，那么砂粒就显得太粗，而使下半部滤床上向流式过滤不能达到最佳过滤，不论哪一半出来的水质都比不上混合滤料滤池的出水水质，对于这样一个双重问题，很难简单地解决。

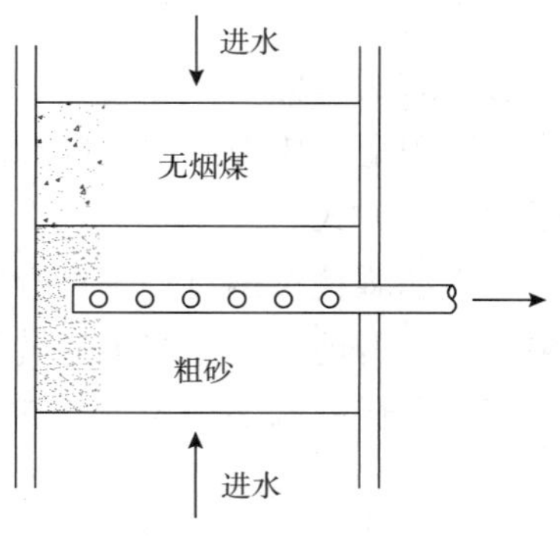

图 4-2-34　双层滤料双向流式滤池

另外一个问题是，对于同一个双向式过滤池，上向流与下向流之间的流量比很难调整和掌握。当提高上向流流量并接近某一值时，滤层滤料会产生流化现象，给过滤带来不利影响。

五、压力过滤罐

在油田污水处理系统中，压力过滤罐被广泛采用，压力过滤罐和重力式滤池不同。重力式滤池水面与大气相通，它是依靠滤层上的水深，以重力方式进行过滤的。压力滤罐是密闭式圆柱形钢制容器，内部装有滤料及进水和排水系统。罐外设置各种必要的管道和阀门等，并且它是在压力下工作的。进水直接用泵打入，滤后水压力较高，可送到用水装置或水塔中。在油田污水处理中，滤后水一般进入净化水罐，再用泵提升至离污水站距离较远的注水站。如果污水站与注水站合建，则滤后水可直接进入注水站储水罐中，这样可减少一次提升次数，也可节省电力和降低造价。

在压力滤罐的内部，石英砂滤料粒径一般采用 0.5 ~ 1.2mm，滤层厚度一般为 0.7 ~

0.8m，滤速为 8～12m/h，甚至更大。

压力滤罐的进、出水管上都装有压力表，两表的压力差值即过滤时的水头损失，终期允许水头损失值一般可达 5～6m，有时可达 10m。为提高冲洗效果和节省冲洗水量，可考虑用压缩空气助冲。

压力滤罐的上部应安装放气阀，底部应安装放空阀。

压力滤罐分为立式和卧式，直径一般都不超过 3m。卧式滤罐由于过滤断面不均匀，远没有立式滤罐应用广泛。

在油田上，压力滤罐上部布水一般采用多点喇叭口向上布水方式，下部配水一般采用大阻力配水方式。

压力滤罐耗费钢材多，投资大，滤料进、出不方便。但压力滤罐可在工厂预制，现场安装方便、占地少，生产中运转管理方便，工业中采用较广泛。

压力滤罐结构如图 4－2－35 所示。

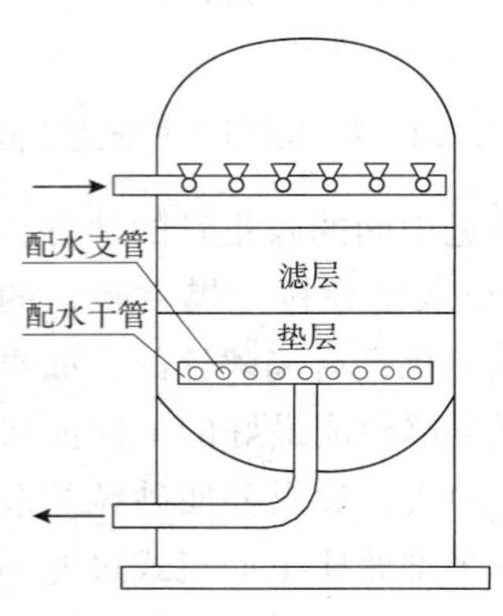

图 4－2－35 压力滤罐结构

1. 主要参数

本小节只涉及管式大阻力配水系统。压力滤罐应设置下列管线，其断面应考虑水量增大的可能性，并根据下列流速计算确定：

（1）进水管采用：0.8～1.2m/s；

（2）出水管采用：1.0～1.5m/s；

（3）冲洗水管采用：2.0～2.5m/s；

（4）排水管采用：1.0～1.5m/s。

上述压力滤罐上的管线均应设置阀门。根据条件采用人工、气动或电动阀。当滤罐数目较少且阀门直径为 300mm 及 300mm 以下时，且建设单位对自动化水平要求不高时，可采用手动阀门。

对于管式大阻力配水系统应按冲洗流量设计，一般采用下列数据：

（1）配水干管进口流速为：1.0～1.5m/s；

（2）配水支管进口流速为：1.5～2.0m/s；

（3）配水的孔眼流速为：3.0～6.0m/s；

（4）配水孔眼总面积与滤罐面积之比为：0.2%～0.25%。

支管中心距为：0.2～0.3m，支管下侧距池底的距离为：（$d/2+50$）mm（d 为排水干管管径）。支管长度与其直径之比不应大于 60。

孔眼直径为：8～12mm，在支管上设两排，与垂线成 45°角向下交错排列。

干管横截面应大于两侧支管总横截面的 0.25～0.75 倍。当干管直径大于 300mm 时，顶部应装滤头、管嘴或把干管埋入池底。

滤罐排水喇叭口的平面面积不应大于滤罐面积的 25%。排水喇叭口底到滤料表面的距离应等于滤层冲洗时的膨胀高度，再加上适量保护高度。

2. 压力过滤水头损失

滤罐在工作时，过滤水头损失对工作周期往往起决定性影响。在设计时，最大允许水头损失应根据技术、经济条件决定，一般为5.0～10.0m，包括配水系统及承托层等水头损失在内。当过滤水头损失达到最大允许水头损失时，过滤即宣告终止，经过反冲洗，滤层重新工作。在过滤开始阶段，滤层比较干净、水头损失小，该水头损失称作"清洁砂层水头损失"，或称为"起始水头损失"。

滤池在冲洗干净后开始过滤时，总的水头损失可用式（4-2-80）表示：

$$H = \sum_{i=1}^{n} \Delta H_i \tag{4-2-80}$$

$$\Delta H = 0.188\mu a_i^2 \frac{v(1-\varepsilon_i)^2}{(d_e)_i^2 \varepsilon_i^3} \Delta L_i \tag{4-2-81}$$

式中 H——总水头损失，cm；

ΔL_i——滤层厚度，cm；

μ——水的动力黏度，g/（cm·s），[1g/（cm·s）=0.1kg/（cm·s）=0.1Pa·s]；

a_i——滤料颗粒的形状系数，见表4-2-13；

v——过滤速度，cm/s；

ε_i——滤层孔隙度；

d_e——过滤颗粒的当量粒径；cm；

ΔH_i——ΔH_i 厚滤层的水头损失，cm。

表4-2-13 形状系数（a）

过滤颗粒形状	过滤颗粒系数（a）
正规几何球体	1
正规立方体	1.24
接近球形天然砂	1.0～1.05
普通天然砂	1.22～1.30
尖角颗粒天然砂	1.48～1.55
非常不均匀天然砂	1.7～1.87

3. 反冲洗水头损失

在正常情况下，当滤罐的过滤水头损失达到预定的设计极限时，即需要进行冲洗。在特殊条件下，如果滤池出水达不到规定指标，不应该继续使用，即使尚未达到预定的水头损失极限，也应该停止运行，进行冲洗。

每平方米滤层所用的冲洗流量称为反冲洗强度，用L/（s·m^2）表示。冲洗时，滤层膨胀后所增加的厚度与原厚度的比值称为膨胀率，一般用百分数表示：

$$e = \frac{L - L_0}{L_0} \times 100\% \tag{4-2-82}$$

式中 e——滤层膨胀率，%；

L_0——滤层厚度，cm；

L——滤层膨胀后厚度，cm。

反冲洗时，冲洗强度约为15～20L/（s·m²），膨胀率约为40%～50%。膨胀率过小，滤料冲不干净；膨胀率过大，滤料间的摩擦机会减少，也冲洗不干净，且滤料容易流失。

在设计上，滤罐所需的冲洗流量，一般只考虑一座滤罐冲洗的水量。所以，在生产中不应同时冲洗两个或多个滤罐，这样冲洗流量就可以由冲洗强度及一座滤罐面积确定，冲洗总水量由冲洗时间乘以冲洗流量计算而得出。综合全国各油田情况，压力滤罐的冲洗时间大多采用10～15min。冲洗水的流量、水头以及各管道的流速均要稳定，保持设计的滤层膨胀率稳定不变。这样，既能将滤料冲洗干净，又不会把滤料冲走。在油田上，冲洗水的供给大多采用专设冲洗水泵的方法，也有用其他滤罐出水直接去冲洗某一滤罐的方法。当用后一种方法时，其他滤罐的出水量必须满足冲洗水量。这种方法虽然可节省一台冲洗水泵，但冲洗水量在专门仪表监测的情况下较难控制。

水泵的流量按冲洗一个滤罐来计算，其所需扬程 H（单位为m）可按式（4-2-83）计算：

$$H = H_0 + H_1 + H_2 + H_3 + H_4 + H_5 \tag{4-2-83}$$

式中 H_0——冲洗排水喇叭口顶与吸水池底最低水位的高程差，m；

H_1——吸水池与滤罐间冲洗管道的沿程与局部水头损失之和，m；

H_2——配水系统的水头损失，m。按式（4-2-84）计算：

$$H_2 = \left(\frac{q}{10\mu d}\right)^2 \frac{1}{2g} \tag{4-2-84}$$

式中 q——反冲洗强度，L/（s·m²）；

μ——孔眼流量系数，为孔径与本身管厚的函数，一般采用0.65～0.70，见表4-2-14；

d——孔眼总面积与滤池面积的比值，一般为0.20%～0.25%；

g——重力加速度，取9.8m/s²。

表4-2-14 孔眼的流量系数

孔眼直径与管壁厚之比 （d/δ）	1.25	1.5	2.0	3.0
流量系数（μ）	0.76	0.71	0.67	0.62

H_3——承托层水头损失，m。可按式（4-2-85）计算：

$$H_3 = 0.022H_a q \tag{4-2-85}$$

式中 H_a——承托层厚度，m；

q——反冲洗强度，L/（s·m²）；

H_4——滤料层水头损失，m。可按式（4-2-86）计算：

$$H_4 = \left(\frac{\rho_2}{\rho_1} - 1\right)(1 - \varepsilon_0)L_0 \tag{4-2-86}$$

式中 ρ_2——滤料密度，石英砂 ρ_2 = 2.65t/m³；

ρ_1——水的密度，1.0g/cm^3；

ε_0——滤层膨胀前的孔隙度，石英砂 $\varepsilon_0=0.41$；

L_0——滤层膨胀前的厚度，m。

H_5——富余水头，一般可取1.5～2.0m。用于克服未考虑到的一些水头损失。

用水泵冲洗的最大优点是冲洗强度均匀。但冲洗泵间断工作，设备功率很大，在短时间内需要消耗大量电力，因此电网负荷不均匀。考虑冲洗水泵间断工作，所以一般不设备用泵。

4. 冲洗强度有关因素

冲洗强度与滤料粒径及水的温度有直接关系，下面根据砂层冲洗强度公式说明其相互关系。

$$q = 100\frac{d_e^{1.31}}{\mu^{0.54}}\frac{(e+\varepsilon_0)^{2.31}}{(1+e)^{1.77}(1-\varepsilon_0)^{0.54}} \tag{4-2-87}$$

式中　q——冲洗强度，L/（s·m^2）；

d_e——滤料的当量粒径，cm；

μ——动力黏度，g/（cm·s）；

e——膨胀率，一般为35%～45%；

ε_0——滤层的孔隙率，砂层为0.41。

利用式（4-2-87）可以说明下列各点：

（1）冲洗强度与粒径的关系。

当滤层的膨胀率 e 要求一定时，相应的冲洗强度 q 与 $d_e^{1.31}$ 成正比例增加，如果粒径增加70%，冲洗强度即增加100%。

（2）冲洗强度与水温的关系。

当 d_e 及 e 值一定时，q 与 $\mu^{0.54}$ 成反比例关系变化。μ 和 $\mu^{0.54}$ 值见表4-2-15和表4-2-16。由于水温降低时，$\mu^{0.54}$ 值增大，所以 q 值减小，反之 q 值增大。对于含油污水，一般要求冲洗温度不低于40℃。

表4-2-15　含油污水动力黏度 μ、$\mu^{0.54}$ 值

水温/℃	μ 的CGS单位值/［g/（cm·s）］		μ 的工程单位值/（kg·s/m^2）
	μ	$\mu^{0.54}$	
30	0.838×10^{-2}	0.756×10^{-1}	0.838×10^{-4}
35	0.771×10^{-2}	0.723×10^{-1}	0.771×10^{-4}
40	0.707×10^{-2}	0.689×10^{-1}	0.707×10^{-4}
45	0.645×10^{-2}	0.656×10^{-1}	0.645×10^{-4}
50	0.590×10^{-2}	0.625×10^{-1}	0.590×10^{-4}
55	0.554×10^{-2}	0.605×10^{-1}	0.554×10^{-4}

注：表4-2-15中所列动力黏度系数是用大庆含油污水作出的。污水含油为30～82mg/L。

表 4-2-16 水的动力黏度μ、$\mu^{0.54}$值及运动黏滞系数γ

水温/℃	μ的CGS单位值/［g/（cm·s）］		μ的工程单位值/（kg·s/m²）	γ的CGS单位值/（cm²/s）
	μ	$\mu^{0.54}$		
0	0.0179	0.1140	1.79×10^{-4}	0.0179
2	0.0166	0.1094	1.66×10^{-4}	0.0166
4	0.0156	0.1058	1.56×10^{-4}	0.0156
6	0.0147	0.1024	1.47×10^{-4}	0.0147
8	0.0138	0.1000	1.38×10^{-4}	0.0138
10	0.0131	0.0962	1.31×10^{-4}	0.0131
12	0.0124	0.0934	1.24×10^{-4}	0.0124
14	0.0117	0.0905	1.17×10^{-4}	0.0117
16	0.0111	0.0880	1.11×10^{-4}	0.0111
18	0.0106	0.0859	1.06×10^{-4}	0.0106
20	0.0101	0.0836	1.01×10^{-4}	0.0101
22	0.0096	0.0814	0.96×10^{-4}	0.0096
24	0.0092	0.0794	0.92×10^{-4}	0.0092
26	0.0088	0.0775	0.88×10^{-4}	0.0088
28	0.0084	0.0757	0.84×10^{-4}	0.0084
30	0.0080	0.0739	0.80×10^{-4}	0.0080

（3）选用冲洗强度的根据。

如果使滤层中一个具有代表性的最大粒径d_z在冲洗时恰好处在悬浮的临界状态，即$e=0$，那么粒径比d_z小的滤层部分一定会膨胀起来，冲洗强度即可按这个条件定出来。取$\varepsilon_0=0.41$，$e=0$并以d_z代替d_e，由式（4-2-87）可得：

$$q = 1.69\frac{d_z^{1.31}}{\mu^{0.54}} \tag{4-2-88}$$

式中，d_z可取最大的砂粒或d_{95}。

第五节 深度净化

对于采取注水方式开发的低渗透、特低渗透油藏而言，为了满足注水水质要求，必须在常规污水处理工艺基础上，对水质进行深度处理净化。水处理中常用的深度处理净化工艺有：二级深床过滤、吸附过滤、细滤、微滤、超滤、电渗析和反渗透等；油田污水处理深度净化多采用二级深床过滤、吸附、细滤、微滤、超滤等。这里只对吸附过滤、细滤和微滤作简要介绍。

一、活性炭吸附过滤

吸附法是用含有多孔的固体物质，使水中污染物被吸附在固体孔隙内而去除的方法。例如除去水中余氯、胶体微粒、有机物、微生物等。常用的吸附剂有活性炭和大孔吸附树脂等。

活性炭是用木质、煤质、果壳（核）等含碳物质通过化学法活化或物理法活化制成的。它有非常多的微孔和巨大的比表面积，因而具有很强的物理吸附能力，能有效地吸附水中的有机污染物。此外，在活化过程中，活性炭表面的非结晶部位上形成一些含氧官能团，如羧基（—COOH）、羟基（—OH）、羰基（—C═O—）。这些基团使活性炭具有化学吸附和催化氧化、还原的性能，能有效地去除水中的一些金属离子。

市售的活性炭有粉末活性炭、不定形颗粒活性炭、圆柱形活性炭、球形活性炭四种。工业用水常用的有木质不定形颗粒活性炭、果壳（核）不定形颗粒活性炭或煤质颗粒活性炭。

1. 颗粒活性炭

1）活性炭的特性

活性炭的物理特性主要指孔隙结构及其分布，在活化过程中晶格间生成的孔隙形成各种形状和大小的微细孔，因而构成巨大的吸附表面积，所以吸附能力很强。良好活性炭的比表面积一般在 $1000m^2/g$ 以上，细孔一般总容积可达 0.6 ~ 1.18mL/g，孔径 $10 \sim 10^5$ Å，细孔分为大孔、过渡孔和微孔，孔的特性列于表 4-2-17 中。

表 4-2-17 活性炭细孔特性

孔隙种类	平均孔径/Å	孔容/（mL/g）	表面积占比表面积/%	吸附能力
大孔	$10^3 \sim 10^5$	0.2 ~ 0.5	1	小
过渡孔	$10^2 \sim 10^3$	0.02 ~ 0.1	<5	强
微孔	$10 \sim 10^2$	0.15 ~ 0.9	<95	有

活性炭的吸附量不仅与比表面积有关，而更主要的是与细孔的孔径分布有关，对于液相吸附，大孔主要为吸附质的扩散提供通道，使之扩散到过渡孔和微孔中去，所以吸附质的扩散速度往往受大孔影响。由于水中有机物不但有小分子而且有各种大分子，大分子的吸附主要靠过渡孔，过渡孔又是小分子有机物到达微孔的通道。微孔的表面积占比表面积 95% 以上，吸附量主要受微孔支配。因此，要根据吸附质的直径与炭的细孔分布情况选择恰当的活性炭。

活性炭的吸附能力以物理吸附为主，但也进行一些化学选择性吸附，这是由于在制造过程中还形成部分表面氧化基团，使炭具有一定极性所致。例如，当制作温度在 300 ~ 500℃时，酸性氧化物占优势，这种酸性氧化物在水中离子化时，活性炭就带负电荷；制作温度在 800 ~ 900℃时，碱性氧化物占优势，这种碱性氧化物在水中离子化时，活性炭就带正电荷；而制作温度在 500 ~ 800℃时，活性炭具有两性性质。通过测定其电位得知，一般活性炭带负电荷，它在溶液中呈弱酸性，在pH值较低的酸性条件下吸附较好；反之，在pH值较高的碱性条件下吸附则较差。

2）活性炭的技术要求

有关活性炭的国家标准《活性炭型号命名法》GB 12495。对三种国产工业净水用的活性炭技术要求大致有以下几点：

（1）外观：均为黑色无定形颗粒状。

（2）亚甲基蓝吸附值：这是净水用活性炭的重要技术指标之一，常用吸附亚甲基蓝的多少来表示该活性炭的吸附能力。它的吸附结果有两种表示方法：①以每克活性炭吸附亚甲基蓝毫克数来表示，即mg/g；②以0.1g活性炭吸附亚甲基蓝毫升数（mL）表示，常在90～120mg/g或6～3mL范围内。

（3）碘吸附值：这和亚甲基蓝吸附相同，也是表示吸附能力大小的指标。它以每克活性炭吸附多少毫克碘来表示，即mg/g，常在300～1000mg/g范围内。

（4）强度：这是在一定条件下测定合格粒度的比例，以%表示，常在85%～90%范围内。

（5）水分：又称干燥减量，在5%～10%范围内。

（6）充填密度：包括颗粒之间孔隙在内的体积，以g/cm^3表示，约为$0.3g/cm^3$。

（7）粒度：一般在0.63～2mm之间，用户可根据要求和生产厂商协商。

在三种活性炭中，现在净水器中用得较多的是果壳活性炭，木质活性炭也用于饮用水及各种清凉饮料用水的净化处理中，煤质活性炭多用于除氯、除油，以及污水的深度净化处理中。

这些技术指标对再生后的活性炭，也是衡量其能否再用的指标。

3）活性炭的使用条件

（1）活性炭的预处理。在颗粒活性炭装进容器之前，应在清水中浸泡，冲洗除去污物和炭粉末。装入容器后用5% HCl及4% NaOH溶液交替动态处理1～3次，用量约为活性炭体积的3倍，每次处理后均需洗到中性。

（2）进水条件。进入活性炭器的水应尽量除去大颗粒的悬浮物和胶体物质，防止堵塞炭的细孔和使炭层堵塞，一般要求进水的浊度小于3mg/L，含油小于10mg/L。

（3）活性炭在水处理系统中设置的位置。活性炭在水处理系统中的位置，一般是放在压力过滤器之后。

4）活性炭吸附器

活性炭吸附器形式较多，按炭床形式可分为固定床、膨胀床和移动床三种。按水流方向可分为上向流式和下向流式，一般固定床多用下向流式，而膨胀床为上向流式，移动床可用上向流式或下向流式。按柱体承受的压力可分为重力式和压力式两种。

固定床吸附装置构造类似快滤池。当活性炭吸附污染物达到饱和时，把容器中失效的活性炭全部取出，更换新的或再生的活性炭。

在膨胀床吸附装置中，水流自下而上通过炭层，使活性炭体积大约膨胀10%。膨胀床内水流阻力增加缓慢，不需要频繁地进行反冲洗，因而具有较长时间连续运转的优点。但因炭层底部污染严重，与下向流式相比，活性炭的冲洗困难得多。

移动床有吸附剂连续移动和间歇移动两种形式。通常，移动床是指间歇移动吸附装置。水以上向流式或下向流式通过固定床炭层，运行一定时间后，停止进水，按与水流相反的方向将炭移动排出，排出量一般为总量的2% ~10%，同时，把新的或再生的炭补充到炭层内。移动频率因处理的水量、水质不同，差别甚大。移动床具有装置小、占地面积少、费用低、出水水质稳定等优点，但装置复杂、运行管理不方便，须定期开启、关闭阀门，各类阀门磨损较快。

目前，在实际生产中广泛使用的是固定床吸附装置。

压力式吸附装置的结构形式与压力过滤器类似。它既可制作成单纯的吸附器，也可与细滤料组合成吸附过滤器，两者均可除去有机物，又可过滤去除悬浮固体。底部装0.2 ~0.3m厚细滤料层和承托层，一般在细滤料的上部装填1.0 ~1.5m厚的活性炭，作为吸附过滤器，其滤速一般为6 ~12m/h；当单纯作为吸附器时，承托层上无滤料层，活性炭层高2 ~3m，其滤速为3 ~10m/h，反冲洗强度用4 ~12L/（s · m^2）。

5）活性炭再生

活性炭价格昂贵，再生技术能否得到解决，直接影响到活性炭吸附水处理技术的应用和水处理的成本。活性炭再生方法有很多，如溶剂萃取、酸碱洗脱、蒸汽吹脱、湿式空气氧化、电解氧化、生物氧化、高频脉冲放电、微波加热、直接电流加热和热法再生等。再生方法虽然有很多，但真正行之有效并应用于生产的方法，目前国内除少数用酸碱洗脱之外，大多数采用高温加热再生法。

高温加热再生一般需经三个阶段：

（1）干燥阶段：温度150 ~300℃，对湿炭进行脱水干燥。

（2）焙烧阶段：温度300 ~600℃，对被吸附的有机物进行热分解，炭化或汽化，达到脱附。

（3）活化阶段：温度800 ~900℃，对炭化了的表面用水蒸气或二氧化碳气体进行活化。

通常加热再生法使用煤气燃烧，直接或间接加热活性炭，并用水蒸气进行活化，所以再生时间长（0.5 ~6h），能耗较大（多层炉为每千克炭5.7kW · h，回转炉为每千克炭9.18kW · h，移动炉为每千克炭8.03kW · h，炉体高（有效高度或长度达9 ~12m），构造复杂，基建及设备投资大，炭再生损失大（耗率达5% ~12%），操作复杂。

直接电流加热法比较先进，它利用活性炭的导电性，及自身电阻和炭粒间具有的接触电阻使炭产生焦耳热，逐渐达到再生温度，再通入水蒸气进行活化，这种再生装置电耗为每千克炭1.5 ~1.9kW · h，再生时间为1.2 ~6h，炉体高度为3 ~6m。

2. *渗银活性炭*

在净水过程中，活性炭对水中有机污染物具有强吸附作用，如果吸附净水器使用到一定时间，当活性炭中有机污染物吸附了相当多的量时，有机物便在活性炭中“富集”，此时微生物极易繁殖，有机物在微生物的作用下，在活性炭的界面上发生分解，使有机氮逐步分解为蛋白氮、氨氮、亚硝酸盐氮，这就使吸附器出水水质发生变异。

研究表明，当水中有银存在时，银离子被菌体细胞膜吸附，使细胞的某些生理功能遭到破坏，但细胞仍具活力，一旦细胞表面吸附过多的银、银离子，就能穿透细胞膜留在胞浆膜上，抑制胞浆膜内的细菌酶，使酶使去活性，导致细胞死亡，从而起到杀菌消毒的作用。银离子在水中浓度为0.1～0.2mg/L时，就能达到杀菌的目的。

将活性炭和银结合在一起，不仅对水中有机污染物有吸附作用，还具有杀菌作用；而且在活性炭内不会滋长细菌，解决了吸附器出水水质变异的问题。

渗银活性炭系选用优质的颗粒状果壳活性炭，粒度20～30目，比表面积大于1000 m^2/g以及常用的银剂 $AgNO_3$，用化学法加工而成。渗银量以银计，小于1%（质量比），当水通过渗银活性炭时，银离子就会慢慢释放出来，起到消毒杀菌的作用。由于渗银活性炭对除去水中色、臭味、氯、铁、砷、汞、氰化物和酚等都具有较好的效果，除菌效果达90%以上，因此被应用于中、小型吸附净水器中。

3. 纤维活性炭

纤维活性炭根据制造原材料的不同，可分为人造丝系、聚丙烯腈系、酚醛系和沥青系等不同的种类。适用不同的用途，纤维活性炭可加工成不同的形状，如毛毡状（无纺布）、纸片状、布料状（织物）、蜂窝状以及杂乱的短纤维及纤维束等。在水处理过程中，常用的是毛毡状和布料状纤维活性炭。

纤维活性炭的孔隙结构不像颗粒活性炭那样有微孔、过渡孔和大孔之分，只存在微孔，使得其表面平整光滑；在吸附过程中，纤维间的孔隙起到大孔的扩散作用，这便于吸附剂与吸附物质之间的接触，增加其吸附效果；另外，纤维活性炭的微孔几乎全部位于表面，且孔径不到颗粒活性炭微孔孔径的1/2，容易产生毛细管凝聚作用，使吸附物质分子凝聚于微孔中不易蒸发，从而提高吸附效果。

纤维活性炭较高的吸附能力还表现在其比表面积和微孔容积上，它的比表面积大，尤其是微孔直径介于10～20Å，使其有效吸附表面积和微孔容积均大大超出颗粒活性炭，因而它的吸附容量比颗粒活性炭要大得多。

对于纤维活性炭而言，吸附物质可直接在暴露于纤维表面的微孔上进行吸附和脱附。因此，其吸附速度比颗粒活性炭快2～3倍，再生时也容易脱附。鉴于此，在处理低浓度的污染物质时，纤维活性炭能发挥更大的作用。

从工程运用上讲，纤维活性炭还具有较大的便利性，它有一定的强度和形状，不易粉末化，在振动下床层不会产生装填松动和过分密实现象，克服了颗粒活性炭、粉末活性炭在操作过程中易形成水流沟和床层沉降等问题。

二、精细过滤

精细过滤采用成型材料，如烧结滤芯、纤维缠绕滤芯等来实现净化目的。精细过滤器可去除水中直径为1～5μm的颗粒，通常设置于污水处理站压力过滤器之后，对整个污水处理系统净化水质起把关作用。

1. 烧结滤芯过滤器

烧结滤芯是由粉末材料通过烧结形成的微孔滤元，其滤芯材料有陶瓷、玻璃砂和塑料（聚乙烯或聚氯乙烯）等多种。

1）塑料滤芯

上海某单位研制的 PE 和 PA 型微孔滤芯是采用聚乙烯材料烧结制成的，这种滤芯适用于各种液体、工业用水及饮用水的精密过滤，直径大于 5μm 的微粒可被去除，它具有以下特点：

（1）微孔孔径 5～120μm；

（2）能耐酸、碱、盐及一般化学溶剂；

（3）用压缩气体反吹出渣和再生，操作简便；

（4）机械强度高，不易损坏，使用寿命长；

（5）无味、无毒、无异物溶出；

（6）耐温性能好，PE 管使用温度为 80℃，PA 管使用温度为 120℃；

（7）PE 和 PA 型滤芯的平均孔径及选用范围见表 4-2-18。

表 4-2-18　PE 和 PA 型滤芯的平均孔径及选用范围

PE、PA 滤芯	1 型		2 型		3 型		4 型	5 型	6 型	7 型	8 型
	A	B	A	B	A	B					
平均孔径/μm	111～140	81～111	64～80	46～63	39～45	31～38	26～30	21～25	16～20	11～15	5～10
选用范围				一般渣过滤				细颗粒渣过滤		精密净化过滤	
		较粗颗粒渣过滤						一般净化过滤		气体精密过滤	
	气体过滤　粗净化过滤										
					气体一般净化过滤						

这种微孔滤芯的规格有 10 多种，其外径为 24～150mm，相应的内径为 8～120mm，长度大多数为 500～1000mm，每根滤芯的有效过滤面积为 0.039～0.30m^2，单台过滤器过滤面积为 0.5～100m^2。

桂林某公司研制的 PE 型微孔滤芯是采用低压超高分子量聚乙烯材料烧结制成的，PEC 型特种微孔滤芯是在 PE 型滤芯材质的基础上增加优质渗银活性炭后烧结制成的。PE 和 PEC 型滤芯的有关技术性能指标详见表 4-2-19。

表 4-2-19　PE 和 PEC 型过滤管技术参数

型号规格 / 技术参数	PE4	PE6	PE8	PE12	PE16	PE20	PEC12	PEC16	PEC20
尺寸（外径×内径×长）/mm	31×19×1000								
滤管数目/目	40	60	80	120	160	200	120	160	200

续表

技术参数 \ 型号规格	PE4	PE6	PE8	PE12	PE16	PE20	PEC12	PEC16	PEC20
毛细孔平均孔径/μm	42～50	35～42	27～35	20～27	15～20	5～15	20～27	15～20	5～15
过滤精度/μm	≤6.0	≤5.0	≤4.0	≤3.0	≤2.0	≤1.0	≤3.0	≤2.0	≤1.0
初始工作压力/MPa	<0.02								
最大工作压力/MPa	<0.2								
净水能力/[m^3/($h \cdot m^2$)]	0.58	0.55	0.53	0.50	0.47	0.40	0.50	0.47	0.40
使用温度/℃	≤90								
反吹压力/MPa	0.4～0.6								
使用寿命/a	≥3						≥2		
功　能	过 滤			细过滤			细过滤、杀菌、消毒		

注：1 在实际使用中，滤饼形成后，过滤精度会相应提高一个等级。

2 净水能力是在水质近似城市供水标准下测出的，实际过滤能力取决于用户的水质情况。

3 油田注清水的过滤能力与表中净水能力相当。

这种 PE 和 PEC 滤芯集过滤、杀菌、吸附于一体，而且具有过滤精度高、耐腐蚀、无毒性、易操作、再生快捷方便、使用寿命长等优点。适用于液体介质的澄清过滤和精细过滤。这种多功能滤芯已广泛应用于油田注水、冶金、矿山、机电、化工、纺织、饮食、医药行业的液体深度净化。烧结滤芯过滤器工艺结构如图 4-2-36 所示。

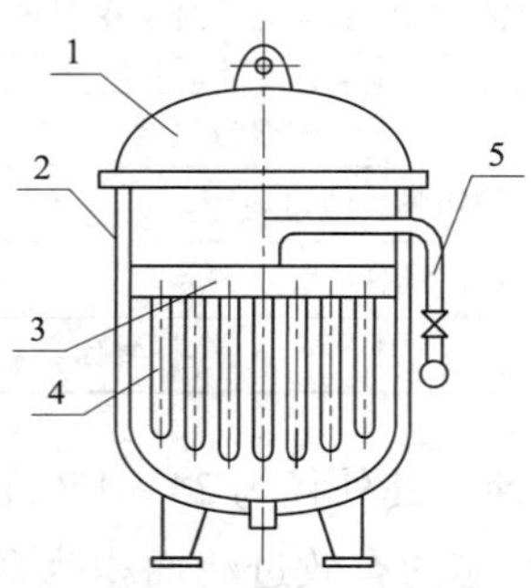

图 4-2-36　PE 和 PEC 型滤芯过滤器工艺结构

1—封头；2—筒体；3—集液管盒；4—过滤管；5—出液管装置

2）陶瓷滤芯

陶瓷烧结滤芯的微孔孔径一般小于 2.5μm，孔隙度为 47%～52%。

陶瓷烧结滤芯过滤器的外壳材料及结构有多种形式，用铝合金材料制成的过滤器（其工艺结构与图 4-2-36 所示近似），宜用陶瓷烧结滤芯作为滤元，可以由单支或多支滤芯组成。处理水量为 600～1500L/h，一般适用于工作压力 0.3MPa 以下。

当陶瓷烧结滤芯因截流悬浮物增多而出水量减小时，可停止运行将滤芯卸出，用水砂纸磨去已堵塞的表层并清洗干净，仍可继续使用。当滤芯的壁厚减薄到 2～3mm 时，滤出液将不合格，需更换滤芯。

2. 纤维缠绕滤芯过滤器

1）纤维缠绕滤芯

纤维缠绕滤芯由纺织纤维粗砂精密缠绕在多孔管骨架上而成，控制滤芯的缠绕密度就能制成不同精度的滤芯，滤芯的孔径外层大，愈往中心愈小，滤芯的这种深层网孔结构使其具有较高的过滤效果。

纤维缠绕滤芯的特点：

（1）有效除去液体中的悬浮物、微粒、铁锈等；

（2）可承受较高的过滤压力；

（3）过滤精度为0.8~100μm；

（4）独特的深层网孔结构使滤芯有较高的滤渣负荷能力；

（5）滤芯可以用多种材质制成，以适应各种液体的过滤需要。

纤维缠绕滤芯的用途非常广泛，在水处理中适用于自来水、食品饮料工业用水、冷却循环水、蒸汽冷凝水和油田注入水等的过滤。

常用的纤维缠绕滤芯由两种：①聚丙烯纤维——聚丙烯骨架滤芯，最高使用温度为60℃；②脱脂棉纤维——不锈钢骨架滤芯，最高使用温度为120℃。

2）纤维缠绕滤芯过滤器种类

纤维滤芯过滤器有不锈钢外壳、有机玻璃外壳和碳钢外壳三种。所用密封圈多为橡胶制成，紧固件一般为1Cr18Ni9Ti材质。

在选用纤维滤芯过滤器时应注意事项：

（1）有机玻璃纤维滤芯过滤器运行压力≤0.2MPa，温度≤50℃，不适用于有机溶剂类，设备在运输、安装、使用过程中避免撞击，以免损坏。

（2）不锈钢纤维滤芯过滤器一般运行压力≤0.3MPa。

（3）在选用过滤器时，总流量要大于实际所需流量约1倍，可使滤芯寿命提高3~4倍。

（4）纤维滤芯过滤器具有体积小、过滤面积大、阻力小、滤除杂质负荷高、使用寿命长等优点。在一般条件下，可以经反冲洗后重复使用，所以在水质深度净化处理中得到广泛使用。

三、微过滤

微过滤是一种精密过滤技术，其孔径范围一般为0.1~10μm，介于常规过滤和超滤之间。微过滤所用的微孔滤膜的孔结构属于筛型，所截留的微粒直径为0.1~10μm，如病毒、细菌、胶体等，操作压力一般小于0.3MPa。

微过滤所用的滤膜由天然或合成高分子材料制成。它具有形态较整齐的多孔结构，孔径分布均匀。过滤时近似于过筛的机理。使所有大直径的粒子全部拦截在滤膜表面上。压力的波动不会影响它的过滤效果。由于过滤只限于表面，因此便于观察、分析和研究截留物。膜过滤的介质薄，颗粒容纳量小，因此在使用时宜设置预过滤装置。

1. 微过滤的特性

微过滤所用的过滤介质是高分子材料在一定条件下形成的多孔薄膜，可制成一定范围的孔径，从高倍电子显微扫描照片上可以看出是一种多层相叠的，具有不规则孔形的重叠筛网状结构。虽然测到的最大孔径相当大，但是这些大孔由于它们的不规则形态以及上下网孔的重叠，而使其通道的有效直径大为缩小。它近似一种多层叠起来的筛网，因此具有一般深层过滤介质所不具备的特性。大致说来有以下几点：

（1）微孔均匀，过滤精度高。微孔滤膜能制成比较均匀的孔径，这是它最重要的特点之一。所谓孔径均匀是指分布均匀，孔径大小均匀。在过滤时，它能使比孔径大的颗粒和细菌全部拦截在滤膜表面，所以经常被作为起保证作用的手段，有“绝对过滤”之称。当然，称之为“绝对”有欠妥之处，但当用于除菌过滤、无菌实验、微粒检测等方面，其可靠性是令人满意的。

（2）孔隙度高，流速快。微孔滤膜上有千百万个微孔，孔的数目可高达每平方厘米 1×10^{7} 个，其微孔的体积约占膜总体积的70%～80%。由于孔隙度高，膜又薄，因而阻力甚小，对液体和气体的过滤速度可比同等截面积的其他常用介质快几十倍。

（3）微孔滤膜薄，吸附少。微孔滤膜的厚度一般为0.1～0.15mm（即100～150μm）。过滤时对滤液的吸附量极小，因而适用于微量溶液及贵重物料的过滤。

（4）无介质脱落。微孔滤膜是均一的、连续的整体结构，没有碎屑脱落，而一般深层过滤介质有可能脱落碎屑或纤维，而使滤液再次受到污染。因此，美国食品药品管理局于1976年9月规定，在药物生产中不得使用石棉板作为过滤介质，而必须采用微孔滤膜。

（5）颗粒容纳量小，易堵塞。微孔滤膜因为质地薄、孔径均匀，阻留只限于表面，所以极易被滤液中与孔径大小相仿的微粒或胶凝物质所堵塞。因此，微孔滤膜主要用来进行精密过滤，对于含杂质较多的液体，必须结合深层过滤或其他预处理方法才能得到好的过滤效果和延长膜的使用寿命。

2. 微过滤器简介

在油田水处理深度精化过程中所采用的过滤器有管式过滤器和折叠式过滤器等。

1）管式过滤器

管式过滤器的结构，国外是在多孔管外依次包裹聚丙烯网布和微孔滤膜，外面用预过滤介质缠绕，把两端密封，就成为管式过滤器的滤芯，配以外壳构成过滤器。其过滤面积较小，体积较大。

国内则在蜂房式过滤芯的多孔管外，包裹一层微孔滤膜，外面缠绕聚丙烯纤维绳，来作为管式滤芯。

管式过滤器滤芯制作方便，可以多滤芯组装，过滤面积较小，适用于中等量的过滤。

由不同滤膜制成的滤芯可适合于不同的用途，如纤维素酯类滤膜一般用于水质净化过滤；由聚四氟乙烯滤膜制成的滤芯可用于酸、碱、溶剂和各种气体微粒和细菌的去除。

2）折叠式过滤器

折叠式过滤器由滤芯和壳体组成。滤芯由聚丙烯多孔管、聚丙烯网布、聚丙烯支撑网、微孔滤膜、聚丙烯多孔保护网、端盖和“O”型密封圈等构成。

折叠式滤芯的种类较多，近年来发展迅速，由各种滤膜制作，如纤维素酯、聚酰胺（尼龙）、聚砜、聚偏氟乙烯和聚四氟乙烯等。

对于折叠式滤芯，国外有很多单位进行生产，如 Pall、Sartorius、Cuno 等。近年来，国内折叠式滤芯发展也很迅速，已有很多厂商进行生产，但因滤芯未经可靠性检测，使用中其质量可靠性不能得到保证，现有些单位引进检测仪器，进行检测。

折叠式过滤器的滤芯结构如图 4-2-37 所示。

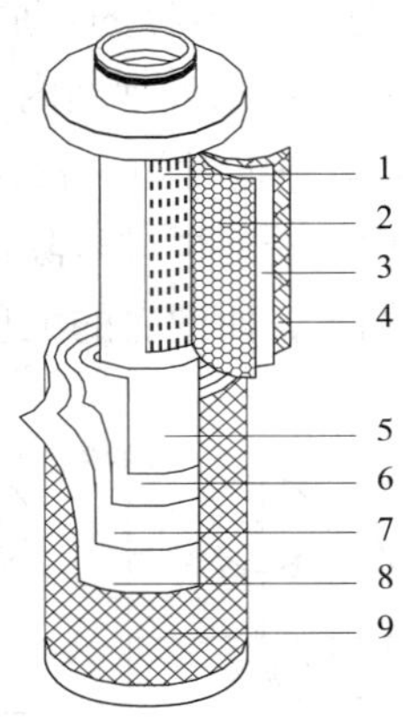

图 4-2-37 折叠式过滤器滤芯结构

1—聚丙烯多孔空心管；2—聚丙烯单丝套；3—微孔滤膜（0.8μm）；
4—聚丙烯网布套；5、8—聚丙烯注塑支撑架；6—微孔滤膜（0.2μm）；
7—微孔滤膜（0.5μm）；9—聚丙烯多孔保护网

折叠式过滤器体积小，过滤面积大，适合于大容量的过滤。它是工业用水处理中可以用于处理工序中的设备，如石油工业、电子工业、制药工业、食品工业等的水质深度净化过滤。

根据过滤量的多少组装选用过滤器，对于处理水量较小时，可选用单滤芯，3 个滤芯、6 个滤芯或更多组装式小型微过滤器。对于处理水量较大时，可选用 30 个滤芯、60 个滤芯、80 个滤芯、100 个滤芯、120 个滤芯组装式中型、大型微过滤器。微过滤器投入运行后，经过一段时间过滤运行，微孔滤芯因截留微粒杂质而被堵塞，堵塞后需要更换新滤芯，一般不能再生，尤其是对于亚微米级的精过滤，更不允许清洗后再生，否则达不到精密过滤的要求。

第六节　污水污油回收

一、污水回收

污水处理站污水回收设施主要承接钻井作业废水、油站洗盐水、联合站自流排水和污水站内净化、过滤、污泥处理设施排水等。

1. 污水回收流程

污水回收流程是整个含油污水处理工艺流程的组成部分。

图4-2-38为常用的工艺流程之一。污水处理站内、站外各种污水自流或借助余压进入回收水池（罐），废水在回收水池中停留一定时间，较大的泥砂颗粒沉入池底，然后用回收水泵将池中的污水抽送到污水处理流程首端，再进行除油沉降分离处理，从而达到回收的目的。池内的污油一般和污水一起被泵抽走，而池底的沉积物定时输送到污泥处理系统中。

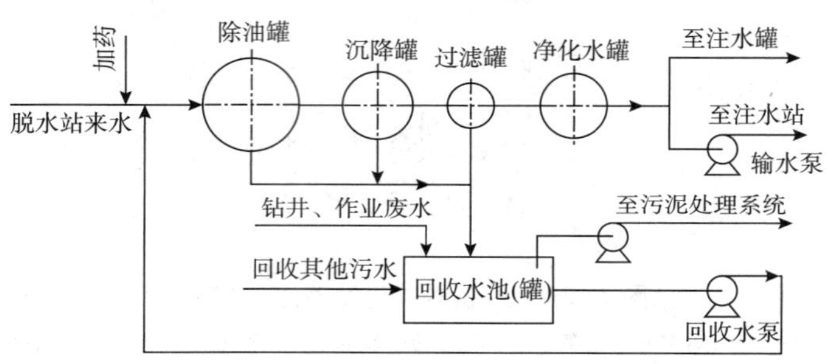

图4-2-38　污水回收流程

针对钻井废水中含有大量分散剂和泥浆等杂质，酸化废水含有大量酸液，压裂废水含有大量压裂增稠剂等特殊成分，一般情况下为了减少这类废水直接进入污水回收处理系统对流程造成冲击，需经初步水质调和预处理后方可进入污水回收系统。

从污水回收水量看，过滤反冲洗水量最大，然后是污泥处理系统、油站自流排水系统水量，再者是站外钻井作业排水量。从排水的连续性看，由于滤罐反洗和污泥处理间断进行，钻井作业废水车载入站都是断续的，所以回收系统的运行，一般也是间断的。但是，其中的回收水泵也可以按连续运行考虑。

污水回收系统的主要设施是回收水池（罐）、回收水泵和相应的管道系统。

2. 污水回收池工艺结构

污水回收水池是污水回收的主要构筑物，它既是回收各种污水的储存池，又是回收水泵的吸水池。回收水池的容积，重点取决于滤罐反洗污水的排出量和同时进入回收水池的其他水量，并考虑回收水泵的工作情况，一般可按式（4-2-89）确定：

$$W = \frac{3qn}{50}ft_1 + Q_2t_2 + W_3 + W_4 \tag{4-2-89}$$

式中　W——回收水池的有效容积，m^3；

q——滤池的反冲洗强度，$L/(s\cdot m^2)$；

n——有效停留时间内进行反冲洗的滤池个数；

f——单个滤池的工作面积，m^2；

t_1——滤池反冲洗历时，min；

t_2——连续排水在污水池有效停留时间，min；

Q_2——同时进入回收水池的其他水的流量，m^3/min；

W_3——钻井、作业回收水量，m^3；

W_4——考虑池内水流波动等情况的富裕容量，m^3，一般为前三部分之和的10%～30%。

污水回收池（罐）形式常根据污水站采用的处理工艺流程而定。一般情况下，对于压力式滤罐来说，常采用地面式的立式钢罐作为回收水罐；对于重力式滤池来说，常采用地下式或半地下式的回收水池，其平面形状为矩形。回收水池的设计水深一般为2～3m，沉泥高度为0.5～1.0m，保护高度为0.3～0.5m，长宽比为1.5～2.5。

回收水池的结构根据所在位置的工程地质和气候条件来确定，可采用砖混结构。池壁为砖砌体水泥砂浆抹面，底板为钢筋混凝土浇注；如果对渗水要求严格，应采用钢筋混凝土结构，并且按安全防火要求，池上为预制钢筋混凝土盖板，防止砂土、草叶等杂物落入池内，同时起保温和安全防火作用。池盖两端设有人孔，人孔下的池壁上一侧设有钢爬梯。进、出水分别在池的两端。当含油不多时，可不设单独的收油设施，而是回收水泵，把油和水一起抽送到除油罐，进行回收；当含油量较多时，在池内水面应考虑设置刮油设施，如转动集油管等。为了防止池内污油凝固，增加其流动性，在池内设有加热保温盘管。在池盖上还设有水标尺或水位信号传递仪表，能自动地把最高水位和最低水位传送到值班室，以便在高水位时开启回收水泵，在低水位时停泵。

回收水池的位置在含油污水处理站平面布置时，应尽量靠近滤池和回收水泵房，同时应考虑各构筑物之间有足够的防火安全距离的要求。构筑物之间的安全距离，按现行的有关防火规范的规定执行。回收水池的高程布置，应既要考虑池内水位变化对反冲洗水头的影响，又要考虑池内最高水位，联合站内无压排水能否自流畅通入池，同时还要综合考虑工程地质和水文地质等因素来确定。例如，当地下水位高、有流砂时，尽可能用地面式或半地下式的回收水池，以减少施工和管理上的困难。

3. 污水回收泵

回收水泵的作用就是用于把回收水池中的污水和污油及时地抽送到除油罐的进水管中，使污水污油在除油罐中再次进行油水分离。一般选用两台泵，其中一台备用。回收水泵常选用单级离心式污水泵或清水泵。如果要求水泵连续运行，其流量按回收水池的有效容积和回收污水量及两次反冲洗时间间隔确定。

水泵的扬程由需要提升的几何高度和管道水头损失及一定的自由水头之和来确定。提升的几何高度为回收水池的最低水位到除油罐的最高液面之高差。管道的水头损失包括吸水管道的水头损失和出水管道的水头损失。由于含油污水处理站构筑物之间的防火距离要求，回收水池与回收泵房之间要有一定的距离，这样，回收水泵的吸水管不会很短，再加上回收水池又多为半地下式，因此，要保证回收水泵的吸水条件，抽升较高水温污水的回收水泵，也往往安装在半地下式的泵房内。所以，应详细计算回收水泵的安装高度，并尽量选用吸程较高的水泵。为保证在任何条件下都能启动水泵，同时要设置相应的真空泵作为引水装置。也可选用自吸式离心污水泵来回收污水。

回收水泵的安装位置有两种情况：①装在主厂房的水泵间内；②和收油泵一起单设一个污水污油回收泵房。在后一种情况下，收油泵和回收水泵的电动机、泵房内的照明设施等，均应选用防爆型的。

回收水泵的吸水管道、出水管道以及管道上的阀件、管件的选择和计算，与普通的管道计算相似。

二、污油回收

1. 污油回收流程

污油回收也是整个含油污水处理工艺流程的组成部分。概括地说，它包括油水分离装置分离出的污油收集、保温储存、加压输送三个部分。常用的流程如图 4-2-39 所示。

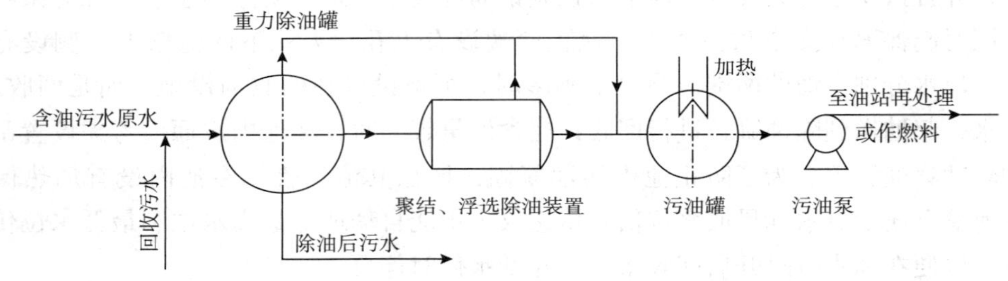

图 4-2-39 污油回收流程

2. 油水分离设备

油田污水处理系统常用的油水分离和收油设备有平流式隔油池、立式除油罐、斜板除油罐、粗粒化除油罐、浮选池和综合式除油装置等。

在立式除油罐或者斜板除油罐中，浮升到表面的污油，溢流到罐上部的环形集油槽中，通过收油管道流入污油罐，用收油泵抽送到油站，再进行脱水处理或者用作燃料。

在粗粒化罐或者组合式除油装置中，由于除油设备是压力式的，分离出的污油集中在设备的上部集油包，靠罐内的压力把油压送到污油罐内。

另外，对于设有平流式隔油池的污水处理工艺，在平流式隔油池的首端油面上，设有转动集油管（槽），并在池内装有可以来回移动的刮油机。收集的污油自流到集油池内，然后用收油泵送到油站，再进行脱水处理或者用作燃料。

3. 储油设备

储油设备一般是一个油罐（池）。它是用来储存回收的污油，同时也作为污油外输前的初步沉降分离和缓冲吸油装置。当采用平流隔油池时，它是设在隔油池一端或旁侧的集油间；当采用立式除油装置或压力式除油设备时，常常是单独设一个普通立式钢罐或者在除油设备内专设一个油箱，作为收油储油设备。

污油罐的容积，可按式（4-2-90）确定：

$$W_y = \frac{10^6 Q(C_1 - C_2)t}{(100 - \eta_y)\rho_y} \tag{4-2-90}$$

式中　W_y——污油罐的有效容积，m^3；

Q——处理站的设计流量，m^3/d；

C_1——处理前的污水含油量，mg/L；

C_2——处理后的污水含油量，mg/L；

t——储存时间，d；当 $Q \geq 10000\ m^3/d$ 时，t 取 2～3d；当 $Q < 10000\ m^3/d$ 时，t 取 3～5d；

η_y——污油的平均含水率，%，一般按 40%～60% 计；

ρ_y——污油的密度，g/cm^3。

回收的原油在污油罐内沉降一定时间，下部分离出来的水放到污水回收池。为了防止污油罐中的原油凝固，在油罐外壁设保温层，外加镀锌铁皮或其他面层；在污油罐内设加热保温盘管，以降低污油黏度；另外，在污油罐内还应设高、低液位信号报警设备，并应能传送到油泵房的值班室，以便及时地进行收油泵的启停操作，有条件时也可设计成自动控制。在污油罐阀室装有罐底排水看窗，观察污水排放情况。按有关防火规范、规定，容积大于 $200m^3$ 的储油罐，应设消防设施，例如罐上装泡沫产生器，罐周围设防火堤、消火栓等。

4. 输送设备

污油输送设备主要是指油泵和输油管道系统以及有关计量仪表。油泵一般选用多级离心泵或齿轮油泵，电动机和泵房照明及仪表均应选用防爆型的。油泵一般选用两台，其中一台备用。其流量按式（4-2-91）确定：

$$Q_y = W_y / t_y \tag{4-2-91}$$

式中　Q_y——油泵的流量，m^3/h；

W_y——收油罐的有效容积，m^3；

t_y——油泵连续运行时间，h，每次运行时间可按 6～12h 计。

油泵的扬程按输送的管道长度及高程，根据系统的具体布置，进行水力计算确定。

输油管道的直径，其简便的计算方法是按输送流量和经济流速近似计算确定：

$$d_y = \sqrt{\frac{4Q_y}{3600\pi v}} = \frac{1}{30}\sqrt{\frac{Q_y}{\pi v}} \tag{4-2-92}$$

式中　d_y——输油管道的直径，m；

Q_y——输送的污油流量，m^3/h；

v——管内设计流速，m/s，在站内一般取 $v = 1.0m/s$ 左右。

对污油回收系统的管道，应做伴热保温，并进行防腐绝缘处理。由于收油是间断运行的，对除油设备排油管及污油泵吸油管道应设清管设施，防止积存在管道内的污油凝固，使油泵启动不致发生困难。

第七节 密闭隔氧

如前所述，氧是含油污水处理系统中的重要腐蚀因素之一，特别是当总矿化度大于5000mg/L且含有H_2S气体时，随着污水中含氧量的增加，腐蚀速度递增幅度更为惊人，即使水中有微量的溶解氧也会造成严重的腐蚀。

由于溶解氧的危害很大，国外注入高矿化度水规定其含量为0.02~0.05mg/L，我国1994年制定的《碎屑岩油藏注水水质推荐指标及分析方法》（SY/T 5329—94）也规定总矿化度大于5000mg/L的注入水溶解氧含量≤0.05mg/L。由于原水中溶解氧含量一般都可达标，因此污水站都采取密闭措施达到控制溶解氧的目的。

密闭隔氧的方式主要有天然气密闭和薄膜气囊密闭、浮床式密闭、氮气密闭和柴油密闭等。目前，在技术上比较成熟并且应用较多的是天然气密闭、薄膜气囊密闭和浮床式密闭。本节以天然气密闭为主，以浮床式和气囊式密闭为辅，对隔氧进行阐述。

一、天然气密闭隔氧

1. 调压方式选择

所谓天然气密闭是指污水处理站各种重力式常压钢罐罐顶密封，再通入一定压力的天然气并设排气口，随着液位的上、下波动，天然气进入或排出，从而防止空气进入系统。天然气密闭技术主要是合理地选择、设计、计算调压方式，采取必要的安全措施。

天然气密闭不是简单地在容器内液面以上空间通入天然气，而要求在处理过程中，天然气隔层压力在一定范围内变化，不致出现因负压过大时钢罐被压扁，正压过大时钢罐被压裂的运行事故。这就要求有一套完善的天然气调压系统。目前，调压系统有两类：①气源充足时，用调压阀调压；②用低压气柜调压。

利用调压阀调压大体上分为三种：

（1）单罐调压。

在进入每座水处理构筑物或缓冲罐的天然气管道上设调压阀，利用罐顶呼吸阀排气，即单罐调压、单管排气。

（2）统一调压。

对污水站所有需要密闭的罐集中设置调压系统统一调压。补气采用自力式调压器，也可用气动或电动组合单元仪表控制薄膜阀调压。

油田污水处理常用的自力式调压器有两种规格：TMJ－314（T－100）和TMJ－316（T－150），其工作原理如图4－2－40所示。调压器调压原理为：当p_2低于给定压力时，指挥器内隔膜向下，则气源进气推动主调压器下部隔膜向上带动来气阀开启而进行补气；当 p_2 超过给定压力时，一方面使主调压器下部隔膜向下带动来气阀关闭而停止补气，另一方面使排气阀隔膜向上带动排气阀开启而排气。密闭系统在给定压力范围内运行时，不补气也不排气，系统内气流自动调平。

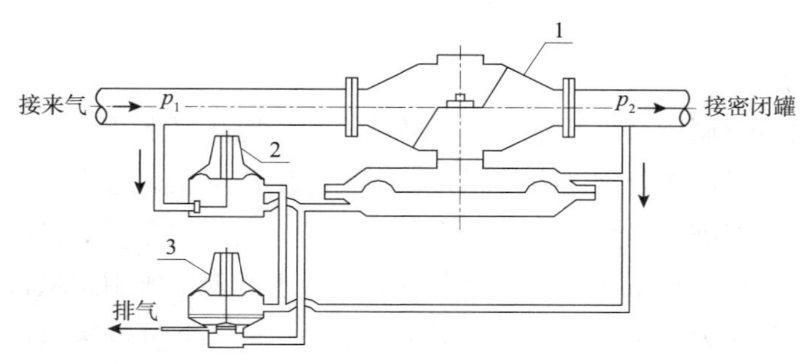

图 4-2-40　T 型调压器原理

1—调压器；2—指挥器；3—排气阀

（3）与原油稳定合用同一调压系统。

当含油污水站与原油稳定大罐抽气系统相距较近时，可合用一套天然气调压系统。因大罐抽气操作压力一般为 0.8～1.2kPa（80～120mm H_2O），与污水罐密闭压力基本一致，因此可合用一套调压设施。

在天然气气源不足时，可采用低压气柜调压方式。将气柜与需密闭的污水罐上部空间连通。此种调压方式一般不用排气，也不用调压阀，当系统压力降低时，气柜浮顶下落，当系统压力增加时，气柜浮顶上升。

几种密闭调压方式对比详见表 4-2-20。

表 4-2-20　密闭调压方式比较

调压方式		优点和缺点	选用条件
调压阀调压系统	单罐调压、单管排气	优点：设备仪表较少，天然气管径较小。 缺点：冬季呼吸阀易冻，可靠性差； 各罐调节空间不能补偿，耗气量大；在罐顶放气不安全	仅一座、两座罐时
	统一调压	优点：设备简单、操作管理方便。 缺点：排气调压时，向大气排放天然气	气源能力满足调压补气时
	与原油稳定合用同一调压系统	优点：节省一套调压设备，管理集中。 缺点：对原油稳定大罐抽气有一定影响	与气源稳定站合建时
低压气柜调压系统		优点：不向大气排天然气，节约天然气；仪表控制系统简单。 缺点：气柜施工困难，造价高	无天然气或天然气气源不足时

2. 调压阀调压系统

经过胜利、中原等油田实践证明，自力式调压器具有简单、运行可靠、维修工作量小等优点，用于补气调压时调压效果好，满足安全运行要求。因此，补气调压应以自力式调压器为主。排气调压应采用气动或电动单元组合仪表控制薄膜阀调压，并可在密闭管路上增设正压水封保护设施。

在设计中，主要是合理确定补气压力、最大补气量、排气压力、最大排气量和补气或排气最大压降五个参数：

（1）补气压力。

所谓补气压力，指调压系统开始补气的最低压力，应从以下几个方面综合比较确定：

①补气压力应高于污水处理站大气压力，更不能出现负压，否则空气可能穿过排气水封进入密闭系统，不但破坏隔氧效果，还会因空气与天然气混合而引起爆炸事故。

②补气压力不得低于污水罐下限压力。目前，污水处理站所用钢罐都是由标准拱顶罐改制而成的，其下限压力为 -0.5kPa（-50mm H_2O）否则会将钢罐压扁。该罐的最大正压不准超过 2kPa。

③补气压力还应根据调压器性能确定。现有国产自力式调压阀最低工作压力为 0.8～1.0kPa（80～100mm H_2O）。

④为了迅速补气、排气而不使密闭罐出现负压或超压，又不致因选择的允许压降过小使密闭气管径过大，应合理确定补气或排气系统最大压力降。根据资料介绍，压力降应不超过系统压力的 25%。

综合以上因素，如用自力式调压器补气，补气压力宜为 0.8～1.0kPa（80～100mm H_2O），如用组合单元仪表控制薄膜阀调压，补气压力宜为 0.6～0.8kPa。

（2）补气量。

补气量由罐内液面下降在单位时间内形成的空间来决定。不同的处理流程要进行具体计算，并以最不利情况确定。

（3）排气压力。

所谓排气压力，指调压系统开始排气时的压力。排气压力可参照补气压力的确定原则进行，为了不使补气和排气互相干扰，不致出现频繁补气及排气现象，应尽量使补气压力和排气压力拉开一定的距离，并确定排气压力为 1.5kPa。

（4）排气量。

排气量产生于加压泵或外输水泵因故停运，而原水仍进入污水站时。

（5）补气、排气管线设计。

有了最大补气量、最大排气量及压降，可参照天然气管线经济流速进行气管线设计，一般流速可取 10m/s 左右。

以上分析及运行实践说明，补气、排气取决于液位波动情况。在设计时，反冲洗水一定要回收，最好回收水罐（池）也要密闭，这样可使反冲洗水罐与回收水罐自行补偿。其次是各种缓冲罐液位尽量缩小波动范围，为此加压泵或外输水泵排量应与缓冲罐液位联锁。

3. 储气柜调压系统

低压气柜调压系统设计主要是确定最大补气量和系统工作压力，以便确定气柜的容积和压力。

（1）气柜容积。

气柜与污水处理站所有需密闭的罐为连通器，气柜的有效容积应能保证在最不利的情况下有充足的天然气供给。最不利的情况为缓冲罐都同时达低液位，原水因故停止，而此时除油罐仍在排污。根据有关参数，用式（4-2-93）计算气柜有效容积。

$$W_g = K(W_1 + W_2 + Q_t) \tag{4-2-93}$$

$$Q = \mu w \sqrt{2gH} \tag{4-2-94}$$

$$W_g = K(W_1 + W_2 + \mu w t \sqrt{2gH}) \tag{4-2-95}$$

式中 W_g——气柜有效容积，m^3；

K——系数，当系统无天然气补充时，K 取 1.1 ~ 1.2，当系统有较充足的天然气补充时，K 取 0.5 ~ 0.6；

W_1——缓冲罐可变容积，m^3，即高、低液位差乘以罐断面面积；

W_2——反冲洗回收罐可变容积，m^3，即高、低液位差乘以罐断面面积；

Q——排污管径最大的除油罐排污量，m^3/s；

μ——流量系数，取 0.76；

w——排污管断面面积，m^3；

g——重力加速度，取 $9.8m/s^2$；

H——排污管管中心距除油罐最高液位，m；

t——排污时间，一般取 300s。

（2）调压系统压力。

低压气柜调压系统压力原则上按调压阀调压系统压力来确定，一般为 0.8 ~ 1.5kPa。但低压气柜压力是由气柜浮顶加重物决定的。在确定气柜工作压力时，还应考虑密闭排气时天然气管内的压力损失，但最大压力以钢罐密闭能承受的最大压力为准，一般为 2kPa（200mm H_2O）。

4. 密闭隔氧安全措施

密闭罐顶部的透光孔要用法兰密闭，取消通气管，当除油罐设有出水水箱时，箱顶要封闭，但出水堰上部空间要与罐连通。当密闭罐设有溢流管时，应设水封。水封高度应大于罐内天然气最大压力，一般为 2kPa。

为防止密闭罐调压系统误操作或设备故障，除在密闭气系统设水封外，还要采取必要的安全措施。

罐顶设微压安全阀，按耐压能力（-0.5 ~ 2.0kPa）进行标定。该安全阀与液压安全阀相比，具有运行可靠、压力可调、防冻、结构简单、体积小等优点。

所有密闭罐都要设高、低液位显示装置，并能用压差变送器传至值班室。

为防止因缓冲罐等密闭罐液位过低使水泵吸入天然气而引起爆炸事故，应在缓冲罐、反冲洗水罐、回收水罐等密闭罐液位上限、液位下限设报警及联锁停泵。

天然气调压系统自动保护。调压阀调压系统自动保护，天然气上、下限压力报警，当下限压力降至0.2kPa时，声光报警并联锁停运从密闭罐抽吸的水泵。低压气柜调压系统可根据气柜钟罩位置设保护设施，如钟罩下降到一定位置报警进行补气。

5. 运行注意事项

在北方地区，注意密闭气管线防冻问题：①与采暖管线同沟；②尽量不设U形弯，以免积水阻碍气流动；③在气管线低处设放空阀并注意放空。

为防止天然气与空气混合引起爆炸事故，投产时各构筑物先按开式系统运行，然后再向各密闭罐投入天然气（设计时罐顶天然气进口要与空气出口对称），要在空气出口间隔一定时间取样分析其组分，当分析证明排气口几乎全是天然气时，再将排气口封闭运行。

低压气柜在投产前，按化工行业标准《金属焊接结构湿式气柜施工及验收规范》要求进行严格检查验收。

凡设溢流管的水罐，应一律用水封进行隔断，水封高度应大于排气压力，一般为2kPa（200mm H_2O）。水封应设在罐的阀组间并设有水位计及灌水管，以便检查水封高度及当水封高度不足时灌水用。溢流干管不要与主厂房排水相通，并在室外下风向离主厂房较远处设比补气管大1号管径的排气管。以上措施目的在于防止万一因水封高度不够、自控仪表又失灵时，因天然气溢出而引起事故。

二、浮床式密闭隔氧

浮床式密闭隔氧装置是针对敞开式储水罐控制溶解氧上升的问题而发明的。

1. 基本原理

基本型浮床式水罐密闭隔氧装置，是采用两层具有长期防水性能的防水布制成条状密闭口袋，在口袋内充填低密度浮板，并在水罐内液面上形成一个连续覆盖整个水面的圆形浮床。浮床边缘预留适量的过盈量，并采用柔性材料搭接密封，使水面与空气全部隔绝。浮床随罐内水面的升降而同步波动，保证水中的溶解氧含量不再上升，从而达到在水罐中隔氧的目的。

2. 选材要求与构成

1）装置选材要求

浮床浮于水面，防水布除要求具有良好的防水性能外，针对油田污水水质特点，还必须具有良好的耐油溶胀、耐酸、耐碱腐蚀特性和抗老化、耐温性能。浮床的使用寿命长短在很大程度上取决于防水布的综合性能指标。浮板除要求低密度外，还必须具有高强度和良好的耐腐蚀性能。径向支架和圆周定形管，不仅质量轻巧，而且具有高强度和耐腐蚀性能。

2）装置构成

水罐浮床式密闭隔氧装置的局部截面如图4-2-41所示。

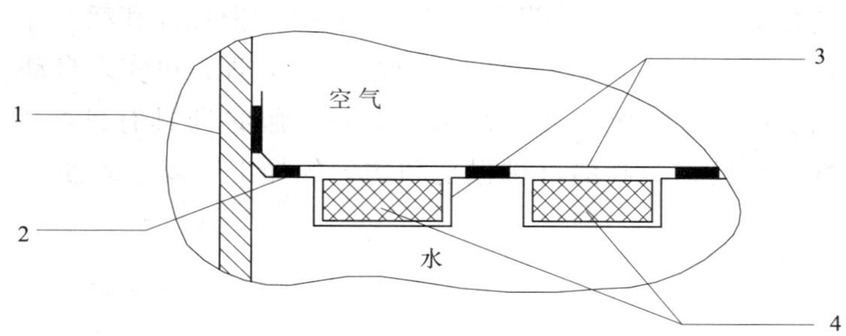

图 4-2-41　浮床式密闭隔氧装置局部截面示意图

1—罐壁钢板；2—塑料封边；3—高强度防水布；4—低密度浮板

（1）带装填口袋的特种防水布浮床。采用加强丁氰橡胶布制成的圆形浮床，其上预留有径向和周向定形件或浮子的安装装填口袋。

（2）径向浮子架。特种高强度方形铝型材。

（3）周向定形管。不锈钢管（ϕ25mm）制成圆形对接件。

（4）浮子。以薄壁不锈钢板为原料，焊接成长 1.0m 的长方形浮子，几个一组分别沿径向或平行装填在浮床上，可产生约 2.5～3.5 倍于浮床自重的浮力。

（5）支架。浮床落至最低液位处应设置可承担浮床重量的支架，便于停产检修，保护浮床。支架可采用角钢辅架、槽钢骨架，并进行防腐处理。

三、薄膜囊式隔氧

薄膜囊式隔氧工艺技术也是近年来研制成功的一种密闭隔氧技术，其基本原理就是在水罐内安装一个具有隔氧作用的高分子密闭隔氧膜，使水和大气隔开，阻止氧的溶入，从而达到密闭隔氧的目的。

隔氧膜自罐壁中下部周边生根紧固，圆柱体直径略小于罐直径，膜顶近似于罐顶结构，在圆柱体和罐壁之间充入适量清水，进行水封，膜顶设浮动引线，自膜顶引出送入控制柜。为防止停产检修时损坏隔膜，在罐壁周边生根高度下适当位置设置隔膜支撑网格。网格采用角钢和圆钢焊制，并进行防腐处理。薄膜隔氧装置示意图如图 4-2-42 所示。

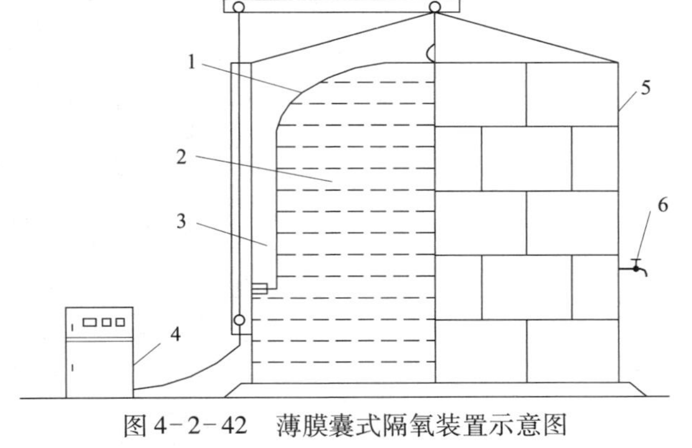

图 4-2-42　薄膜囊式隔氧装置示意图

1—隔氧膜；2—水体；3—水封；4—控制柜；5—罐体；6—放空阀

隔氧膜密闭装置主要特点是：①没有能源消耗；②无损耗件和耗能介质；③无易燃易爆材质和介质，运行安全平稳；④设备简易，无需专人管理，可实现自动化操作；⑤隔氧性能好，运行费用低；⑥对隔氧膜要求严格，即隔氧膜必须具有良好的防水性、抗酸、碱、盐腐蚀，良好的韧性，较高的机械强度和均匀的加工厚度，耐油溶胀、耐温、抗老化，经济实用。

第三章　油田含油污泥处理

在石油开发过程中，随着采出程度的加大，采出液含水率不断升高，大量采出水和洗井回收水必须得到合理处理和利用。在含油污水处理过程中，各处理设备、构筑物所排出的含油污泥，占处理污水量的3%~12%，含水率为97%~99%。大量的含油污泥产生，如果不能采取合理的措施进行处理，不仅严重影响污水处理净化水质稳定达标回注，而且污泥流失将对油区农田、水体和生态环境造成恶性污染。为减少污染、保护环境，必须将这些污泥浓缩脱水，使污泥得到合理治理和利用。

第一节　含油污泥特性分析

含油污水本身成分较为复杂，含有大量老化原油、腊质、沥青质、胶体、固体悬浮物、细菌、盐类、酸性气体和腐蚀产物等。在污水处理过程中，还投加了大量凝聚剂、絮凝剂、缓蚀剂、阻垢剂和杀菌剂等水处理药剂。因此，不同的污水水质、处理工艺和药剂，含油污泥的排出量和物性差异较大。以水质pH值控制为例，当采用与原水pH值相近的方式处理污水时，排出污泥量约占处理水量的3%~6%，污泥含水率达98%~99%，其流动性能相对较好，矿化度比原水矿化度稍高。以中原油田部分污水处理系统污泥为例，其矿化度为（14~18）$\times 10^4$mg/L，固体颗粒极细，为呈胶状结构的亲水性黏稠液体，沉降性能稍差，污油占干化污泥量的20%左右，可燃物占干化污泥量的60%~70%，平均发热量27MJ/kg。表4-3-1列出了低pH值处理污水干化污泥组分分析结果。

若通过投加碱性凝聚剂（石灰乳）控制水质pH值到8.0~9.0时，排出污泥量占处理水量的8%~12%，污泥含水率达97%~98%，污泥流动性能相对稍差，矿化度比原水矿化度稍高。以中原油田部分污水处理系统污泥为例，其矿化度为（14~24）$\times 10^4$mg/L，固体颗粒极细，呈渣浆状黏稠液体，其沉降性能良好，污油含量占干化污泥量的3%左右，$CaCO_3$含量占60%左右，SiO_2和Fe_2O_3含量占干化污泥总量的10%~20%。

表 4-3-1 低 pH 值处理污水干化污泥组分分析

项目	名称	含量/%	测试方法	备注
可燃物成分/%	C	40.67810	CARLOERRA-1106 型光素分析仪	
	H	6.67318		
	N	0.260062		
	S	0.60000		
	O_2	27.46000	换算	
污泥灰分中元素/%	SiO_2	21.90	硅目蓝光度法	
	Al_2O_3	6.60	络天青 S 分光光度法	
	Fe_2O_3	22.99	磺基水杨酸分光光度法	
	TiO_2	0.0060	二胺基比林甲烷分光光度法	
	P_2O_5	0.3000	锑磷钼蓝光度法	
	CaO	0.3130	原子吸收光度法	
	MgO	0.5140		
	MnO	0.0350		
	K_2O	0.6200		
	Na_2O	0.1100		
	ZnO	0.0300		
	CuO	0.0026		
	PbO	0.0020		
	Cr_2O_3	0.0110	二苯碳酰二肼法	
	V_2O_5	0.0033	三氯甲烷萃取-钽试剂比色法	
	As_2O_3	0.0098	氮化物-原子荧光光度法	
发热量		27.474kJ/g	GRP3500 型氧弹式量热器	

注：表中数据为中原油田濮二污水站含油污泥干化泥饼分析结果，化验时间为 1992 年。

第二节 含油污泥处理工艺

一、污泥处理工艺流程

污泥处理的工艺流程取决于污泥的性质及其组分，如有的油田污泥含油量高，就需要首先进行除油，而有的油田污泥含盐量高，就需要增加水洗过程，一般的处理工艺流程如图 4-3-1 所示。

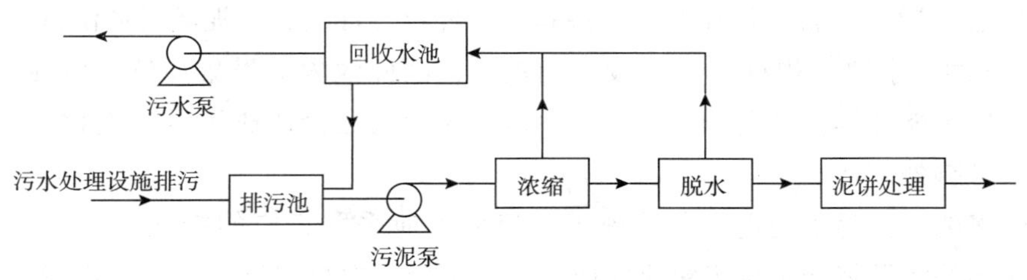

图 4-3-1　污泥处理流程原理

污泥排放是间断进行的。先进缓冲池或排污池，用污泥泵抽送到浓缩池（罐），进行浓缩，有的污泥需加入高效混凝剂加快浓缩过程。浓缩后的污泥再送到压滤机等脱水设备，进一步脱水，然后送到焚烧炉进行焚烧或者作为辅料利用。浓缩和脱水放出的污水可回收，再进行处理。这里，虽然污泥处理过程是比较麻烦的，但是可以避免再次污染，保护环境。

对于蒸发量较大的地区，还可采用比较简单的不完全处理流程，就是污泥经浓缩以后，送到污泥干化场，进行蒸发脱水，如图 4-3-2 所示。

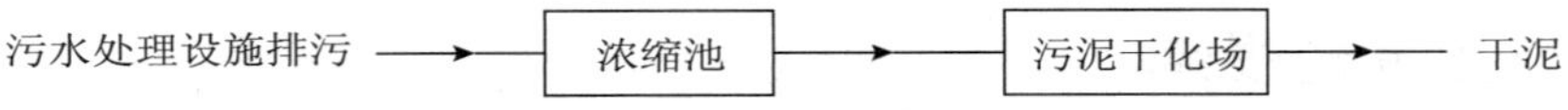

图 4-3-2　简单的污泥处理流程

这种处理工艺只需要一个浓缩池，但需要较大的干化场，而在比较寒冷的北方地区，设置干化场在冬天就不容易达到脱水效果。

如果上述方法也做不到，在排污量相对较小的情况下，就要设一个污泥存放池，可以制成土池，土池最好为两格间，每 1～3 年进行一次人工清理。目前，少部分油田仍是按这种简易方法进行处理的。应该指出，这种方法往往容易造成附近环境的再次污染。

二、含油污泥排除

在含油污水处理构筑物中，进行油、水、泥三相分离，污油上浮比较容易去除，污泥下沉到罐（池）底如不及时排除，日积月累就会失去流动性，难以排出，而且会影响出水水质。特别是在除油罐中，净化水若是从罐的下部出水，倘若出水的集水口设得过低，出水就会携带污泥，因此，立式除油罐的集水喇叭口下应留有一定的沉泥距离，一般以 1.0～1.5m 为宜。排泥周期也不宜过长，否则污泥被压实而使排泥困难。除油罐的排泥，一般有三种方式：①穿孔管排泥。在罐底设穿孔管，定期排泥。②水力排泥。在罐底设一个圆锥形的集泥斗或者若干个小集泥坑，用污泥泵将污泥抽出。为了增加污泥的流动性，在罐底周围设一圈冲泥管；直径较大的罐，在罐底还应设几根辐射状的冲泥管，在冲泥管上装喷嘴或设孔口。③人工排泥。这种方法是目前采用较少的一种，清理时需要停产，清泥的劳动强度大，劳动条件差，不宜多用。人工排泥一般每年进行一次，它不需要专门的设施，只要在罐底留出较大的人孔即可，而且要在相对的罐壁两侧都要有人孔，以便改善通风条件。

对于滤池（罐）而言，污泥存在于滤料中，经过反冲洗，污泥随反冲洗排水进入回收水池（罐）。回收水池是积存污泥量较多的地方，因此池内应设集泥坑，以便及时排泥，如果污泥长期不能外排，又会被回收到除油罐，久而久之会造成污泥“老化”，形成恶性循环，严重影响处理水质。

含泥较多的含油污水处理，在处理工艺流程上应采取相应的措施。一般不宜用粗粒化，因为太多的污泥将会影响粗粒化的效果。可采用一次自然沉降罐、二次混凝沉降、石英砂过滤及深度过滤的流程。一次自然沉降主要是去除浮油和较大颗粒的悬浮物，由于不加混凝剂，回收的污油质量较好；二次混凝沉降主要是去除乳化油和较细小的悬浮物，因此必须投加混凝剂，以提高处理效果。

污水处理构筑物中的污泥，在设计其排出和处理设施时，污泥的含水率可按95%～98%计。每一种污水处理构筑物的个数或间隔数都不应少于两个。

在油田生产过程中，应尽量减少进入污水中的污泥量。例如，在敞口池上加盖；选择较纯净的混凝剂；在钻井和井下作业时，应尽量减少留在井内的泥浆和作业废液。当污水中重质的泥砂较多时，还应在流程中增加沉砂池。

三、含油污泥浓缩

1. 污泥浓缩原理

根据有关文献资料显示，污泥中含有四种水分，其中游离水占70%，毛细水占20%，颗粒吸附水和内部结合水占10%。污泥浓缩的主要目的是去除游离水，以减小污泥体积。通常，污泥必须经过自由沉降、絮凝沉降、成层沉降和压缩沉降四个阶段。

针对中原油田含油污泥的特点，通过大量室内浓缩分离实验证实了其完全符合上述浓缩四个阶段的规律。在大量室内实验研究的基础上，按式（4-3-1）、式（4-3-2）和式（4-3-3）为主要计算公式，设计了重力式污泥浓缩池：

$$A = \frac{QC}{M} \tag{4-3-1}$$

$$h_1 = \frac{TQ}{24A} \tag{4-3-2}$$

$$V_2 = \frac{Q(1-P_1)}{1-P_2} \tag{4-3-3}$$

式中 A——浓缩池设计面积，m^2；

Q——污泥入流量，m^3/d；

C——污泥固体浓度，kg/m^3；

M——浓缩池污泥固体通量，$kg/(m^2 \cdot d)$；

h_1——浓缩池工作部分高度，m；

T——设计浓缩时间，h；

V_2——浓缩后污泥体积，m^3；

P_1——入流污泥浓度，kg/m^3；

P_2——出流污泥浓度，kg/m^3。

2. 污泥浓缩池工艺结构

中原油田含油污泥浓缩池均为重力式污泥浓缩池，按其运转方式分为连续式污泥浓缩池和间歇式污泥浓缩池，按池型分为圆形污泥浓缩池和矩形污泥浓缩池。图 4-3-3 为重力式圆形污泥浓缩池工艺结构图，该池为中心环状稳流布泥，设中心传动刮泥机，浓缩污泥被刮入池中心底部汇流进入集泥池，再经污泥提升泵升压进入下道工序，污水和浮渣被一并溢流进污水池，经提升泵升压进入污水处理流程首端。

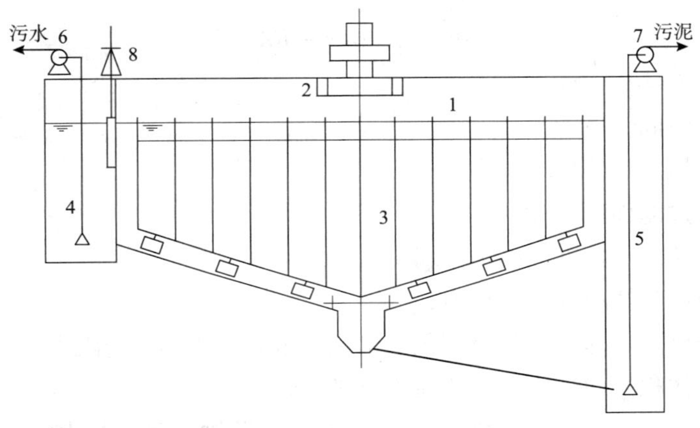

图 4-3-3 重力式圆形污泥浓缩池工艺结构

1—污泥浓缩池；2—稳流布泥槽；3—中心传动刮泥机；4—污水回收池；5—集泥池；6—污水回收泵；7—污泥提升泵；8—启闭机

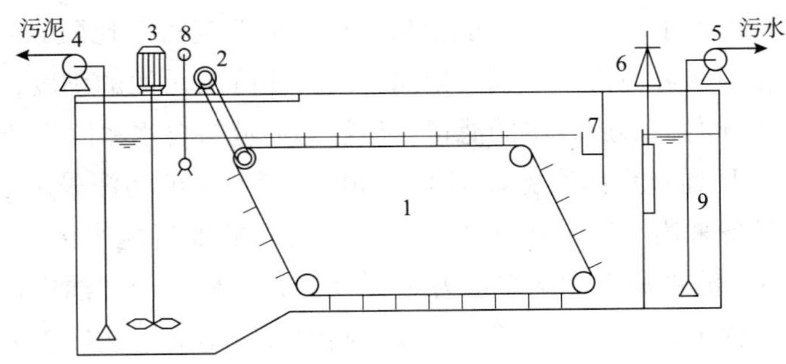

图 4-3-4 重力式矩形污泥浓缩池工艺结构

1—污泥浓缩池；2—刮渣刮泥机；3—污泥搅动机械；4—污泥提升泵；5—污水提升泵；6—溢流堰或启闭机；7—除渣槽；8—配泥管；9—污水池

如图 4-3-4 所示为重力式矩形污泥浓缩池工艺结构，该池近端部横向布泥，布泥端设有扰动机械和污泥提升泵，中部设有刮渣刮泥机，出水端设有溢流堰或启闭机、污水提升泵、浮渣槽和集渣池，其使用功能比圆形池更为全面。

四、含油污泥脱水

1. 滚压脱水

1）滚压脱水原理

滚压式压滤机脱水，去除的主要是毛细水和吸附水，这部分水依靠浓缩是不可能除去的。因此，必须投加脱水剂以改变污泥性质，然后靠机械外力强制脱水，使污泥由液态变为固态，其理论根据为过滤基本方程式：

$$\frac{\mathrm{d}V}{\mathrm{d}t}=\frac{PA^2}{\mu(rmv+RA)} \tag{4-3-4}$$

式中 V——过滤液体积，m^3；

t——过滤时间，h；

P——过滤压力，MPa；

A——有效过滤面积，m^2；

μ——过滤液动力黏度，Pa·s；

R——单位面积滤布的过滤阻力；

r——污泥比阻，即单位过滤面积上单位质量滤饼所具有的阻力，m/kg；

m——单位体积过滤液所产生的滤饼质量，kg/m^3。

在式（4-3-4）中，R 是由滤布决定的，是一个常数，而 m 是由污泥浓度决定的，因为进泥含水率一般都稳定在92%左右，所以可以当作常量，因此可以看出，压滤机的脱水效率与滤机的压力 P 和有效过滤面积 A 的平方成正比，与污泥的动力黏度 μ 和污泥比阻 r 成反比，所以要想提高脱水效率，就必须增加有效过滤面积（即提高滤机的转速）和压力；降低污泥动力黏度 μ 和污泥比阻 r（即调整投药量和药品品种以改变污泥性质）。在这些影响脱水效率的因素中，改变前三项较易实现，而改变污泥比阻 r 是相当困难的。采用油田含油污泥降黏剂，可使污泥形成大絮团，而且能降低污泥的黏度，使泥水在滤机的滤带布水区得到很快分离，形成较厚的滤饼，经压缩后滤饼含水率降至70%以下。

1993年，中原油田通过室内实验证实了投加脱水降黏剂的污泥采用滚压式挤压脱水的可行性，现场实验设备采用了带式压滤机，带式压滤机的处理能力为3～5m^3/h（含水率为92%左右的污泥）；滤带最大冲洗水量为6 m^3/h。该滤机应用于油田含油污泥的脱水中尚属首次，在应用过程中，对清洗滤带的滤嘴、刮泥板等不适应油田含油污泥处理的部件与生产厂家共同研究进行了改进，使压滤机的各项指标在油田含油污泥处理上均达到了设计要求。根据实验研究成果，对带式压滤机进行了系列化开发定型。

2）带式压滤机性能结构

带式压滤机是把一种污水处理过程中浓缩的污泥进一步脱水而成泥饼的设备，适用工业废水和生活污水处理过程中的污泥脱水，其特点是采用气动涨紧网带和校正网带运行过程中的偏移，通过调整滤带速度控制带式压滤机运行。图4-3-5为带式滚压脱水机结构示意图，污泥自装置上、中部均匀配布于滤带上，运移至装置左侧进入下滤网承泥段，然后随上、下滤带运移进入滚压段，最后自装置右端排出泥饼，被滤挤出的污水经收水装置汇入装置底部集水池，然后自流回收进入污水回收池。滚压式脱水机主要技术参数见表4-3-2。

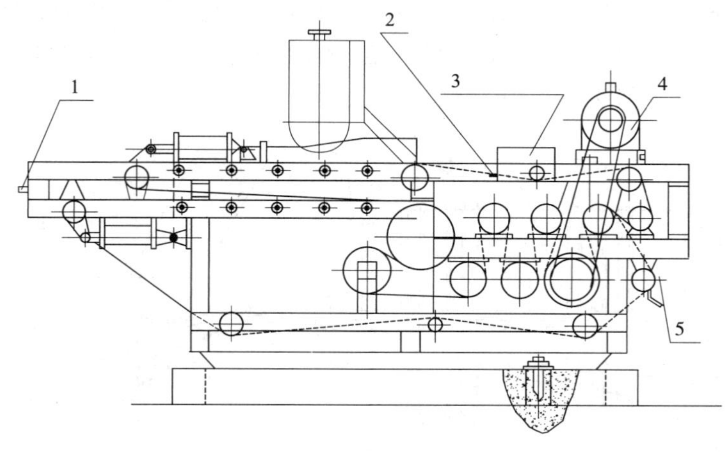

图 4-3-5 DYQW 滚压式压滤脱水机结构示意图

1—接气源；2—电流进线口；3—电器控制管；4—减速器；5—泥饼出口

表 4-3-2 DYQW-B 型滚压式压滤机主要参数

型 号	DYQW1000 - B	DYQW2000 - B
滤网宽度/mm	1000	2000
滤网速度/（m/min）	0.63 ~ 6.3	0.95 ~ 9.5
调速电机型号	YCT132 - 4B	YCT132 - 4B
电机功率/kW	1.5	1.5
冲洗水压/MPa	0.45	0.45
最大耗水量/（m^3/h）	6	10
气动输入压力/MPa	0.5 ~ 1.0	0.5 ~ 1.0
用气流量/（m^3/h）	0.8 ~ 2.5	0.8 ~ 2.5
污泥处理能力/（m^3/h）	3 ~ 5	6 ~ 10
泥饼含水率/%	70 ± 5	70 ± 5

2. 板框压滤机脱水

1）板框压滤脱水原理

板框压滤脱水的基本原理与滚压脱水原理是相同的，均根据过滤基本方程式（4-3-4）进行相关参数测算。

板框压滤机同样是以过滤介质（滤布）两面的压力差作为推动力，使污泥中的水分被强制通过过滤介质（滤布），固体颗粒被截留在介质（滤布）上形成泥饼，液体水分被滤出，从而达到脱水的目的。

2）板框压滤机工艺结构

板框压滤机构造较为简单，如图 4-3-6 所示，它由板和框相间排列而成。在滤板的两面覆有滤布，通过压紧装置与框压紧，这样就在板与框之间形成压滤室。在板与框的上端均匀地开有小孔，板框压紧后，各小孔连成一条通道。经加压泵升压到 0.4 ~ 0.8MPa 的污泥，由该通道进入，经每一块滤框上的支路孔道进入压滤室。滤板的表面通常都刻有沟槽，滤板的下部均刻有供滤出液体排出的孔道，滤出液体在压力差作用下，通过滤布由孔道从压滤室排出，从而脱去污泥中的水。

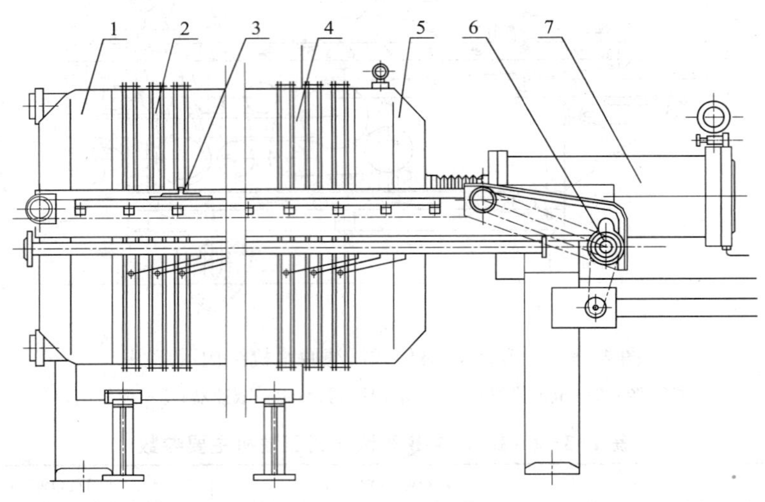

图 4-3-6　板框压滤机结构示意图

1—尾板（固定）；2—压榨滤板；3—拉板机构；4—过滤板；5—头板（活动）；6—传动机构；7—压紧装置

板框压滤机能过滤固相颗粒粒径大于 5μm 的悬乳液体，固相浓度适应范围 0.1% ~ 60%。板框式压滤机过滤压力可达到 0.7MPa 左右，隔膜压榨压力 0.6 ~ 0.8MPa，过滤面积 40 ~ 150m^2，形成滤饼厚度可达 30mm。

液压系统工作压力为 13MPa 左右。拉板行程可达 600 ~ 800 mm。

3）板框压滤机类型

板框压滤机按拉板方式可分为人工拉板板框压滤机和自动拉板板框压滤机，按排出液流动形式可分为明流式板框压滤机和暗流式板框压滤机。

人工拉板压滤机需人力一块一块地卸下，剥去滤布上的泥饼，并将滤布清洗干净后，再逐块装上。人工劳动强度大，运行效率低；自动拉板压滤机拉板、卸泥饼均为自动进行，运行效率高。明流式压滤机即滤出液出板框后汇集入槽，曝气运行；暗流式压滤机滤出液通过接在各板框上的小管汇入集水管，密闭回流入污水回收系统。

3. 离心脱水

1）离心脱水原理

离心分离法是对悬浮在液体中的固体物质进行分离脱水的一种方法。离心分离操作是在离心分离场中进行重力场上的操作工艺。如图 4-3-7 所示为圆筒型离心脱水原理，在高速旋转状态下，离心力的作用数千倍于重力作用，因此可以忽略重力场对离心力场的影响。有关研究文献表明，在这种离心力场下的固液分离符合如下规律。

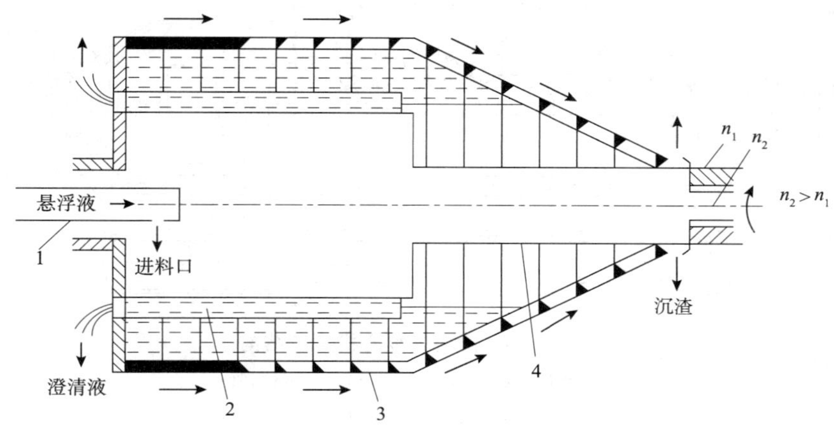

图 4-3-7　离心脱水原理

1—进料管；2—液体回流管；3—转鼓；4—螺旋

层流区符合斯托克斯定律，可能分离出的颗粒极限粒径为：

$$D_p = \sqrt{\frac{18\mu Q}{(\rho_s - \rho_L)gS}} \quad (4-3-5)$$

紊流区符合牛顿定律，可能分离出的颗粒极限粒径为：

$$D_p = \frac{\rho_L Q}{3(\rho_s - \rho_L)gS} \quad (4-3-6)$$

式中　D_p——固体颗粒粒径，m；

Q——处理能力，m^3/h；

μ——污泥黏度；Pa·s；

ρ_s——固体颗粒密度，kg/m^3；

ρ_L——液相密度，kg/m^3；

S——离心沉降分离面积，m^2；

g——重力加速度，m^2/s。

2）圆筒式离心机工艺结构

离心机按分离因素可分为高速离心机（分离因素 $\alpha > 3000$），中速离心机（分离因素 α 为 1500～3000），低速分离机（分离因素 α 为 1000～1500）。在油田含油污泥处理中，多用中、高转速的圆筒式离心机。图 4-3-8 为圆筒式离心机工艺结构图。

圆筒式高速离心机利用高速旋转的转筒，使其内部产生离心力场，污泥通过空心转轴的分配孔进入离心机，在离心力场作用下，使固、液分离，固体颗粒被离心力推向外筒进行浓缩脱水，在外筒壁上被浓缩的固体物借助于和外筒只有很小转速差的螺旋推进输泥器，被强制推向转筒一侧，而分离出的澄清液则由溢流堰溢出，从转筒另一侧被排出脱水机。

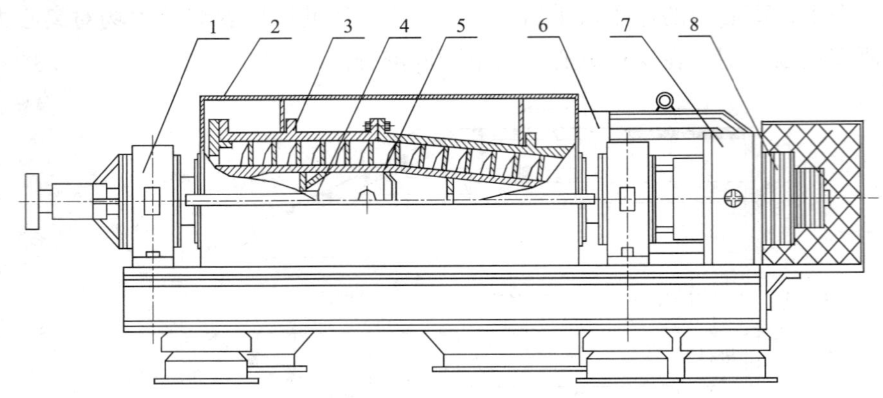

图4-3-8　圆筒式离心机工艺结构

1—轴承座；2—外壳；3—转鼓；4—进料管；

5—螺旋输送器；6—电动机；7—差速器；8—皮带轮

圆筒式离心机可以连续运行，操作方便，可自动控制。装置占地面积小，卫生条件好。但转筒式离心机对污泥的预处理要求较高，通常需对污泥进行再絮凝处理后方可上机脱水。一般情况下，圆筒式离心机脱出泥饼的含水率可达70%～75%。

第三节　含油污泥泥饼处置

一、燃烧、焚烧

对于含油量高、发热量大的含油污泥干化泥饼，可作为燃料，同燃油或燃煤混配使用；对于含油量一般，发热量不够高的泥饼，为避免二次污染，通常采用焚烧方式处置。焚烧前，应将含油污泥初步干燥，常用的污泥焚烧设备有回转炉、立式焚烧炉等。焚烧余烬应进行掩埋或无害化处理。

二、掩埋、辅料利用

对于固体悬浮物含量很高，含油量较小的污泥，可通过投加增强剂调配后作为油田井站路路基辅料应用，这样既可避免二次污染，也可节省部分路基原料，技术、经济效益较为显著。中原油田含油污泥处理系统产生的污泥经浓缩、脱水、干化后，因污泥泥饼固体物质含量高，经投加少量增强剂调制后，可以用作铺路、制砖等的辅助材料，这种利用方式较为简便易行。

对部分发热量较低、固体物含量不够高，泥质含量稍高的含油污泥泥饼，经初步干化后，应进行深度掩埋，防止发生二次污染。

第四章 油田污水腐蚀与防护

第一节 腐蚀概述

腐蚀是指材料在环境的作用下引起的破坏和变质，主要为化学或电化学作用，有时也包含机械、物理或生物作用。在油田污水处理及注水工程中，腐蚀主要指金属设备、容器及构筑物在腐蚀环境及介质中的腐蚀。污水处理及注水工程中常见的腐蚀环境与介质有土壤、水和大气等。

一、腐蚀的分类及表示方法

1. 腐蚀分类

就腐蚀环境而言，分为与水分的存在有关的湿润环境中的腐蚀及高温气体等干燥环境中的腐蚀。前者被称为湿蚀，后者被称为干蚀。就腐蚀形态而言，分为均匀腐蚀（全面腐蚀）与局部腐蚀，局部腐蚀又分为点蚀、缝隙腐蚀、丝状腐蚀、电偶腐蚀、晶间腐蚀、刀状腐蚀、应力腐蚀开裂、活性通道腐蚀、氢脆、氢致开裂、氢鼓泡、腐蚀疲劳、磨损腐蚀、空泡腐蚀、冲击腐蚀、选择性腐蚀及石墨化腐蚀等。由于腐蚀形态具有多样化，很难定量地把它们表示出来。

2. 腐蚀速度表示方法

腐蚀速度又称为腐蚀速率或腐蚀率，在各种文献中常采用 mm/a 作为腐蚀速度的单位，它的物理意义是：如果金属表面各处的腐蚀是均匀的，则金属表面每年的腐蚀深度将是多少毫米。常用的腐蚀速度单位还有（g/m^2）/h 及 mpy（密尔/年）。

二、腐蚀电化学

依据电化学理论，腐蚀反应包含阳极反应和阴极反应，并由金属内部的电子和介质中的离子导电构成电流的循环回路。阳极反应是金属失去电子变为离子转移到介质中，即氧化反应。相对应的阴极反应为介质中的离子吸收电子的还原过程，以铁为例：

阳极反应：

$$Fe \rightarrow Fe^{2+} + 2e \qquad (4-4-1)$$

阴极反应：

$$2H^{+} + 2e \rightarrow H_2\uparrow \text{（酸性溶液中）} \qquad (4-4-2)$$

$$O_2 + 4H^+ + 4e \rightarrow 2H_2O \text{（酸性溶液中）} \tag{4-4-3}$$

$$O_2 + 2H_2O + 4e \rightarrow 4OH^- \text{（中性、碱性溶液中）} \tag{4-4-4}$$

实际上，电化学腐蚀是短路的伽伐尼（Galvani）原电池的电极反应结果，所以也称这种原电池为腐蚀原电池。

电化学作用既可单独造成腐蚀，也可和机械、生物共同作用导致金属的腐蚀。例如，当与固定拉应力共同作用时，会发生应力腐蚀破裂；当与交变应力共同作用时，会发生腐蚀疲劳；当与机械磨损共同作用时，则产生磨损腐蚀；微生物对金属的直接破坏很少见，但它能为电化学腐蚀提供有利条件，促进金属腐蚀。

三、腐蚀动力学

金属材料在其周围环境中的腐蚀速度是至关重要的问题，依据法拉第定律，金属的腐蚀量一般可表示如下：

$$W(g) = kIt \tag{4-4-5}$$

式中 I——电流，A；

t——时间，h；

k——常数。

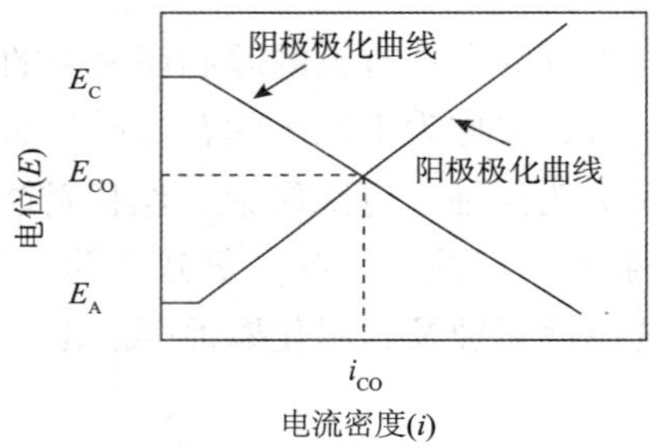

图 4-4-1 铁的极化曲线

在酸性溶液中，铁产生极化后得到如图 4-4-1 所示的极化曲线。两条曲线的焦点电位叫腐蚀电位，相应的电流叫腐蚀电流，依据法拉第定律，腐蚀速度 R 可表示如下：

$$R = \frac{0.13ie}{\rho} \tag{4-4-6}$$

式中 i——电流密度，$\mu A/cm^2$；

e——金属的克当量数，g；

ρ——金属的密度，g/cm^3。

四、腐蚀热力学

Pourbaix 等对金属溶入水溶液时的平衡电位进行了计算，并以此作为腐蚀反应能否进行的基准。图 4-4-2 为铁-水的 Pourbaix 图，图中各分界线对应的反应如下：

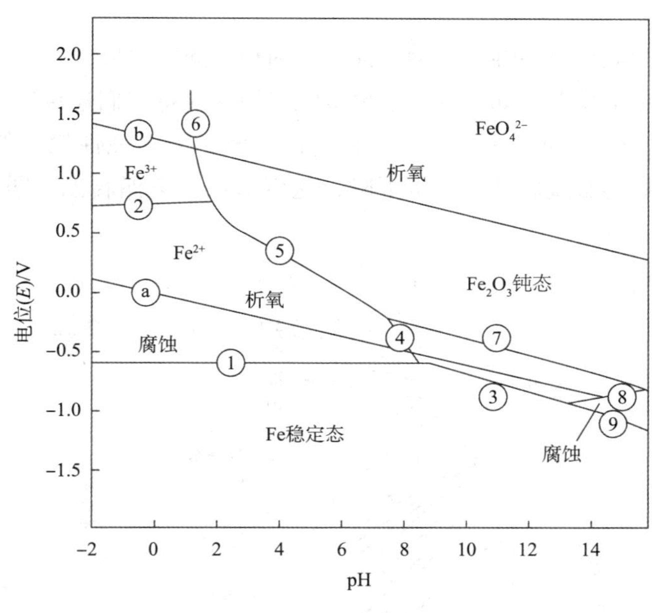

图 4-4-2　铁-水的 Pourbaix 图

$$Fe = Fe^{2+} + 2e \qquad (4-4-7)$$

$$Fe^{2+} = Fe^{3+} + e \qquad (4-4-8)$$

以上反应和 pH 值无关，但下列反应则取决于 pH 值：

$$Fe + 4H_2O = Fe_3O_4 + 8H^+ + 8e \qquad (4-4-9)$$

$$3Fe^{2+} + 4H_2O = Fe_3O_4 + 8H^+ + 2e \qquad (4-4-10)$$

$$2Fe^{2+} + 3H_2O = Fe_2O_3 + 6H^+ + 2e \qquad (4-4-11)$$

氢电极反应为：

$$H_2 = 2H^+ + 2e \qquad (4-4-12)$$

氧电极反应为：

$$2H_2O = O_2 + 4H^+ + 4e \qquad (4-4-13)$$

在图 4-4-2①、④、⑤所包围的区域中，Fe^{2+}、Fe^{3+}是稳定的，铁发生溶解。但是在①以下的区域中不发生腐蚀，成为铁的稳定态。此外，⑥、⑤、④、③、⑧所包围的区域处于钝化状态，铁的腐蚀受到抑制。

五、金属腐蚀的形态

在实际生产中，金属腐蚀常常表现为不同的形态，了解常见的腐蚀形态，有助于我们解决腐蚀问题。以下介绍一些常见的腐蚀形态。

1. 均匀腐蚀

均匀腐蚀又称全面腐蚀或普遍腐蚀。其一般特点是腐蚀过程在金属全部暴露的表面上均匀进行，在腐蚀过程中金属逐渐变薄，最后被破坏。

2. 电偶腐蚀

电偶腐蚀又称为双金属腐蚀或接触腐蚀。当两种不同的金属浸在导电性溶液中时，两种金属之间通常存在电位差，如果两种金属接触或用导线将它们连接起来，则该电位差就会驱使电子在它们之间流动，从而形成一种腐蚀电池，耐腐蚀性较差的金属腐蚀速度加快，而耐腐蚀性较好的金属腐蚀速度将下降，这就形成了电偶腐蚀。图 4-4-3 为部分金属和合金的电偶序。

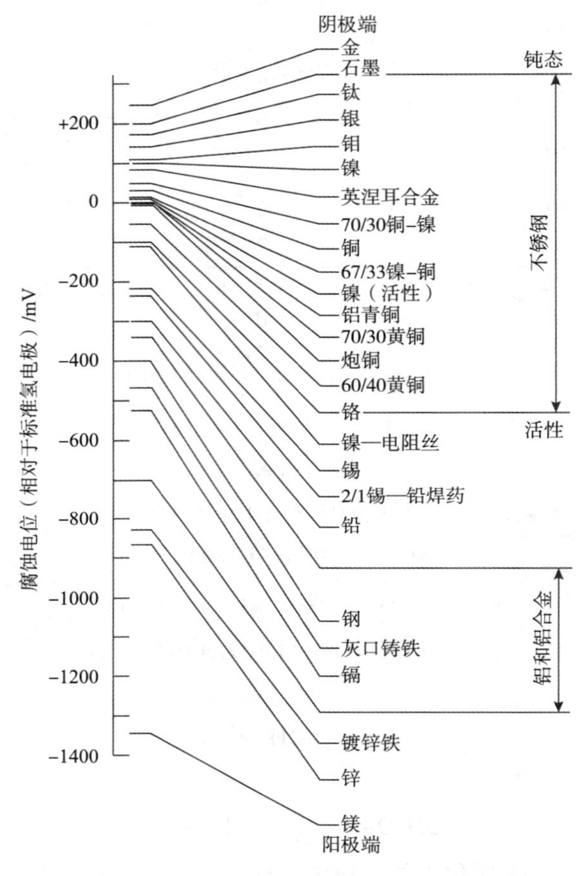

图 4-4-3　部分金属和合金电偶序

3. 缝隙腐蚀

缝隙腐蚀如图 4-4-4 所示。腐蚀性介质中的金属，当其处在缝隙或其他隐蔽区域内时，常会发生强烈的局部腐蚀，这种腐蚀常常和孔穴、垫片底面、搭接缝、表面沉积物等形成的缝隙内的静止液体有关，因此被称为缝隙腐蚀，有时也被称为垢下腐蚀、沉积腐蚀及垫片腐蚀。凡是耐蚀性依靠氧化膜或钝化膜的金属或合金特别容易遭受缝隙腐蚀。

4. 点蚀

点蚀（见图4-4-5），又称为孔蚀或坑蚀，是在金属表面上产生小孔的一种极为局部的腐蚀形态。这种蚀孔的直径可大可小，大多数情况下都比较小，有些蚀孔孤立存在，有些则成片存在。点蚀是破坏性和隐患性最大的腐蚀形态之一，点蚀严重的构筑物和设备常会在突然之间发生穿孔泄漏，让人措手不及。

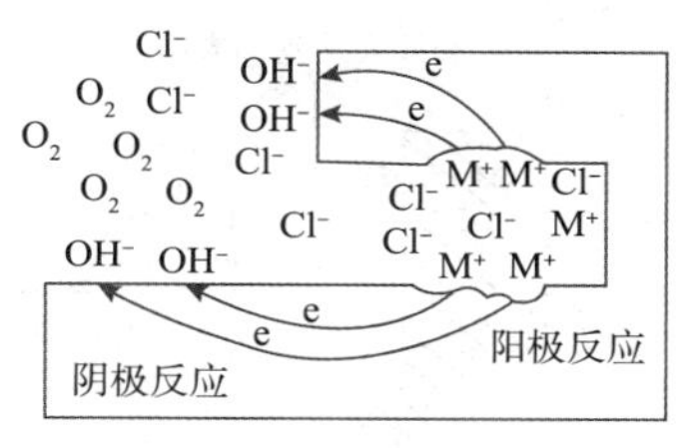

图4-4-4 缝隙腐蚀

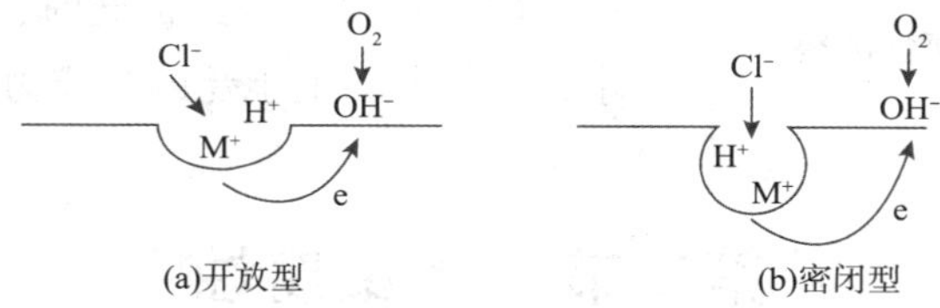

图4-4-5 点蚀

5. 选择性腐蚀

选择性腐蚀又称为选择性浸出，是从一种金属合金中有选择地除去一种合金元素的腐蚀。

6. 磨损腐蚀

磨损腐蚀（见图4-4-6），又称冲击腐蚀、冲刷腐蚀或磨蚀，是由于腐蚀性流体和金属表面间的相对运动引起的金属加速破坏，它同时还包括机械磨耗和磨损作用，此时金属先生成固态腐蚀产物，之后受机械冲刷作用而脱离金属表面。磨损腐蚀的外表特征是：腐蚀部位呈槽、沟、波纹和山谷形，还常常显示有方向性。

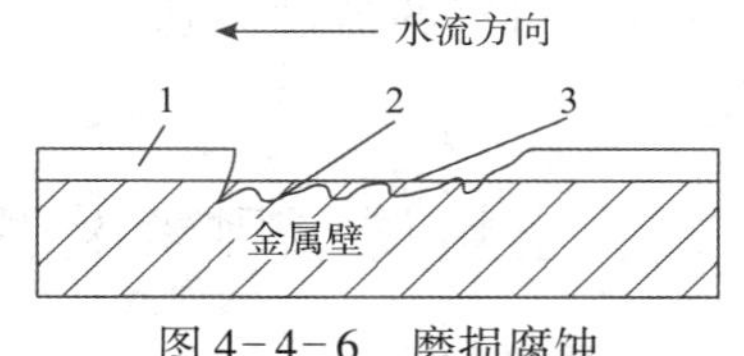

图4-4-6 磨损腐蚀

1—腐蚀膜；2—冲击腐蚀孔；3—原金属表面

7. 应力腐蚀破裂

应力腐蚀破裂是指由拉应力和特定腐蚀介质的共同作用而引起的金属或合金破裂。应力腐蚀破裂的特点是大部分表面实际上未遭破坏，只有一部分细裂纹穿透金属或合金内部。应力腐蚀破裂能在常用的设计应力范围之内发生，因此后果严重。

应力腐蚀破裂的重要变量是温度、溶液成分、金属或合金的成分、应力和金属结构。

应力腐蚀破裂的裂纹外貌是脆性机械断裂。应力腐蚀破裂有晶间破裂和穿晶破裂两种。晶间破裂沿晶界进行，而穿晶破裂的扩展则没有明显的择优晶界。

应力腐蚀破裂的方向一般与作用应力的方向垂直（见图4-4-7）。应力可以有各种来源：外加应力、残余应力、焊接应力以及腐蚀产物产生的应力。应力增大，产生破裂的时间缩短。浸在单相水溶液中的合金的腐蚀有时不及干湿交替状态的腐蚀严重。

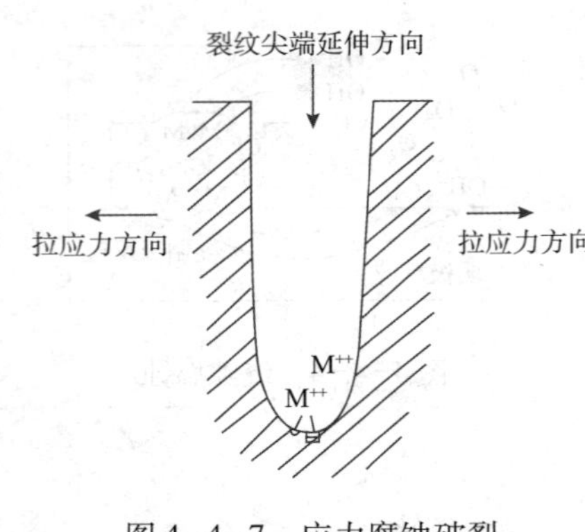

图 4-4-7 应力腐蚀破裂

应力腐蚀破裂的发展可以分为三个阶段：

（1）裂纹的形成。腐蚀对裂纹的最初形成起着主要的作用，常常可以看到，应力腐蚀的裂纹是从蚀孔底部开始的。

（2）裂纹的扩展。在裂纹的前沿存在着高应力，而拉应力的作用对于撕裂保护膜十分重要，裂纹端部保护膜受到破坏和不能修复，使裂纹得以继续扩展。

（3）断裂。裂纹扩展时，金属受力的截面积减小，单位截面上承受的拉应力增大，直至断裂。

第二节 土壤腐蚀

一、土壤腐蚀机理

在土壤中，构筑物腐蚀的主要控制过程是氧的去极化，即氧与电子结合生成氢氧根离子。因此，对氧的流动渗透有很大影响的土壤结构和湿度在某种程度上决定了土壤腐蚀性。

二、土壤腐蚀因素及腐蚀性分级

1. 土壤腐蚀因素

土壤是毛细管多孔性的胶质体系，土壤的孔隙被空气和水汽所充满，而土壤中的水含有一定的盐，使土壤具有离子导电性，成为电解质。

土壤的物理－化学性质（尤其电化学性质）的不均匀性，无疑会影响到土壤对金属的腐蚀性，加上金属材质的电化学不均匀性，这就构成了腐蚀电池的条件。在这些腐蚀电池里，电位较正的是阴极区（E_C^0），较负的是阳极区（E_A^0）。当电流通过时，在阴极表面和阳极表面各自产生一个阴极化电阻（R_C）和阳极化电阻（R_A），再加上土壤电阻（R_S）就组成了整个回路的总电阻。根据电极过程动力学概念，反映腐蚀速度的腐蚀电流（I）为：

$$I=\frac{E_C^0-E_A^0}{R_S+R_A+R_C} \tag{4-4-14}$$

因此，凡能影响土壤中金属电极电位、土壤电阻和极化电阻的各种土壤理化性质，都有可能直接或间接地影响土壤的腐蚀性。具体来说有以下几个因素：①土壤酸碱度；②氧化还原电位；③土壤电阻率；④土壤含水量（或湿度）；⑤土壤含盐量及盐的种类；⑥土壤质地、松紧度和透气性；⑦土壤黏土矿物；⑧土壤有机质；⑨土壤温度。

对土壤腐蚀性影响较大的四个因素为：

（1）土壤电阻率。

土壤电阻率直接受土壤颗粒大小、含水量、含盐量的影响，多数情况下可以反映出土壤的腐蚀性。表4-4-1给出了土壤腐蚀性和土壤电阻率间的关系。

表4-4-1　土壤腐蚀性与土壤电阻率关系

腐蚀性等级	强	中	弱
土壤电阻率/Ω·m	<20	20~50	>50

（2）土壤中的氧。

土壤中的氧存在于土壤的毛细管和缝隙内，少量的氧溶解于地下水中，土壤的含氧量与土壤的湿度和结构有密切的关系：干燥的砂土中含氧多；潮湿的砂土中含氧少；潮湿、密实的黏土中含氧就更少了。土壤湿度和结构不同，其含氧量可相差几万倍，这些都会形成氧浓差电池腐蚀。

（3）土壤的pH值。

多数土壤显中性，pH值为6~7.5。我国北方土壤多略偏碱性；南方土壤多略偏酸性。从土壤类型看，碱性砂质黏土和盐碱土pH值多为7.5~9.5；腐殖土和沼泽土pH值为3~6。一般来说，酸性土壤的腐蚀性强。在实际工程中，对化工厂污水区域、混凝土套管处等pH值显著变化区域应给予特殊考虑。

（4）土壤中的微生物。

土壤中的微生物对金属腐蚀有很大影响，主要为厌氧的硫酸盐还原菌和好氧的硫杆菌、铁细菌等，其中以硫酸盐还原菌危害最大。对沼泽地带、硫酸盐类型的土壤要特别注意微生物的作用，在这种条件下阴极保护负电位要提高-100mV。

2. 对土壤腐蚀性的综合评价

防腐技术人员必须对土壤对金属的腐蚀性有所了解，以便对腐蚀控制方法予以考虑，不过，土壤腐蚀因素有很多，这里推荐两种目前国际上较权威的综合评价腐蚀性的标准方法，即美国国家标准协会（ANSI）和原德意志联邦共和国工业标准（DIN）的两个方法（见表4-4-2和表4-4-3）。

根据表4-4-3中的12项因素，按不同的计算方法算出相关的评价总分，再以表4-4-4、表4-4-5和表4-4-6中的指数来判断土壤的腐蚀性及可能发生的腐蚀形式。

表4-4-2　美国ANSI A21.5关于土壤腐蚀性的评价

项　目	测定值	评　分
土壤电阻率/Ω·cm	<700	10
	700~1000	8
	1000~1200	5
	1200~1500	2
	1500~2000	1
	>2000	0

续表

项 目	测定值	评 分
pH 值	0～2	5
	2～4	3
	4～6.5	0
	6.5～7.5	0
	7.5～8.5	0
	>8.5	3
氧化还原电位/mV	>+100	0
	+50～+100	3.5
	0～+50	4
	<0	5
硫化物	检出	3.5
	痕迹	2
	没有	0
湿度	排水不好，连续潮湿	2
	排水较好，一般较湿	1
	排水很好，一般干燥	0

注：1 总分在 10 分以上时，要考虑对铸铁管的腐蚀。
2 若有硫化物并且氧化还原电位低，应加 3 分。

表 4-4-3 DIN 50929 关于土壤腐蚀性的因素

序 号	项 目	单 位	数 值	评价分值
1	有关土壤的项目			
(1)	土壤			Z_1
	黏土含有量	重量/%	≤10	4
			>10～30	2
			>30～50	0
			>50～80	-2
			>80	-4
			>5	-12
	泥炭土、沼泽土、淤泥、河滩沃土、腐殖土	重量/%		-12
	强污染性土壤：矿渣、炉渣、煤块、焦炭、垃圾、污水等	重量/%		
(2)	土壤电阻率	电阻率/Ω·cm		Z_2
			<1000	-6
			1000～2000	-4
			2000～5000	-2
			5000～20000	0
			20000～50000	+2
			>50000	+4

续表

序号	项目	单位	数值	评价分值
1	有关土壤的项目			
(3)	含水量	重量/%		Z_3
			≤20	0
			>20	-1
(4)	pH 值			Z_4
			>9	2
			5.5~9	0
			4~5.5	-1
			<4	-3
(5)	缓冲能力	mmol/kg		Z_5
	中和酸的量（pH 值为 4.3）		<200	0
			200~1000	1
			>1000	3
	中和碱的量（pH 值为 7.0）		<2.5	0
			2.5~5	-2
			5~10	-4
			10~20	-6
			20~30	-8
			>30	-10
(6)	硫化物（S^{2-}）	mg/kg		Z_6
			<5	0
			5~10	-3
			>10	-6
(7)	中性盐（水溶性）$c(Cl^-)+2c(SO_4^{2-})$	mmol/kg		Z_7
			<3	0
			3~10	-1
			10~30	-2
			30~100	-3
			>100	-4
(8)	硫酸盐（SO_4^{2-}，盐酸萃取）	mmol/kg		Z_8
			<2	0
			2~5	-1
			5~10	-2
			>10	

续表

序号	项目	单位	数值	评价分值
2	环境因素			
(1)	埋设位置的地下水			Z_9
		没有地下水		0
		有地下水		-1
		地下水时有时无		-2
(2)	埋设位置纵向土壤状况（$\Delta Z_{2纵}$）			Z_{10}
		$\lvert \Delta Z_{2纵} \rvert < 2$		0
		$2 \leq \lvert \Delta Z_{2纵} \rvert \leq 3$		-2
		$\lvert \Delta Z_{2纵} \rvert > 3$		-4
(3)	埋设位置横向土壤状况			Z_{11}
	四周土壤环境	埋在砂及同一类型土壤中		0
		埋在不同类型土壤中，如树林、河流等强腐蚀性土壤中		-6
	$\Delta Z_{2横}$	$2 \leq \lvert \Delta Z_{2横} \rvert \leq 3$		-6
		$\lvert \Delta Z_{2横} \rvert > 3$		-1
(4)	构筑物对地电位（$U_{Cu/CuSO_4}$）	V		Z_{12}
			-0.5 ~ -0.4	-3
			-0.4 ~ -0.3	-8
			> -0.3	-10

表 4-4-4 土壤腐蚀性和腐蚀的可能性

B_0 或 B_1 值	土壤分级	土壤腐蚀性（根据 B_0 值）	土壤腐蚀的可能性（根据 B_1 值）	
			缝隙腐蚀、点蚀	均匀腐蚀
≥0	$Ⅰ_a$	实际不腐蚀	极轻微	极轻微
-4 ~ -1	$Ⅰ_b$	弱腐蚀	轻微	极轻微
-10 ~ -5	Ⅱ	腐蚀	中等	轻微
< -10	Ⅲ	强腐蚀	极强	中等

注：1 $B_0 = Z_1 + Z_2 + Z_3 + Z_4 + Z_5 + Z_6 + Z_7 + Z_8 + Z_9$。

2 $B_1 = B_0 + Z_{10} + Z_{11}$。

表 4-4-5 判断充气电池的阴极区和阳极区活化极化

B_A 值（阳极）	B_K 值（阴极）	相关阴极和阳极的活化极化
≥0	< -4	不存在
-4 ~ -1	-4 ~ -1	较弱
-8 ~ -5	0 ~ 4	强
< -8	>4	极强

注：1 腐蚀速度由电化学步骤控制的腐蚀体系称为活化极化控制的腐蚀体系。

2 $B_A = Z_1 + Z_2 + Z_4 + Z_5 + Z_6 + Z_7 + Z_8$。

3 $B_K = Z_3 - Z_2 + Z_4 + Z_5 + Z_6$。

表 4-4-6　与外部阴极相连时的腐蚀可能性评价

B_E 值	腐蚀的可能性	
	缝隙腐蚀、点蚀	均匀腐蚀
≥0	轻微	极微
-4～-1	中等	极微
-8～-5	强	中等
<-8	极强	增强

注：$B_E = B_A + Z_{12}$。

三、土壤微生物腐蚀

腐蚀调查证明，在一些缺氧的土壤中有细菌参加了腐蚀过程，主要是硫酸盐还原菌，它是一种厌氧菌。它参加电极反应的作用是将可溶的硫酸盐转化为硫化氢，并和铁作用生成硫化亚铁。生成硫化氢使土壤中 H^+ 浓度增大，因此阴极反应过程中氢的去极化作用加强，而加速了腐蚀作用。其电极反应为：

阳极：$$Fe - 2e \rightarrow Fe^{2+} \tag{4-4-15}$$

阴极：$$H^+ + e \rightarrow H \tag{4-4-16}$$

细菌参加的阴极反应为原子氢和硫酸盐作用，即：

$$8H + SO_4^{2-} \xrightarrow{\text{还原菌}} S^{2-} + 4H_2O \tag{4-4-17}$$

二次腐蚀产物：

$$Fe^{2+} + S^{2-} \rightarrow FeS \tag{4-4-18}$$

$$Fe^{2+} + 2OH^- \rightarrow Fe(OH)_2 \tag{4-4-19}$$

这种细菌肉眼看不见，生长在潮湿并含有硫酸盐及可转化的有机物和无机物的缺氧土壤中，如沼泽地及海泥等。当 pH 值在 5～9、温度在 25～30℃时，最有利于细菌的繁殖。所以，在 pH 值为 6.2～7.8 的沼泽地带和洼地中，细菌活动最强烈；当 pH 值大于 9 时，硫酸盐还原菌的活动受到抑制。对硫酸盐还原菌腐蚀的判断，可借助于黑褐色的硫化亚铁腐蚀产物的生成，或用稀盐酸滴浸能产生刺鼻的硫化氢而得知。

四、杂散电流腐蚀及防护

1. 杂散电流干扰方式

这里提到的杂散电流系指在地层中流动的设计之外的直流电流，它来自直流的接地系统，如直流电气轨道、直流供电所接地极、电解电镀设备的接地、直流电焊设备及阴极保护系统等。其中，以城市和矿区电机车最为广泛。它的干扰途径如图 4-4-8 所示。

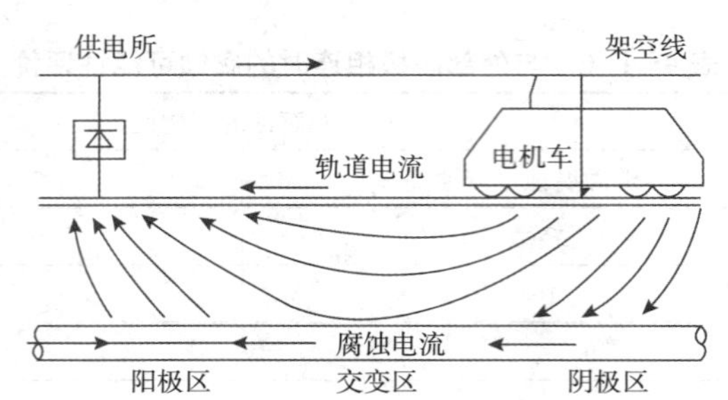

图 4-4-8　杂散电流干扰示意

从图 4-4-8 中可以划分出三种情况：

（1）靠近直流供电所处的构筑物属于阳极区，杂散电流从构筑物上流出，造成杂散电流电解。

（2）在干扰段中间部位的构筑物属于极性交变区，杂散电流可能流入也可能流出，当电流流出时造成腐蚀。

（3）在电机车附近的构筑物属于阴极区，杂散电流从构筑物上流入，它起着某种程度的阴极保护作用。

以上是一般规律和原则，而实际上杂散电流干扰源是多中心的，例如，矿区电机车轨道已形成网状，供电所很多，当多台机车运行时就会产生杂乱无章的地下电流。

埋地钢质构筑物因直流杂散电流所造成的腐蚀常称为干扰腐蚀。因属电解腐蚀，所以有时也称为电蚀。这是构筑物腐蚀穿孔的主要原因之一。

随着阴极保护技术的推广应用，也会给地下带来大量的杂散电流。例如，近些年来城市地下煤气管道、自来水管道、地下电缆等采取了外加电流保护，在它的阳极地床附近可能会造成阳极电场干扰，在被保护的构筑物（或电缆）附近可能会造成阴极电场的干扰。其干扰范围与阳极排放电流和阴极保护电流密度成正比。当单组牺牲阳极输出电流大于 100mA 时，也应注意其干扰。

2. 杂散微电流干扰的判断

地下杂散电流可以根据管/地电位偏移和地电位梯度来判断。对于此判断，各国根据各自的国情都有自己的指标，例如英国 BSI 标准以 +20mV 为指标，原德意志联邦共和国则以 +100mV 为标准，日本的标准是 +50mV。我国早在 1956 年就曾制定了《防止地下金属设备遭受电蚀试行规程》四部（邮电、电力、铁道和城建）协议。协议中规定的指标是电流密度，且以 0.75mA/dm^2 为临界值。该协议对当时限制城市有轨电车引起的杂散电流起到了积极的作用。后来，因有轨电车逐渐被取代，这一协议也就无人问津了。

随着长输管道的发展，原石油工业部在总结排流保护技术的基础上，编制了《埋地钢质管道直流排流保护技术标准》（SYJ 17）。该标准把判定标准分为两个阶段：①确认干扰的存在；②在确认干扰存在的前提下，必须采取措施的临界指标。在此，我们不妨直接引用这一指标：处于直流电气化铁路、阴极保护系统及其他直流干扰附近的构筑物，当构筑物任意点上管/地电位较自然电位正向偏移 20mV 时，或构筑物附近土壤中的电位梯度大于0.5mV/m时，则确认为有直流干扰；当构筑物上任意点管/地电位较自然电位正向偏移100mV或构筑物附近土壤中的电位梯度大于2.5mV/m时，构筑物应及时采取直流排流保护或其他防护措施。

五、交流干扰的危害及防护

1. 交流干扰

随着电力工业、电气化铁路的发展，强电线路（强电线路系指高压输电线路和交流电气化铁路供电线路）对埋地金属构筑物的感应影响日趋严重。当地下构筑物与高压输配电线路、交流电气化铁路、发电厂和变电站的地网、高压线杆塔接地装置接近时，就会产生交流感应干扰问题，应考虑由此产生的危险影响和干扰影响。所谓危险影响是指在构筑物上感应产生的电压和电流，足以威胁操作人员的生命安全，损坏阴极保护设备，击穿覆盖层和绝缘法兰。严重时甚至可能烧穿构筑物，引起爆炸等。所谓干扰影响是指在构筑物上感应产生的电压和电流，足以影响阴极保护的效果，造成交流腐蚀等。

对构筑物造成危险影响的强电线路应考虑下列三种状态：

（1）三相对称中性点直接接地的高压线（110kV以上），及交流电气化铁路供电线处在相导线接地短路时的故障状态。

（2）三相对称中性点对地绝缘或不直接接地的高压输电线（多指60kV以下），当两相导线同时在不同地点接地时的故障状态。

（3）不对称高压线路、直供式交流电气化铁路，在正常运行状态或在相导线接地时的强行运行状态。

当埋地构筑物与电厂、变电站和高压杆塔的接地装置接近时，或与交流电气化铁路交叉时，应考虑由于电流流过接地装置（或轨道）而产生的地电位升高所造成的危险影响。

2. 干扰途径

强电线路对埋地构筑物的干扰影响主要有三种方式：容性耦合、磁感应耦合和阻性耦合。其对构筑物的影响见表4-4-7。

表4-4-7 交流干扰方式及对金属构筑物的影响

干扰方式	对金属构筑物影响
容性耦合	对于埋地构筑物无影响，施工时应注意
磁感应耦合	引起交流腐蚀，击穿覆盖层
阻性耦合	故障时地电位升高，威胁覆盖层和人身安全

（1）静电感应（容性耦合）。

这一方式主要出现在施工期间的地面构筑物或架设在绝缘垫（如木块）上时，通过高压线和构筑物之间、构筑物和大地之间的分布电容耦合作用。由于大地的屏蔽作用，当构筑物埋地后，这一作用就小到忽略不计了。

（2）磁感应耦合。

当构筑物和高压线平行时，由于相电流的交变形成的电磁场作用在埋地构筑物上，使构筑物不断切割磁感线而产生感应电流。这一耦合原理与变压器相同，高压线一侧如同变压器的初级，构筑物一侧如同变压器的次级。当三相之中的各相电流相等（平衡时），且相导线到构筑物距离相等时，其电磁场的综合影响为零。但实际上，相电流很少处于平衡状态，三相导线距构筑物也不可能相等，尤其是在平行间距较小时，几何不对称更为突出，故障条件下（严重不平衡）将产生危险影响。

（3）阻性耦合。

当构筑物与电气化铁路交叉、与强电线路的接地极（体）、发电厂、变电站接地体接近时，接地体上的电流流入地下，通过构筑物和接地体之间的电阻进行耦合作用，把交流电流直接传递到构筑物上，这就是阻性耦合。由于地电场衰减很快，所以一般情况下阻性耦合作用范围很小。

第三节　大气腐蚀

一、腐蚀机理

众所周知，钢在大气中暴露后会生锈。普通钢的锈层是非保护性的，耐候钢的锈层则具有保护作用，随着时间的增长可抑制锈层的形成。

以下讨论锈层的生成机理。当含有溶解氧的水分凝结于钢的表面时，就发生下列反应：

阳极反应：
$$Fe \rightarrow Fe^{2+} + 2e \quad (4-4-20)$$

阴极反应：
$$O_2 + 2H_2O + 4e \rightarrow 4OH^- \text{（中性、碱性溶液中）} \quad (4-4-21)$$

总反应：
$$2Fe + O_2 + 2H_2O \rightarrow 2Fe(OH)_2 \quad (4-4-22)$$

进一步被氧化：
$$2Fe(OH)_2 + O_2 + 2H_2O \rightarrow 4Fe(OH)_3 \quad (4-4-23)$$

由此，钢的表面生成锈层。

通过对生成的锈层的组成进行分析表明，在钢表面生成 $\gamma-FeOOH$，并转变为 $\alpha-FeOOH$ 和 Fe_3O_4。其特征为：在 SO_2 污染地区，Fe_3O_4 很少；在海岸地区，$\gamma-FeOOH$ 少而 Fe_3O_4 多，而在内陆地区，$\alpha-FeOOH$ 很多。

关于锈层生成后的腐蚀进行过程，Evans 提出了如图 4-4-9 所示的模型。在锈层内部进行着式（4-4-20）的阳极反应和式（4-4-21）的阴极反应（$6FeOOH + 2e \rightarrow 2Fe_3O_4 + 2H_2O + 2OH^-$）。前者发生于金属表面和 Fe_3O_4 的交界处，后者发生于 Fe_3O_4 和 FeOOH 的界面上，也就是说，在锈层内有 $Fe^{3+} \rightarrow Fe^{2+}$ 的还原反应发生。

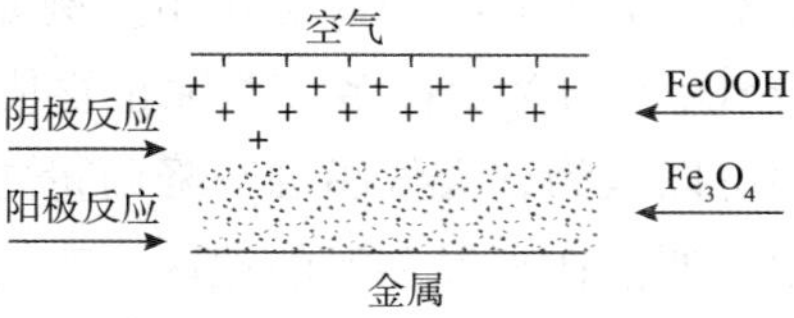

空气
阴极反应
阳极反应
FeOOH
Fe_3O_4
金属

图 4-4-9　Evans 提出的模型

当存在大气污染物质 SO_2 时，可促进腐蚀。有以下反应；

$$Fe + SO_2 + O_2 \rightarrow FeSO_4 \quad (4-4-24)$$

进而发生下列反应：

$$4FeSO_4 + O_2 + 6H_2O \rightarrow 4FeOOH + 4H_2SO_4 \quad (4-4-25)$$

$$4H_2SO_4 + 4Fe + 2O_2 \rightarrow 4FeSO_4 + 4H_2O \quad (4-4-26)$$

由此所生成的硫酸（H_2SO_4）使铁（Fe）不断地受到腐蚀。

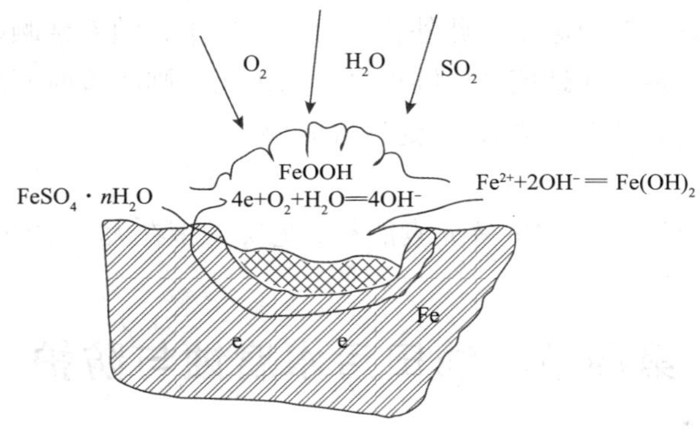

图 4-4-10　Schwarz 提出的模型

Schwarz 提出了如图 4-4-10 所示的模式图。铁锈的外层是 FeOOH，内层是 Fe（OH）$_2$，铁的表面上是 $FeSO_4 \cdot nH_2O$，由此三层组成锈层。大气中的 SO_2、H_2O 和 O_2 一起侵入锈层内，并生成硫酸根（SO_4^{2-}）离子，再和从铁表面的阳极部分溶出的 Fe^{2+} 离子反应，生成可溶性硫酸亚铁。

$$Fe^{2+} + SO_4^{2-} \rightarrow FeSO_4 \quad (4-4-27)$$

阴极部分的反应为：

$$Fe^{2+} + 2OH^- \rightarrow Fe(OH)_2 \quad (4-4-28)$$

由此，锈层不断成长。

耐候钢的锈层中缺陷（阳极区）很少，所以能抑制腐蚀性物质的侵入所造成的腐蚀。

二、主要影响因素

1. 环境因素

(1) 水分的影响。

水分的存在是钢腐蚀的必要条件。下雨和结露是水分的来源。下雨除了有供给水分、生成腐蚀的作用以外，还具有对表面附着物的冲洗作用。例如，在暴露实验时，样品的背面比正面的锈层中硫酸铁（$FeSO_4$）的含量更多，腐蚀也更剧烈，这是因为样品正表面的硫酸铁受到雨水的冲洗所致。可以认为，大气腐蚀与降雨量之间是相关的，但是，还不能说多雨就一定能促进大气腐蚀。即使在高温多湿的地区，有时腐蚀也并不剧烈。在日落后钢样的温度下降时，产生结露，此过程一直继续到次日因日照温度上升时为止。因此，可认为大气腐蚀量和钢的潮湿时间是相关的。

（2）二氧化硫气体的影响。

重油和煤炭中所含的硫燃烧后，造成大气中 SO_2 浓度的上升。虽然采取环保措施，使这种情况有所改善，但是 SO_2 作为大气污染的根源，依然对钢的腐蚀有很大影响。暴露实验结果足以显示 SO_2 浓度的重要影响。

（3）海盐颗粒的影响。

海盐对钢的腐蚀有显著影响。钢的腐蚀量随着离海岸的距离增加而变小。这和大气中海盐含量的变化能很好地对应起来。此外，在海洋大气中，随着暴晒时间的增长，腐蚀量几乎呈直线性地增大。在工业地区及内陆地区，腐蚀速度则随着时间的增长而减小，这是由于在海洋大气中所生成的锈层失去了保护性的缘故。

2. 材料因素

Cu、Cr、P、St、Ni、Al 和 Mo 等元素能有效地降低钢在大气中的腐蚀速度。

第四节　油田污水腐蚀与防护

一、油田污水中金属腐蚀的影响因素

不同油田污水系统中金属的腐蚀形态和腐蚀速度是不同的。为此，需要了解污水系统中影响腐蚀的各种因素，知道哪些因素是促进腐蚀的，哪些因素是可以抑制腐蚀的，从而设法避开不利的因素，利用有利的因素，以减轻和防止污水中金属设备的腐蚀。

油田污水中金属设备腐蚀的影响因素有很多，概括起来可以分为化学因素、物理因素和微生物因素。

1. pH 值

污水的 pH 值对于金属腐蚀速度的影响往往取决于该金属的氧化物在水中的溶解度对 pH 值的依赖关系。如果该金属的氧化物溶于酸性水溶液而不溶于碱性水溶液，例如镍、铁、镁等，则该金属在低 pH 值时腐蚀得快一些，而在高 pH 值时腐蚀得慢一些。必须要指出的是，将铁列入这一类金属是有条件的，因为 pH 值很高时，铁要发生溶解而生成铁盐。

有些金属的氧化物既溶于酸性水溶液，又溶于碱性水溶液。这些氧化物被称为两性氧化物，而这些金属则被称为两性金属，例如 Al、Zn、Pb 和 Sn。这些金属在中间的 pH 值

范围内具有最高的腐蚀稳定性。

2. 阴离子

金属的腐蚀速度与污水中阴离子的种类有密切关系。污水中不同的阴离子在增加金属腐蚀速度方面具有以下顺序：

$$NO_3^- < CH_3COO^- < SO_4^{2-} < Cl^- < ClO_4^-$$

污水中的 Cl^-、Br^- 和 I^- 等活性离子能破坏碳钢、不锈钢和铝等金属或合金表面的钝化膜，增加其阳极腐蚀反应过程的速度，引起金属的局部腐蚀。若污水中含有 CrO^{2-}、NO^{2-}、SiO_3^{2-} 和 PO_4^{3-} 等阴离子则对钢有缓蚀作用。

3. 络合剂

络合剂又称配体。污水中常遇到的络合剂有：NH_3、CN^-、EDTA 和 ATMP 等。它们能与水中的金属离子（例如 Cu^{2+}）生成可溶性的络离子（配离子），使水中金属离子的游离浓度降低，金属的电极电位降低，从而使金属的腐蚀速度增加。例如，当水中有 NH_3 存在时，由于它能与 Cu^{2+} 生成稳定的 $[Cu(NH_3)_4]^{2+}$ 而使铜（Cu）加速溶解。

4. 硬度

污水中 Ca^{2+} 浓度和 Mg^{2+} 浓度之和称为该污水的硬度。当 Ca^{2+}、Mg^{2+} 浓度过高时，则会与水中的 CO_3^{2-}、PO_4^{3-} 或 SiO_3^{2-} 作用，生成 $CaCO_3$、$Ca_3(PO_4)_2$ 和 $MgSiO_3$ 垢，引起垢下腐蚀。

5. 金属离子

污水中的碱金属离子，例如 Na^+ 和 K^+，对金属和合金的腐蚀速度没有明显的或直接的影响。铜、银、铅等重金属的离子在水中对钢、铝、镁、锌这几种常用金属起有害作用。水中的这些重金属离子通过置换作用，以多个小阴极的形式析出在比它们活泼的基体金属表面，形成多个微电池而引起基体金属的腐蚀。

在酸性溶液中，Fe^{3+} 是一种阴极反应加速剂。某些矿物水具有强烈的腐蚀性，其原因就在于此。在中性溶液中，Fe^{2+} 却可以抑制钢和铜合金的腐蚀。

Zn^{2+} 在水中对钢有缓蚀作用，因此锌盐被广泛用作缓蚀剂。

6. 溶解的气体

1）氧

氧在中性水（包括工业冷却水）中，对一些金属的腐蚀起着重要的作用。在腐蚀着的金属表面，氧是一种去极化剂，促进金属腐蚀，在某些情况下，氧有时是一种氧化性的钝化剂，它能使金属钝化，抑制腐蚀。氧对水腐蚀性的影响随金属不同而变化。在油田污水处理系统中，溶解氧对腐蚀影响很大，尤其是高矿化度（5000mg/L 以上）污水，即使是含有少量的氧，也可引起严重的腐蚀。

（1）钢铁。在水对钢铁的腐蚀过程中，溶解氧的浓度是控制因素。低碳钢的腐蚀速度随氧含量的增加而增加。

（2）铜和铜合金。铜合金在水中的腐蚀速度较低。在很软的水中，当氧和二氧化碳含量高时，能使铜的腐蚀速度增加。

（3）铝。对于铝而言，水中的氧并不是一种腐蚀促进剂。

2）二氧化碳

二氧化碳溶于水中后，生成碳酸或碳酸氢盐，使水的 pH 值下降，有助于氢的析出和金属表面膜的破坏。当没有氧存在时，会引起钢和铜的腐蚀，但不会引起铝的腐蚀。

3）硫化氢

在油田污水处理系统中，硫化氢也是最为有害的气体之一，硫化氢会加速钢和铜的腐蚀，但对铝没有腐蚀性。

4）二氧化硫

二氧化硫会降低水的 pH 值，增加水对金属的腐蚀。

5）氯

氯进入水中后，水解生成盐酸和次氯酸，增加水的腐蚀性，同时生成的 Cl^- 能促进金属的局部腐蚀。尤其是在高矿化度油田污水中，Cl^- 含量特高，因此对钢质设备、管材腐蚀严重。

7. 浓度

多数金属在非氧化性酸中，随酸浓度的增加腐蚀加剧；而在氧化性的酸中，随酸浓度的增加腐蚀速度有一个最大值，当酸浓度超过一定数值以后，金属表面生成保护膜，腐蚀速度下降。

铁在稀碱溶液中生成不易溶解的腐蚀产物，对金属有保护作用；如果碱溶液的浓度升高或温度升高，则铁的氢氧化物将溶解生成铁盐，腐蚀速度又增大。

在不具氧化性或缓蚀作用的中性盐水中，腐蚀速度-浓度曲线上往往有一个最大值，金属的腐蚀速度在达最大值之后，腐蚀速度随浓度增加而下降。

8. 悬浮固体

污水中往往存在泥土、砂粒、尘埃、腐蚀产物和水垢等不溶性物质组成的悬浮物，当水的流速降低时，这些悬浮物容易生成稀松的沉积物，发生垢下腐蚀；当水流速度过高时，这些悬浮物又使金属产生磨损腐蚀。

9. 流速

有氧存在时：当水的流速较低时，腐蚀速度随流速的增大而增大；当水的流速足够高时，有足够的氧使金属全部钝化，此时金属的腐蚀速度下降，如果继续提高流速，水对金属的冲击作用会破坏金属的钝化膜，金属的腐蚀速度将重新增大。在超高速的流体设备中还会引起空泡腐蚀。

10. 电偶

当两种不同金属在污水中接触时，会发生电偶腐蚀。

11. 温度

一般情况下，油田污水有一定的温度，部分油田污水温度较高。通常，金属的腐蚀速度随温度的升高而增大。在敞开式容器中，金属的腐蚀速度有一个最大值，当温度超过某一值时，腐蚀速度将随温度的升高而下降。在密闭容器中，金属的腐蚀速度将随温度的升高而增大。

12. 细菌

油田污水中往往含有大量细菌，它们对金属腐蚀速度的影响往往比较复杂，下面介绍一些油田污水处理系统中与腐蚀有关的细菌。

1）黏液异养菌

黏液异养菌是油田污水处理系统中数量最多的一种有害细菌，它们产生一种胶状的、黏性的或黏泥状的、附着力很强的沉积物，影响杀菌剂、阻垢剂的作用，并使金属表面形成差异腐蚀电池，发生垢下腐蚀。但是，细菌本身并不能直接引起腐蚀。

2）铁细菌

铁细菌包括嘉氏铁杆菌、球衣细菌等，它们有以下特点：

（1）在含铁的水中生长；

（2）通常被包裹在铁的化合物中；

（3）生成体积很大的红棕色沉积物；

（4）铁细菌是好氧菌，但也可以在氧含量小于0.5mg/L的环境中生存。

铁细菌能将水中的Fe^{2+}转化为不溶于水的Fe_2O_3的水合物。铁细菌产生的锈瘤使钢铁表面形成氧浓差电池。并且，从阳极区除去Fe^{2+}，从而使钢的腐蚀速度增大。

3）硫酸盐还原菌

硫酸盐还原菌是在无氧或缺氧状态下用硫酸盐中的氧进行氧化还原反应而得到能量的菌群。它们广泛存在于油井、管道等厌氧性有机物聚集的地方。硫酸盐还原菌能把水中的硫酸盐还原为硫化氢，从而引起金属腐蚀。

硫酸盐还原菌引起的腐蚀速度是相当惊人的，它引起的孔蚀的穿透速度大约是1.25～5.0mm/a，即使在某些缓蚀剂的作用下，它仍能使金属迅速穿孔。

4）产酸细菌

产酸细菌包括硝化细菌及硫杆菌，前者能将水中的氨（NH_3）转化为硝酸（HNO_3），后者能将水中的可溶性硫化物转化为硫酸（H_2SO_4），从而加快金属的腐蚀。

油田污水的成分十分复杂，金属在油田污水中的腐蚀往往是众多因素综合作用的结果，很难用一种机理来解释清楚。

二、防腐蚀方法

随着石油工业的发展，防腐工程师在与腐蚀作斗争的过程中积极努力、不断创造，为石油地面工程的防腐蚀设计提供了较为丰富的方法，简要介绍如下。

1. 正确选用金属材料

碳钢与低合金钢占钢总产量的95%以上，这类钢是石油地面工程的主要用材。而钢的含碳量、非金属夹杂物的种类、数量、形态与分布，以及冶炼方法、热处理制度的不同，又使钢材形成了具有各种特性与功能的钢种。这就给我们提出了如何根据用途、使用环境来正确选用金属材料以减轻腐蚀影响，延长工程使用寿命的问题。

（1）石油地面工程常用的主要钢材与合金。

适用于长输管道的钢种有：A_3、A_3F、10、15、20、25、09Mn2V、16Mn、15MnV 和 09MnV，以及美国钢材 A、B、X42、X46、X52、X60、X65、X70 和 X80 等。

适合于储罐、容器的钢材除适用输送管道用钢外，增加了 A_3R 和 16MnR 钢。

适用于输气管道的钢材有：10、20、30、A_3、A_3R、09MnV、16Mn、16MnSi 和 11MnR 等。

适用于酸性环境的金属材料详见石油天然气行业标准 SYJ 12。

（2）注意材料的相容性，减轻电偶腐蚀。

当金属装置系统中有多种金属时，应尽量采用电极电位相近的金属材料相搭配。

（3）耐大气腐蚀的低合金钢。

耐大气腐蚀的低合金钢有：16MnCu、10MnSiCu、09MnCuPtI、15MnVCu、10PuRE、12MnPV、08MnPRE 和 10MnRN6RE 等。

2. 合理设计金属结构

合理设计金属结构也是减轻腐蚀的一种有效方法。

1）一般原则

（1）减小焊接时产生的热应力和残余应力；

（2）减少溶液的停滞和积聚；

（3）减少局部过热；

（4）减小溶液对器壁的冲击速度；

（5）减少弯头，增大曲率半径，减少死角；

（6）减少应力集中等。

2）管道设计

（1）增大弯管的曲率半径；

（2）增大变径管的过渡区段；

（3）分支管与主管焊接点应减少应力集中；

（4）管道焊接不留缝隙，以消除可能产生的缝隙腐蚀；

（5）管道低洼处设排液阀；

（6）清管排污。

3）管卡

管道与管卡之间可使用衬垫、绝缘胶等进行绝缘，以防止其间可能产生的接触腐蚀和缝隙腐蚀。

4）储罐和容器

（1）罐顶采用有利于排液的形状和结构；

（2）储液容器的内部应设计成流线型，以便能够方便和完全地排液；

（3）罐底应向排出口方向倾斜，以防储罐排空后积存液体；

（4）加热器或加热盘管的位置应尽可能设在容器的中心；

（5）进口管应向着容器中心；

（6）不要使进、出口管伸入罐内；

（7）防止底座与储罐之间的缝隙腐蚀；

（8）保温罐应密封，防止液体、湿气渗入；

（9）采用合适的通风口结构，防止过量的空气携带到水管线系统中去；

（10）在罐的入口处设堰板，排去液流中夹带的空气。

3. 非金属材料的应用

非金属材料具有优良的耐腐蚀性能，在石油地面工程中正获得日益广泛的应用。非金属材料分为无机材料和有机材料两大类。无机材料包括各类天然岩石，如大理石、白云石等以及人造硅酸盐材料，如辉绿岩铸石、玻璃、陶瓷、搪瓷等。它们的耐蚀性能与其组成有密切关系。材料中含二氧化硅量越大，其耐酸性能越高，所以对酸性环境应选二氧化硅含量越高的无机材料。材料中碱性氧化物（如氧化钙、氧化镁等）含量越高，其耐碱性越好，因此，对碱性环境应选碱性氧化物含量高的非金属材料。有机材料大多是高分子化合物（如塑料、树脂等）。目前，在石油地面工程中应用较多的是有机材料和玻璃钢，这里主要介绍玻璃钢的应用。

玻璃钢是近几十年发展起来的一类新型耐腐蚀材料，并获得了广泛的应用。在石油工业中玻璃钢的使用日益广泛，如适用于油田污水系统的玻璃钢管道、阀件、泵以及各种衬里等。

1）玻璃钢的特点

（1）比强度高。

（2）有优良的耐腐蚀性能。

（3）有良好的耐热性。环氧玻璃钢可用在温度低于 90～100℃的环境中；酚醛玻璃钢可用于温度低于 120℃的环境中；呋喃玻璃钢可用于温度低于 190℃的环境中；聚酯玻璃钢可用于温度低于 90℃的环境中。

（4）有良好的工艺性能。

（5）有良好的电绝缘性能，覆盖层电阻大于 $10^8\Omega\cdot m^2$。

玻璃钢的缺点是弹性模量低，抗老化性能和耐磨性能较差。在石油工业中使用较多的是环氧玻璃钢，在油田污水处理系统中常采用玻璃钢管道、内衬层和部分设备内构件。

2）玻璃钢管道的连接

玻璃钢管道的连接有法兰连接、弹性密封承插连接等多种形式。

4. 覆盖层防护

采用各种覆盖层将金属表面与介质隔离开来防止腐蚀的方法是石油地面工程中最普遍采用的措施。

1）管道用覆盖层材料

目前，用于管道外壁的覆盖层材料有：石油沥青、煤焦油瓷漆、聚乙烯胶黏带、聚乙烯和环氧粉末等材料；常用的管道内壁覆盖层材料有：水泥砂浆、各类涂料、橡胶和玻璃钢衬里等。

2）储罐内外壁用覆盖层材料

目前，用于储罐内外壁的覆盖层材料有：各类防腐涂料、金属粉末、水泥砂浆、橡胶、玻璃钢和砖板衬里等。

5. 采用缓蚀剂

加注缓蚀剂是近几十年发展起来的一种防腐蚀技术，它具有使用方便、见效快等优点，在许多领域中获得了广泛使用。

6. 腐蚀介质的处理

腐蚀介质的处理主要是指对腐蚀性的介质进行机械的、化学的、生物的处理，从而降低介质的腐蚀性。主要包含以下内容：

（1）脱除介质中的氧、二氧化硫及硫化氢等有害气体；

（2）杀灭硫酸盐还原菌及铁细菌等有害细菌；

（3）提高水的 pH 值。

7. 阴极保护

阴极保护是目前国内外公认的经济、有效的防腐蚀措施。为了提高保护效果，降低成本，节约能源，国内外标准、规范都规定了阴极保护要与覆盖层防护结合使用，以取得最佳技术经济效果。

阴极保护分类有：

（1）外加电流阴极保护。

外加电流阴极保护是利用外部直流电源给被保护的金属构筑物提供电流，使整个表面变成阴极，使之得到保护的一种技术。外加电流阴极保护装置主要包括直流电源、阳极装置、连接导线以及监测系统。

（2）牺牲阳极。

牺牲阳极是利用比被保护金属电极电位更负的金属或合金为它提供保护电流，使之得到保护的一种技术。目前，常用的牺牲阳极材料有：镁基合金、铝基合金和锌基合金等。

8. 排流保护

埋地金属构筑物处于有交流、直流杂散电流的地区，会受到干扰影响，有的会造成腐蚀，有的会影响设备及人身安全。对于处在这样环境中的金属构筑物，应采用排流保护措施。

1）直流排流保护

（1）被干扰金属构筑物的阳极区稳定时，应采用直接排流。

（2）被干扰金属构筑物有正负极性交变时，应采用极性排流。

（3）被干扰金属构筑物的阳极区比较复杂时，采用上述两种方法都不能取得预期效果，就应采用强制排流。

2）交流干扰的防护

（1）与交流干扰源保持足够的距离。

（2）静电场干扰的防护措施：①接地电池；②晶体管保护器。

（3）地电场干扰的防护：①提高防腐绝缘等级；②在干扰源与金属构筑物之间设置绝缘隔板；③在干扰源与金属构筑物之间设置导体屏蔽栅。

（4）磁干扰的防护：①直接排流；②隔直排流，这种排流是在排流回路中串入阻隔直流电流元件，有阴极保护的管道可采用这种排流方法；③负电位排流。

第五章　油田注水设计

第一节　油田注水系统概述

一、油田注水开发的意义

在原油开采过程中，采油井投入生产后，用什么方法开采原油，是根据油层能量大小和合理的经济效益决定的。如果油层具有足够大的能量，不但能将原油驱入井底，还能将原油从井底举升到地面，这种依靠油层天然能量的采油方式称为自喷采油法。如果油层压力较低，地层能量不足以将原油举升到地面，则需要依靠人工方法从地面补充能量，以保持地层压力，从而使油田保持较长的开发周期和稳定的原油产出量。

深埋在地下的油层具有一定的天然能量和压力。当油井投入生产后，井底周围就会形成一个低压区，在压力差的作用下，原油就会源源不断地流向井底。流入井底的原油又在剩余油层压力的作用下，沿井筒向上运动。在运动过程中，油流会受到油层细小孔隙造成的渗滤阻力、井筒内液柱压力、井壁摩擦力等作用，不断消耗能量而使压力不断降低。如果仅靠天然能量开采，采油过程就是油层压力和产量不断降低的过程。当油层压力大于这些阻力时，油井可以实现自喷开采。如果油层压力下降到不能克服这些阻力时，油井就不会有产出物。

世界大多数油田都需要采用人工保持地层压力的开采方式，以保持油田高产、稳产。据统计，油层依靠天然能量开采，除少数有边水补充能量的油田外，一般采收率不到20%，而利用注水开发方式，采收率可达35%～50%。目前，世界各地主要采用注水、注蒸汽、注气体和注聚合物等开采方式，而注水是优先采用的开发方式。这是因为注水水源来源广泛，成本低廉，水的理化性质满足开采需要。注入水源优先利用处理后达标的油田生产污废水，同时可用处理达标后的生活污水、地表水和地下水进行必要的补充。这样不仅能够满足生产需要，还可减少三废排放，最大限度地减少原料和能源的消耗，使开发生产过程对环境的影响降到最低，从而具有良好的资源效益与环境效益，同时也是油田最重要的绿色开发和清洁生产方式之一。

二、油田注水方式

注水方式是指注水井在油田上的分布位置及注水井与油井的比例关系和排列形式。注水方式的选择直接影响油田的采油速度、稳产年限、水驱效果以及最终采收率。

根据油水过渡带情况可分为以下三种：边缘注水、行列切割注水、面积注水。

1. 边缘注水

边缘注水分为缘内注水、缘上注水及缘外注水。

1）缘内注水

注水井部署在内含油边界以内，按一定井距环状排列，与等高线平行。一般适用于过渡带区域内渗透性很差且无法注水的油田，可以防止原油外流，减少注入水的损失。

2）缘上注水

注水井部署在外含油边界上或在油藏内距外含油边界较近处，按一定井距环状排列，与等高线平行。一般适用于过渡带区域内渗透性较差的油田，可提高注水井的注入能力和驱油效果。

3）缘外注水

注水井部署在外含油边界以外，与等高线平行，按一定井距环状排列。一般适用于过渡带区域内渗透性较好的油田，可保持过渡带地层的压力，提高开发效果。

如上所述，边缘注水方式适用于边水比较活跃的中心油田。这种注水方式的优越性是油水界面比较明显，且逐步由外向油藏内部均匀推进，故比较容易控制，无水采收率或低含水采收率较高，和其他类型的油田相比，其最终采收率往往要高许多。

2. 行列切割注水

行列切割注水就是采用一定的注采井距将注水井成行（或列）均匀分布在一条线上，注水井排将油藏切割成较小的区域——切割区，切割区内均匀分布 3 ~ 5 排采油井，采油井排与注水井排基本平行，称为行列切割注水。一般只适用于大面积油藏、储量丰富、油层性质好、分布相对稳定、连通状况较好的油田，对非均质程度较高的油藏一般不适用。可以根据油田地质特征选择最佳切割方向和切割井距，采用横切、纵切、环状切割的形式。

行列切割注水具有以下几个特点：

（1）可根据油田地质特征选择最佳切割方向和切割距。

（2）便于调整注水方式，有利于地面生产工艺简单化，管理方便。

（3）可优先开采高产地带。

（4）不能很好地适应油层的非均质性，井间干扰大。

（5）只适用于大面积、储量丰富、油层物性好、分布相对稳定的油田，一般根据开采油层的性质和构造条件来确定。

3. 面积注水

面积注水是将生产井和注水井按一定几何形状均匀分布在整个开发区上，同时进行注水和采油。这种注水方式实质上是把油层分割成许多小单元，油水井间互相控制较大。面积注水方式是一种强化注水的开发方式。

面积注水的主要特点有：

（1）开发区可以一次投入开发，储量动用较充分。

（2）采油速度比行列注水方式高。

（3）一口生产井能同时受周围几口注水井的影响，易见到注水效果。

（4）水淹区分散，动态分析和调整较复杂。

适用于面积注水的油田条件：

（1）适用于油田面积大、地质构造不够完整、断层分布复杂的油田。

（2）当油层渗透性差、流动系数较低、用切割注水方式阻力较大、采油速度较低时可采用面积注水方式。

（3）当油层分布不规则，延伸性差，多呈透镜状分布，用切割注水方式不能控制多数油层，注入水不能逐排影响生产井时，采用面积注水方式比较合适。

（4）当油田开发后期强化开采以提高采收率时，可采用面积注水方式。

（5）虽然油层具备采用切割注水或其他注水方式的条件，但要求达到较高采油速度时，也可以考虑面积注水。

根据生产井和注水井相互位置及构成的井网形状不同，面积注水可分为四点法、五点法、七点法、九点法、反七点法和反九点法面积注水等。

4. 点状注水

当含油面积（如小型断块油田）、油层分布不规则，规则的面积井网难以部署时，一般采用不规则点状注水方式。可以根据油层的具体情况选择合适的井作为注水井，周围布置数口采油井接受注水。点状注水具有最大的灵活性，因此在以某种注水方式为主时，可以在死油区或接受不到注水的边角地带加点状注水。

油藏注水方式多种多样，不同性质油层所适应的注水方式是不同的。一般来说，分布稳定、含油面积大、渗透率较高的油层，行列注水或面积注水都能适应。但分布不稳定、含油面积小、形状不规则、渗透率低的油层，面积注水方式比行列注水方式适应性更强。

一个油藏的注水方式也不是一成不变的。在油田开发过程中，由于不断取得新资料及对产量要求的变化，注水方式也要随着不断发生改变。例如，可以增加新的注水井点，也可以补充切割，还可以由其他注水方式变为面积注水。所以，开发初期打的井网是规则的，到油田开发后期井网就不规则了，这是必然趋势。

三、注水量

注水量确定主要依据该区域的注采平衡关系，可按式（4-5-1）计算：

$$Q_{注} = CQ_{配} + Q_{洗} = A\left(Q_{油}\frac{R}{r} + Q_{水}\right) + Q_{洗} \tag{4-5-1}$$

式中 $Q_{注}$——注水量，m^3/d；

C——注水系数，可取 1.1～1.2；

$Q_{配}$——开发方案配注量，m^3/d；

$Q_{洗}$——洗井水及修井作业用水量等，m^3/d；

A——注采比；

$Q_{油}$——产油量，t/d；

$Q_{水}$——油井产水量，t/d；

R——原油体积系数；

r——地面原油相对密度。

四、注水压力

一个油田区域的注水压力一般指注水井口压力，也就是注入能量的补充既能使地层能量克服地层孔隙渗滤阻力到达井底，还能使产出油气克服井壁摩擦力与井筒静液柱压力举升到地面。注水压力的确定主要依据为该区域的压力平衡需要。在生产实际中，注水压力一般以开发层系中的中、低渗层能完成配注量为基础，并考虑到强化注水和注入其他介质，如增黏剂等。

注水压力的确定应依靠油田勘探开发地质资料。当新开发油田缺乏地质资料时，应尽量选择试注井，选取不同油层、不同区域，特别是渗透率及原油黏度变化大的区块，进行分层试注，分别取得每一层段注水压力、注水量等原始资料。试注时间的长短应以达到主要参数稳定为准。

1. 确定注水压力的原则

（1）保证将配注的水量注入油层。

（2）注水压力应保证注入水能克服注水系统（包括地面系统注水站、注水管网、配水间、注水井、井下管柱和配水器等）水力阻力进入油层。

（3）注水压力应基本稳定，以便减少井底出砂、开采不平稳等情况。

2. 注水系统的确定方式

（1）试注求压。在新开发的油田或区块，可选择具有代表性的区域或一定数量的注水井进行试注，分别按不同油层测试注入压力和注入水量。试注时间应保证取得稳定参数为止。

（2）参照相似或相近油田注入压力。对比油层特点和原油特性、油层深度等资料，选取相似或相近油田的注入压力，作为新开发油区的初定注水压力。

（3）当上述资料缺乏时，一般可采用注水井井口压力等于1.0～1.3倍原始油层压力。分层注水井口压力还应包括配水器的水头损失。

（4）注水泵泵压。指注水泵的实际工作压力，该压力应不小于注水井注入压力及注水系统地面损失之和（注水站内管网损失压力一般不大于0.5MPa，泵站出站管压与注水井口油压压力之差一般应小于0.1MPa）。

五、注水水质及标准

注水水质不合格对油层的伤害主要为堵塞油层孔隙。但如果将注入水处理到很理想的程度，势必对工艺要求很高，加大投资和注水成本。一般要求注入水水质达到基本不伤害油层、驱油效果较好、经济上较为合理即可。

1. 注水过程中油层伤害因素

注水引起的油层伤害因素主要是注入水与储集层性质配伍性差或水质处理及注水工艺不当。

1）注入水与地层配伍性差引起的伤害

（1）直接生成沉淀。地层水作为一种地层自然流体，在外来流体介入前，各项离子处于一种相对平衡状态。当注入水进入地层后，若性质与其配伍性差，则可能发生反应产生沉淀，形成地层无机垢，从而造成储层伤害。包括硫化氢、二氧化碳、pH 值等引起的沉淀及结垢现象。所以，地层水中各项离子也是注水过程中储集层伤害的潜在因素。

（2）水敏引起的伤害。油气层中的黏土矿物在原始地层条件下、一定的矿化度环境中处于稳定状态。当淡水进入地层时，某些黏土矿物会发生膨胀、分散、运移，从而减少或堵塞地层孔隙和喉道，造成渗透率降低。通过水敏评价实验可以找出发生水敏的条件所引起的油气层伤害程度。

（3）盐敏（矿化度敏感）引起的黏土失稳。高于原地层矿化度的注入水可能引起黏土的收缩、失稳、脱落，低于原地层矿化度的注入水可能引起黏土膨胀、分散、失稳。这些都可能导致油气层孔隙空间和喉道缩小及堵塞，引起渗透率下降，从而伤害储层。应通过盐敏评价实验找出盐敏发生条件，以及盐敏引起的地层伤害程度。

2）水质净化工艺对地层的伤害

主要包括处理后净化水固相杂质超标、注水系统中存在较多腐蚀产物及各种原因生成的垢、注水系统中生长的细菌及水中的油及其乳状液等。

3）注入条件变化引起的地层堵塞

注入水流速也可引起地层中微粒的迁移。当注入流体在油气层中流动时，引起油气层中微粒运移并堵塞喉道，造成油气层渗透率下降，这种现象称为速敏性。通过速敏评价实验可对油气层的速敏程度作出判断。

上述损害因素说明了注水水质是注水开发成败的关键。为了确定符合油层特性的注水水质指标，必须高度重视岩性分析，这是油田注水开发的基础。

2. 注水水源类型

注水水源可分为地面水源、地下水源及含油污水三大类。应以含油污水等工业废水为首要注水水源，以达到水资源保护及再利用的目的。

1）地面水源

目前，主要有江河水、湖泊水、水库水等。其特点是地面水源水量充足、矿化度低，但是水量随季节变化较大、含氧量高、携带大量的各种微生物、悬浮物和泥砂杂质等。因此，要想达到注入水质标准，必须经过除氧、曝晒、过滤、沉淀、杀菌等处理，处理工艺较复杂，需要建立大型地面水处理厂、距离较长的输水管道和加压泵站等设施，投资较大。

2）地下水源

指地下浅层淡水，一般来自河流和洪水冲积层，水量比较丰富。地下水经过地下砂层多级过滤，水质比较好，但矿化度略高于地面水，水中含铁、锰等金属离子。因此，需要进行除铁、除锰等处理。

3）含油污水

含油污水是我国各油田所用的主要注水水源，它是油层中采出的含水原油经过脱水后得到的。油田进入开发中后期，随着原油含水率不断上升，经脱水后的含油污水量也在不断增加。对含油污水进行处理和回注，一方面可作为油田注水稳定的供水水源，节约清水，另一方面可以减少外排造成的污染。含油污水水温高（40～60℃），与地层温度接近，有利于驱油，注水层段的吸水量也会增大；含油污水中一般含有环烷酸和化学脱水中加入的破乳剂，表面活性高，有较好的洗油和驱油能力；含油污水矿化度高，能抑制低渗透油层的黏土颗粒膨胀，提高低渗透油层的吸水指数。

3. 注水水质标准

油田或油区注水的用水标准，应根据各油田或油区油层的具体情况而定，并经过油田或油区的开发实验验证，最后确定出合适的水质标准。

我国绝大多数油田为碎屑岩油藏形成的油田，注水水质要求的许多方面大体相近，可参照表4-5-1“碎屑岩油藏注水水质推荐指标”，并结合各油田特点具体制定本油田的注水水质标准。

表4-5-1 碎屑岩油藏回注水质指标（SY/T 5329—2012）

注入层平均空气渗透率/μm^2	≤0.01	>0.01～≤0.05	>0.05～≤0.5	>0.5～≤1.5	>1.5
SS/（mg/L）	≤1	≤2	≤5	≤10	≤30
粒径中值/μm	≤1	≤1.5	≤3	≤4	≤5
Oil/（mg/L）	≤5	≤6	≤15	≤30	≤50
SRB/（个/毫升）	≤10	≤10	≤25	≤25	≤25
IB/（个/毫升）	$n\times10^2$	$n\times10^2$	$n\times10^3$	$n\times10^4$	$n\times10^4$
TGB/（个/毫升）	$n\times10^2$	$n\times10^2$	$n\times10^3$	$n\times10^4$	$n\times10^4$
DO（溶解氧）/（mg/L）	≤0.1	≤0.1	≤0.1	≤0.1	≤0.1
H_2S/（mg/L）	≤2	≤2	≤2	≤2	≤2

第二节 注水地面工程系统

一、注水系统的组成

注水地面工程系统包括从注水水源至注水井的全部工程内容：

（1）水源。水源有地面水（包括江河、湖泊、水库）、地下水（水源井取水）、海水和含油污水等，需经不同程度、不同工艺的处理，使之达到注入水水质标准。在进行水处理时，可单设水处理站，亦可与注水站联合设置合一水站。小型注水站常与独立的小水源联合设站，这样可节省投资、方便管理，并减少运行能耗。

（2）注水站。注水站是注水系统的核心部分。其作用是承担注水量短时储备、计量、升压、注水一次分配和水质监控等任务。注水站一般设有注水储罐、罐间阀室、注水泵房、高压阀组、值班配电室、化验室、维修间、库房等设施；有的注水站还设有过滤、加药等水处理设施。注水站是需要水、电、建、暖、路、热、通信、自控仪表、机械、防腐保温、环境保护和消防等专业配套进行设计的综合性工程，需要各专业协调一致、密切配合，才能搞好注水站工程的设计。

（3）注水管网。将注入水从泵站输送至各计量配水间、井口的管道系统。通过管阀设置，具备一定分配调控水量功能。

（4）计量配水间。对注水管网来水进行计量、调节、控制及向各注水井口分配水量。

（5）注水井口。它是注水地面工程系统末端，也是实现向地下注水的地面装置。

二、注水流程

油田注水流程应根据油田开发层系、井网部署、水源种类及注水压力等确定，并与油气集输系统布局一致，经技术经济比较后，优化确定。

因各油田地质、开发条件不同，开发井网部署不同，注水流程很难有统一、不变的类型。目前，国内主要采用的注水工艺流程有以下几种：

（一）单干管多井配水流程

单干管多井配水流程如图 4-5-1 所示，注水水源来水经注水站升压后，将水输送至注水干线，再分配至各个计量配水间连接的单干管，经计量调节后分配至各注水井口。这种流程特点是：易于和油气计量站合建，便于集中进行公用工程配置及生产管理，也便于进行管网调整。适用于油田面积大、注水井多、注水量大的油田或区块。

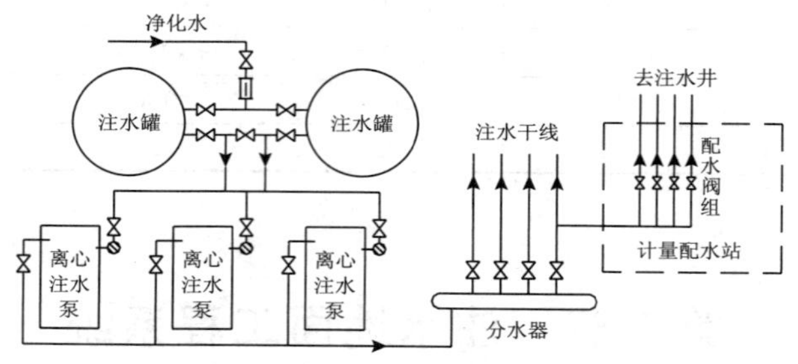

图 4-5-1　单干管多井配水流程

（二）单干管单井配水流程

单干管单井配水流程如图 4-5-2 所示，注水水源来水经注水站升压后，由高压阀组分配给各单井配水间连接的单干管，经单干管到单井配水间，经计量调节后注入井口。流程特点是：每井一座配水间，配水间一般设在井场，管理分散。但注水支管短，有利于分层测试。这种流程适用于油田面积大、井数多、注水量较大的行列式注水开发油田。

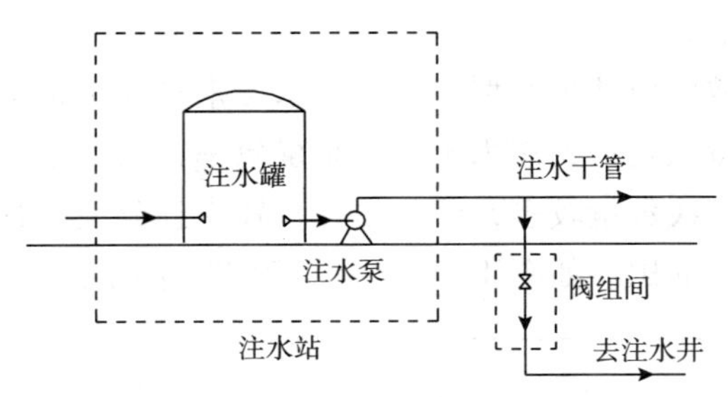

图 4-5-2 单干管单井配水流程

（三）双干管配水流程

双干管配水流程如图 4-5-3 所示，注水站到配水间有两条干管，一条用于正常注水，另一条用于洗井、洗井回收或注其他液体。流程的特点是：正常注水与洗井用水可分开进行，井间不受洗井干扰。不洗井时，洗井水管可作为指示剂、增注剂，或给酸化压裂等井下作业供水。这种流程适用于单井注水量较小、洗井次数较多、酸化压裂作业较频繁的地区，在不洗井时管内流速不至于过低，而引起沉积、腐蚀等问题，有利于保持水质。

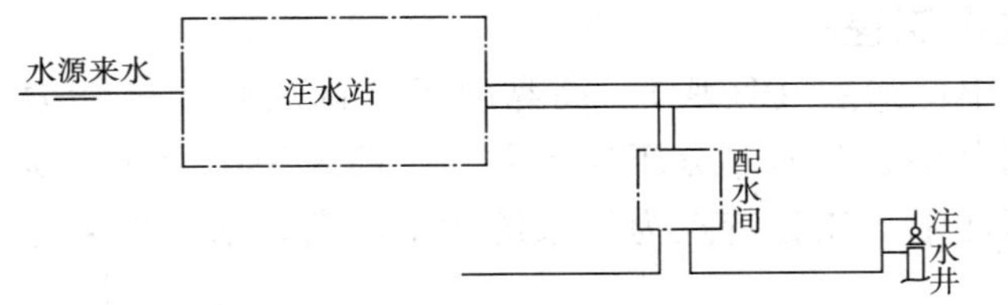

图 4-5-3 双干管配水流程

（四）增压注水流程

增压注水流程如图 4-5-4 所示，对同一区块内部分低渗高压注水井，可采用集中增压或单井增压方式，即将注水站来水进行二次增压，满足高压井注水要求。适用于非均质性严重且区块零散的油田，并且较为适合滚动开发。

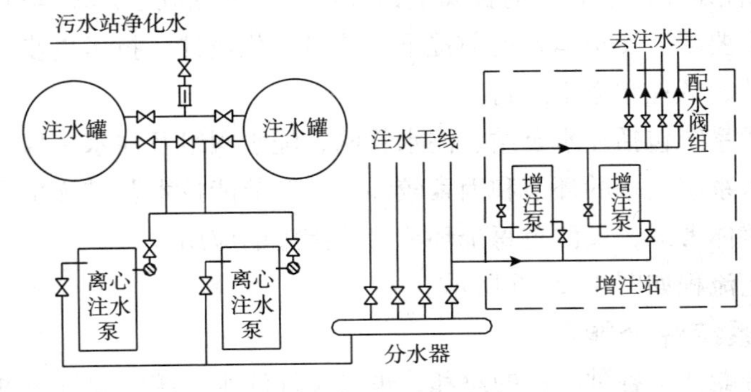

图 4-5-4 增压注水流程

（五）小站注水流程

根据井网布置，分散建设几个小型注水站。水源来水在小站加压、调节、计量后直接注入注水井。流程主要特点是：无注水干管，系统效率比二次增压注水流程效率高，基建投资节省。但低压输水管线数量较多，注水站数量较多且分散，管理难度较大。适用于注水井区域分布相对集中的油田。如图4-5-5所示为小站注水流程。

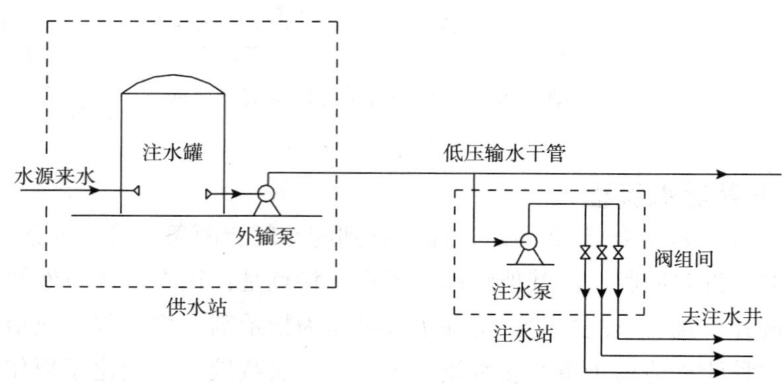

图4-5-5　小站注水流程

（六）分压注水流程

为了充分开发中低渗层（区块）、高黏度层（区块）生产能力，同时降低注水系统能耗，需要采用分层、分质、分压注水方式，即采用压力或水质不同的两套以上管网进行分质、分压注水。流程特点为：系统效率较高，水驱效果好，但中高压管网数量较多。

适用于平面矛盾突出（油藏在平面上渗透率差异较大）或层间矛盾突出（油藏层间渗透率差异大）的油田。

三、注水系统能耗

众所周知，注水系统是油田“耗能大户”，据统计，其耗电量占油田生产用电总量的30%~40%。降低注水系统能耗，对提高油田效益、实施低成本开发具有重要意义。因此，应在满足油田注水要求、安全运行的前提下，通过优化设计、技术进步和科学管理，使油田注水系统在高效、低耗状态下运行。

油田注水地面系统包括注水泵站、注水管网、配水阀组及注水井口四大部分，组成较为复杂，影响注水系统效率的环节和因素较多。主要节能技术及措施也围绕这四个环节展开，应做到既从整体考虑，又注重每个环节具体措施的应用。

注水泵站工艺流程如图4-5-6所示。

（一）注水系统综合能耗

注水系统综合能耗是各种能耗的总和，也是设计注水系统需要计算并掌握的指标，可用式（4-5-2）计算：

$$E_c = E_e + E_f + E_w + E_x + E_q \tag{4-5-2}$$

式中　E_c——设计综合能耗，MJ/d；

E_e——电力能耗，MJ/d；

E_f——燃料能耗，MJ/d；

E_w——各种水的能耗，MJ/d；

E_x——各种耗能工质的能耗，MJ/d；

E_q——其他能耗，MJ/d。

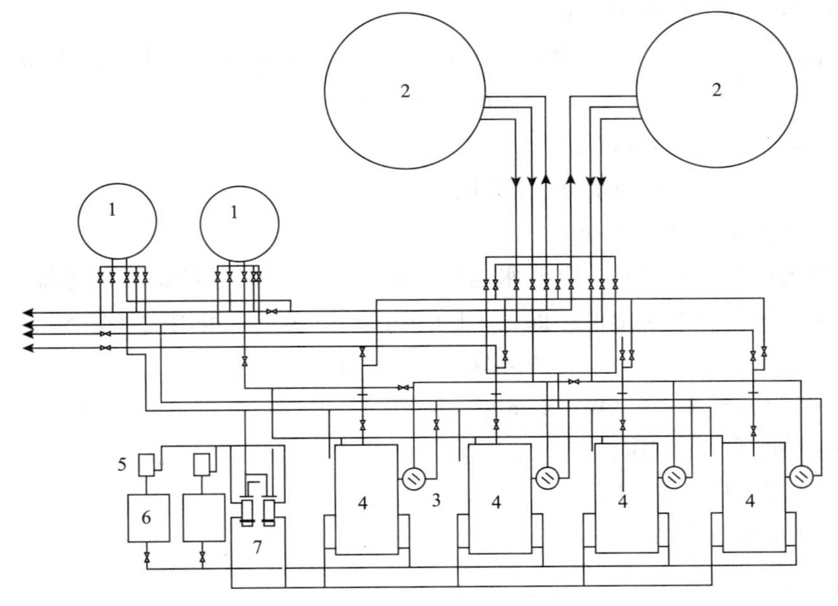

图4-5-6　注水泵站工艺流程

1—过滤罐；2—水锥；3—泵进口过滤器；4—电动离心式注水泵；
5—润滑油泵；6—润滑油箱；7—冷油器

在计算过程中，有些能耗指标换算成统一单位“MJ/d”比较困难，根据长期实践经验，总结出一个非燃料能源等价热量折算热值表（见表4-5-2），供计算时参考。

表4-5-2　非燃料能源等价热量折算热值

类　别		平均折算热量值/kcal	等价标准煤/kg	类　别	平均折算热量值/kcal	等价标准煤/kg
电力/kW·h		3000	0.429	压缩空气/m^3	280	0.040
水	新鲜水/t	1800	0.257	鼓风/m^3	210	0.03
	循环水/t	1000	0. 143	低压蒸气/kg	900	0.129
	软化水/t	3400	0.486	粗苯/kg	10000	1.429
	除氧水/t	6800	0.971	干洗精煤/kg	7100	1.014
氧/m^3		3000	0.429	等价标煤/kg	7000	1.000

（二）注水单耗

注水单耗可分为综合性单耗和运行单耗。

（1）综合性单耗。指每注入 1m³ 水所消耗的各种能，可用式（4-5-3）计算：

$$E_1 = E_c/Q \tag{4-5-3}$$

式中　E_c——设计综合能耗，MJ/d；

E_1——综合性单耗，MJ/m³；

Q——设计注入总水量，m³/d。

（2）运行单耗。指注水泵机组每注入 1m³ 水所消耗的能量，可用式（4-5-4）计算：

$$E_2 = E_y/Q \tag{4-5-4}$$

式中　E_2——运行单耗，MJ/m³；

E_y——注水泵机组运行能耗，MJ/h；

Q——注入总水量，m³/h。

当注水泵采用电机拖动时，则注水运行单耗为每注 1m³ 水所消耗的电能，E_2 的单位可用每注入 1m³ 水消耗多少电能，即以“kW·h/m³”表示。可用式（4-5-5）计算：

$$K = \Delta p / (3.6\eta_1\eta_2) \tag{4-5-5}$$

式中　K——注水机组单耗，kW·h/m³；

Δp——注水泵进出口压差，MPa；

η_1——注水电机效率，%；

η_2——注水泵效率，%。

四、注水泵效率与输出水量计算

（一）注水泵效率计算

1）流量法

柱塞泵、活塞泵、离心泵均可按流量法计算泵效率：

$$\eta_2 = \Delta p q_{vp}/(3.6p_3) \times 100\% \tag{4-5-6}$$

$$\Delta p = p_1 - p_2$$

式中　η_2——注水泵效率，%；

q_{vp}——注水泵运行流量，m³/h；

p_3——注水泵运行功率，kW；

p_1——泵进口压力，MPa；

p_2——泵出口压力，MPa。

2）热力学法（温差法计算注水泵效率）

离心式注水泵效率可用热力学法计算：

$$\eta_2 = \frac{\Delta p}{\Delta p + 4.1868(\Delta t - \Delta t_s)} \times 100\% \tag{4-5-7}$$

$$\Delta t = t_1 - t_2$$

式中　Δp——注水泵进出口压差，MPa；

t_1——泵进口温度，℃；

t_2——泵出口温度，℃；

Δt_s——等熵温升值，℃，详见表4-5-3。

（二）离心注水泵输出水量计算

采用热力学法的计算式如下：

$$q_{vp}=\frac{p_3}{0.27778\Delta p+1.163(\Delta t-\Delta t_s)} \tag{4-5-8}$$

式中　q_{vp}——注水泵输出水量，m^3/h；

Δp、Δt、Δt_s 意义同前。

（三）电机输入功率计算

$$N_1=\sqrt{3}IU\cos\varphi \tag{4-5-9}$$

式中　N_1——电机输入功率，kW；

I——电机线电流，A；

U——电机线电压，kV；

$\cos\varphi$——电机功率因数。

（四）电机输出功率计算

$$N_2=N_1\eta_1$$

式中　N_1——电机输入功率，kW；

N_2——电机输出功率，kW；

η_1——电机效率，%。

当采用测量法时，电机效率按式（4-5-10）计算：

$$\eta=\frac{\sqrt{3}IU\cos\varphi-p_0-3I^2R-\sqrt{3}KIU\cos\varphi}{\sqrt{3}IU\cos\varphi}\times100\% \tag{4-5-10}$$

式中　p_0——电机空载功率，kW；

R——电机定子直流电阻，Ω；

K——损耗系数，随电机杂散损耗、转子铜耗的增大而增大，1000～2500kW电机的 K 值为0.009～0.011，一般可取0.01。

其他符号意义同前。

表4-5-3　等熵温升 Δt_s 表

t_1/℃ \ P_2/MPa	2	4	6	8	10	12	14	16	18	20	22	24	26	28	30	32	34	36	38	40	42	44	46	48
11	-0.022	0.003	0.026	0.048	0.069	0.089	0.109	0.127	0.145	0.163	0.179	0.196	0.212	0.227	0.242	0.256	0.271	0.285	0.298	0.312	0.325	0.337	0.350	0.362

续表

P_2/MPa \ t_1/℃	2	4	6	8	10	12	14	16	18	20	22	24	26	28	30	32	34	36	38	40	42	44	46	48
12	-0.023	0.004	0.029	0.054	0.077	0.099	0.120	0.140	0.159	0.178	0.196	0.214	0.231	0.248	0.264	0.280	0.296	0.311	0.326	0.340	0.3.54	0.368	0.382	0.395
13	-0.023	0.006	0.033	0.059	0.084	0.108	0.130	0.152	0.173	0.194	0.213	0.232	0.251	0.269	0.287	0.304	0.321	0.337	0.353	0.369	0.384	0.399	0.413	0.427
14	-0.024	0.008	0.037	0.065	0.092	0.117	0.141	0.165	0.188	0.209	0.231	0.251	0.271	0.290	0.309	0.328	0.346	0.363	0.380	0.397	0.414	0.430	0.445	0.460
15	-0.024	0.010	0.041	0.071	0.099	0.127	0.153	0.178	0.202	0.225	0.248	0.270	0.291	0.311	0.332	0.351	0.371	0.389	0.408	0.426	0.443	0.460	0.477	0.493
16	-0.024	0.012	0.045	0.077	0.107	0.136	0.164	0.191	0.216	0.241	0.265	0.288	0.311	0.333	0.354	0.376	0.396	0.416	0.435	0.454	0.473	0.491	0.509	0.526
17	-0.023	0.014	0.050	0.083	0.116	0.146	0.175	0.204	0.231	0.257	0.283	0.307	0.331	0.354	0.377	0.399	0.421	0.442	0.463	0.483	0.503	0.522	0.541	0.559
18	-0.023	0.017	0.054	0.090	0.124	0.156	0.187	0.217	0.245	0.273	0.300	0.326	0.351	0.376	0.400	0.423	0.446	0.468	0.490	0.512	0.532	0.553	0.573	0.592

第三节　注水管道工艺设计

油田注水系统是一个整体，不仅是地面系统的重要组成部分，也与地下紧密相连。要实现注水系统高效节能运行，必须注重地面与地下的结合，有大局意识，进行整体优化，才能实现油田开发综合效益的最大化。

一、注水管道的布置与选线

（一）一般要求

（1）根据注水站、配水间、注水井的相对位置，合理选择管道的走向，进行管道走向的选线可通过采用室内地形图选和现场勘测相结合的方法，通常应有两个或两个以上方案进行对比，择优选取。注水干管、支干管、支管应协调一致，尽量做到管路短，工程量少，投资省。

（2）注水管道应尽量少占农林用地，避开工业、民用文物建（构）筑物。当实在难以远离建（构）筑物和设施时，应有一定的安全距离。

（3）注水管道的布置应减少穿越重要公路、铁路、河渠、山脊、沼泽，注意避开易水淹、滑坡、坍方、高侵蚀土壤等不利地区和环境。

（4）注意考虑与道路、油气水管道、电力线、通信线等的关系。

（5）注水管道的布置应注意有利于施工和生产管理及维护。

（6）注水管网布置应考虑相关注水管网的连接、远近期结合和分期建设的可能性。

（7）注水管道在踏勘、选线后，在现有的地形图或实测地形图上，补充新设计的注水井、配水间、注水站及相关专业新设计的工程，然后进行注水管道布置。

（二）注水管道截断阀的布置

（1）为方便管理、有利维修，当采用行列式布井，在管辖4～6口注水井的注水干管的长度上，采用多井配水间时，在管2～3座配水间的注水管道长度上或在2km左右注水干管管段上宜设一个截断阀。

（2）为扫线和放空，干管末端一般设截断阀。

（3）在干管与较长支干管连接处，支干管上宜设截断阀。

（4）干管上的阀门一般宜设在管道连接节点的下游，以减小影响供水的范围。

（5）在截断阀的一侧或两侧应设扫线、放空阀。

（6）截断阀宜布置在地势较高、有利于操作、维修的地方，可设阀室、阀池、阀井，亦可露天设置，采用哪种做法视油田的情况确定。

（三）注水管道平面布置图的基本要求

（1）标明注水管道、截断阀、管件的规格和尺寸。

（2）注水管道施工图应有大地坐标、一般不得少于2个；有指北针，有主水管敷设方式。

（3）注水管道、阀（阀室、阀池、阀井）、管件（大、小头、封头等）应有坐标或控制尺寸；穿越、跨越管道与相关建筑物、构筑物应有相对尺寸或控制尺寸。

（4）注水管道施工图应有地形、地物及高程。

（5）个别节点可画出剖面图、大样图、节点详图。

（6）在地形、地物复杂区域，刻画出纵剖面图。

（7）注水管道平面图的比例可为1:1000、1:2000、1:5000和1:10000等。

（8）注水管道布置施工图应有尺寸单位、试压、防腐、敷设、施工验收规定，穿越、跨越管道与建（构）筑物关系等有关内容。

（9）穿越建（构）筑物基础、公路、铁路均应设套管。

（10）注水干管、支干管宜设管道标志桩。

二、注水管道敷设

（一）一般要求

（1）注水管道敷设设计应注意安全要求，既使注水管道不易被破坏、损伤，又要防止注水管道可能因漏失造成对周围环境的不利影响。

（2）注水管道敷设应有利于安全操作，方便管理和维修，有利于施工安装和阀门与管件的连接。

（3）地面注水管道敷设应注意布局整齐，实用美观。

（4）当注水管道间、注水管道与其他管道并列敷设时，应设计保证维修的间距，一般净距不小于0.35m。

(二) 注水管道的敷设方式

1. 注水管道的埋地敷设

注水站外的注水管道多采用埋地敷设。埋地深度应考虑地面行车承重、耕地深度、冻层深度、地下水位、保温效果和穿越条件等因素。管顶埋深一般不小于0.8m。

在寒冷的冻土地区，注水管道管顶埋深常考虑在冻层以下0.2m。输送水温在30℃以上含油污水的注水管道，在水量较大而不易停输的条件下，普遍采用输水管道浅埋的方式，既可减少土方工程量，又有利于管道维修。

2. 注水管道的架空敷设

1）一般要求

注水站内的注水管，为便于维修，防止埋地土壤对注水管道产生腐蚀，有利于地面设备的安装，多采用架空敷设。在站外通过低洼地或水浇地的注水管道，为防止水淹，也采用低架敷设。低架敷设注水管道，既应考虑管道、管件、阀件、设备等对支架、支座的作用，又要考虑冬夏温差、注水温度变化在管道内产生的热应力对支架、支座的影响。

在寒冷地区，室外低架敷设的注水管道应予以保温，保温厚度视环境条件、保温材料、保温方式而定。保温注水管一般应设高度为100～200mm的滑动管托，以利于保温层的施工。

当注水管道采用管墩架空敷设时，管底距地面的高度不应小于0.35m；当注水管道采用管架架空敷设时，管底距地面的高度不应小于1.9m，井场有行人通过的地方不应小于2.2m，有车辆通过的地方不应小于4.2m。

2）注水管道架空敷设的特定要求

在山区架空敷设时，要避开山洪、雪崩、滚石、滑坡、滚木等危险地带，以防止注水管道被砸、被埋、被破坏；当管道坡度大于15°时，管道应设支撑挡墩，防止管道下滑。

3）消除架空敷设注水管道的热应力

架空敷设的注水管道在温度发生变化时，会出现膨胀或伸缩变形，当这种变形受到约束时，在管道内会产生热拉（冷压）应力。如果这种应力不能消除，会使注水管道受到损坏。消除应力的方法有：

（1）利用注水管道敷设中自然弯曲的形状，补偿管道的温度变化产生的变形，达到消除热应力的目的。

（2）通过设置伸缩器或补偿器消除热应力。

（3）明设管道由于受温度影响较大，应设置伸缩器或补偿器，以保证注水管道在外界温度变化的情况下，仍能安全和稳定地通水。

3. 注水管道的其他敷设方式

为适应不同环境的需要，注水管道也可采用管沟和水中等敷设方式。但应采取相应的辅助措施，以确保注水管道安全、可靠运行。在沙漠地区，注水管道应采取防沙措施。

三、注水管道的穿（跨）越

（一）穿越公路

（1）注水管道穿越公路或站内主要道路时，需设套管或涵管、涵洞。套管外径应比穿越管外径至少大100～200mm。管道与公路或道路应垂直穿越；如条件不允许，最小穿越角不得小于60°。为使穿越管置于套管中部，套管内设支点；较大注水管道则用涵管或涵洞作套管。

（2）套管和涵管的管顶、穿越涵洞的洞顶距路面不得小于0.8m，否则应采取特别加强措施，如设盖板等；套管、涵管两端伸出道路路基不小于0.5m。

（3）套管应按埋地管道要求进行防腐处理，并且有承受土压力和动载荷的足够强度。

（4）套管两端需用沥青麻刀塞紧，塞入套管内的沥青麻刀长度不小于150mm；外面用添加3%～5%防水剂的防水水泥砂浆封堵，封堵长度不小于50mm。

（5）注水管道穿越处应有排水措施。主要公路、重要道路宜用顶管法穿越。

（二）穿越铁路

注水管道穿越铁路的地点、方式和施工方法，必须得到铁路有关部门的同意，并应遵循有关穿越铁路的技术规定。一般可按给水管穿越铁路标准图（S461）施工。

（三）穿越建（构）筑物

（1）当注水管道穿越建（构）筑物区域（如居民区），管道埋地敷设时，管顶距地面一般不小于1m，距墙不小于5m。管沟回填后不应有土堤和沟槽，不妨碍交通和造成地面积水。不通车的人行道可以和注水管堤合并，但路面（堤顶）一般不高出当地地面0.5m。

（2）在注水管道上不得加设不用来注水的取水口；管道两侧2m的范围内不得立杆或植树。

（四）穿越湖泊和沼泽

（1）当注水管道穿越湖泊或沼泽地时，可采用架空、栈桥、垫管床、筑土堤、沉底等办法。具体采用何种方式，应进行方案的技术经济比较，选择切实可行、经济合理、安全可靠的方案。

（2）当注水管道采用架空或栈桥穿越时，应考虑温度变化的热应力影响；在一些地区，还应做保温、防风、防沙等保护。

（3）当注水管道采用垫管床、筑土堤穿越湖泊或沼泽时，管道标高应在其常年最高水位之上，并提高管道的防腐绝缘等级。土堤两侧应有防水冲击护坡等使土堤不致坍塌的措施。

（4）在冬季不冻或水深大于冰冻深度的地区，若条件允许，可采用将注水管道沉于水底或埋入水底以下的穿越方式，但应加强注水管道的防腐绝缘。

（五）穿（跨）越河渠

注水管道通过河（渠）可采用河（渠）底穿越或河（渠）面跨越。

（1）当河（渠）较宽，穿越条件较复杂，注水管道穿（跨）越河渠时，可参见《给水排水设计手册》相关内容进行设计。

（2）当注水管道通过较小河（渠）时，可视条件采用不同的穿越方式，如河（渠）底开槽埋置，沉管敷设和顶管等方法。当从渠上面跨越时，如有桥可利用，应利用桥使管道通过河（渠）；当无桥可利用时，则应根据河（渠）的具体情况，采取拱管、直接架设等方法。

四、注水管道的工艺计算

（一）注水管道直径计算

注水管道直径应满足管道在控制合理的沿程压降损失下，输送所要求的注入水量。

已知注水流量，在设定流速后，注水管道的直径按式（4-5-11）计算：

$$d = \sqrt{\frac{4Q}{3600\pi v}} = \frac{1}{30}\sqrt{\frac{Q}{\pi v}} \tag{4-5-11}$$

式中 d——注水管道内径，m；

Q——注水流量，m^3/h；

v——注水流速，m/s。

在实际计算中，注水流量为该管道所辖井注入量之和，并加上因洗井而增大的水量，注水流速则由设计人员选定，一般为1~2.5m/s。流速太小，将使管径过大，基建投资亦过大，而且易引起水质恶化，其优点是耗费动力的运行费用较小；流速过大，其效果与流速过小产生的影响相反，管道内流速应根据实际情况进行技术经济综合比较，选择最佳流速，同时还应考虑管道水力条件、货源及施工条件等，最终确定管道通径。

（二）注水管道壁厚计算

注水管道壁厚实际计算，按SYJ 5《油田注水设计规范》的理论公式，在考虑制造误差、施工条件、腐蚀因素等要求的附加值后，计算注水管道壁厚：

$$t_s = \frac{PD_w}{2([\sigma]_t E_j + PY)} \tag{4-5-12}$$

$$t_{sd} = t_s + C \tag{4-5-13}$$

$$C = C_1 + C_2 \tag{4-5-14}$$

$$C_1 = Et_s \tag{4-5-15}$$

式中 t_s——直管计算壁厚，mm；

t_{sd}——直管选用壁厚，mm；

P——管内介质设计压力，MPa；

D_w——注水管道外径，mm；

$[\sigma]_t$——钢材在设计温度下的许用应力，MPa；

E_j——焊接接头系数，无缝钢管取1；

Y——系数，取0.4；

C——厚度附加量之和，mm；

C_1——厚度减薄附加量，包括加工、开槽和螺纹深度及材料厚度负偏差。

上述计算公式适用于注水压力不大于31.4MPa的注水管道，对压力大于31.4MPa的注水管道，可参照公式（4-5-11）进行计算。

（三）注水管道弯头的壁厚计算

由于弯头在施工、制造过程中，外壁受拉使管壁减薄，内壁受压发生变异，并产生横截扁平效应和弯曲应力影响，受力比直管复杂。在工程上可采用下列方法确定弯头壁厚。

（1）当弯管的弯曲半径$R \geq 4.0D_w$（管外径）时，由于影响不大，可采用直管壁厚的1.05～1.1倍。

（2）当弯管的弯曲半径$R < 4.0D_w$，以及采用冲压弯头时，可按式（4-5-16）计算：

弯管外侧理论壁厚：

$$t_b = t_s m \tag{4-5-16}$$

$$m = \frac{4R - D}{4R - 2D} \tag{4-5-17}$$

式中 t_b——弯头管壁计算厚度，mm；

t_s——直管计算壁厚，mm；

m——弯头的管壁厚度增大系数；

R——弯头曲率半径，mm；

D——弯头外径，mm。

在使用中，管道弯头的壁厚不得小于直管壁厚。

（四）注水管道的水力计算

1. 注水管道的水头损失

包括沿程水头损失和局部水头损失，可用下列式子表示。

沿程水头损失：

$$h_{沿程} = iL \tag{4-5-18}$$

局部损失（采用当量长度法）：

$$h_{局部} = iL(当量) \tag{4-5-19}$$

总损失：

$$h = h_{局部} + h_{沿程} \tag{4-5-20}$$

式中 i——每米管道的水头损失，m H_2O/m；

L——计算管段长度，m；

h——计算管道的水头损失，m。

在站外管网中计算沿程水头损失，局部水头损失可按注水管道总水头损失的5%～10%计，总水头损失视具体情况，通常控制在50～100m范围内。

2. 注水管道的水力坡度计算

当$v \geq 1.2$m/s时：

$$i = 0.00107\frac{v^2}{d_j^{1.3}} \tag{4-5-21}$$

当 $v<1.2\text{m/s}$ 时：

$$i = 0.000912 \frac{v^2}{d_j^{1.3}\left(1 + \frac{0.867}{v}\right)^{0.3}} \tag{4-5-22}$$

式中 i——每米管道的水头损失，m H_2O/m；

v——管道内水的平均流速，m/s；

d_j——管道的计算内径，m，取值应按管道的内径减 1mm 确定。

3. 注水管网的水力计算

注水管网有枝状管网、环状管网与混合管网。注水管网的水力计算以给定的注水量和控制的水头损失为依据，确定管网中各段的管径和起点的供水压力。

管网的水力计算可采用试算法，一般先设定各段管径，然后利用钢管水力计算表进行计算。

当计算枝状管网水头损失时，应选择水头损失最大的或可能最大的，具有代表性的管段，这种管段通常是指管段长、管径较小的分支管。在被选择管道上，各段的水头损失之和不得大于总水头损失。有的管网需做两条以上管道的计算，以便选择合适的管道。

管网起点的压力将等于末端的最大的供水水头、起点与终点之间的地形高差，再加上管道的全部水头损失之和，可按式（4-5-23）计算：

$$H = H_1 + h_2 - h_1 + H_2 \tag{4-5-23}$$

$$H_2 = \Sigma h$$

$$\Sigma h = h_{局部} + h_{沿程}$$

式中 H——起点总水头，m；

H_1——最不利点所需水头，m；

H_2——管道的总水头损失，为各管段沿程水力损失与局部阻力水头损失之和，m；

h_2——终点高程，m；

h_1——起点高程，m。

其他符号意义同前。

4. 注水管道水力计算应注意事项

（1）当注水与洗井水合一管道计算支管流量时，除最后一口井外，应采用注水量加洗井用水量。

（2）当洗井时，邻井压力下降值应小于 0.5MPa。

（3）最不利的一条注水管的总压力下降宜小于 1.0MPa。

（4）在按公式计算或用水力计算表查得管内径后，应按标准管径结合实际情况进行修正。

（五）注水管道封头计算

注水管道封头有瓶盖式封头和椭圆形封头两种，为了提高强度，往往在封头上增焊加强筋，椭圆形封头只在压力较低时采用。

1. 圆形平盖封头计算

$$S = D\sqrt{\frac{KP}{[\sigma]}} + C \tag{4-5-24}$$

$$C = C_1 + C_2 + C_3$$

式中　S——平盖实际厚度，mm；

D——计算直径，mm；

P——设计压力，MPa；

$[\sigma]$——许用应力，MPa；

C——平盖附加厚度，mm；

C_1——钢板负公差量，当钢板厚小于8mm时取0.8mm，大于8mm时取1mm；

C_2——腐蚀裕量，一般取1mm；

C_3——封头冲压时的拉伸减薄量，mm，不冲压板取0。

2. 椭圆形封头计算

$$S = \frac{P}{400Z[\sigma] - P}\frac{d}{2h_0} + C \tag{4-5-25}$$

式中　S——椭圆形封头实际厚度，mm；

d——管内径，mm；

P——设计压力，MPa；

$[\sigma]$——许用应力，MPa；

Z——开孔系数，无开孔时，$Z=1$，有开孔时，$Z=1-\frac{d_1}{d}$，d_1为开孔直径，一般取 $\frac{d_1}{d}<0.7$；

C——增加裕量，一般取3～4mm；

h_0——封头突出部分高度，一般要求 $h_0>0.2d$。

其他符号意义同前。

（六）注水管道开孔及其加强计算

1. 不设加强的最大孔径计算

$$d = 8.1\sqrt[3]{D_0(S-C)(1-k)} \tag{4-5-26}$$

$$k = 8.1\frac{PD}{(230[\sigma]-P)(S-C)}$$

式中　d——开孔最大孔径，mm；

D_0——干管内径，mm；

P——设计压力，MPa；

$[\sigma]$——许用应力，MPa；

C——增加裕量，一般取2～3mm。

其他符号意义同前。

2. 加强圈尺寸计算

$$D_K = \frac{(d+2C)(\delta-C)}{h+(\delta-C)(1-\phi)} + d + 2C \tag{4-5-27}$$

式中 D_K——加强圈外径，mm；

d——支管内径，mm；

δ——主管壁厚，mm；

C——腐蚀裕量，mm；

ϕ——焊缝系数，无缝钢管取1，有缝钢管取0.85；

h——加强圈厚度，mm，一般与主管壁厚相等，即 $h=\delta$。

如果不考虑腐蚀裕量，式（4-5-27）简化为：

$$D_K = \frac{d\phi}{2-\phi} + d \tag{4-5-28}$$

无缝钢管：$D_K \approx 2d$；有缝钢管：$D_K \approx 1.74d$。

3. 加强圈焊接注意事项

（1）支管直径 $DN \geqslant 50$mm 的开孔均应进行加强，加强圈厚度与主管壁厚相等。

（2）当支管直径 $DN < 50$mm，但开孔位于焊缝上或开孔中心距离焊缝小于 50mm 时，亦应进行加强。

（3）当支管与主管的比值 $d/D < 0.5$ 时，采用普通加强圈；当 $d/D \geqslant 0.5$ 时，开孔已呈椭圆形，应采用相应增宽的椭圆形加强圈。

（4）应尽量避免在焊缝及其周围开孔。

（5）加强圈必须紧贴在主管和支管上。

（6）加强圈的材质应与主管相同。

（七）注水管道工艺设计时应注意的有关事项

为保证注水管道安全、可靠地正常运行，设计时应注意下述有关事项：

1. 确保注水管道可靠运行的措施

（1）可靠供水源。在注水管网设计时，只要条件允许，应尽量做到有两个供水来源，在水源之间设计一定数量的连通管道，使同一水质、同一压力系统的注水管网互为补充。当一个供水来源因故停运时，另一供水水源仍可维持其系统运行。

（2）分段控制。分段控制可确保注水管道在维修时，减少停注注水井的数量，并尽快地维修好。分段控制一般是在较长的注水干管道上，每隔一定的距离安装干线截断阀。

2. 注水管道施工说明

为保证注水管道安全、可靠地运行，确保施工质量，设计时应按注水工程的特点，对注水管道的焊接、敷设、穿越、试压、防腐绝缘、埋深、管道下沟、管沟复土、管道架空和环境保护等予以说明。

3. 注水管道严密性实验

在注水管道安装完毕后，首先应进行严密性试压（通常是试风压，实验压力为

0.6MPa)，对管道进行严密性实验。严密性实验应对管道的全部焊口进行检查，检查是否有渗漏，如有渗漏则应进行修理或补焊，直到全部合格。

4. 注水管道吹扫与冲洗

在严密性试压后，应先用压缩空气吹扫管道，再利用低压清洁水冲洗管道，以便将管道内的氧化铁、焊渣、施工时带入管内的泥土及杂物清除干净，直至合格。

吹扫管道的长度应根据管道的施工情况、地形、河流穿（跨）越、阀室、配水间、井站等位置来确定，一般以不超过10km为宜。

管道吹扫、冲洗应合理确定排出位置，并注意不要损伤水表、阀门等仪表、设备。在严密性试风压后，亦可不用气吹扫，而直接用大水量冲洗管道的办法清洗管道。大型注水管道还可放入清管器进行清管。

5. 注水管道强度试压

在注水管道严密性试压后进行强度试压（一般通过压水）。在试压前，应将高压管线与低压系统及不宜参加试压的设备隔开。在加盲板隔开的部位应有标记，并做好有关记录，系统内阀门应全部开启。

强度试压应用的水应该是清洁的水。管道在充水时应排除空气。寒冷地区应控制试压时间，并采取防冻措施。

强度试压应在管道复土、保温前进行。强度试压的压力是工作压力的1.25倍，稳压10~30min，合格后将压力降至工作压力，进行检查，全部管道和相连阀件、管件不渗不漏、压力稳定1h以上不降，试压合格。试压用压力表必须进行校正。

通入具有工作压力的注入水不能代替强度试压。严禁采用高压气体进行强度实验，以防止恶性事故的发生。

在强度试压时，压力应均匀、缓慢上升，一般每10~30min升压1.0~3.0MPa。

6. 设置管道标志桩

一般在干管和支干管起点、终点、折点以及直管段每隔0.5km处，设置管道标志桩，以便保护和检查、维修注水管道。

第四节 注水站工艺设计

注水站是油田注水系统的负荷中心。在进行工艺设计时，应与各相关专业有机配合，在站址、设备、仪表及材料的选择、平面布置和工艺安装设计等方面综合考虑有关专业的要求。

一、注水站分类

1. 离心泵注水站

一般注水压力在20MPa以下，排量多在50m^3/h以上。注入压力较平稳，操作维护较方便，使用寿命也较长，建设投资比往复式泵注水站一般要少一些，是广泛采用的注水站。

2. 柱塞泵注水站

多用于要求注水泵排量在 $50m^3/h$ 以下，或泵压在 20MPa 以上的注水系统。柱塞泵的泵效较高，通常在 80% 以上；但压力不如离心泵平稳，保养维护、维修工作量较大。在中、小型油田，以及注水压力要求高的油区被广泛采用。

3. 增压泵注水站

增压泵注水站是将注水管网压力较低的支管网或注水井，经增压泵二次升压后，满足局部注水区块或个别注水井注水压力较高的要求。这对提高整个注水系统效率，改善注水开发条件，减少能耗损失是十分有利的。

二、注水站规模及布局

（一）注水站规模确定

（1）根据油田开发方案要求，将近期和远期相结合，既满足近期（如 5 ~ 10 年）注水的要求，又可兼顾远期注水发展的可能。

（2）将合理的规模与合理的注水管网相结合，既满足注水井所需注水量和注水压力；使注水管网中最不利点的管网损失不大于 1.0MPa，或使管辖范围的半径不超过 5km。

（3）在大、中型油田中，注水站规模多在 $1\times10^4m^3/d$ 以上。但一般不宜超过 $30\times10^4m^3/d$，否则管网损失压力过大，造成注水运行成本过高。

（二）注水站布局

（1）注水站布局与站址选择应作方案对比，在满足油田开发需要的前提下，通过对技术经济指标进行对比，合理地确定建站用地和系统布局。

（2）注水站的布局与站址选择可根据总体规划，结合油气集输、供水、含油污水处理、供电等统一考虑，尽量采用联合建站。

（3）注水站应尽可能置于站管辖区的注水负荷中心。

（4）注水站的布局应尽可能利用有利条件，综合考虑相关专业的要求，做到方便生产、生活和管理。

三、站址选择与平、立面布置

（一）站址选择

（1）站址选择应由有关部门、专业配合，在现场实地协商进行。

（2）站址的面积应保证工程建设和施工用地，并有扩建余地。

（3）尽可能少占或不占耕地、林地和经济、社会效益大的土地。

（4）站址应与工业、民用或公共建筑物、构筑物保持应有的安全防火距离。

（5）站址应有相关专业（如供水、排水、供配电、道路、通信等）利用的便利条件。

（6）工程地质条件及地耐力应良好；土壤腐蚀性较小；土质应较均匀；沉陷量不大，

地下无淤泥流砂，承压后沉陷应很快停止，排水良好等。

站址初选后，经工程地质部门通过钻孔取心或其他方法实地鉴定，以确定是否适合作站址。一般砂土层、亚砂土层、亚黏土层等适合建站。流砂地层、淤泥地层通常不适合建站、所选站址还应利于防洪、排涝，符合环保、安全要求与规定。

（二）平面布置

（1）满足工艺流程和生产要求：方便施工和管理。

（2）流向正确，管道和线路走向合理。

（3）既满足防火要求，又力求布置紧凑，节约用地，土地利用系数达60% ~65%以上。注水泵房的火灾危险性类别为：由内燃机、燃气机、燃气轮机驱动注水泵的泵房为丁类；由电动机驱动注水泵的泵房为戊类。

（4）既保证正常生产，又考虑处理事故场地，并给扩建、改造留有余地。

（5）与有关专业（供配电、给排水、含油污水处理、供热、土建、道路、采暖与通风、通信、自控仪表、消防等）配合协调，布置合理，并满足工艺需要。

（6）水罐一般设于主导风向的上方；锅炉房、油田气调压阀、厕所设于主导风向的下方。平面图应画指北针，对与油气场站合一的站应用风玫瑰图。

（7）注水泵房主体建筑应朝阳，以利于采光，一般宜坐北向南或坐西向东。

（8）建（构）筑物、管道布置应方便操作；管道拐弯、交叉少；各专业管道应合理分布。

（9）注水罐距注水泵房距离一般不小于罐高的1.5倍，500m^3以上水罐一般不小于10m，两水罐间的距离通常不小于4.5m。

（10）站内应合理布置行车、消防道路和人行道。行车道路路边距墙不宜小于5m；应有倒车处。

（11）注水站应根据周围环境设置不同规格的围墙、大门、小门。

（12）满足环保要求，搞好绿化设计，合理布置场地。

（13）注水站除注水泵房外，一般还应设控制值班室、维修间、库房（材料间）和阀室等。合建站可在联合站内统一考虑。图4-5-7为注水站总平面布置示图。

（三）立面布置

（1）注水站场区地坪应高于当地20年一遇最高水位0.5m以上，站内场区地坪（可至站外1 ~3m）一般高出站外自然地坪0.2 ~0.3m；室内外高差不小于0.3m；注水罐罐底标高应不低于注水泵房地坪标高。室内地坪应较最高地下水位高0.8m以上，并为自流排水创造条件。

（2）站内布置应充分利用实际地形的有利条件，将注水罐置于较高处。

（3）站内道路、进出管道应与站外相适应，尽可能做到协调一致。

（4）立面布置应有利于场区排水并考虑土方平衡，尽量减少挖、填工程量；站内地坪一般应有1/1000 ~3/1000的坡度，坡向为排水方向。

（5）除进、出站管道和排水管道外，站内管道一般宜敷设在最高水位以上，但管顶埋深不宜小于0.5m；也可地面敷设或架空敷设，以减少腐蚀，方便维修。

（6）室内埋地管道最高标高应不影响地坪铺设；架空管道的标高应不影响操作和行人或行车。当标高无法满足要求时，应采取适当处理措施。

（四）联合站平面布置

注水可与变电、供水、水质处理、脱氧、脱水转油等专业联合组成联合站。这类站应统一考虑平面布置，既应满足各专业的要求，又应形成有机整体，做好专业间的密切配合，充分利用土地和专业协作生产的有利条件。

1. 注水、变电合一的平面布置

图4-5-7为一有6台6D100－150型注水泵，注水能力为800～1000m^3/d的注水变电联合站的平面图。由大型电动机驱动注水泵的注水站，变电所大多与其联合设置。

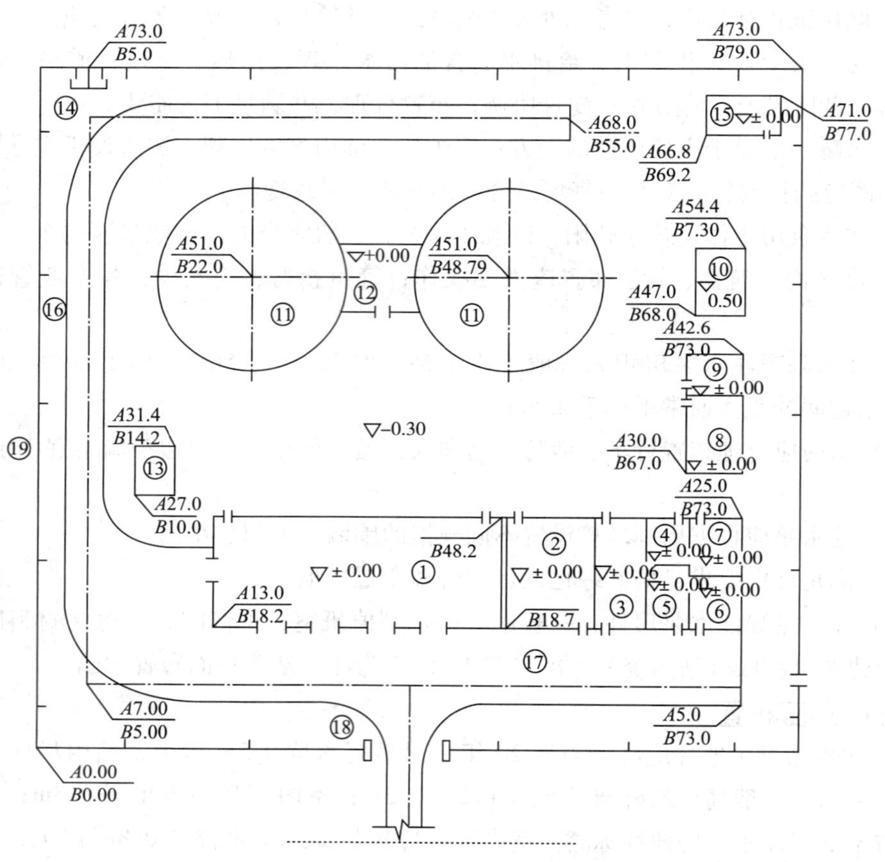

图4-5-7　某注水站平面布置图

1—注水泵房；2—润滑油泵房；3—配电值班室；4—化验室；5—材料室；6—维修间；7—油料间；8—高压阀组间；9—循环水泵房；10—循环水；11—3000m^3储水罐；12—大罐阀组间；13—污水池；14—二蹲位厕所；15—热水炉房；16—站内道路；17—泵房前场地；18—大门；19—围墙

（1）变电所的主控制室、高压开关室应接近注水泵房，可采取隔路设置，亦可采取一字式设置，尽可能保证供电电缆直供注水电动机。变电所变压器的进、出线应方便。

（2）注水泵房、变电所主控制室宜朝南或朝东。注水罐应设置在注水泵房后侧。变电所高压开关室的主控制室内地坪宜高于注水泵房地坪0.3m。

（3）注水变电联合站内注水泵房前宜设单行车道，变电所设环形单行车道；站内应有倒车场地；行人道宜通至各建（构）筑物单元。

（4）注水变电站根据周围环境可设不同规格的围墙及大门、小门；变电所设砖围墙。

（5）设锅炉房的注水变电站，锅炉房应置于下风向，与注水泵房、变电所距离应符合油田防火规范。

2. 注水、水质处理、变电合一的平面布置

注水可与清水（深度）水质处理、含油污水处理、变电联合设站。在联合站内，各专业单元可单建亦可合一联建。在中、小型规模站，多采用注水与水质处理（或含油污水处理）联合设置水泵房，变电所单独置于一侧。

将注水与清水水质处理、含油污水处理联合设置为一座或相连接的两座水泵房（包括水处理间），有利于水系统的有机结合，可以节省输水泵、输水管道，减少占地和建筑面积。还可合用水罐与机泵，方便统一管理、节约投资和运行费用。

在合一水站可合用控制室、化验室、加药间、维修间、库房等辅助间。

在一些合一水站还设有深井泵房、高架供水罐，并可供给生活用水，注水部分可取消注水罐，采用由清水水质处理或含油污水粗粒部分直接对注水泵供水的短流程，简化注水设施，提高水处理部分设备的利用效益。

合一水站布置的一般要求与前述注水站一致。

3. 注水、脱氧、变电合一的平面布置

以采用脱氧塔为例的注水、脱氧、变电合一的平面布置如图4-5-8所示。

（1）注水、脱氧、变电合一联合站的平面布置应根据场区条件，进行技术经济分析，确定具体的布置形式，尽量做到紧凑、合理，节约用地。

（2）脱氧部分应设置在来水管一侧。宜设置缓冲罐、循环水罐，并宜靠近脱氧供水泵房。

（3）脱氧供水泵房宜与配电值班室、加药间、药库、化验室、库房合建。若受场区限制亦可分建。

（4）脱氧塔应靠近注水部分及外输水部分。当采用间接吸式时，应靠近脱氧水储罐（池）或注水罐（池）；当采用直吸式时，应靠近输水泵房或注水泵房。

（5）在脱氧塔的一侧应留有足够的空地，用于吊装脱氧塔及塔架。

（6）脱氧塔前阀室（配水室）应靠近脱氧塔（架）。

（7）站内各专业单元应统一考虑设置单行车道，路面一般为4m，宜采用中级或低级路面，并应有倒车场地。行人道应设置至各主要建（构）筑物。

（8）变电所一般宜单独置于一侧，设置要求与注水变电站一致。

（9）围墙、大门、小门、锅炉房（供热间）、厕所、注水变电设置等各项要求同前所述。

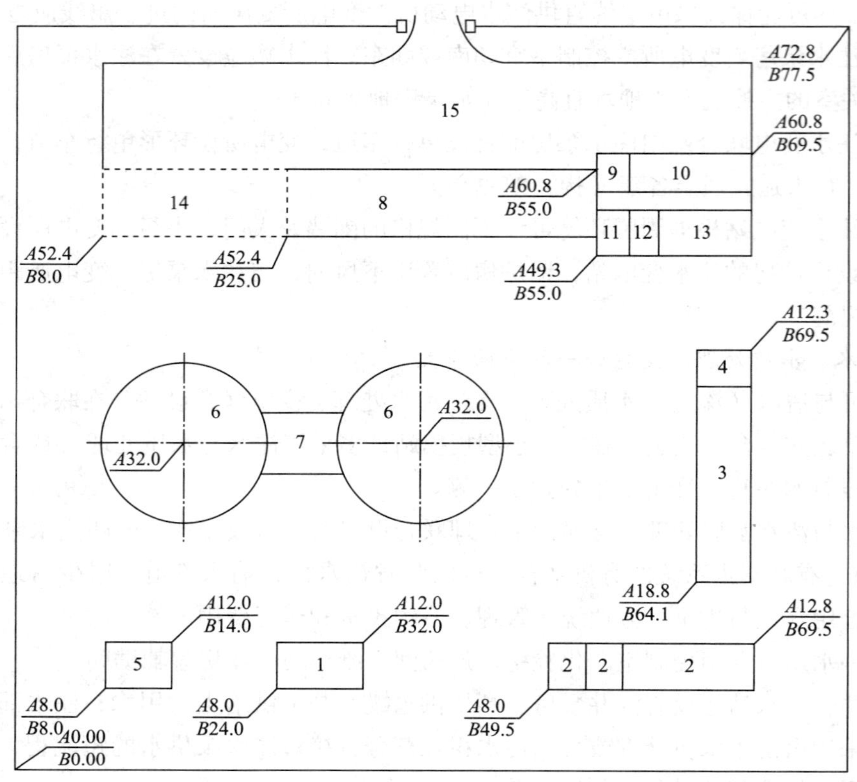

图 4-5-8　某脱氧注水站平面图

1—脱氧塔框架；2—循环水及来水水池；3—循环水泵房及来水泵房；4—配电室；5—污水池；6—2000m^3 储水罐；7—水罐阀组间；8—注水泵房；9—配电值班室；10—维修间；11—化验室；12—油料间；13—材料间；14—预留注水泵房；15—泵房前场地

（10）脱氧水罐（池）应进行密闭处理。

4. 注水、脱水转油等合一的平面布置

注水与脱水转油等专业联合设置的合一平面布置，一般由集输专业作总平面布置。注水部分应做好本部分的平面布置，在专业协作会上进行合理确定。

通常注水部分应置于上风向，并靠近清水水质处理或含油污水处理部分。

注水部分一侧应有利于注水管道出站和供水管道进站。

注水部分的布置应力求在全站布置中协调、合理。注水部分宜与变电所协同布置在联合站中适当的位置。

注水专业应与相关专业共同协商布置管道、电缆、道路等位置和走向，力求协调、合理。

四、注水站工艺流程设计

注水站的主要功能是将来自水源并符合注水标准的水升压输入注水管网。注水站工艺流程是表达注水站内介质流向，所经设备、容器和仪表的工艺过程，根据工艺的主次顺序，可分为主流程和辅助流程。通常，注水主流程和辅助流程统一画在一张流程图中。一些中、小型注水站往往还兼设水质处理流程，即在流程中还包括水质处理流程，在本章中只作简述。

（一）主流程

根据水源来水水质可分为单注流程和混注流程，单注流程是指单注清水、含油污水或其他水，混注流程是指注两种或两种以上混合的水，一般是清水和含油污水混注。混注流程除注水泵入口采用双吸以外，与单注流程基本一致。注水主流程的基本形式为：水源来水→计量→注水罐→计量→注水泵→高压阀→注水管网。

注水站与水源来水、注水管网构成注水系统。图4-5-9为这种注水系统的原理流程图。

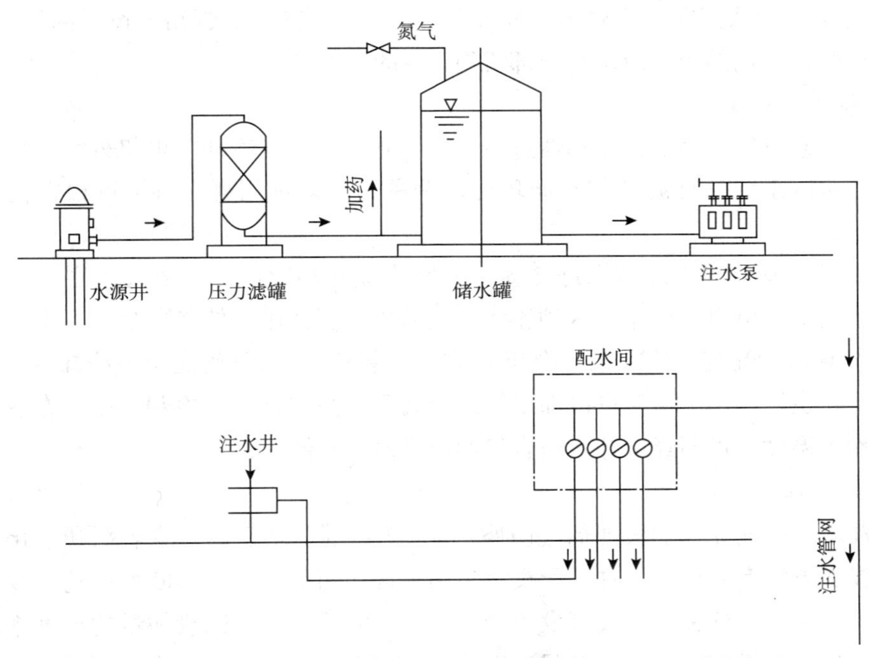

图4-5-9 某注水站原理流程

现将常用的部分流程简述如下：

（1）注水罐进、出流程。来水经计量进注水罐缓冲、沉降后，经上水管输入注水罐。注水罐设有进出水、溢流、高压回流、排污、收油、热水、回水管和取样等功能的流程；密闭注水罐还有氮气或柴油等密闭流程工艺。

（2）注水泵喂水流程。当采用柱塞泵或高速离心泵注水时，水管液位如不能保证有足够的上水压力，注水泵上水需设喂水泵（前置泵），将上水压力升至要求压力（通常为0.1～0.6MPa），以保证注水泵正常上水。常采用管道泵或离心泵作上水泵。

（3）注水泵机组流程。注水泵机组流程包括自上水管经泵入口流量计计量至泵前过滤器过滤，再进注水泵升压。泵前、后压力在测量后，输往高压阀组。

（4）高压阀组流程。注水泵出口高压水汇合后至高压阀组，在启动泵时，可经节流阀控制后打回流；在正常注水时，可经连通汇管配水，再经阀组调节、控制、压力计量（有的还进行高压流量计量），分配至注水管网。

（二）辅助流程

1. 润滑油系统流程

注水泵机组润滑油系统有的是随机订货配带的，不需注水工艺人员设计。若润滑油系统需要注水工艺设计人员进行设计或选型，可参照下述流程：

（1）润滑油泵自油箱吸入润滑油，升压至需要的压力，经冷却器冷却，通过润滑油管道分配至各注水泵机组。

（2）润滑油在注水泵机组的轴承中完成润滑后，经回油管返回至润滑油箱。

（3）为保障突然停电等事故发生时给机组供油，可在供油管路上设置高架油箱（包）或高位油储管，它们的容积应满足全部机组 30s 的供油设计。

2. 冷却系统流程

为对注水泵机组和润滑油冷却器进行冷却，除采用空气冷却的电机外，一般还需采用水冷系统。水冷系统分直流冷却和循环冷却两种，具体选用哪一种，可根据使用条件来确定。

（1）直流冷却流程。冷却水进冷却单元完成冷却功能后，一般进入注水泵上水管回注，特殊情况下亦可自流外排。这种流程工艺简单，但使用条件受限制，不能广泛采用。

（2）循环冷却流程。冷却泵自冷却水罐吸入冷却水，升压输送至各冷却单元，完成冷却功能后，在余压作用下回流进冷却水塔，降温后靠高位自流回冷却水罐，在冬季，回水若能保证冷却温度，可不经冷却水塔直接回流进冷却水罐。

3. 加药流程

部分注水站可能需投加缓蚀剂（防腐剂）、防垢剂、杀菌剂、脱氧剂和催化剂等不同的药剂，投加方法有两种。一种是干投，多用于投加药剂量大或间断性投药，投药比率不很严格的固体药剂，这种方法具有设备少、投资省的特点，但因投加量的准确率较低，而较少采用。另一种投加方法是投药量准确率较高的湿投法，这是广泛采用的药剂投加法，其主要工艺流程是：药剂在防腐溶药池（槽、箱、桶、罐）溶解，均匀搅拌（有的需要加热）于一定浓度的水溶液中，加药泵或计量泵吸入并升压至加药所需压力，经加药管（玻璃钢管、塑料管、不锈钢管等）输送至投药口进行加药。采用加药泵，尚需经流量计（如浮子流量计）计量。加药后应由取样口进行取样，检查投加药量是否符合要求。

若投加两种或两种以上药剂，一般应设两套或两套以上加药设备，有的可并联或互为备用。

4. 排水及回收水流程

（1）排水流程。泵轴承的密封排水、化验排水、锅炉排污水、水罐排污水、过滤罐反冲洗水，以及不能回收的冷却水等，均进入自流排水或压力排水系统，排出水应根据站内外条件决定是自流外排，还是压力外排。一些排水系统需靠污水提升泵外排。外排水需达到排放标准。

（2）回收水流程。在排水量较大的站，可设回收水池或水罐回收排水，将回收水沉降后由回收水泵升压，进过滤罐过滤或直接输入注水罐进行回注（水质需符合注入要求），也可作浇灌等用水。

5. 注水密闭隔氧系统流程

注入水中含氧对管道、容器、设备、注水井油（套）管都产生腐蚀，而且易产生堵塞油层的杂质，需要进行脱氧处理。脱氧水要求密闭，防止二次增氧。因此，要求注水流程不开口，注水罐等容器内应进行密闭隔氧。目前，采用的密闭隔氧方法有：氮气密闭、柴油密闭和天然气密闭等。还有一种隔气膜密闭隔氧的新技术开始得到应用。氮气密闭安全、可靠、效果好，但设备及工艺较复杂，投资大；柴油密闭投资小，简便易行，但效果较氮气密闭差，安全亦不如前者高；天然气密闭在有气源的站容易实现，投资最少，密闭效果比柴油密闭高，但安全度差。下面介绍其中三种密闭方法的工艺流程。

1）氮气密闭流程

（1）制氮系统。采用氮气密闭，可设氮气柜供气；若无可靠氮气来源，可设制氮系统。目前，我国较先进的系统是沸石分子筛制氮系统，其流程为：空气由空气压缩机压缩，经冷却器冷却、过滤器排水后，进干燥器干燥，再进沸石分子筛氮气吸附器；氮气由真空泵抽出送进氮气罐，经氮气压缩机压缩并在冷却器冷却后，经过滤器排水，送进氮气储罐（或减压后进储气包），调压后输至密闭水罐或其他用氮气单元。其流程如图 4-5-10 所示。

（2）氮气密闭系统流程。氮气经调压阀减压至水罐密闭压力后，微正压 40～100mm 水柱进水罐顶部，压力过高可经放空阀放空，压力过低可自动补气，进口宜设手动旁通，以备调压阀检修时使用。

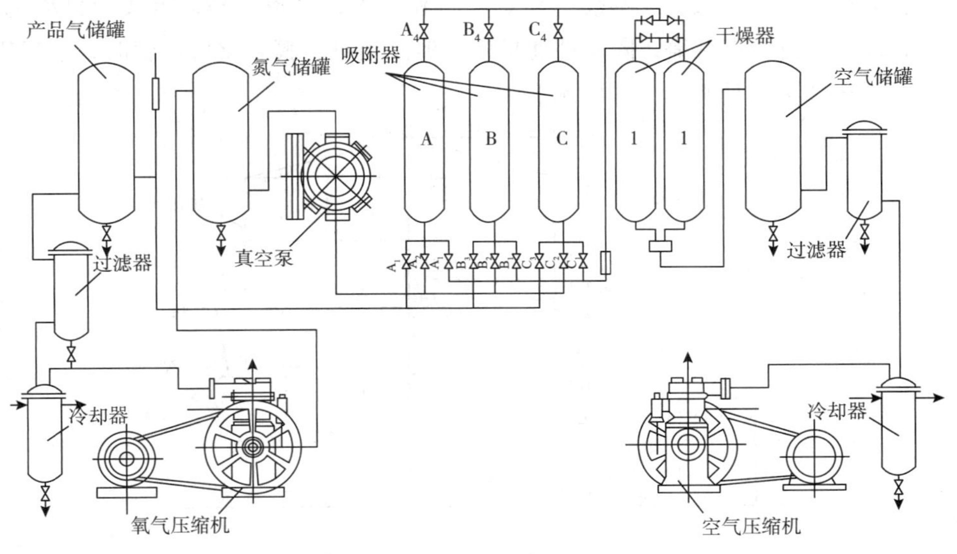

图 4-5-10　5A 分子筛富氮机流程

2）柴油密闭流程

该流程适用于开口容器（主要是注水罐）的密闭。其加油方式可采用管壁加阀的方式，通过阀用泵压入罐内，或者由罐顶透光孔用软管泵入罐内。密封的柴油一般选用 0 号柴油，覆盖厚度为 20～30cm。

为防止柴油从注水罐溢流管流失，常采用“Π”型倒虹吸溢流管结构；为防止注水泵高压回流水破坏油封，回流管口常设阻流板，使回流不致猛烈向上，水束向四周扩散。图 4-5-11 为柴油密闭辅助设施示意图。

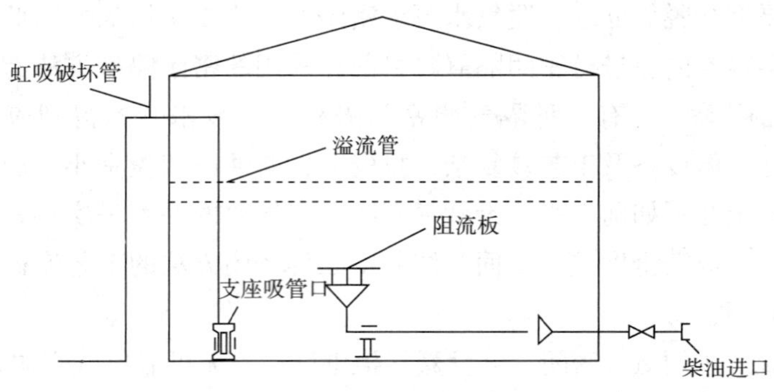

图 4-5-11 水罐柴油密闭辅助设施示意图

3）隔气膜密闭隔氧流程

水罐隔气膜密闭隔氧装置是近些年研制成功的一种隔氧新技术装置，其原理是在储水罐内安装一个具有隔氧功能的高分子密闭隔气膜，使水和大地隔开，阻止氧的溶入，从而达到密闭隔氧的目的。

该装置可用于油田注水系统的密闭隔氧，其主要特点是：没有能源消耗，无耗能件和耗能介质；运行安全、平稳，无易燃、易爆介质和容器；设备简易，可实现自动化操作，无需专人管理，运行费用低廉，隔氧性能良好，但是当隔气膜老化后换膜时，水罐需停止供水。图 4-5-12 为这种密闭方法的示意图。

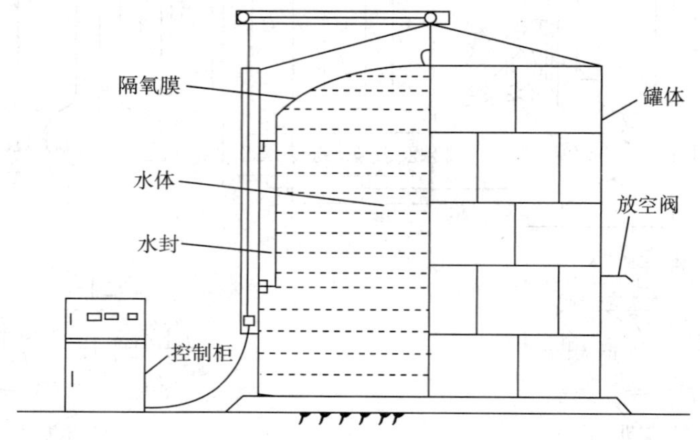

图 4-5-12 水罐隔氧膜密闭隔氧装置示意图

6. 过滤流程

当水源距注水站较远，因氧化物或管道内其他沉淀、铁锈、防腐层脱落等使杂质增加，超过允许的水质标准时，需要对水源来水进行过滤除去杂质。若水源来水只满足一般注水水质标准要求，用于低渗透层和特低渗透层注水时，需进行深度处理，也要进行过滤。

1）压力过滤罐流程

压力过滤罐是除去杂质的常规设备，罐内填装多层不同粒径的滤料，经过过滤，悬浮物含量可减少至满足中渗透油层注水要求。含铁较多的水，宜采用锰砂过滤罐，一般来水，宜采用石英砂过滤罐。目前，效果较好的双向过滤罐，其过滤效率与目前相比可提高一倍以上。

过滤罐除正常工作的过滤流程外，还应有反冲洗流程。反冲洗可用来水进行。如来水压力过低，不能满足反冲洗压力或冲洗时间较长的要求时，需设反冲洗泵。反冲洗出来的水进入排水系统或回收水罐。

过滤罐反冲洗后，过滤初期的出水仍需排放，直至取样化验水质合格后方可投入正常运行。过滤罐进、出口应设压力表，以便利用进、出口阀来控制进、出过滤罐水的压力。罐顶设排气口，以防止气体影响过滤水量和反洗效果。过滤罐过滤速度、反冲洗周期、反冲洗强度等，根据过滤罐结构、过滤来水和滤后水质决定。

2）精细过滤流程

精细过滤流程一般包括正常过滤流程和反冲洗流程。对微孔精细过滤器，还需有微孔过滤管再生流程。再生方法有：①物理再生法，该方法是用压缩空气反吹或气液混吹；②化学再生法，该方法是根据不同过滤液，选用一定浓度再生液；③过滤清水，通常用酸溶液，而当过滤含油污水时，用碱溶液再生。化学方法再生后，一般还需用物理方法再生一遍。

微孔精细过滤器是一种非恒式过滤器，间歇式操作，每一个工作周期均按“过滤—排渣—清洗”等工作程序循环进行。为保证过滤工作的连续性，至少应设两台过滤器。其工艺流程如图4-5-13所示。

（三）注水、水质处理流程

1. 注水、地面水水质处理流程

当地面来水加混凝剂进沉降罐（池）沉降后，再被升压、加杀菌剂，进压力过滤罐和脱氧塔，脱氧水进注水罐或直接进注水泵，升压后由高压注水阀组分配至注水管网。流程为：地面来水→缓冲罐（沉降罐）→升压泵→（过滤罐）→脱氧塔→注水罐（密闭）→注水泵→高压阀组→注水（管网）。

2. 注水、地下水水质处理流程

水源井来水进站内来水缓冲罐储备，经加压提升后，在含铁量超过水质标准情况下，需加气进锰砂除铁滤罐，除铁后对于水质标准要求高的注入水，还应进精细过滤器精滤，再由注水泵升压后，经高压阀组分配至注水管网。流程为：水源井来水⟶缓冲罐⟶升压泵$\xrightarrow{\text{加气}}$（锰砂）压力过滤罐$\xrightarrow{\text{加氯、除氧}}$精细过滤器⟶注水泵⟶高压阀组⟶注水管网。

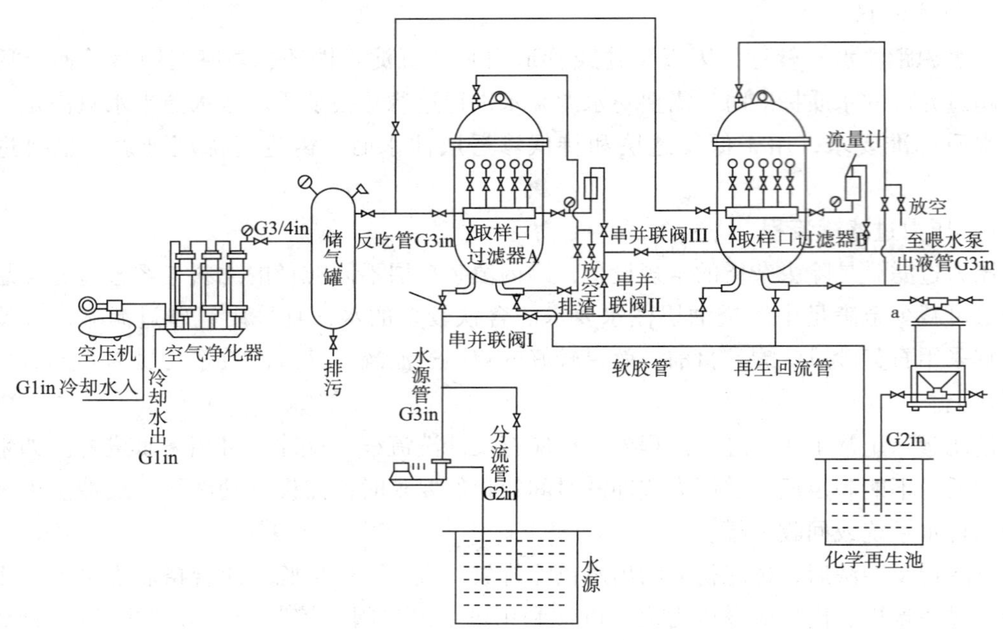

图 4-5-13　PEC 微孔过滤器串、并联工艺流程示意图

注：1 关闭串联阀Ⅰ、Ⅲ，开启串并联阀Ⅱ，过滤器 A、B 串联；开启串联阀Ⅰ、Ⅲ，关闭串并联阀Ⅱ，过滤器 A、B 即可并联。

2 当需要化学再生时，利用耐酸碱软管将再生机上的出口 a 与取样口连接起来，即可启动再生池再生。

独立的供、注水站还可设一套变频调速器对注水泵电机调速，以调节注水量变化。

合一水站的反冲洗、冷却、润滑、回收、密闭、过滤和加药流程等可参考前述有关内容。

图 4-5-14 为一种水源井经注水站至注水井，采用洗井车洗井的注水、地下水水质处理合一流程。

3. 注水、含油污水水质处理流程

含油污水处理详见本编第二章。净化污水进注水罐或直接进注水泵升压后，经高压阀组分配至注水管网。

现在已有除油效率高、体积小的水力旋流除油器代替除油罐和过滤罐除油。对于低渗透率和特低渗透率油层的注水，还应进一步进行精滤，利用精滤后净化污水进行回注。

4. 注水、清水、含油污水处理流程

在油田注水中，多数情况是：注水初期，由于没有含油污水或含油污水水量少，开始时注清水或以注清水为主，兼注部分净化含油污水。随着油田的逐步开发，含油污水量不断增加，逐步转入以注含油污水为主，注清水为辅的混注流程。为此，往往需要注水、地下水和含油污水处理的合一水站及其流程。这种流程应是这三者的有机组合，可节省设备、管道和投资，有利于生产管理。其结合的主要特点表现在流程中主要为：清水净化水罐一般可作注水清水罐，含油污水净化水罐兼作注水（污水）储罐；净化水亦可直接进注

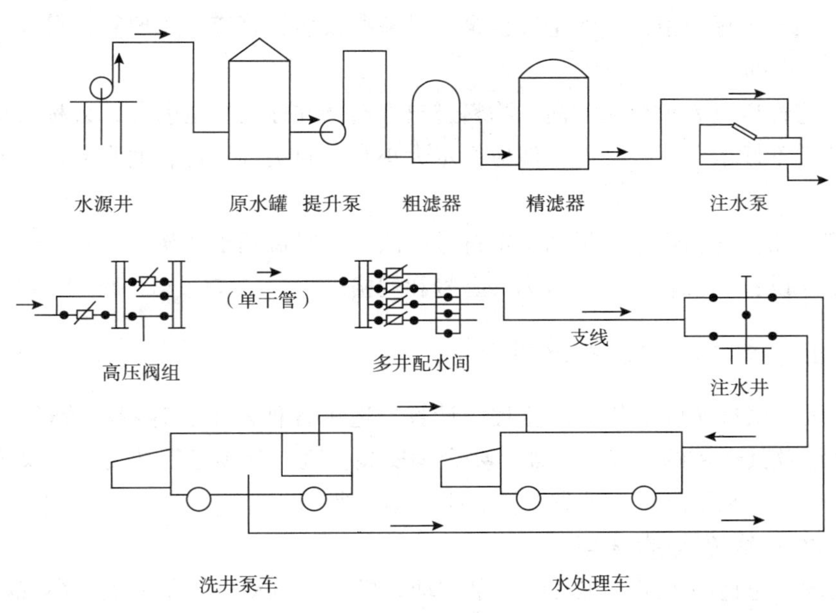

图 4-5-14　注水、地下水水质处理流程示意图

水泵。这种流程既可减少储罐又可节省输水泵及其管道。在辅助流程中，加药、排水、冷却等系统亦可合一，减少备用机泵。

对该类合一流程进行局部调整，可实现洗井水回收处理并回注。

（四）小站注水流程

小区块由于注水井少，并且往往注水量亦少，距大注水站又较远，常可采用撬装小站注水简易流程。

来水经沉降（加药）、升压过滤（精滤）后，进注水泵加压至配水阀组，分别对压力和水量计量后，输往注水井。该类流程所辖注水井数一般在 10 口以内，采用洗井车或水泥车洗井。

类似前述合一流程，还可有多种小站流程。图 4-5-15 为较有代表性的一种。

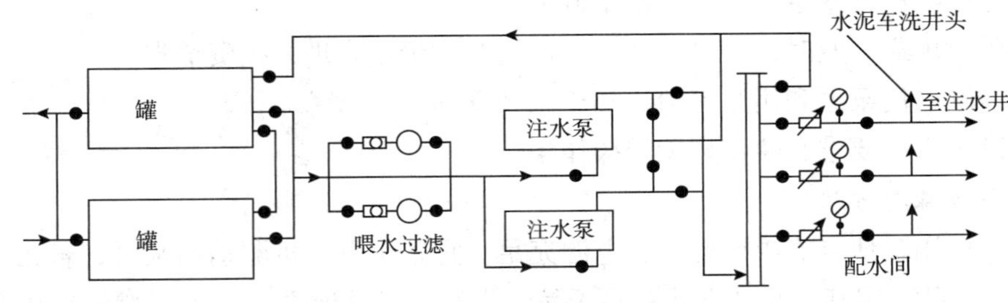

图 4-5-15　撬装注水站流程示意图

（五）注水工艺流程图画法的一般要求

（1）通常将主流程、辅助流程画在同一工艺流程图上，个别辅助流程（如制氮系统流程）图，因合一表示而图面受限制，可单独画出。

（2）在工艺流程图中，应将全部机泵、设备、仪表、管道和主要管件等表示出来，相对平面位置应正确。

（3）工艺管道应表示介质流向、物料进出方向，并标明管道名称，公称直径。

（4）管道不标示弯头、高低，但应标示大小头、封头等管件，通常采用竖断、横不断的画法。

（5）流程图应遵循规定符号和特定符号画法，有时可画出图例。

（6）主要设备、仪表应标明名称、型号和规格。

五、注水站工艺安装设计

工艺安装应根据所确定的工艺流程，计算、选用各种设备、容器和管道，选择压力、流量、温度等及其巡控的仪表、仪器。要合理安装，既充分满足工艺要求，又方便生产管理，便于操作、有利于施工、节省投资和生产运行费用。

（一）注水站设备的选用

注水站设备包括注水泵、驱动注水泵的动力机械（电动机、柴油机、燃气机和燃气轮机等）、辅助泵（冷却水泵、上水泵、排水泵、加药泵和润滑油泵等）、过滤器、冷却塔、阀件、计量仪表、监测与检测仪表、安全报警装置、润滑设备、水罐密闭装置和电机调频调速装置等。以下仅介绍主要的常用设备的选用，其余可参考有关资料。

（二）注水泵的选用

1. 选用的依据与要求

（1）满足注水量和洗井水量要求。

（2）满足注水压力要求：通常考虑泵管压差不大于 0.5MPa，管网压差不大于 1.0MPa，并满足注水井口压力要求。

（3）注水泵运行可靠、效率较高，并能长期在较高的泵效区运行，运行成本较低。

（4）方便管理、易于操作、便于维修。

（5）根据能源条件，选配适当动力机械组，确定合适泵型。

（6）适应油田开发过程，便于水量调节。

（7）供货可靠、及时，满足施工与生产需要；价格合理，投资节省。

（8）兼顾已用泵型和用泵习惯，利于区域管理。

（9）满足水质要求和使用环境及操作条件。

2. 选泵步骤与方法

（1）根据用泵地点能源情况：若电源充足，宜采用电动机驱动注水泵；若无电源或电源不可靠，则可采用其他驱动方式；在天然气供给充足的地方，可采用燃气轮机驱动的高速离心泵；若既无电源又无气源，可采用柴油机驱动的柱塞泵。

（2）根据工作参数选择注水泵种类。从国内注水泵生产状况出发，一般排量在 $50m^3/h$以下，或压力在 18MPa 以上，宜选用柱塞泵；排量在 $50m^3/h$ 以上，或压力在 18MPa 以下，宜采用电动离心泵；排量在 $50m^3/h$ 左右，根据具体情况决定采用离心泵或柱塞泵。离心泵与柱塞泵是广泛采用的泵型，实际上，我国几乎全部采用这两种泵型。所选注水泵的台数一般不少于2台，一般应根据使用条件备用总台数的1/4～1/3。运行排量应满足最大注水量和洗井水量（采用洗井车洗井除外）。对注水泵扬程要考虑1.05～1.1倍的实运系数。

（3）列出基础数据。除注水压力和水量外，还应列出水质主要指标、工作温度、环境温度、海拔高度和机组安装要求数据等。

（4）选择泵型。收集样本，了解泵的性能和特点。根据选泵的依据、要求和基础数据，选择合适的泵型。选择参数和使用条件包括：流量（排量）、扬程、转数、轴功率、效率、适用温度、输送介质性质、允许吸上真空高度或上水压力和水泵特性曲线等；对于柱塞泵还应了解柱塞数、柱塞直径、冲程和冲次等。了解注水泵机组辅助系统（润滑、冷却等、电控装置、振动、噪声等情况），择优选择。了解安装条件，包括外形尺寸、安装尺寸、重量、静载荷、动载荷、设备重心和有无底座等，在条件相近的情况下，宜选择安装条件好的机组。在条件允许的情况下，一般优先选用离心泵，离心泵大多较柱塞泵工作性能稳定，易于管理，便于维修。目前，在国内产品中柱塞泵排量为每小时几方至几十方，其泵压可达32MPa以上，适用于中、小型注水站；它具有泵效高（达80%以上）、能耗低的优点；但是，其机件易损，维修工作量大，振动、噪声亦大。

（5）泵性能的核算。在初步设计阶段初选泵型，进行施工图设计时，应根据站内外条件，注水管网、注水井压力、注水量等，核算所选注水泵的扬程、排量、功率等性能参数，以便最终确定选用的泵型。

（三）注水泵驱动机的选用

注水原动机（驱动机械），除在特殊情况下选用燃气轮机、柴油机等外，绝大部分为电动机。特殊情况下原动机的选用，可参考有关专门资料。本章仅简略介绍注水电机的选用。

注水泵配用电机通常由注水泵生产厂家选配。当由工艺设计选配时，可按配用电机功率为电机计算功率的1.05～1.15倍，转数应与泵转数一致，还应适应注水泵安装的海拔高度、防尘要求、环境温度、冷却条件、电源条件等。在个别地区还要考虑防爆要求等。

注水电机最常用的是鼠笼式高速异步电机，其结构简单，工作可靠，并且可以简化控制形式；其缺点是起动力距不大，而起动电流很大，并且不能直接调速，往往需要降低负载起动。有时，为了适应注水泵不同工况的调速，需采用调速联轴器或电源调频装置。

选用电动机应在满足电压、频率、功率、适应环境条件、与注水泵转数（速）一致的前提下，尽量选择功率因数大、效率高、启动方式简单、运行可靠的电机。

电动机的电压等级根据电动机的功率大小和转速决定。容量在100kW以下，一般选用380V低压电动机；容量在300kW以上，一般选用6kV或10kV电机；容量在200～300kW时，可根据总容量和电源条件确定电压。同一泵房注水泵宜采用同一等级电压电机。

离心泵与柱塞泵由于启动方式不同，前者为高负载起动，起动电流为额定电流的5～7倍；后者为低负载起动，起动电流则不是很大。

一般注水泵机组，还随机配有电控柜，设计人员应了解其电控、保护内容、安装、使用特点和要求，安装位置及尺寸。注水专业应与供、配电专业和仪表专业结合，确认随机电器设备、仪表是否符合要求，决定尚需进行的工作。

（四）注水用阀门的选用

注水用阀门包括闸阀、截止阀、止回阀、节流阀、蝶阀、球阀和电动阀等。应根据注水工艺的不同要求，选用不同种类的注水用阀门，重点是高压阀。

注水用阀门的一般要求如下：

（1）满足工艺性能要求，符合设计功能；

（2）保证公称压力和公称直径，并满足流量的需要；

（3）选择合适的连接形式，目前高压多采用焊接连接方式，以减少渗漏；

（4）性能可靠，使用时间长，维护工作量小，易于维修；

（5）操作方便，易于管理；

（6）货源可靠，价格合理；

（7）兼顾使用地区习惯和已建站用阀，照顾生产单位（用户统一管理和维修）；

（8）适合水质和工作环境要求。

按使用特点选用：

（1）闸阀一般用于全开、全闭管路。全开时管路直通，压力损失很少，利于节能；且全开、全闭可靠；个别情况下，需要调节压力、调节压差，不宜大于2MPa。这类阀适合装在注水站出站阀组中的站内、外连接处，作出站截断阀，其使用管路不宜有杂质沉淀。

（2）截止阀一般用在全开、全关管路或设备上。全开时，压力损失较闸阀大，流体通过的阻力系数比闸阀高5～10倍，在个别情况下，作调节压力用，其压差亦不宜大于2MPa，其调节作用较闸阀强，截止阀有低进高出的方向问题，安装时不能装错方向，其管路可有少量杂质。截止阀操作可靠，密封性好，但开、关时间较长。

（3）蝶阀用在全关、全开管路或设备上，有的也可兼作节流用。安装时，应使其所示箭头方向与介质流向一致。该类阀开、关迅速，但是往往不如闸阀、截止阀密封。

（4）止回阀只作管路和设备上防止介质逆流和作单向启、闭用。它靠介质的压力而自动开启或关闭。升降式止回阀依靠介质从阀下方往上流动使其开启，反之则关闭。旋启式止回阀靠介质向阀瓣方向流动使其开启，反之则关闭。升降式止回阀和旋启式止回阀均宜安装在水平管路上。安装时，应注意使介质的流向与阀体上箭头所指方向一致。

（5）球阀作全开、全关管路和设备使用，不允许作节流用。双向流手动球阀可安装在管路和设备上的任何位置，该类阀开关迅速，对有固体沉淀物的管路亦可使用。

（6）安全阀在设备、管路和容器中作超压保护使用。安全阀的使用整定压力值应不大于其额定压力。在整定压力之内，安全阀应密封可靠、无泄漏，当压力超过整定值时，安全阀应自动开启，继而全量排放，使压力下降，从而防止压力继续升高，当压力降至整定压力时，安全阀应自动关闭；整定压力值适当高于或等于使用上限压力，但是要低于设备容器和管路压力与允许工作压力。选用安全阀应根据系统的工作压力、介质、温度计系统要求进行，安全阀的出口应无阻力或避免产生压力（背压）。若在安全阀出口处设排泄管，应保证其通径不小于出口通径。

（7）角式多级节流阀用于控制设备和管路介质的流量，调节压差，并可作为开启或关闭管路使用。安装时，必须使介质流向与阀体上箭头所指方向一致，该阀安装在垂直相交的管道上。该阀为三级节流，流体在多孔道、弯曲通道、90°转角处通过，可以产生较高的压差，可以作为注水泵打回流的调节阀（应保证公称压力和公称通径）。

（8）非手动阀包括电动阀、电磁阀、液压阀和气动阀等，为用于遥控、自控或就地操作的阀门。当选用这些阀时，应与电气、仪表等专业配合，非手动阀的选用应根据使用条件、工作环境、技术经济效益、站内用阀状况等综合考虑，适当选用。

（五）润滑油系统的选用

润滑油系统应根据所需油量、油压、油质、工作条件和工作环境等选配。对于需要采取强制润滑的电动离心泵机组的润滑油系统，在国内采用较多的是稀油站。

润滑油系统主要包括油箱、油泵、润滑油过滤器（双筒网式过滤器和磁过滤器）、冷却器、配用管件、阀件和电气与仪表控制装置等。为了保证润滑油系统的可靠、连续运行，油泵、过滤器、冷却器等均为两套。平时，一台油泵运行，一台备用。当工作油泵因停泵或压力过低时，备用泵可自动切换投运。

稀油站常附设滤油机，滤除润滑油中的水，滤油机的规格（大小）根据润滑油量及润滑油中含水量确定。

稀油站的最大工作压力常为0.4MPa，根据被润滑单元的要求，通过调节安全阀确定使用压力，当油站的工作压力超过安全阀的调定压力时，安全阀自动打开，油液可部分流回油箱。稀油站的公称流量包括10L/min、25L/min、40L/min、63L/min、100L/min、125L/min、250L/min、400L/min、630L/min和1000L/min等。电机功率为1.5～22kW。

（六）冷却水系统的选用

（1）注水站冷却水系统主要用来降低润滑油温度和对注水泵盘根及水冷电机进行冷却。为保证冷却效果，应保证冷却水量、冷却水压和冷却水温。

（2）对冷却水充足、用量少的站，冷却水可直流排放；当冷却水量大，且可由注水泵入口回收时，可将冷却水由注水泵上水管回收。

（3）当冷却水供应量有限，且用量较大时，应设冷却水循环系统，回收冷却水，在降温后循环使用。

常采用的冷却水循环系统主要包括以下部分：

（1）玻璃钢冷却塔。

根据冷却水所需降低的热量、冷却水的进出水温、环境气温条件、设计冷却温度、噪声要求和冷却水量等选用冷却塔。注水站一般将冷却塔设于室外，故选用对噪声要求不高的逆流式工业型玻璃钢冷却塔。对于最冷月平均气温低于－10℃的地区，订货时应提出要求防结冰措施，出厂前可配淋水导流环，使水不流到百叶窗上。

冷却水浑浊度不大于50mg/L，不宜含油和机械杂质，必要时采取对循环冷却水投加防垢剂、杀菌剂、灭藻剂等稳定水质的措施。

冷却塔循环水量有 $8m^3/s$、$12m^3/s$、$10m^3/s$、$15m^3/s$、$20m^3/s$、$30m^3/s$、$40m^3/s$、$50m^3/s$、$60m^3/s$、$70m^3/s$、$75m^3/s$、$80m^3/s$、$100m^3/s$、$125m^3/s$、$150m^3/s$、$200m^3/s$、$300m^3/s$、$400m^3/s$ 和 $500m^3/s$ 等。风机功率为 0.6 ~ 10kW。

（2）冷却水泵。

冷却水泵应满足所需循环冷却水的水量和水压要求，设备上通常选用常规清水泵即可。在水箱或水池上设液下泵，在管道上设管道泵作冷却水泵亦可，并可减少占地。

（3）冷却水罐（箱或池）。

冷却水罐用于储存冷却水，有利于冷却回水自然冷却。其储水量一般不少于 2h 冷却水用量。冷却水罐除设进水孔、出水孔外，还应设排污孔、溢流孔、人孔、清扫孔、透光孔、通风孔、梯子和栏杆等。罐中所储冷却水宜适时排污，以确保冷却水水质。通常，采用立式钢储水罐。在寒冷地区，冷却塔在冬季往往可停运，而只经冷却水罐进行自然冷却循环。

（七）注水计量仪表的选用

注水计量仪表包括流量计、水表、压力表、压力计和温度计等。就地指示的计量仪表由注水工艺设计人员选用。集中显示或控制的仪表由注水工艺设计人员协同自控仪表专业人员选用。选用仪表应满足测量范围、压力等级、测量精度、环境工作条件、介质（注水水质）和温度等要求，且稳定性强、可靠性高、易于操作。

1. 注水站流量计的选用

注水站流量计（水表）包括低压流量计与高压流量计两大类，大多数站以低压计量方式为主。低压水表有水平螺翼式水表、翼轮温式水表、涡轮式水表和水平螺翼式电子热水表等。低压流量计有涡轮流量变送器、叶轮流量计、均速管流量计、涡街流量计、电磁流量计、超声波流量计和可拆卸式流量计（仪）等。高压水表有干式高压水表、高压电子水表、高压涡轮水表等。

选用注水流量计（水表）除前述一般要求外，还应考虑使用习惯、校验条件，特别是产品质量。

以下简述几种流量计（水表）：

（1）水平螺翼式水表。

该类水表主要用于计量清水，适用于单向水流，使用温度在 45℃以下。当超过 45℃温度使用时，在订货中应予以说明，以便与厂家协商采用特殊材料制造。

该水表的主要特点是：流通能力大、水头损失小、质量小、便于使用和维修。但是，对于含油污水不适合使用，亦不能自控和远传，可进行一般清水就地计量。

这种水表的额定流量最大可至 $500m^3/h$，最大工作压力为 1MPa，最小示值为 $0.01\ m^3$，最大示值为 $10\times10^5\ m^3$。

该水表可以垂直或倾斜安装，但应使表壳上箭头所指方向与管道内水流方向一致。水表前应有直管段，其长度一般不小于 10 倍水表口径；水表后一般有 5 倍水表口径以上长度的直管段。水表前若装闸阀或蝶阀，在使用时应全部打开。

（2）大口径水平螺翼式流量计（水表）。

这种水表的工作原理与前述水表一致。水表的指示值以翼轮的转数为根据。它借助管道内水流动产生的动能，推动翼轮旋转，而翼轮的转速与流速成正比。通过涡杆和涡轮组成的减速机构，最后传给数字指示机构，显示总流量。常用口径为200mm、300mm和400mm，其额定流量分别为600m^3/h、1500m^3/h和2800m^3/h；额定流量至最大流量的误差为±2%，工作压力为1MPa，可就地指示累计流量。

该水表可根据用户要求附加远传计数器。它具有耐用、流量范围宽、维修方便的优点，但是只适用于0～45℃清水的计量，且不能计量瞬时流量。

（3）水平螺翼式电子热水表。

该水表除具有水平螺翼式水表的多数特性外，其他主要特点是：耐高温、耐腐蚀；把机械表头改成电子表头，适用于油田含油污水计量，装有发讯机构，可就地显示，亦可集中显示，传讯距离可达200m。

该表的公称口径有200mm和300mm两种，额定流量分别为300 m^3/h和750 m^3/h；最大流量分别为800 m^3/h和1500 m^3/h；在最大流量的10%～100%间，其计量误差为±2%。

（4）可拆卸式流量计。

该流量计包括可拆卸式流量积算瞬时仪和可拆卸式流量变送器两部分。流量变送器将介质的流动变成叶轮的转速，由磁元件以电信号检出，并产生大于1V正尖脉冲信号输出，由流量积算瞬时仪直接反映出介质的瞬时流量和累计流量，并和阀信号进计算机集中检测、显示。这种流量计是我国近年来生产的性能较优良的新产品，它吸取了涡轮流量计与水平螺翼流量计的优点，同时引进了国外先进技术。但是，该类流量计价格较高。连接方式有卡箍连接和法兰连接两种，图4-5-16为卡箍连接方式的可拆卸式流量计示意图。

变送器主要由壳体、支架、叶轮组件、整流环、流量调节板和磁敏元件等组成。

以下是一种可拆卸式流量计的主要技术参数及资料：

（1）示值误差。从包括最小流量（Q_{min}）至不包括分界流量（Q_r）的低区，示值误差为±5%；从包括分界流量（Q_r）至包括最大流量（Q_{max}）的高区，示值误差为±2%。如果在使用时能压缩流量范围，示值误差可达±1%。

（2）压力损失。在最大流量时，变送器的流体压力损失不超过0.03MPa。

（3）选择与安装。确定水表的口径，应先了解管道内流量大小，以经常使用流量接近公称流量为宜，不能单纯地以管道直径确定水表口径。在水表前应安装整流直管段，设D_g为流量仪的公称口径，若D_g为50～300mm，则直管段长度为$3D_g$，若D_g为400～500mm，则直管段长度为$5D_g$。新装管道应清除管道内的石子、泥砂、电焊渣等杂物，再安装水表，以防止水表损坏或发生故障。如管道或水中杂质较多，水表前应安装过滤器和过滤网，过滤器要经常取出清洗。

在正常情况下，变送器的使用期一般为半年至一年，视工作条件恶劣程度而定，应定期进行拆洗，如发现轴或轴承有严重磨损时应及时更换，并重新标定。

（4）连接。当D_g为50～100mm承受压力在16～25MPa之间时，采用卡箍连接。当

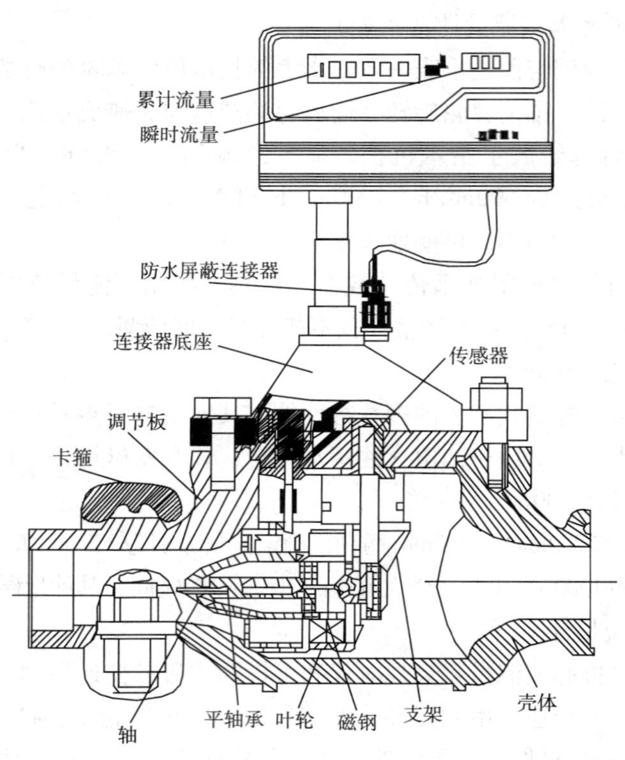

图 4-5-16 可拆卸式流量计示意图

D_g 为 50～500mm 承受压力在 1.6～6.4MPa 之间时，采用法兰连接。管道连接按管道安装规范严格执行，施加压力不得超出最大额定工作压力，在确认管道无泄漏后，方可进入工作状态。在选用水表时，应特别指定工作压力及工作介质温度，以便确定水表壳体强度和叶轮材质。

（5）涡轮流量计。涡轮流量计包括流量变送器和积算频率仪两部分。涡轮流量变送器可将流经管道内的液体流量转换为电脉冲信号并输出。由于电脉冲信号的频率与管道内的液体流量成正比，所以累计这些电脉冲的个数便可测得流过液体的总量；测出电脉冲的频率便可得知流过液体的瞬时流量。这种流量计适用于计算清水和含油污水。测量的最小流量可不足 $1m^3/h$，最大可达 $1000m^3/h$ 以上，压力等级可由 1MPa 至 32MPa。但是，这种流量计测量往往受电源压力和频率等的影响而误差较大，现在已经很少用于注水计量。

（6）插入式旋涡流量计。插入式旋涡流量计由流量变送器和流量显示仪配套组成。变送器的基本工作原理是：用一个杆将一个小传感器插入大管道中，测量圆管截面上某一特定位置的液体流速，并根据被测点流速和平均流速的关系及流体连续性原理，测得管道内流体的流量。这种流量计适合大、中型管道计量。流量变送器不需断流即可拆卸或安装，利于施工和维修。但是，这种流量计安装、调试、管理的要求较高，维护较困难，直管段要求长，校表亦不方便。因此，这种流量计在注水站应用中，往往误差大，而影响使用；只有在提高管理水平，提高仪表维护使用水平的情况下，才可能得到合理应用。

以下是 LVC 型插入式旋涡流量变送器的主要技术参数（见表 4-5-4）。

表 4-5-4　LVC 型插入式旋涡流量变送器主要参数

型　号	公称通径（D_g）/mm	流量范围（Q）/（m^3/h）	插入杆长度（L）/mm	插入深度/mm	工作压力（P）/MPa	环境温度（t）/℃	介质温度（t）/℃	精度等级
LVC-200	200	65～350	962					
LVC-300	300	130～770	962					
LVC-400	400	230～1340	962					
LVC-500	500	360～2120	1162					
LVC-600	600	500～3054	1162	0.5D	1.6	-25～+70	0～120	2.5
LVC-700	700	690～3420	1162					
LVC-800	800	900～4505	1162					
LVC-900	900	1150～5760	1362					
LVC-1000	1000	1430～7060	1462					

LVC 型插入式旋涡流量变送器结构安装示意图如图 4-5-17 所示。

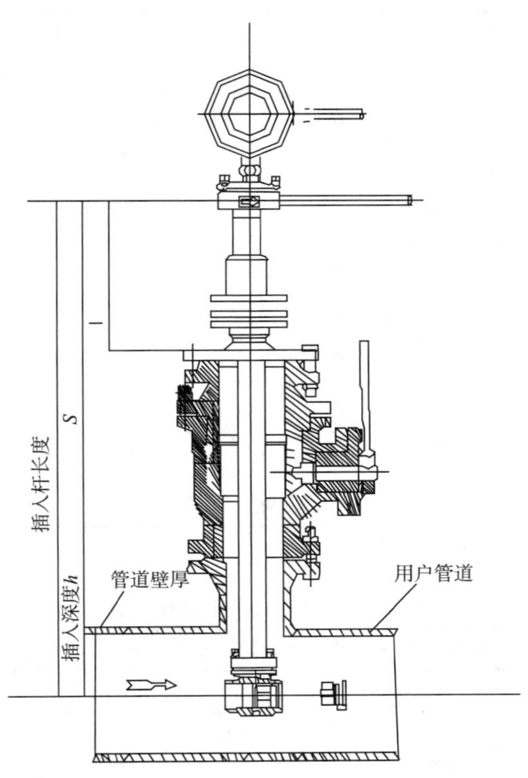

图 4-5-17　LVC 型插入式旋涡流量变送器示意图

（1）LY2 叶轮流量计。

该仪表利用“强制涡流”的原理，能够在较宽的流量范围内进行较精确的计量。它具有高强度转子和导流装置，工作压力可为 16MPa、25MPa 和 32MPa。

流体在仪表的计量腔内被强制成涡流，转子是与被测流体接触的唯一运动部件；转子在涡流的作用下与流体速度成比例地旋转，转子的转数通过磁性联轴器、齿轮轮系传至计数器而被记录下来，获得累计流量，并可远传。

这种表计量精度较高，工作介质温度为0～90℃，可适应计量清水和含油污水；但是，其起步流量较大，不能计量瞬时流量，且价格较高。因此，应用受到限制。

（2）干式高压水表。

这种水表适合于小型注水站和配水间配水计量。水表为直角形流向，来水自表下方入口进入，从侧向出水，流水推动螺旋式翼轮转动，其转速与水的流速成正比，翼轮的转动通过磁力传字轮指针组合式计数器显示其累计水量，还可配瞬时流量计，并可从表芯发讯器发信号进行远传。需用发讯器和袖珍式瞬时流量计的用户，应在订货时予以说明。

在选用水表时，除确定压力、流量外，还应根据水质情况，确定是否选用过滤器；并按现场需要选择焊接连接或法兰连接。

表4-5-5～表4-5-7分别为LXRG型干式高压水表规格、性能和外形主要参数表。

表4-5-5　干式高压水表规格

型　号	公称直径/mm	公称压力/MPa	使用温度/℃			质量/kg	
			0～75	0～100	0～125	A型	B型
LXRG-25$^{A}_{B}$	25	16	√			11.4	5.2
		25	√			12.5	6.2
		32					
		40					
LXRG-50$^{A}_{B}$	50	16	√			21	9.6
		25	√			22.5	10.1
		32	√				
		40					
LXRG-80$^{A}_{B}$	80	16	√				15.6
		25					
		32					
		40					

注：A型为法兰连接式，B型为电焊连接式。

表4-5-6　干式高压水表性能

型　号	公称流量（Q_g）	最大流量（Q_{max}）	分界流量（Q_f）	最小流量（Q_{min}）	计数器最大容量/m^3	精度等级
	m^3/h					
LXRG-25$^{A}_{B}$	3.5	7	1.05	0.38	9999	2级
LXRG-50$^{A}_{B}$	15	30	4.5	1.2	99999	2级
LXRG-80$^{A}_{B}$	40	80	12	3.2	999999	2级

表 4-5-7　干式高压水表外形尺寸

型　号	外形尺寸/mm									
	H	L_1	L_2	D_1	D_2	D_3	D_4	D_5	n_1-D	n_2-D_1
LXRG-25A	260	150	176	100	140	100	140	100	4-25	4-23
LXRG-50A	290	150	176	150	210	130	170	180	8-25	6-23
LXRG-80A										
LXRG-25B	270	120	160					100		
LXRG-50B	200	180	140					120		
LXRG-80B	330	150	200					148		

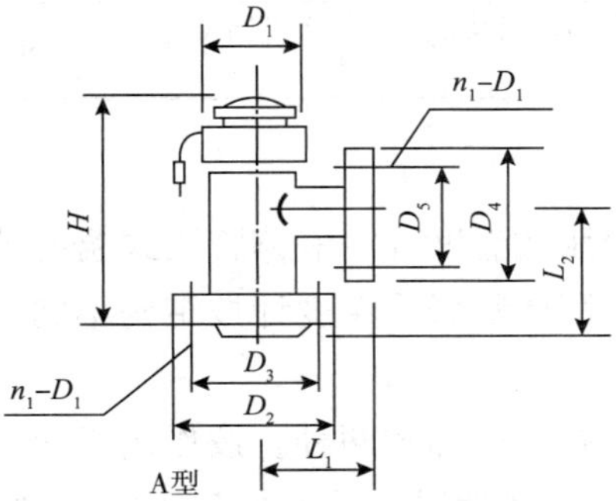

A型

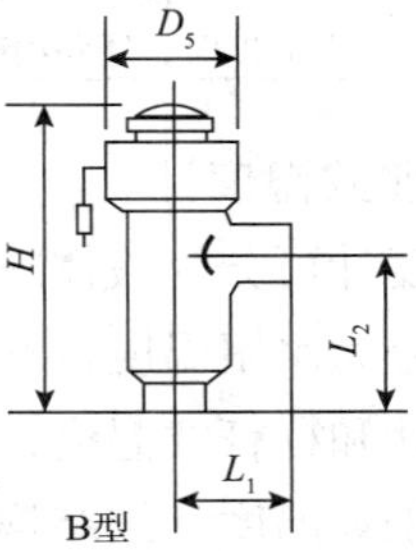

B型

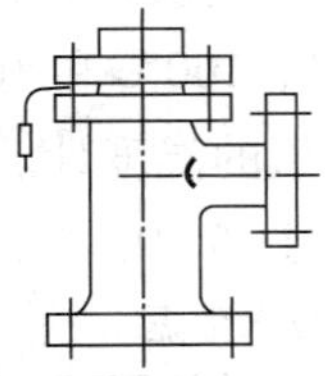

LXRG 50

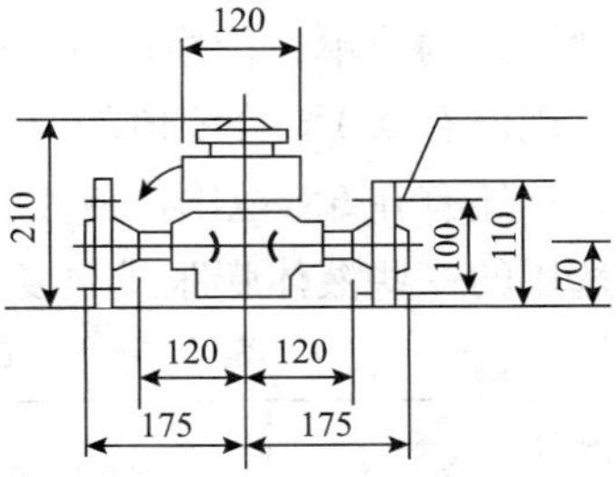

LXSHG25A(C)

（3）其他流量计。

随着流量计量技术的不断发展，新型流量计仪表不断被推出。它们采用了各具特色的先进技术，不少流量计已经在实践中取得了成功。它们中不乏结构简单、计量准确、安装维护方便，既可就地指示，又可远传，且便于自控管理的流量计，例如均速管流量计、涡街流量计和超声波流量计等。设计人员可在充分调查研究，掌握有关可靠资料的基础上，按照注水流量计仪表选用的要求，进行合理选用。

2. 注水温度测量仪表的选用

选用注水温度测量仪表应根据注水工艺对温度测量的要求、安装位置、操作和观察条件、测温仪表的适用范围和环境条件等进行。

注水站通常测量的是来水温度、注水泵入口温度、注水泵出口温度、冷却供水温度、冷却回水温度、润滑油温度、注水电机轴承温度、注水电机定子和转子温度等，测量温度范围以 0～60℃居多。

在常用温度计（表）中，膨胀式（玻璃管）温度计适合就地测量显示，压力式温度计适合集中测量（集中点距测温点的距离可达几十米）；热电阻温度计与热电偶温度计可进行远传，并利于自动调节。

在油田注水工艺中，较常采用的温度仪表种类见表4-5-8。

表4-5-8　常用的几类温度计

仪表类别	仪表工作所依据的物理现象	测量范围/℃
膨胀式温度计	物体受热时产生热膨胀	-100～800
压力式温度计	液体或气体在容积近乎一定的密闭系统内受热时产生压力的变化	-60～550
电阻式温度计	导体或半导体的电阻随所处温度的不同而改变	-200～500
热电偶温度计	两种性质不同的导体或半导体所连成的回路，当其连接点处于不同温度时，线路内有电动势产生	-50～1800

（1）膨胀式温度计。

这类温度计可分为液体膨胀式温度计和固体膨胀式温度计。液体膨胀式温度计按工作液不同，可分为水银温度计和有机液温度计两种；固体膨胀式温度计按结构不同，可分为双金属温度计和杠杆式温度计两种。

液体膨胀式温度计按结构形式不同，可分为棒式和内标式两种。按作用不同，可分为就地指示和自控报警监测两种。棒式直形就地指示玻璃管温度计是最常用的一种温度计。这种温度计结构简单，价格便宜，但不利于集中测量。在测量注水泵时，需要分度值小的温度计，现已有0.1℃分度值的-20～30℃、0～60℃、50℃、100℃和100～150℃的玻璃管温度计；还有在5℃范围内专用于测定温度的0.01℃分度值的温度计。

可选用的一些液体膨胀式温度计的规格与技术数据见表4-5-9。

表4-5-9　工业棒式玻璃管液体温度计的技术数据

<table>
<tr><th rowspan="2">型　号</th><th rowspan="2">外　形</th><th rowspan="2">测量范围/℃</th><th colspan="2">温度计全长/mm</th><th rowspan="2">外径/mm</th><th rowspan="2">膨胀液体</th></tr>
<tr><th colspan="2">浸入长度/mm</th></tr>
<tr><td rowspan="2">WNG-01
WNG-02
WNG-03</td><td rowspan="8">直形；
90°～135°角形</td><td rowspan="2">-30～50；0～50；100、150、200、250、300、350、400、450、500</td><td>500，400</td><td>350，300</td><td rowspan="2">φ6.6±1</td><td rowspan="2">水银</td></tr>
<tr><td>400℃以上的
100±2</td><td>350℃以下的
76±2</td></tr>
<tr><td rowspan="2">WXG-01
WXG-02
WXG-03</td><td rowspan="2">-100～20；-80～50；-50～50；0～50、100</td><td>500，400</td><td>350，300</td><td rowspan="2">φ6.6±1</td><td rowspan="2">有机液</td></tr>
<tr><td>100±2</td><td>76±2</td></tr>
<tr><td rowspan="2">HA1-10
HA1-11
HA1-12</td><td rowspan="2">-30～50；0～50；100、150、200、250、300、350、400、450、500</td><td>500，400</td><td>350</td><td rowspan="2">φ6.6±1</td><td rowspan="2">水银</td></tr>
<tr><td>400℃以上，100±2
350℃以下，65±2</td><td>65±2</td></tr>
<tr><td rowspan="2">HA1-10
HA1-11
HA1-12</td><td rowspan="2">-80～50；-50～50；0～50；50、100</td><td>500，400</td><td>350，300，
250，220</td><td rowspan="2">φ6.6±1</td><td rowspan="2">有机液</td></tr>
<tr><td>100±2</td><td>76±2</td></tr>
</table>

（2）压力式温度计。

它的工作原理是：密闭测温包内的液体（水银）体积、气体的压力或易蒸发液体的饱和蒸汽压力随温度变化而变化，这种变化经毛细管传递使弹性元件发生位移，通过传动机构指示出温度值。

这种温度计结构简单、价格便宜、不怕振动、观测维修方便，但在测温距离较远时，仪表的滞后性较大。在允许的测量范围内，基本允许误差不超过±1.5%或±2.5%。压力式温度计适用在20~60m距离内，对设备、容器和管道内流体介质的温度测量，适合在环境温度为5~60℃，相对湿度不大于80%，且被测介质对铜合金无腐蚀作用的条件下使用。

压力使温度计由感温器（温包）用毛细管连通至弹簧圈管，组成密闭的测量系统，在刻度盘上指示出介质的温度值，作就地指示用；亦可作一次元件，发出信号并传至集中显示仪。

（3）热电阻温度计。

热电阻是作为温度测量和调节装置的感温元件，它利用金属导体的电阻随温度变化的原理，用显示仪表测出热电阻的电阻值，得出与电阻值相应的温度值。它作为一次元件，可直接与比率计、平衡或不平衡电桥配套使用，进行远传测量。

热电阻的常用金属材料是铂和铜。另外，还有微型半导体热电阻制成的半导体测温元件、热电阻适宜测量-50~100℃范围内的液体、蒸汽和气体介质以及固体表面的温度。

（4）热电偶温度计。

热电偶作为温度测量和调节装置的感温元件，可直接与毫伏计、电子电位差计、温度变送器和温度指示调节仪等配套组成热电偶温度计。

热电偶的工作原理是：利用在两端焊接的两种不同金属导体形成回路，用于测量的一端叫工作端（亦称热端）；另一端叫参比端（也叫冷端）；当工作端与参比端存在温差时，就会在回路中产生热电流，从参与端连接到显示仪表上，仪表就会显示出热电偶所产生的热电动势所对应的温度值。

热电偶具有物理及化学稳定性、测温范围宽、热电性能好、有良好的机械加工性能等特点。热电偶的公称压力一般以工作温度下，保护管承受静态外压而不被破坏来选用，并且与结构形式、安装方式、置入深度以及被测介质的流速种类等有关。热电偶的最小置入深度一般不小于其保护管外径的8~10倍。

热电偶与热电阻一样，只作远传测温一次元件，不能进行就地配表指示。

（八）压力测量仪表的选用

1. 压力测量仪表选用的一般要求

选用压力测量仪表应根据测量要求和测量环境条件确定压力表的形式、规格、量程与精度等级。具体应考虑：

（1）被测压力范围的压力值。一般为所选表量程的1/3~2/3；若被测压力基本稳定或变化平缓，最大被测压力不宜超过压力表量程的2/3；若被测压力变化剧烈，则最大测量压力不宜超过压力表量程的1/2。

（2）测量地点的环境条件，如有无振动，是否需要防爆，环境温度、防尘条件等。对于注水泵、注水管道等振动剧烈的地方，应采用耐振压力表；对于环境中有风沙、雨淋、水溅等的地方，应选用密闭型压力表。

（3）根据测量压力值的准确度要求和重要性及经济因素等，确定压力表要求的精度。注水系统所用压力表一般为1.5级和2.5级。

2. 几种常用的压力表

在注水工艺中，常采用的压力表是弹性体的压力表。这类压力表的原理是：弹性体在弹性限度内的变形与受力成正比，测压弹簧管在压力作用下，带动压力表齿轮传动机构转动，并使压力表指针也相应转动，指示被测压力数值。

这种表具有结构简单、操作方便、性能可靠、对振动不太敏感、安装位置无严格要求等优点，是被广泛应用的测压仪表。

（1）弹簧压力表。这种表用于测量并就地指示对钢和铜合金不起腐蚀作用的介质的压力，测量范围由零至几十兆帕，可选用不同规格的压力表。

（2）真空-压力表。这种表用于测量并就地指示介质的-0.1~2.5MPa测量范围内的真空值或压力值，根据不同要求选用不同量程的表。

（3）电接点压力表。电接点压力表由弹簧管压力表和电接点组、调节装置等部件组成。该仪表除了可就地指示外，还可作一次元件对被测介质的压力自动发出信号。它与相应电气器件配套使用，可实现自动控制、集中显示和报警。电接点压力表量程与对应的弹簧管压力表相同。

（4）电接点真空-压力表。它由真空-压力表配电接点组、调节装置等组成。除就地指示外，与相应电气器件配套使用，还可集中显示、控制和报警。其测量范围与对应的真空-压力表相同。

（5）耐振压力表。这种表是将前述表增加防振装置，并增强密闭性而制成的。适用于有机械振动及脉动压力的场合，并可用于露天的较恶劣环境中。

（九）注水站计算机巡控装置的选用

为改变注水站注水工艺生产过程由人工定时巡回观测、人工记录、手动调节而存在观测误差大、调节不及时不准确、报表填写欠全欠准、岗位值班人工劳动强度大和管理水平低的状况，利用计算机技术，应用计算机巡控装置，实行注水站优化管理，具有十分重要的经济效益和社会效益。

1. 系统构成

注水站计算机巡控系统由三部分组成：

（1）一次仪表：包括温度、压力、流量、电流、电压和液位等变送器；

（2）控制室主机、显示终端、键盘、打字机、抗干扰电源；

（3）监控台。

2. 工作原理

由一次仪表（变送器）将被测参量转换为准确电信号1~5VDC或2~4mA，信号经多路模拟转换开关，S/H采样保持器，A/D模、数转换器，进入计算机。计算机对采集到的参量进行工程量变换，送至屏幕显示，并进行报警处理、参数计算、数据存储、控制输出和定时打印报表。

注水站计算机巡控系统一次仪表采集的参量包括：用温度变送器测注水站来水温度、注水泵入口温度、注水泵出口温度、注水泵及电机轴瓦温度、注水电机定子温度、注水电机（水冷电机）冷却水进水温度和出水温度等；用压力变送器测量注水站来水压力、注水泵入口压力、注水泵出口压力、润滑油干管压力、润滑油分油压、水罐液位压力、冷却水泵压力、润滑油冷却水压力、加药泵压力、采暖炉压力和排污泵压力等；用流量变送器测量注水站来水量和注水泵进水量、注水站配水至各干管的水量和冷却水量等；用电量变送器测量注水电机电流压力。

注水站计算机将采集参量进行计算，可得注水电机输入功率、用电量、注水量、泵管压差、注水泵效和注水单耗等。单台机组可每分钟巡检屏幕显示一次，两台与两台以上机组运行则依次循环显示；利用彩色模拟工艺流程图画显示，并进行调节、报警；使主水泵机组在平稳、高效、低耗的优化状态下运行。其工作原理如图 4-5-18 所示。

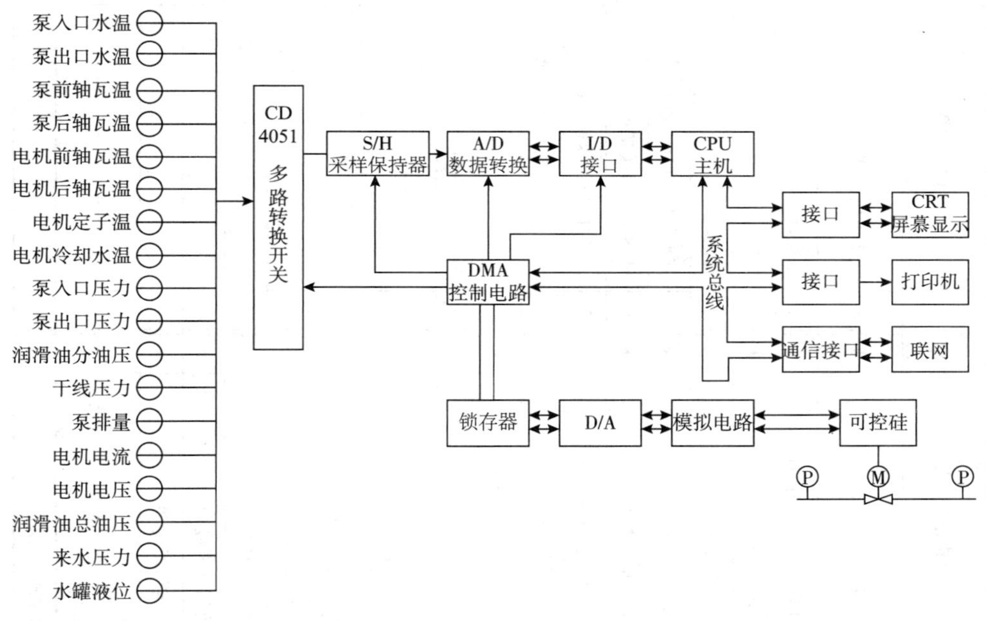

图 4-5-18　计算机巡控系统原理

3. 调节与控制

在确保主水泵机组安全、正常运行的前提下，根据注水管网系统压力，在注水电机电流不超过限额，温升不超过定值的情况下，通过自行控制，调节泵出口电动阀，尽量加大泵出口电动阀的开度，降低泵管压差，减少能量消耗，增大排量。调节周期一般为每 5min 一次，不宜过于频繁，在合适的泵管压差内，不再开动电动阀，使之在最低单耗的稳定、优化状态下运行。

4. 巡检参数的选用

根据注水站安全运行，生产过程采集数据和优化管理的要求，巡检、控制、报警、计算等参数见表 4-5-10。

表 4-5-10　某注水站计算机巡检参数

序号	公共参数	备注	序号	单机组打参数	备注	序号	计算参数	备注	序号	报警参数	备注
1	时间/（年、月、日、时、分）	★	1	机组编号	★	1	注水单位/[kW/(h·m^3)]	★	1	润滑油总油压过低/MPa	★
2	泵温度/℃	☆	2	当日累计运行运行时间/h	☆	2	泵运行效率/%	★	2	润滑油分没压过低/MPa	★
3	高压电压/kV	★	3	工作电流/A	★	3	班(8h)水量/m^3	★	3	大罐水位过低/m	★
4	低压供电压/V	★	4	电压功率/kW	★	4	日(24h)水量/m^3	★	4	注水泵入口压力过低/MPa 高	★
5	清水来水压力/MPa	★	5	泵排量/(m^3/h)	★	5	月水量(月实际大数)/m^3	★	5	注水泵出口温过高/C	★
6	污水来水压力/MPa	★	6	泵入口压力/MPa	★	6	班(8h)电量/kW·h	★	6	注水电机差电源/A	★
7	大罐水位/m	★	7	泵出口压力/MPa	★	7	日(24h)电量/kW·h	★	7	注水电机过电流/A	★
8	冷却水压力/MPa	★	8	泵平衡压力/MPa	★	8	月电量(月实际天数)/kW·h	★	8	注水电机差电压/V	*
9	注水管网压力/MPa	★	9	润滑油分油压力/MPa	★	9	机组运行时数(数日月)/h	★	9	注水泵轴承超温/℃	★
10	润滑油总油压力/MPa	★	10	泵入口温度/℃	★	10	泵管压差/MPa	★	10	注水泵轴承超温/℃	★
11	水质检测/(mg/L)（含油、含铁、悬浮物、溶解氧）	☆	11	泵出口水温度/℃	☆				11	注水电机定子风温过高/℃	★
			12	泵海瓦温度/℃	☆				12	冷却水压力过低/MPa	★
			13	泵后瓦温度/℃	☆				13	机组振动超限	※
			14	电机前瓦温度/℃	★						
			15	电机后瓦温度/℃	★						
			16	电机定子温度/℃	★						
			17	机组振动	*						
			18	机组噪声	*						
			19	机组转速/(r/min)	*						

（十）站内工艺安装设计

站内工艺设备、容器、管道的安装设计在工艺流程图指导下，在确定的规模、设备和布置范围内进行。

1. 一般要求

（1）符合安装设计流程，满足生产工艺需要，方便管理，利于维修。

（2）安全可靠，投资省、节能降耗，质量好，运行成本较少。

（3）布置合理，留有操作余地和空间，方便施工。

（4）安全协调、整洁美观。

2. 准备工作

（1）掌握有关工艺流程、设备、容器、计量仪表、管道、管件等的性能、应用范围、操作情况、维修方法和施工要求等，在设计中保持一致。

（2）了解专业配合要求，协调相关专业的设备安装与布置。

（3）清楚有关技术经济政策，国家和行业及企业的标准、规范、规定和要求，在设计中遵照执行。

（4）弄清本站、本专业、本项目的特点和要求，制定相应设计的计划安排，在设计过程中认真执行。

（5）做好调查研究，掌握现场情况，准备好复用图纸，熟悉有关专业资料。

3. 绘制工艺安装图的一般步骤

（1）绘制草图。为了较迅速地形成整体构思，避免在绘图中反复推敲、改动过多，宜先绘制草图，在草图上修改好后，再绘制正式图。

（2）选好比例，合理布置。为了使绘制的图大小适当、清晰、美观、布置协调，应首先根据安装工艺的复杂程度、表示范围的大小和被示物体的尺寸，采用相应规格的图纸，选择适当的比例，一般采用的比例为1∶100～1∶50。然后，按平面布置要求，布置建（构）筑物、设备、容器、阀门和阀件等，最后连接管道。

（3）绘制平面图，协调好剖（立）面图。工艺安装图一般包括平面图和剖（立）面图。平面图是主要视图，它尽可能集中地反映安装工艺整体状况，以及主要投影和尺寸。对于平面图中一些不能表示或难以表示清楚的部分，则利用剖（立）面图表示。剖（立）面图表示的投影和尺寸一般是对平面图的补充或是体现局部状况，又或是表示部件或单体。因此，既要使平面图与剖（立）面图所表示的投影和尺寸统一、完整、正确、清楚，又不能重复。

4. 注水厂房及机组、管道平面布置

1）布置内容

注水厂房布置包括注水泵房、配电间、辅助间及其室内设备、容器、阀件和管道等的布置。辅助间包括值班室、维修间、计算机室、化验室、阀组间、加药间、库房（材料间）、更衣室、过滤间、厕所和走廊等。在联合站中，配电间、辅助间可与其他专业局部或全部合建，或在联合站中集中建设，注水专业可提出本专业的要求，在项目中统一考虑设置。

在室内布置中还应全面考虑：电气设备及其电缆沟，采暖通风设备及其管道；噪声消除设备、管沟、检修位置、工作平台、人行通道和楼梯等的布置。

2）布置的一般要求

（1）满足生产需要，保证安全生产，工作方便，性能可靠。

（2）简便易行，管道交叉少，布置整齐、美观、紧凑。

（3）方便维修，利于施工。

（4）预留扩建场地，考虑进一步发展的可能性，将远期和近期结合好。

（5）注水泵房与辅助间可通过设走廊相通，并设隔音门、隔音窗。

（6）注水泵房一般应设车行大门，其对应侧宜设人行小门。

（7）配电值班室、计算机室宜紧邻注水泵朝阳的一侧，并设隔音窗。

3）注水泵机组的布置

注水泵机组的布置应根据注水泵机组的形式、大小、管理操作要求，以及泵房大小要求等确定。最常采用的布置形式是平行单排布置，在相同机组的情况下，跨度适中，上水条件较好。在要求采用小跨度注水泵房的情况下，可采用一字式单行排列，这种布置方式操作距离较长，占地较多。在要求缩小泵房长度的情况下，可采用平行双排布置，这种布置占地较少、操作场地较大，但跨度较大。

在泵房机组布置时，应考虑主要人行通道宽度≥1.2m，高压配电盘前面通道宽度≥2m，低压配电盘前面通道宽度≥1.5m；当考虑机组就地检修时，每个机组的一侧应有大于机组宽度0.5～1.0m的通道，并考虑轴和转子抽芯或拆卸的场地。

在注水泵房中，辅助泵机组的设置应尽量利用泵房中的空地，可靠墙设置，只在一边留出通道，尽量不增加泵房跨度和长度。

对于注水电机设有出风口的机组，若出风口在墙上，应避开墙柱；若出风口在屋顶，则应避开屋面板不可开孔的部位。

若设置上水（前置）泵，宜靠近注水泵，以便操作时或运行中互相联系，方便监视。

注水泵机组上方应满足所选择起吊设备的高度。

润滑油系统一般可设于与注水泵机组群平行的一端，或设于机组群的中部。

4）管道布置

注水泵房中管道的布置，除应满足生产工艺和前述布置的一般要求外，还应结合管道特点考虑如下几点：

（1）当管道与墙或基础管道平行布置时，净距一般不小于0.3m。

（2）管道之间净距：对于*DN*100mm以下的管道，不小于0.2～0.3m；对于*DN*100mm及其以上的管道，不小于0.3～0.4m（需一起保温的管道除外）。

（3）管道宜在地面上敷设，以利于检修，并减少地下敷设造成的腐蚀。

（4）对于地下敷设管道，一般不宜超过3～4层，层间净距应方便检修。

（5）工艺管道的布置应考虑与采暖管道、电缆沟、配电柜（箱）等相协调，避免

“相互干扰”。

（6）架空管道布置应考虑行人、吊车、行车的需要，并应与窗户、门相协调。

5. 注水泵机组安装

注水泵是注水站的核心，注水泵机组安装质量的好坏，直接影响到注水泵能否安全、正常运行，以及效率的高低和使用寿命。正确设计、安装注水泵机组是搞好注水工艺设计十分重要的内容。根据驱动机械和注水泵的不同，可分为电动离心式注水泵机组、电动柱塞式注水泵机组和燃气轮机高速注水泵机组等。由于各类注水泵机组安装主要要求大体相近，在此仅介绍电动离心式注水泵机组安装，其余各类可按其各自特点参照设计。

1）注水泵和电动机安装

中、小型注水泵在出厂时，厂家往往将注水泵和电机设在同一联合底座上，注水工艺设计人员应按厂家要求，经计算核实后，向土建专业提出对应地脚螺栓孔的注水泵机组基础资料；并提供机组质量、重心等，一般基础面至少应高于室内地坪0.2m。

大、中型注水泵在出厂时，厂家一般不带联合底座，设计人员应按注水泵和注水电机的地脚螺栓孔的平面尺寸、联轴器间的间隙要求，按注水泵与注水电机的重心在同一水平高度的条件和辅助管道安装的要求，提出机组的质量、重心等参数，由土建专业人员设计注水泵机组基础。

为了调整注水泵机组的安装高度，在泵和电机各自的底座下应设斜垫铁；地脚螺栓连接螺母使用1~2mm厚的紫铜垫片。

注水泵机组基础应有足够的强度和稳定性，保证基础不沉、不裂。对于电机下部有通风槽的，应在通风槽四周加钢筋。基础宜设预埋地脚螺栓盒式埋件，以便能够现场调整。所有的地脚螺栓均应预留孔，作二次浇灌使用。为防止机组振动给泵房造成不利影响，基础周围可采取防振措施。

注水泵机组的外露转动部分均应设护罩，如联轴器、泵与电机轴伸出端等。联轴器护罩应制作成活动的，以便于盘泵。机组的所有受力点，如地脚螺栓两端均应设垫片。机组的相邻两垫铁组间距，应根据底座刚度、设备的质量等因素决定，一般为500~1000mm。平垫铁与混凝土基础接触，厚度一般不小于20mm。两块斜垫铁上下对放，每块厚度一般为18~25mm，斜度为1∶10，表面粗糙度 $R_a = 12.5 \sim 25\mu m$。垫铁宽度根据不同泵型可为60~100mm，长度为140~160mm。每组垫铁总厚度不小于50mm，平垫铁与基础表面接触面积不可小于70%。

注水泵机组找平后，垫铁应露出泵和电机底座边缘，平垫铁为10~30mm，斜垫铁为10~50mm。

主注水泵机组安装，还须按生产厂家要求，并结合地区、油田特点提出相应措施。

2）泵进、出水管安装

（1）泵进、出水管道直径不应小于泵进、出口口径。进水管可较泵入口口径大一个规格，以利于上水。

（2）泵进水管可设截断阀、流量计、过滤器以及防垢增能器等。

（3）泵进水管应水平安装，不得有存气驼峰或漏气处。当需设大小头时，应设偏心大小头，偏心部分向下。泵进口过滤器顶部应设放气口。

（4）泵出水管应设止回阀，止回阀口径应与管道口径相同，且不宜设在泵出水管立节上，以利于泵的拆卸。

（5）泵的进、出水管不得承受憋压及外加载荷，电机不得承受排风设备、器件等的外加载荷。

3）注水泵机组辅助管道安装

（1）注水泵机组冷却水系统管道包括注水泵部分的管道和水冷式电机部分的管道。注水泵的冷却水管包括轴承润滑油（盒）冷却水管和盘根冷却水管。冷却式电机可以是上水冷式，亦可以是侧水冷式，冷却水在电机冷却器中通过，并对电机中循环的空气进行冷却，冷却水进、出管口径不宜小于其相应进、出口连接口径。冷却回水一般应予以回收，少数泵盘根冷却水，在不便回收时，可予以排放。冷却供水与回水管应设截止阀，泵盘根自流排水可设排水漏斗。电机冷却器应按厂家要求试水压，一般应为0.2～0.4MPa。电机冷却器在运行前应先做严密性试漏实验。

（2）注水泵机组润滑油管道，包括对注水泵轴承和注水电机轴承的润滑油供应与循环管道。润滑油供油管宜设控制阀，回油管不设阀，且回油管宜向回油方向稍设坡度，以利于回油。润滑油管道宜使用不锈钢管，投运前应清扫干净并不得有水或水蒸气。

（3）注水泵机组应设压力引压管、取样管、放气管和温度计套等，以利于对有关运行参数检测和机组运行操作。

4）注水泵机组仪表安装

（1）压力计安装。包括注水泵入口电接点真空压力表、泵出口压力表、平衡管压力表、注水电机及注水泵润滑油电接点压力表。泵出口压力表与平衡管压力表宜选耐振表。压力表宜靠墙安装，并设可关闭引压管的阀，电机冷却水压力表可就地设置。

（2）流量计安装。注水泵流量多采用低压计量，并设于泵入口过滤器前方，根据需要，可只作就地指示，亦可将就地指示与集中检测相结合，分别选用不同的表型。电机冷却水流量计多采用常规低压水表，通常只作就地显示。

（3）温度计安装。通常可设注水泵入口温度、泵出口温度、电机轴承温度、电机定子温度、电机冷却进水和出水温度等温度计。

电动离心泵可利用泵进、出口温度，通过有关计算，得出泵效。例如，通过自控监测系统输入泵入口与出口温度，在计算机中进行计算并打印出有关数据。电机轴承温度应进行自控检测，温度过高应先报警后停机。

6. 场区工艺管道设计

场区工艺管道包括注水站来水管、注水泵上水管、高压回流管、注水出站管、冷却水管、场区排水管、加药管、收油管和取样管等。一般情况下，注水出站管、来水管、排水管宜采用地下敷设，其余管道根据环境和工况要求及条件，可采用地下或地上敷设。地面管道应在除锈后刷漆，在冬季气温降至0℃以下的地区，应采取保温措施。地面管道易于检查、维修，但不利于交通，可因地制宜地采用。

场区地面管道应根据受力状态设支座、支墩，出入室内的地方应设固定支墩，较长管道中间设滑动支座、支墩。支墩应进行受力计算，提供土建专业设计或由工艺设计人员选用已有支墩。

为适应温度变化，较长地面管道若无足够的自然补偿，应设伸缩器。注水泵上水管布局应与注水泵房协调，合理分配注水量，减少压头损失，保证上水压头。

场区高压管道采用无缝钢管，低压管道可采用有缝钢管或玻璃钢管，取样管采用镀锌钢管。高、低压管道宜采取特加强或加强防腐措施，场区外预留头甩至3~5m处。

场区管道与全注水站统一试压，一般严密性试风压为0.6MPa。强度试水压为工作压力的1.5倍，稳压30min后，降至工作压力，全面检查无渗无漏，且压力不降则为合格。自流排水管需进行试漏。

场区内加药管、取样管、引压管等管道，若无伴热管，宜与上水管等常流水大管道紧靠敷设，并一起保温。

低架管道行人处应设过桥、平台、踏步；高架管道行车道处，应保证行车高度。

7. 注水泵房工艺安装设计

1）注水泵房安装内容

注水泵房安装包括前述注水泵机组安装，泵房管道敷设，润滑油系统、冷却水系统、阀组等各部分的安装，并将各部分组成有机组合，各部分间应协调、紧凑、流程畅通。整体上应工艺合理，并与场区相关专业的管网协调布置。穿墙留洞管道应避开墙柱并保持合理距离。入管不应从墙柱基础进入，工艺管道不与采暖管道、电缆沟“相碰”。

注水泵机组的进、出口管道可设支墩或支架，避免造成机组承受过大附加作用力，机组可设消音罩，泵出水管设防噪声外壳。

为便于在泵房内实施维修，可根据起重物件的质量，设置相应规格的手动或电动吊车。吊车设置按SYJ 5《油田注水设计规范》进行。

2）管道敷设

管道敷设应在流程和平面布置确定的前提下进行，满足工艺生产要求，利于施工、维修、管理；既符合技术要求、经济合理，又美观、整齐。各类管道可在地下敷设，亦可在地上敷设，当在地下敷设时，可使地面管道减少，空间加大，管道布置整齐，泵房操作空间适宜，巡回检查管理方便。但是，地下管道往往较地面管道腐蚀严重，且不利于管道维修。地上敷设与其相反，一些生产单位从减少管道腐蚀，减少维修工作，方便管道检修出发，往往偏向于管道地上敷设。

3）高压阀组

高压阀组可设泵出口控制阀、电动控制阀、调节阀、阀组连通阀、出站截断阀、干管压力表、高压流量计和干管扫线头等。小型注水站可将高压阀组与直接至各注水井的配水阀组合一。

4）冷却水系统

冷却水系统应保证各冷却单元的用水量、冷却温度、冷却水质和供水压力，经计算选择适当的供水泵、冷却水管。根据供水条件的不同，可以利用清水注水罐兼作冷却水罐，亦可单独设置冷却水罐。冷却水一般应予以回收循环使用。

5）润滑油系统

柱塞泵润滑油系统多为自带。电动离心泵除机组轴承为滚珠轴承外，大型注水泵机组需设强制润滑油系统。该系统包括：润滑油泵、润滑油过滤器、冷却器、润滑油箱、缓冲罐、高架油箱、润滑油供油及回油管道和阀件等。各泵机组润滑油管入口处设电接点压力表，监测机组轴承润滑是否正常，当机组润滑油压力过低时，应进行停机保护。润滑油泵出口干管设电接点压力表，当润滑油泵出口压力过低时，备用泵自动切换投运。

目前，一些润滑油设备厂将润滑油泵、润滑油过滤器、冷却器和油箱等组成组合设备，交予稀油站。其供油量为40～150L/s，供油压力为0.4MPa。润滑油应经常除去杂质和水分，并定期化验，当不合格时要及时更换，以确保润滑油质量。润滑油管亦可采用耐油塑料管、碳钢管内壁作防腐喷涂措施，还可采用钢管内壁进行酸洗、碱洗后用清水冲净、擦干并烘干措施。清洗合格的润滑油管，在组装时应采用法兰连接，回油管应保证自流回流至油箱的坡度。

6）润滑油管道水力计算

润滑油管道的水头损失与水管道相同，包括沿程水头损失和局部水头损失两部分，计算方法可参照水管水头损失的计算方法进行。但是，其水力坡降应按过流介质为润滑油进行计算。在注水泵房内，一般油量小、长度短、回油管水力坡降可按层流考虑：

$$i = \frac{\nu \overline{Q} \alpha}{d^4} \tag{4-5-29}$$

式中 i——回油管水力坡降；

ν——运动黏度，cm^2/s，22号透平油为20～23cm^2/s；

$\overline{Q}$——流量，L/s；

α——系数；

d——管道内径，cm。

润滑油回油管一般为自流，即为不充满流，在计算时应先确定不充满程度，再由表4-5-11关系计算出Q值。

表4-5-11 润滑油回油管Q值查对表

$\frac{h_0}{d}$	0.2	0.3	0.4	0.5	0.55	0.6	0.65	0.7	0.75	0.8
$\frac{F_1}{F}$	0.142	0.253	0.374	0.500	0.562	0.624	0.687	0.747	0.805	0.858
$\frac{Q_0}{Q}$	0.047	0.101	0.191	0.304	0.387	0.461	0.561	0.657	0.794	0.974

注：表中不充满油流的高度、流量、面积分别为h_0，Q_1、F_1；充满油流的流量、面积分别为Q、F；管内径为d。

管道的总水力损失为：

$$h = h_1 + h_2 \tag{4-5-30}$$

$$h_1 = iL \tag{4-5-31}$$

7）加药系统

根据来水水质和工艺要求，确定注水中是否需要投加药剂及投加药剂的品种，并经过计算确定投加药量。相应地进行工艺安装的有计量泵（或加药耐腐蚀泵）、药池（罐、箱、槽、桶）、计量仪表（计量压力、流量、温度等）、搅拌器、阀件、管道、过滤器和加氯机等。

加药系统应进行全面防腐，采用防腐的设备、器材及容器。对连续运行的设备（机泵等）、容器，应考虑增加备用设备、容器。加药间宜设轴流风机进行强制通风。有的药池需设加热盘管，以便加快溶药速度，不同药剂的配药浓度或投加数量，应通过计算与实验确定，并应略大于理论用量。

8. 罐间阀室工艺安装

注水站常设两座注水罐，一般在两罐之间设置罐间阀室，阀室内采取对称布置，设进水管、出水管、罐排污管和溢流管、高压回流管以及测压管、取样管等，*DN*50mm 及以上管道与罐壁相连处应设加强板。为便于操作，管道上可设平台，上平台应设踏步，较长管道宜设支座、支墩。

来水设流量计，并应尽量满足其直管段要求，不同水质宜分别进不同水罐。来水截断阀宜采用闸阀，其余阀可根据具体要求采用蝶阀或闸阀等。

要求密闭的水罐还应设进气、排气、调压等有关阀组。含油污水罐应进行污油回收，当污油较多时，可设污油回收罐或回收至联合站中的污油罐，当污油量较少时，可设汽车拉油和罐进行收油。

罐间阀室内的防腐、试压、刷漆要求按注水站统一要求执行，地坪标高宜与罐底边标高一致。

9. 水罐及水罐附件安装设计

注水站储水罐一般为两座，其有效总容量一般按该站日最大用水量 4～6h 计算，简易注水站可按其日最大用水量 2～4h 计算。

水罐顶在出水管滤水头上方设透光孔（一般为 ϕ500mm），密闭水罐透光孔应加密闭盖。不密闭水罐顶应设通气孔（常为 ϕ150～500mm）。罐顶可沿顶边设封闭或部分护栏、罐壁设爬梯（直梯或盘梯）、避雷针。罐侧底部、罐间阀室外适当位置设人孔、清扫孔。密闭水罐不设通气孔，增设安全阀、呼吸阀。罐体所有开孔均应离开焊缝，并相距不小于 100mm。

水罐设进水管、出水管、溢流管和高压回流管，含油污水罐还应设收油管，为便于冬季收油，有的增设加热盘管。密闭水罐设相应密闭系统管道。水罐进水管应至罐另一侧，并按水质条件、密闭要求，确定合理的出水高度。对于清水与污水混进的注水罐，清水来水管进口应高于其余各管的罐内进、出水口，密闭水罐的溢流管应设水封。

罐内立管一般靠近罐壁设置，较高立管设支架。罐底上部较长管道应设支座，水罐要求内外壁、罐底、罐顶全部满焊。与罐体相连接的管道、附件、连接件对罐体不应产生局部应力。

水罐及附件焊接安装完毕后应进行充水实验。充水应按有关规定缓慢进行，在充满至最高液位后，做沉降实验48h以上，观察不均匀沉降是否在允许值范围之内，超过最大允许值应进行妥善处理。在试水过程中，应全面检查罐体各处渗漏情况，对渗漏处全部进行补焊。试水合格后，方可进行罐外管道连接。

罐体内、外应在除锈后进行防腐处理，防腐设计可由防腐专业人员进行，亦可由工艺专业人员进行设计，可采用罐内先刷H53－3红丹环氧防锈漆两道，再刷H04－5白环氧磁漆两道，亦可刷H87－4等涂料，罐体外部刷GI－1型氯磺化聚乙烯防腐面漆各两道，罐外通常刷绿色面漆。对海水等腐蚀性强的水，水罐防腐应按具体条件进行特定设计。

第五编　设　备

第一章　原油储罐

第一节　长输管道常用典型钢油罐的结构特点

目前，我国输油管道上常用的油罐是金属拱顶罐和浮顶罐。

一、金属油罐的结构特点

1. 金属油罐常用的板材

普通金属油罐的常用板材为A3F平炉沸腾钢。对于寒冷地区（气温低于-20℃），要求罐体有较好的塑性和韧性，而采用平炉镇静钢A3。对于大容积油罐（10000m^3以上）最下部的围板，为降低壁厚、便于施工，有时也采用低合金高强度钢板，例如16Mn钢板，以减小板材的厚度。常用的板材尺寸为1500mm×6000mm（板厚大于4mm）和1200mm×6000mm（板厚4mm）。焊接用的焊条都不应低于T-42型焊条标准。

2. 油罐基础

建造钢罐地基的土壤，要求地质均匀，密实性好，土耐压根据油罐高度确定，一般不小于10~18t/m^2，休止角（土壤自然堆放的坍塌度）不小于30°，地下水位低于基槽底面30cm。对满足不了上述条件的土壤，应作特殊条件处理，以防发生不均匀沉陷或基础破坏。油罐基础最下面是素土层，往上是灰土层、砂垫层和沥青砂层。一般的基础结构如图5-1-1所示。

素土层是基槽面开挖后，去掉腐殖质的土壤，经整平夯实而成的基础土层。一般基础土层的深度为自然地坪以下20cm。

灰土层是用3∶7的石灰与黄土掺合后铺平夯实而成的，也可以采用碎砖三合土夯实来代替灰土层。对于大型油罐，往往还用低标号（50#）混凝土来代替灰土层，其厚度一般都不小于50cm。它的作用是增强基础的稳定性和防潮性。

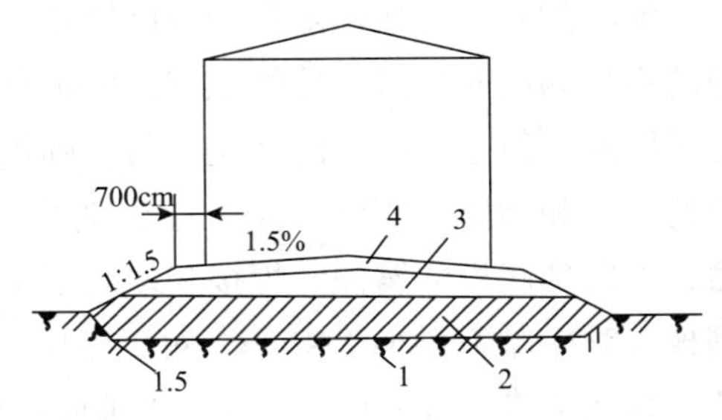

图5-1-1　钢油罐的基础结构

1—素土层；2—灰土垫层；
3—砂垫层或低标号混凝土层；4—沥青砂层

砂垫层是采用含泥量不大于5%的粗砂和中砂铺成中心高、四周低的锥形，厚度一般为20~30cm。它的作用：①利用砂粒间毛细管的作用小，地下水通过砂垫层的毛细管上升高度一般都不超过15cm的特点，可以减轻罐的潮湿和腐蚀；②利用砂粒间连接力小的特点，当罐底出现不均匀沉陷时，将罐底受压后传来的压力重新较均匀地分布在地基上，从而限制不均匀沉陷的发展。

沥青砂层是用含杂质量不超过4%的中砂和细砂与沥青加热搅拌均匀后铺成的。沥青常采用30#石油沥青，每立方米干砂大约加150kg沥青，厚度一般为8～10cm。沥青砂层主要作用是防止底板受腐蚀。在铺设时，按砂垫层铺成中心高的锥状，锥顶高度为基础半径的1.5%。铺成锥状的目的是：由于地下水在罐的中心部分压力最高，加厚中间部分的砂基础，可防止地下水升到罐底中心部分，并有利于底板下面的水向四周排出。另外，铺成锥状还有利于消除底板的焊缝热应力。

基础的直径一般比油罐的外径大144～200cm。

对于有些大型油罐的基础，考虑到地质的不均匀和冬季冻土深度的影响，往往在罐壁周围铺有较深的钢筋混凝土基础。

油罐装油后，基础将发生下沉。随地基土壤孔隙比的不同，油罐的沉陷量也不同，严重时下沉量可达数十厘米，甚至更多。因此，在进行油罐基础设计时，应根据勘测资料计算地基沉陷量，并做好油罐与管线的弹性连接，以免油罐下沉时扯断管线。砂质土的沉陷较快，一般在油罐的试水阶段，基础沉陷就可达到稳定。油罐注水实验应持续72h，要求基础均匀沉降，沉降量应不超过50mm，72h后如发现基础仍有明显沉陷，就应延长注水实验时间。当在软地基上建油罐时，如设计上允许基础有较大的沉陷，则沉陷量不受50mm的限制。考虑到基础沉陷和方便排水，油罐基础必须高出地面至少40cm，要求沉陷后仍高出地面，以防在基础处积水。当在土质较软的地区建罐时，如设计上允计基础有较大的沉陷，可在砂基础外围制作钢筋混凝土圈梁，以防基础下沉时罐底四周的砂垫层被挤出。建在岩石基础上的油罐，罐基础无需另行加强。但为了填平开挖的毛石茬口和利于排水，可铺5～10mm厚的低标号混凝土，找平后再铺8cm厚的沥青砂，并要求罐基高出周围地坪至少5cm。

3. 底板

油罐的底板直接坐落在沥青砂层基础上。当用立式圆柱形油罐装油时，液柱压力和本身的重量均经底板直接传给地基，底板只受简单轻微的压力。底板的强度，一般不作主要考虑因素。但是，底板的外表面与基础接触容易受潮，底板的内表面又经常接触油料中沉积的水分和杂质，所以底板容易受到腐蚀。再加之底板不易检查和修理，所以尽管它不受力，考虑到底板的腐蚀、焊接和地基不平产生弯曲等因素，油罐底板常采用4～8mm厚的钢板，钢板厚不得小于4mm。对于底板的边缘，由于和壁板连接，受力比中间底板大且复杂，因而边缘底板厚度一般大于中间底板厚度。对容积不超过3000m^3的油罐，边板厚度取4～6mm。对容积为5000～50000m^3的油罐，边板厚度取8～12mm。

底板以搭接的方式组焊，搭接长度不小于5倍底板的厚度。焊接顺序必须是先焊中心，再从中心钢板两端依次向边缘焊接，最后待罐壁与外圆底板焊好后，再焊接中心部分底板与外围底板的环缝。

4. 罐壁

罐壁是油罐的主要受力构件。罐壁的厚度与油罐的高度、直径和油品的密度成正比，一般是按静水柱压头分布来考虑，下部钢板厚，向上逐渐减薄。但是，考虑到油罐的稳定和材料的强度、焊缝强度等因素，其最小厚度不小于4mm。在我国现行设计中，采用的罐壁顶圈板厚度（即壁板的最小厚度）是根据油罐的容积确定的，对容积不大于3000m^3 的油罐，采用4～5mm厚罐壁顶圈板，对容积为5000～10000m^3 的油罐，采用5～7mm厚罐壁顶圈板，对容积为20000～50000m^3 的油罐，采用8～10mm厚罐壁顶圈板。罐壁底圈板的厚度最大。由于油罐焊接后很难进行焊缝的焊后热处理，因此要以不进行焊后热处理并保证焊接质量的条件来限制油罐的最大壁厚。美国和日本规定的最大壁厚为38mm，英国规定的最大壁厚为40mm，我国建造的5000m^3 储罐，其最大罐壁厚为32mm。罐壁的厚度可按式（5-1-1）计算：

$$\delta = \frac{[p + \gamma(h - 0.3)]R}{[\sigma]\phi} \tag{5-1-1}$$

式中 δ——h 高处的壁厚，m；

p——油罐内保持的最大剩余压力，一般金属油罐取1961Pa（200mm H_2O）；

γ——油品的重度，N/m^3；

h——最高液面至计算厚度处的高度，m；

$[\sigma]$——钢板的允许应力，Pa；

ϕ——焊缝系数，一般取0.85；

R——油罐的半径，m。

壁板环向焊接的连接方式有：套筒式搭接法、交互式搭接法、对接法和混合式连接法四种，如图5-1-2所示。纵向焊缝都采用对接焊接方式。

过去，交互式搭接法用于铆接油罐和卷装法施工的油罐。套筒式搭接法是采用由下向上，壁板直径逐级缩小，下面的圈板套接上面的圈板的办法进行搭接的。此种搭接法施工方便，易于保证强度，应用比较广泛。对接法是上、下圈板环向焊缝采用对接，油罐的上、下直径一致且这种方法下料容易，但组装焊接比较困难，多用于浮顶油罐。混合式连接法是最下面的2～3层圈板采用对接，上面各圈板采用套筒式焊接。对于大容积油罐，因下面几层钢板较厚，搭接不易保证质量，多采用这种连接方式。对接焊缝在钢板厚度等于或大于6mm时，为保证焊接质量应开坡口，在钢板搭接焊时，搭接高度应为6～8倍的板厚，常取35～60mm。

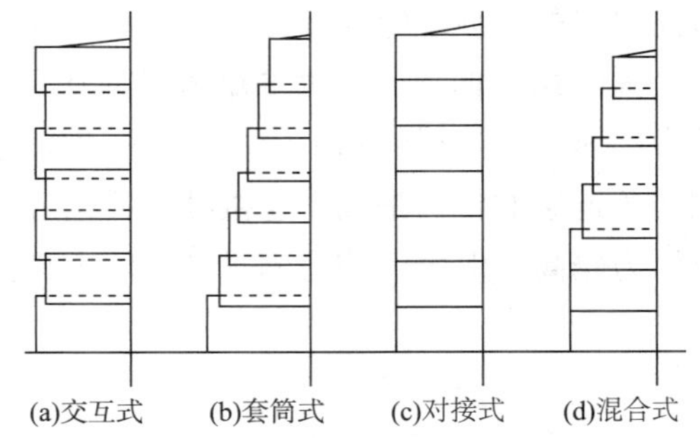

图5-1-2 立式圆柱形钢罐壁板连接方式

为了保证壁板和罐顶以及和罐底板的焊接质量，常在顶部设角钢加强环。

二、国内输油管道使用的几种金属油罐

国内陆地输油管道使用的基本上都是立式圆柱形钢油罐。立式圆柱形钢油罐由底板、壁板、顶板及一些油罐附件组成。其罐壁部分的外形为母线垂直于地面的圆柱体，故而得名。按照罐顶的结构形式，立式圆柱形钢油罐又分为很多种，其中应用最广泛的是拱顶油罐和内、外浮顶油罐。立式圆柱形钢油罐的设计容量从 100m^3 到几十万 m^3，目前，在我国输油管道系统所建造的立式圆柱形钢油罐中，最大容积为在秦皇岛泵站建造的 10000m^3 浮顶油罐。不管容量大小或罐顶结构形式如何，立式圆柱形钢油罐一般都是在现场焊接安装底板并直接铺在油罐基础上。其基础、底板、壁板的做法基本相同。

1. 立式圆柱形拱顶钢罐

拱顶油罐的罐顶为球缺形，球缺半径一般取油罐直径的 0.8 ~1.2 倍。拱顶本身是承重构件，有较大的刚性，能承受较高的内压，有利于降低油品蒸发损耗。一般的拱顶油罐可承受 2kPa 压力，最大可至 10kPa。拱顶顶板厚度为 4 ~6mm。当油罐直径大于 15m 时，为了增强拱顶的稳定性，拱顶要加设肋板。拱顶油罐的最大经济容积一般为 10000m^3，容积过大，则拱顶矢高较大，单位容积的用钢量反而比其他类型的油罐用钢量大，而且不能储油的拱顶部分过大会增加油品的蒸发损耗，因此不推荐建造超过 10000m^3 的拱顶油罐。

球形拱顶的截面呈单圆弧顶，它由罐顶中心板、扇形顶板和加强环组成。扇形顶板设计成偶数，相互搭接。搭接宽度应不小于 5 倍板厚且不小于 25mm，实际上多采用 40mm，罐顶外侧采用弱连续焊，以利于在发生火灾或爆炸时掀掉罐顶。罐顶中心板与各扇形顶板间也采用搭接，搭接宽度一般为 50mm。加强环又称包边角钢，用来连接顶板和壁板，并承受拱脚处的水平推力。为防止在拱脚处产生很大的压力而破坏油罐，装油高度只能达到加强环处，拱顶内部不宜装油。这种拱顶结构简单、施工方便，因此应用比较广泛，我国目前建造的拱顶罐绝大部分是这种单圆弧拱顶罐。准球形拱顶的截面呈三圆弧拱，中间是一个大圆弧（曲率半径为油罐直径的 0.8 ~1.2 倍），两边是匀调转角的小圆弧（曲率半径是大圆弧曲率半径的 0.1 倍）。在拱顶周边采用小圆弧作为过渡带，使顶板与壁板成为匀调转角连接的目的是减小连接处的径向应力。因而，这种结构的拱顶罐受力情况较好，承压能力较高，但由于施工困难，实际上很少使用。

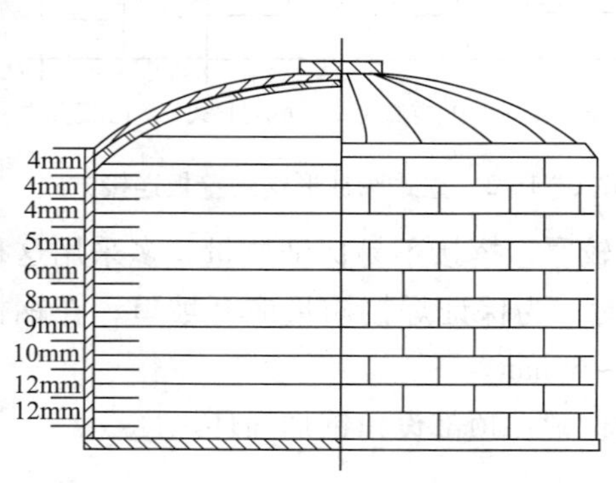

图 5-1-3　5000m^3 立式圆柱形拱顶钢罐

如图 5-1-3 所示，为我国输油管道常使用的 5000 m^3 立式圆柱形拱顶钢罐，该罐的内径为 22.6m，罐壁高为 13.95m，总高为 18.55m。这类罐的承压能力均为正压 1961Pa（200mm H_2O），负压 490Pa（50mm H_2O）。

5000m^3 拱顶钢罐的底板中心板采用 6mm 厚的 A3F 钢板，边板的厚度为 8mm。采用搭接焊缝铺设于基础沥青砂层上。底板和壁板直接用“T”形焊缝两面焊接，无角钢加强。壁板由 10 层圈

板对接焊成，也有的采用套筒式搭接法焊成，厚度由下而上分别为 12mm、12mm、10mm、9mm、8mm、6mm、5mm、4mm、4mm 和 4mm。壁板的顶部和罐盖顶板用角钢连接，角钢作为加强环，承受罐顶拱角的水平力。顶盖是单圆弧的球顶。顶板由 4mm 厚的 A3F 钢板制作成扇形板条，其径向具有半径为 25. 9m 的弧度，按放射状互相搭接组焊成球状顶盖。顶盖的中心用扇形板条组焊同一半径的球形圆顶。

为了增强罐顶盖的刚度，容积大于 2000m^3 的拱顶钢罐的顶板下部设有加强筋。5000m^3 拱顶钢罐的罐顶加强筋是用 ϕ50mm × 10mm 扁钢沿径向焊于顶板下面，筋与筋间距为 1 ~ 1. 3m，中间设有短筋，近似环状地焊于顶板下作环向加强。

对于 5000m^3 的拱顶钢罐，大多数采用气举倒装法施工，即在底板和顶盖组装完成后，利用鼓风机送风压将罐顶浮起，同时自上而下焊接壁板。这种方法施工简便，目前使用较广泛。各种不同容积的拱顶罐主要数据列于表 5-1-1 中。

表 5-1-1　我国拱顶钢罐规格

序　号	公称容量/m^3	油罐底层外径/mm	油罐底板直径/mm	罐壁高度/mm	总高度/mm	油罐总质量/kg
1	100	5340	5410	5516	5979	6235
2	200	6540	6620	6874	7436	6697
3	300	7758	7830	7074	7920	9681
4	500	8992	9063	8815	9794	14797
5	700	10272	10343	9415	10533	18316
6	1000	11592	11680	10585	11847	26508
7	2000	15797	15881	11375	13105	45102
8	3000	18602	18700	12308	14408	60215
9	5000	22748	22860	13648	16249	98370
10	10000	30166	30290	14078	17364	186550
11	20000	40608	40720	15608	20029	331094

2. 浮顶油罐

输油管道的首、末泵站由于储存量大，收发油作业频繁，为了减少油品蒸发损耗，降低火灾危险，现广泛使用钢浮顶油罐。这种油罐顶盖浮在油面上，随罐内油位升降，由于浮顶与油面间几乎不存在气体空间，因而可以极大地减少油品蒸发损耗，同时还可以减少油气对大气的污染，减少发生火灾的危险性。尽管建造浮顶罐所用的钢材和投资都比拱顶油罐多，但可以从降低的油品损耗中得到补偿。所以，浮顶油罐被广泛用来储存原油、汽油等易挥发油品。国内输油管道多采用 5000m^3、10000m^3、20000m^3 和 50000m^3 等容积的浮顶油罐，其主要数据见表 5-1-2。

表 5-1-2　我国浮顶油罐规格

序　号	公称容量/m^3	油罐底板直径/mm	油罐内径/mm	罐壁高度/mm	油罐总质量/kg
1	1000	12100	12000	9520	36817

续表

序　号	公称容量/m^3	油罐底板直径/mm	油罐内径/mm	罐壁高度/mm	油罐总质量/kg
2	2000	14600	14500	12690	54770
3	3000	16620	16500	14270	74050
4	5000	22120	22000	14270	123360
5	10000	28640	28500	15850	199027
6	20000	40640	40500	15850	327200
7	30000	46140	46000	19350	508084
8	50000	60160	60000	19350	898684
9	100000	80286	80000	21800	1950500

使用较普遍的20000m^3 浮顶油罐为周向浮船单层浮顶油罐，整体结构如图5-1-4所示。罐的内直径为40.63m，罐壁净高为15.895m，浮顶升至最高位置时的实际容积为20400m^3。浮顶油罐的罐底采用A3型钢板，底板厚9mm，边板厚9mm。在沥青砂层基础上直接装配，以搭接方法焊接。浮顶油罐的壁板是用厚24mm、22mm、18mm、16mm、14mm、12mm、10mm、8mm、8mm和8mm的A3钢板组成10层圈板，为保证浮顶沿罐自然升降，壁板采用对接施工。

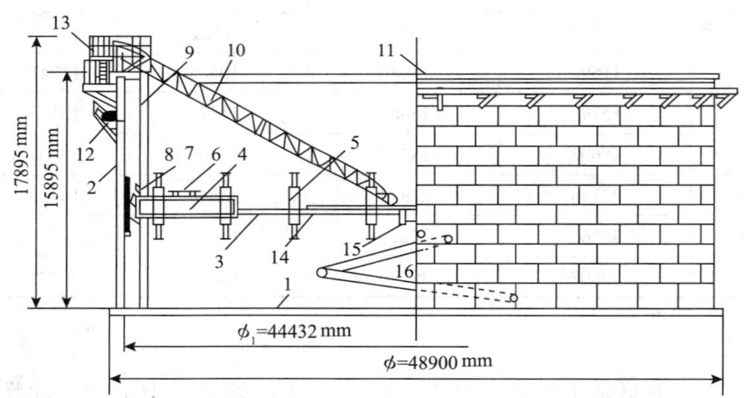

图5-1-4　单盘式外浮顶油罐示意图

1—底板；2—罐壁；3—浮船单盘；4—浮船船舱；5—浮船支柱；6—船舱入口；7—伸缩吊架；8—密封板；9—量油管；10—浮梯；11—抗风圈；12—盘梯；13—罐顶平台；14—浮梯轨道；15—给水坑；16—折叠排水管

浮顶油罐的顶盖用A3钢板组成，浮顶的结构有双盘式和单盘式两种。双盘式浮顶有上、下两层盖板，两层盖板之间由边缘环板、径向隔板和环向隔板分隔为若干互不相通、互不渗漏的隔舱。其作用是在顶盖发生渗漏时，不致因顶盖都充满液体而下沉。另外，舱内的空气起绝热作用，减少气温对油品的影响，减少油品的蒸发损失。双盘式浮顶主要用于油罐容积小于5000m^3 的浮顶油罐。由于它的隔热性能好，又多用于储存轻质油。当油罐容积大于5000m^3 时，为了节省钢材，多采用单盘式浮顶。单盘式浮顶的周边为环形浮船，中间为单层钢板，单层钢板与浮船之间用角钢连接。环形浮船的断面为梯形，内、外两侧钢板称为内边缘板和外边缘板，上面钢板称为浮船顶板，下面钢板称为浮船底板。浮船的宽度（即梯形断面的高）以及内、外边缘板的宽度应根据要求的浮力通过计算确定。浮舱面积一般是整个顶面的 40% ~50% 。浮船内部设有桁架和径向隔板以保证浮船的强度，并同样分隔为若干互不连通的隔舱，以便在个别隔舱渗漏后不致使浮顶沉没。浮船顶板和底板均应有坡向中央的坡度，一般不小于 15‰。顶板坡度是为了排除雨水，底板坡度是为了使油面上的油气汇聚于单盘的边缘，以便在压力达到一定数值后，由盘边的透气阀排出。浮顶结构示意图如图 5-1-5 所示。我国应用最广泛的浮顶是单盘式浮顶。

浮顶外缘环板与罐壁之间有 200 ~ 300mm 的间缝（大型浮顶罐可达 500mm），其间装有固定在浮顶上的密封装置。密封装置既要压紧罐壁，减少油品蒸发损耗，又不能影响浮顶随油面上下移动。密封装置应有良好的密封性能和耐油性能，坚固耐用，结构简单，施工和维修方便，成本低廉。密封装置的优劣对浮顶油罐工作可靠性和降耗效果有重大影响。

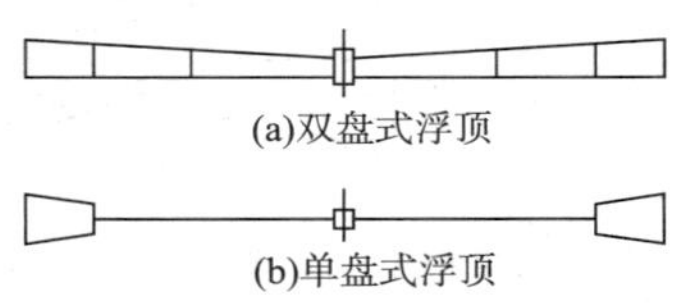

图 5-1-5 浮顶结构示意图

密封装置的形式有很多，早期使用的主要是机械密封，目前多使用弹性填料密封或管式密封，也有的使用唇式密封或迷宫式密封。只使用上述任何一种形式的密封，一般称为单密封。为了进一步降低油品蒸发损耗，有时又在单密封的基础上再加上一套密封装置，这时称原有的密封装置为一次密封，而另加的密封装置为二次密封。

机械密封主要由金属滑板、压紧装置和橡胶织物三部分组成。金属滑板用厚度不小于 1. 5mm 的镀锌薄钢板制作，高约 1 ~ 1. 5mm。金属滑板在压紧装置的作用下，紧贴罐壁，随浮顶升降而沿罐壁滑行。密封板的上边缘和下边缘都向油罐内部卷折，在浮顶升降时，以便密封板能顺利地通过环向焊缝。金属滑板的下端覆没在油品中，上端高于浮船顶板，在金属滑板上端与浮船外缘环板上端装有涂过耐油橡胶的纤维织物，使浮船与金属滑板之间的环形空间与大气隔绝。根据压紧装置的结构，机械密封又分为重锤式机械密封（见图 5-1-6）、弹簧式机械密封（见图 5-1-7）和炮架式机械密封（见图 5-1-8）。机械密封都是用耐油的橡胶织物来密封浮顶与罐壁之间的间隙，利用重锤或弹簧的机械作用力，使橡胶织物紧贴在罐壁上，并使之随浮顶升降。机械密封的优点是金属滑板不易磨损。它的缺点是在密封构件的下面存在着一定的油气空间，密封构件也不可能完全紧贴罐壁。同时，机械密封的加工和安装工作量大，在使用过程中，又容易发生密封材料腐蚀和失灵。尤其是大容积浮顶油罐直径公差绝对值大和其基础不均匀沉陷造成的油罐变形也大，致使机械密封更容易出现密封不严或与罐壁卡住等现象。因此，机械密封正逐步被其他性能更好的密封装置所取代。

弹性填料密封装置是目前应用最广泛的密封装置。弹性材料密封有软泡沫塑料密封和迷宫式密封两种。

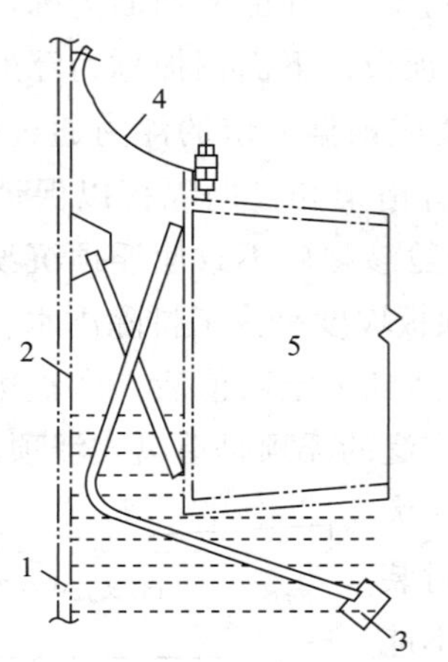

图 5-1-6 重锤式机械密封装置

1—罐壁；2—金属滑板；3—重锤压紧装置；4—橡胶纤维织物；5—浮船

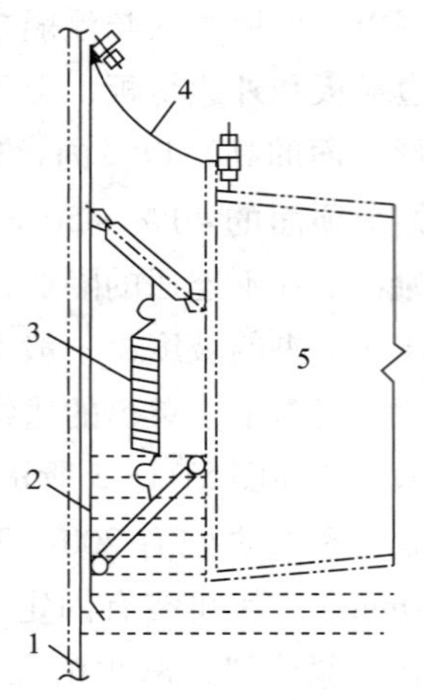

图 5-1-7 弹簧式密封装置

1—罐壁；2—金属滑板；3—弹簧压紧装置；4—橡胶纤维织物；5—浮船

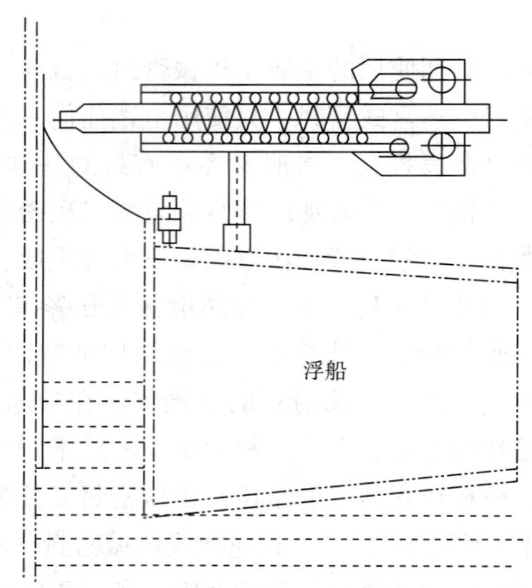

图 5-1-8 炮架式密封装置

软泡沫塑料密封装置是软泡沫塑料块被密封橡胶袋包起来，使塑料块不直接浸入油中。它以涂有耐油橡胶的尼龙布袋作为与罐壁接触的滑行部件，其中装有富有弹性的软泡沫塑料块（一般为聚氨基甲酸酯），利用软泡沫塑料块的弹性压紧罐壁，以达到密封要求。这种密封装置具有浮顶运动灵活、严密性好、对罐壁椭圆度及局部凸凹不敏感等优点。实践证明，在浮船与罐壁的环形间隙为 250mm 时安装的弹性填料密封，当间隙在 150 ~ 300mm 之间变化时均能保持良好密封。弹性填料密封的缺点是耐磨性差。因此，安装这类密封装置的油罐内壁多喷涂内涂层，这样既可防腐又可减少罐壁对密封装置的磨损。此外，在长期使用中，由于被压缩的软泡沫塑料产生塑性变形，其密封效果将逐步降低。

装有软泡沫塑料的橡胶尼龙袋可以全部悬于油面之上，也可以部分浸没在油品中。全部悬于油面之上的，称为气托式弹性填料密封。当采用这种方式时，密封件与油品不接触，不容易老化。但是，密封装置和油面之间有一连续的环形气体空间，而且密封装置与罐壁的竖向长度较小，因而油品蒸发损耗比另一种安装方式大。橡胶尼龙袋部分浸入油品的，称为液托式弹性填料密封。与气托式相比，液托式密封件容易老化，但不存在连续的环形气体空间，降低蒸发损耗的效果更显著。软泡沫塑料密封装置如图5-1-9所示。

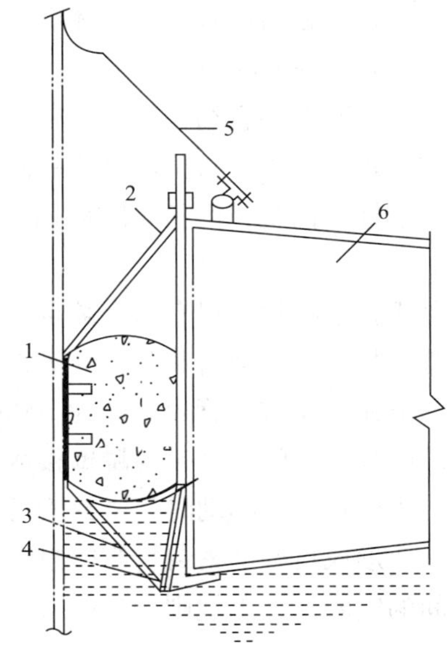

图5-1-9　软泡沫塑料密封装置

1—软泡沫塑料；2—密封胶袋；3—固定带；4—固定环；5—防护板；6—浮船

当采用弹性填料密封装置时，在其上部常装有防护板，又称风雨挡，对密封装置起到遮阳防老化和防雨、防尘的作用。防护板由镀锌铁皮制成。防护板与浮船之间用多根导线连接，以便导走静电。

图5-1-10和图5-1-11是迷宫式密封装置及其密封橡胶件。迷宫式密封橡胶件由丁腈橡胶制成，它的外侧有六条凸起的褶与罐壁接触，相当于六道密封线，少许油气即使穿过其中的一条褶，进入褶与褶之间的空隙，还要经过多次穿行才能逸出罐外，故而得名。当浮顶上下运动时，褶可以灵活地改变弯曲方向。当浮顶下降时，又可把附着在罐壁上的油滴拭落，以减少黏附损耗。迷宫密封橡胶件的内侧（靠浮顶一侧）在橡胶内装有板簧，它是在橡胶硫化时与橡胶件结合在一起的，依靠板簧的弹力，密封件压在罐壁上。橡胶件主体内有金属型芯骨架，起到增强的作用。每块密封件两端的下部都有堰，以防浮顶升降时油品浸入密封件。

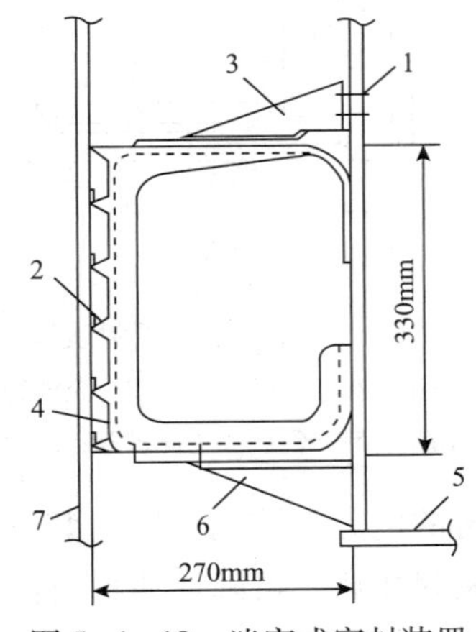

图5-1-10　迷宫式密封装置

1—密封橡胶件；2—褶；3—上支架；4—螺栓；5—浮船；6—下支架；7—罐壁

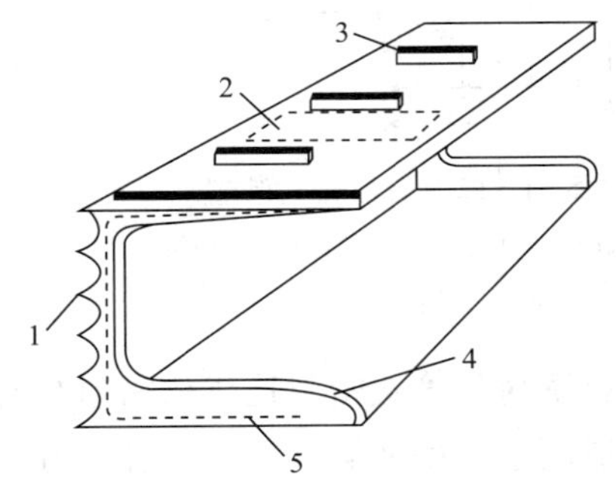

图5-1-11　密封橡胶件

1—褶；2—板簧；3—导板；4—堰；5—型芯骨架

与迷宫式密封装置类似的还有唇形密封。图5-1-12为唇形密封装置，它的宽度调节范围为130～390mm。

迷宫式密封装置结构简单、密封性能好，能使浮顶运动平稳。但是，使用弹性密封装置，在浮顶发生水平移位而挤压一侧密封材料时，将造成摩擦力的迅速增加，影响浮顶升降的灵活性。而且，经长时间使用后，弹性材料还会发生一定程度的变形，失去应有的弹性。

鉴于弹性密封材料有以上缺点，大型浮顶油罐改用了管式密封装置。管式密封装置由密封管、吊带、充液管和防护板等组成，如图5-1-13所示。密封管由两面涂有丁腈-40橡胶的尼龙布制成，管径一般为300mm，管内充填10#柴油或水，由吊带箍置于浮顶与罐壁之间的环形空间，吊带与罐壁接触部分压成矩齿形，以防毛细抽吸作用，并能起到刮蜡作用。当浮顶上下移动时，密封管可根据和罐壁接触的具体形状而变形，并保证能紧贴在罐壁上，形成良好的密封。当密封管受压时，管内液体可自由流动，不会受到密封管与罐壁之间的空间发生不规则变化的影响。因而，密封性能稳定，浮顶运动灵活。

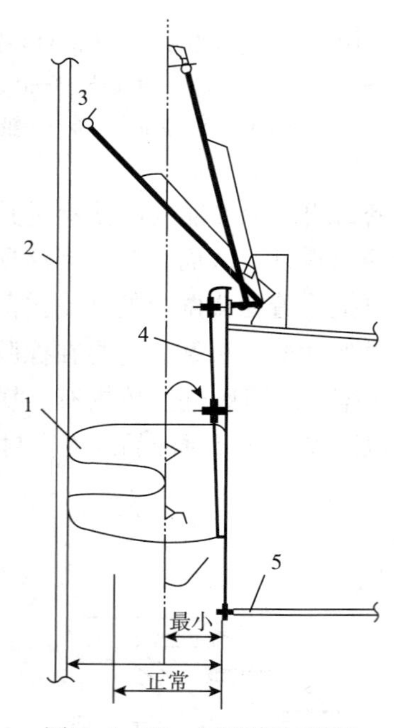

图5-1-12　唇形密封装置

1—唇形密封件；2—罐壁；3—防护板；4—芯板；5—浮船

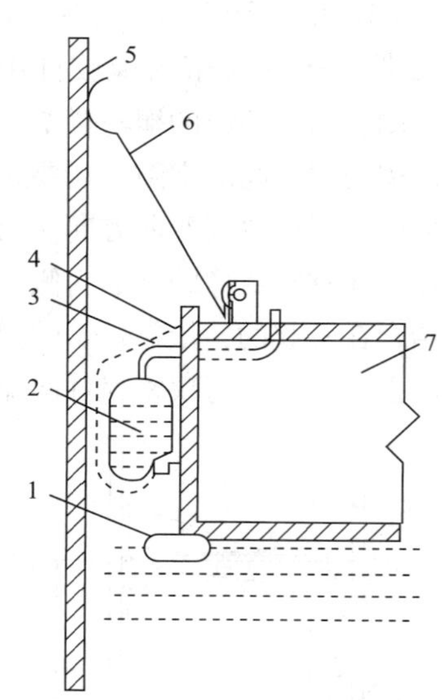

图5-1-13　管式密封装置

1—限位板；2—密封管；3—充液管；4—吊带；5—罐壁；6—防护罩；7—浮船

弹性材料密封和管式密封比机械密封具有更加显著的优点。这两类密封装置可用于较大的间隙，适用于大型油罐，其密封性能好，与机械密封相比，可降低油料损耗60%，而且结构简单，使用方便，对原油罐还有一定的刮蜡作用。但是，目前正在使用的泡沫塑料和耐油橡胶，经一段时间后将会因老化而造成弹性下降。因此，如何提高产品质量，延长使用寿命，是生产部门进一步研究和改进的一个重要课题。

上述密封装置可以单独使用，也可以与附加密封装置一起使用。当两者共同使用时，上述密封装置称为一次密封，附加密封装置称为二次密封。从安全、节能和环保方面考虑，20 世纪 80 年代初美国环境保护协会对浮顶油罐的油气挥发作了严格限制，要求所有的浮顶油罐均应采用“双重密封”，或在原有密封的基础上增加一个“二次密封”。通过实验数据可以得到，采用“双重密封”后可以减少 50% ~98% 的油气损耗，为此增加的投资可以在很短的时间内收回，并且在安全性、环境污染等方面有很大的改善。二次密封可装在机械密封金属滑板的上缘，亦可装在浮船外缘环板的上缘，后者主要用于非机械密封。二次密封多依靠弹簧板的反弹力压紧罐壁，利用包覆在弹簧板上的软塑料制品密封。装于机械密封装置的二次密封如图 5-1-14 所示，加设二次密封可进一步降低油品静止储存损耗。

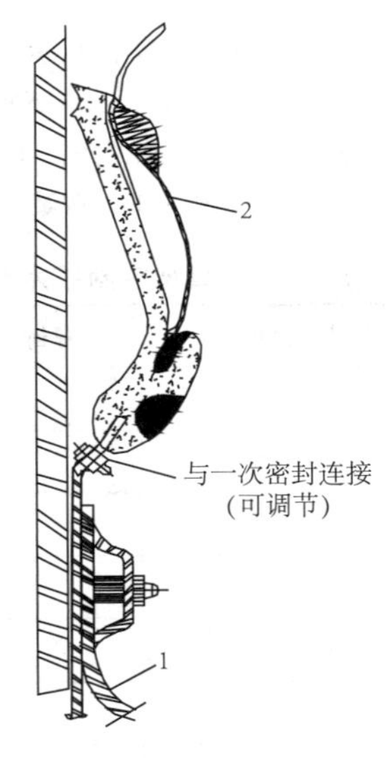

图 5-1-14　机械密封装置的二次密封

1—一次密封；2—弹簧板式二次密封

下面介绍浮顶油罐的一种新型密封装置——滚轮骨架密封。

滚轮骨架密封是将浮顶与罐壁之间的整体圆环分解成若干个圆弧线段密封骨架，用可以转动的转轴将骨架连接起来，组成一个与储罐几何形状相同的密封圈。转轴安装在支撑架上，支撑架的一端固定在浮顶的边缘板上，另一端与罐壁接触，并装有可以转动的滚轮。当浮顶在罐内上下移动时，密封圈依靠滚轮在罐壁上行走，密封圈上的密封骨架与罐壁的间距保持不变。安装在密封骨架上的弹性密封条始终紧密地压靠在罐壁上，达到密封的目的。固定在浮顶边缘板上的一端装有两个弹簧，一个弹簧的作用是将滚轮顶向罐壁，另一个弹簧的作用是在浮顶发生“漂移”时产生很强的反弹力，使浮顶在罐内始终保持在中心位置。滚轮骨架密封与浮顶之间的环形空间采用尼龙橡胶布进行密封（见图 5-1-15）。滚轮骨架密封有关参数见表 5-1-3。

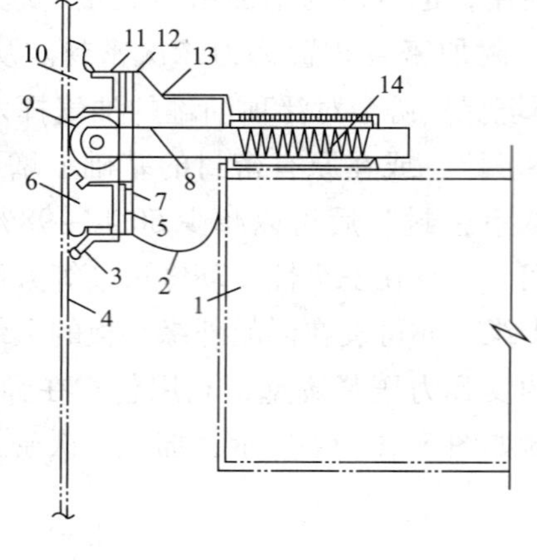

图 5-1-15　滚轮骨架密封示意图

1—浮顶；2—下密封胶带；3—刮蜡机构；4—罐壁；5—下密封转轴；6—下弹性密封条；7—下密封骨架；8—支撑架；9—滚轮；10—上弹性密封条；11—上密封骨架；12—上密封转轴；13—上密封胶带；14—弹簧

表 5-1-3　滚轮骨架密封技术参数

油罐容积/m^3	油罐内径/mm	密封骨架对应弧度/（°）	密封骨架弧长/mm	密封骨架数量/个
5000	22700	8.0	1580	45
10000	28500	6.0	1492	60
20000	40500	4.5	1590	80
30000	46000	4.0	1605	90
50000	60000	3.0	1571	120
70000	66000	2.5	1480	144
100000	81000	2.5	1760	144

滚轮骨架密封的特点如下：

（1）适应性强。

要在上下移动的浮顶和罐壁之间达到密封，如果两者的几何形状规则、尺寸精确，操作中不产生变形，那么这个密封很容易做到；事实上，由于诸多因素的影响，上述条件不可能达到。在这种情况下，滚轮骨架密封采用若干个圆弧线段密封骨架，通过转轴连接，在弹簧力的作用下使密封骨架像链条一样随着油罐改变形状，当浮顶上下移动时，滚轮在罐壁上滚动并保持密封骨架与罐壁的距离不变。尽管影响油罐变形的因素有很多，有些油罐的形状很复杂，椭圆度、垂直度可能产生较大的偏差，但对应到分段密封骨架上其变化幅度不可能很大，因此滚轮骨架密封对各种情况下的油罐都有很强的适应性，在复杂的情况下也能达到良好的密封效果。

油罐在操作过程中由于受诸多因素影响，浮顶往往会产生“漂移”现象。尽管在浮顶上设有导向装置，但是“漂移”现象仍然不可避免。滚轮骨架密封在控制浮顶“漂移”方面有其独到之处。在滚轮骨架密封支撑架的一端装有两个弹簧，一个弹簧将滚轮顶向罐壁产生密封圈的密封力，一般为350N/m，变形量±100mm（30000m^3 以上储罐变形量±130mm）。当浮顶发生“漂移”密封圈弹簧变形达到80mm时，开始触及防“漂移”弹簧，这个弹簧的弹性力开始时约为1200N/m，随着“漂移”量增加，弹性力将急剧增大，使浮顶在罐内始终保持在中心位置。

（2）密封力大、摩擦力小。

提高密封圈的密封力可有效提高密封效果。但是，在提高密封力的同时，增大了密封圈与罐壁之间的摩擦力，并且还会有浮顶在升降过程中卡死的可能性。滚轮骨架密封依靠端部的滚轮在罐壁上行走，与其他形式的密封相比，在罐壁上因移动摩擦产生的摩擦力要小得多，浮顶升降的灵活性大，并且不易发生浮顶在升降过程中的卡死现象。

（3）多功能组合。

为了提高密封效果，减少油气损耗，目前国外许多油罐都采用了“双重密封”技术。或者在原有密封的基础上再增加一个密封，以达到“双重密封”的效果。这些措施取得的效果都是令人满意的。但是，采用“双重密封”或者增加一个密封，都需要增加新的设备和构件，甚至是一套完整的密封装置，并且费用较高。而滚轮骨架密封不需要增加任何构件，就是一套很好的“双重密封”装置。该装置集双重密封、刮蜡机构和防雨水板为一体，是一个有机的整体，互补性强、密封效果好、适应性强。

根据油罐壳体是否封顶，浮顶油罐又分为外浮顶油罐和内浮顶油罐。

1）外浮顶油罐

外浮顶油罐上部是敞口的，不另设顶盖。浮顶的顶板直接与大气接触。从油罐结构设计的角度来看，外浮顶油罐不同于其他油罐的特点是如何解决好风载作用下罐壁的失稳问题。为了增加罐壁的刚度，除了在壁板上缘设包边角钢外，在距壁板上缘约1m处还要设抗风圈。抗风圈是由钢板和型钢拼装的组合断面结构，其外形可以是圆的，也可以是多边形的。对于大型油罐，在抗风圈下面还要设一圈或数圈加强环，以防抗风圈下面的罐壁失稳。

为了方便浮顶油罐的生产管理和维修，在外浮顶油罐上还设有下列不同于固定顶油罐的附件：

（1）中央排水管。外浮顶油罐的浮顶直接暴露于大气中，落在浮顶上的雨雪不及时排除就有可能造成浮顶沉没。中央排水管就是为了及时排放汇集于浮顶上的雨水而设置的。上端和中央集水坑相连，下端和通向罐外的排水阀相连。浮顶上的雨水，集中于中央集水坑，通过排水管，排向罐外而不污染油品。中央排水管由几段浸入油品中的 D_g100mm 的钢管组成，管段与管段之间用活动接头连接，可以随浮顶的高度而伸直和折曲，所以又称排水折管。根据油罐直径的大小，每个罐内可以设1～3根排水折管。

（2）转动扶梯。上端吊挂在罐顶平台，可以绕安装在平台附近的铰链旋转，下端可随着浮顶升降而通过滚轮沿着浮顶上的轨道移动，操作人员可从浮梯到浮顶上工作。当浮顶降到最低位置时，转动扶梯的仰角不得大于60°。

（3）浮顶立柱。浮顶下设有53根管式支柱，环向分布安装于浮顶下部，其高度一般可在1.2～1.8m范围内调节。浮顶立柱的作用有两个：①避免在液面较低时，浮船与罐内的加热盘管等附件相撞；②为了检修时支撑浮顶（支撑高度调至1.8m），同时也为使浮顶降到最低位置时有足够的检修和清洗空间。

（4）自动通风阀。该阀设于浮顶上，通径为300mm。其作用是在浮顶未浮以前进油时，把罐内空气排出，或当浮顶支撑于支柱上油罐继续出油时，向罐内充入空气，防止造成罐顶下面真空。

（5）紧急排水口。紧急排水口是排水折管的备用安全装置。如果排水折管失效，或当浮顶上部积存雨水过多，排水管来不及排出，或当积存雨水超过一定高度时，即可从紧急排水管排入罐内，以免浮船沉没。

（6）隔舱人孔。浮船人孔共18个，单盘人孔1个。工作人员可通过浮船人孔进入船舱检查有无渗漏，或通过单盘人孔进入罐内。平时用人孔盖封死。

（7）盘边和边缘透气阀。共两个，分别位于单盘和浮船边缘。作用是将罐顶下部过量的油气和充油时聚集的空气排出。开启压力为12mm H_2O。

（8）量油管。供操作人员在罐顶平台量油，同时对浮顶起导向作用。

浮顶油罐的安装施工一般都采用充水正装法。在底板、浮顶和第一层圈板焊成后，罐内充水将浮顶浮起，然后利用吊装设备从下而上将各圈板组装焊接起来。

浮顶油罐具有以下优点：

（1）油品蒸发损耗少。由于浮顶浮在油面上，气体空间小，从而减少了油品的蒸发。即使因温度升高，油气聚集于单盘下面的空间时，当温度降低又可凝结到油品中，同时这部分油气又起到绝缘冷却作用，防止油气继续蒸发，大大降低了油品的蒸发损耗。

（2）提高了油罐的容积利用率。当浮顶油罐的浮顶密封装置在油品充到接近油罐包边角钢时，有一部分可伸出罐壁顶外。当浮顶随液面降到最低位置时，由于自动阀开启，液面还可以继续降到出油口的位置。因此，油罐容积有效利用率比一般油罐高。

（3）火灾危险性小。浮顶直接接触油面，顶下无空气空间存在，基本上消除了大、小呼吸损耗，油罐顶上聚集油气较少。另外，浮顶是一个密封的整体，因而发生火灾的危险性也较小。

浮顶油罐的缺点是消耗钢材比较多，结构比较复杂。

2）内浮顶油罐

内浮顶油罐是在固定顶油罐和浮顶油罐的基础上发展起来的。这种油罐既有固定顶盖，又有内浮顶。内浮顶油罐兼有浮顶油罐和固定顶油罐的主要优点：它和浮顶油罐一样，可以减少油品的蒸发损耗，由于油品在固定顶和内浮顶的双重保护下，蒸发损耗比浮顶油罐还要小，与固定顶油罐相比，可以减少蒸发损耗90%左右；内浮顶油罐因有固定顶保护，有效地阻挡了雨、雪和风沙对油品的污染，不需要制作专门的排水折管，更有利于保证油品质量，特别是在雪载荷或风沙比较严重的地区，敞口浮顶油罐难以正常工作，内浮顶油罐就克服了这种缺点。内浮顶不承担风雪载荷。这样可以设计得相当轻巧。

内浮顶油罐是在拱顶油罐中加设内浮盘构成的（见图5-1-16），浮盘的结构和作用与外浮顶油罐相同。内浮顶可以用钢板或铝板制成，也可采用玻璃纤维增强聚酯和环氧物，以及硬泡沫塑料或各种复合材料。浮顶可制作成隔仓式、浮船式和浮盘式等（见图5-1-17）。浮顶密封一般采用弹性材料密封圈。整个密封圈的外层是夹有尼龙布层的丁腈橡胶袋，里面以聚氨酯泡沫塑料为填料，用压条和螺栓母紧固在浮盘周围的堰板上（见图5-1-18）。

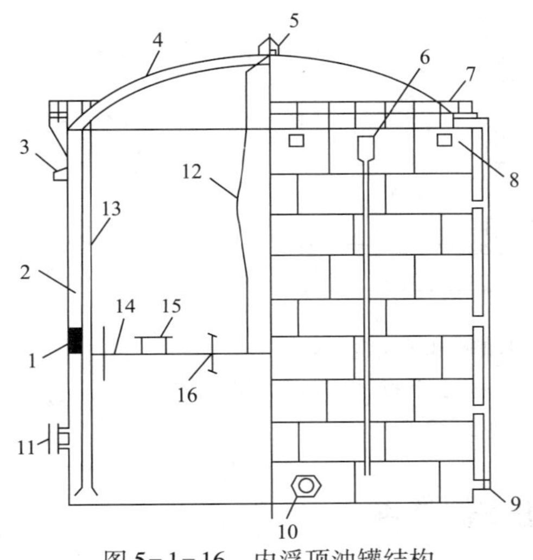

图5-1-16　内浮顶油罐结构

1—软密封；2—罐壁；3—高液位报警装置；4—固定罐顶；5—罐顶通气孔；6—泡沫消防装置；7—罐顶人孔；8—罐壁通气孔；9—液面计；10—罐壁人孔；11—带芯人孔；12—静电导出线；13—量油孔；14—内浮顶；15—浮盘人孔；16—浮盘立柱

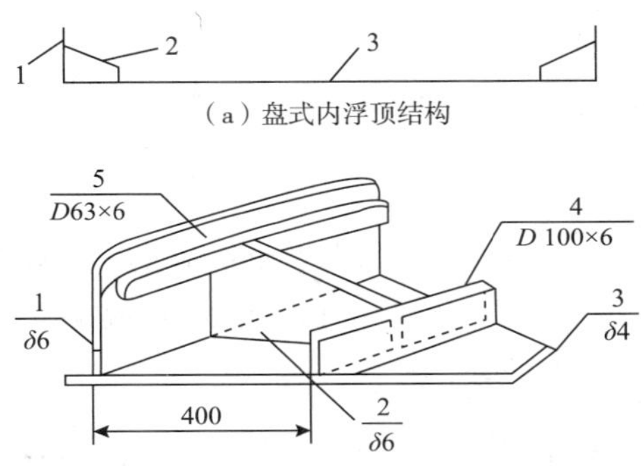

图5-1-17　盘式内浮顶结构（单位：mm）

1—边缘板；2—筋板；3—浮盘板；4—加强环；5—加强角钢

为了导走浮顶上积聚的静电，应在浮顶与罐体之间设置静电导出装置，要求所用的静电导线不但挠曲性能良好，而且应使连接接头牢靠，导电性能良好。为了及时排出内浮顶与固定顶之间的油气，防止油气在这里积聚到爆炸极限，应在罐壁上部和固定顶开有足够数量的通气孔，使浮顶上部空间形成气体对流，有良好的通风条件。一般做法是在固定顶中央设置一个不小于D_g250mm的罐顶通气孔（孔上装有防雨罩）。在罐壁顶部开几个通风孔，它们的环向间距不大于10m，且均匀分布，总数不得少于4个。罐壁通气孔的总开孔面积要求每米油罐直径在0.060m^{2}以上。

内浮顶油罐的油罐附件比外浮顶油罐少得多。由于有固定顶盖的遮挡，浮盘上不会聚积雨水，而且可以避免风沙、尘土对油品的污染，因而不必设置排水折管、紧急排水口，由于操作人员不宜进入固定顶与浮盘之间的空间进行操作，因而不必设置转动扶梯及扶梯导轨，由于有固定顶，因而中、小型油罐不必设置抗风圈和加强环。这样，尽管内浮顶油罐增加了固定顶，但其钢材耗量并未增加。与外浮顶罐相比，还略有减少。由于内浮顶油罐兼有拱顶油罐和外浮顶油罐的优点，又可以降低油品蒸发损耗，而且油品不会被风沙、雨、雪污染，因而广泛用来储存汽油。内浮顶油罐的经济性和结构合理性受到油罐容量的限制（目前，世界上容积最大的内浮顶油罐不大于60000m^3）。

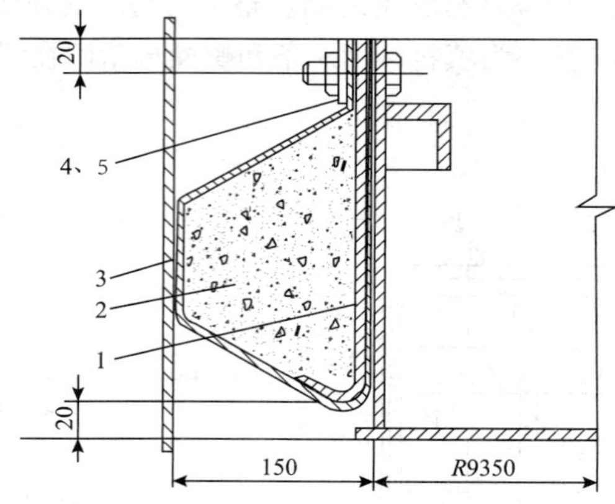

图5-1-18　3000m^3 内浮顶油罐填料式密封装置

1—支撑板；2—筋板；3—浮盘板；4—加强环板；5—加强角钢

第二节　油罐附件

油罐附件是油罐的重要组成部分。按其作用分类，有些是为了完成油品收发作业和便于生产管理而设置的，例如进出油短管、放水管、加热器、量油孔、梯子、栏杆和液面计等；有些是为了保障油罐使用安全，防止或消除各类油罐事故而设置的，例如阻火器、呼吸阀、液压安全阀、通风管、胀油管、避雷针及静电接地装置、泡沫产生器、保险活门和起落管等；有些是为了便于油罐清洗、检修设置的，例如人孔、光孔和清扫孔等；有些则兼有多种作用，例如呼吸阀，既有防止油罐超压破裂的作用，又有降低油品蒸发损耗，改善生产管理的作用。当油罐内储存的油品类别不同时，油罐所配备的附件也不尽相同，但有些基本附件则是所有油罐都要配置的。不同结构的油罐所配置的附件也不尽相同。

为了保证油罐安全，以及正常储油和进行各项操作，油罐必须配置完善的附件。

一、油罐的一般附件

1. 梯子和栏杆

梯子是为操作人员上到罐顶进行检尺计量、取样巡检，以及维护等操作而设置的。地面金属罐设外梯，地下非金属罐设内梯，常见的是沿着罐壁制作盘梯，有些小油罐也使用靠墙式斜梯，盘梯的升角宜取45°，梯宽为0.65m，踏步高度不超过25cm，盘梯踏步板的最小宽度为0.2m，踏步间距必须相同。用焊接在罐壁上的三角架支撑带内外侧板的盘梯，其下端不应与基础面接触。相邻两油罐之间的平台及一端搁在罐上，而另一端搁在地面上的平台或梯子上，其支撑处应留有适当的自由位移，以免因地基不均匀沉降而引起结构破坏。梯子自上而下沿着罐壁按逆时针方向盘旋，使工作人员下梯时能右手扶栏杆，符合一般的习惯。盘梯底层踏板宜靠近油罐进、出油管线，以利于操作。梯子外面1m高的栏杆作扶手，立式油罐的罐顶四周装有不低于1m高的栏杆，栏杆立柱的间距不应超过2m。当内侧板与罐体之间的间隙超过0.2m时，在盘梯内侧亦应装栏杆。当需要在固定顶上操作时，应在固定顶上设置扶手、踏步板或防滑条，或至少在量油孔和透光孔旁的罐顶四周装局部栏杆，以保证安全。平台应能承受2.452kPa的均布活荷载，梯子的每级踏步应能承受1.471kN的集中活荷载力。梯子踏步板与平台板均应由花纹钢板等防滑板材制造。从梯子平台通向呼吸设备或透光孔的区间设备防滑踏板。

2. 人孔及透光孔

人孔设在罐壁最下圈钢板上，直径通常为600mm，人孔中心距底板750mm，供油罐进行安装、清洗和维修时工作人员进出油罐和通风用。当立式油罐的容量在3000m^{3}以下时设1个人孔，3000～5000m^{3}时设1～2个人孔，5000m^{3}以上时设2个人孔。人孔的安装应与进、出油管线相隔不大于90°。如果设1个人孔，则它应置于罐顶透光孔的对面，如果设2个人孔，其中一个人孔设在透光孔的对面，另一个人孔应至少与第一个人孔相隔90°。由于人孔安装在油罐的最下层圈板上，防渗漏就显得特别重要，因此要求两法兰接合面必须保证其平直度，无飘扭现象。

透光孔设在罐顶上，用于油罐安装和清扫时采光或通风用。当保险活门的操纵装置失灵时，还可利用系于透光孔处的钢索来打开保险活门，其直径为500mm，数目与人孔数相同。当罐顶只设1个透光孔时，它应位于进、出油管线上方的罐顶上，当设2个透光孔时，则透光孔与人孔应尽可能沿圆周均匀分布，以利于采光和通风，但至少有1个透光孔设在罐顶平台附近。透光孔的外缘应距罐壁800～1000mm。

3. 量油孔

人工量油孔（检尺孔）设置在罐顶上，用来测量油面高度和取油样。每个油罐设1个量油孔，孔径通常为150mm，量油孔一般为铸铁的，为了防止关闭孔盖时因撞击而产生火花，量油孔孔盖上镶嵌有软金属（铜、铝）、塑料或耐油橡胶制成的垫圈（见图5-1-19）。在量油孔内壁的一侧装有铝制或铜制的导向槽，以便每次测量油高时都沿导向槽下尺。这样，既可减小测量误差，又可避免由于测量时钢卷尺与量油孔侧壁摩擦而产生火花。正对量油孔下方的油罐底板不应有焊缝，必要时可在该处焊接一块计量基准板，以减少各次测量的相对误差。量油孔距罐壁的距离一般不小于1m。量油孔启闭频繁，易损坏

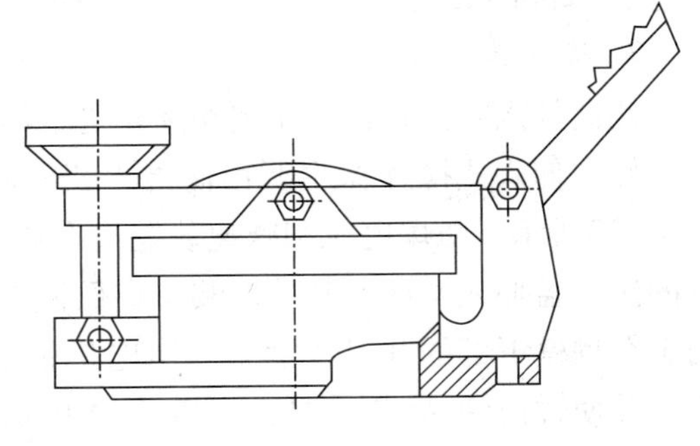
图5-1-19 量油孔

而发生漏气，因此应经常检查其垫圈的严密性。量油孔一般安装在上下罐扶梯口附近，目前已开始使用自动控制的大罐液面计量装置。这些装置在罐上的附设装置可根据相应的要求设计。

4. 进、出油管和排水管

站、库原油罐进、出油管一般并用，常用1根（大型罐可用2根）。为了充分利用油罐的储油容积，进、出油管应置于罐结构允许的较低处，但也不能太低（管底缘距罐底一般不小于20cm），以免沉积在罐底的水和杂质随着油而放出。对于非金属罐，为了防止罐沉陷时拉坏罐壁或管线，进、出油管与罐壁采取柔性套管连接。

5. 放水管及排污孔

放水管是为了排放油罐底水而设置的。常用的放水管有固定式放水管和装在排污孔盖上的放水管两种。放水管的口径根据油罐容积确定，容积小于3000m^{3}的油罐多采用D_g50mm和D_g80mm放水管，容积等于或大于3000m^{3}的油罐多采用D_g100mm放水管。固定式放水管多用于重油罐，每个油罐装一根，放水管出口中心线距油罐底板300mm，进口距油罐底板的垂直距离为20～50mm。放水时，打开放水管上的阀门，油罐底水在罐内油品静水压力驱动下从放水管排出。放水管内经常有底水，所以需做好保温，以防底水冻结在管子中。

排污孔由沿轴线剖分的D_g600mm钢管制成，排污孔设置在油罐底板下面，伸出罐外一端有排污孔法兰盖，法兰盖上附设放水管。平时，可从放水管排出底水。当清扫油罐时，打开排污孔法兰盖，从排污孔清扫出沉积于罐底的污泥。排污孔端部的放水管的直径可根据油罐的容积按前述标准确定。排污孔及附设的放水管主要用于轻油罐。

固定式放水管和排污孔在油罐上的安装位置应根据放水和排污的便利来确定，但与人孔的水平夹角应不小于90°。

6. 清扫孔

清扫孔是为了清除罐底积物而设置的。它是一个上边带圆角的矩形孔，孔的高、宽均不超过1200mm，底边与罐底平齐。清扫孔多用于大型原油罐和重油罐中。

7. 搅拌器

侧向伸入式搅拌器的主要用途是进行油品调和及防止罐内沉积物的堆积。

侧向伸入式搅拌器主要由防爆电机、减速传动装置、支吊架及螺旋桨等组成，如图5-1-20所示。防爆电机和减速装置设在罐外，由支吊架支撑，螺旋桨轴穿过带有密封装置的法兰盖伸入罐内，其端部装有直径为355～835mm的船用三叶螺旋桨。法兰盖用螺栓固定在罐壁下部的开口法兰上。当电机带动螺旋桨旋转时，使罐内油品受到螺旋桨的搅动，并使罐内油品混合均匀，同时使罐内重质沉积物呈悬浮状态，以免堆积于罐底。

8. 膨胀管和进气支管

膨胀管是安装在油罐进、出油管道阀门外端的小管，顶端有安全阀与油罐气体空间相通，如图5-1-21所示。其作用是当输油管道受热升温、管内油料体积膨胀时，如果油罐压力超过安全阀预定压力，油料就可以顶开安全阀沿膨胀管进入油罐，以保证油罐和阀不

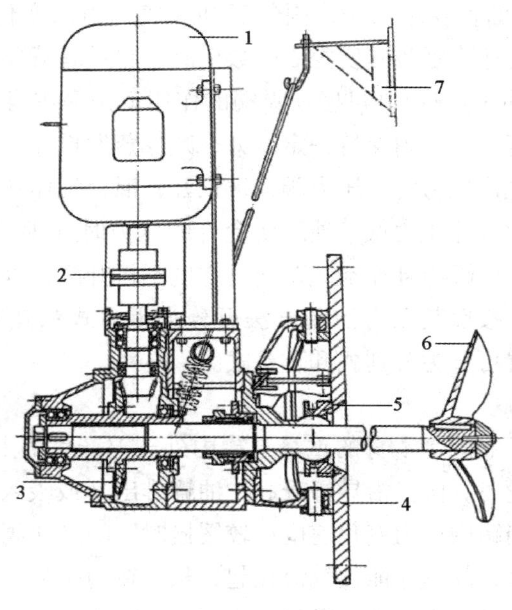

图 5-1-20 齿轮传动可调角度式搅拌器

1—防爆电机；2—联轴节；3—齿轮传动装置；4—油罐法兰盖；5—密封装置；6—螺旋桨叶片；7—吊架

致被胀坏。安全阀的预定压力一般为 490～690kPa，或根据油泵压力并参照管路的机械强度而定。控制压力过大不能保证管路安全；反之，控制压力过小，输入其他油田的油料，有可能发生窜油事故。因此，必须定期检修胀油管的安全阀，调试好控制压力，试压合格后再使用。膨胀管多为 D_g20～25mm 的无缝钢管。用同一管道连接的储存相同油品的各油罐只需在一个罐上装膨胀管，但应把膨胀管安装在位置最高的油罐上。

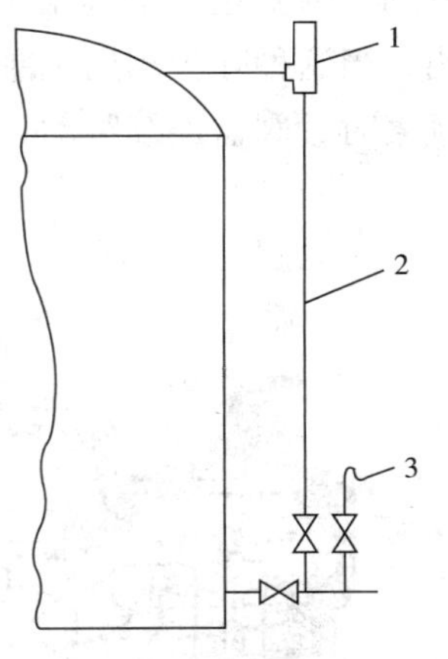

图 5-1-21 膨胀管与进气支管

1—安全阀；2—膨胀管；3—进气支管

进气支管装在进、出油管线阀门外侧的一根 D_g25mm 的小管上，用于管路放空时进气，如图 5-1-21 所示。进气支管上设有球心阀，管路放空后及时关闭。不放空的管路不设进气支管。如果在要放空的管路上有其他进气口，也可以不设专门的进气支管。

二、轻油和原油罐专用附件

1. 机械呼吸阀

机械呼吸阀主要由压力阀、真空阀、导向杆和铜网等组成，如图 5-1-22 所示。

当油罐收油或发油时，罐内气体必须经过机械呼吸阀呼出罐外或从罐外吸入空气（油罐的大呼吸）。当油静止储存在罐内时，因气温和大气压力的变化，使油品蒸发或冷凝，导致罐内气体空间压力在达到呼吸阀所控制的数值时，呼吸阀就要有动作，同样也会有气体的呼出或吸入（油罐的小呼吸）。机械呼吸阀的作用就是靠本身阀盘的重量，控制油罐的呼气压力或吸气真空度，使罐内保持一定压力，减少蒸发损耗。其动作原理是：当罐内油气压力高于油罐设计允许压力时，压力阀盘被顶开，混合气体从罐内呼出，使罐内压力不再增高，反之，当罐内气体压力低于油罐所允许的压力时（即达到一定的真空度），则外面大气顶开真空阀盘，向罐内补充空气，使真空度不再升高，以免油罐被抽瘪。

机械呼吸阀的结构，按照其压力控制方法可分为重力式和弹簧式、全天候式和浸油式，按照阀座的相互位置可分为分列式和重叠式。

1）重力式机械呼吸阀

重力式机械呼吸阀是靠阀盘本身的重量与罐内外压差产生的上举力相平衡而工作的。当上举力大于阀盘的重量时，阀盘沿导杆升起，油罐排出（或吸入）气体，卸压后阀盘靠自身重量落到阀座上。当罐内压力变化速度比较缓慢时，阀盘在阀座上连续跳动，只有在罐内压力变化速度较大时，阀盘才能被气流托起，悬浮在阀座上。为防止阀盘跳动时与阀座碰撞产生火花，并保证阀盘有足够的重量和刚度，以适应油罐承受内压能力大而承受外压能力小的要求，压力阀盘用铜制造，真空阀盘用铝合金制造。阀盘导杆一般采用不锈钢制造，而且必须垂直安装，以免由于导杆锈蚀或倾斜阻碍阀盘运动。为防止呼吸阀堵塞，在进、出口处常用铜丝网保护。图 5-1-22 为我国目前使用最多的重力式机械呼吸阀，阀座分列。为防止冬季阀盘冻结在阀座上，阀座顶部宽度一般不大于 2mm。尽管如此，实践证明，当这种呼吸阀用于寒冷地区时，仍然经常发生阀盘冻结的现象，而且当油罐排、吸气频繁时，阀盘连续跳动，容易产生磨损，严密性不太好，造成泄漏。

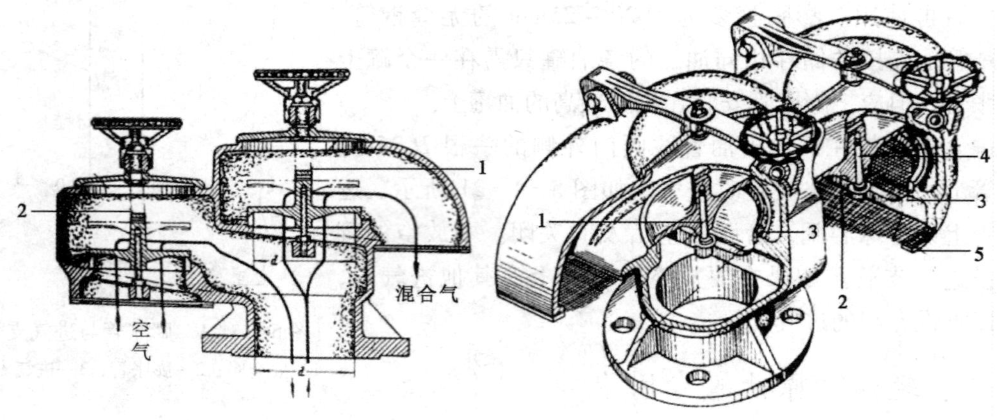

图 5-1-22　重力式机械呼吸阀

1—压力阀阀盘；2—真空阀盘；3—阀座；4—导向杆；5—金属丝网

2）弹簧式机械呼吸阀

弹簧式机械呼吸阀是靠弹簧的变形力与罐内外压差产生的推力相平衡而工作的。弹簧式机械呼吸阀对阀盘重量无严格要求。因而，可以采用非金属材料，例如用聚四氟乙烯制造，以减少阀盘冻结。呼吸阀的控制压力可通过改变弹簧的预压缩长度来调节。图5-1-23为阀盘相互重叠的弹簧式机械呼吸阀示意图。上阀盘为环板形，下阀盘为圆形，二者紧密贴合在一起。当罐内压力达到阀的控制压力时，下阀盘带动上阀盘一起升起，脱离阀座，油罐排气，当罐内真空度达到阀的控制真空度时，下阀盘下降，与上阀盘脱开，油罐吸气。这种呼吸阀结构紧凑、体积小、重量轻，但是长期使用后弹簧易发生锈蚀，阀盘易变形，而使其气密性降低。当用于寒冷地区时，弹簧上易结霜而影响弹簧的活动，因而阀盘不能按预定的控制压力开启。

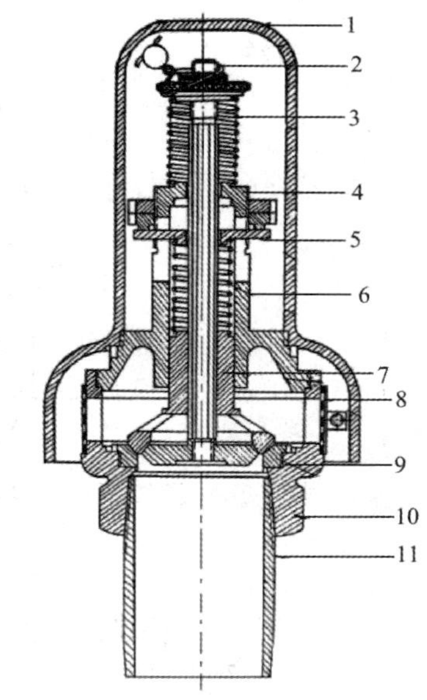

图5-1-23　弹簧式机械呼吸阀
1—阀罩；2—压力弹簧；3、6—支架；4—上阀盘；5—阀座；7—下阀盘；8—真空弹簧；9—阀体；10—阀套；11—接管

3）全天候式机械呼吸阀

全天候式机械呼吸阀如图5-1-24所示。这种呼吸阀为阀座相互重叠的重力式结构。其特点是阀盘与阀座之间采用带空气垫的软接触，因而气密性好，不容易结霜冻结，特别适宜在我国寒冷地区使用。阀盘总体上由刚性阀盘骨架和氟膜片组成，如图5-1-25所示。阀盘骨架由1Cr18Ni9Ti合金钢板冲压而成，呈微拱形，沿周边有一环状凹槽，以便被膜片封隔为空气垫。阀盘骨架的重量可根据油罐的设计允许压力和阀盘直径确定，必要时可利用加重块调节阀盘的控制压力。氟膜片用金属卡箍绷紧在阀盘骨架的凹面，形成与阀座的接触面。阀座用聚四氟乙烯制造，直径与阀盘骨架凹槽的直径相当，阀口具有较大的倒角。当阀盘自由放在阀座上时，在阀盘重力作用下，氟膜片微微凹向空气垫凹槽。当罐内外压差增大时，阀盘微微升起，膜片靠自身的弹性，与阀座仍保持良好的密封性，直至整个阀盘跳离阀座，膜片才经反弹逐渐恢复其原来状态。因而，这种接触方式能有效地防止微压差泄漏。由于氟膜片具有良好的耐油、憎水性能，而且膜片与阀座的接触角较大，因此水蒸气很难在阀口处凝结、存留。即使膜片上有少许结霜现象，冰霜与膜片的附着力也较小，在膜片振动过程中很容易胀裂脱落。实验测定表明：在达到阀盘开启压力之前，这种软接触呼吸阀的漏气量明显低于硬接触呼吸阀的漏气量。将这种呼吸阀放在低温箱中，通入相对湿度70%的空气，并使箱内温度降至-40℃，恒温24h，然后向呼吸阀通气，当压力升至启动压力时，阀盘起跳自如，无冻结现象。由此可以看出，这种呼吸阀具有气密性好、防冻结的突出优点。但是，这种软接触密封形式，其导杆、导向套、膜片均采用聚四氟乙烯制造，老化、变形及杂质的浸入而导致的卡阻现象仍然存在。

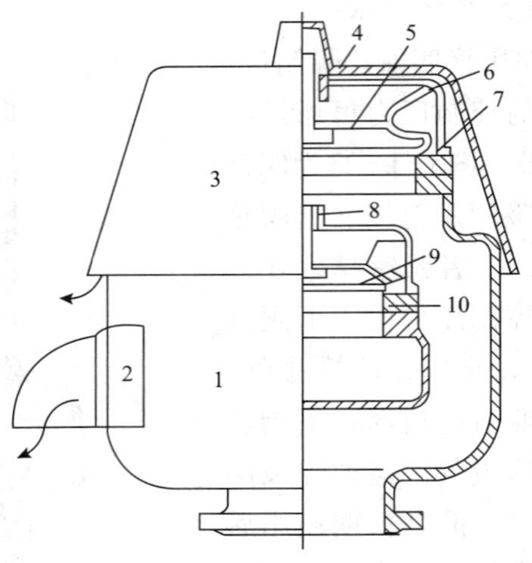

图 5-1-24　全天候式机械呼吸阀

1—阀体；2—空气吸入口；3—阀罩；4—压力阀导架；5—压力阀阀盘；6—接地导线；7—压力阀阀座；8—真空阀导架；9—真空阀阀盘；10—真空阀阀座

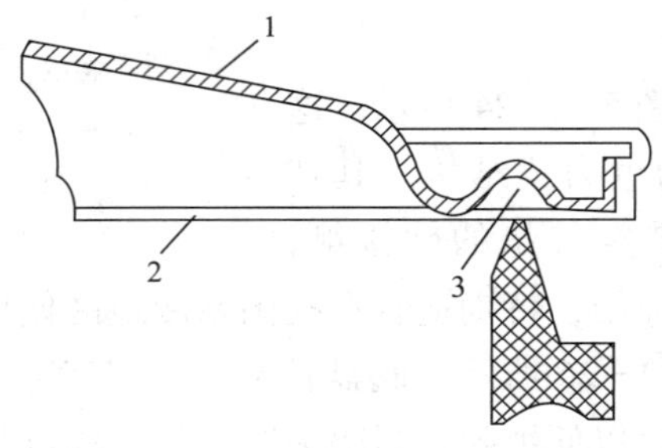

图 5-1-25　软接触密封的呼吸阀盘

1—阀盘骨架；2—氟膜片；3—空气垫

4）浸油式弹簧型机械呼吸阀

图 5-1-26 为某部队使用的浸油式弹簧型机械呼吸阀。浸油式弹簧型机械呼吸阀的正、负压力都由弹簧控制，阀盘下面有一盛油桶，桶内盛有润滑油。压力阀盘和真空阀盘采用刚性阀盘骨架和氟膜片的组合件，阀座采用聚四氟乙烯环套，弹簧、导杆和导向套浸在润滑油中与空气隔绝。这样可解决阀盘、阀座、弹簧和导向套间的锈蚀、冻结和卡阻失灵等问题，在使用中能确保油罐安全。

当油罐呼吸时，其气体流动方向如图 5-1-26 所示，无论油罐吸气还是呼气，其呼吸阀内气体都是向下推动阀盘，由于阀盘的遮挡，气体并不能吹到油面上，因此润滑油不会被吹出盛油筒。浸油式弹簧型机械呼吸阀充分利用了润滑油防锈、润滑和清洗作用，很好地解决了弹簧和导杆与导向盘间的锈蚀、冻结和卡阻失灵问题。

机械呼吸阀的额定控制压力取决于油罐的设计允许压力。用于立式圆柱形拱顶油罐的呼吸阀，其压力阀的额定控制压力一般为 $P_y=2$kPa（200mm H_2O），真空阀的额定控制压

力一般为 $P_z = -0.5\text{kPa}$（$-50\text{mm } H_2O$）。

机械呼吸阀的操作压力和开启压力是机械呼吸阀的两个重要参数：操作压力是当呼吸阀通气量达到规定值时，油罐气体空间的压力；开启压力是在实验中，当呼吸阀的阀盘呈连续"呼出"或"吸入"状态时的压力。

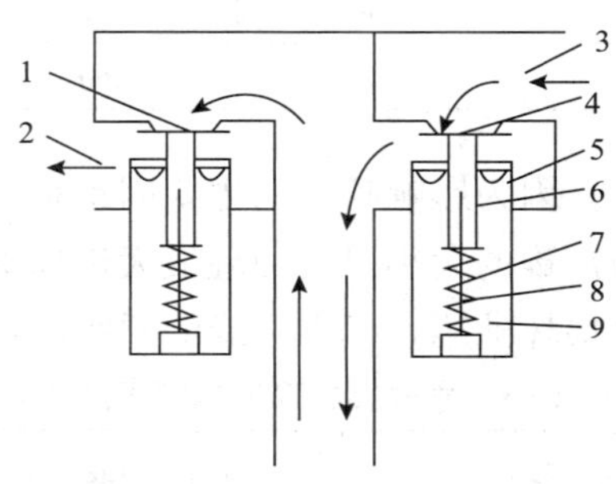

图 5-1-26　浸油式弹簧型机械呼吸阀

1—压力阀盘；2—呼气口；3—吸气口；4—真空阀盘；5—盛水桶；6—导向套；7—弹簧；8—导杆；9—润滑油

机械呼吸阀的操作压力分为 3 级，其代号见表 5-1-4。

机械呼吸阀的结构类型分为全天候型和普通型两种，其操作温度和代号见表 5-1-5。

机械呼吸阀在操作压力条件下，其通气量不应小于表 5-1-6 的规定。

表 5-1-4　机械呼吸阀的操作压力分级及代号

操作压力/Pa	代号
-295 ~ 355	A
-295 ~ 980	B
-295 ~ 1765	C

表 5-1-5　机械呼吸阀的结构类型、操作温度及代号

结构类型	操作温度/℃	代　号	结构类型	操作温度/℃	代　号
全天候型	-30 ~ 60	Q	普通型	0 ~ 60	P

表 5-1-6　机械呼吸阀的规格

公称通径 *DN*/m	0.05	0.10	0.15	0.20	0.25

机械呼吸阀在操作压力条件下，其通气量不应小于表 5-1-7 的规定。

表 5-1-7　机械呼吸阀的通气量

压力等级		通气量/（m^3/h）				
A	+355	25	90	190	340	350
	-295	20	75	160	280	450

续表

压力等级		通气量/（m^3/h）				
B	+980	30	100	200	380	600
	-295	20	75	160	280	450
C	+1765	40	140	380	500	800
	-295	20	75	160	280	450

机械呼吸阀已有定型设计。因为影响呼吸的主要因素是油罐收发油的排量，因而在选择时，呼吸阀的口径大小要与油罐的大小以及油罐最大进出油量相适应，否则在进出油量过大时来不及呼气、吸气仍可损坏油罐。标准油罐的呼吸阀可按表5-1-8选用。

表5-1-8 立式圆柱形油罐呼吸阀选用表

进出油罐的最大液体流量/（m^3/h）	呼吸阀个数×公称直径/mm	进出油罐的最大液体流量/（m^3/h）	呼吸阀个数×公称直径/mm
≤50	1×50	251~300	1×250
51~100	1×100	301~500	2×200
101~150	1×150	501~700	2×250
151~250	1×200		

用我国现有标准及各大学相关教材介绍的方法及上述方法选用呼吸阀，忽略了油气浓度的影响，有报道称，上述方法存在缺陷，因此导致了事故。如1995年7月15日，南方某地烈日炎炎，正值气温最高时，突降中雨，某油库一座5000m^3的柴油空罐，罐内液面仅1.15m。数分钟后，发现油罐上部壁板发生大面积凹陷，且凹陷速度很快。这时迅速打开计量孔（*DN*150mm），新鲜空气立即涌入罐内，油罐随之发生猛烈颤动，在几声沉闷的回弹声后，油罐恢复了原样，没有发生残余变形。雨后检查两只机械式呼吸阀（*DN*150mm）和两只波纹阻火器（*DN*150mm）都很正常，也没有发现影响通气的铁屑杂物。最后发现问题出在呼吸阀选择的国家标准上，因为标准是按液体流量原则计算的。实际上由于热效应的结果，油罐上部气体空间压力变化不可忽视，在实践中油罐凹陷事故偏多，尤其在炎夏气温骤变时发油，更可能发生油罐吸瘪事故。建议在按标准选用呼吸阀时，留20%安全裕量。

对机械呼吸阀要经常进行日常维护保养工作，检查其是否严密、灵活、畅通，防止漏气、卡死、冻结、黏结和堵塞等，并有计划地进行鉴定或检修，以保证呼吸阀能正常工作。

机械呼吸阀的校正可以采取测量阀座环内径和称量阀盘质量与原内径及质量相比较的方法。如采用打气的方法进行校正，在校正时，取出防火器中波纹板，用圆形金属板堵住下端的通气孔，与油罐气体空间隔绝，为防止漏气，可在堵板下放橡胶垫圈，并压以重块、当封上校正用的带有管嘴的特制防火器盖板时，用橡胶管连通比压计和打气筒，即可进行校正。其压力以阀盘刚刚呼起吸气为准，如图5-1-27所示。

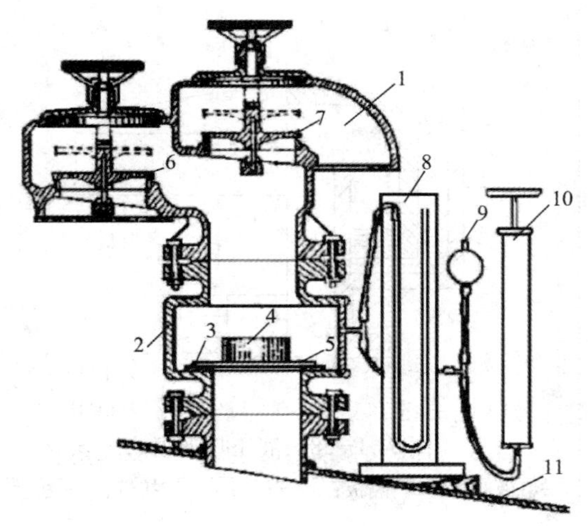

图 5-1-27　机械呼吸阀的校正

1—呼吸阀体；2—防火器壳；3—垫圈；4—重块；5—金属盲板；6—真空阀；7—压力圈；8—比压计；9—呼气阀；10—打气筒；11—油罐顶板

要想提高呼吸阀的控制压力（或真空度），必须进行调查研究，在确保油罐安全的前提下，尽可能发挥油罐的耐压强度。提高呼吸阀的控制压力，可用增加阀盘质量的方法来实现。调整时，可取出阀盘，测量阀座环的内径，称量阀盘及加重块的质量，并用式（5-1-2）计算需增加重块的质量：

$$m = \frac{\pi D^2}{4g} P_{zh} \quad (5-1-2)$$

式中　m——阀盘与所增加重块的总质量，kg；

D——阀座环内径，m；

P_{zh}——油罐允许承受的压力或真空度，Pa。

机械呼吸阀安装在罐顶上，经防火器与油罐气体空间连通。对机械呼吸阀要进行经常性的检查维护工作，要查严密、查灵活、查畅通，防止漏气、卡死、堵塞、冰冻和黏结等问题。

2. 液压呼吸阀

因机械呼吸阀有时因锈蚀或冰冻而发生开启失灵，故常常在罐顶上再装设液压呼吸阀，以确保油罐的安全。液压呼吸阀控制的压力和真空度一般比机械呼吸阀高出 5% ~10%。在正常情况下，它是不工作的，只是在机械呼吸阀失灵或其他原因使罐内出现过高的压力或真空度时才发生动作。因此，实际上它是起着安全保险的作用，故又称液压安全阀。

液压呼吸阀主要由盛液阀体、带锯齿形的隔板、罩子和连接管组成，如图 5-1-28 所示。为了保证在较高和较低的气温下液压安全阀都能正常工作，阀内应装入沸点高、不易挥发、凝固点低的液体作为液封介质，如轻柴油、低黏度润滑油、变压器油、甘油水溶液或乙二醇等。隔板把盛液槽分为两个部分，内外液槽在隔板下互相连通。液压阀的工作原理如图 5-1-29 所示。

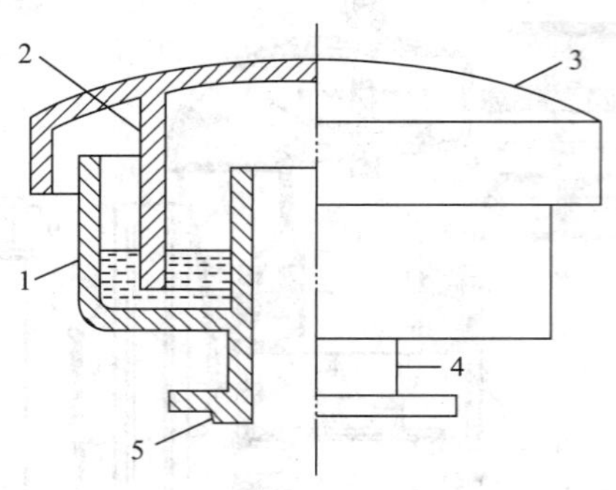

图 5-1-28　液压呼吸阀

1—盛液阀体；2—隔板；3—罩子；4—连接管；5—法兰

当罐内压力增高时，罐内气体由内油槽环空间（D_1-d）把油封挤入外油槽环空间（D_2-D_1）中，若压力继续升高，油封液位不断发生变化，当内环油面和中间隔板下缘相平时，如图 5-1-29（a）所示，罐内气体通过锯齿形隔板的下缘，以气泡形式逸出罐外，使罐内压力不再上升。此时，液压阀产生的高度（液压阀外油槽环液面比内油槽环液面高）为：

$$H_{ya}=\frac{p_{ya}}{\rho g} \tag{5-1-3}$$

式中　p_{ya}——液压阀要求控制压力值，Pa；

ρ——液封用油密度，kg/m³；

g——重力加速度，取 9.8m/s²。

当油罐出现负压时，外油槽环空间的油封被大气压入内油槽环空间，当外环液面达到中间隔板下缘时，空气进入罐内，使罐内压力不再下降。此时，液压阀产生的高度（液压阀内油槽环液面比外油槽环液面高）为：

$$H_z=\frac{p_z}{\rho g} \tag{5-1-4}$$

式中　p_z——液压阀要求控制的真空值。

其他符号意义同前。

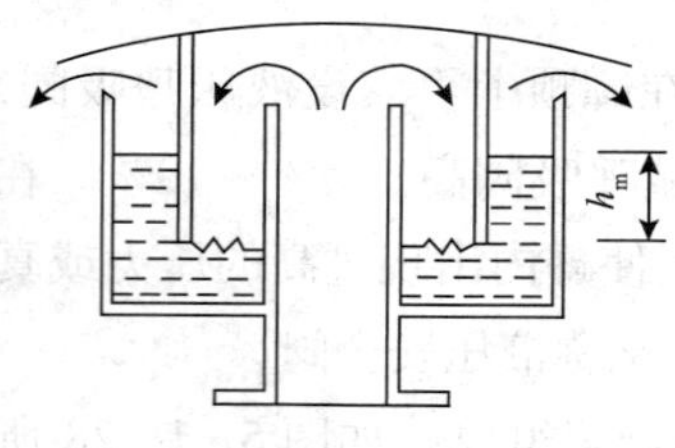

（a）罐内气体压力大于外界压力

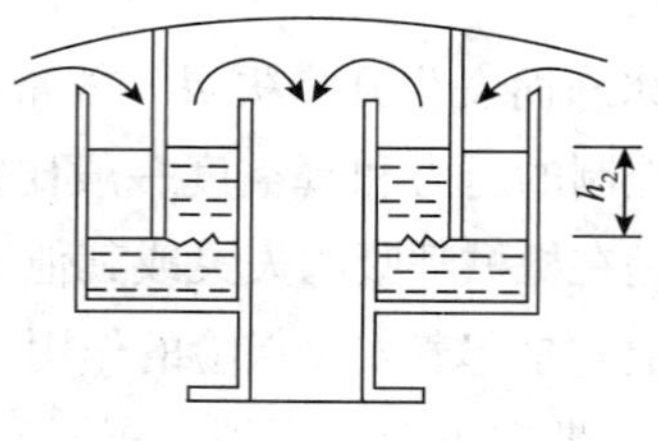

（b）罐内气体压力产生负压时

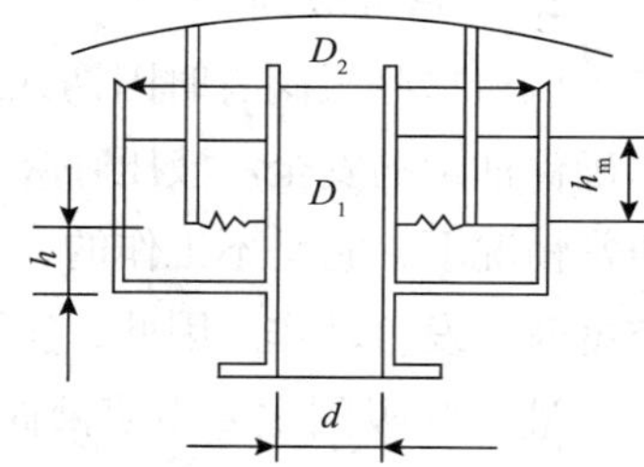

（c）罐内气体压力等于外界压力

图 5-1-29　液压安全阀工作原理

由此可见，液压呼吸阀的工作原理是利用液柱压力来控制油罐的压力和真空度。

液压安全阀安装在拱顶罐顶部的中央部位，应与机械呼吸阀安装在同一高度上。液压呼吸阀内盛的密封液常因挥发而使密度增加，数量减少。汽油罐上的液压呼吸阀由于汽油易蒸发凝结到阀内，而使密封液密度和数量发生变比，因此必须定期检查，予以校正。若阀内油量不足，可加入同种密封液，至溢油口溢出为止，也可测量阀内密封液密度，若与原来密度相差较大，应更换新油。一般规定每年更换一次槽内密封液，同时对其进行清洗、除去污垢和铁锈。

液压呼吸阀密封液极易被吹出，如果密封液被吹出而不能及时得到补充，就使油罐与大气直接相通，增加油料的蒸发损耗。目前，有些单位因为液压安全阀液体经常被吹掉，而不再使用液压呼吸阀，从而对机械呼吸阀在结构上进行改进，同时在操作管理上注意经常检查，但经过几年实践，证明新型机械呼吸阀并没有从根本上解决冻结、锈蚀、卡住等问题，油罐被吸瘪的事故有所增加，因此取消液压安全阀的做法不符合安全要求，目前一些学者正在着手解决液压阀密封液易被吹出的问题。

3. 阻火器（防火器）

经呼吸阀从油罐排出的油蒸汽－空气混合气，遇到明火时就可能发生燃烧或爆炸。如果混合气的流出速度大于火焰前锋的燃烧速度（对于汽油蒸汽－空气混合气，燃烧速度约为3m/s），混合气只能在罐外燃烧。否则，就要产生“回火”，将火焰引入罐内。能够避免出现“回火”现象，阻止火焰向罐内未燃爆混合气传播的装置称为油罐阻火器。阻火器的作用是防止火焰、火花穿过呼吸阀或安全阀引起罐内油料蒸汽燃烧或爆炸。它安装在罐顶呼吸阀和安全阀的下面。

阻火器主要由壳体和滤芯两部分组成。壳体应具有足够的强度，以承受爆炸产生的冲击压力。滤芯是阻止火焰传播的主要构件，油罐常用的滤芯有金属网滤芯和金属折带（波纹型）滤芯，如图5－1－30所示。其代号见表5－1－9。

表5－1－9　阻火器类型及代号

阻火器结构类型	代　号	阻火器结构类型	代　号
波纹型	B	金属网型	W

金属网型阻火器阻火层使用 ϕ0.23～0.315mm不锈钢网或铜网，由单层或多层网重叠起来组成。相邻两层金属的网丝呈45°重叠。随着层数增加，其有效性也增大，但当增加到一定层数后，其效果并不再加大。国内生产的阻火器通常采用4层或12层16～22目金属网，但金属网型阻火器由于多层金属孔眼的一致性难以保证，直接影响其性能和效果，而且铜网易腐蚀、易损坏、易烧坏（实验证明，铜网阻火器在火焰流经15s之后即被烧坏）。

波纹型阻火器阻火层用不锈钢、铜镍合金、铝或铝合金制成。它有两种形式，一种是由厚0.05～0.07mm、宽10mm的两个方向折成波形的薄板材料组成，外形呈方形或圆形。波纹的作用是分隔成层，并留有间隙，形成许多曲折的通道。另一种是在两层波纹薄板之间加一层扁平的薄板，形成许多三角形的通道，更利于熄灭火焰。波纹型阻火器能阻止爆

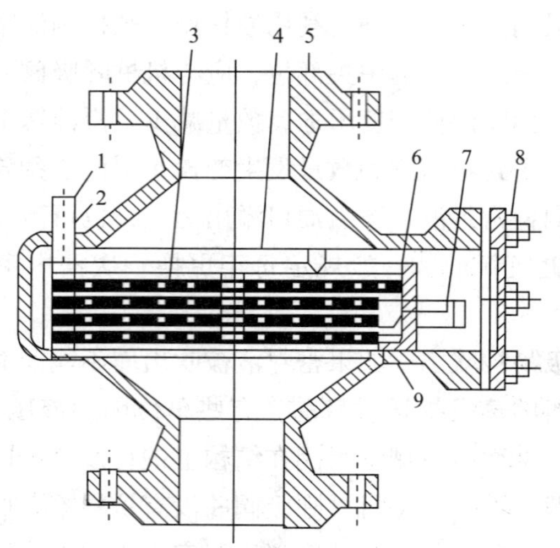

图5-1-30　阻火器结构示意图

1—密封螺帽；2—小方头紧固螺帽；3—铜丝网；4—铸铝压板；
5—壳体；6—铸铝防火匣；7—手柄；8—盖板；9—软垫

燃的猛烈火焰，实验表明，在燃烧速度高达1703m/s时，仍能成功地阻止爆燃，并能承受相应机械和热力的作用，流阻小，易于清洗和更换。

大多数阻火器是由能够通过气体的许多细小的均匀或不均匀的通道和孔隙的基体组成，这些通道和孔隙应尽量小。这样，在火焰进入阻火器以后，就被分成许多细小的火焰流，全部火焰就被熄灭。熄灭火焰的机理有传热作用、器壁效应和降低火焰传播速度防止爆燃三种解释。

（1）传热作用。阻火器能够阻止火焰继续传播而迫使火馅熄灭是传热作用。由于阻火器是由许多细小的通道或孔隙组成的，火焰通过许多细小通道之后变成若干细小火焰，由于阻火器由传热良好的材料制成，细小通道增大了传热面积，通过通道壁的热交换，火焰温度相对降低，所以火焰熄灭。

（2）器壁效应。燃烧和爆炸连锁反应理论认为，燃烧和爆炸现象不是分子间直接作用的结果，而是先经外来能源（如热能、辐射能、电能和化学反应能等）的激发，使极少数气体分子键受到破坏，产生了具备反应能力的活性分子，才有可能发生反应，这些活性分子在发生化学反应时，首先分裂为十分活泼而又寿命很短的自由基，化学反应是靠这些自由基进行的。自由基与另一分子起作用，作用的结果除了生成物之外，还产生新的自由基。新自由基又与其他气体分子碰撞，而形成一系列连锁反应。这样，自由基又消耗又产生，不断地进行下去。但是，自由基与容器壁碰撞在容器壁上化合成不活化分子，或自由基与杂质分子发生反应，降低了连锁反应速度。如果吸附于器壁的气体活化分子自由基足够多，就有可能扼制火焰向未燃气体传播，这种现象称为连锁反应的器壁效应。火焰进入阻火器滤芯的狭小通道后，被分割为许多小股火焰，使可燃气体与器壁的接触面积骤增。这样，一方面由于散热面积增加，火焰温度降低，另一方面，在滤芯通道内活化分子自由基础撞器壁的概率增加，而碰撞气体分子的概率减小，由此可见，阻火器通道尺寸减小，以及增加滤芯层数，均可提高阻火的能力。当通道尺寸减小到某一数值时，这种器壁效应造成了火焰不能继续燃烧的条件，火焰立即熄灭。如果油罐组采用气体连通系统或集气系统来降低油品蒸发损耗，则气体连通管线上应设置防爆震型防火器，以防因个别油罐发生火灾而危及与它相连的油罐。

（3）降低火焰传播速度防止爆燃。在易燃爆混合气体管道内，如果某处混合气被点燃，火焰前锋将沿管道向未燃混合气推进。火焰前锋的推进速度距起爆点0.5～1m处是固定的，仅每秒几米，但随着与起爆点距离的增加，火焰前锋的推进速度不断加快。与此同时，未燃爆的混合气受到压缩，当未燃爆的混合气被压缩到一定程度时，有可能在火焰前锋到达之前而自行引爆。此爆炸压力波与先前的爆炸压力波相向传播，当二者相遇时即可发生管道爆震。当发生爆震时，震波方向的峰值压力可以骤增至8MPa，波速可达2000～2500m/s，具有很强的穿透力。从理论上分析，只要滤芯的层数足够多（一般至少要8～10层），同样能阻止爆震火焰的传播，但这样会显著增加防火器的尺寸及其对流体的摩擦阻力，有时甚至是工艺条件所不允许的。因此，必须改用防爆震型防火器。防爆震型防火器是在壳体上设置缓冲挡板，削弱爆震引起的冲击波，从而在较少的滤芯层数（一般为3层）下，达到阻止火焰前锋继续传播的目的。

阻火器的通气量应满足《石油储罐阻火器》标准规定的要求。装设在机械呼吸阀和液压呼吸阀下面的防火器的总气体通道应与呼吸阀接合管截面积相当。在选择阻火器时，应以油罐气体空间压力和通气量进行选取。阻火器的壳体、耐压能力、阻爆性能及耐烧性能应符合国家标准《石油管道阻火器阻火性能和实验方法》的规定。

对阻火器应定期进行维护保养，清除阻火器内的灰尘和泥污，防止因堵塞而造成油罐胀破或吸瘪。尤其是对风沙较大的地区，在刮风季节应增加阻火器的检查次数。在冬季，阻火器最易发生冻结，每次收发油作业时应注意检查阻火器情况和油罐压力变化情况，防止事故发生。

根据其功能，阻火器可分为防爆型、耐烧型和防爆震型三种。设于油罐顶部，与机械呼吸阀串联安装的阻火器通常为防爆型阻火器，用来阻止爆炸起火的火焰“回火”引燃罐内混合气。

4. 呼吸阀挡板

呼吸阀挡板是在呼吸阀和防火器的下面，伸入罐内装设一直径为210～510mm的圆形折叠式挡板。它是一种减少油品蒸发损耗的节能降耗设备，适用于一切装有呼吸阀的固定顶油罐。

在油品静止储存和收发油操作过程中，均会造成外部空气被吸入罐内，形成一股强烈气流直冲罐内液面上的高浓度层，造成罐内气体的强烈对流，加快了液面油品蒸发，使罐内气体空间油气平均浓度大幅上升。当下次进油或大气温度升高时，罐内高浓度的混合气体排出罐外，造成油品发生大量蒸发损耗。呼吸阀挡板的作用就是当空气被吸入罐内遇到挡板后，受阻碍的空气流不能长驱直入冲击油品表面含油气浓度较大的高浓度层，从而对油品的继续蒸发产生一定的抑制作用，这样就可减少由于浓度的变化而引起的气体空间体积增量的加大所产生的回逆呼吸。同时，由于挡板的折流作用，使空间气流由垂直方向改为水平方向。由于原来油罐顶部是含油气浓度较低的混合气层，这时吸入的新鲜空气又一次与其均匀混合，使其浓度进一步降低。当油罐停止发油而改为收油时，呼出的即是顶部含油气浓度较低的混合气体，从而达到降低损耗的目的。经过实测，装设挡板的储油罐较未装挡板的储油罐在收油时的大呼吸损耗平均可减少20%～30%。

挡板的结构是一种长吊杆带导流罩的折叠式圆形挡板，如图5-1-31所示。

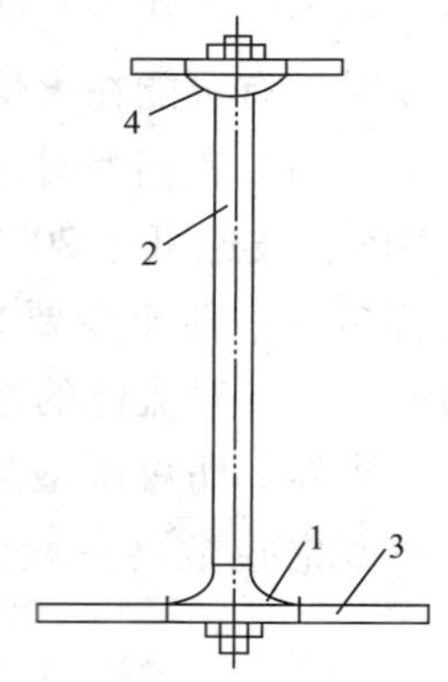

图5-1-31 呼吸阀挡板结构
1—挡板；2—吊杆；3—导流罩；4—环板

挡板制作成折叠式，便于从罐顶接合管孔口装入或取出，导流罩的作用是可使气流在突然改变方向时的速度减小，在以后的运动中保持较高的末速度，使进入罐内的气体向罐顶四周较远的地方运动，使吸入的新鲜空气均匀地分布在罐内的上部空间而达到良好的降耗效果。

决定呼吸阀使用效果的主要尺寸是挡板直径 D 和接合管下边缘至挡板上表面的距离 A。挡板直径的大小，主要考虑使吸入罐内的空气流改变流向后，不致与挡板之间产生的摩擦阻力太大，而使气流掠过挡板后的末速度大大降低；为了不影响顶部空气的均匀分布，同时又保证从接合管入口处装入，故取 $D=2d$（d 为接合管公称直径）。

若采用同一规格的挡板，结合管下边缘至挡板上表面的距离 A，一般取 $A=(1.8\sim2)\ d$。

折叠式圆形挡板在安装时，首先将防火器呼吸阀自接合管上卸下，把圆形挡板折叠使之与吊杆平行，再从接合管放入罐内，略加抖动使圆盘展开并与吊杆垂直。为保证安装适中不偏斜，吊杆轴线要与接合管中心线重合。环板平放在接合管法兰凸面上，再将防火器、呼吸阀安装复位，如图5-1-32（a）所示。

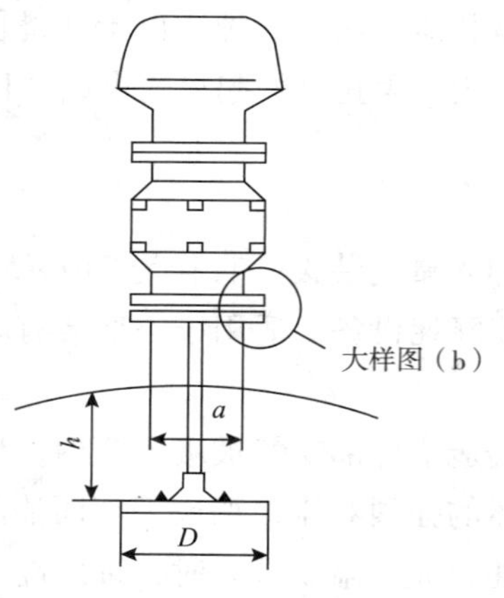

（a）呼吸挡板（安装在呼吸阀防火器下方）

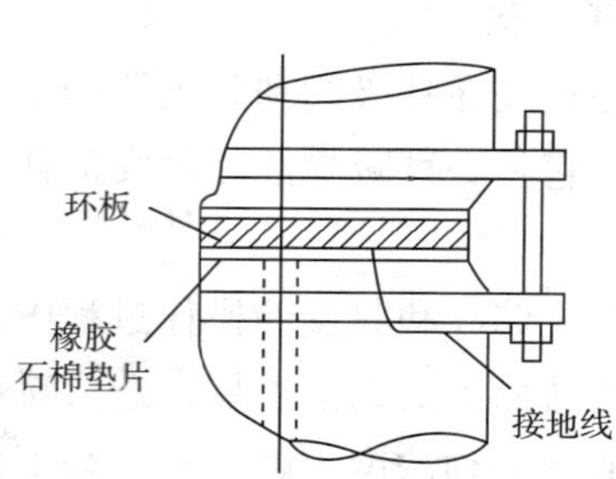

（b）静电接地线

图5-1-32 呼吸挡板及静电接地线安装

在挡板安装好后，环板上下均有橡胶石棉垫片，用于保证接合面的气密，但同时也使挡板成为一个悬空的绝缘导体，在空气或油气混合物的高速冲刷下，易积聚电荷而产生静电，这样当对地电位达到一定值时，可能产生静电火花，给生产带来潜在危险。为此，在环板与法兰螺栓之间用接地线相连，如图 5－1－32（b）所示，以此消除由于气体对挡板的冲刷而产生的静电。

5. 消防泡沫箱

地上或半地下油罐大多装有消防泡沫箱，其结构如图 5－1－33 所示。消防泡沫箱是油罐灭火时喷射泡沫的消防装置。泡沫产生器一端与泡沫管线相连，另一端用法兰固定在油罐罐壁的最上层圆板上，中间隔以厚度不大于 2mm 并画了十字裂纹的玻璃，以防止油罐日常进、出油时轻组分的蒸发损耗，灭火时具有一定压力的泡沫液经泡沫管线送进混合室，当高速通过管道时，从空气吸入口吸入大量空气形成泡沫，并冲破封隔玻璃沿着泡沫管喷射装置进到油面上，以隔绝空气，窒熄火焰。隔膜的作用是防止油品蒸汽漏失，隔膜有纸膜、铅膜和玻璃膜等。对于泡沫箱装设的数量，应根据油罐容积大小来确定，但不宜少于 2 个。

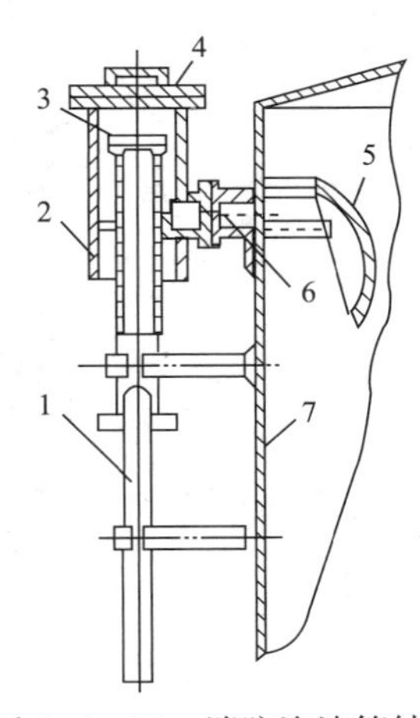

图 5－1－33　消防泡沫箱结构

1—泡沫室；2—外壳；3—隔膜；4—外壳盖；5—导向挡板；6—泡沫槽；7—罐壁

6. 油罐加热器

目前，我国各油田生产的原油，大部分属于高含蜡的石蜡基原油。这种原油凝固点、黏度、含蜡量都较高，在低温时具有很大的黏性，并可导致蜡结晶的析出和凝固。为了防止罐内原油凝结，目前在油田、输油站、库内油罐内的原油，一般只考虑保温，保持罐内原油温度，只在必要时才将罐内原油升温。

油罐中常用的管式加热器布置形式可分为全面加热器和局部加热器，按结构可分为分段式加热器、蛇管式加热器和串联分段式加热器。

局部加热器仅布置在罐内的收发油管附近，全面加热器则均匀布置在罐内距罐底不高的整个水平位置上。对于黏度不高（在 50℃时的黏度小于 $7\times10^{-5}m^2/s$），且不会冷至凝固点温度以下的油品，或一次需要发出数量不多的油品，适宜采用局部加热器。若在短时期内要从油罐中发出大量油品，应采用全面加热器。

1）分段式加热器

如图 5－1－34 所示，这种加热器是用 15～50mm 直径的无缝钢管焊接而成的。

为便于安装、拆卸和修理，分段式加热器由若干个分段构件组成，每一分段构件由 2～4 根平行的管子与 2 根汇管连接而成。分段构件的横向汇管长度应小于 500mm，使整个分段构件可从油罐人孔进出，便于安装和检修。几个分段构件以并联－串联的形式联成一组，组的总数取偶数，对称布置在收发油管（或收发油起落管）的两侧，并且每组都有独立的蒸汽进口和冷凝水出口。当某一组发生故障时，可单独关闭该组的阀门，应用其他完好的各组继续进行加热作业。此外，分组还可以调节加热过程。根据加热作业的实际需要来确定开闭组数。

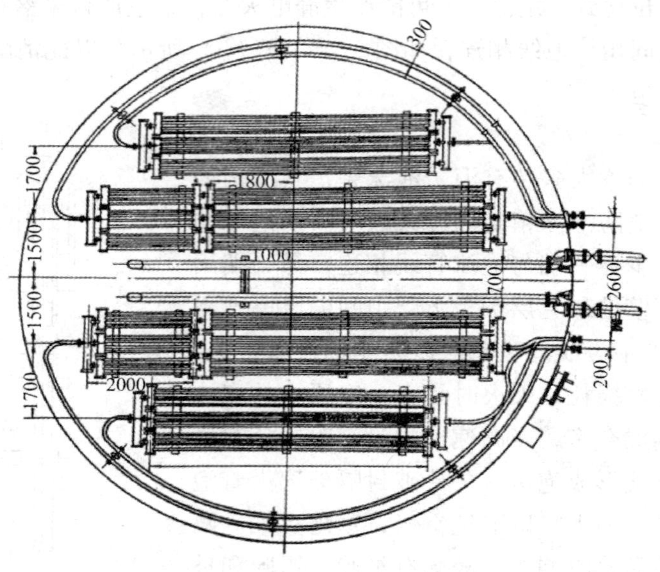

图 5-1-34　分段式加热器（单位：mm）

为了向各组分配蒸汽并收集冷凝水，在罐外装设蒸汽总管和冷凝水总管，其上装有控制阀门。罐内加热管及各分段管组的安装应有一定坡度，以便于排出冷凝水。大油罐内分段管组安装坡度 i 取 1∶150 ~ 1∶75，小油罐内分段管组安装坡度 i 取 1∶75 ~ 1∶50。蒸汽管进口距罐底的高度为：

$$h = iL_0 + h_0 \tag{5-1-5}$$

式中　i——分段管组的坡度；

L_0——分段管组的长度，m；

h_0——冷凝水管的出口距罐底的高度，$h_0 = 0.1 \sim 0.2$m。

由于分段管组的长度不大，蒸汽通过管组的摩阻较小，因此它可以在较低的蒸汽压力下工作；此外，还可使蒸汽管入口高度降低，这样就使整个加热器放得较低，可以尽量减少加热器下面“加热死角”的体积。

2）蛇管式加热器

蛇管式加热器如图 5-1-35 所示，它是一种用很长的管子弯曲成的管式加热器，常用 15 ~ 50mm 直径的无缝钢管焊接而成，只是为了安装和维修方便才设置少量的法兰连接。蛇管在油罐下部均匀分布。为了使管子在温度变化时能自由伸缩，用导向卡箍将蛇管安装在金属支架上。支架具有不同的高度，使蛇管沿着蒸汽流动的方向保持一定的坡度，坡度要求比分段式加热器的坡度要求略小。蛇管在罐内分布均匀，可提高油品的加热效果，这是它的优点。但蛇管加热器安装和维修均不如分段式加热器方便。每节蛇管的长度比分段式加热器的每个分段长度要大得多，因而蛇管加热器要求采用较高的蒸汽压力。

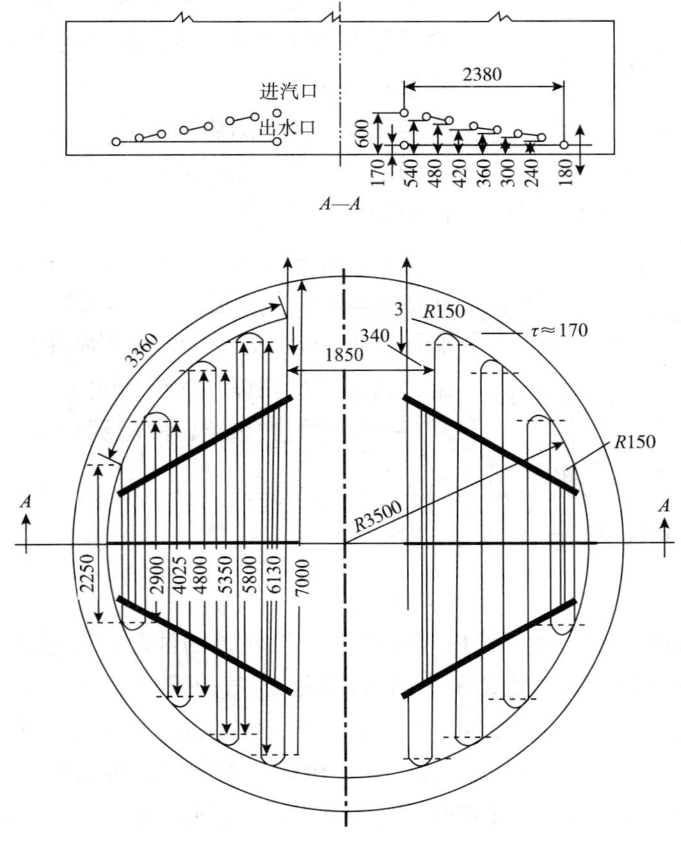

图 5-1-35 蛇管式加热器（单位：mm）

如果蛇形管过长，将使蒸汽压降过大，因此常把蛇形管分成几节，彼此对称地布置在进、出油管两侧，各节均有单独的蒸汽输入管和冷凝水排出管，且各节可单独控制使用，以调整加热面积。蛇管各节的长度决定于所用的蒸汽压力，可由计算确定。

分段式加热器的加热管在罐内平面上的分布不如蛇管式加热器均匀，加热效果也不如蛇管式加热器好，管子的连接接头多，伸缩不便，容易造成管子接头处焊口的损坏，发生蒸汽渗漏。因此，对于润滑油等要求严格控制含水量的油品，以及经常操作并需要长时间连续加热的油罐，最好采用蛇管式加热器。对于不要求严格控制含水量的油品，以及进行间歇加热作业并需经常调节加热面积的油罐，适宜采用分段式加热器。

3）串联分段式加热器

串联分段式加热器的结构如图 5-1-36 所示，是用 2in 无缝钢管焊接而成的。为了便于安装、拆卸和修理，分段式加热器是由若干组排管组成，将每组排管串联起来，安装在离罐底约 0.5m 处，顺罐壁［离罐壁 0.5～2m（视油罐大小面定）］布置一圈，各组排管间可用法兰连接，以便在损坏时取出检修。各组排管的尺寸要根据使它能从油罐下部人孔通过的条件来确定。为了便于排出各种排管的冷凝水，加热器平面可向管线出口端有 0.5% 的坡度。由于分段排管的长度不大，蒸汽通过排管摩阻较小，因此它可在较低的压

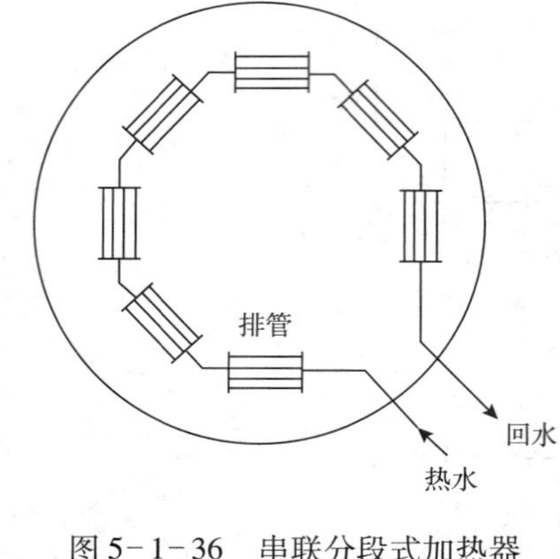

图 5-1-36 串联分段式加热器

力下工作；同时，还可使蒸汽进管入口高度降低，这样就使整个加热器放得较低，减少了加热器下面的加热死角的体积。

在设计油罐加热器时，主要是根据油罐的耗热量来确定加热器的加热面积，然后根据油罐的尺寸在罐内布置加热器。

管式加热器在安装完毕后，需经两次试压，第一次用1MPa的压力进行试压，第二次用蒸汽试压，实验压力即蒸汽的工作压力。如在试压过程中发现泄漏，就要进行补焊，然后再次进行试压。对于安装在润滑油罐内的加热器，试压更要特别仔细，以防加热器渗漏而使水分混入润滑油中。

三、重油和润滑油罐专用附件

1. 通气短管

通气短管也称通气阀或弯头，用作储存挥发性能差的油品油罐或消防水罐的呼吸通气。一般都用钢管割焊成270°弯角装在油罐顶部。通气短管口径可参照本章表5-1-8所列选择，或者选用与进、出油管相同的口径。通气短管截面上应装有铜丝或其他金属丝网封口。通气短管封口（呼吸阀封口、防火器）用的金属丝网，可以用黄铜丝、磷青铜丝、镍丝和不锈钢丝制成，可以制成方眼网，也可以制成斜纹方眼网。网的规格可参照表5-1-10选用。

表 5-1-10 金属丝网选用表

附件名称	网　号	丝径/mm	每平方厘米孔数/个
呼吸阀封口	19.8	0.56	18
	16.4	0.46	22
防火墙	0.62～2	0.23	139
	0.49	0.21	202
	0.46～2	0.17	246
通气短管封口	11	0.31	50
	10.2	0.21	64
	0.78		90

2. 起落管

起落管也称升降管，多用于润滑油罐或特种成品油罐。其一端与油罐的进、出油短管相连接，连接处用转动接头，使起落管的另一端上下起落，一般来讲，油罐上部位油料不含水和杂质，比较纯净，加热时上部油料温度较高。因此，利用升降管发油可以保证油料质量，也可以保证发油作业顺利进行：当进、出油管线或其控制阀门出现破裂时，又可将起落管提升到液面以上，不致使罐内油料外流。故凡装有升降管的油罐，可不必再装保险活门。起落管的提升角一般不超过70°，当角度太大时，就不容易依靠自重下落了。为了保证提升到70°时起落管口露出油面，起落管的最小长度L应为：

$$L = \frac{h_2 - h_1}{\sin 70°} \tag{5-1-6}$$

式中　h_2——罐底至最高液位的高度，m；

h_1——罐底至进、出油管中心线的高度，m。

为了增大管口截面积，降低油品进入管口的速度，起落管的管口削成30°角。

图5-1-37是起落管的构造示意图，它可以利用卷扬设备在罐外操作。这种卷扬设备结构比较复杂，操作也不太灵活。在容积较小的油罐中，不采用复杂的卷扬设备，而在起落管上装设浮筒，图5-1-38就是这种浮筒式起落管构造示意图。浮筒式起落管与油罐进、出油短管也用转动接头连接，管口吊在活动浮筒下面，使管口总是保持在液面下不深的位置上。当浮筒随液面升降时，起落管也随之升降。这种起落装置结构比较简单，省去了人工操作，它的缺点是不能任意改变起落管相对液面的位置，当进、出油管线及其控制阀门发生故障时，不能将起落管及时吊出油面。

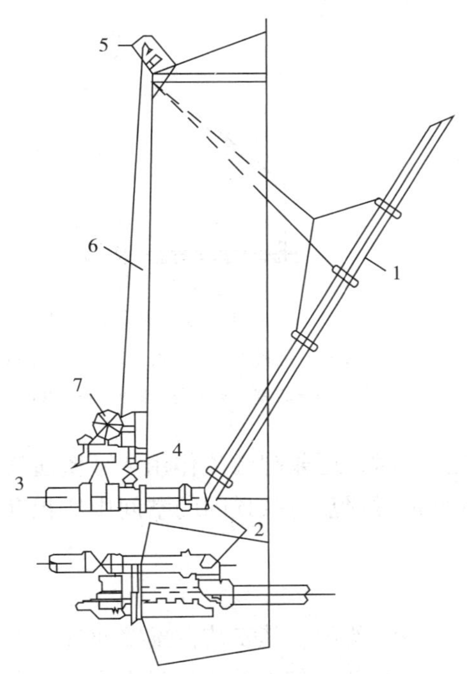

图5-1-37　起落管构造示意图

1—起落管；2—转向接头；3—进、出口油管；4—旁通管；5—钢丝绳；6—滑轮；7—卷扬机

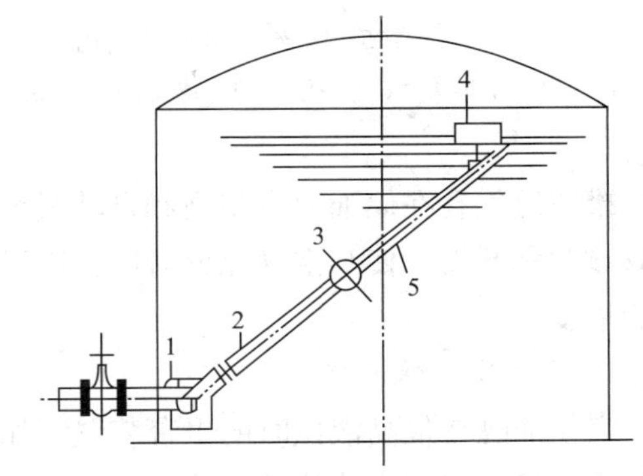

图5-1-38　浮筒式起落管构造示意图

1—旋转接头；2—起落管；3—固定浮筒；4—活动浮筒；5—注油小孔

四、内浮顶油罐专用附件

内浮顶油罐与一般拱顶油罐相比，包含以下不同的附件。

1. 通气孔

储存在内浮顶油罐的油料，液面已全部为内浮盘覆盖，所以在罐顶就不再安装机械呼吸阀和液压安全阀，但在实际使用中，如各接合部位密封稍有失严，还会引起油气泄漏，当浮盘下降时，由于黏附在罐壁的油膜蒸发等原因，浮盘与拱顶间的空间仍会有油蒸汽积聚。为了及时稀释并扩散这些油气，防止油蒸汽浓度增大到燃爆极限，在罐顶与罐壁周围开设通气孔。罐顶通气孔如图5-1-39所示。其安装在拱顶中间，孔径不小于250mm，周围及顶部以金属丝网和防雨罩覆盖。罐壁通气孔安装在罐壁顶部周围，每个孔口的环向间距应不大于10m，每个油罐至少应开设4个通气孔，总的开孔面积要求在油罐直径的0.06%以上。通气孔出、入口安装有金属丝护罩。图5-1-40为罐壁通气孔安装位置示意图。

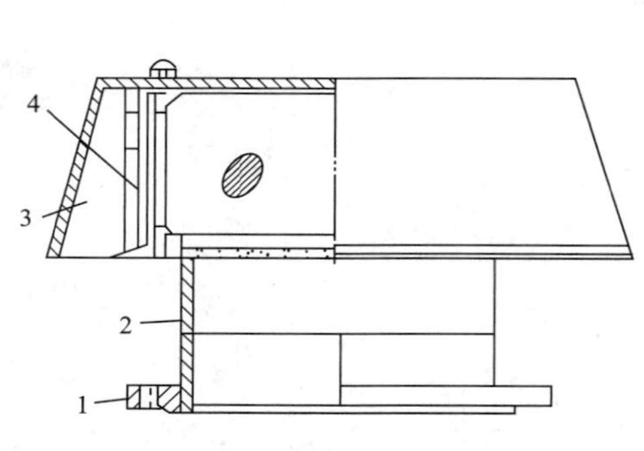

图5-1-39 罐顶通气孔

1—平焊法兰；2—接管；3—罩壳；4—不锈钢丝网

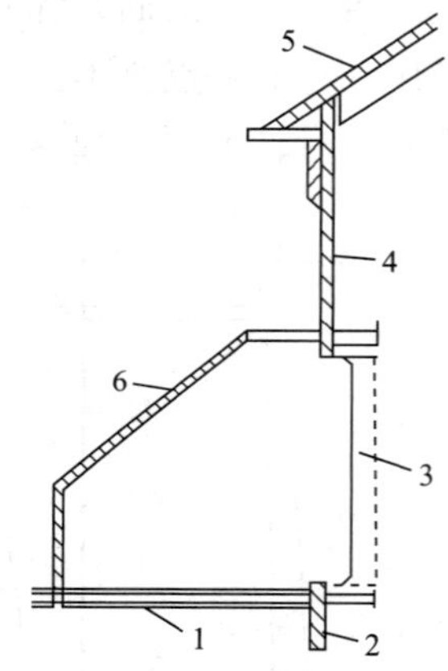

图5-1-40 罐壁通气孔

1—不锈钢丝网及压条；2、4—油罐壁；3—罐壁开孔；5—罐顶；6—罩板

罐壁通气孔在储油液位超高和自动报警装置失灵时，还兼起溢流作用。罐壁通气孔应为双数对称开设，使其空气充分对流，以尽量降低油罐浮盘与拱顶间的空间中所积存油蒸汽的浓度。

2. 气动液位信号器

它是油罐在最高液位时的报警装置，如图5-1-41所示。其安装在罐壁通气孔下端油罐最高液位线（安全高度线）上，由浮子柄操纵气源启闭，气源管连通设在安全距离以外的气电转换装置上。当液位上升到安全高度时，浮子升起，通过罐外的气电转换装置传到油泵房，泵房红色信号灯亮，并自动切断油泵电机电源，停止工作。

3. 量油、导向管

内浮顶油罐所储油料的计量和取样都在导向管内操作进行，因此导向管即量油管。导向管安装如图5-1-42所示。导向管上接罐顶量油孔，垂直穿过内浮盘直达罐底，兼起浮盘定位导向作用。为避免浮盘升降时与导向管摩擦产生火花，在浮盘上安装有导向轮座和铜制导向轮，同时为防止油品泄漏，导向轮座与浮盘连结处以及导向管与罐顶连结处，都装有密封填料盒和填料箱。

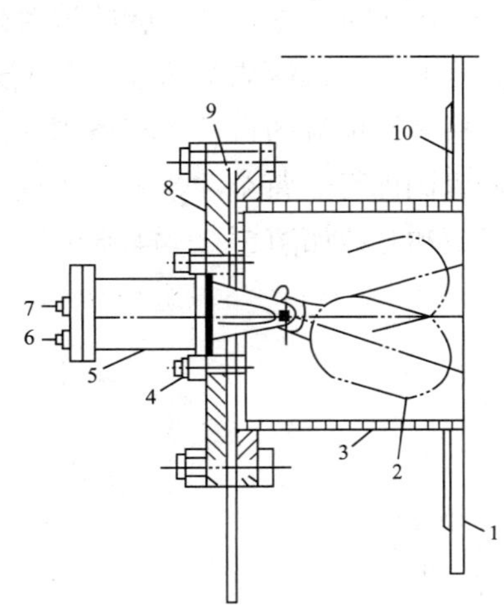

图 5－1－41 气动液位信号器

1—罐壁；2—浮子；3—接管；4—密封垫圈；5—气动液位信号器；6、7—出、进气管；8—法兰盘；9—密封垫圈；10—补强圈

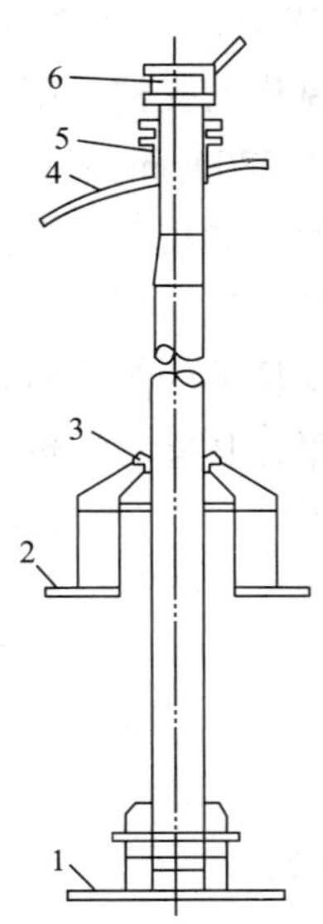

图 5－1－42 量油、导向管

1—罐底；2—内浮盘；3—导向轮；4—罐顶；5—填料箱；6—量油孔

4. 静电导出装置

内浮顶油罐在作业过程中，在浮盘上形成静电积聚，尤其是浮盘与罐壁之间多采用如橡胶、塑料一类的绝缘体物质作密封材料。浮盘上积聚的电荷不可能通过罐壁而导除，因此在浮盘与罐壁之间都要安装静电导线。安装在浮盘上的静电导线的另一端连接在罐顶的光孔上。静电导线的选材及其截面积、长度和安装根数由设计部门人员按油罐容量作出规定。

5. 带芯人孔

其他类型油罐的人孔与罐壁结合的筒体是穿过罐壁的，这种人孔不利于浮盘升降和密封。带芯人孔是在人孔盖内加设一层与罐壁弧度相等的芯板，并与罐壁齐平。为便于启闭，在孔口结合筒体上还装有转臂和吊耳，操作时人孔盖仍不离开油罐。带芯人孔的结构如图 5－1－43 所示。内浮顶油罐人孔一般至少设 2 个，一个在距油罐底板约 700mm 处，用于在清理油罐底时人员出入，另一个在距油罐底板约 2400mm 处，用于操作人员登入浮盘。

6. 浮盘支柱套管和支柱

内浮顶油罐为了便于对浮盘检修和腾空清洗罐底，浮盘都设有支撑其两个高度的支柱。第一高度为距罐底 500mm，也就是浮盘下降到下限的高度。支撑这一高度的是支柱套管。支柱套管穿过浮盘，并以加强圈和筋板与浮盘连接。在浮盘周围堰板处的支柱套管，高出浮盘900mm，其余部位的支柱套管，高出浮盘400mm。支柱套管高出盘面的一端，都设有法兰与盲板，平时都用密封垫圈和螺栓、螺母连接紧固。浮盘以下均为500mm。浮盘第二高度为距罐底1800mm。支撑这一高度的是选用外径小于支柱套管内径（间隙应稍大点为宜）的无缝钢管制作的支柱。用于浮盘堰板周围套管的支柱长度为2700mm，用于其他部位套管的支柱长度为2200mm。每个支柱一端设有与浮盘支柱套管的浮盘以上一端的法兰外径、螺孔相同的法兰。如需要把浮盘从第一高度抬到第二高度时，先向罐内注水使浮盘上升到带芯人孔下缘部位。然后打开人孔进入浮盘上面，取下支柱套管顶端的盲板，将备用的支柱插入套管，并将支柱上的法兰与套管上的法兰用螺丝连接紧固即可。每个浮盘上的支柱套管和备用支柱的数量、长度、管径按设计图纸制备。支柱套管和支柱如图5-1-44所示。

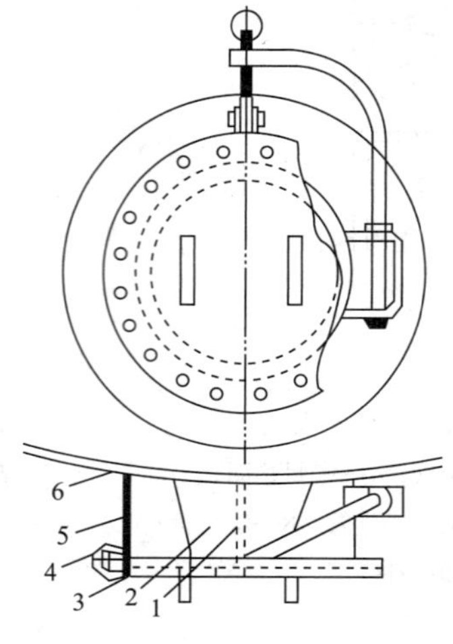

图5-1-43 带芯人孔

1—立板；2—筋板；3—盖；4—密封垫圈；5—筒体；6—补强圈

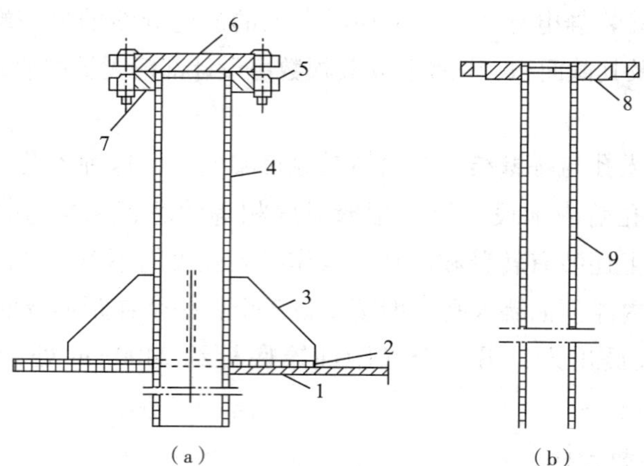

图5-1-44 支柱套管和支柱

1—阀盘板；2—补强圈；3—筋板；4—支柱套管；5—密封垫圈；6—盲板；7、8—法兰；9—支柱

7. 浮盘自动通气阀

为保护浮盘处于距罐底500mm处的支撑位置时，在浮盘下面进出油料时的正常呼吸，防止油罐浮盘以下部分出现憋压，在浮盘中部设有自动通气阀，如图5-1-45所示。自动通气阀由阀体、阀盖和阀杆组成。阀体高370mm，直径300mm，固定在浮盘板上，内有两层滚轮制导阀杆上下滑动。阀盖由定位管用销轴与阀杆连接，通过滑轮插盖在阀体上面。阀杆总高一般为1100mm。浮盘在正常浮沉时，阀盖和阀杆的自重使阀盖紧贴在阀体上面，约有730mm的阀杆悬伸在浮盘下面的油层中，当浮盘下降到距罐底730mm时，阀盘就先于浮盘支柱套管接触罐底，并随着浮盘的继续下降逐渐把阀盖顶起，当浮盘下降到支柱套管支撑位置时，阀盖已高出阀体口230mm，使浮盘上、下气压保持平衡。如浮盘因进油或检修进水，上浮到距罐底730mm以上高度时，阀体口则将阀盖和阀杆带起，恢复紧闭密封状态。自动通气阀在浮盘处于检修情况下，应将阀盖、阀杆拔出，以便进行盘下放水并兼作通风口用。

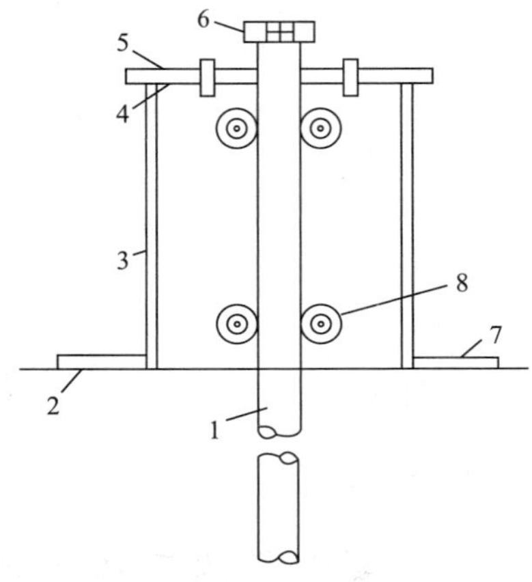

图5-1-45　浮盘自动通气阀

1—阀杆；2—阀盘板；3—阀体；4—密封圈；5—阀盖；6—定位管销；7—补强圈；8—滑轮

此外，为了便于进入浮盘下面进行检修，有的在浮盘上还安装有光孔和人孔，有的在油罐罐壁外安装有标尺液位计，以显示液面和浮盘的高度。

五、土油罐附件

土油罐附件不多。为了防止渗漏，尽量不在罐壁上设置人孔、光孔和呼吸透气阀孔。对于钢筋混凝土油罐，常制作一个钢板封门，各种通入罐内的管线都从封门上穿过。对于砖、石砌土油罐，常把回水管、排污管等设置在较大的进、出油短管内，从而使罐壁只开一个孔，并在管子和罐壁接合处采用填料函式柔性防渗套管。

第二章 泵

第一节 离心泵

一、离心泵的工作原理及分类

1. 离心泵基本构成

离心泵的主要部件有：叶轮、轴、吸入室、蜗壳、密封填料和支座等，如图5-2-1所示。有些离心泵还装有导叶、诱导轮和平衡盘等。

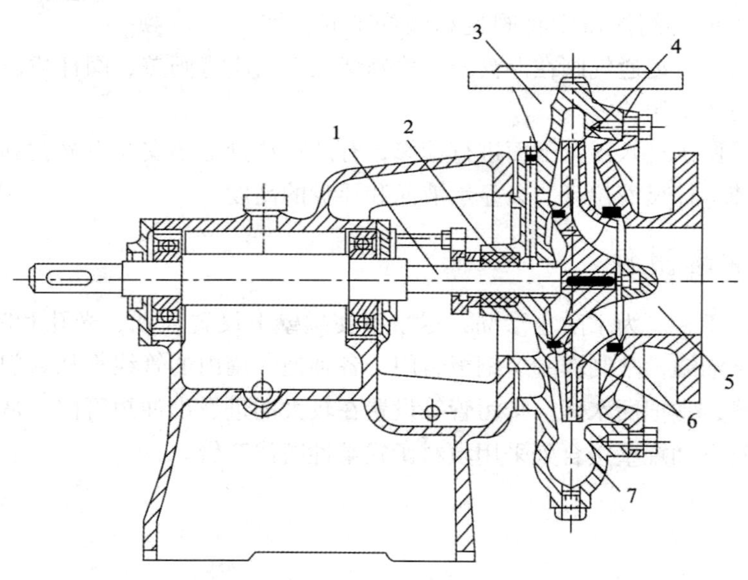

图5-2-1 离心泵的基本构件

1—轴；2—轴封箱；3—扩压管；4—叶轮；5—吸入室；6—口环；7—蜗壳

离心泵的过流部件是吸入室、叶轮和蜗壳，其作用简述如下：

（1）吸入室。吸入室位于叶轮进口前，其作用是把液体从吸入管引入叶轮，对吸入室的要求是：液体流过吸入室时流动损失较小，并使液体流入叶轮时速度分布较均匀。

（2）叶轮。叶轮是离心泵的重要部件，液体就是从叶轮中得到能量的。对叶轮的要求是：在流动损失最小的情况下，使单位质量的液体获得较高的能头。

（3）蜗壳。蜗壳位于叶轮出口之后，其作用是把从叶轮内流出来的液体收集起来，并把它按一定的要求送入下级叶轮入口或送入排出管。由于液体流出叶轮时速度很大，为了减小后面管路中的流动损失，故液体在送入排出管前，必须将其速度降低，把速度能变成压力能，这个任务也要由蜗壳（或导叶）来完成。蜗壳在完成上述两项任务时，要求流动损失越小越好。

2. 离心泵的工作原理

如图 5-2-2 所示为离心泵的一般装置示意图。

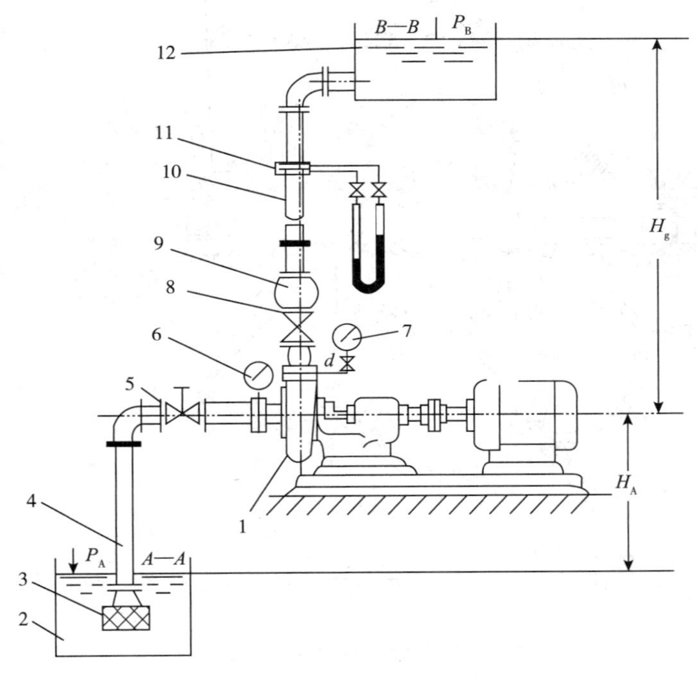

图 5-2-2 离心泵的一般装置示意图

1—泵；2—吸液罐；3—底阀；4—吸入管路；5—吸入管调节阀；6—真空表；7—压力表；8—排出管调节阀；9—单向阀；10—排出管路；11—流量计；12—排液罐

离心泵在启动之前，泵内应灌满液体，此过程称为灌泵。在启动后工作时，驱动机通过泵轴带动叶轮旋转，叶轮中的叶片驱使液体一起旋转，因而产生离心力。在离心力作用下，液体沿叶片流道被甩向叶轮出口，并流经蜗壳送入排出管。液体从叶轮获得能量，使压力能和速度能均增加，并依靠此能量将液体输送到储罐或工作地点。

在液体被甩向叶轮出口的同时，叶轮入口中心处就形成了低压，在吸液罐和叶轮中心处的液体之间就产生了压差，吸液罐中的液体在这个压差作用下，便不断地经吸入管路及泵的吸入室进入叶轮中。这样，叶轮在旋转过程中，一边不断地吸入液体，一边又不断地给吸入的液体以一定的能头，将液体排出。离心泵便如此连续不断地工作。

当用一个离心叶轮不能使液体获得满足工艺需要的能头时，可用多个叶轮串联（或并联）起来对液体做功。

3. 离心泵的分类

离心泵的类型有很多，随使用目的不同，其有多种结构。通常按其结构进行分类。

1）按液体吸入叶轮方式

（1）单吸式泵。如图 5-2-1 所示，叶轮只有一侧有吸入口，液体从叶轮的一边进入。

（2）双吸式泵。如图 5-2-3 所示，叶轮两边都有吸入口，液体从两面进入叶轮。

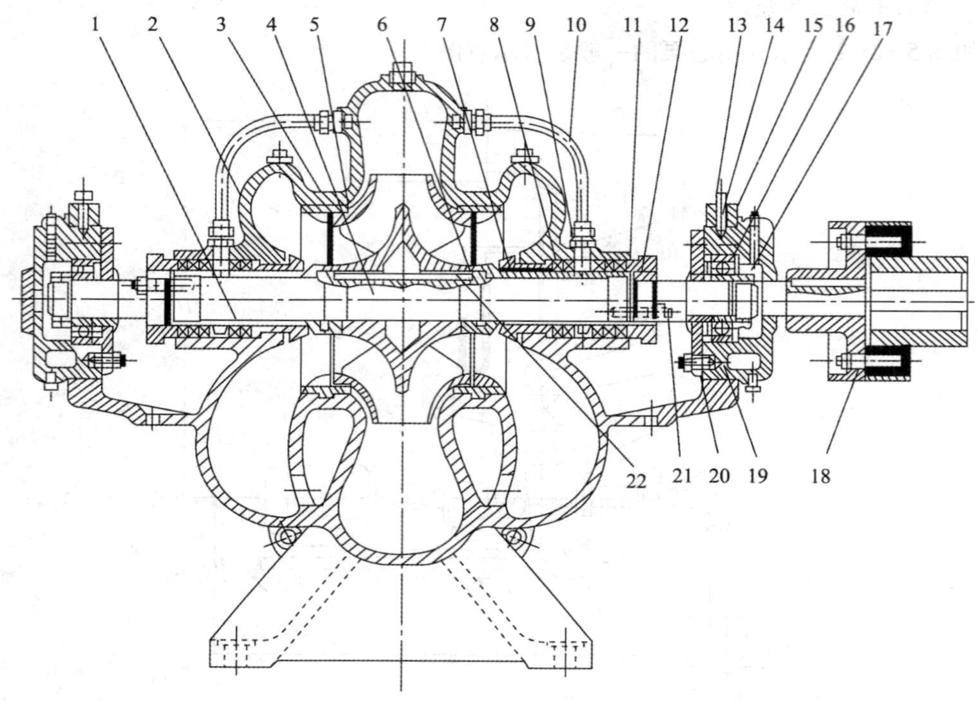

图 5-2-3 双吸式离心泵

1—下泵体；2—上泵体；3—叶轮；4—轴；5—口环；6—轴套；7—填料套；8—填料；9—封圈；10—水封管；11—填料压盖；12—轴套螺母；13—固定螺钉；14—轴承体；15—轴承体盖；16—单列向心球轴承；17—圆螺母；18—联轴器部件；19—轴承挡套；20—轴承端盖；21—双头螺栓；22—链

2）按叶轮级数

（1）单级泵。泵体中只装有一个叶轮，如图 5-2-1 和图 5-2-3 所示的离心泵分别为单级单吸离心泵和单级双吸离心泵。

（2）多级泵。同一根泵轴上装有串联的两个以上的叶轮，如图 5-2-4 所示为一台分段式多级离心泵。轴上装有 4 ~ 12 个叶轮，以产生较高能头。蜗壳式多级泵的泵体采用水平中开式或径向剖分。叶轮采用对称布置，可使轴向力达到基本平衡。

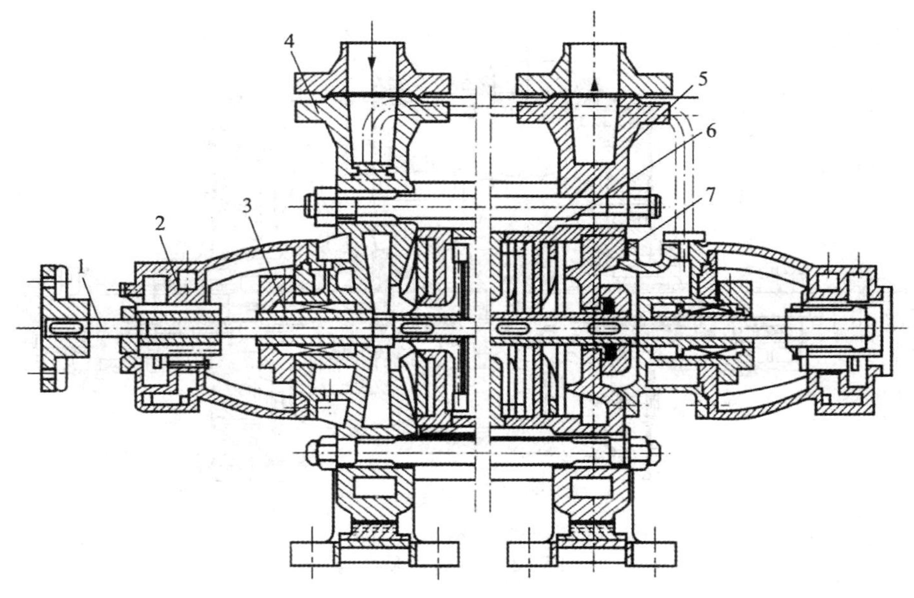

图 5-2-4　分段式多级离心泵示意图

1—转子部件；2—托架部件；3—机械密封；4—吸入段；5—导叶；6—中段；7—压出段

3）按壳体剖分方式

（1）中开式泵。壳体在通过轴中心线的水平面上分开，如图 5-2-3 所示离心泵即属于此类型。

（2）分段式泵。壳体按与泵轴垂直的径向平面剖分，如图 5-2-4 所示。

4）按泵体形式

（1）蜗壳泵。壳体呈螺旋线形状，液体自叶轮甩出后，先进入螺旋形的蜗室，然后再送入排出管内，如图 5-2-3 所示。

（2）双蜗壳泵。泵体设计成双蜗室，以平衡泵的径向力，如图 5-2-5 所示。

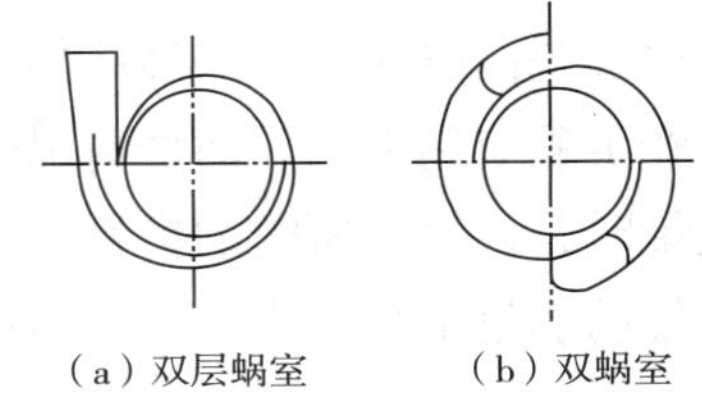

图 5-2-5　双蜗壳泵

（3）筒式泵。如图 5-2-6 所示，泵体为双层泵壳，外泵壳是一个铸造圆筒，两端用端盖封闭，上部设吸入管和排出管。当泵运转时，外泵壳承受全部液体压力。内泵壳为水平剖分式，转子装到内泵壳内。当拆卸时，把内泵壳连同转子一起从外泵壳中抽出。

此外，还可以按离心泵所输送介质的不同而分为清水泵、油泵和耐腐蚀泵等。

4. 离心泵的主要工作参数

离心泵的主要工作参数包括：流量、扬程、功率、效率、转速和汽蚀余量等。

1）流量

流量是指泵在单位时间内输送的液体量，通常用体积流量 Q 表示。体积流量常用的单

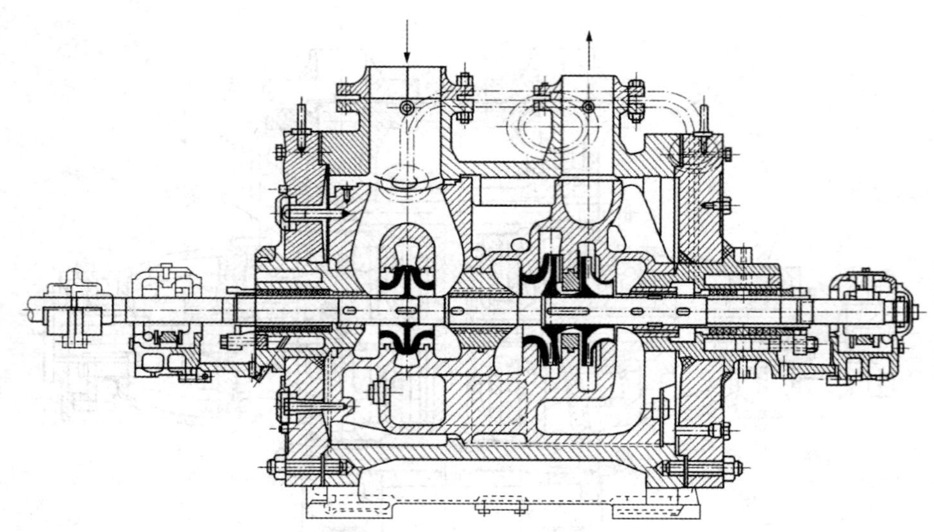

图5-2-6 筒式泵结构

位是 m^3/h、m^3/s 或 L/s，也可以用质量流量 m 表示，其单位为 kg/h 或 kg/s。

质量流量 m 与体积流量 Q 之间的关系为：

$$m = \rho Q \tag{5-2-1}$$

式中 ρ——液体密度，kg/m^3。

2）扬程

泵的扬程是指单位质量液体从泵进口（泵进口法兰）到泵出口（泵出口法兰）的能头增值，也就是单位质量液体通过泵以后获得的有效能头，即泵的总扬程，常用符号 H 表示，单位为 J/kg。在实际生产中，泵的扬程习惯用被输送液体的液柱高度表示。虽然泵扬程的单位与高度单位一样，但不应把泵的扬程简单地理解为液体所能排送的高度，因为泵的有效能头不仅要用来提高液体的位高，而且还要用来克服液体在输送过程中的流动阻力，以及提高输送液体的静压能和速度能等。

在工程应用中，有两种情况需要计算泵的扬程。一种情况是在已知的管路中输送一定的流量时，计算泵所需的扬程。根据泵给单位质量及液体的能头 H 与输送液体所消耗的能头相等的能量平衡方程，可写出计算泵扬程的公式为：

$$H = \frac{p_B - p_A}{\rho} + g(H_B + H_A) + \frac{c_B^2 - c_A^2}{2} + \sum h_f \tag{5-2-2}$$

式中 p_B、p_A——吸液罐和排液罐液面上的压力，Pa；

g——重力加速度，一般取 $9.8m/s^2$；

ρ——被输送液体的密度，这里假设 $\rho_A = \rho_B = \rho =$ 常数，kg/m^3；

H_A、H_B——吸液罐和排液罐液面至泵中心轴线的垂直高度，m；

c_A、c_B——吸液罐和排液罐液面的液体平均流速，m/s；

$\sum h_f$——吸入与排出管内总流动阻力损失，但不计液体流经泵的阻力损失，J/kg。

另一种情况是计算运转中的泵的扬程，这时可写出泵入口与泵出口处液流的能量方程，即：

$$H = \frac{p_D - p_S}{\rho} + gZ_{SD} + \frac{c_D^2 - c_S^2}{2} \quad (5-2-3)$$

式中 p_S、p_D——泵入口和泵出口处的压力，Pa；

Z_{SD}——泵入口中心到泵出口处的垂直距离，m；

c_S、c_D——泵入口和泵出口处的液体平均流速，m/s。

若泵入口和泵出口直径相差很小，根据连续方程有 $c_S \approx c_D$，于是泵的扬程可用式（5-2-4）计算：

$$H = \frac{p_D - p_S}{\rho} + gZ_{SD} \quad (5-2-4)$$

在实际工程应用中，泵的扬程常用米液柱来表示，为此将单位质量的能头除以 g（取 $g = 9.8\text{m/s}^2 = 9.8\text{N/kg}$），则扬程单位变成用 J/N 表示了，即 1N 液体通过泵后获得的有效能头，其单位为 J/N，等价于高度单位 m。若扬程的单位用 m 来表示，则式（5-2-2）、式（5-2-3）和式（5-2-4）变为：

$$H = \frac{p_B - p_A}{\rho g} + (H_B + H_A) + \frac{c_B^2 - c_A^2}{2g} + \sum h_f \quad (5-2-5)$$

$$H = \frac{p_D - p_S}{\rho g} + Z_{SD} + \frac{c_D^2 - c_S^2}{2g} \quad (5-2-6)$$

$$H = \frac{p_D - p_S}{\rho g} + Z_{SD} \quad (5-2-7)$$

以 m 为单位表示的扬程 H 和压差 Δp 的换算关系为：

$$\Delta p = \rho g H \quad (5-2-8)$$

3）转速

泵的转速是指泵轴每分钟旋转的次数，用符号 n 表示，单位为 r/min。

4）功率

功率是指单位时间内所做的功，如果在 1s 内把 1N 的物体提高 1m 的高度，这时就对物体做了 1N·m 的功，即功率等于 1N·m/s 或 1W。单位瓦（W）在工程上使用太小，常用千瓦（kW）来表示。

泵的功率分为输入的轴功率 N 和输出的有效功率 N_e。有效功率表示在单位时间内泵输送出去的液体从泵中获得的有效能头。因此，泵的有效功率为：

$$N_e = \frac{\rho H Q}{1000} \quad (5-2-9)$$

式中 ρ——液体密度，kg/m³；

H——扬程，J/kg；

Q——体积流量，m³/s。

5）效率

效率是衡量离心泵工作经济性的指标，用符号 η 表示。由于泵在工作时，泵内存在各种损失（如其运动部件间产生相对摩擦而消耗一定的功率），所以不可能将驱动机输入的功率全部转变为液体的有效功率。轴功率 N 与有效功率 N_e 之差即为泵内损失功率，其大小用泵效率来量衡。因此，泵的效率 η 等于有效功率与轴功率之比，表达式为：

$$\eta = \frac{N_e}{n} \times 100\% \tag{5-2-10}$$

除上述 5 个参数外，还有汽蚀余量 Δh_r、吸入真空度 H_s 和比转数 n_s 等。这些参数将在本节的第四部分中介绍。

二、离心泵的基本方程式

本节主要研究叶轮与流体之间能量的传递过程，确定泵使液体获得多少有效能头。

液体在叶轮中获得能头，首先表现为液体流速大小和流动方向的改变，因此，先分析液体在叶轮流道中的流动规律。

1. 液体在叶轮中的流动——速度三角形

液体沿轴向进入叶轮中心，然后沿径向流出叶轮，再流入泵的压液室内。液体在叶轮流道内的流动情况较为复杂。它在流过叶轮的同时又被叶轮的叶片强迫着一起转动，给研究和分析带来困难。为了便于从理论上进行分析，给出以下两点假设：

（1）通过叶轮的液体是理想液体，即液体在叶轮内流动时无任何能量损失。

（2）液体在叶片间的流动呈轴对称，即每一液体质点在流道内的相对运动轨迹与叶片曲线的形状完全一致，在同一半径的圆周上，液体质点的相对速度大小相同，其液流角相等。液体的这种相对运动，只有当叶轮的叶片数为无限多时才能实现，所以假设叶轮是由无限多、无限薄的叶片组成的。

液体在叶轮中的流动是一种复杂的运动。根据理论力学知识，当研究液体在叶轮中的运动时，可取动坐标系与叶轮系为一体，则叶轮的旋转运动就是牵连运动。当观察者与叶轮一起旋转时所看到的液体运动（相当于液体流经静止叶轮时的流动）就是相对运动。这样，液体在叶轮中流动时的复杂运动便可以由液体的旋转运动和相对运动合成。

液体质点相对运动的速度称为相对速度，用矢量 $\boldsymbol{w}$ 表示。在无限多叶片的假设下，相对速度方向与叶片方向一致，即与叶片相切，如图 5-2-7（a）所示。

液体质点的牵连速度指与所求液体质点瞬时重合的点的叶轮圆周速度，用矢量 $\boldsymbol{u}$ 表示，其方向垂直于叶轮圆半径，指向叶轮旋转方向，如图 5-2-7（b）所示。

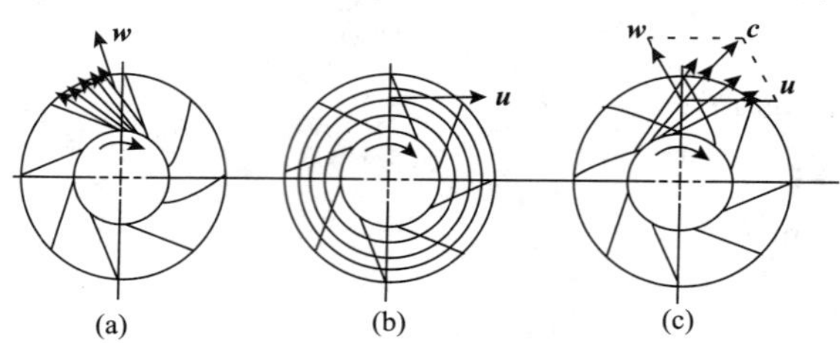

图 5-2-7　液体在叶轮中的流动

液体质点相对于静止的壳体的运动速度称为绝对速度，用矢量 $\boldsymbol{c}$ 表示，其大小和方向由圆周速度和相对速度的矢量合成而决定，如图 5-2-7（c）所示。

$$\boldsymbol{c} = \boldsymbol{u} + \boldsymbol{w} \tag{5-2-11}$$

由此，我们可以作出叶轮中任意液体质点的三个速度矢量 $\boldsymbol{w}$、$\boldsymbol{u}$ 和 $\boldsymbol{c}$。这三个速度矢量组成一个封闭的三角形，称为速度三角形，如图 5-2-8 所示。

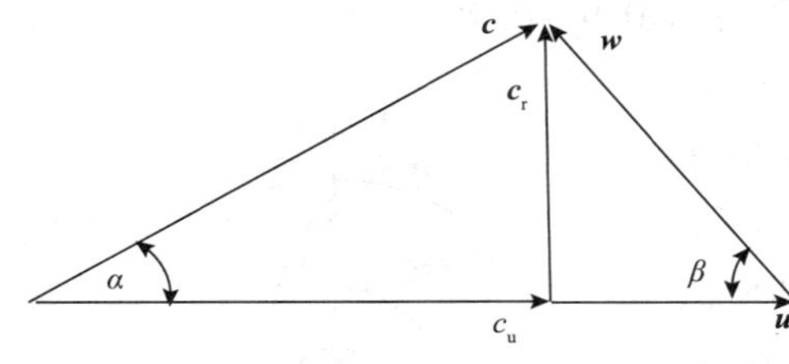

图 5-2-8　速度三角形

表示液体在叶轮中运动速度大小和方向的速度三角形，直接反映了液体在叶轮流道内的运动规律，因此，它是研究叶片式机器能量传递的重要工具。其中，叶轮叶片进口和出口处的速度三角形将是我们研究问题的重点。

为以后计算方便，常常把绝对速度 $\boldsymbol{c}$ 分解成两个分量。一个是与圆周速度 $\boldsymbol{u}$ 垂直的分量，以 $\boldsymbol{c}_r$ 表示，称为液流绝对速度的径向分速（或称轴面速度）；另一个是与圆周速度 $\boldsymbol{u}$ 平行的分量，以 $\boldsymbol{c}_u$ 表示，称为液流绝对速度的周向分速，如图 5-2-8 所示。

在以后的讨论中，上述各速度除分别用已述符号表示外，其液流速度间的夹角与叶轮的几何参数分别用下列符号表示：

α——液流绝对速度与圆周速度间的夹角；

β——液流角，即液流相对速度与圆周速度反方向间的夹角；

β_A——叶片角，即叶片在该点的切线与圆周速度反方向间的夹角（在理想情况下，$\beta_A = \beta$，在叶轮出口处的叶片角 β_{2A} 又常叫做叶片的离角）；

D——叶轮直径，m；

b——叶轮轴面流道宽度，m；

z——叶片数目。

此外，还采用下角标 1、2 等分别表示叶片进口、叶片出口处的参数，采用下标∞来表示液体在叶片数无限多的叶轮中流动时的参数。

下面以叶片数无限多的理想叶轮为例来说明叶轮叶片进口、出口处速度三角形的作法。

要作一个速度三角形，起码应知道三个条件。一般速度三角形的底边 $\boldsymbol{u}$ 只与叶轮的尺寸 D 及工作转速 n 有关，其值可按式（5-2-12）计算：

$$\boldsymbol{u} = \pi D n \tag{5-2-12}$$

速度三角形的高 $\boldsymbol{c}_r$ 只与流量和叶轮流道的通流面积有关。假设叶片为无限多、无限薄的叶轮径向分速 $\boldsymbol{c}_{r\infty}$ 与考虑叶片厚度影响后的径向分速 $\boldsymbol{c}_r$ 相等，则其大小可用式（5-2-13）计算：

$$\boldsymbol{c}_{r\infty} = \boldsymbol{c}_r = \frac{Q_T}{\pi D b \tau} \tag{5-2-13}$$

式中　Q_T——不计漏损时的理论流量，m^3/s；

τ——叶片的阻塞系数。

叶片阻塞系数反映叶片厚度对叶轮通流面积的影响。叶轮出口处的阻塞系数 τ_2 一般可按式（5－2－14）计算（见图5－2－9）：

$$\tau_2 = \frac{\pi D_2 - \dfrac{z\delta_2}{\sin\beta_{2A}}}{\pi D_2} \tag{5-2-14}$$

式中 δ_2——叶轮出口处的叶片厚度，一般情况下，$\tau_2 = 0.9 \sim 0.95$。

此外，还要知道一个条件才能将速度三角形作出。对叶道进口处点1的速度三角形，这个条件常常是液体进入叶道时的周向分速 $\boldsymbol{c}_{1u}$。当泵具有如图5－2－1所示的轴向收缩管状的吸液室时，它一般不会使流过的液体产生绕轴旋转，所以可以认为进入叶道时液体无预旋，即 $\boldsymbol{c}_{1u}=0$。对叶道出口处点2的速度三角形，若为理想叶轮，则液流相对速度的方向 β_2 与出口处叶片角 β_{2A} 一致。有了这些补充条件，叶轮流道进口、出口处的速度三角形就可作出来了。

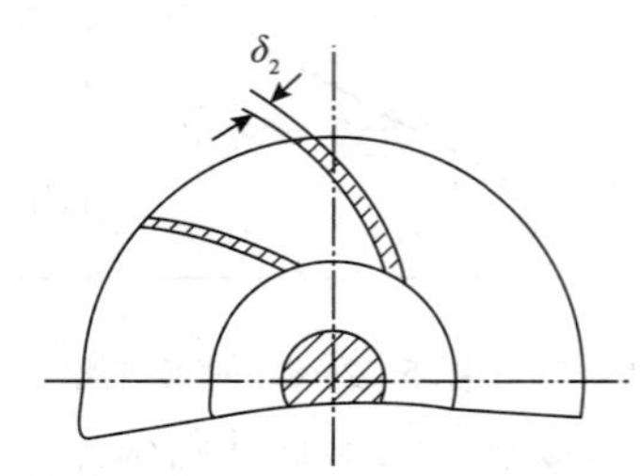

图5－2－9 叶片厚度影响的阻塞系数

2. 离心泵的基本方程式

了解了液体在叶轮内流动的特点，就可以深入研究叶轮是如何将驱动机的能量传给液体的，以及液体获得的能头大小与哪些因素有关。常用的方法是利用基本能量方程建立叶轮对液体所做的功与液体运动状态变化之间的关系。基本能量方程可用动量矩定理推导。

根据动量矩定理，质点系对某一轴线的动量矩对时间的导数，等于作用于该质点系各外力对该轴的力矩之和，即：

$$\frac{\mathrm{d}L_O}{\mathrm{d}t} = M_O \tag{5-2-15}$$

式中 L_O——液流对 O 轴的动量矩；

M_O——各外力对 O 轴的力矩之和。

取叶轮轴为 O 轴。为了计算叶轮中液流的动量矩对时间的导数 $\frac{\mathrm{d}L_O}{\mathrm{d}t}$，取叶轮前后盖板及叶片进、出口边之间所包围的液体来分析。设在某瞬间 t 时充满两叶片 $ABCD$ 间的液体，在瞬时 $t+\mathrm{d}t$ 时流到 $A'B'C'D'$ 的位置，如图5－2－10所示。在正常流动条件下，两叶片间 $A'B'CD$ 部分液流的动量矩是不变的，因此，在上述两瞬间，这部分液流动量矩的增值仅为 $ABB'A'$ 和 $CDD'C'$ 两部分液流动量矩之差。因为 $ABB'A'$ 和 $CDD'C'$ 分别为在 $\mathrm{d}t$ 时间内流入及流出叶轮的液体量，根据流体的连续性方程，这两部分液流的质量应相等，即 $m_{ABB'A'} = m_{CDD'C'}$。又知 $ABB'A'$ 部分的液流速度是叶轮流道进口处的流速 c_1，$CDD'C'$ 部分的液流速度是叶轮出口处的流速 c_2。就整个叶轮来说，$\mathrm{d}t$ 时间内流过叶轮的流体质量为：

$$\sum m_{ABB'A'} = \sum m_{CDD'C'} = \rho Q_T \mathrm{d}t \tag{5-2-16}$$

则在 $\mathrm{d}t$ 时间内流过叶轮的液流动量矩的变化值应是液流出口与入口动量矩之差，即：

$$dL_O = \rho Q_T dt(c_{2\infty} l_2 - c_{1\infty} l_1) \tag{5-2-17}$$

式中　l_1、l_2——$c_{1\infty}$及$c_{2\infty}$对O轴的垂直距离。

由图5-2-11可知，$l_1 = r_1\cos\alpha_1$，$l_2 = r_2\cos\alpha_2$。r_1、r_2分别为叶轮叶片进口、出口处的半径。

由此可以求出叶轮中液体的动量矩对时间的导数为：

$$\frac{dL_O}{dt} = \rho Q_T(c_{2\infty} r_2\cos\alpha_2 - c_{1\infty} r_1\cos\alpha_1)$$

它应等于各外力对O轴的力矩之和，即：

$$M_O = \frac{dL_O}{dt} = \rho Q_T(c_{2\infty} r_2\cos\alpha_2 - c_{1\infty} r_1\cos\alpha_1) \tag{5-2-18}$$

在这里，力矩之和M_O就是在流量为Q_T时轴的作用力矩，即驱动机输入的做功力矩。由驱动机传给叶轮的功率为：

$$N_{T\infty} = M_O\omega$$

式中　ω——驱动机角速度（即叶轮的旋转角速度），rad/s。

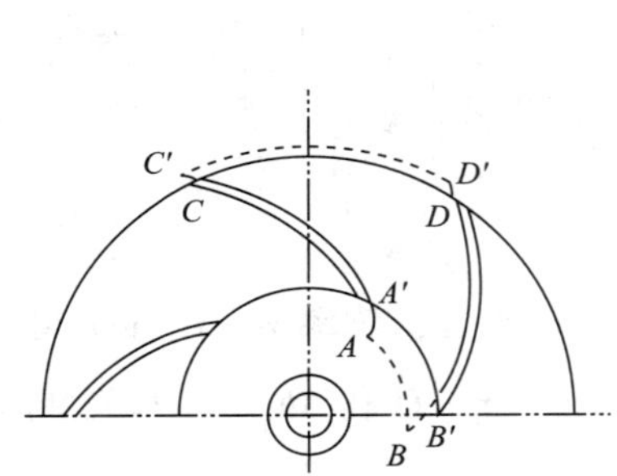

图5-2-10　动量矩定理在离心泵中的应用

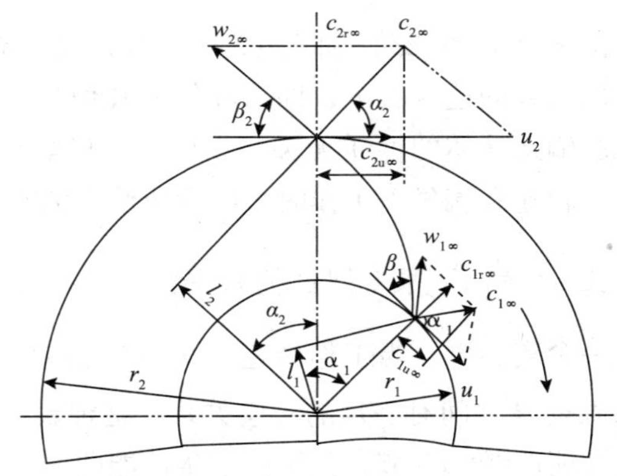

图5-2-11　叶轮叶片进、出口速度三角形

在理想情况下，液体所得到的功率为：

$$N'_{T\infty} = \rho Q_T = H_{T\infty}$$

式中　$H_{T\infty}$——叶轮叶片数为无限多的情况下的理论扬程，J/kg。

在理想情况下，认为泵内无能量损失，因此$N_{T\infty} = N'_{T\infty}$，即：

$$M_O\omega = \rho Q_T$$

$H_{T\infty}$也即：

$$H_{T\infty} = \frac{M_O\omega}{\rho Q_T} \tag{5-2-19}$$

将式（5-2-18）代入式（5-2-19）得：

$$H_{T\infty} = \omega\ (c_{2\infty} r_2\cos\alpha_2 - c_{1\infty} r_1\cos\alpha_1) \tag{5-2-20}$$

因为

$$u = r\omega \qquad c_u = c\cos\alpha$$

所以

$$H_{T\infty} = u_2 c_{2u\infty} - u_1 c_{1u\infty} \tag{5-2-21}$$

或以米液柱高度表示为：

$$H_{T\infty} = \frac{1}{g}(u_2 c_{2u\infty} - u_1 c_{1u\infty}) \tag{5-2-22}$$

式（5-2-21）称为离心泵的理论扬程方程式（或称欧拉公式），是适用于一切离心式机械的基本方程式。

对采用轴向吸入室的离心泵，液流进入叶轮流道时无预旋，即 $c_{1u\infty}=0$。对蜗形吸入室的离心泵，虽然其 $c_{1u\infty}\neq 0$，但通常 $u_1c_{1u\infty}$ 远小于 $u_2c_{2u\infty}$，故式（5-2-21）可简化为：

$$H_{T\infty} = u_2 c_{2u\infty} \tag{5-2-23}$$

或

$$H_{T\infty} = \frac{1}{g}u_2 c_{2u\infty} \tag{5-2-24}$$

由式（5-2-23）和式（5-2-24）可以看出：理论扬程 $H_{T\infty}$ 的大小只与液流在叶道进、出口处的速度有关，即与叶轮的几何尺寸（D、β）、工作转速 n 和流量 Q_T 有关，而与泵所输送液体的性质无关。用同一个叶轮输送不同性质的流体（如水、油或空气等），在同一转速和流量下工作时，叶轮所给出的理论扬程值（用米液柱表示）是相同的。

三、离心泵的性能曲线

一台离心泵，当工作转速 n 为一定值时，其扬程 H、功率 N、效率 η、汽蚀余量 Δh_r 与泵流量 Q 之间有一定的对应关系。这种表示 $H-Q$、$N-Q$、$\eta-Q$ 和 Δh_r-Q 的关系曲线称为性能曲线。本节先分析前三条性能曲线。

当不考虑泵内各种损失的影响时，扬程 $H_{T\infty}$ 与流量 Q_T 的关系如图 5-2-24 所示，即泵的理论扬程性能曲线。根据叶片无限多的叶轮理论扬程方程式 $H_{T\infty}=u_2c_{2u\infty}$，以及 $c_{2u\infty}=u_2-c_{2r\infty}\cot\beta_{2A}$，$c_{2r\infty}=\dfrac{Q_T}{\pi D_2 b_2 \tau_2}$，可得到：

$$H_{T\infty} = u_2^2 - u_2\cot\beta_{2A}\frac{Q_T}{\pi D_2 b_2 \tau_2} \tag{5-2-25}$$

若得到理论功率 N_T 与理论流量 Q_T 的关系曲线，可将式（5-2-25）代入 $N_T=\rho Q_T H_{T\infty}$ 中，故有：

$$N_T = \rho Q_T\left(u_2^2 - u_2\frac{\cot\beta_{2A}}{\pi D_2 b_2 \tau_2}Q_T\right) = \rho A Q_T - \rho B Q_T^2$$

由式（5-2-25）可知，N_T-Q_T 关系曲线是一条与 β_{2A} 有密切关系的二次抛物线。对于 $\beta_{2A}<90°$ 的后弯叶片型叶轮，这条抛物线的原点为 $Q_T=0$，$N_T=0$；另一端点为 $H_{T\infty}$，$N_T=0$，如图 5-2-12 所示。

离心泵的理论效率 η_T 与理论流量 Q_T 的关系曲线，在不计泵内损失的理想情况下，$\eta_T - Q_T$性能曲线必为一条水平直线。

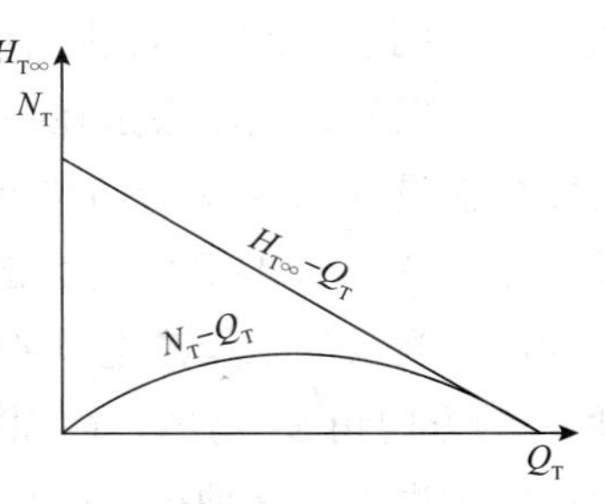

图 5-2-12　$\eta_T - Q_T$ 性能曲线

然而，离心泵内是存在各种损失的，对上述理论性能曲线有明显的影响。所以，下面讨论各种损失的影响，以及对理论性能曲线作必要的修正，定性地得出实际性能曲线。

1. 离心泵中的各种损失

液体从泵入口流到泵出口的过程中，通常存在下列三种损失。

1）流动损失

离心泵内的流动损失包括摩擦阻力损失和冲击损失等。

（1）摩擦阻力损失（摩阻损失）。

指液体流经吸入室、叶轮流道、蜗壳和扩压管（或导叶）时的沿程摩擦阻力损失以及液流因转弯、突然收缩或扩大等所产生的局部阻力损失。由流体力学可知，当有黏滞性的非理想流体沿固体壁面流动时，流体流场可分为两个区域，紧靠壁面且很薄的一层称为边界层。在边界层中必须考虑流体的黏性力，边界层中的流动可看成黏性流体的有旋流动。边界层虽然很薄，但沿其厚度方向流体速度急剧变化，严重地影响着流体流动过程中的能量损失及流体与壁面间的热交换等。实验证明，流体的摩阻损失集中在边界层中。在边界层以外的中心部分，黏性力很小，可以看作是理想流体的无旋流动。

摩阻损失能头 h_f 通常用达西公式计算，即：

$$h_f = \lambda \frac{l}{d} \frac{c^2}{2g}$$

式中　λ——沿程阻力系数。

λ 与 Re、流道表面相对粗糙度有关。在流体力学中，按尼古拉兹实验曲线选取。

由于泵内液体流速很大，当进入阻力平方区以后，可认为 λ 为一常数。因此，把全部摩阻损失看成与速度平方，即与流量的平方成正比，用简单的式子来表示为：

$$h_f = c_{k1} Q^2 \qquad (5-2-26)$$

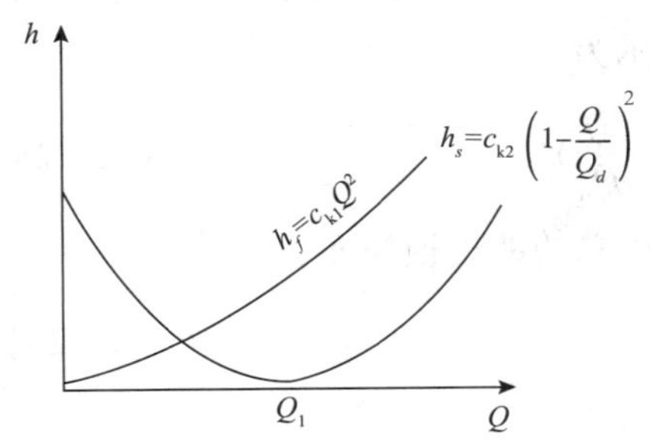

图 5-2-13　流动损失曲线

式中　c_{k1}——与流道表面粗糙度及过流面积有关的系数。

将式（5-2-26）用曲线表示，是一条过坐标原点的二次抛物线，如图 5-2-13 所示。

（2）冲击损失，用 H_s 表示。

当液流进入叶道（或导叶流道）时，液流相对运动方向角 β_1 与叶片进口角 β_{1A} 不一致，以及液体离开叶轮进入转能装置的液流角 α_2 与转能装置中叶片

第五编 CHAPTER FIVE 设备

角 α_{3A}不一致，而产生冲击所引起的能量损失，称为冲击损失，用 H_g 表示。

众所周知，离心泵是在一定流量下设计的，叶轮叶片进口角 β_{1A}是按设计工况计算的，所以泵在设计流量 Q_d 下工作时，液体进入叶轮叶片的液流角 β_1与叶片角 β_{1A}相符，在叶片进口速度三角形 ABC 中（见图 5-2-14），$\beta_1=\beta_{1A}$，则液流能平缓地进入叶轮流道，不产生冲击。当泵的工作流量 $Q\neq Q_d$ 时，例如 $Q<Q_d$，进口速度三角形变为 ABD，这时相对速度 w_1'的方向角 $\beta_1'<\beta_{1A}$，因而液流便冲向叶片的工作面，在非工作面上产生旋涡，造成很大的能量损失，这种损失就是冲击损失。

同理，当工作流量 Q 偏离设计流量 Q_d 时，叶轮出口（即导叶入口）液流的速度三角形为 A_{BC}'，进入导叶的液流角 α_2'与导叶入口叶片角 α_{3A}'不相符，如图 5-2-15 所示，这时便产生冲击损失。

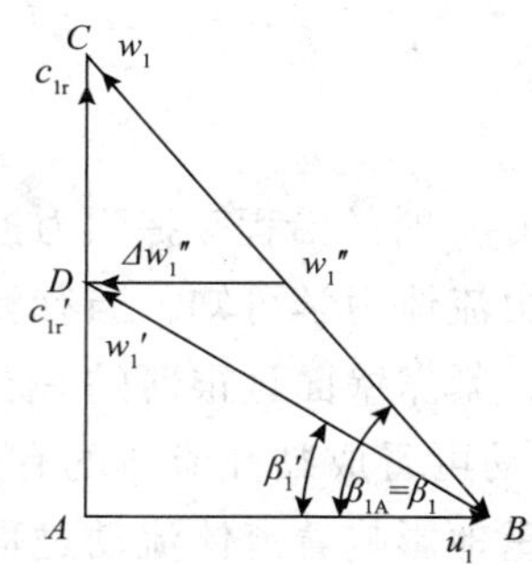

图 5-2-14　冲击损失示意图

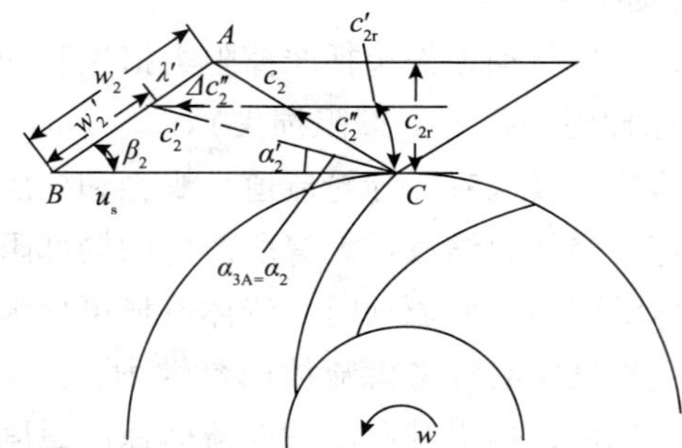

图 5-2-15　导叶进口处速度三角形

为计算冲击损失，将 w_1'分解为 w_1 方向的分量 w_1''与 u_1 方向的分量 $\Delta w_1''$（见图 5-2-14）。$\Delta w_1''$即为造成冲击损失的相对速度，其大小可表示为：

$$\Delta w_1''=w_1'-w_1''=(c_{1r}-c_{1r}')\cot\beta_{1A}$$

由流体力学可知，冲击损失 h_{s1}可用式（5-2-27）表示：

$$h_{s1}=\zeta_s\frac{\Delta w_1''^2}{2}=\zeta_s\frac{(c_{1r}-c_{1r}')^2}{2}\cot^2\beta_{1A}=\zeta_s'(1-\frac{Q}{Q_d})^2 \qquad (5-2-27)$$

式中　ζ_s、ζ_s'——冲击损失系数。

同样，可将 c_2'分解为 c_2''及 $\Delta c_2''$。c_2''的方向与 c_2 一致（见图 5-2-15），不产生冲击。$\Delta c_2''$与导叶内径相切，引起进入导叶的冲击损失，可表示为：

$$h_{s2}=\zeta_s\frac{\Delta c_2''^2}{2}=\zeta_s\frac{u_2^2}{2}(1-\frac{Q}{Q_d})^2 \qquad (5-2-28)$$

将式（5-2-27）与式（5-2-28）合并，即得泵内总的冲击损失 h_s：

$$h_s=c_{k2}(1-\frac{Q}{Q_d})^2 \qquad (5-2-29)$$

式中　c_{k2}——与冲击损失系数及过流面积有关的系数。

式（5-2-29）可用曲线表示，如图 5-2-20 所示。由图 5-2-20 看出：在设计流量时没有冲击损失；与设计工况点偏离越多，即工作流量小于或大于设计流量越多，冲击损失越大。冲击损失的大小与叶片角 β_{1A} 和液流角 β_1 间的差值 $\Delta\beta$ 有关。$\Delta\beta$ 称为冲角，其定义为 $\Delta\beta=\beta_{1A}-\beta_1$。当 $Q<Q_d$ 时，$\Delta\beta>0$，叫正冲角；当 $Q>Q_d$ 时，$\Delta\beta<0$，叫负冲角。这时，液流冲击叶片的非工作面，旋涡区发生在工作面上。一般认为，在正冲角时，冲击损失系数 ζ_s 比负冲角时的冲击损失系数大 10 ~ 13 倍。

2）流量损失

由于泵的转动部件与静止部件之间有间隙，当泵工作时，使间隙两侧的液体因获得不同能头而产生压力差，造成部分液体从高压侧通过间隙向低压侧泄漏，这种损失称为泄漏损失或流量损失。

泄漏损失主要发生在叶轮口环与泵壳间的间隙（见图 5-2-16），多级泵级间导叶隔板与轴套之间处，轴向力平衡装置与泵壳间的间隙处，轴封处的间隙等。所以，流入叶轮的理论流量 Q_T 不可能全部从泵出口排出，总会有一小部分漏损。如果以 q 表示漏损流量，则漏损流量与扬程 H 有关。实践证明，$q=f(H)$ 表示一条二次曲线。因一般 q 值很小，故曲线较陡，如图 5-2-17 所示。

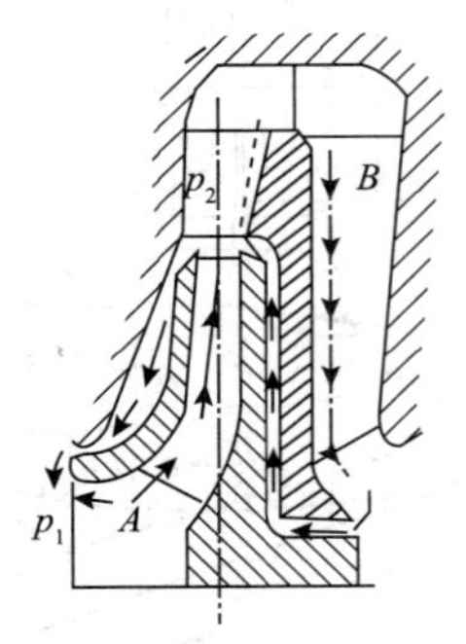

图 5-2-16　泵内液体的泄漏图

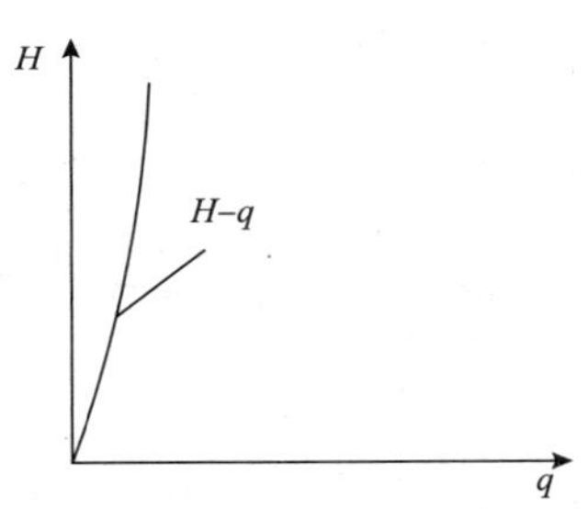

图 5-2-17　$q-H$ 关系曲线

3）机械损失

机械损失主要指叶轮外盘面与液体之间因摩擦而引起的圆盘摩擦损失，泵轴与填料密封件之间的摩擦损失，以及轴与轴承之间的摩擦损失等。

轴承和密封的摩擦损失与轴承和密封的结构以及输送流体的性质有关，但其值相对其他各项损失较小，仅约为轴功率的 1% ~5%。

在机械损失中，圆盘摩擦损失最大。所谓圆盘摩擦损失，是当叶轮在充满液体的泵壳中转动时，靠近叶轮外表面的液体被叶轮带着转动，其圆周速度与叶轮上相应点的圆周速度大致相同；而靠近泵壳的液体的圆周速度很小，紧贴泵壳的液体的圆周速度为零。因此，自壳壁至叶轮外表面的间隙中，液体的圆周速度是不均匀的，如图 5-2-18所示，故有摩擦力存在。为了克服摩擦力，必然消耗功。此外，由于沿 $A-A$ 截面液体的圆周速度不同，

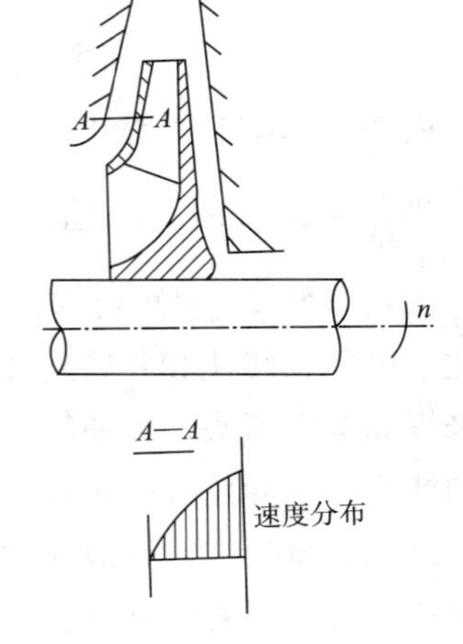

图 5-2-18　轮阻损失示意图

因而离心力也不同，形成旋涡回流运动，增加功耗。由摩擦和旋涡消耗的总功也称为轮阻损失 h_{df}。

轮阻损失借助于封闭在机壳内的等厚度圆盘的旋转实验所得到的数据来进行计算。厚度为 e、外径为 D_2 的圆盘总摩擦功率，即轮阻损失功率 N_{df} 为：

$$N_{df} = K_{df}\rho g D_2^2\left(\frac{u_2}{100}\right)\left(1 + \frac{5e}{D_2}\right) \tag{5-2-30}$$

式中　K_{df}——轮阻损失计算系数。

K_{df} 与雷诺数 Re、相对壁侧间隙 $\frac{B}{D_2}$（B 为圆盘与壳壁之间宽度），以及圆盘表面粗糙度等有关，可由圆盘实验得出，如图 5-2-19 所示。

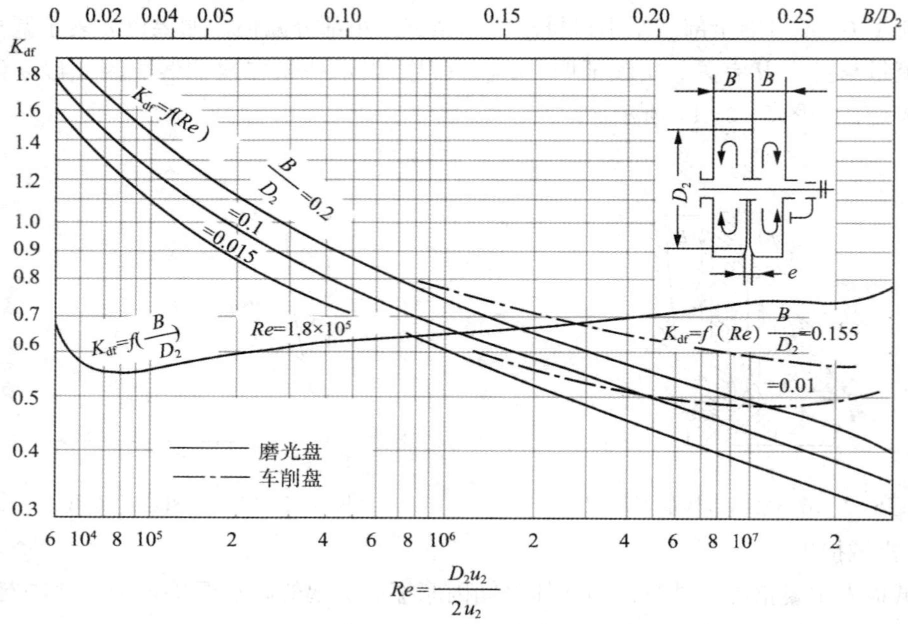

图 5-2-19　轮阻损失计算系数 K_{df} 与 $\frac{B}{D_2}$ 间的实验曲线

由图 5-2-19 可看出，当 $Re > 10^6$ 后，随 Re 的增大，磨光圆盘 K_{df} 比车削圆盘 K_{df} 小得多；当 $\frac{B}{D_2} \approx 0.22$ 时，K_{df} 值最小，即 $\frac{B}{D_2} \approx 0.22$ 为最佳侧隙值。

由式（5-2-30）可知，轮阻损失与圆周速度的三次方成正比，与叶轮外径的平方成正比。因此，转速和叶轮外径越大，轮阻损失也就越大。所以，用增加叶轮外径 D_2 的办法来提高单级能头，会使轮阻损失急剧增加，使效率大为降低。如果增加转速，在产生相同的能头时，叶轮外径可以减小，轮阻损失增加不大，效率下降不多，甚至不降低。

上述机械损失，在液体性质、叶轮和轴承结构、转速等一定的情况下，几乎与泵的流量无关，可近似看作常数。

2. 离心泵的各种功率和效率

泵的轴功率 N 和有效功率 N_e 已在第一节里介绍过。这里仅简述以下几种功率和效率。

1）水力功率和水力效率

离心泵的水力功率是指单位时间里泵的叶轮给出的能量，用 N_h 表示。其值可按式(5-2-31)计算：

$$N_h = \rho Q_T H_T \tag{5-2-31}$$

当不考虑泵内流动损失时，流经泵的液体获得了理论扬程 H_T。但因泵内有流动损失，叶轮给出的能量不能全部为液流获得，仅获得了有效扬程 H。显然，H 应等于 H_T 与流动损失能头 h_f 和 h_s 之差。为衡量流动损失大小的影响，通常用水力效率 η_h 来表示，即：

$$\eta_h = \frac{H}{H_T} = \frac{H_T - h_f - h_s}{H_T}$$

于是有：

$$H = \eta_h H_T = \eta_h \mu H_{T\infty} = \eta_h \mu u_2 c_{2u\infty} \tag{5-2-32}$$

2）容积效率

衡量离心泵泄漏量大小的指标常用容积效率 η_v 表示。在数值上，η_v 等于实际流量 Q 与理论流量 Q_T 之比，即：

$$\eta_v = \frac{Q}{Q_T} = \frac{Q_T - q}{Q_T}$$

于是有：

$$Q = \eta_v Q_T = \pi \eta_v D_2 b_2 \tau_2 c_{2r\infty} \tag{5-2-33}$$

3）机械损失功率与机械效率

机械摩擦损失功率包括三部分：轮组损失功率 N_{df}，轴封处摩擦损失功率 ΔN_2，轴和轴承间的摩擦损失功率 ΔN_3。总的机械损失功率 N_m 为：

$$N_m = N_{df} + \Delta N_2 + \Delta N_3$$

离心泵的轴功率 N 为水力功率 N_h 与机械摩擦损失功率 N_m 之和。为衡量机械摩擦损失的大小，通常采用机械效率 η_m 来表示，即：

$$\eta_m = \frac{N_h}{N} = \frac{N - N_m}{N}$$

4）泵效率

离心泵的总效率 η 等于有效功率 Ne 与轴功率 N 之比，即：

$$\eta = \frac{N_e}{N} = \frac{N_e N_h}{N_h N} = \frac{\rho Q H}{\rho Q_T H_T} \frac{N_h}{N} = \eta_V \eta_h \eta_m \tag{5-2-34}$$

式（5-2-34）表明，泵的总效率 η 等于容积效率 η_V、水力效率 η_h 和机械效率 η_m 三者的乘积，因此，要提高泵的效率就必须在设计、制造和运行等各方面注意减少机械损失、容积损失和流动损失。目前，离心泵的各种效率参考值见表5-2-1。

表 5-2-1 不同类型泵的效率

		η_V	η_h	η_m
大流量泵		0.95～0.98	0.95	0.95～0.97
小流量	低压泵	0.90～0.95	0.85～0.90	0.90～0.95
	高压泵	0.85～0.90	0.80～0.85	0.85～0.90

3. 离心泵的实际性能曲线

由于泵中各种损失的影响，泵的理论性能曲线与实际性能曲线存在明显的差别。目前，泵内流动损失还难以计算，所以还不可能用计算方法来确定泵的实际性能曲线，只能用定性分析方法了解各种损失对理论特性的影响，从而确定实际性能曲线的形状。对后弯叶片型叶轮的离心泵，在恒定转速和一定尺寸情况下，来分析从理论性能曲线到实际性能曲线的变化。

1）$H-Q$ 性能曲线

先把叶片数无限多、$\beta_{2A}<90°$的后弯叶片型叶轮的 $H_{T\infty}-Q_T$ 性能曲线画在图 5-2-20 中，同时将流动损失曲线画在图 5-2-20 的横坐标轴的下方，以及将图 5-2-17 所示的 $q-H$关系曲线画在纵坐标轴的左方。

对于叶片数有限的实际叶轮，由于轴向涡流的影响，其理论扬程 $H_T=\mu H_{T\infty}$，μ 值一般与流量无关，$\mu<1$，所以同一流量下 $H_T<H_{T\infty}$，则 H_T-Q_T 曲线是一条位于 $H_{T\infty}-Q_T$ 下面的斜直线，如图 5-2-20 所示。

当考虑泵内流动损失后，则 $H=H_T-h_f-h_s$，故应从 H_T-Q_T 的纵坐标值中减去同一流量下对应的摩擦阻力损失 h_f 和冲击损失 h_s 得到 $H-Q_T$ 曲线，如图 5-2-20 所示。

为最后得到离心泵的 $H-Q$ 性能曲线，应在 $H-Q_T$ 曲线的横坐标上减去同一扬程下对应的漏损量 q 值。减去 q 值的方法是：从 $q-H$ 曲线上的任意点 A 作水平线交纵坐标轴于 B 点及 $H-Q_T$ 性能曲线的 C 点，即当扬程为 H 时，漏损量 q 之大小为 AB。自 C 点沿水平线向左取 $CD=AB$，即 $CD=q$，则 D 点为考虑流量漏损后的实际扬程曲线上的一点。用同样的方法作出很多点，将这些点连成光滑曲线，即泵的实际 $H-Q$ 性能曲线。

2）$N-Q$ 性能曲线

同样，先把后弯叶片型叶轮的理论功率和理论流量性能曲线 N_T-H_T 画在图 5-2-21 中（在理想情况下，$N_T=N_e=N_h$，故为 N_h-Q_T 曲线），并且将 $q-H$ 关系曲线画在图 5-2-21的纵坐标轴的左方。

由于离心泵的轴功率 N 等于水力功率 N_h 与机械摩擦损失功率 N_m 之和，即 $N=N_h+N_m$。而 N_m 的大小与泵的流量基本无关，故将 N_h-Q_T 曲线各点向上移动 N_m 后，就得到泵的轴功率与理论流量 Q_T 的关系曲线 $N-Q_T$（见图 5-2-21）。为了得到离心泵的轴功率 N 与实际流量 Q 之间的关系曲线 $N-Q$，要考虑泄漏量 q 的影响，为此，将 $H-Q_T$ 曲线也画在图 5-2-21 上，然后采用与扬程性能曲线减去 q 的方法，从 $N-Q_T$ 各点横坐标上减去各自对应的 q，最后可得到恒定转速下的 $N-Q$ 性能曲线。

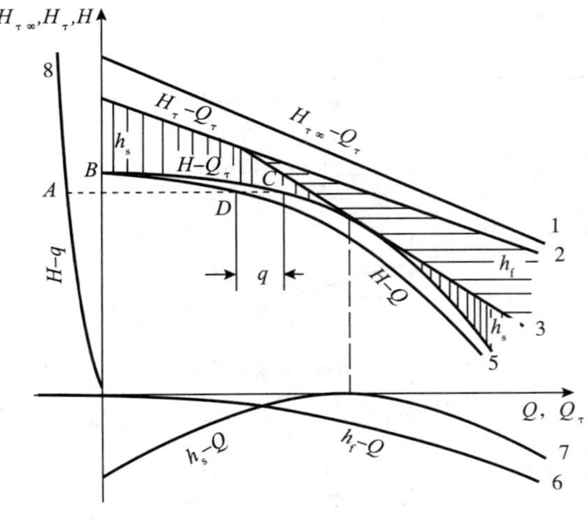

图 5-2-20　$H-Q$ 性能曲线分析

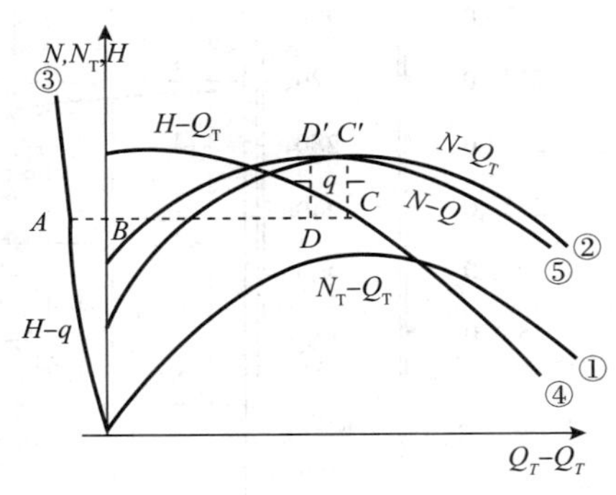

图 5-2-21　$N-Q$ 性能曲线分析

3）$\eta-Q$ 性能曲线

当作出了 $H-Q$ 和 $N-Q$ 性能曲线后，就不难作出泵的效率 η 和流量 Q 间的关系曲线 $\eta-Q$。因为

$$\eta=\frac{N_e}{N}=\frac{\rho QH}{N} \tag{5-2-35}$$

将图 5-2-20 和图 5-2-21 中 $H-Q$ 和 $N-Q$ 曲线上各点对应的 H、Q 和 N 值代入式（5-2-35），便得到对应点的 η 值。当 $Q=0$ 时，$\eta=0$；$H=0$ 时，$\eta=0$。这样便可作出 $\eta-Q$性能曲线，如图 5-2-22 所示。

由图 5-2-22 看出，$\eta-Q$ 性能曲线是一条过坐标原点又与横坐标轴相交于 $Q=Q_{max}$ 点的曲线。曲线上最高效率点即为泵的设计工况点。在小于或大于设计工况时，效率都逐渐降低。实际上，当液体流过泵时，必须有能头，故能头 H 不可能下降到零，$\eta-Q$ 曲线也就不可能与横坐标相交。

上述定性分析得到的三条恒定转速下的 $H-Q$、$N-Q$、$\eta-Q$ 性能曲线，在实际工程中是制造厂用实验的方法测出的，并将它们绘在同一坐标图上，通常称为离心泵的基本特性，如图 5-2-23 所示。应当指出，泵制造厂提供的样本上所绘出的特性，都是用清水、在 20℃ 条件下通过实验测定的，因此都是输水特性。当输送液体的黏度、密度等与 20℃ 清水不同时，还需要进行性能曲线的换算。

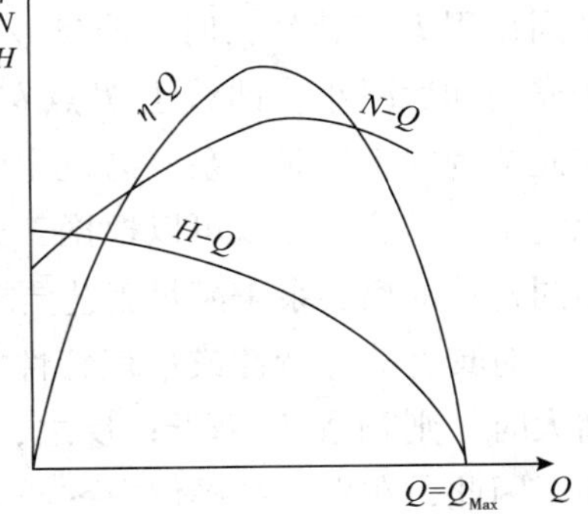

图 5-2-22　$\eta-Q$ 性能曲线分析

4）实际性能曲线的用途

泵的实际性能曲线表明，泵在恒定转速下工作时，对应于泵的每一个流量 Q，必相应地有一个确定的扬程

H、功率 N 和效率 η 等。每条性能曲线都有它自己的用途。

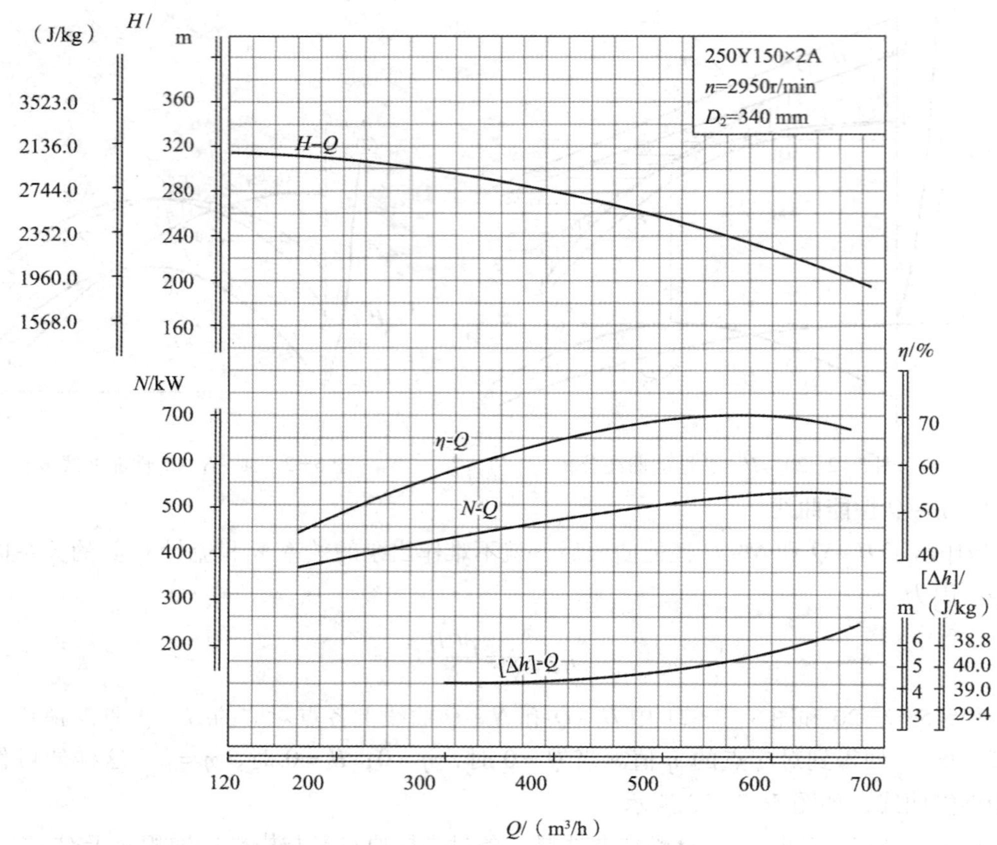

图 5-2-23　某一离心泵的基本特性

（1）离心泵的性能曲线 $H-Q$ 是选择泵和操作使用的主要依据。

$H-Q$ 性能曲线有“陡降”“平坦”及“驼峰”状之分，如图 5-2-24 所示。具有平坦特性的离心泵，其特点是当流量 Q 变化较大时，扬程 H 变化不大；具有陡降特性的泵，则当扬程 H 变化较大时，流量 Q 变化不大；具有驼峰特性的泵，其扬程随流量 Q 的变化是先增加后减小。曲线上 T 点左边为不稳定工况段，在此范围内工作时，泵容易发生喘振，从而影响泵的稳定工作。这样，就可以根据工作特点的不同而选择不同特性的离心泵来满足工艺要求。

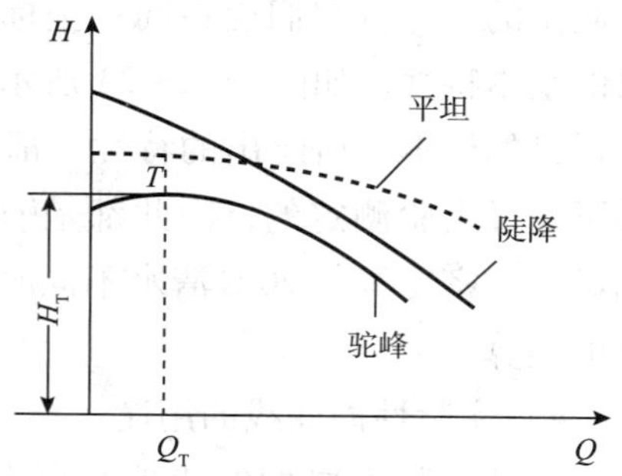

图 5-2-24　三种 $H-Q$ 特性比较

对具有陡降特性或平坦特性的离心泵，当流量 Q 增大时，则扬程 H 降低；反之，当 Q 减少时，H 增加。因此，在离心泵操作中欲调节流量时，就可以用减小或增大扬程 H 来达到。生产上常采用开启或关闭排出口的办法，改变管路局部阻力损失，使管路特性改变，则泵提供的扬程必随之改变。

（2）离心泵的 $N-Q$ 性能曲线是合理选择驱动机功率和操作启动系统的依据。$N-Q$ 特性给出各流量 Q 对应的功率 N 大小，故根据曲线可以选用驱动机的功率。

从 $N-Q$ 性能曲线上还可看出在哪种情况下轴功率最小，则启动时，应选在消耗功率最小的工况下，以减小启动电流，保护电动机。例如，一般离心泵在 $Q=0$ 时轴功率最小，故启动时应关闭排出调节阀。

（3）离心泵的 $\eta-Q$ 性能曲线是确定泵工作经济性的依据。

根据 $\eta-Q$ 特性可知泵在何种工况下工作效率高。在工程上，将泵效率最高点定为额定点，与该点对应的流量、扬程、功率分别称为额定流量 Q_{opt}、额定扬程 H_{opt} 及额定功率 N_{opt}。为了扩大泵的使用范围，各种泵都规定一个良好的工作区（高效区），一般取最高效率以下 7% 范围内诸点所对应的工作点为良好工作区。在某些泵样本上，基本性能曲线只绘出良好工作区。

四、离心泵的汽蚀与吸入特性

根据离心泵工作原理可知，液流是在吸入罐压力 p_A 和叶轮入口最低压力 p_K 间形成的压差（p_A-p_K）的作用下流入叶轮的。叶轮进口处压力 p_K 越低，吸入能力就越大。但若 p_K 降低到某极限值（目前，以液体在输送温度下的饱和蒸汽压力 p_v 为液体汽化压力的临界值）时，就会出现汽蚀现象。汽蚀是水力机械甚至是所有液体流动的系统（如测流孔板等）中特有的一种现象。汽蚀是一种十分有害的现象。特别是对离心泵，当发生汽蚀时，产生噪声和振动，并伴有流量、扬程和效率的降低，有时甚至使离心泵不能运转。所以，需要不断地深入研究汽蚀产生的原因、规律和防止的方法。

1. 汽蚀概念

1）汽蚀现象

在一定的温度和压力条件下，水和汽可以互相转化，这是液体所固有的物理特性。例如，在一个大气压（单位为 atm，$1atm=1.01325\times10^5Pa$）下，100℃的水就会汽化；在水温为 20℃时，汽化压力为 2.4×10^3Pa。同理，当离心泵叶轮入口处的液体压力 p_K 降低到汽化压力 p_v 时，液体就会汽化；同时，还可能有溶解在液体内的气体从液体中逸出，形成大量小气泡，即产生空化。当这些小气泡随液体流到叶轮流道内压力高于临界值的区域时，由于气泡内是汽化压力 p_v，而外面的液体压力高于汽化压力，小气泡在四周液体压力作用下会重新凝结、溃灭。

在叶轮内，当产生的小气泡重新凝结、溃灭时，周围的液体以极高的速度向空化点冲来，液体质点互相撞击形成局部水力冲击，使局部压力可达数百个大气压。气泡越大，其凝结、溃灭时引起的局部水击压强越大。如果这些气泡是在叶轮金属表面附近溃灭的，则液体质点的冲击就连续地打击在金属表面上。这种水力冲击的速度很快，频率高达每秒数千次，甚至几万次，金属表面很快会因疲劳而被剥蚀。若所产生的气泡内还夹杂某种活泼性气体（如氧气等），它们借助于气泡凝结时放出的热量，可使局部温升达 200～300℃，从而对金属起到电化学腐蚀作用，这更加快了金属的破坏速度。上述这种空化、空蚀现象统称为“汽蚀”。

从对离心泵汽蚀的观察中发现，汽蚀常发生在如图 5-2-25 所示的 k_1、k_2、k_3、k_4和 k_5 等部位。离心泵的工况不同，发生汽蚀的部位也不同。一般情况下，在小于设计工况下运行时，压力最低点发生在靠近前盖板叶片进口处的叶片背面上。

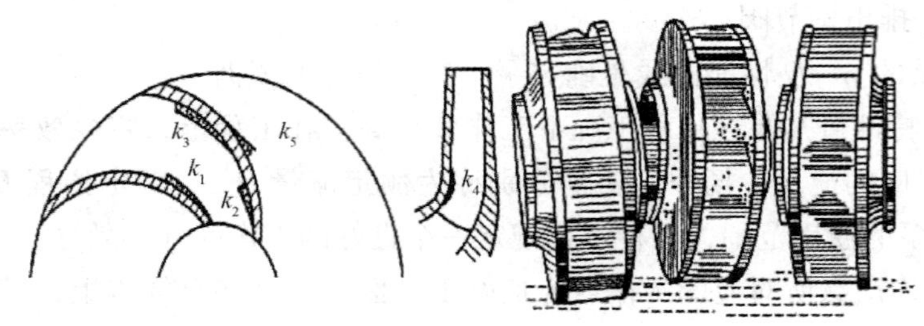

图 5-2-25 汽蚀现象

2）汽蚀对泵工作的影响

汽蚀对泵工作的影响主要表现在以下方面：

（1）噪声和振动。气泡在溃灭时，液体质点互相冲击，会产生各种频率范围的噪声。在汽蚀严重的时候，甚至可以听到泵内有“噼噼”“啪啪”的爆炸声，同时有机组振动现象。在这种情况下，泵就不应继续工作了。

（2）对泵性能曲线的影响。离心泵在开始发生汽蚀时，汽蚀区域较小，对泵的正常工作没有明显的影响，在泵性能曲线上也没有明显反映。但当汽蚀发展到一定程度时，气泡大量产生，堵塞流道，使泵内液体流动的连续性遭到破坏，泵的流量、扬程和效率均会明显下降，在泵性能曲线上出现“断裂工况”，如图 5-2-26 所示。这时泵不能正常工作，甚至泵“抽空”断流了。

（3）对叶轮材料的破坏。离心泵发生汽蚀时，由于机械剥蚀和电化学腐蚀的共同作用，使叶轮材料受到破坏。被汽蚀的金属表面呈海绵状、沟槽状和鱼鳞状等。严重时，整个叶片和前后盖板都有这种现象，甚至将叶片和盖板蚀穿。

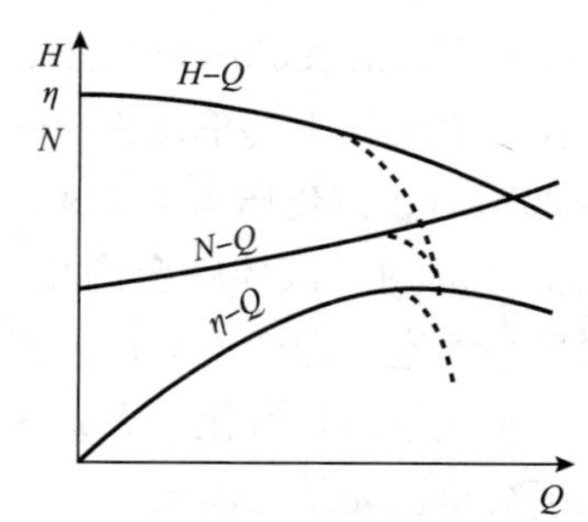

图 5-2-26 泵发生汽蚀时的性能曲线

注：“——”表示正常运转时的性能曲线；“---”表示发生汽蚀时的性能曲线。

汽蚀对水力机械正常运转的威胁很大，也是影响水力机械高速发展的巨大障碍。所以，研究汽蚀过程的客观规律、提高泵的抗汽蚀性能，是水力机械在使用和发展中的重要课题。

2. 汽蚀余量

由离心泵的汽蚀过程可知，发生汽蚀的基本条件是：叶片入口处的最低液流压力 p_k 小于或等于该温度下液体的汽化压力 p_v。所以，关键问题要研究 p_k 与哪些因素有关。在如图 5-2-27 所示的吸入装置中，吸入罐液面压力为

p_A，泵入口法兰断面处的液体压力为 p_s。若 $p_A - \rho g H_{g1} - \rho h > p_s$，液体便不断地从泵的入口流进。液体从泵入口 S 处流到叶轮入口 $I—I$ 断面的过程中，并没有能量加入，所以液体压力还会从 p_s 再降低到 p_1。此处还不是叶轮内液体压力最低的地方。根据测试研究，叶轮内最低压力点是在叶片进口稍后的 K 点处，如图 5-2-28 所示。所以，要避免发生汽蚀，应满足 $p_k > p_v$，即在泵入口处液体具有的能头除了要高出液体的汽化压力 p_v 外，还应当有一定的富余能头。这个富余能头称为汽蚀余量，用符号 Δh 表示。国外一般叫做净正吸上水头，用 NPSH（Net Positive Head）表示。汽蚀余量又分为有效汽蚀余量 Δh_a 和泵必需的汽蚀余量 Δh_r。

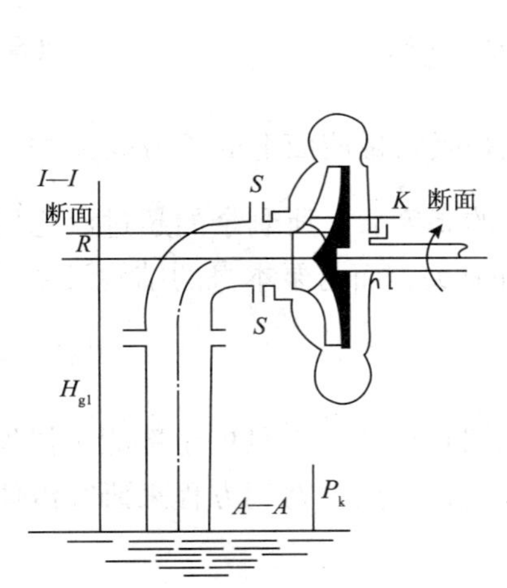

图 5-2-27　吸入装置图

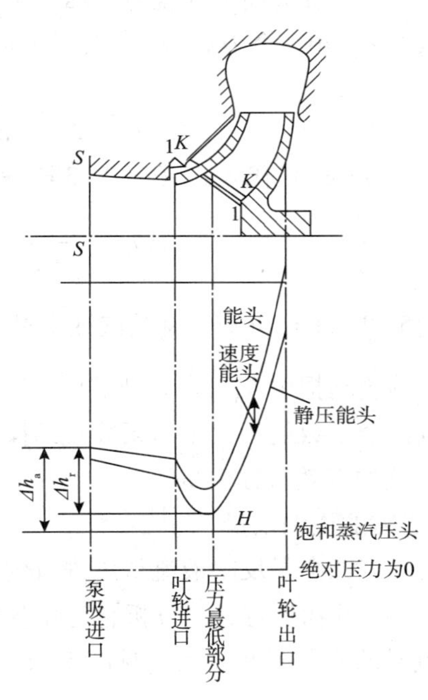

图 5-2-28　液流进入泵后的能头变化

1）有效汽蚀余量

有效汽蚀余量是指液流自吸液罐经吸入管路到达泵吸入口后，所具有的推动和加速液体进入叶道所高出汽化压力以上的有效压力或能头，即：

$$\Delta h_a = \frac{p_s}{\rho} + \frac{c_s^2}{2} - \frac{p_v}{\rho} \tag{5-2-36}$$

式中　p_s——液流在泵进口处的压力，Pa；

c_s——液流在泵入口处的速度，m/s；

ρ——液体密度，kg/m^3。

显然，这个富余量越多，即 Δh_a 越大，泵越不会发生汽蚀。从式（5-2-36）可以看出，等号右端任何一项的变化均会影响到 Δh_a 值的变化。吸入罐液面至泵进口的能量平衡方程（见图 5-2-27）为：

$$gZ_A + \frac{p_A}{\rho} + \frac{c_A^2}{2} = gZ_s + \frac{p_s}{\rho} + \frac{c_s^2}{2} + h_{A-S}$$

即：

$$\frac{p_s}{\rho} + \frac{c_s^2}{2} = \frac{p_A}{\rho} + \frac{c_A^2}{2} - g(Z_S - Z_A) - h_{A-S}$$

式中 c_A——吸入罐液面的液体流速，m/s；

$Z_S - Z_A$——泵的安装高度，m；

h_{A-S}——吸入管路内的流动损失，J/kg；

p_A——吸入罐液面上的压力，Pa。

一般认为 $c_A \approx 0$。令 $H_{g1} = Z_S - Z_A$，于是有：

$$\frac{p_s}{\rho} + \frac{c_s^2}{2} = \frac{p_A}{\rho} - gH_{g1} - h_{A-S} \tag{5-2-37}$$

将式（5-2-37）代入式（5-2-36）得：

$$\Delta h_a = \frac{p_A}{\rho} - \frac{p_v}{\rho} - gH_{g1} - h_{A-S} \tag{5-2-38}$$

由式（5-2-38）可知，有效汽蚀余量 Δh_a 就是吸入罐液面上的压力能头$\frac{P_A}{\rho}$，在克服吸入管路中的流动损失 h_{A-S}，并把液体提高到 H_{g1} 的高度后，所剩余的超过汽化压力的能头。有效汽蚀余量数值的大小与泵装置的操作条件有关，而与泵本身的结构尺寸无关，故称为“泵装置的有效汽蚀余量”。

2）泵必需的汽蚀余量

泵必需的汽蚀余量反映液流从泵进口到叶轮内最低压力点 K 处的全部能头损失。为了进一步理解 Δh_r 的物理意义，分析它与哪些参数有关，现用伯努利方程来研究液体从泵进口流到 K 点时的能量平衡关系（见图 5-2-27）：

$$gZ_S + \frac{p_S}{\rho} + \frac{c_S^2}{2} = gZ_K + \frac{p_K}{\rho} + \frac{c_K^2}{2} + h_{S-K} \tag{5-2-39}$$

式中 Z_S、Z_K——泵进口中心处与 K 点的位高，一般泵可近似地认为 $Z_K = Z_S$，m；

c_S、c_K——液流在泵进口处及 K 点的绝对速度，m/s；

p_S、p_K——液流在泵进口处及 K 点的静压力，Pa；

h_{S-K}——液流从泵进口 S 断面流到 K 断面的流动阻力损失，J/kg。

流动阻力损失 h_{S-K} 主要包括以下两部分局部阻力损失和压力降低：

（1）从泵吸入口 S 到叶轮叶片入口 $I—I$ 断面的过流截面积一般是逐渐收缩的，所以在流量一定的情况下，液体的流速要升高，而压力要降低，同时还产生局部流动阻力损失。这部分阻力损失可用叶轮进口平均流速 c_0 和局部阻力系数 ζ 的乘积表示：

$$h_{S-1} = \zeta \frac{c_0^2}{2}$$

（2）当液流进入叶轮流道，以相对速度 ω_1 绕流叶片头部时，由于液流急剧转弯，流速要加快，并且分布也不均匀，造成液流压力降低；同时，还产生流动损失，消耗部分压能。这部分阻力损失可用液流相对速度 ω_1 和阻力系数 λ_2 的乘积表示：

$$h_{1-K} = \lambda_2 \frac{\omega_1^2}{2}$$

所以，总阻力损失为：

$$h_{S-K} = h_{S-1} + h_{1-K} = \zeta \frac{c_0^2}{2} + \lambda_2 \frac{\omega_1^2}{2} \tag{5-2-40}$$

将式（5-2-40）代入式（5-2-39）可得：

$$\frac{p_S}{\rho} + \frac{c_S^2}{2} = \frac{p_K}{\rho} + \frac{c_k^2}{2} + \zeta \frac{c_0^2}{2} + \lambda_2 \frac{\omega_1^2}{2}$$

即：

$$\frac{p_S}{\rho} + \frac{c_S^2}{2} - \frac{p_K}{\rho} = \frac{c_K^2}{2} + \zeta \frac{c_0^2}{2} + \lambda_2 \frac{\omega_1^2}{2} = \frac{c_0^2}{2}\left(\frac{c_K^2}{c_0^2} + \zeta\right) + \lambda_2 \frac{\omega_1^2}{2}$$

令 $\frac{c_K^2}{c_0^2} + \zeta = \lambda_1$，当离心泵开始发生汽蚀时，即在 $p_K = p_V$ 的条件下，有：

$$\frac{p_S}{\rho} + \frac{c_S^2}{2} - \frac{p_v}{\rho} = \lambda_1 \frac{c_0^2}{2} + \lambda_2 \frac{\omega_1^2}{2} \tag{5-2-41}$$

式（5-2-41）是离心泵发生汽蚀的判别式。等号左端正是液体在泵进口处的有效汽蚀余量 Δh_a（单位为 J/kg）；右边实际上是从泵进口到叶轮最低压力点 K 处的液体阻力损失（包括 K 点的速度能头），把它定为泵必需的汽蚀余量 Δh_r（单位为 m），即：

$$\Delta h_r = \lambda_1 \frac{c_0^2}{2} + \lambda_2 \frac{\omega_1^2}{2} \tag{5-2-42}$$

或

$$\Delta h_r = \lambda_1 \frac{c_0^2}{2g} + \lambda_2 \frac{\omega_1^2}{2g} \tag{5-2-43}$$

式中　c_0——叶轮进口处的平均流速，m/s；

ω_1——叶片入口处液流的相对速度，m/s；

λ_1——绝对流速变化及流动损失引起的阻力系数，与泵进口几何形状有关，实验的统计数据为 $\lambda_1 = 1.2 \sim 1.4$，低比转数的离心泵取大值；

λ_2——液流绕流叶片头部引起的阻力系数，实验证明 λ_2 与液流绕流叶片头部的冲角有关，也和叶片数、叶片头部形状有关。

一般在无冲击流入叶轮的情况下，取 $\lambda_2 = 0.2 \sim 0.4$。对 $n_S < 120$ 的叶轮，可用经验公式计算：

$$\lambda_2 = 1.2 \frac{c_1}{u_1} + \left(0.07 + 0.42 \frac{c_1}{u_1}\right)\left(\frac{\delta_0}{\delta} - 0.615\right)$$

式中　c_1、u_1——紧靠叶片进口前液流的绝对速度和圆周速度；

δ_0、δ——叶片进口厚度和叶片最大厚度。

式（5-2-42）说明Δh_r就是液流进入泵后，在从叶轮获得能头前，因流速变化和流动损失引起的压力能头降低的数值。影响Δh_r大小的主要因素是泵的结构（如吸入室与叶轮进口的几何形状），以及泵的转速和流量等，而与吸入管路系统无关。所以，Δh_r的大小在一定程度上是一台泵本身抗汽蚀性能的标志，也是离心泵的一个重要性能参数。

显然，Δh_r值越小，泵越不易发生汽蚀，这要求泵进口处的富余能头Δh_a也要小些。因为泵进口处的富余能头Δh_a若能克服这个能头损失Δh_r后还有剩余，即$\Delta h_a > \Delta h_r$，则表示液体流到叶轮最低压力点K处时，其压力还高于液体的饱和蒸汽压而不致汽化，所以就不会发生汽蚀。反之，当$\Delta h_a < \Delta h_r$时，液体就汽化，泵就汽蚀了。这样，判别离心泵汽蚀的条件可写成：

①当$\Delta h_a > \Delta h_r$时，泵不发生汽蚀；

②当$\Delta h_a = \Delta h_r$时，开始发生汽蚀；

③当$\Delta h_a < \Delta h_r$时，泵发生严重汽蚀。

3. 吸上真空度

为保证离心泵不发生汽蚀，其条件为$\Delta h_a > \Delta h_r$。装置的有效汽蚀余量为已由图5-2-27所表示的泵入口处的液体能量，不易被直接测量出来。直接用仪表测得的是泵入口法兰处所装的真空表读数，它反映了吸入罐液面上的大气压力能头与泵入口处的压力能头之差，通常称为“吸上真空度”，用符号H_S表示，即：

$$H_S = \frac{p_a}{\rho} - \frac{p_s}{\rho}\ (\text{单位为 J/kg}) \tag{5-2-44}$$

或

$$H_S = \frac{p_a}{\rho g} - \frac{p_s}{\rho g}\ (\text{单位为 m}) \tag{5-2-45}$$

式中　p_a——当地大气压力，Pa。

将式（5-2-44）改写为$\frac{p_s}{\rho} = \frac{p_a}{\rho} - H_s$，并代入式（5-2-36）中，便得到$\Delta h_a$与$H_S$的关系：

$$\Delta h_a = \frac{p_a}{\rho} - \frac{p_v}{\rho} + \frac{c_s^2}{2} - H_S \tag{5-2-46}$$

可见，利用H_S值来表示Δh_a更为直观和方便。当吸上真空度H_S值越大，泵进口处压力p_s就越小，Δh_a也就越小，说明泵容易发生汽蚀。利用$\Delta h_a = \Delta h_r$的条件，可以求出汽蚀临界状态下的吸上真空度（称为最大吸上真空度）：

$$H_{smax} = \frac{p_a}{\rho} - \frac{p_v}{\rho} + \frac{c_s^2}{2} - \Delta h_r \tag{5-2-47}$$

为保证泵安全运转而不发生汽蚀，泵的吸上真空度H_S要比H_{smax}小，即留有安全余量K，得到泵的允许吸上真空度［H_S］：

$$[H_S] = \frac{H_{smax}}{g} - K \tag{5-2-48}$$

机械工业部门规定，此安全余量 $K=0.3\sim0.5\text{m}$。

为了分析影响 H_S 大小的因素，将式（5-2-37）代入式（5-2-44）中，得：

$$H_S=\frac{p_a}{\rho}-\frac{p_A}{\rho}+\frac{c_s^2}{2}+gH_{g1}+h_{A-S} \tag{5-2-49}$$

若吸入罐液面上压力 p_A 为当地大气压力，即 $p_A=p_a$，则式（5-2-49）变为：

$$H_S=\frac{c_s^2}{2}+gH_{g1}+h_{A-S} \tag{5-2-50}$$

由此可知，吸上真空度 H_S 与离心泵的几何安装高度 H_{g1}、吸入管内流速、流动损失和液面压力的大小有关。

4. 吸入特性

由于 Δh_r 标志着离心泵抗汽蚀性能的好坏，是泵的一个重要性能参数，所以，表示 Δh_r 与流量 Q 的关系曲线称为泵的吸入特性曲线，它反映了泵在各种流量下的汽蚀性能。

对于一台泵，从式（5-2-42）可看出，Δh_r 与流速平方成正比，也即与流量平方成正比，用曲线 Δh_r-Q 表示，如图5-2-29所示。

为了保证泵的安全运转而不发生汽蚀，对于泵必需的汽蚀余量 Δh_r 应该再加一个安全余量，一般取0.3～0.5米液柱，于是泵的允许汽蚀余量为：

$$[\Delta h]=\Delta h_r+0.3\sim0.5 \tag{5-2-51}$$

同样，也可在图5-2-29上画出 $[\Delta h]-Q$ 曲线。这条曲线是由泵制造厂通过实验测定的。对于一台结构尺寸已定的泵，在一定转速和流量下，Δh_r 是一个定值。装置有效汽蚀余量 Δh_a 是随装置操作条件的变化而变化的，于是在实验时，在一定的转速和流量下，只改变 Δh_a（如降低液面上的压力等）的大小，使泵刚开始发生汽蚀（一般规定取断裂特性上扬程下降1%时作为泵开始发生汽蚀的点）。由于这时 $\Delta h_a=\Delta h_r$，从而测出了该泵在此流量下的 Δh_r 值。变换几个流量值，测出相应的 Δh_r。在每个 Δh_r 值上再加上安全余量，即可画出 $[\Delta h]-Q$ 性能曲线，或称泵的吸入特性曲线。通常，将 $[\Delta h]-Q$ 曲线与离心泵的基本特性曲线画在一起，如图5-2-29所示。

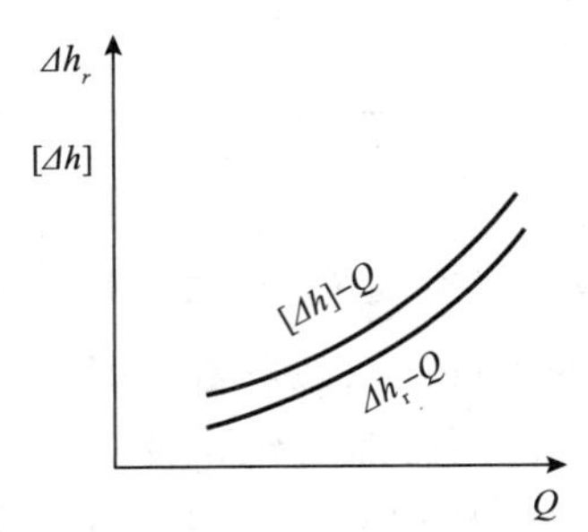

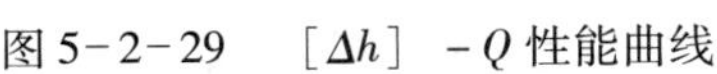
图5-2-29　$[\Delta h]-Q$ 性能曲线

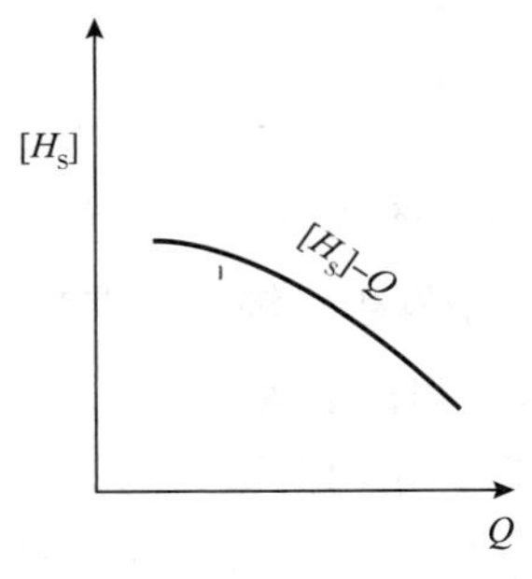

图5-2-30　$[H_S]-Q$ 性能曲线

在我国除油泵外，目前大多数离心泵制造厂不给出 $[\Delta h]-Q$ 性能曲线，通常是用允许吸上真空度 $[\Delta h]-Q$ 曲线来反映泵的汽蚀性能。因为，泵入口处吸上真空度 H_S 与

流量 Q 之间的关系更便于通过汽蚀实验来确定。

在离心泵的工作范围内，允许吸上真空度［H_S］是随流量而变化的。一般来说，随着流量的增加，［H_S］是下降的，图 5-2-30 所示为［H_S］-Q 吸入性能曲线。

应当注意，离心泵样本上给出的［H_S］值是泵制造厂在标准大气压下用 20℃ 清水做汽蚀实验而测出的。若用泵地点的大气压力和清水温度与上述实验条件不同时，则应对样本上给出的［H_S］用式（5-2-52）进行修正：

$$[H_S]' = [H_S] - 10 + \frac{p_a' - p_v'}{\rho g} \tag{5-2-52}$$

式中 $[H_S]'$——修正后的允许吸上真空度，m；

$[H_S]$——泵样本上给出的允许吸上真空度，m；

$\frac{p_a'}{\rho g}$——泵使用地点的大气压力能头，m；

$\frac{p_v'}{\rho g}$——在输送温度下液体的饱和蒸汽压力能头，m。

大气压力与海拔高度成反比。如知道泵使用地点的海拔高度，可由表 5-2-2 查得当地大气压力能头的近似值。

表 5-2-2　不同海拔高度的大气压力能头

海拔高度/m	0	100	200	300	400	500	600	700	800	900	1000	2000	3000	4000
大气压头/m H_2O	10.3	10.2	10.1	10	9.8	9.7	9.6	9.5	9.4	9.3	9.2	8.1	7.2	6.3

各种温度下水的饱和蒸汽压见附录二。不同温度下几种油品的饱和蒸汽压力能头见表 5-2-3。

表 5-2-3　几种油品的饱和蒸汽压能头与温度关系

温度/℃	-20	-19	0	10	20	30	40	50	60	70	80	90	100
车用汽油	1.0	1.4	2.0	2.8	3.8	5.1	7.0	9.2					
航空汽油	0.6	0.9	1.3	2.0	2.8	3.9	5.3	7.1					
航空煤油	—	—	0.09	0.14	0.28	0.42	0.7	1.1	3.8	6.0	8.7	—	15.4
轻原油	—	—	0.35	—	0.8	1.1	1.4	2.5					

5. 离心泵的允许几何安装高度

为避免离心泵发生汽蚀，就要保证泵入口处吸上真空度 H_S 不大于泵允许的吸上真空度［H_S］，或泵进口的装置有效汽蚀余量 Δh_a 大于泵允许的汽蚀余量［Δh］。前面已讨论，H_S 与 Δh_a 的数值大小都与吸入管路密切相关。由此，用已知的允许吸上真空度［H_s］或允许汽蚀余量［Δh］代入相关公式中，就可以正确地确定泵的允许几何安装高度［H_{gl}］和吸入管路。

1）由［H_S］确定泵的允许几何安装高度［H_{gl}］

由式（5-2-49）可得到泵的几何安装高度：

$$H_{gl}=H_S-\frac{p_a}{\rho g}+\frac{p_A}{\rho g}-\frac{c_s^2}{2g}-h_{A-S} \quad (5-2-53)$$

式中 H_S——吸上真空度，m；

h_{A-S}——吸入损失，m。

将允许吸上真空度 $[H_S]'$ 代替式（5-2-53）中的 H_S，便可得到保证泵不会发生汽蚀的允许几何安装高度：

$$[H_{gl}]=[H_S]'-\frac{p_a}{\rho g}+\frac{p_A}{\rho g}-\frac{c_s^2}{2g}-h_{A-S} \quad (5-2-54)$$

当吸入罐液面上压力为当地大气压，即 $p_A=p_a$ 时，有：

$$[H_{gl}]=[H_S']-\frac{c_s^2}{2g}-h_{A-S} \quad (5-2-55)$$

式（5-2-54）说明，只要泵的实际吸入管路安装高度不超过 $[H_{gl}]$ 值，泵进口处的实际吸上真空度也就不会超过 $[H_S]'$ 值，泵便不会发生汽蚀，这样就合理地解决了泵吸入管路的设计问题。

2）由 $[\Delta h]$ 确定泵的允许几何安装高度 $[H_{gl}]$

国产油泵样本上多给出 $[\Delta h]-Q$ 性能曲线，即知道了泵的允许汽蚀余量 $[\Delta h]$。根据泵不发生汽蚀的安全条件 $[\Delta h_a]=[\Delta h]$，代入式（5-2-38），则可得到保证泵不发生汽蚀的允许几何安装高度：

$$[H_{gl}]=\frac{p_A-p_v}{\rho g}-h_{A-S}-[\Delta h] \quad (5-2-56)$$

当吸入罐液面上压力为当地大气压，即 $p_a=p_v$ 时，有：

$$[H_{gl}]=\frac{p_a-p_v}{\rho g}-h_{A-S}-[\Delta h] \quad (5-2-57)$$

式中 h_{A-S}——吸入损失，m；

$[\Delta h]$——允许汽蚀余量，m。

还应注意，在用 $[H_S]'$ 或 $[\Delta h]$ 计算泵的允许安装高度 $[H_{gl}]$ 时，应按泵运转中可能出现的最大流量所对应的 $[H_S]'$ 或 $[\Delta h]$ 来进行计算，以保证泵在大流量工况下工作时也不会发生汽蚀。

6. 汽蚀比转数

汽蚀余量或吸上真空度的大小只能说明某台泵汽蚀性能的好坏，而不能用来比较不同泵的汽蚀性能。因此，需要有一个既能表示泵的汽蚀性能，又与泵设计参数相联系的综合性参数，作为比较泵汽蚀性能及选择模型泵的依据。这个综合性参数与比转数公式相似，称为汽蚀比转数，用符号 C 表示。它既可作为汽蚀相似的准数，又可以其数值的大小来表示泵抗汽蚀性能的好坏。

为了求得汽蚀比转数的表达式和理解其概念，先从汽蚀相似定律讲起。

1）汽蚀相似定律

离心泵的必需汽蚀余量的表达式为：

$$\Delta h_r = \lambda_1 \frac{c_0^2}{2} + \lambda_2 \frac{\omega_1^2}{2}$$

则两台泵 Δh_r 之比可表示为：

$$\frac{\Delta h_r'}{\Delta h_r} = \frac{\lambda_1' c_1'^2 + \lambda_2' \omega_1'^2}{\lambda_1 c_0^2 + \lambda_2 \omega_1^2}$$

对于两台几何尺寸相似、工况相似的泵，因进口液体流动相似，对应的阻力系数 λ 相等，速度比值相同，即：

$$\lambda_1' = \lambda_1 \quad \lambda_2'' = \lambda_2 \quad \frac{c_0'}{c_0} = \frac{\omega_1'}{\omega_1} = \frac{u_1'}{u_1} = \frac{n'D_1'}{nD_1}$$

所以

$$\frac{\lambda_1' c_0'^2}{\lambda_1 c_0^2} = \frac{\lambda_2' \omega_1'^2}{\lambda_2 \omega_1^2} = (\frac{n'D_1'}{nD_1})^2$$

按照代数等比定律，也可写成：

$$\frac{\lambda_1' c_0'^2 + \lambda_2' \omega_1'^2}{\lambda_1 c_0^2 + \lambda_2 \omega_1^2} = \frac{\lambda_1' c_0'^2}{\lambda_1 c_0^2}(\frac{n'D_1'}{nD_1})^2$$

即：

$$\frac{\Delta h_r'}{\Delta h_r} = (\frac{n'D_1'}{nD_1})^2 \qquad (5-2-58)$$

式（5-2-58）就是汽蚀相似定律的表达式，它是根据进口液体流动相似条件建立的关系式。它指出两台相似泵的必需汽蚀余量之比等于叶轮进口直径 D_1 和转速 n 乘积的比的平方。对于同一台泵，因 $D_1' = D_1$，则：

$$\frac{\Delta h_r'}{\Delta h_r} = (\frac{n'}{n})^2 \qquad (5-2-59)$$

式（5-2-59）表明，对同一台泵，当转数变化时，泵的必需汽蚀余量 Δh_r 随转速的平方成正比例改变，即当转速增加后，Δh_r 成平方增加，泵的抗汽蚀性能急剧变坏。这样，想通过增加泵转速来提高单级扬程就受到汽蚀性能的限制。

实践证明，当两台泵的入口几何尺寸和转速都相差不大时，式（5-2-58）的计算结果与实际情况较为符合。经验表明，转速在偏离设计值25%范围内时，用式（5-2-59）计算的结果误差不大。

2）汽蚀比转数

根据相似定律式（5-2-59）有：

$$\frac{Q'}{n'D_1'^3} = \frac{Q}{nD_1^3} = \text{常数} \qquad (5-2-60)$$

根据汽蚀相似定律式（5-2-58）有：

$$\frac{\Delta h_r'}{(D_1'n')^2} = \frac{\Delta h_r}{(D_1 n)^2} = \text{常数} \qquad (5-2-61)$$

将式（5-2-60）与式（5-2-61）合并，消去线性尺寸 D_1，整理后得：

$$\frac{n\sqrt{Q}}{\Delta h_{r}^{\frac{3}{4}}}=\frac{n'\sqrt{Q'}}{\Delta h_{r}^{\frac{3}{4}}}=常数$$

式中，常数用 S 表示，即：

$$S=\frac{n\sqrt{Q}}{\Delta h_{r}^{\frac{3}{4}}}$$

S 称为汽蚀比转数，是国外习惯采用的计算式，而我国习惯采用式（5-2-62）计算：

$$C=\frac{5.62n\sqrt{Q}}{\Delta h_{r}^{\frac{3}{4}}} \tag{5-2-62}$$

式中　Q——最佳工况下的流量，双吸泵以 $Q/2$ 代入计算，m^3/s；

n——转速，r/min；

Δh_r——必需汽蚀余量，m。

C 与 S 在本质上无任何区别，仅将 C 值放大了 $10^{\frac{3}{4}}$ 倍，使计算值不同。汽蚀比转数是在泵进口几何尺寸相似、运动相似和动力相似的条件下推导出来的，所以，对于一组进口形状（叶轮进口及吸入室）几何尺寸相似、运动相似的泵，它们的汽蚀比转数应相等。泵的汽蚀余量 Δh_r 越小，汽蚀比转数 C 越大，则泵的抗汽蚀性能越好，所以 C 值大小可作为表示泵汽蚀性能好坏的一个参数。C 值大小与泵的扬程无关，即与出口参数无关，因此提高泵的抗汽蚀性能，只需研究泵进口部分的几何参数。

目前，各类离心泵的汽蚀比转数的大致范围为：对汽蚀性能要求不高，主要考虑提高效率的泵，C 值约为 600～800；对兼顾汽蚀和效率的泵，C 值约为 800～1200；对汽蚀性能要求较高的泵，如锅炉给水泵等，C 值约为 1600～3000。

在泵的使用和设计中，汽蚀比转数广泛用来衡量泵抗汽蚀性能的好坏。可根据模型泵的汽蚀比转数值计算出 Δh_r，即：

$$\Delta h_r=\left(\frac{5.62n\sqrt{Q}}{C}\right)^{\frac{4}{3}}$$

也可以根据泵的使用条件，利用式（5-2-62）来确定泵不发生汽蚀的允许转速，即：

$$n<\frac{C\Delta h_{r}^{\frac{4}{3}}}{5.62\sqrt{Q}}$$

式中，$\Delta h_r=\Delta h_a-(0.3\sim0.5)$。0.3～0.5 为汽蚀安全裕量数值。

7. 提高离心泵抗汽蚀性能的措施

由于汽蚀会严重影响泵的正常工作，所以必须采取措施防止汽蚀的发生。根据前面的分析可知，泵的汽蚀是由泵本身的抗汽蚀性能和吸入装置条件决定的。于是，提高离心泵抗汽蚀性能就可采取两方面措施：①改进泵进口的结构参数，使泵具有较小的汽蚀余量 Δh_r，或采用耐汽蚀材料，以提高泵的使用寿命；②正确、合理地设计吸入管路尺寸、安装高度等，使泵入口处有足够的有效汽蚀余量 Δh_r，从而使泵不发生汽蚀。

1）提高离心泵本身抗汽蚀性能的措施

（1）适当加大叶轮吸入口直径 D_0 和叶片入口边宽度 b_1。由式（5-2-42）可知，$\Delta h_r = \lambda_1 \frac{c_0^2}{2} + \lambda_2 \frac{\omega_1^2}{2}$，故凡是可以减小 λ_1、λ_2、c_0 和 ω_1 四个参数的途径，都可以使泵的 Δh_r 变小，从而提高泵的抗汽蚀性能。当适当加大叶轮吸入口直径 D_0 时，即适当地降低了叶轮入口平均液体流速 c_0；当适当加大叶片进口边宽度 b_1 时，即适当地降低了叶片进口处相对速度 ω_1；此外，还可以合理地改进叶轮吸入口或吸入室的形状等。结果是都可适当地降低 Δh_r，改善泵的吸入性能。实践证明：将加大 D_0 和加宽 b_1 同时配合使用效果较好，加宽 b_1 对于 $n_s < 120$ 的泵较为有效。

（2）采用双吸式叶轮。双吸式叶轮相当于两个单吸叶轮背靠背地合并在一起工作，使每侧通过的流量为总流量的一半，从而使 c_0 减小。由式（5-2-62）可知，如果汽蚀比转数 C、转速 n 和流量 Q 都相同的两台泵，双吸式叶轮的 Δh_r 仅为单吸叶轮的0.63倍，所以双吸式叶轮具有较好的抗汽蚀性能。

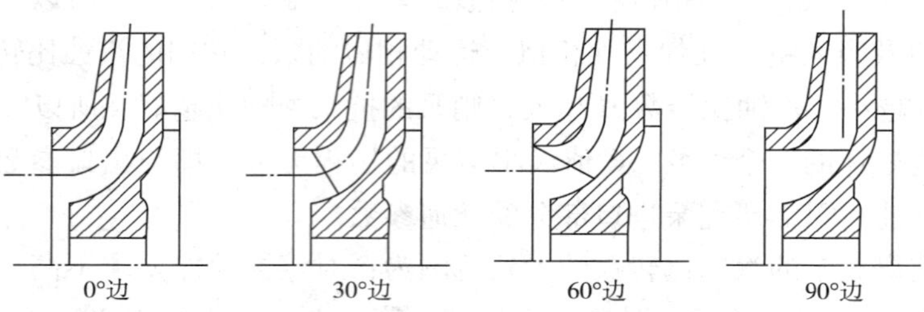

图5-2-31　叶片进口边位置

（3）采用合理的叶片进口边位置及前盖板形状。有人对如图5-2-31所示的四种叶片进口边位置的叶轮，以及如图5-2-32所示的四种前盖板形状进行了抗汽蚀性能实验。结果表明：叶片进口边向吸入口延伸越多，前盖板的圆弧半径 R 越大，抗汽蚀性能越好。当 $R/R_2 = 0.1 \sim 0.15$ 时，汽蚀余量 Δh_r 约减小18%。

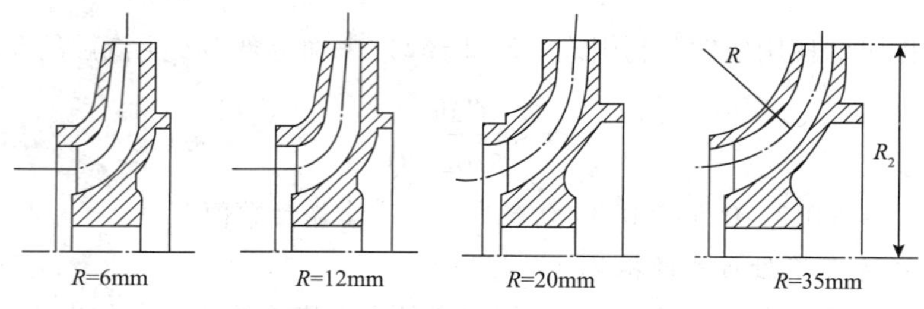

图5-2-32　各种圆弧半径的前盖板形状

（4）采用诱导轮。诱导轮装在泵的第一级叶轮的前面，又叫做前置诱导轮，如图5-2-33所示。诱导轮是一个轴流式的螺旋形叶轮，但与轴流泵叶轮又有显著差别。当液体流过诱导轮时，诱导轮对液体做功而增加能头，即对进入后面离心叶轮的液体起了增压作用，从而提高了泵的吸入性能。实践证明：诱导轮必须和离心叶轮配合好才能提高抗汽蚀性能，使泵的 C 值达 3000～4000。对 $n_s>120$ 的泵，用装诱导轮来提高抗汽蚀性能，其效果并不明显。

（5）采用超汽蚀叶轮的诱导轮。近年来发展了一种超汽蚀泵，在离心叶轮前加一个轴流式的超汽蚀叶轮的诱导轮，如图 5－2－34 所示。

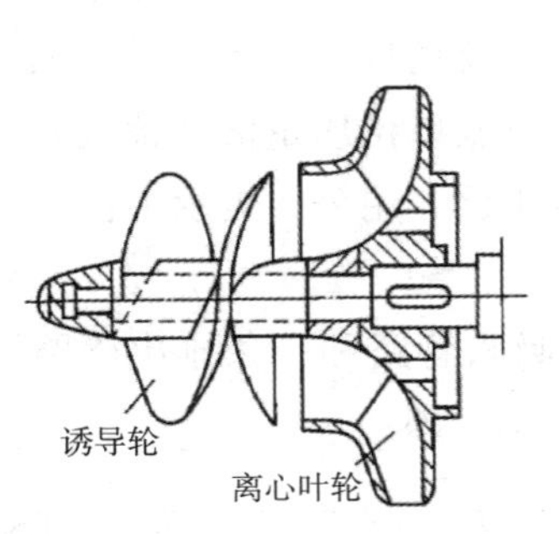

图 5－2－33 装诱导轮的离心泵

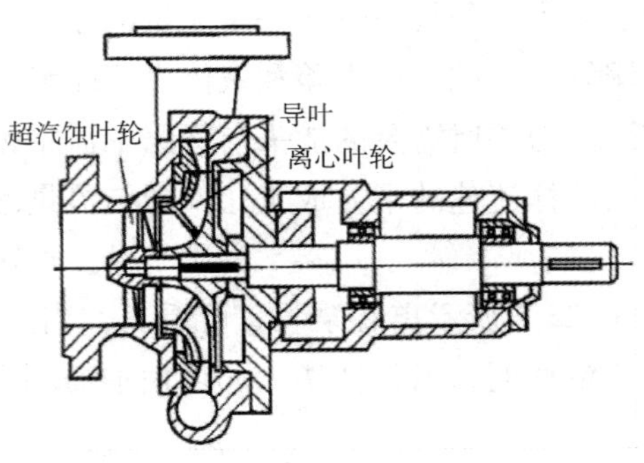

图 5－2－34 超汽蚀泵

超汽蚀叶轮具有薄而尖的前缘，以诱发一种固定型的气泡，并完全覆盖叶片。气泡在叶轮后的液流中溃灭，即在超汽蚀叶轮诱导轮的出口和离心泵进口之处溃灭，故超汽蚀叶轮叶片的材料不会受汽蚀破坏。这种在汽蚀显著发展时把整个叶轮都包含在汽蚀空化之内的汽蚀阶段称为超汽蚀。

（6）采用抗汽蚀材料。当由于受使用条件所限，不能完全避免发生汽蚀时，应采用抗汽蚀材料制造叶轮，以延长叶轮的使用寿命。一般常用的材料有铝铁青铜 9－4、不锈钢 2Cr13、稀土合金铸铁和高镍铬合金等。实践证明：材料强度和韧性越高、硬度和化学稳定性越高、叶轮流道表面越光滑，抗汽蚀性能越好。

2）提高装置有效汽蚀余量 Δh_a 的措施

由式（5－2－38）可知，增大吸液罐液面上的压力 p_A、合理确定泵的几何安装高度 h_{gl}，都可以提高装置的有效汽蚀余量 Δh_a，从而使泵不会发生汽蚀。所以，许多集输装置常采用灌注头吸入，即吸入罐液面比泵轴线位置高，使式中的 H_{gl} 以负值代入计算，可大为提高 Δh_a。长输管线上输油泵多以正压进泵，相当于增大了 p_A，保证正常吸入运转。

此外，尽量减小吸入管路阻力损失 h_{A-S}，降低液体的饱和蒸汽压 p_v，即在设计吸入管路时尽可能采用管径大些、长度短些、弯头和阀门少些、输送介质的温度尽可能低些等措施，这些都可提高装置的有效汽蚀余量。

在泵运行时，还应注意转速不应高于规定转速，因为 Δh_r 与转速的平方成正比。在一般情况下，不允许用吸入管路上的阀门进行流量调节，以免增大阻力损失 h_{A-S}，降低 Δh_a。

五、离心泵的装置特性与工况调节

在石油产品的储存工程中，泵和管路一起组成一个输送系统。在这个输送系统中，要遵循质量守恒和能量守恒这两个基本定律：机器所排出的流量等于管路中的流量；单位质量流体所获得的能头等于流体沿管路输送所消耗的能头。这样才能稳定地工作，若泵和管路任何一方工况发生变化，都会引起整个系统工作参数的变化。为此，应当研究离心泵的装置特性，并分析影响装置特性的各种因素及工况调节。

1. 单根管路特性与工作点

1）单根管路特性

当离心泵沿一条管路输送一定流量的液体时，要求泵提供一定的能头用于提高液体的位高，克服管路两端的压力差和液体沿管路流动时的各种流动损失。提高单位质量液体的位高和克服压力差所需要的能头与管路中流量无关，而克服单位质量液体流动损失所需要的能头则与液体流速的平方成正比，即与流量的平方成正比，用公式表示为：

$$h_w = kQ^2 \tag{5-2-63}$$

从图5-2-2所示离心泵装置可看出，当泵沿一条吸入管路和一条排出管路（设管径相同）输送液体时，所需能头大小可由伯努利方程来表示，即：

$$h = \frac{p_B - p_A}{\rho g} + (H_A + H_B) + h_w \tag{5-2-64}$$

式中 p_A、p_B——吸液罐和排液罐液面上的压力，Pa；

H_A、H_B——吸液罐和排液罐液面至泵轴中心线的距离，m；

h_w——液体流经吸入管路和排出管路时的总流动损失，J/kg。

在式（5-2-64）中，当液体升高的高度（$H_A + H_B$）和吸液罐与排液罐内液面上压力能差$\frac{p_B - p_A}{\rho g}$不变时，它们是个常数，且与管路中流量 Q 无关，故称作静扬程，写为 $H_{pot} = (H_A + H_B) + \frac{p_B - p_A}{\rho g}$。吸入管路与排出管路中液体的沿程阻力和局部阻力之和，则与管路中液体流速平方成正比，也就是与流量的平方成正比。由流体力学可知：

$$h_w = \left(\Sigma\lambda\frac{l}{d} + \Sigma\zeta\right)\frac{c^2}{2} \tag{5-2-65}$$

式中 λ——沿程阻力系数；

ζ——局部阻力系数；

l——管路长度，m；

d——管路直径，m；

c——管路内液体流速，$c = \frac{Q}{f}$，m/s；

f——管路横截面积，m^2；

Q——管路中液体流量，m^3/s。

式（5-2-65）也可写成：

$$h_w = \frac{1}{2f^2}\left(\sum\lambda\frac{l}{d} + \sum\zeta\right)Q^2$$

若令 $k = \frac{1}{2f^2}\left(\sum\lambda\frac{l}{d} + \sum\zeta\right)$，则有：

$$h_w = kQ^2 \quad (5-2-66)$$

式中　k——管路特性系数，它与管路长度 l、管路横截面积 f、阻力系数 λ 和 ζ 等有关。

式（5-2-66）表示管路中流量与克服液体流经管路时流动损失所需的能头之间的关系。当用曲线表示这一关系时，它是一条抛物线，如图 5-2-35 所示。于是，管路中所需能头可以写成：

$$h = H_{pot} + kQ^2 \quad (5-2-67)$$

式（5-2-67）便是离心泵在单根管路上输送液体时的管路特性方程。在 $Q=0$ 时，方程中 $H_{pot} = (H_A + H_B) + \frac{p_B - p_A}{\rho g}$ 决定了抛物线的起点位置。$h-Q$ 曲线称为管路特性曲线。

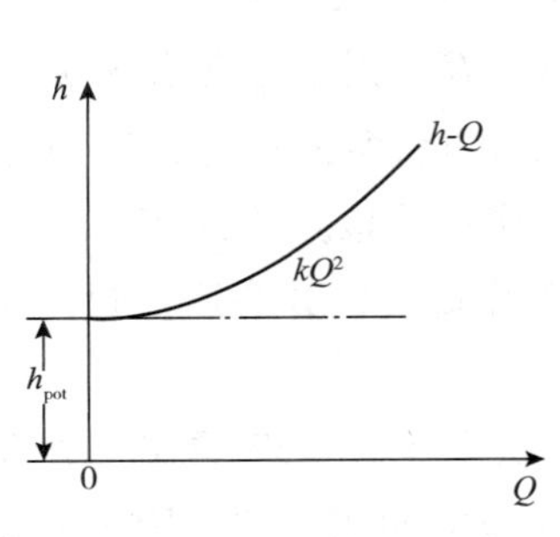

图 5-2-35　管路特性曲线

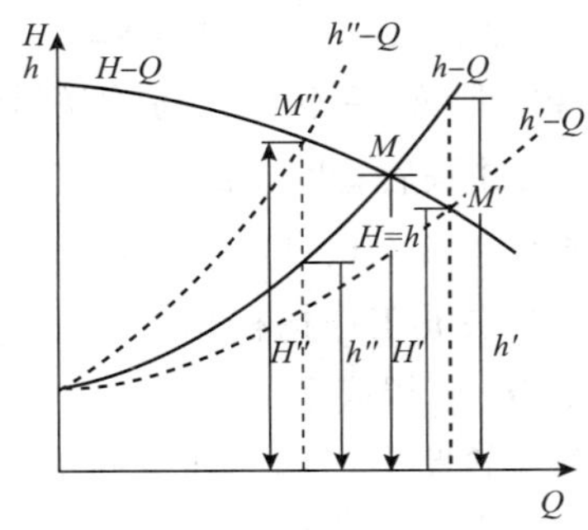

图 5-2-36　装置特性曲线

2）装置特性——工作点

离心泵在管路中工作时，泵串联在管路中，且泵所提供的能头 H 应与管路装置上所需要的能头 h 相等；泵所排出的流量应与管路中输送的流量相等。这时，泵装置处于稳定工作状态。将泵的扬程性能曲线 $H-Q$ 与管路特性曲线 $h-Q$ 画在一张图上，称为装置特性曲线。这两条性能曲线的交点 M 即为泵的工作点，如图 5-2-36 所示。

离心泵之所以能够在 M 点稳定工作，是因为在工作点 M 处，泵的扬程与管路装置需要的能头相等，即单位质量液体经过泵所得到的能头等于把单位质量液体自吸液罐输送到排液罐所需的能头。假如泵在比 M 点流量大的 M' 点工作（见图 5-2-36），则这时泵提供的扬程 H' 小于管路装置所需能头 h'（假设管路特性不变），说明把工作点 M' 处对应的液体流量从吸液罐输送到排液罐时所需的能头大于液体从泵中获得的能头，这时液体能头不足，必然导致流速减慢，使流量减小，工作点 M' 沿泵扬程性能曲线向 M 点移动。反之，如果泵在流量小于 M 点的 M'' 点工作，则管路装置所需能头 h'' 小于泵的扬程 H''，液体从泵中获得的能头除用于将液体从吸液罐输送到排液罐所需的能头外，还有部分剩余，这将使管路内液体加速流动，流量增大，M'' 点向 M 点移动。可见，M 点是流量平衡和能量平衡的唯一稳定工作点，此点必然是泵的扬程性能曲线与管路特性曲线的交点。

2. 离心泵并联、串联工作的装置特性

在生产中，当采用一台离心泵不能满足流量或能头要求时，往往用两台或两台以上的泵联合工作。这就是要讨论的离心泵的并联、串联工作。

1）离心泵的并联工作

向某一压力管路中输送液体，当使用一台泵不能满足流量要求时，或输送流量变化很大，为发挥泵的经济性，处在高效范围内工作等，常采取两台或数台泵并联工作，以满足流量变化的要求。

并联工作可分两种情况来讨论，即相同性能的泵并联和不同性能的泵并联。

（1）相同性能的泵并联工作。

如图 5-2-37 所示，设两台泵自同一吸液罐中吸入液体，由液面到汇合点 O 的两段管路阻力很小，可忽略不计。这样，两台泵并联后的总流量等于两台泵在同一扬程下的流量相加，即 $Q_{\mathrm{I+II}}=Q_{\mathrm{I}}+Q_{\mathrm{II}}$，$H_{\mathrm{I}}=H_{\mathrm{II}}$。两台泵并联后的总性能曲线等于两台泵性能曲线在同一扬程下的各对应点的叠加，即图 5-2-37 中 $(H-Q)_{\mathrm{I+II}}$ 曲线。

当画出管路特性曲线 $h-Q$ 后，与并联后总性能曲线 $(H-Q)_{\mathrm{I+II}}$ 交于 M 点。M 点对应的流量 $Q_{\mathrm{I+II}}$ 即为并联后管路中的流量。为了确定并联时每台泵的工况，过 M 点作水平线，交单泵性能曲线于 A_1 点，即每台泵并联工作时的工作点。该点决定了并联时每台泵的工作参数。泵Ⅰ、泵Ⅱ工作扬程相等，等于并联后的工作扬程；并联后流量为泵Ⅰ与泵Ⅱ的流量之和，使 $Q_{\mathrm{I+II}}$ 提高了。

若每台泵单独在管路中工作，则泵的工作点为 M_1。从图 5-2-37 看出，并联后扬程比单泵工作时的扬程高，而流量小于一台泵单独工作时流量的两倍。这是因为并联后管路阻力由于流量的增加而有所增大，从而要求每台泵都提高它的扬程来克服这个增加的阻力损失，相应的流量就减少了。

由此可知，当两台泵并联工作时，管路特性曲线越平坦，则并联后的流量 $Q_{\mathrm{I+II}}$ 就越接近泵单独运行时的流量两倍，从而达到增加流量的目的。泵的性能曲线越平坦，并联后的流量 $Q_{\mathrm{I+II}}$ 就越小于泵单独工作时流量 Q_{I} 的两倍，为此，泵的性能曲线应以陡一些为好。从并联工作的泵台数来看，泵的数量越多，并联后所能增加的流量越少，则每台泵输送的流量越少，故并联台数过多经济性并不好。

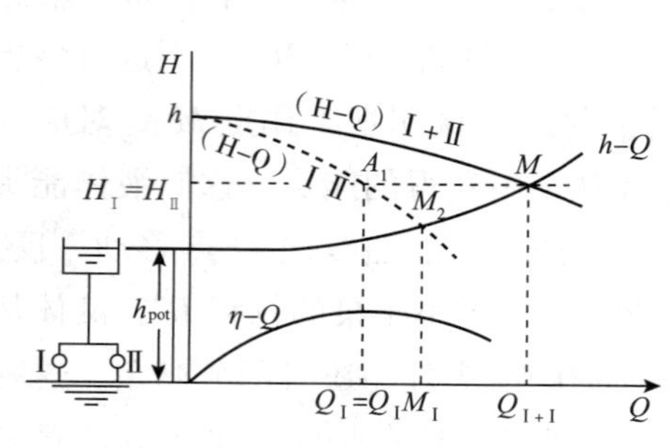

图 5-2-37　相同性能的泵并联工作

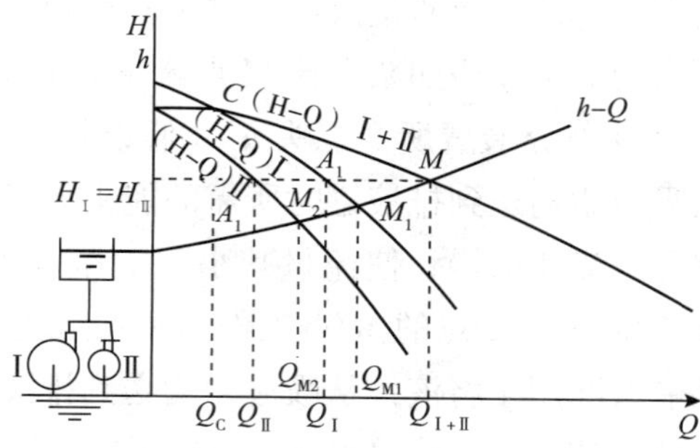

图 5-2-38　不同性能的泵并联工作

（2）不同性能的泵并联工作。

图 5-2-38 为两台不同性能的泵并联工作时的情况，图中曲线 $(H-Q)_{\mathrm{I}}$ 和 $(H-Q)_{\mathrm{II}}$ 为两台不同性能的泵的性能曲线，利用前述画法，可以得到并联后的总性能曲线

$(H-Q)_{\mathrm{I}+\mathrm{II}}$。此曲线与管路特性曲线 $h-Q$ 相交于 M 点，即并联工作时的工作点，此时流量为 $Q_{\mathrm{I}+\mathrm{II}}=Q_{\mathrm{I}}+Q_{\mathrm{II}}$，扬程为 $H_{\mathrm{I}}=H_{\mathrm{II}}$。

为确定并联后每台泵的工作点，可过 M 点作平行线，交泵Ⅰ性能曲线于 A_1 点，交泵Ⅱ性能曲线于 A_2 点。A_1 和 A_2 点即为泵Ⅰ和泵Ⅱ的工作点。两台泵的扬程相等，并等于并联后的工作扬程，并联后的流量为泵Ⅰ和泵Ⅱ的流量之和。

若每台泵单独在管路中工作时，泵Ⅰ的工作点为 M_1，泵Ⅱ的工作点为 M_2。从图5-2-38 可看出，并联后泵的扬程比泵单独工作时的扬程高，而流量小于两泵单独在管路上工作时的流量之和。

以上分析说明，两台不同性能的泵并联后的总流量 $Q_{\mathrm{I}+\mathrm{II}}$ 等于并联后各泵流量之和，即 $Q_{\mathrm{I}+\mathrm{II}}=Q_{\mathrm{I}}+Q_{\mathrm{II}}$，但总流量又小于两台泵单独工作的流量 Q_{M_1} 与 Q_{M_2} 之和，即 $Q_{\mathrm{I}+\mathrm{II}}<Q_{M_1}+Q_{M_2}$，其减少的量随管路特性曲线的陡直程度、并联泵台数的增多而增大。

由图5-2-38 还可看出，当两台性能不同的泵并联工作时，若流量小于 Q_C，则实际上仅大泵在工作，小泵因其扬程不够，应停止小泵运转。在实际泵装置上，往往在两台泵的出口安装止回阀，以免在启动或停车时，造成从工作泵到非工作泵的倒灌现象。

2）离心泵的串联工作

串联是指前面一台泵的出口向后面一台泵的入口输送液体的工作方式。这种方式常用于提高泵的扬程、增加输送距离、减少泵站数量，或提高扬程以增加流量的工况中。

串联也分为相同性能泵的串联工作与不同性能泵的串联工作。

（1）相同性能泵的串联工作。

如图5-2-39 所示，$(H-Q)_{\mathrm{I}+\mathrm{II}}$ 为两台相同性能的泵的性能曲线。根据水力原理，两台泵串联后的总扬程等于两泵在同一流量时的扬程之和，即 $Q_{\mathrm{I}}=Q_{\mathrm{II}}$ 时，$H_{\mathrm{I}+\mathrm{II}}=H_{\mathrm{I}}+H_{\mathrm{II}}$。两台泵串联后的总性能曲线等于两台泵性能曲线在同一流量下的扬程逐点叠加起来，即图5-2-39 中的 $(H-Q)_{\mathrm{I}+\mathrm{II}}$ 曲线。可见串联后扬程性能曲线向上移动，从而使同一流量下的扬程提高了。

假设管路特性曲线 $h-Q$ 不变（忽略两台泵串联后管路特性的变化）时，两台泵串联后总性能曲线 $(H-Q)_{\mathrm{I}+\mathrm{II}}$ 与管路特性曲线的交点为 M，M 点即串联后的工作点。该点的扬程为 $H_{\mathrm{I}+\mathrm{II}}=H_{\mathrm{I}}+H_{\mathrm{II}}$，流量为 $Q_{\mathrm{I}}=Q_{\mathrm{II}}$。为确定每台泵的工作点，自 M 点作垂线，交单泵性能曲线 $(H-Q)_{\mathrm{I},\mathrm{II}}$ 于 A_1 点。由图5-2-39 可知，泵Ⅰ的流量 Q_{I} 等于泵Ⅱ的流量 Q_{II}，也等于串联后流量 $Q_{\mathrm{I}+\mathrm{II}}$。在此流量下，两泵提供相同扬程 $H_{\mathrm{I}}+H_{\mathrm{II}}$，液体具有的总扬程 $H_{\mathrm{I}+\mathrm{II}}=H_{\mathrm{I}}+H_{\mathrm{II}}=2H_{\mathrm{I}}$。若每台泵单独在管路中工作时，泵的工作点为 M_1，则串联后的总扬程低于泵单独工作时扬程的两倍，而流量却大于单泵工作的流量。其原因是由于串联后的扬程提高了，但管路装置未变，多余的能量使流速加快，流量增加。

当离心泵串联使用时，因后面一台泵承受的压力较高，故应注意其壳体的强度和密封等问题。启动和停泵时也要按顺序操作：启动前，将各串联泵出口阀都关闭，启动第 1 台泵后再开第 1 台泵出口调节阀；然后启动第 2 台泵，再打开第 2 台泵的出口阀向管道供液。此外，与串联泵一起工作的管路特性曲线陡直度越大，越能增大串联后的扬程。

实际上，几台泵串联工作相当于一台多级泵，而一台多级泵在结构上比多台性能相同的离心泵串联要紧凑得多，安装维修也方便得多，因而在使用中应尽可能地选用多级泵代替串联泵。

（2）不同性能泵的串联工作。

如图5-2-40所示，$(H-Q)_{\mathrm{I}}$和$(H-Q)_{\mathrm{II}}$分别为两台不同性能泵的性能曲线，串联后总性能曲线的画法与图5-2-39相同，在流量相同的各点，把扬程叠加起来，得到$(H-Q)_{\mathrm{I}+\mathrm{II}}$性能曲线。它与管路特性曲线$h-Q$的交点$M$为串联后的运行工作点。过$M$点作垂线，交$(H-Q)_{\mathrm{I}}$曲线于$A_1$点，交$(H-Q)_{\mathrm{II}}$曲线于$A_{\mathrm{II}}$点，即两台泵串联后的工作点，其参数仍然符合$H_{\mathrm{I}+\mathrm{II}}=H_{\mathrm{I}}+H_{\mathrm{II}}$，$Q_{\mathrm{I}+\mathrm{II}}=Q_{\mathrm{I}}=Q_{\mathrm{II}}$。与单泵在管路上工作时相比，其流量增加而扬程降低了，所以串联后的总扬程$H_{\mathrm{I}+\mathrm{II}}$小于两泵单独工作时的扬程之和。扬程减小的程度与管路特性曲线陡直度有关。

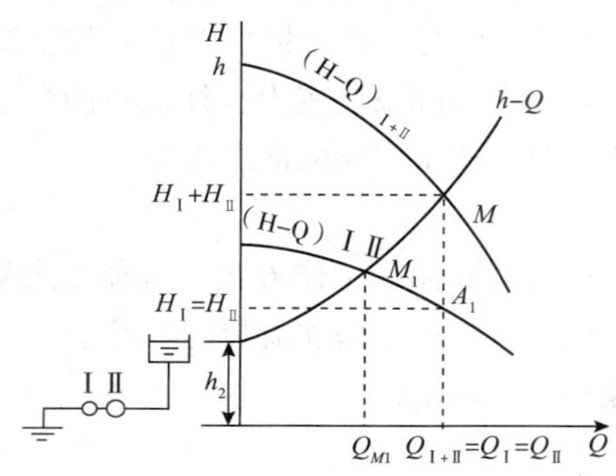

图5-2-39　相同性能的泵串联工作

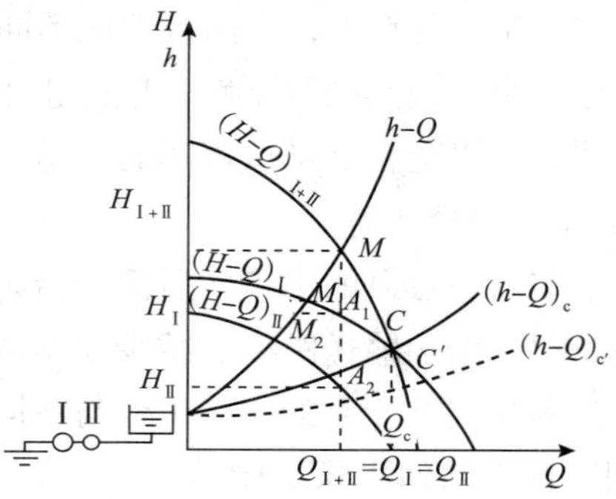

图5-2-40　不同性能的泵串联工作

若管路特性曲线$h-Q$与串联后性能曲线$(H-Q)_{\mathrm{I}+\mathrm{II}}$交于$C$点，这时的流量和扬程与第1台泵单独工作时相同，第2台泵不起作用，只消耗功率。若管路特性曲线移到图中$(h-Q)_{\mathrm{C}}$的位置时，流量和扬程都小于只有第1台泵单独工作时的流量和扬程。其原因是第2台泵相当于装置的节流器，因此增加了阻力，减少了输送流量。为此，C点可以作为极限状态，工作点只有在C点左侧时，串联工作才是合理的。

（3）两台同性能但相距很远的泵串联工作。

如图5-2-41所示，泵Ⅰ和泵Ⅱ相距很远，进行串联工作（如长输管道用油泵）时，装置特性曲线的画法如下：在叠加泵Ⅰ和泵Ⅱ性能曲线之前，应先将泵间管路AB对泵Ⅰ的影响考虑进去。如两台泵的性能曲线都是$(H-Q)_{\mathrm{I}}$，AB段管路特性曲线为$(h-Q)_{\mathrm{I}}$，则泵Ⅰ在管路AB中输送液体到泵Ⅱ后的剩余能头应是从$(H-Q)_{\mathrm{I}}$中减去各对应流量下的$(h-Q)_{\mathrm{I}}$，即$(H-Q)_{\mathrm{II}}$线。再将$(H-Q)_{\mathrm{I}}$和$(H-Q)_{\mathrm{II}}$两条曲线相加，就得到这两台相距很远的泵串联后工作的性能曲线$(H-Q)_{\mathrm{I}+\mathrm{II}}$，该曲线与后面管路装置的特性曲线$(h-Q)_{\mathrm{II}}$相交于$M$点。$M$点即为工作点。

3. 离心泵在分支管路、交汇管路上工作的装置特性

1）在分支管路上工作的装置特性

当经过一台泵（或几台泵串、并联）将油品同时输往两处或几处时，要采取分支管路

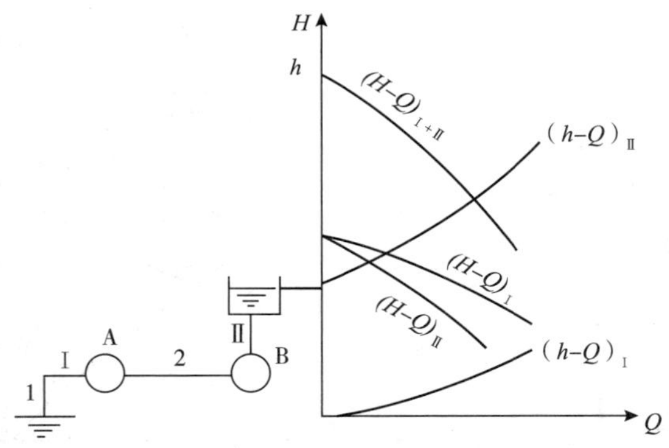

图 5-2-41　两台同性能但相距很远的泵串联工作

来工作，如图 5-2-42 所示。油品由管 1 经过泵后再沿管 2 和管 3 分别输送到两处。三个油罐中液面对于泵轴线的标高差为 Z_1、Z_2 和 Z_3。画出吸入管路特性曲线 $(h-Q)_1$，排出管路的特性曲线 $(h-Q)_2$ 和 $(h-Q)_3$。因管 2 和管 3 为并联工作，需按并联相加得管路特性曲线 $(h-Q)_{2+3}$，然后再与 $(h-Q)_1$ 串联相加，得到整个管路系统的总管路特性 $(h-Q)$。它与泵的性能曲线 $H-Q$ 相交于 M 点，即为分支管路的工作点。

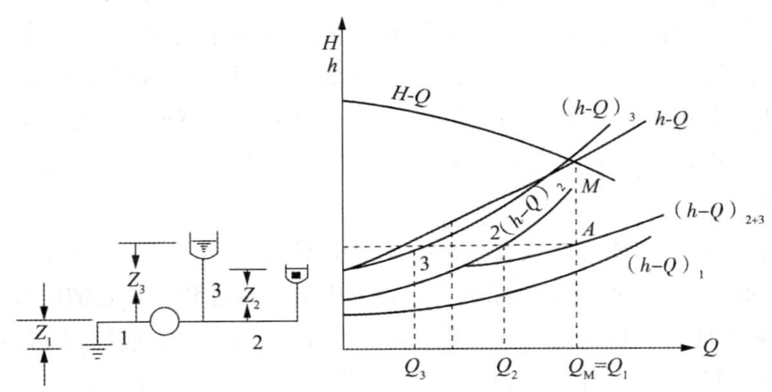

图 5-2-42　泵在分支管路上工作

M 点相应的流量 Q_M 就是管 1 中的流量。为确定管 2 和管 3 中的流量，过 M 点作垂线与管路特性曲线 $(h-Q)_{2+3}$ 相交于 A 点，从 A 点引水平线与管路特性曲线 $(h-Q)_2$ 相交于点 2，与管路特性曲线 $(h-Q)_3$ 相交于点 3，则点 2 和点 3 相应的流量 Q 和 Q_3 即为管 2 和管 3 中的流量，并且 $Q_2+Q_3=Q_1=Q_M$。

2）泵在交汇管路上工作的装置特性

在石油生产中，矿区内各转油站的原油汇集后输往油库的管路属于交汇管路，如图 5-2-43所示。

交汇管路与两台泵并联不同，设两台泵分别从 A、B 两油罐吸入油品，并经过两条相当长的管路 1、2 把油品送到汇合点 O，然后经一条管路 3 把油品送到储油处 C 点。这种管路系统的特点是：在整个系统工作时，尽管两台泵性能不同，管路 1 和管路 2 的阻力、静扬程也不同，但油品从泵Ⅰ和泵Ⅱ输送到 O 点后的剩余能头必须相等。

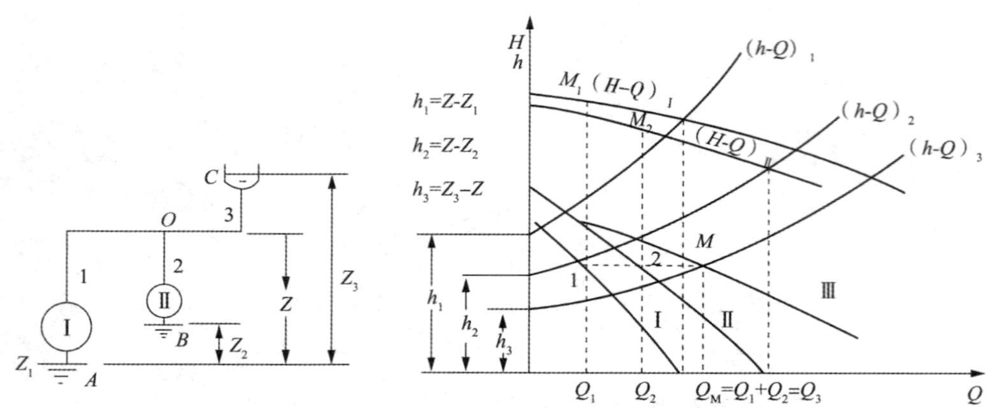

图 5-2-43 交汇管路的装置特性

交汇管路的水力工作状况可以用性能曲线来分析。作出泵的性能曲线 $(H-Q)_1$ 和管路 1 的管路特性曲线 $(h-Q)_1$（包括泵Ⅰ的吸入管和排出管的总管路特性），从泵Ⅰ性能曲线的纵坐标上减去同流量下管路 1 的管路特性曲线的纵坐标，即得出在不同流量下泵Ⅰ输送油品到 O 点的剩余扬程曲线Ⅰ。它表示从泵Ⅰ给出的能头中减去管路 1 的阻力损失等能头后还剩余的能头，此剩余能头用来克服管路 3 的阻力损失及将油品输送到 C 处所需克服的位高能头。按同样的方法可以作出泵Ⅱ且输送油品到 O 点后的剩余扬程曲线Ⅱ。曲线Ⅰ和曲线Ⅱ就相当于装在 O 点处另处两台泵的性能曲线。把曲线Ⅰ和曲线Ⅱ并联相加，得并联剩余扬程曲线Ⅲ，它表示 O 点处油品在不同流量下的能头大小。

管路 3 的管路特性曲线与曲线Ⅲ相交于 M 点，则 M 点为工作点，该点对应的流量 Q_M 就是管路 3 中的流量 Q_3，必等于管路 1 和管路 2 中的流量之和。M 点的能头为管路 1 和管路 2 汇合后的剩余能头，也就是用来克服管路 3 中阻力和位高差所需要的能头。

为确定泵Ⅰ和泵Ⅱ的工作点，过 M 点作水平线与曲线Ⅰ和曲线Ⅱ相交于点 1 和点 2，过点 1 和点 2 作垂线，分别交泵Ⅰ性能曲线于 M_1 点，交泵Ⅱ性能曲线于 M_2 点。M_1 点对应的流量 Q_1 就是管路 1 中的流量；M_2 点对应的流量 M_2 就是管路 2 中的流量。M_1 点的纵坐标即泵Ⅰ的工作扬程，M_2 点的纵坐标即泵Ⅱ的工作扬程。

由此可见，只要掌握能量供应和能量消耗的关系，就能在任何复杂工况下，确定每台泵的工作流量和工作扬程，即工作点。

4. 离心泵运转工况的调节

改变运转泵的工作点称为工况调节。由于工作点是泵性能曲线和管路特性曲线的交点，所以当任何一条曲线发生变化，工作点便随之而改变。因此，改变工作点有两种途径，下面分别讨论。

1）改变管路特性进行工况调节

（1）管路节流调节。

这是使管路特性变化的最简单、最常用的方法，即在排出管路上安装调节阀，当开大或关小调节阀的开启度时，改变管路中局部阻力，从而使管路特性系数 k 发生改变，使管路特性曲线的斜率发生变动。在泵性能曲线不变的情况下，工作点发生变化，达到调节流量的目的。

如图 5-2-44 所示，当泵排出管路上调节阀全开时，设管路特性曲线为曲线 1，与泵 $H-Q$ 性能曲线交点为 M_1，对应的流量为 Q_1。随着调节阀逐渐关小，管路特性系数 k 逐渐变大，管路特性曲线 2 曲线 3 相应地变陡，工作点变为 M_2、M_3，流量逐渐减小为 Q_2、Q_3。

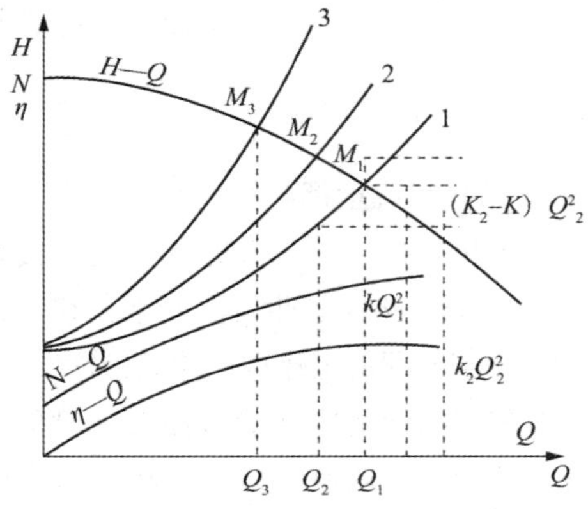

图 5-2-44　出口节流调节

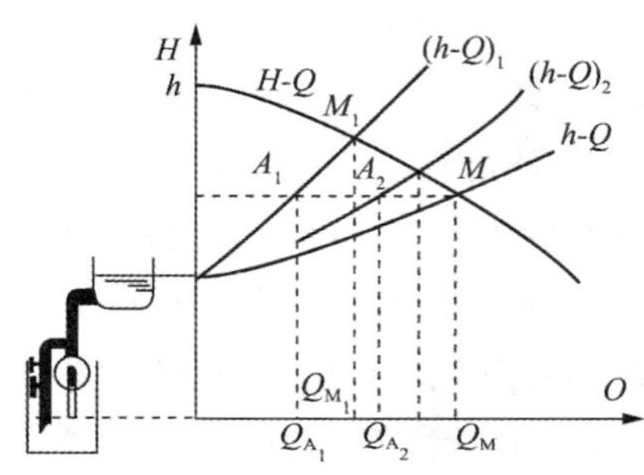

图 5-2-45　旁路调节

当用关小排出调节阀使流量由 Q_1 减小到 Q_2 或 Q_3 时，泵的效率往往会有所降低，因为在一般情况下总是按阀全开时所确定的工作点 M_1 来选泵的。至于功率，对一般低、中比转数的离心泵，其功率性能曲线都是随流量减小而下降的。但是从泵提供的能头的有效利用来看，调节阀开度减小却增加了附加阻力损失。设调节阀全开时流量为 Q_1，管路特性系数为 k，则管路中流动损失为 $h=kQ_1^2$；节流后，流量变为 Q_2，总的流动损失为 $h_2=k_2Q_2^2$。其中，用于使液体在管路中进行输送时需要克服的流动损失仅为 $k_2Q_2^2$，其余能头 $(k_2-k)\ Q_2^2$ 则是节流调节损失（见图 5-2-44）。

由此可见，当用关小排出调节阀的方法改变管路特性来调节流量时，管路中的局部阻力损失增加，需要泵提供更多的能头来克服这个附加的阻力损失，使整个装置效率不高，长期这样调节是不经济的。特别是对具有陡降扬程性能曲线的离心泵，采用这种方法调节就更不经济。但由于其调节装置简单且操作很方便，故仍被广泛地用于离心泵工况调节中。

（2）旁路调节。

如图 5-2-45 所示，在泵出口设有旁路与吸液罐相连通。在此管路上装一调节阀。离心泵在旁路调节装置上工作就像在分支管路中工作一样。设 $(h-Q)_1$ 是主管路的管路特性曲线，$(h-Q)_2$ 是旁路的管路特性曲线，则并联后的管路特性曲线为 $(h-Q)$。当旁路调节阀完全关闭时，泵的性能曲线 $H-Q$ 与主管管路特性 $(h-Q)_1$ 的交点为 M_1；当旁路阀打开时，$H-Q$ 曲线与 $h-Q$ 曲线的交点为 M。按在分支管路中求各管中流量的方法，过 M 点作水平线交 $(h-Q)_1$ 线于 A_1 点，交 $(h-Q)_2$ 曲线于 A_2 点，则通过主管的流量为 Q_{A1}，旁路中流量为 Q_{A2}。由图 5-2-45 可知，泵的流量变大，但主管中的流量比关闭旁路阀时主管中的流量变小，所以使流量得到了调节。

这种调节方法也不经济，因为旁路中的流量白白浪费了功耗。泵的轴功率随流量增加而减小时用此方法调节较适宜。

此外，当吸、排液罐中液位变化时，也将使管路特性曲线上下移动，工作点发生变化，同时流量发生变化。

2）改变泵的性能曲线进行工况调节

除上述利用泵串联、并联工作改变性能曲线，达到工况调节外，常见的改变性能曲线的方法还有如下几种。

（1）改变工作转速。

由 $H_{T\infty}=u_2c_{2u\infty}$ 和 $Q_T=\pi D_2b_2\tau_2c_{2r\infty}$ 可知，离心泵的扬程和流量都与转速有关。当 n 增大时，由比例定律可知，流量和扬程相应地与转速近似地按一次方、二次方的正比例关系变化，即泵的 $H-Q$ 性能曲线向右上方移动；当 n 减小时，$H-Q$ 性能曲线向左下方移动，如图 5-2-46 所示。当管路特性曲线 $h-Q$ 不变时，就可得到不同的工作点，使流量发生改变。

用改变转速调节流量是比较经济的，因为它没有节流引起的附加能量损失。但是，这种调节要求使用能改变转速的原动机来驱动，如直流电动机、双速（低速挡和高速挡）电动机和汽轮机等。对目前广泛使用的固定转速的交流电动机用可控硅调速，或加液力联轴器驱动，因而也得到日益广泛的应用。

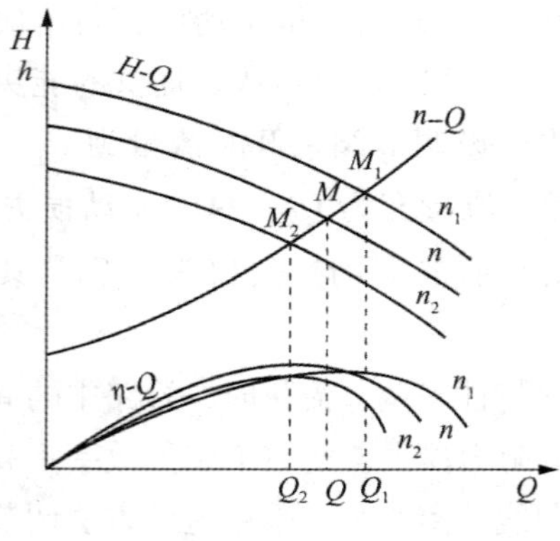

图 5-2-46　改变转速的调节

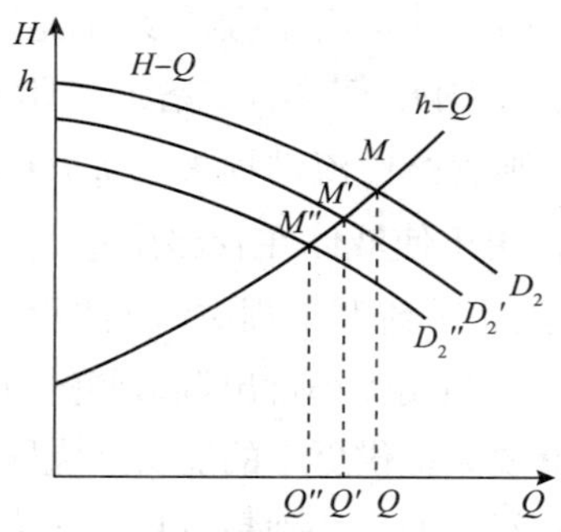

图 5-2-47　切割叶轮的调节

（2）切割叶轮外径。

由泵的切割定律可知，当转速一定时，流量和扬程随叶轮外径切割大小近似地成一次方、二次方变化。当泵叶轮外径在允许范围内切割时，则 $H-Q$ 性能曲线向左下方移动，如图 5-2-47 所示。若管路特性曲线不变，就可得到不同的工作点，使流量减小。这种调节方法虽然没有附加能量损失，但叶轮切割后不能再恢复原有特性，故适用于长期调节。

除上述工况调节的方法外，还有改变叶片角度的调节，改变前置导叶叶片角度的调节以及入口管路节流调节等。前两种方法多用于轴流泵和混流泵中，后者为防止离心泵的汽蚀而很少采用，却常用于风机的调节中。

5. 离心泵的不稳定工作（喘振现象）

有些低比转数的离心泵，其 $H-Q$ 性能曲线常常是一种驼峰型的曲线，如图 5-2-48 所示。这种性能曲线和管路特性曲线可能有两个交点 M 和 M_1，理论上讲，M 和 M_1 都是工作点。设泵在 M 点工作，由于某种原因（如电路中电压波动、频率变化导致转速改变，液面位置波动以及设备振动等）使工况向大流量方向偏离，则泵的扬程大于管路装置所需的能头，能头有富余，从而使管路中液体流速加大，流量增加，工作点沿泵性能曲线继续向大流量方向移动，直至 M_1 点时泵给出的能头重新与管路装置所需的能头相等，流量停止增加，泵在 M_1 点稳定工作，所以 M_1 点是稳定工作点。相反，如果泵在 M 点工作时，由于某种原因使流量减小了，则泵的扬程小于管路装置所需的能头，从而使管路中液体流速减小，流量减小，一直到流量等于零为止。若管路上不装止回阀，液体将倒灌进泵内。由此可见，工作点 M 处是暂时平衡，一旦实际工况与 M 点对应的 H_M、Q_M 略有偏离时，工作点便不再回到 M 点，所以称 M 点为离心泵的不稳定工作点。

工作点的稳定与不稳定的判别方法是：当交点处管路特性曲线的斜率大于泵性能曲线的斜率时，此交点是稳定工作点；反之，如交点处管路特性曲线的斜率小于泵性能曲线的斜率，则此交点是不稳定工作点。这样，凡是 $H-Q$ 性能曲线呈驼峰型的，在曲线最高点 T 的左侧线段上的各点都有可能成为离心泵的不稳定工作点。

实际上，在图 5-2-48 所示的装置特性曲线中，由于泵启动后的关闭扬程 H_0 小于管路装置的静扬程 H_{pot}，管路中的流量建立不起来，所以这种装置无法工作。

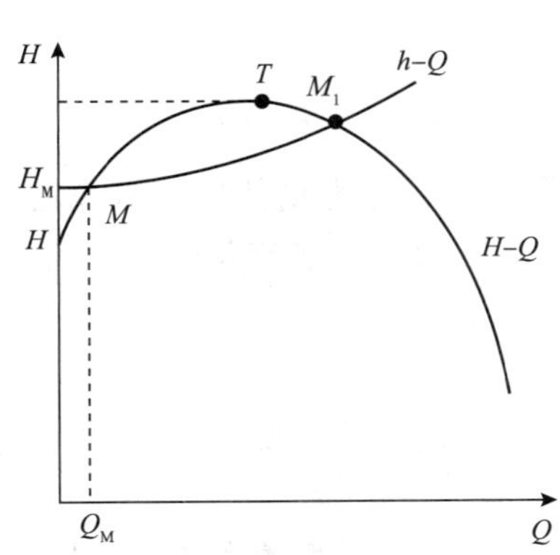

图 5-2-48　泵的不稳定工作点

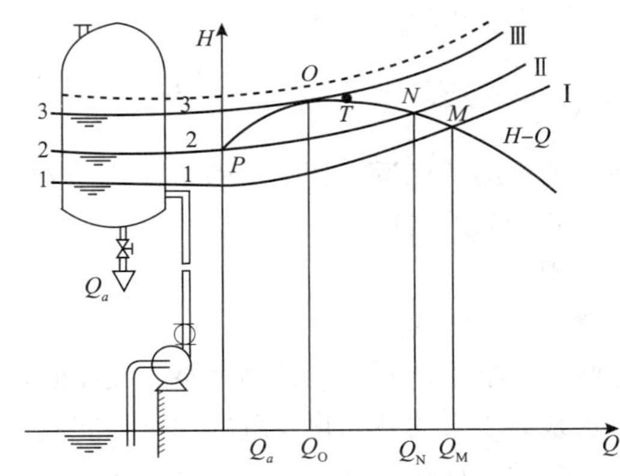

图 5-2-49　泵的不稳定工况

在离心泵的实际运行中，可能发生不稳定工作情况的是如图 5-2-49 所示的装置。使用一台 $H-Q$ 性能曲线呈驼峰型的离心泵，把液体输送到一个高位储罐中去。设离心泵启动前罐中液面为Ⅰ—Ⅰ，这时相应的管路特性曲线为曲线Ⅰ，则泵刚运行时的工作点为 M，流量为 Q_M。如果在向高位储罐输送液体的同时，又从罐中抽出 Q_a 的流量，并且 $Q_a < Q_M$，则罐内液面将不断由 1—1 上升到 2—2 及 3—3，管路特性曲线将相应的由曲线Ⅰ向上平移到曲线Ⅱ和曲线Ⅲ。与此同时，由泵输送到储罐中的流量也将相应地由 Q_M 逐步减为 Q_N 及 Q_O。假如 $Q_a < Q_O < Q_M$，罐中液面仍将继续上升。若对应于液面为 3-3 时的管路

特性曲线Ⅲ已与泵的 $H-Q$ 性能曲线相切于 O 点，则当罐中液面再略升高时，其对应的管路特性曲线再向上移便高出泵的 $H-Q$ 性能曲线（两曲线不再相交）了。这时，泵提供的扬程 H 在任何流量下均小于管路装置所需的能头，泵不能向储罐再输送液体，管路中止回阀将关闭，泵变成在零流量的 P 点工况下工作（若无止回阀，将发生液体倒灌入泵的现象）。

由于自罐内向外抽出的液体量 Q_a 不因泵停止供液而减少，则罐内液面将逐渐下降。当液面下降到3—3，对应的管路特性曲线Ⅲ又与泵的 $H-Q$ 性能曲线相切于 O 点，但这时泵的流量还为零，扬程 H_P 小于管路零流量时的静扬程，故泵还不能向管路供液。一直等到罐内液面下降到2—2，这时泵的扬程 H_P，与管路所需能头相等，止回阀被推开，泵开始重新向罐内输送液体。一旦泵开始供液，则泵提供的扬程大于管路所需的能头，流量将迅速增加，使工作点很快地由 P 点变到 N 点。这时，泵输送进罐的液量又大于自罐抽出的液量，罐内液面转而又上升，管路特性曲线再次向上平移。当管路特性曲线又一次移至高出泵性能曲线时，泵又停止向罐内供液，引起罐内液面又一次下降，管路特性曲线向下平移。如此循环不断地重复上述过程，泵的工作点由 O 变到 P，在停止供液一段时间后，又很快地变到 N 点工作。所以，在这种情况下，泵的工作点是不稳定地跳来跳去，导致管路中产生周期性的水击、噪声和振动等，这就是离心泵的喘振现象。一般不希望泵在不稳定工况下工作。

由上述分析可知，离心泵工作中可能产生不稳定工况的两个条件为：①泵的 $H-Q$ 性能曲线呈驼峰型；②管路装置中要有能自由升降的液面或其他能储存和放出能量的部分。因此，当遇到具有这种特点的管路装置时，为防止不稳定工况的发生，不应选用具有驼峰型 $H-Q$ 性能曲线的离心泵。

六、离心泵的系列及选用

在石油产品的储运工程中，除了使用各种离心水泵以外，还大量使用各种离心油泵，以完成油库油品的装卸、油品集输，以及长输原油等任务。为此，本节介绍这些离心泵的系列及选用。

1. 离心泵的系列化

为便于成批生产制造各种离心泵，又能满足使用单位工艺参数的要求，且泵在高效区工作，正是离心泵的系列化要解决的重要问题。

离心泵的系列化，就是制定一整套泵性能曲线型谱，即把同类型的离心泵的切割高效工作区四边形绘在一张坐标图上，使泵高效区四边形充分覆盖各部门所提出的工作点。我国已生产的部分离心水泵和油泵的系列性能曲线型谱如图5-2-50和图5-2-51所示。

需要指出是，Y型离心油泵经石油化工厂、油库装卸等运行实践证明，由于设计时片面追求轻小，导致结构过于单薄，运行不够稳定、可靠性差，机械密封和轴承寿命短，又因参数系列分档稀、品种规格少而影响泵的运行效率。为此，1984年，引进了美国B·J公司泵的创造技术，共计6个系列85个品种。该泵具有结构多样，品种齐全，规格多，系列参数范围广，型谱上性能参数重叠多，三化标准程度高，互换性强，效率高、质量好、寿命长等优点。其系列型谱图如图5-2-52和图5-2-53所示。

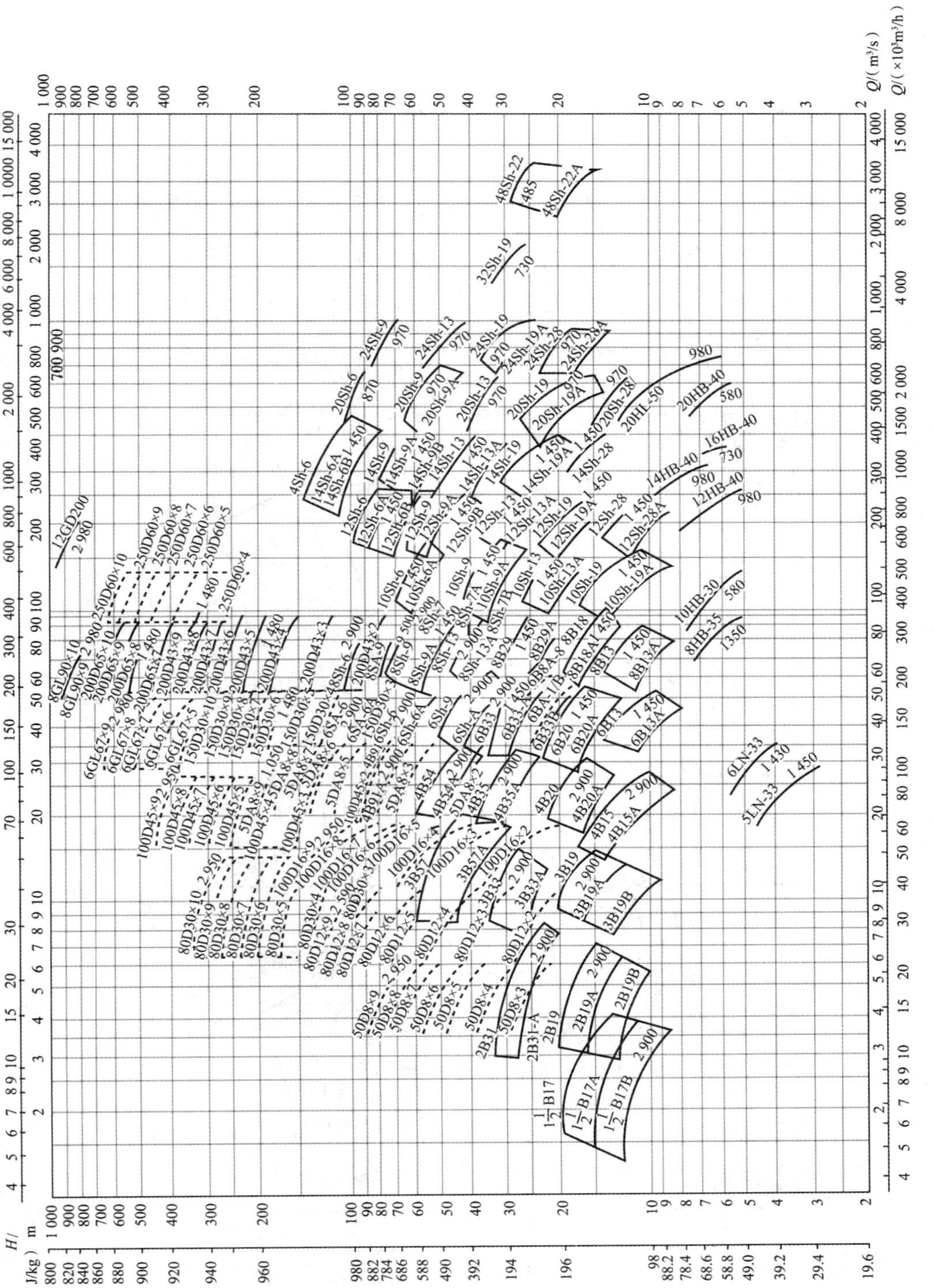

图 5-2-50　离心水泵性能曲线综合型谱

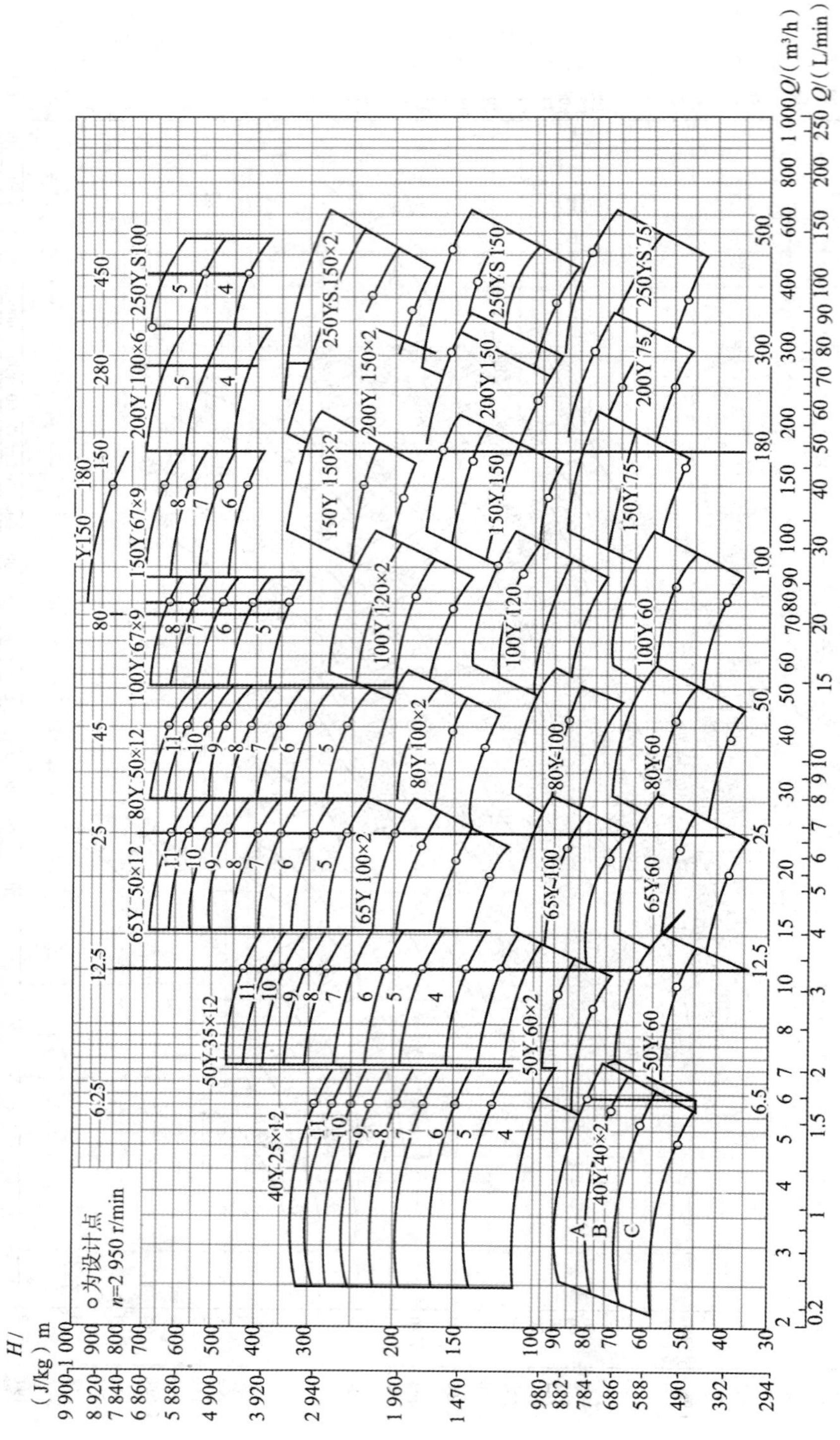

图 5-2-51 Y型离心油泵性能曲线型谱

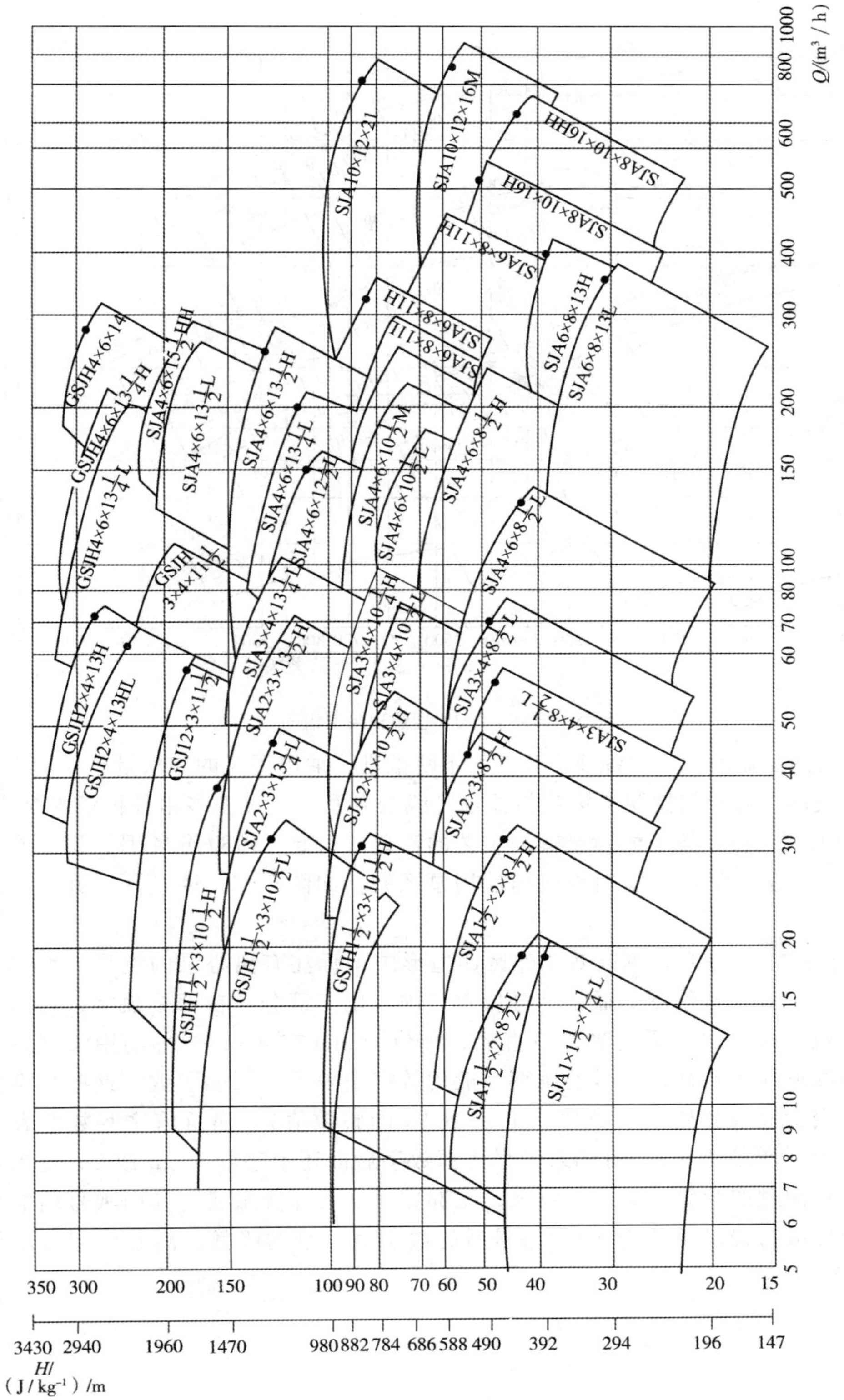

图 5-2-52　SJA、GSJH型流程泵型谱图

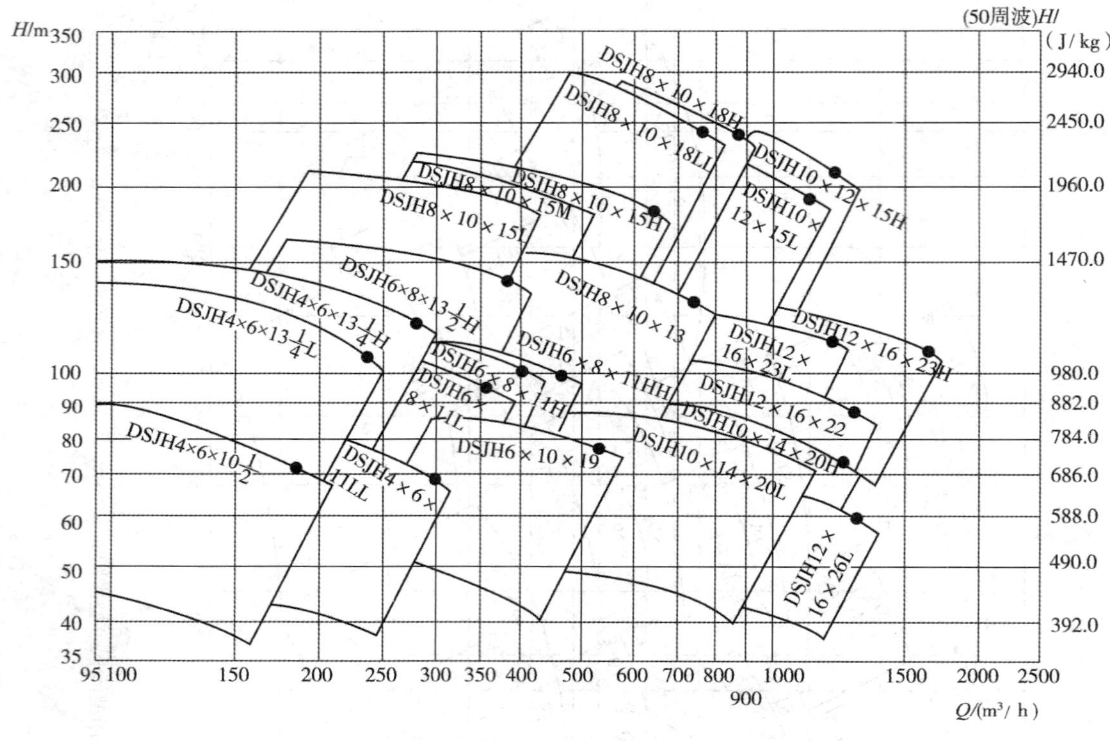

图 5-2-53　DSJH 型流程泵型谱图

随着石油工业的发展和各油田开发的不断推进，油田用泵的需求量越来越大。又由于目前我国没有专门供储运集输与长输管线的泵系列，过去多用各种清水泵代替，或用 Y 型油泵代替，故不能满足输油工艺的需要。为此，1987 年 4 月，国家有关部委组织技术力量，制定了长输管道输油用泵系列，如图 5-2-54 所示，并在逐渐完善中。

在型谱图中，每个切割高效工作区四边形中都标注有离心泵的型号。大部分型号已按汉语拼音字母编制。通常，分成首、中、尾三部分。首部是数字，表示泵的主要尺寸规格（一般为泵的吸入口直径，单位为 mm 或 in）；中部则用汉语拼音字母表示泵的形式或特征；型号的尾部一般用数字来表示该泵的参数，这些数字过去大多数是表示该泵比转数的数值（n_s 除以 10 的整数值），而目前这些数字表示泵的单级扬程（单位为 m）。有的泵型号尾部数字后面还带字母 A、B 或 C，这表示在泵中装有切割过的叶轮。对于多级泵，尾部数字由两部分组成，其中乘号前的数字表示泵的单级扬程（单位为 m），乘号后的数字表示泵的级数。离心泵型号示例如图 5-2-55 所示。

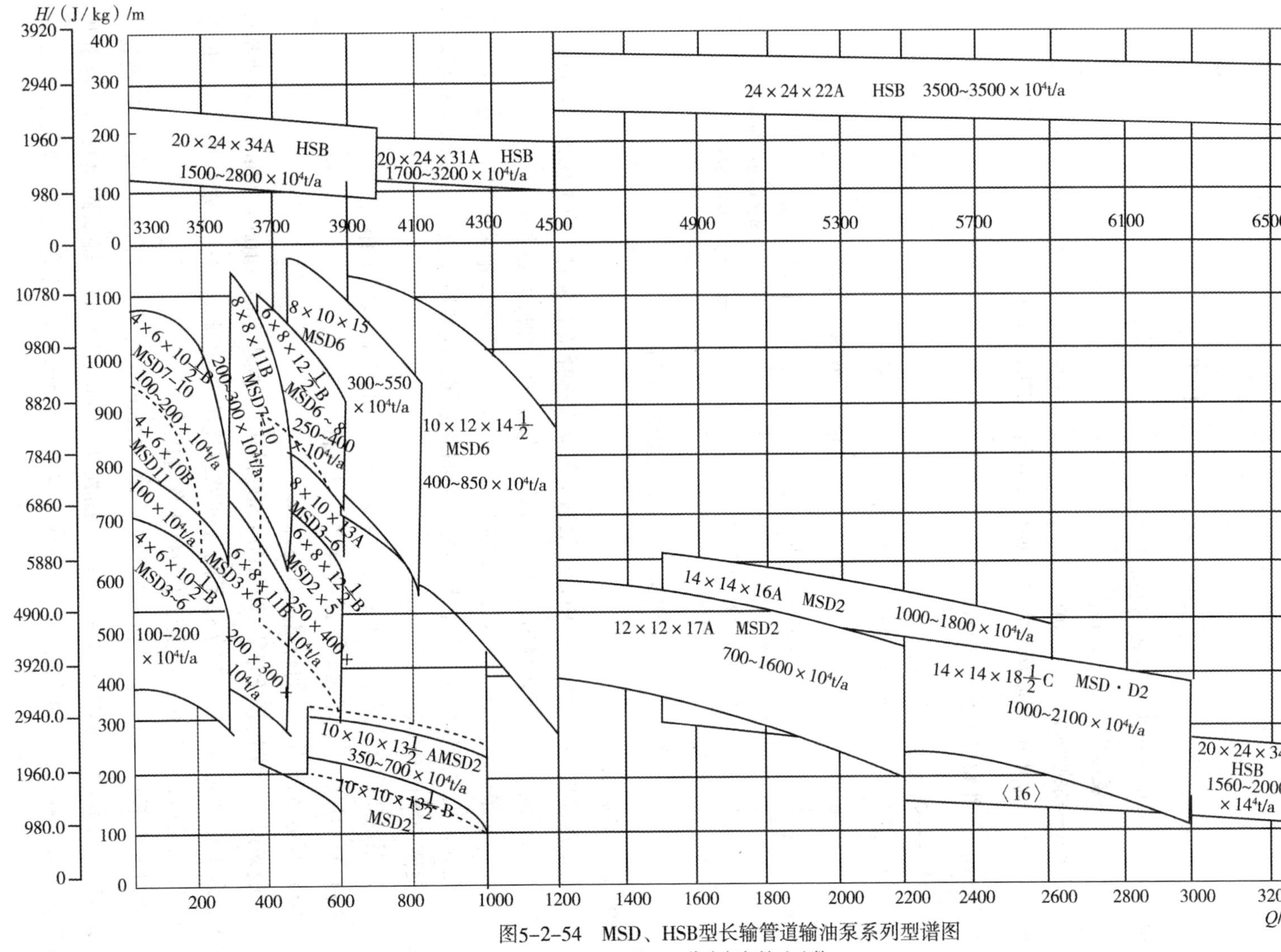

图5-2-54　MSD、HSB型长输管道输油泵系列型谱图

注：t/a代表每年输油吨数

新引进的流程泵和长输管线泵的型号是用结构型式字母与几何尺寸数字来表示的，例如：

$$\mathrm{SJA}\ 3\times4\ \mathrm{P}\times10\ \frac{1}{2}\mathrm{L}$$

$$\mathrm{SJA}\ 3\times4\ \mathrm{P}\times10\ \frac{1}{2}\mathrm{H-B}$$

式中 SJA——单级单吸悬臂式离心流程泵；

3——泵排出口直径，in；

4——泵吸入口直径，in；

P——泵水平轴向吸入结构（垂直吸入的泵不用注明）；

$10\frac{1}{2}$——叶轮最大直径，in；

L、H——叶轮型式代号；

B——叶轮切割次数，即第二次切割。

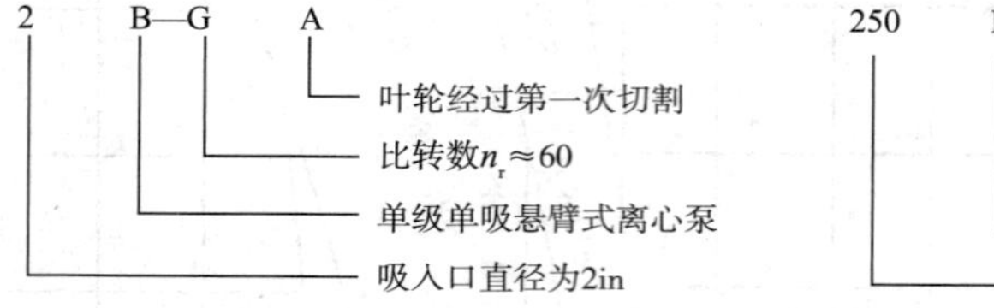

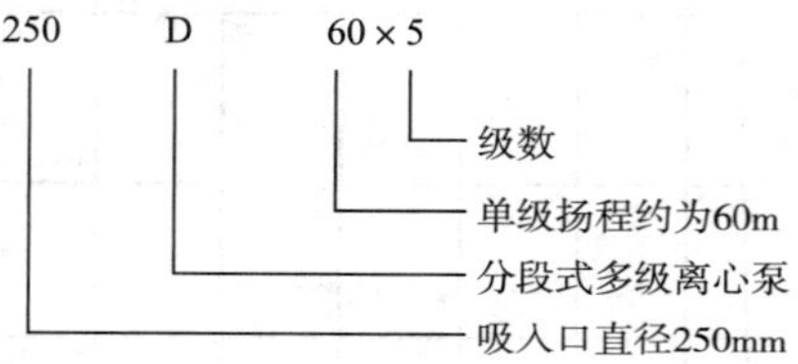

图 5-2-55 离心泵型号示例

2. 离心泵的选用

在石油产品的储运集输生产中，在根据工艺要求选择离心泵时，应考虑以下几点：

（1）必须满足生产工艺提出的流量、扬程及输送油品性质的要求。

（2）离心泵应有良好的吸入性能，为保证正常运转，常相应地采用灌注头或正压吸入措施。此外，轴封严密可靠，防止易燃易爆的油品泄漏，润滑冷却良好，零部件有足够的强度，泵便于操作和维修。

（3）泵的工作范围广，即在工况发生变化时，仍能在高效区工作。

（4）泵的尺寸小，重量轻，结构合理，成本低。

（5）其他特殊要求，如防爆、抗腐蚀等。

一般来说，油库用泵流量中等（100～500m^3/h），扬程不高（100～200m），但油品种类多，泵工作用途多，且工作条件不同（间歇或连续）。因此，往往要求一泵多用，既装又卸，既抽又送，其工作点都能处于最佳工作范围内。

油田区块不同，油田集输用泵的流量为10～1250m^3/h，扬程为25～500m。长输管线用泵的特点是流量大（450～6000m^3/h），扬程高（400～770m），输送距离长，油品黏度随季节变化影响大，长期连续运转，要求多泵联合工作，各台泵的工况应处于高效工作区内。

1）选泵方法和步骤

（1）列出基础数据。

根据工艺条件，详细列出基础数据，包括介质的物理性质（密度、黏度、饱和蒸汽压、腐蚀性等）、操作条件（操作温度、泵进出口两侧罐内压力或管内压力、处理量等）以及泵所在位置情祝，如环境温度、海拔高度、装置情况、进出侧设备（或管线）内液面至泵中心线距离和管线当量长度等。

（2）估算泵的流量和扬程。

当工艺设计中给出最小流量、正常流量和最大流量时，选泵时可直接采用最大流量，若只给出输送的正常流量 Q_p，则应采用适当的安全系数估算泵的流量，一般取 $Q=(1.05\sim1.10)Q_p$。当工艺设计中给出所需最大扬程，可直接采用。若需要估算扬程，应先画出泵装置的立面流程图，标明离心泵在流程中的位置、标高、距离、管线长度及管阀件数量等。考虑泵在最困难条件下，例如处理量增大、管线安装误差和工作过程中阻力损失变化等影响，计算流动损失，确定所需扬程 H_p，根据需要再留出些余量，最后估算出选泵扬程，一般取 $H=(1.05\sim1.10)H_p$。

（3）选择泵的类型及型号。

根据被输送介质的性质而确定应选用泵的类型。例如，当输送介质腐蚀性较强时，则应从耐腐蚀的系列产品中选取；当输送石油产品时，则应选各种油泵。

在选择泵类型时，可先由流量 Q、扬程 H 及转速计算出 n_s，以决定泵的类型。同时应考虑泵的台数。在正常操作时，一般只选用一台泵，但在需要流量增大、扬程提高的某些特殊情况下，也可采用多台泵并联或串联工作。尽量不使泵台数过多，以免管路复杂，造成操作、维修不便，成本费用偏高。然而，除间歇操作的泵外，为保证可靠的连续性生产和工作条件变化的灵活性，应适当地考虑设备用泵。

当选定泵的类型后，可根据流量 Q 和扬程 H 值，从离心泵性能规格表中选定泵的型号。更常用的方法是将流量 Q 和扬程 H 值标绘到该类型泵的系列性能曲线型谱图上，看其交点 P 处在哪个切割高效区四边形中，即可读出该四边形中所注明的离心泵型号。如果交点 P 并不恰好落在四边形上下边上，则选用该泵后，可以应用改变叶轮直径或工作转速的方法，改变泵的性能曲线，使其通过 P 点。这时，应从泵样本或系列性能规格表中查出该泵的输水性能曲线，以便换算。假如交点 P 并不落在任何一个高效区四边形中，这表明没有一台泵能满足 P 点工作参数。在这种情况下，可适当改变泵台数或工作条件（如用出口调节阀改变扬程等）来满足要求。

在选用多个离心泵联合工作时，应尽可能采用型号相同的泵，以便于操作和维修。

（4）核算泵的性能。

在实际生产过程中，为了保证泵正常运转，防止发生汽蚀，要根据流程图的布置，计算出最困难条件下泵入口的实际吸上真空度 H_S，或装置的有效汽蚀余量 Δh_a，与该泵的允许值比较；或根据泵的允许吸上真空度 $[H_S]$ 或泵的允许汽蚀余量 $[\Delta h_a]$，计算出泵允许的几何安装高度 $[H_{gl}]$，与工艺流程图中泵拟确定的安装高度相比较。若输送油品黏度影响不可忽略时，应先进行性能换算再校核。当不能满足要求时，就必须另选其他泵，或变更泵的位置，或采取其他措施。

若采用一泵多管线工作时，必须较精确地算出各种不同使用条件下所需的扬程，校核所选泵在该条件下所产生的扬程是否满足要求。为此，在必要时可绘出泵的性能曲线和管路特性曲线，核算工作点的参数是否符合工艺要求，并且泵在高效区工作。

（5）计算泵的轴功率和驱动机功率。

根据泵所输送介质及工作点参数（Q、H 和 η），可求出泵的轴功率：

$$N=\frac{\rho QH}{1000\eta}$$

在选用驱动机的功率时，应考虑 10% ~15% 储备功率，则驱动机的功率为：

$$N_{D}=(1.1\sim1.15)N=(1.1\sim1.15)\frac{\rho QH}{1000\eta}$$

功率 N_D 便是选配驱动机的依据。

在选配驱动机时，应优先考虑现场可供利用的动力来源，在条件许可的情况下，尽可能采用电动机。

第二节　输油泵

一、自吸式离心泵

众所周知，普通离心泵没有自吸能力，因此当输送含有气体的液体时，或在工作中要求不经灌泵就能启动时，就要使用自吸式离心泵。

自吸式离心泵的类型有很多，其共同的特点是自吸泵的吸液管高于泵轴，以保证停泵后叶轮能浸入液体中；自吸泵的排液处都有一个容积较大的气液分离器，其作用是把从叶轮甩出来的气液混合物中的气体分离出来，使液体重新流回泵的吸液室或直接流回叶轮。

图 5-2-56 是常用的一种具有开式叶轮的自吸式离心泵。在泵吸液口到叶轮之间，有一高于叶轮吸液口的吸液罐（图 5-2-56 中未画出）。工作前，叶轮内充满液体，泵启动后，液体从叶轮甩出时会夹带着气体，经流道 A 进入分离罐。在分离罐中气体被分出，液体则沿着与叶轮圆周中压力较低的部分相对应的流道 B 重新流入叶轮。流回叶轮的液体在叶片作用下又夹带着气体甩到泵壳中，自流道 A 进入分离罐。如此反复进行，直至把吸入管内的气体全部吸完为止。在上述过程中，经流道 B 返回叶轮的液量是会自动调整的，若返回叶轮的液量过多，则叶轮中的液量增加，流道 A 的通流面积将减小，不足以使气液混合物全部经过流道 A 流出，这将导致流道 B 处叶轮内的压力降不下来，因此经流道 B 返回的液量将自动减少。当泵吸入的液体中不再带有气体时，叶轮和蜗壳的流道内将充满液体，这时流道 B 内不但没有返流的液体，相反地，将与流道 A 一起，成为液体排出的流

道。这时，分离罐也不起分离作用，而成为排液管的一段。

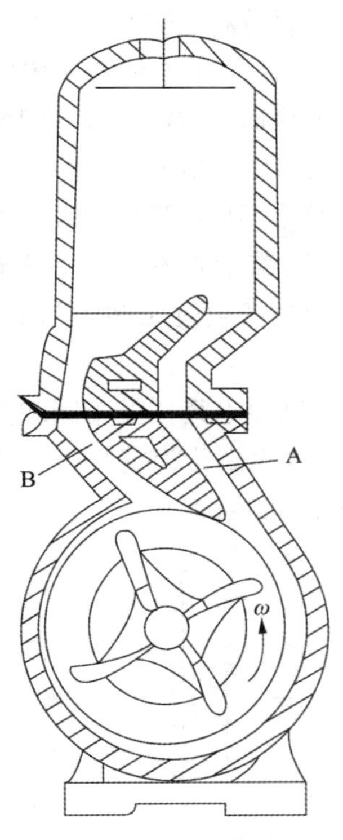

图 5-2-56　自吸式离心泵

这种自吸式离心泵的自吸能力较强，安装在距离液面 9m 高度时仍能自吸，一般安装在离液面 3m 时，就能够以 0.3m/s 的速度使液体沿吸液管上升。

二、螺杆泵

螺杆泵也是容积泵的一种，它是靠螺杆与衬套或几根相互啮合的螺杆间容积变化来输送液体的。下面简单介绍其工作原理与特点。

1. 螺杆泵的结构和工作原理

螺杆泵有单螺杆泵和多螺杆泵（双螺杆、三螺杆、五螺杆等）。

1）单螺杆泵

单螺杆泵是一种较新的水力机械，目前在石油钻采和石油输送中得到了越来越广泛的应用。图 5-2-57 是一个单螺杆泵的结构简图。图中标出了其主要零部件，单螺杆泵中最主要的元件是衬套和螺杆组成的衬套螺杆副。由于单螺杆在衬套中进行复杂的星形运动，所以在螺杆与中间传动轴之间有一个偏心联轴节，也可以用万向联轴节或挠性轴代替偏心联轴节。偏心联轴节或挠性轴的尺寸根据传递功率及转速而定。

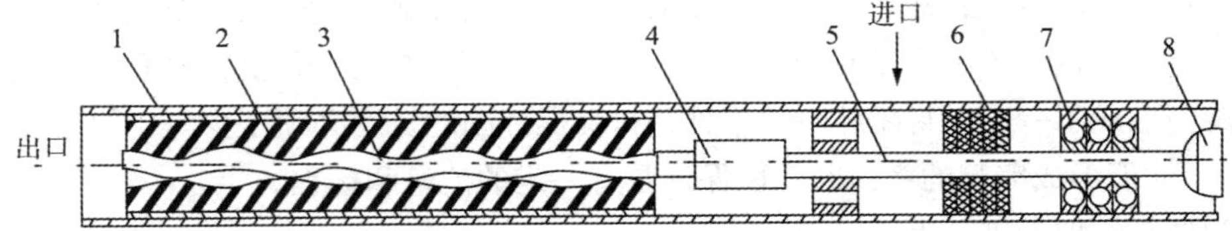

图 5-2-57　单螺杆泵结构简图

1—泵壳；2—衬套；3—螺杆；4—偏心联轴节；5—中间传动轴；6—密封装置；7—径向止推轴承；8—普通联轴节

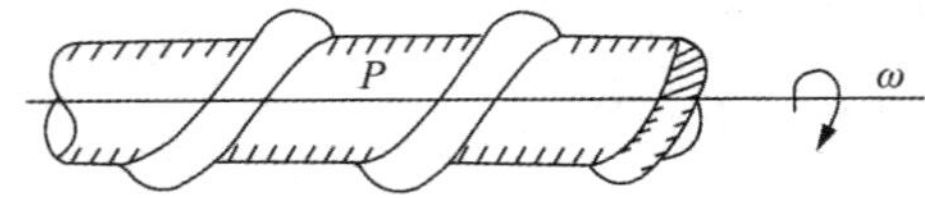

图 5-2-58　单螺杆泵作用原理

单螺杆泵的螺杆如同螺旋输送机的螺旋桨，如图 5-2-58 所示：ω 是螺杆旋转方向，P 是液体被推进的方向。可以看出，当螺杆旋转时，螺杆的棱线起到推挤液体发生前移的作用。为了使单螺杆有效地推挤液体，达到一定的排量和扬程，必须设计具有内螺旋面的专门衬套。螺杆与衬套把液体沿轴向分开，又在径向把液流一分为二，形成一个个密封腔。所以，在每个螺杆衬套副中，螺杆是单线螺旋面，衬套内表面是双线螺旋面，二者的旋向相同，即同为右旋或左旋。螺杆形状的旋向与传动轴的转向决定了液体在泵中的流向。设螺杆为左旋形状，观察者由螺杆衬套副的任一端看去，传动轴顺时针旋转，则液体远离观察者；如果逆时针旋转，液体将流向观察者。如果是右旋螺杆，则情况相反。

螺杆的任一断面都是半径为 R 的圆，如图 5-2-59 所示。整个螺杆的形状可看成由很多半径为 R 的极薄圆盘组成，不过这些圆盘的中心 O_1 以偏心距 e 绕螺杆本身的轴线 O_2Z 一边旋转、一边按一定螺距 t 向前移动。也就是说，圆盘圆心 O_1 的轨迹是螺距为 t，距 O_2Z 偏心距为 e 的螺旋线。

衬套的材料是橡胶，它的断面是由两个半径为 R（等于螺杆断面半径）的半圆和两个长为 $4e$ 的直线段组成的长圆形，如图 5-2-60 所示。衬套的双线内螺旋面就是由上述断面绕衬套的轴线 OZ 旋转的同时，按一定的导程 $T=2t$ 向前移动所形成的。

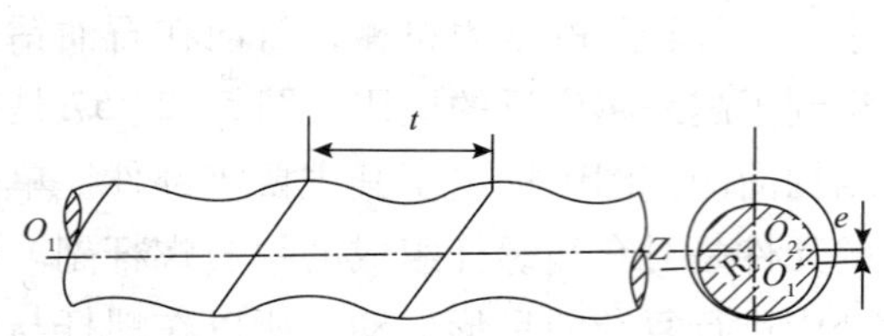

图 5-2-59 单螺杆泵的螺杆

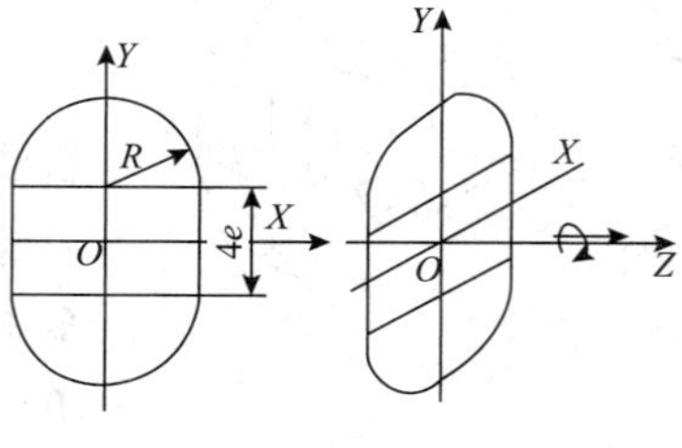

图5-2-60 衬套横断面形状及螺旋面的形成

当螺杆在衬套中的位置不同时，它们之间的接触点也不同。当螺杆断面在衬套长圆形断面的两端时，螺杆和衬套的接触为半圆弧线；当螺杆断面在衬套其他位置时，螺杆和衬套仅有两点接触。由于螺杆和衬套是连续啮合的，这些接触点就构成了空间密封线，在衬套的一个导程 T 内形成一个密封腔室。这样，在沿单螺杆泵的全长上，衬套内螺旋面与螺杆的螺旋面形成了一个个封闭腔室。可见，衬套螺杆副的长度必须至少等于衬套的一个导程 $T=2t$，才能形成完整的密封腔，以保证泵有一定的流量和扬程。

单螺杆泵的理论排量为：

$$Q_T = 4 \times 10^{-6} eDTn \qquad (5-2-68)$$

式中 e——螺杆的偏心距（现有结构的单螺杆泵的偏心距在 1 ~ 8 mm 范围内变化），mm；

D——螺杆截面的直径，$D=2R$，mm；

T——衬套的导程，$T=2t$，mm；

n——螺杆转速，r/min。

单螺杆泵的实际排量：

$$Q = Q_T\eta_V = 4 \times 10^{-6} eDTn\eta_V \qquad (5-2-69)$$

式中 η_V——容积效率。

其他符号意义同前。

在进行初步计算时，对具有过盈值的螺杆衬套副取 $\eta_V=0.8 \sim 0.85$；对具有间隙值的

螺杆衬套副取 $\eta_V=0.7$。

由排量公式可看出，单螺杆泵的排量与 e、D、T、n 有关。对现有单级螺杆泵结构和使用情况分析表明，e、D、T 三参数之间存在一定的联系，只有此三参数维持一定比值时，才能保证泵长期高效工作。对小排量、高扬程单螺杆泵，其比值为：

$$2 \leqslant \frac{T}{D} \leqslant 2.5 \qquad 28 \leqslant \frac{T}{e} \leqslant 32$$

2）三螺杆泵

多螺杆泵有双螺杆、三螺杆和五螺杆等。其中一根螺杆是主动螺杆，呈右旋凸螺杆；其余螺杆为从动螺杆，呈右旋凹螺杆。螺杆采用摆线齿廓螺纹，其工作原理如图 5-2-61 所示。当螺杆转动时，吸入腔一端的密封线连续地向排出腔一端做轴向移动，使吸入腔容积增大，压力降低，液体在泵内外压差作用下沿吸入管进入吸入腔。随着螺杆的转动，密封腔内的液体连续而均匀地沿轴向移动到排出腔，随着排出腔一端的容积逐渐缩小，即将液体排出。

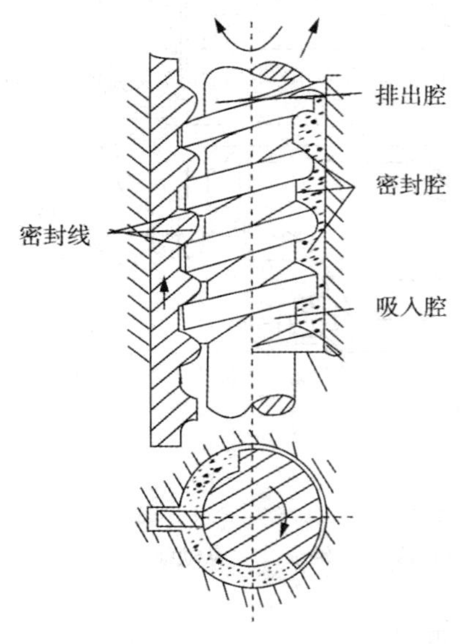

图 5-2-61　多螺杆泵输液原理

在多螺杆泵中最常见的是三螺杆泵。三螺杆泵在油库和泵站中常作为辅助用泵来输送润滑油及中等黏度的原油，在石油化工厂中常用来输送机泵装置的润滑油和密封油。油气混输用的双吸卧式三螺杆泵广泛用于各油田的油气集输。

如图 5-2-62 所示为一台卧式双吸三螺杆泵结构图。它的主要构件有主动螺杆、两个从动螺杆、衬套、泵体、填料箱和轴承等。衬套外面是圆柱形，与泵体配合形成吸油腔与排油腔，衬套内有三个相互连接的圆孔，三个孔与三个螺杆相配合。为了使轴端便于密封并减小由伸出端引起的不平衡轴向力，通常都是两边吸油中间排油。轴向力基本上得到平衡，未平衡的只是主动螺杆伸出端为大气压、另一端为吸入腔压力而引起的轴向力。

为保证在任一瞬时至少有一条密封线来隔绝泵的吸入腔与排出腔，螺杆和泵套的最小长度 L 应大于形成两条密封线之间的轴向距离。一般根据泵的压力不同按表 5-2-4 选取。表中 t 为螺距（$t=\frac{1}{2}T$），适于输送黏度为 3～80°E（恩氏黏度）的液体。当液体黏度为 1.2～3°E 时，螺杆和泵套长度还应适当增加。

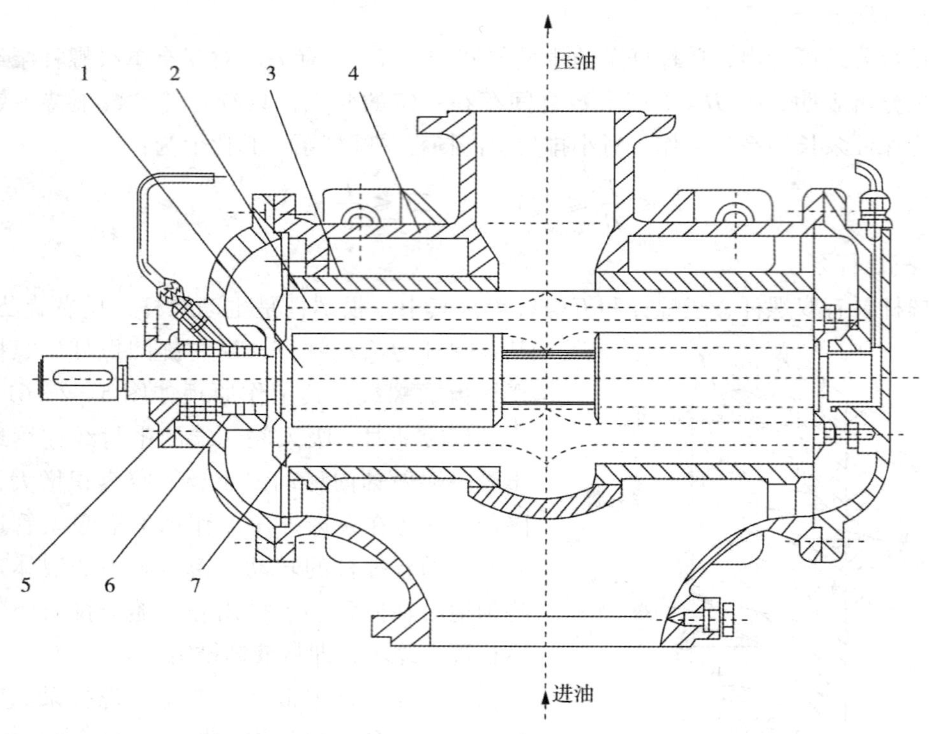

图 5-2-62 卧式双吸三螺杆泵

1—主动螺杆；2—从动螺杆 1；3—衬套；4—泵体；5—填料箱；6—轴承；7—从动螺杆 2

表 5-2-4 螺杆与泵套长度

压力（p）$/10^5$Pa	长度（L）
10	$2.2t$
25	$4t$
64	$6t$
160	$12t$
320	$24t$

三螺杆泵的流量按式（5-2-70）计算：

$$Q=1.243\times10^{-3}Td_i^{\ 2}n\eta_V \quad (5-2-70)$$

式中 d_i——螺杆节圆直径，cm；

n——转速，r/min；

T——螺杆导程，一般 $T=\left(\frac{4}{3}\sim\frac{10}{3}\right)d_i$，cm；

η_V——容积效率，一般 $\eta_V=0.75\sim0.95$，在压力低、d_i 大时，η_V 取大值。

三螺杆泵的型号与规格：

目前，我国生产的三螺杆泵主要为由 G、U 表示的螺杆泵，另加一些附加字母，其意义见表5-2-5。国内生产的三螺杆泵有很多，其技术规格范围见表5-2-6。

型号举例：3GR25×4-1.6/25，3GC50×2-10/5，3GS160D×3-280/16

其中　3G——三螺杆泵；

R、*C*、*S*——一般结构、船用结构和双吸结构；

25×4、50×2、160D×3——主动螺杆外径（mm）×螺纹工作长度的螺距数（D表示导程不等）；

1.6/25、10/5、280/16——设计点流量（m^3/h）/设计点压力（$10^5 Pa$）。

表5-2-7是油气混输双吸卧式三螺杆泵的技术规格表。

表5-2-5　螺杆泵中符号的意义

符　号	意　义	适用范围
G	螺杆泵	不含固体颗粒，无腐蚀，黏度为3～80°E，温度不超过80℃的油类及润滑性液体，如润滑油、燃料油、原油、化纤黏胶等
U	螺杆泵	输送恩氏黏度为3～50°E的燃料油，如重油、渣油
L	立式	输送润滑性较差的液体，如轻机油等
Y	一般结构	适用于大流量泵
S	双吸式	使用温度最高为150℃
W	一般结构	与船舶配套使用
C	船用结构	
N	高黏度泵	动力黏度为1 000～500 000cP（$1cP=1\times10^{-3}Pa\cdot s$）的高黏度液体
K	含固体颗粒	输送含有小固体颗粒或纤维的液体
F	耐腐蚀	输送有腐蚀性的液体

表5-2-6　三螺杆泵主要技术规格

型　号	黏　度	流量/（m^3/h）	压力/$10^5 Pa$	转速/（r/min）	电机功率/kW
3G	3～50°E	0.2～590	4～100	3000 1500 970	0.6～225
3U	1.5～80°E	2.0～380	4～100	3000 1500 960	1.5～200
3GH	1～500Pa·s	0.4～21	5～16	100～600	

表5-2-7　油气混输双吸卧式三螺杆泵技术规格

型　号	理论排量/（m^3/h）	转速/（r/min）
双吸12-15型	12 24	1500 3000
双吸40-15型	40 80	1500 3000
双吸150-15型	150 300	1500 3000

2. 螺杆泵的工作特点

（1）螺杆泵流量均匀。当螺杆旋转时，密封腔连续向前推进，各瞬时排出量相同。因此，它的流量比往复泵、齿轮泵流量要均匀。

（2）受力情况良好。多数螺杆泵的主动螺杆不受径向力的作用，所有从动螺杆不受扭转力矩的作用。因此，泵的使用寿命较长。有些泵制成双吸结构，还可以平衡轴向力。

（3）除单螺杆泵外，其他螺杆泵无往复运动，不受惯性力影响，故转速可以较高，一般转速为1500～3000 r/min。在同样排量下，机器的体积质量均小于往复泵。单螺杆泵因有星形运动，所以有惯性力，但由于偏心距很小，惯性力也很小。目前，单螺杆泵的转速最高可达3000 r/min。由于单螺杆泵体积小，呈管状结构，故可深入井下，制成电动潜油泵。

（4）运转平稳，噪声小，被输送液体不受搅拌作用。螺杆泵密封腔空间较大，有少量杂质颗粒也不会妨碍正常工作。

（5）具有良好的自吸能力。因螺杆密封性好，可以排送气体，启动时可不用灌泵，可用于气液混相输送。由于密封性好，可在较高压力下工作，压力可达300×10^5Pa。

三、齿轮泵

齿轮泵的工作机构是一对互相啮合的齿轮，根据啮合特点，可分为外啮合和内啮合两种，如图5-2-63所示，齿轮泵的齿形有渐开线齿形和圆弧－摆线齿形。常见的外啮合齿轮泵多采用渐开线齿形，有直齿、斜齿、人字齿等。在相同流量下，内啮合齿轮泵尺寸比外啮合齿轮泵小。内啮合齿轮泵的流量也比外啮合齿轮泵均匀，而制造加工比外啮合齿轮泵复杂。外啮合齿轮泵的齿轮数目为2～5个，以2个齿轮的外啮合齿轮泵最为常用，而内啮合齿轮泵只有2个齿轮。

如图5-2-64所示是一台外啮合直齿型齿轮泵，由泵体、主动齿轮、从动齿轮、轴承、前后盖板、传动轴及安全阀组成。

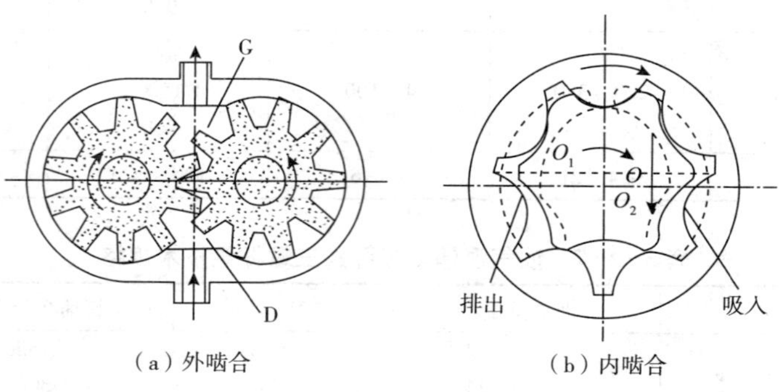

图5-2-63 齿轮泵分类

1. 齿轮泵的工作原理

齿轮泵是一种容积泵，它依靠齿轮相互啮合过程中所形成的工作容积变化来输送液体，如图5-2-65所示。工作容积由泵体、侧盖及齿轮各齿间槽构成。啮合齿A、C、B将此空间分隔成吸入腔和排出腔。当一对齿按图示方向转动时，位于吸入腔的C齿逐渐退出啮合使吸入腔容积逐渐增大，压力降低，液体沿管道进入吸入腔，并充满齿间容积。随齿轮转动，进入齿间的液体被带到排出腔。由于齿的啮合占据了齿间容积，使排出腔容积变小，液体被排出。因此，齿轮泵是一种容积泵。其特点是：流量与排出压力基本上无关，流量和压力有脉动，无进液阀、排液阀，结构比往复泵简单，制造容易，维修方便，运转可靠，流量比往复泵均匀。适用于不含固体杂质的高黏（运动黏度常大于2200 mm^2/h）的液体。

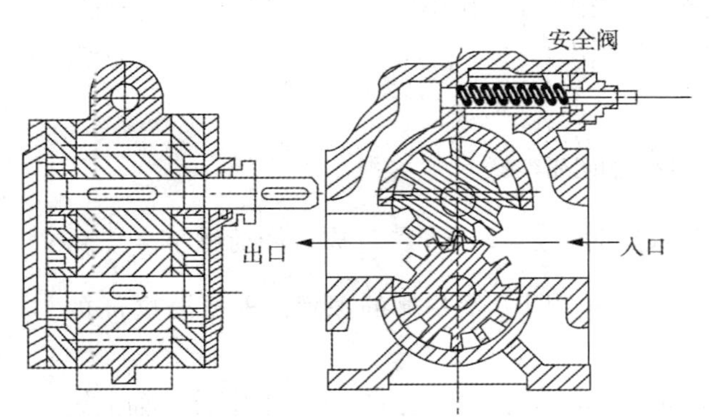

图5-2-64　齿轮泵结构

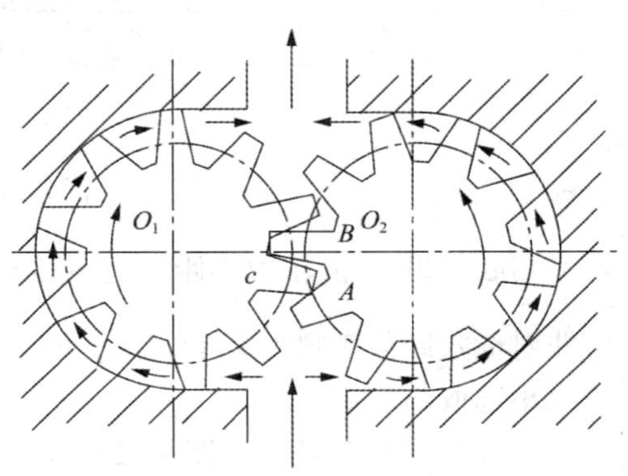

图5-2-65　齿轮泵工作原理

2. 困液现象和卸荷措施

为保证齿轮泵连续输送液体和啮合时运动平稳，必须使齿轮啮合的重叠系数大于1，即要求前一对齿在尚未脱开前，后一对齿就进入啮合。所以，在一段时间内，两对齿轮同时啮合，有两条啮合线。因而，有一部分液体被困在两条啮合线及两端盖形成的封闭容积内，此容积称“闭死容积”，如图5-2-66（a）所示。当齿轮继续转动时，闭死容积变小并达到最小值，如图5-2-66（b）所示。随后，这一容积又逐渐增大，直到第一对啮合齿脱开时，容积增至最大，如图5-2-66（c）所示。其闭死容积的变化规律如图5-2-66（d）所示。

当闭死容积由大变小时，被困在容积内的液体受到挤压，压力急剧升高，达到远大于泵排出压力（可以超过10倍以上）的程度。于是，被困液体从一切可以泄漏的缝隙中被强行挤出，这时齿轮和轴承受到很大的脉冲径向力，功率损失增加，磨损加剧。当闭死容积由小变大时，剩余的被困液体压力下降，形成局部真空，使溶解在液体中的气体析出，或液体本身汽化形成汽蚀，使泵产生振动和噪声。这种现象称为“困液现象”，困液现象对齿轮工作性能及寿命的危害很大。

为消除困液现象，可以采取一些卸荷措施，使闭死容积与吸入腔或排出腔连通。

（1）开卸荷槽。如图5-2-67所示，虚线表示在两端盖上的卸荷槽位置，有对称式与非对称式两种，C—C断面表示卸荷槽的深度。非对称式卸荷槽在齿侧很小时采用，其位置向吸入腔偏移一段距离。其卸荷槽间距为 $y=\pi\frac{m^2z}{A}\cos^2\alpha$。式中，$m$ 为齿轮模数。当压

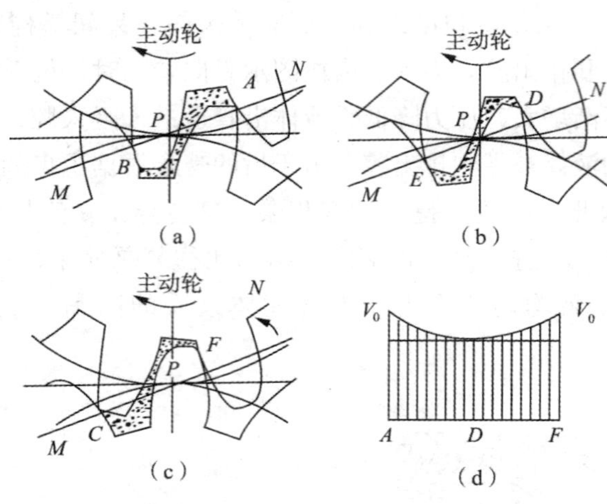

图 5-2-66　齿轮泵的闭死容积

力角 $\alpha=20°$，齿轮中心距 A 为标准值（$A=zm$）时，$y=2.78\text{m}$。对称式卸荷槽 $y'=\frac{1}{2}y$，非对称式卸荷槽则为 $y'=0.8\text{m}$，$e=1.2\text{m}$，$c>2.5\text{m}$。图中 h' 是槽的深度，根据模数 m 的大小选取。

（2）开卸荷孔。如图 5-2-68 所示，从动轴固定不动，从动齿轮在轴上空转，轴上铣出两个凹槽 P，在从动齿轮的每个齿顶和齿谷底部开卸荷孔。当闭死容积变小时，卸荷孔通过轴上凹槽与排液腔连通；当闭死容积变大时，卸荷孔通过轴上凹槽与吸液腔相通，这样就消除了困液现象。

（3）采用其他措施。如斜齿齿轮泵的闭死容积几乎不变，困液现象不严重。

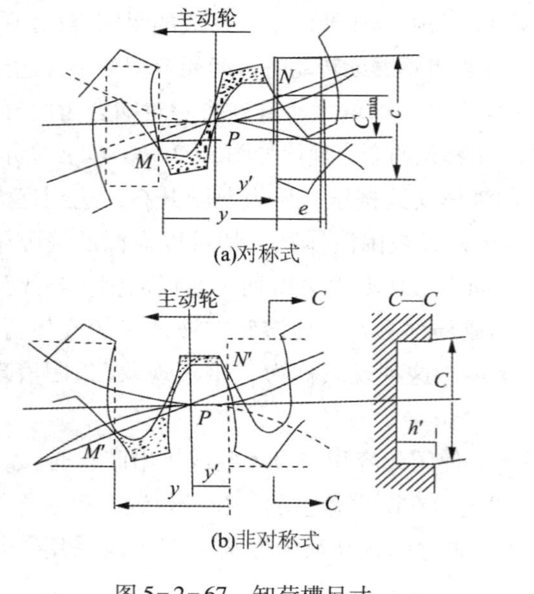

图 5-2-67　卸荷槽尺寸

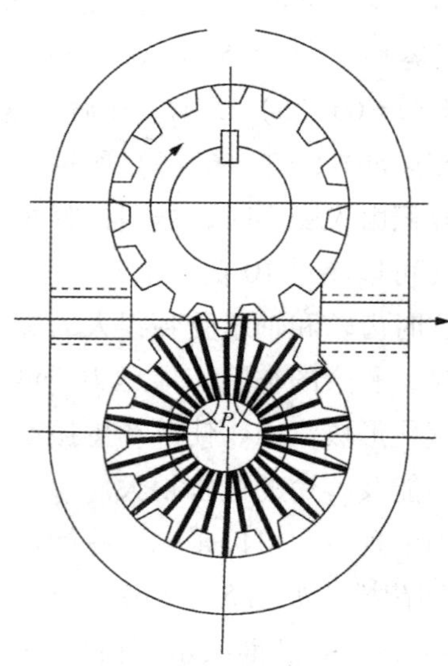

图 5-2-68　卸荷孔

3. 径向力及其平衡措施

由于齿轮泵存在高压腔与低压腔，沿齿轮外圆与泵体之间的液体压力从吸入腔顺转动方向增加到排出压力。这种压力差使齿轮产生不平衡的径向力，如图 5-2-69 所示。图中 R 是径向力合力的方向，φ 大约为 50°～60°。径向力使轴承受到很大负荷，使泵轴变形，并使齿轮与泵体接触而导致泵体与齿轮的磨损。

消除径向力的措施：

（1）使压出腔孔道尺寸比吸入腔小，减小高压部分液体的推力；加大径向间隙，以补偿径向力引起的轴变形。采用较大的径向间隙似乎增大了泄漏的可能性，但由于齿轮在工作中总是被推向吸入腔一侧，其单向间隙仍很小，同时泄漏方向与旋转方向相反，实际上泄漏不会太大。

（2）在轴承座圈或在泵体上开压力平衡槽。如图 5-2-70 所示是在轴承座圈上开平衡槽的情况。如图 5-2-71 所示是在泵体上开平衡槽的情况。二者都是将排液腔或吸液腔的液体引到对称位置的齿间容积，平衡掉一部分径向力。这种方法会使高压液体靠近吸入腔而增加泄漏，影响泵的容积效率。

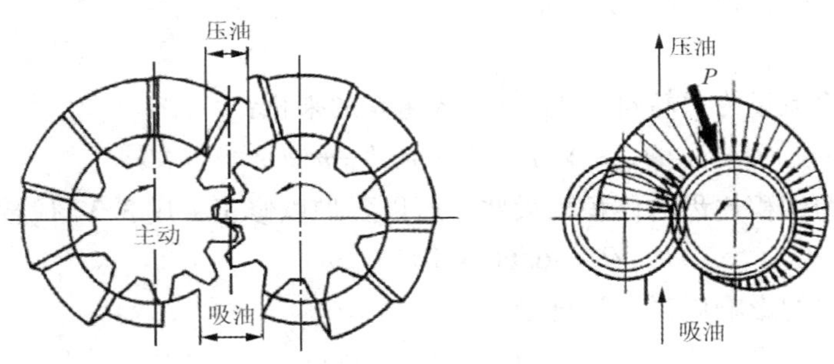

图 5-2-69 齿轮泵径向力分布情况

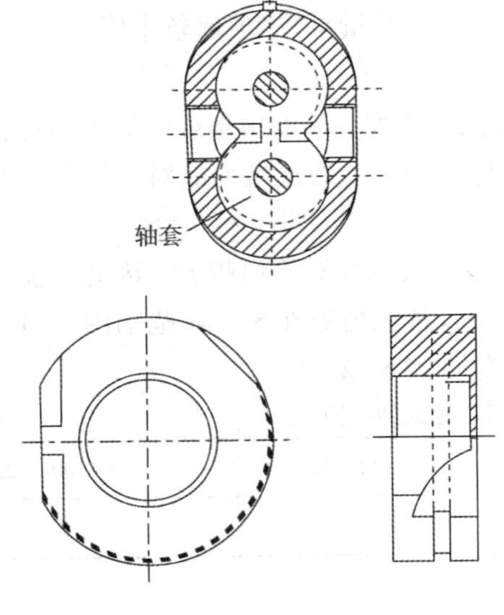

图 5-2-70 在轴承座上开平衡槽

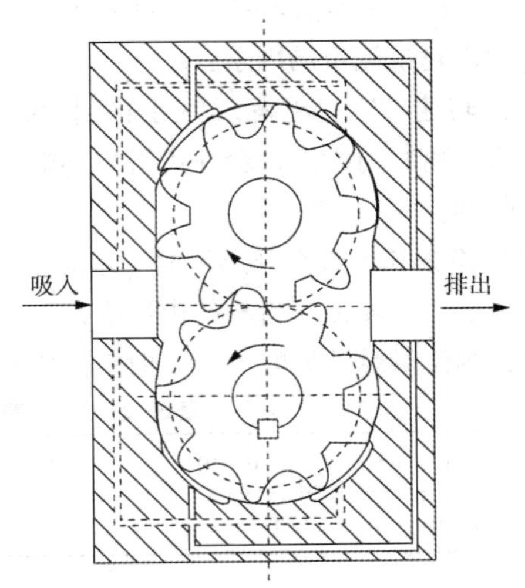

图 5-2-71 在泵体上开平衡槽

4. 密封问题

由于泵内有高、低压腔，所以存在窜漏问题。为了保证密封，必须选择适当的间隙。间隙大则漏损增加，但不易卡死，机械效率高。在轴向间隙和径向间隙中，轴向间隙是主要的。一般轴向间隙应在0.04～0.10mm范围内，径向间隙在0.10～0.15mm范围内。

由于齿轮泵间隙多，且密封面积较大，故密封性能不如往复泵，所能达到的压力也要低一些。齿轮泵的制造和装配质量对其性能的影响较大。

5. 齿轮泵的主要性能参数及型号

1）流量

齿轮泵的理论流量常用近似公式计算。假定泵每转压出的液体量等于两个齿轮齿谷容积的总和，并假定齿谷容积等于齿的体积。由于齿高一般为2m，故泵每转的排容 V_h 为：

$$V_h = 2 \times 10^{-6} \pi Dmb \tag{5-2-71}$$

式中 V_h——泵每一转的排容，L/r；

m——齿轮模数，mm；

b——齿宽，mm；

D——齿轮节圆直径，$D = mz$，mm；

z——齿数。

泵每分钟的理论流量为每转排容 V_h 与泵转速 n 的乘积：

$$Q_T = V_h n = 2 \times 10^{-6} \pi m^2 zbn \tag{5-2-72}$$

实际上，齿谷的体积比齿的体积稍大些，所以要加以修正，用3.33代替π值得：

$$Q = 6.66 \times 10^{-6} m^2 zbn \tag{5-2-73}$$

考虑到容积效率的影响后得实际排量为：

$$Q = 6.66 \times 10^{-6} m^2 zbn\eta_V \tag{5-2-74}$$

式中 Q_T、Q——理论流量和实际流量，L/min；

n——转速，r/min；

η_V——容积效率，一般为0.7～0.9，高压小流量泵 η_V 值取较小值。

影响齿轮泵流量的因素：

（1）转速。转速越高，在同样结构尺寸下泵流量越大，一般由选配电机来确定。但若转速过高，离心力太大，会使齿谷中不能充满液体，影响泵的流量，故对节圆上的线速度有一定限制。

（2）模数和齿数在外形尺寸一定时，齿数越少模数越大流量也越大。因此，齿轮泵中齿轮的齿数比一般传动齿轮的齿数少，而模数较大，常见齿数在8～14范围内。但模数大齿数少，则流量脉动振幅大，一般中低压泵的模数见表5-2-8。

表5-2-8 一般中低压齿轮泵的模数

流量（Q）/（L/min）	4－6－10	10－15－32	40－50－63	80－100－126
模数（m）/mm	1.5～2	2.5～3	3.5～4	4.2～5

为了减少齿数，又避免齿轮根切，一般采用修正齿轮。最少齿数可达到6。

(3) 齿宽。齿宽与流量成正比，但齿宽越大，轴承所承受的负荷也越大，使泵的尺寸增大、寿命缩短。齿宽 b 与顶圆直径 D_e 之比按表5-2-9确定。

表5-2-9　齿轮泵的 b/D_e 值

排出压力（p_2）$/10^5$Pa	35	70	105	140
b/D_e	1	0.8	0.6	0.4

2）功率

齿轮泵的有效功率 N_e 为：

$$N_e = \frac{1}{1000} pQ \tag{5-2-75}$$

式中　N_e——有效功率，kW；

Q——实际流量，m^3/h；

p——泵的全压力，Pa。

齿轮泵的轴功率 N 为：

$$N = \frac{1}{1000\eta} pQ \tag{5-2-76}$$

式中　η——泵效率，$\eta = \eta_V \eta_m = 0.6 \sim 0.8$（$\eta_V$ 为容积效率，η_m 为机械效率）。

其他符号意义同前。

3）齿轮泵的特性

如图5-2-72所示为Ch4.5型齿轮泵特性，由图可看出流量 Q、效率 η、轴功率 N 与全压力 p 的关系。

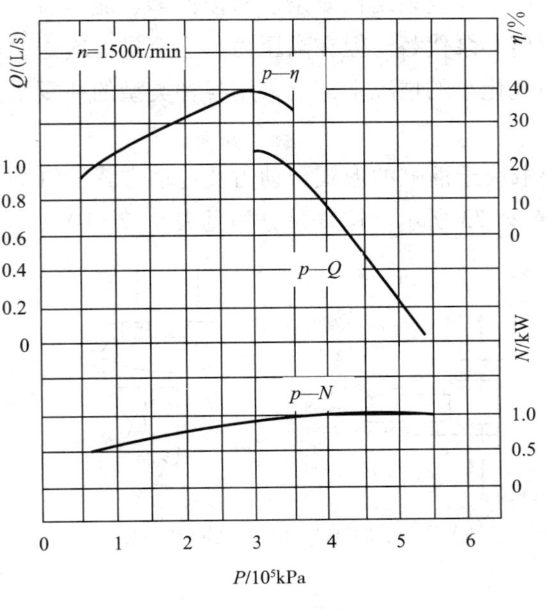

图5-2-72　Ch4.5型齿轮泵特性

第五编 CHAPTER FIVE

设　备

4）齿轮泵的型号规格

我国生产的齿轮泵有Ch型、2CY型及KCB型三种，这些泵适于输送无腐蚀性、无固体颗粒的各种油类及有润滑性的液体，其温度一般不超70℃，对特殊要求的泵也可达300℃左右，可用作油料输送及机器润滑系统供油。

Ch型齿轮泵输送液体恩氏黏度可达200°E，一般用于30°E左右。

齿轮泵型号的意义如下：

Ch—4.5

其中 Ch——齿轮泵；

4.5——每100转的体积流量，L。

KCB—300

其中 K——带安全阀；

CB——齿轮泵；

300——流量，L/min。

2CY—2.1/25

其中 2C——双齿轮；

Y——油泵；

2.1——流量，m^3/h；

25——排出压力，10^5Pa。

四、往复泵

往复泵是容积泵的一种，它依靠活塞在泵缸中往复运动，使泵缸工作容积周期性地扩大与缩小来吸排液体。由于往复泵结构复杂、易损件多、流量有脉动，在大流量时机器笨重，所以在许多场合被离心泵代替。但在高压力、小流量、输送黏度大的液体，要求精确计量及要求流量随压力变化小的情况下，仍采用各种类型的往复泵。

1. 往复泵的分类

往复泵的类型主要取决于液缸的形式、动力及传动方式、缸数及液缸布置方式等。常见的往复泵类型如图5-2-73所示。往复泵分类见表5-2-10。

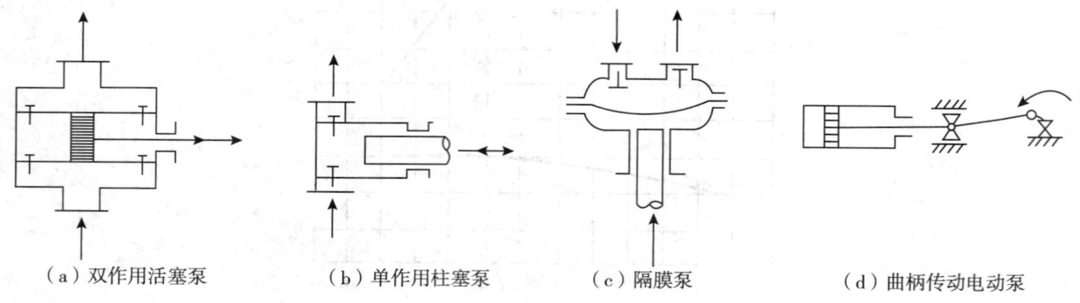

（a）双作用活塞泵 （b）单作用柱塞泵 （c）隔膜泵 （d）曲柄传动电动泵

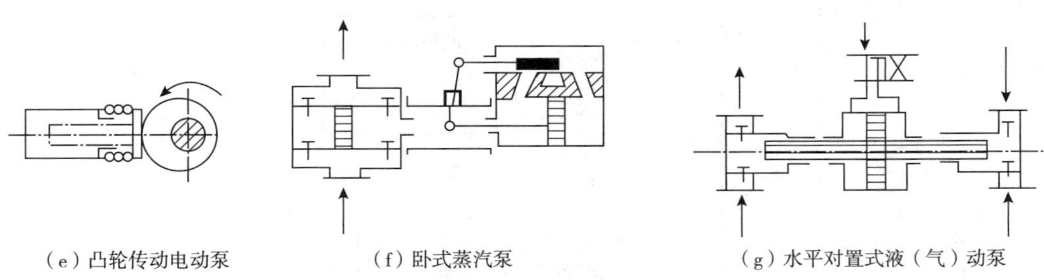

（e）凸轮传动电动泵　（f）卧式蒸汽泵　（g）水平对置式液（气）动泵

图 5-2-73　往复泵类型示例

一般，柱塞泵制作成单作用结构，活塞泵制作成双作用结构。活塞泵只有单缸及双缸结构，而柱塞泵有单缸及多缸结构，以三缸柱塞泵最为常见。缸数最多有采用十二缸者。液缸布置有卧式及立式，偶数缸的多缸柱塞泵也有水平对置式结构。

表 5-2-10　往复泵分类

类　型	动　力	传动及调节方式	液缸结构
往复泵	电动	曲柄传动	活塞式 柱塞式
		凸轮传动	柱塞式
	流体动力	蒸汽作用	活塞式
		气体作用 液压作用	柱塞式
	隔膜式	机械传动 液压传动	单隔膜 双隔膜
计量泵	电动	手动行程调节 气动行程调节 液动行程调节	柱塞式 隔膜式

注：在生产中经常以其用途命名，如注水泵、油泵、液态烃泵、酸泵、碱泵、计量泵、氨泵、酮液泵、清焦泵、试压泵等。按排量、压力的要求制作成不同的类型。

2. 往复泵的工作原理

1）工作原理

往复泵通常由两个基本部分组成：一端是实现机械能转换为压力能并直接输送液体的部分，叫液缸部分，另一端是动力或传动部分，叫动力端，如图 5-2-74 所示。

往复泵的工作原理和活塞式压缩机类似，但因介质为液体，因此它的工作循环只有吸入及排出两个过程。活塞工作腔中的液体压力在整个吸入过程中保持不变，等于吸入压力 p_1'（泵基准面的平均绝对压力。卧式泵的基准面是过液缸中心线的水平面，立式泵的基准面是行程中点的水平面）。在排出过程开始的瞬间，液体压力骤增至排出压力 p_2'（泵基准面上平均绝对压力），并在整个排出过程中保持不变，直至吸入过程开始的瞬间，又骤降至 p_1'。

往复泵工作腔内液体压力随活塞位移而变化的情况如图 5-2-75 所示。*abcd* 为理想工

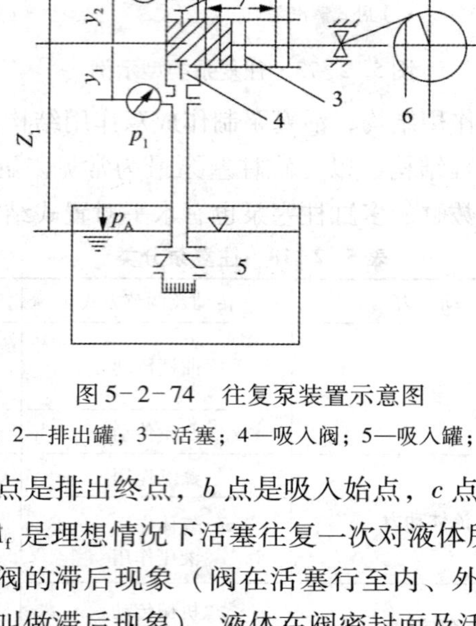

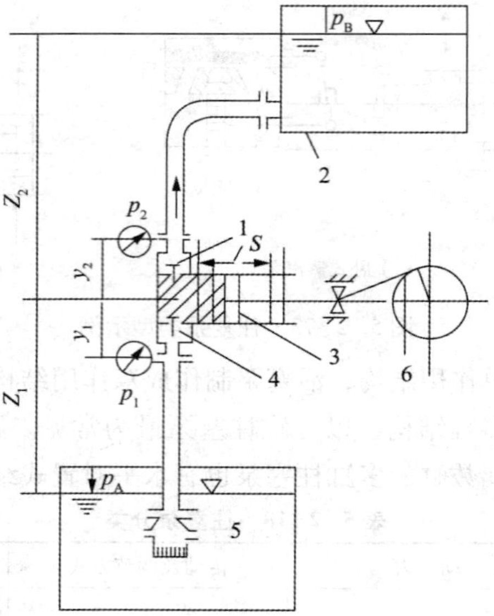

图 5-2-74　往复泵装置示意图

1—排出阀；2—排出罐；3—活塞；4—吸入阀；5—吸入罐；6—传动部分

作过程的示功图，其中 a 点是排出终点，b 点是吸入始点，c 点是吸入终点，d 点是排出始点。$abcda$ 所包围的面积 A_f 是理想情况下活塞往复一次对液体所做的功。

在实际过程中，由于阀的滞后现象（阀在活塞行至内、外止点位置时不能及时关闭，而要落后一段时间的现象叫做滞后现象）、液体在阀密封面及活塞与液缸密封面上的泄漏，外界空气通过密封不严密处进入工作腔，溶解在液体中的气体因压力降低而析出等原因，活塞从外止点右移时，工作腔中压力不可能骤降，而沿 $a'b'$ 斜线下降，压力低于 p_1'，吸入过程沿 $b'c'$ 进行。同样，排出过程开始，压力不能骤增，而沿 $c'd'$ 进行，排出压力大于 p_2'，排出过程沿 $d'a'$ 进行。在 b' 及 d' 点出现小的峰值及脉动，这是由于水力阻力、阀的惯性及开启过程中的阻力所造成的。$a'b'c'd'a'$ 的面积 A_i' 大于理想情况下 $abcda$ 的面积 A_i，表明在实际过程中，活塞对液体所做的功比理想过程中活塞对液体所做的功大。

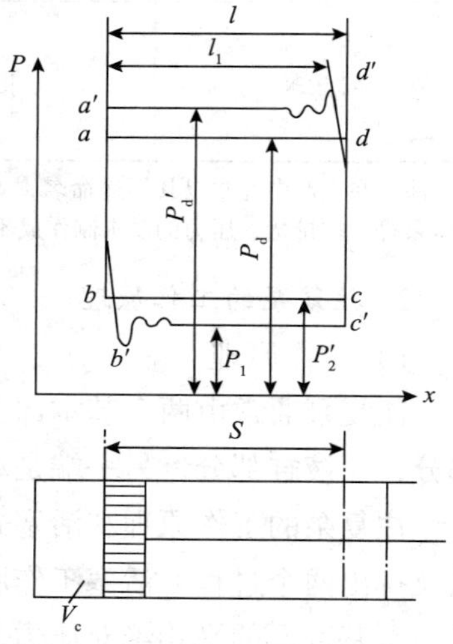

图 5-2-75　往复泵的示功图

2）运动规律

往复泵的动力不同，决定了其运动规律不同。电动往复泵是通过曲柄连杆机构把电动机的旋转运动变为活塞的往复运动。活塞在液缸中往复运动与吸入、排出阀配合进行工作。这种泵的运动规律与活塞式压缩机完全相同，因而不再重复。

常见的以流体作为动力的往复泵是蒸汽直接作用泵，这种泵的运动规律可用式

(5-2-77)表示。

$$ma = (p_{v2} - p_{v1})A_V - (p_2 - p_1)A - R \quad (5-2-77)$$

式中　m——运动部分的质量，kg；

a——活塞的加速度，m/s^2；

p_{v2}、p_{v1}——作用于蒸汽缸活塞上的新汽与乏汽的压力，Pa；

p_2、p_1——液缸排出压力与吸入压力，Pa；

A_V、A——蒸汽缸活塞和液缸活塞面积，m^2；

R——运动部分的摩擦阻力，N。

可见，当泵的结构尺寸一定时，活塞运动速度主要取决于液缸排出压力p_{v2}及汽缸蒸汽压力p_2。改变p_2及p_{v2}就可改变活塞运动情况，这也是蒸汽直接作用泵流量及压力调节的依据。

蒸汽直接作用泵的活塞运动，受液体和运动件的惯性、摩擦阻力、蒸汽压缩等因素的影响，目前理论尚不成熟，只好借助于某些实验结果来说明。如图5-2-76所示为一双缸双作用蒸汽往复泵活塞位移与时间的关系。图中说明当蒸汽压力及液缸内压力不变时，往复泵的活塞在单位时间的位移（即活塞速度）是不均匀的，大致分为四个阶段。

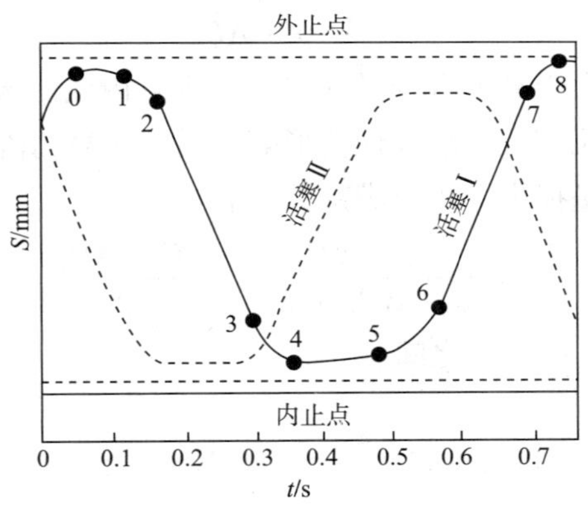

图5-2-76　双缸双作用蒸汽往复泵活塞位移与时间的关系

0～1、4～5—活塞停顿时间；1～2、5～6—加速段；

2～3、6～7—等速段；3～4、7～8—减速段

活塞从静止开始运动时，最初为加速运动。随着速度增加，阻力也增加，当达到一定速度时，活塞以等速运动。活塞接近止点时，蒸汽的进汽口、排汽口关闭，活塞靠本身的惯性达到终点，同时还压缩残留在汽缸中的蒸汽，逐步减速直到停止。残留在汽缸中的蒸汽起了防止撞缸的汽缸垫作用。由于配汽控制杆有一段间隙（称游隙），所以造成一段空程，此时汽缸活塞两侧既不进汽，也不排汽，故活塞有一段停顿时间。待配汽阀产生动作后，反向充汽，活塞便开始返回。

3. 往复泵的性能参数

1）往复泵的流量

往复泵的理论流量是单位时间内活塞所排出的液体体积，理论上等于活塞工作面在吸

入行程中，单位时间内在泵缸中扫过的体积，是泵的理论平均流量。按式（5-2-78）计算。

$$Q_T = iASn \tag{5-2-78}$$

式中 Q_T——理论平均流量，m^3/min；

A——活塞工作面积，m^2；

S——活塞行程，m；

i——缸数；

n——转数（往复次数），r/min。

实际上，泵内有流量损失 ΔQ。泵的实际流量 Q 与理论流量 Q_T 之比称为流量系数 a。

$$a = \frac{Q}{Q_T} = \frac{Q}{Q + \Delta Q} \tag{5-2-79}$$

ΔQ 由两部分组成，一部分是液体通过各密封点由高压侧向低压侧的泄漏，以 ΔQ_1 表示，这部分流量损失要消耗能量。因此，将泵的实际流量与泵内接受能量的液体量（$Q + \Delta Q_1$）之比，称为泵的容积效率 η_V。

$$\eta_V = \frac{Q}{Q + \Delta Q_1} \tag{5-2-80}$$

另一部分流量损失是由于缸内有少量气体（漏入缸内或由液体带入缸内）占去了泵缸容积、在高压下液体的可压缩及泵缸弹性变形等原因，使泵的流量减少，以 ΔQ_2 表示。这部分流量损失几乎没有能量损失，用充满系数 β 表示。

$$\beta = \frac{Q + \Delta Q_1}{Q + \Delta Q_1 + \Delta Q_2} = \frac{Q + \Delta Q_1}{Q_T} \tag{5-2-81}$$

流量系数值一般在 0.8 ~ 0.99 之间。

2）往复泵的功率

有效功率 N_e 的计算方法同离心泵。

$$N_e = \frac{1}{1000} g\rho HQ \tag{5-2-82}$$

式中 N_e——有效功率，kW；

Q——泵的实际流量，m^3/s；

H——泵的实际扬程，m；

ρ——液体的密度，kg/m^3；

g——重力加速度，取 $9.81 m/s^2$。

轴功率 N 为：

$$N = \frac{N_e}{\eta} \tag{5-2-83}$$

式中 η——泵的效率。

其他符号意义同前。

机动往复泵的 η 为 0.6 ~ 0.9，蒸汽往复泵的 η 为 0.8 ~ 0.95。

4. 往复泵的特点

1）往复泵流量不均匀性及解决方法

往复泵的瞬时流量是不均匀的，图 5－2－77 表示不同缸数的机动单作用泵的流量曲线。单缸泵的流量脉动与活塞的加速度有相同的波形。多缸泵的瞬时流量等于各缸泵同一瞬时流量之和。缸数增多脉动减小，奇数缸效果比偶数缸要好。为使叠加后的瞬时流量脉动减小，可取机动泵各缸曲柄的相位差为（$\frac{2\pi}{i}$）（双作用泵为$\frac{\pi}{i}$）。

瞬时流量的脉动引起吸入和排出管路内液体的非匀速流动，从而产生加速度和惯性力，增加泵的吸入及排出阻力。吸入阻力使泵的吸入性能降低，排出阻力使泵及管路承受额外负荷。当排出管路细长，系统背压不够大时，脉动的惯性力可能引起吸入阀和排出阀一齐打开，导致发生液体直接由吸入管冲向排出管的过流现象，还引起管路压力脉动及管路振动，破坏泵的稳定操作。

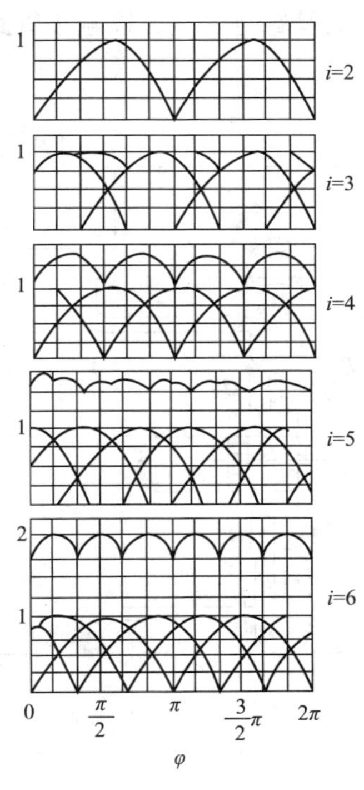

图5－2－77　2～6 缸单作用泵的流量曲线

消除脉动及减小惯性力的方法如下：

（1）采用多缸泵或无脉动泵。

多缸泵的流量变化情况如图 5－2－77 所示。双缸凸轮泵是一种无脉动泵，可用凸轮形状保证活塞在相当长行程内做匀速运动，在排出行程开始及终了的很短时间内做等加速和等减速运动，整个排出行程对应的转角大于 180°，两凸轮相位使加速段与减速段重合而实现无脉动。

（2）由加速度引起的惯性能头 ΔH_i 可由式（5-2-84）进行理论分析。

$$\Delta H_i = \frac{l}{g}a = R\omega^2 \frac{l}{g}\frac{D^2}{d}[\cos\alpha + \lambda\cos(2\alpha)] \tag{5-2-84}$$

式中 l——管路长度，m；

g——重力加速度，取 9.81m/s²；

d——管内径，m；

D——活塞直径，m；

ω——曲柄角速度，rad/s。

由式（5-2-84）可见，缩短管路长度、增大管路内径、减少往复次数（即降低曲柄角速度），均可减小惯性能头。注意，在列伯努利方程时必须考虑惯性能头，这是往复泵中液体流动的特点。

（3）使系统有效扬程大于排出终了时的惯性能头，以免出现过流现象。

（4）在靠近泵进、出口管路上设置空气室，以减小管路上的液流脉动。图 5-2-78 是空气室作用原理图。

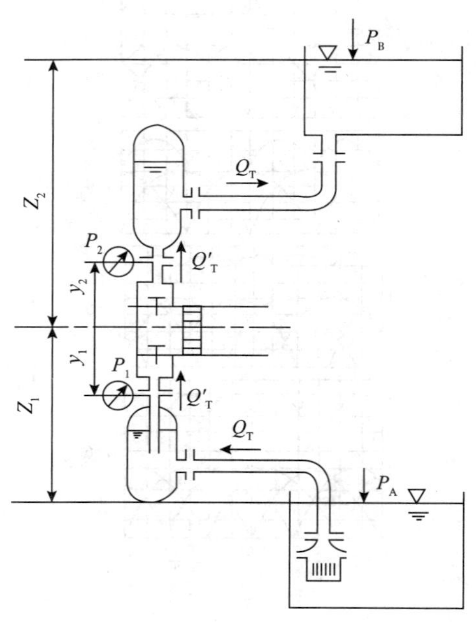

图 5-2-78 空气室装置示意图

排出空气室的作用是：当泵的瞬时流量大于平均流量时，泵的排出压力升高，空气室中气体被压缩，一部分液体（超过平均流量的部分）进入空气室储存；当泵的瞬时流量小于平均流量时，泵的排出压力降低，空气室向排出管路放出一部分液体。从而使空气室后管路中的流量比较稳定。吸入空气室的作用相反：当泵的瞬时流量大于平均流量时，空气室内气体膨胀，向泵放出一部分液体；当泵的瞬时流量小于平均流量时，吸入压力升高，空气室内气体被压缩，吸入管路中一部分液体流入空气室。这样也可使吸入空气室前管路中的流量比较稳定。

在装有空气室的泵装置中，液体的不稳定流动只发生在泵的工作室到相应的空气室之间的一段距离，而在空气室以外的吸入与排出管路内，液体流动较为稳定。但空气室中压力是变化的，不可能完全消除流量脉动。

2）往复泵的排出压力与结构尺寸和转速无关

最大排出压力仅取决于泵本身的动力、强度和密封性能。机动往复泵的流量几乎与排出压力无关，如图5-2-79所示为机动往复泵在恒转速下的特性。只是在压力较高时，出于液体中所含气体溶于液体中、阀及填料漏损等原因，泵流量稍有变化。因此，往复泵不能用关闭出口阀来调节流量，当关闭排出阀时，会因排出压力急增而造成电机过载或泵的损坏。

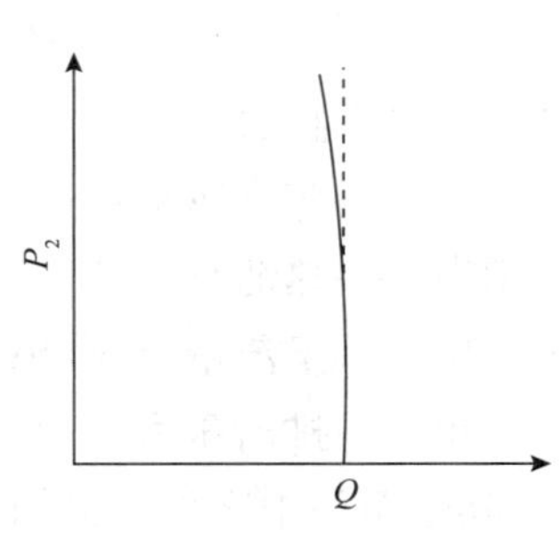

图5-2-79　机动往复泵特性

3）往复泵具有自吸能力

往复泵启动前不用灌泵便能自行吸入液体。但实际上在使用时仍希望泵缸内有液体，一方面可以立刻吸、排液体，另一方面避免活塞（或柱塞）在泵缸（或与填料箱）产生干摩擦，减少磨损。往复泵的吸入能力与转速有关。转速提高，不仅液体流动阻力增加，而且流体流动中的惯性损失也加大。当泵缸内压力低于液体汽化压力时，造成泵的抽空而失去吸入能力。因此，往复泵转速不能太高，一般泵转速$n=80\sim200\text{r/min}$，吸入高度$4\sim6\text{m}$。

往复泵吸入真空度计算与离心泵相同，在确定几何安装高度时要考虑惯性损失的影响。

4）往复泵阀的运动落后于活塞运动

往复泵阀大多数是自动阀。靠阀上下的压差开启，靠自重和弹簧力关闭。图5-2-80是泵阀的一种，由阀座、阀盘、导向螺柱、弹簧及弹簧座等主要部件组成。

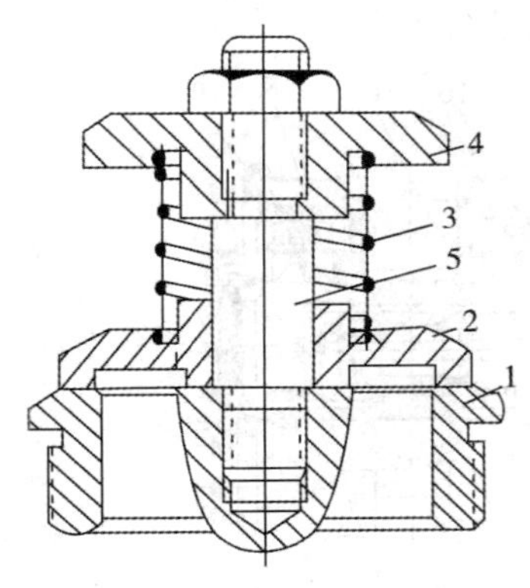

图5-2-80　往复泵阀结构
1—阀座；2—阀盘；3—弹簧；4—弹簧座；5—导向螺柱

往复泵阀与活塞运动不一致，阀的运动落后于活塞运动。其原因是，阀盘升起后，阀盘下面充满液体，要使阀关闭，必须将阀盘下的液体排出或倒回缸内，排出这部分液体要有一定的时间。因此，阀的关闭要落后于活塞到达止点的时间，活塞速度愈快，落后现象愈严重。这是阻碍往复泵转速提高的原因之一。

5）其他特点

（1）机动往复泵适用于高压、小流量和高黏度的液体。

（2）流量可精确计量。往复泵的流量可采用各种调节机构达到精确计量，如采用计量泵。

（3）流体动力泵具有安全、可靠的特点。流体动力泵结构简单，不需要电作动力。故适用于要求防火、防爆、停电维修及无电源的工作场合，在有些腐蚀性介质中也有应用。

5. 几种往复泵的结构特点

1）蒸汽直接作用泵

石油储运及化工工业中常用的蒸汽直接作用泵（简称蒸汽泵）有双缸双作用和单缸双作用两种，已成系列产品，有1QY、1QYR、2QYR、2QS及2QSYR等几个系列。现以2QYR系列为例说明型号意义。

2QYR25—10/40

其中 2——缸数；

Q——蒸汽驱动；

YR25——热油泵，25代表介质温度为250℃；

10——泵流量，m^3/h；

40——排出压力（表），10^5Pa；

其他系列中字母含义如下：

Y——输送介质为冷油（$t<200$℃）；

S——输送介质为水。

如图5-2-81所示为2QYR25型蒸汽直接作用热油泵的结构。这种泵在生产中用来输送250℃以下的原油及重油产品。

双缸泵的配汽机构是依靠一个缸的活塞杆带动另一缸的配汽阀，通过活塞杆与配汽阀相互交叉运动来实现配汽。配汽室中有四条孔道与汽缸相通，靠外侧的两条孔道分别为汽缸的左、右进新鲜蒸汽的孔道，靠里侧的两条孔道分别为汽缸左、右排出乏汽的孔道。当缸Ⅰ的活塞向左行至中点时，通过摇臂将缸Ⅱ的配汽阀杆向左推，新蒸汽从配汽室进入缸Ⅱ右侧，推动缸Ⅱ活塞向左运动。当缸Ⅱ活塞行到中点时，将缸Ⅰ活塞的配汽阀向右推，缸Ⅰ左侧进汽，活塞向右运动。依次反复进行，活塞往复运动进行工作。

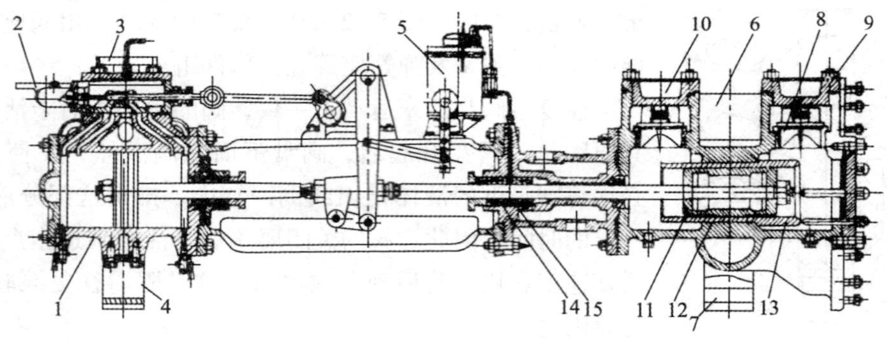

图5-2-81 双缸双作用蒸汽泵

1—汽缸；2—进汽口；3—排汽口；4、7—支座；5—注油器；6—泵缸；8—泵阀；9—阀盖；10—弹簧；11—活塞；12—活塞环；13—缸套；14—填料；15—封油环

如图5-2-82所示为双缸蒸汽泵的配汽阀板。阀板与拉杆并不紧固连接，而是靠螺块或两个调节螺母来带动。因此，配汽滑阀到达止点后并不立刻开始反向运动，而是阀杆走过“2y”路程后才开始运动，此间隙称为“休歇”或“游隙”，大约停留0.1~0.3s，以

保证两活塞相差半个行程。此间隙的存在使活塞到止点后不立刻返回，有利于吸、排气阀实现从容关闭。

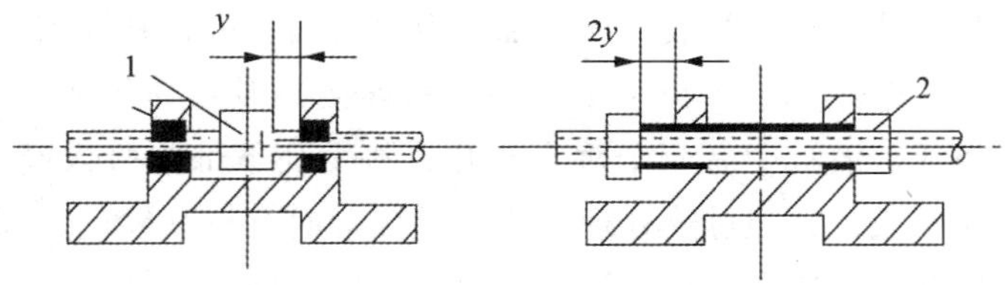

图 5-2-82 汽泵配汽阀游隙结构

1—螺块；2—调节螺母

蒸汽往复泵的流量可通过蒸汽压力和蒸汽量来控制冲程数进行调节，也可通过调节配汽机构中的螺母，以调节游隙来控制冲程长度进行调节。

单缸泵只有一个活塞杆，不可能由两个活塞杆带动配汽阀交替配汽。所以，单缸泵的配汽机构与双缸泵有所不同，如图 5-2-83 所示。它有主阀与副阀两个配汽阀，都呈圆柱形。主阀控制汽缸配汽，而本身又仅依靠两端蒸汽压差来推动；副阀控制主阀两侧换汽，副阀由活塞杆控制运动。

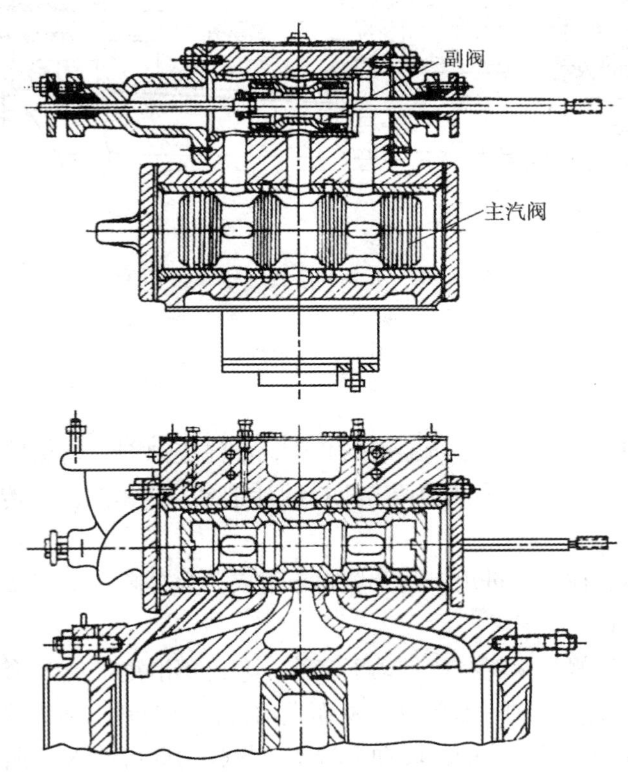

图 5-2-83 单缸蒸汽汽泵配汽机构图

2）卧式三柱塞高压泵

如图 5-2-84 所示为 3W—B 型泵，是卧式三柱塞泵的基本类型。该泵可用于输送高压油、乳化液及清水等介质。经过改型设计后可发展成石油化工用泵，如酮液泵、尿素泵、丙烯泵和高黏度硅酸铝泵。

该泵由传动部分和液缸部分组成。传动部分由单级圆弧齿轮减速器、三个曲柄销互成120°的曲轴、十字头、连杆（小头与十字头为球窝连接）及箱体组成。液缸部分由液缸、阀、柱塞及填料箱组成。液缸中有三个垂直阀孔，每个孔下部为吸入阀，上部为排出阀。阀座与阀盘用不锈钢制成，并经过热处理和研磨。接触面有较高硬度，保证阀有足够的使用寿命和密封性。柱塞由优质合金钢制造，经表面氨化处理及精加工，有较高的硬度和表面光洁度，以提高耐磨性。填料箱与液缸是可拆卸结构，但填料箱外圆与机座配合应保证柱塞、十字头与填料箱三者同轴，以延长使用寿命和保证密封。

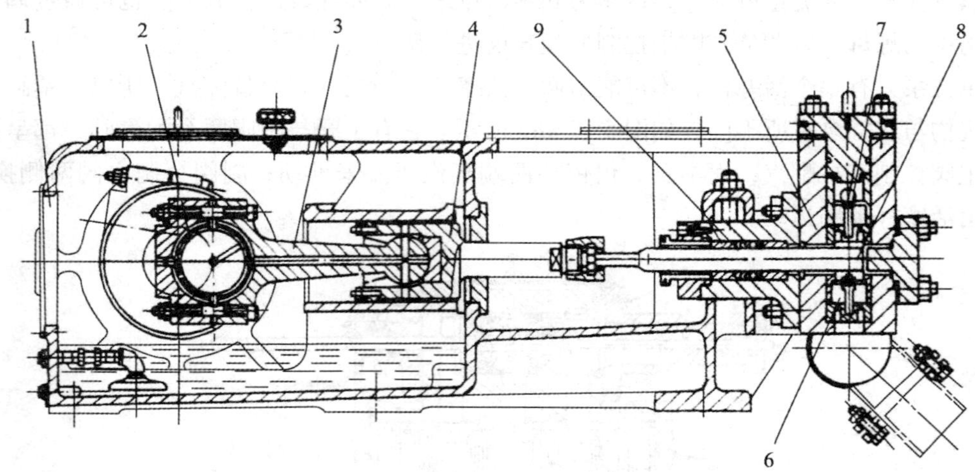

图 5-2-84　B 系列卧式三柱塞高压泵

1—机座；2—曲轴；3—连杆；4—十字头；5—液缸；6—吸入阀；7—排出阀；8—柱塞；9—填料箱

3）计量泵

石油化学工业中有时需要计量所输送的介质，如注缓蚀剂、输送酸、碱等就要用计量泵。如图 5-2-85 所示为有 N 形曲轴调节机构的计量泵。其由泵缸、传动装置、驱动机及行程调节机构组成。

泵缸部分由缸体、柱塞、进出口阀及填料箱组成。为提高流量精度，将吸入阀和排出阀设计成双层球阀结构。

传动部分是电机经蜗杆蜗轮减速带动下套筒，套筒用滑键带动 N 形曲轴转动，偏心套套在 N 形曲轴的斜杆上，随轴一起转动，从而带动连杆再传到十字头及柱塞做往复运动。

偏心套的偏心距是可以调节的。转动上端调节螺杆，即可使 N 形曲轴在上、下套内移动，从而达到改变偏心套的偏心距的目的。如图 5-2-86 所示为调节机构调节原理图。在图中（a）位置时，N 形曲轴在下部，此时 N 形曲轴的偏心度与偏心套的偏心度互相抵消，总的偏心度为零，故行程长度为零。在（b）位置时，N 形曲轴与偏心套两者偏心度相加，

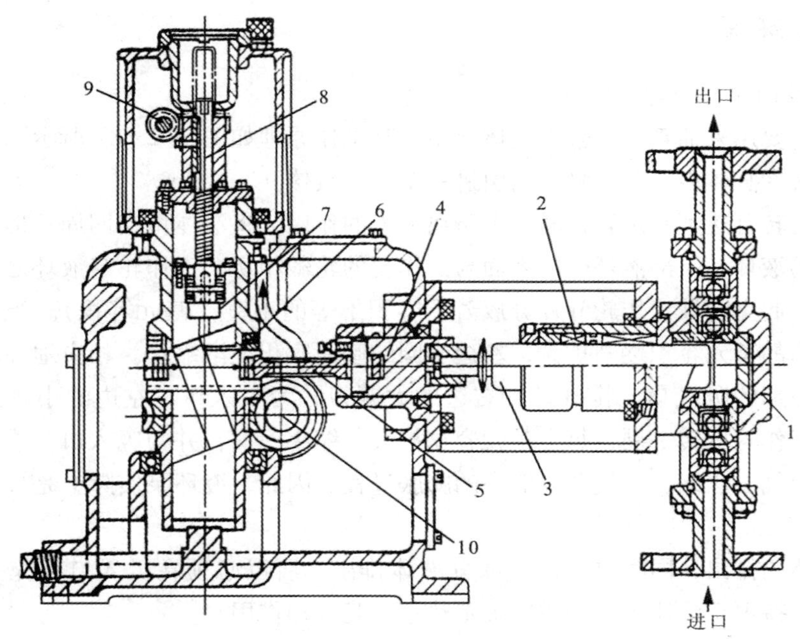

图 5-2-85 计量泵

1—泵缸；2—填料箱；3—柱塞；4—十字头；5—连杆；6—偏心套；7—N 形曲轴；8—调节螺杆；9—调节用蜗轮蜗杆；10—传动用蜗轮蜗杆

偏心半径为行程长的一半，此时泵在全行程工作。由于行程可在 0～100% 范围内变化，因而流量也可在 0～100% 的范围内调节。

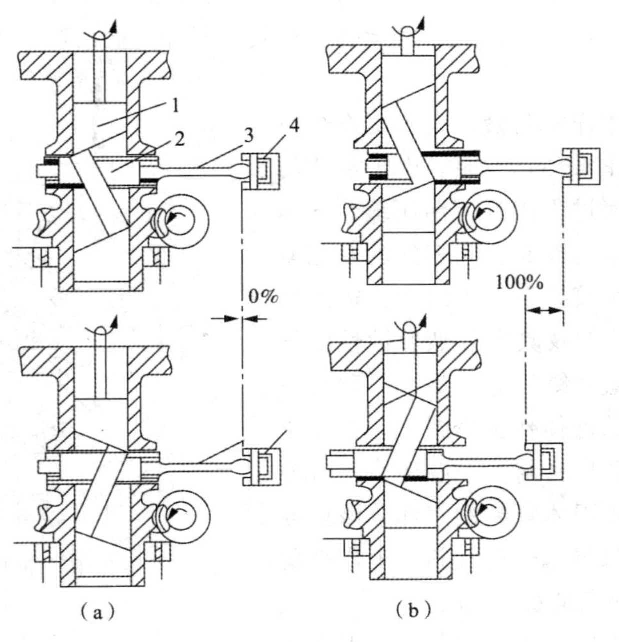

图 5-2-86 轴调节原理

1—N 形曲轴；2—偏心套；3—连杆；4—十字头

第五编 CHAPTER FIVE 设备

五、液环泵

1. 液环泵的工作原理及特点

液环泵主要用来抽真空及输送气体介质，其工作原理如图5-2-87所示。直叶片的叶轮偏心地配置在缸体内，并在缸体内引进一定量的液体。

工作轮旋转且达到一定转速时，由于离心力的作用，将液体甩向四周，形成一个贴在缸体内表面的液环。上部液环的内表面与工作轮的轮毂相切，工作轮与液环之间形成一个月牙形空间，此空间被工作轮叶片分成若干容积不等的小室（基元容积）。当工作轮旋转时，右边半圈的基元容积逐渐扩大，左边半圈的基元容积逐渐缩小。相应地在缸体两侧端盖上开设镰刀形的吸气口、排气口。右边的大镰刀孔为吸入口，左边的小镰刀孔为排出口。这样，工作轮旋转一周，每个基元容积扩大、缩小一次，并与吸入口、排出口各连通一次，实现吸气、压缩、排气及可能有的膨胀过程。因此，液环泵实际上是一种容积式压缩机。

随着气体的排出，同时也夹带一部分液体排出，所以必须在吸入口补充一定量的液体，使液环保持恒定的体积。并借以带走热量，起冷却作用。

当液环泵工作时，叶片搅动液体而产生很大的能量损失，称为水力损失，损失的能量几乎等于压缩气体所耗之功。因此，液环泵效率很低，等温效率仅为0.30～0.45，大型机器可达0.48～0.52。因一般真空泵消耗功率较小，所以液环泵常作真空泵使用。为避免水力损失过大，一般工作轮外端最大圆周速度限制在14～16m/s，并尽可能选用黏度较小的液体作液环。为了进一步降低水力损失，还可采用带有可旋转壳体的结构。

液环泵工作轮叶片可采用后弯叶片（$\beta_{2A}<90°$）、径向叶片（$\beta_{2A}=90°$）和前弯叶片（$\beta_{2A}>90°$）。实验证明，后弯叶片的液环泵工作性能较差，而前弯叶片和径向叶片的液环泵工作性能较好。

液环泵通常用水作密封液，大多用作真空泵，所以习惯上称作水环真空泵。由于液体的充分冷却作用，压缩过程接近等温压缩，气体的压缩终温很低，泵内没有金属表面的互相摩擦，介质不与气缸直接接触，所以适合输送易燃、易爆、高温易分解及具有强烈腐蚀性的气体，如乙炔、硫化氢、氯气等。要选一种与被压缩气体不起作用的液体作为密封液。如在压缩氯气时，用浓硫酸作密封液。液环泵还可输送含有蒸汽、水分或固体颗粒的气体。该机器结构简单，不需要吸气阀、排气阀，工作平稳可靠，气量均匀。缺点是效率太低。

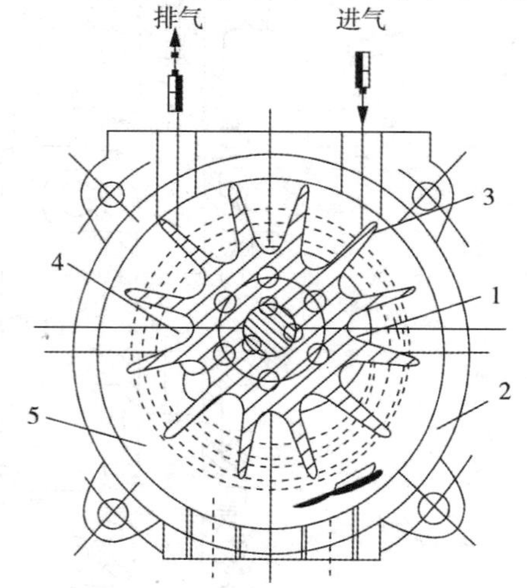

图5-2-87 液环泵工作原理

1—吸入室；2—泵体；3—叶轮；4—排出室；5—液环

液环式真空泵主要用于真空蒸发、干燥及

大型泵引液灌泵等场合，目前其最大气量可达 300m^3/min。当以 15℃的水作密封液时，单级泵残压可达 30mm Hg（绝对压力 4×10^3Pa）；两级泵残压可达 15mm Hg（绝对压力 2×10^3Pa）；与喷射泵串联使用，残压可达2～5mm Hg［绝对压力（0.27～0.67）$\times10^3$Pa］。

2. 液环泵的排气量

液环真空泵的排气量是指泵出口为大气状态（1.01325×10^5Pa）时，单位时间内通过泵进口的吸入状态下的气体容积（单位为 m^3/min），也称抽气速率。

排气量取决于叶片间容积在与进气口脱离时容积的大小。一般均在基元容积达到最大值时与进气口脱离，此时排气量可按式（5-2-85）计算：

$$Q=\left\{\frac{\pi}{4}\left[(D_2-2a)^2-d_n^2\right]-z(L-a)s\right\}bn\eta_v \tag{5-2-85}$$

式中　Q——排气量（进气状态），m^3/min；

D_2——叶轮外径，m；

d_n——轮毂直径，m；

a——叶片伸入液体的深度（在基元最大位置），m；

z——叶片数；

L——叶片高度，m；

b——叶片宽度，m；

s——叶片厚度，m；

n——转速，r/min；

η_v——容积效率，约为 0.5～0.8。

实际上，液环真空泵的排气量与真空度有关。每设计生产一种新结构的真空泵，在制造厂必须进行性能实验，作出性能曲线，表示出在各种真空度下所能得到的抽气量及所消耗的功率，以备使用者选用。图 5-2-88 为 SZB—4 型和 SZB—8 型水环真空泵性能曲线，横坐标是以 mm Hg 为单位表示的真空度。

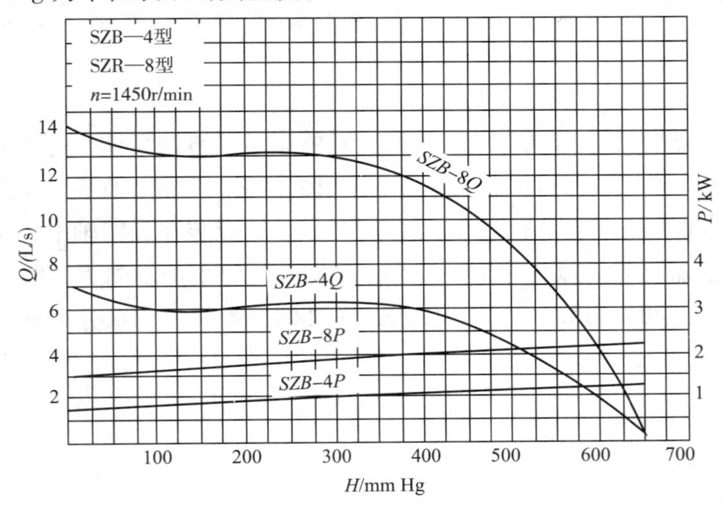

图 5-2-88　SZB—4 型和 SZB—8 型真空泵性能曲线

3. 极限真空度及最大排出压力

极限真空度是指液环泵排气量为零时的真空度。也可用残余压力表示（残余压力 = 大气压 - 真空度），残余压力就是绝对压力。因为容器中的压力不可能无限降低。当进气压力低于某一值后，由于泵中液体发生汽化，或是由于高压侧漏回气量与真空泵抽气量相等，或是由于真空泵的压力比过高而容积系数降为零，这都会使泵无法继续吸入新鲜气体，容器中压力也不可能再下降。

4. 液环泵的功率

液环泵中因有水，或其他液体不断地补充与换新，被压缩介质与液体直接接触，冷却良好，故在泵内，气体是等温压缩过程。

指示功率 N_i 为：

$$N_i = \frac{1}{1000} p_1 Q \ln \frac{p_2}{p_1} \tag{5-2-86}$$

式中 p_1、p_2——吸气和排气压力，Pa；

Q——吸气量（吸入状态），m^3/s。

其他符号意义同前。

轴功率 N 为：

$$N = \frac{N_i}{\eta_T} = \frac{N_i}{\eta_i \eta_v \eta_h \eta_m} \tag{5-2-87}$$

式中 η_T——等温效率，包括了机器中各种能量损失，其值约为 0.25 ~ 0.45；

η_i——内效率，考虑气体压缩过程与等温过程不一致而引起的能量报失，约为0.93 ~ 0.95；

η_v——容积效率，约为 0.50 ~ 0.80；

η_h——水力效率，约为 0.40 ~ 0.55；

η_m——机械效率，约为 0.98 ~ 0.99。

可见，液环泵的容积效率 η_v 和水力效率 η_h 都较低，限制了总等温效率 η_T 的提高。

5. 典型结构

图 5-2-89 是 SZB 型水环泵结构。该泵由铸铁泵盖、铸铁泵体、铸铁或青铜叶轮、钢轴、托架、轴承及弹性联轴器组成。泵盖与泵体用螺栓紧固形成工作室，上部有进气口、排气口，下部有放水螺塞。叶轮上有 12 个径向叶片，叶轮套装在悬臂轴上，用键传动，叶轮可沿轴向滑动，自动调节间隙。叶轮上有 6 个平衡孔，以平衡轴向力。轴封采用软填料密封。为使水温不超过 40 ~ 50℃，并节约用水，在泵体上附有气、水分离器，使水得到循环利用。

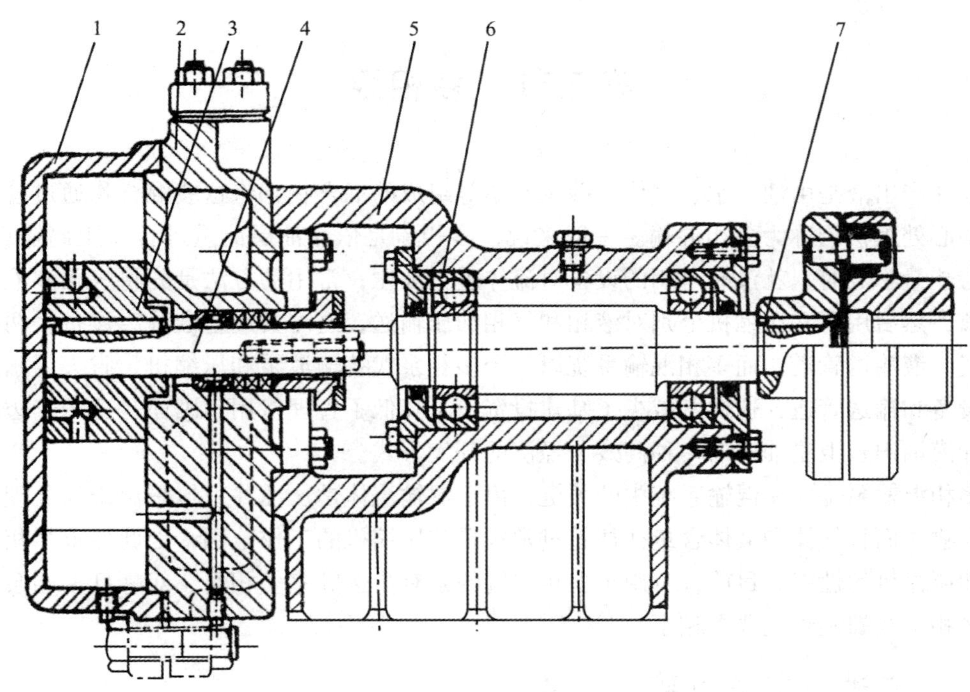

图 5-2-89　B 型水环真空泵结构

1—铸铁泵盖；2—铸铁泵体；3—铸铁或青铜叶轮；4—钢轴；
5—托架；6—轴承；7—弹性联轴器

6. 液环泵的型号

现在常用的液环泵的型号有 SZ 型、SZB 型、SZZ 型及 SK 型，其型号意义如下：

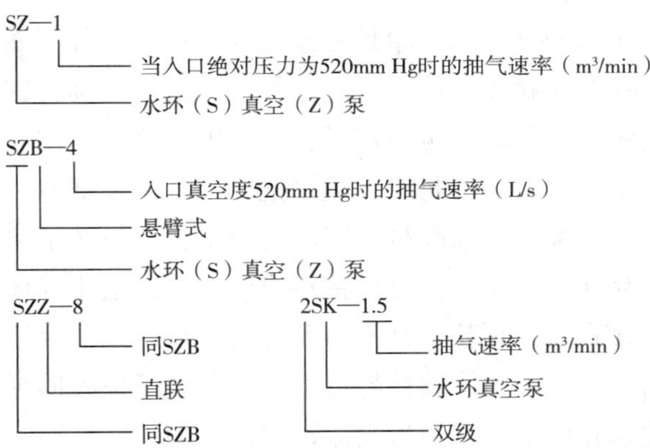

还有其他一些型号的水环真空泵，可参考有关生产厂家的产品样本。

第三节　多相泵

油井产出液是由油、水、气体、砂及石蜡等组成的混合物；将这些混合物通过管道输送到中心处理机构称为多相混输。一般来说，多相流是依靠油层能量进行短距离输送的，当油层能量不足时，就没有可用的设备对流体进行加压，常用的方法是先将气相和液相进行分离，然后用泵和压缩机分别对液相和气相加压输送，这需要一整套分离设备及两套独立的气、液输送管道。而多相混输系统以一台多相泵代替输液泵和压缩机，省去了繁杂的分离设备和输送管道，这样既减少了基建投资，又降低了管理费用，因而是适用于边际油田、沙漠油田及卫星油田的一种高效、经济的开发方式。

多相混输泵是多相混输系统中的关键，由于混输流体是从油井直接采出未经处理的气液混合物，而且气体和液体含量往往超过常规泵和压缩机的工作范围，因此要求多相泵兼有泵和压缩机的性能。目前，可用于多相混输的泵有步进腔室多相泵、双螺杆多相泵、三螺杆多相泵及螺旋轴流式多相泵。

一、步进腔室多相泵

步进腔室多相泵俗称单螺杆泵，可以输送气、液、固多相介质，并可以在短时间内输送纯气体介质，实现多相混输。单螺杆泵是一种较新的水力机械，目前在石油钻采和石油输送中得到了越来越广泛的应用。

1. 单螺杆泵的工作原理及特点

1）单螺杆泵的工作原理

单螺杆泵结构如图 5-2-90 所示。单螺杆泵工作是同一定外型面的转子在对应内型面的定子内啮合，形成特殊的接触线，使定子腔分隔，此接触线称为密封线。当转子按一定轨迹转动时，其密封线做轴向移动，也使定子容腔做轴向移动，即容积位移，这时密封线在一端消失，又从另一端产生新的密封线，随之把介质从一端推向另一端。

单螺杆泵采用具有良好弹性的橡胶材质制成的定子，它与转子啮合需要有一定的过盈量，使其具有可靠的密封性。当泵工作时，密封线可有效地阻止气体通过，从而达到输送气体的目的；当介质中含有固体颗粒，且固体颗粒挤在密封线中时，由于橡胶定子的弹性作用，使定子橡胶表面被压缩，固体颗粒越过密封线，定子橡胶回弹恢复原来的形状，这样，单螺杆泵可实现输送介质中含有微量固体颗粒的目的。

单螺杆泵适合用于腐蚀性介质、含气介质、含泥砂固体颗粒介质和高黏度介质的输送。含气量可达 95%，介质黏度可达 50000mPa·s，含固量可达 60%，允许固体颗粒直径为 3.5～32mm，流量与转速成正比，在低转速、低流量下，可保持压力的稳定，具有良好的调节性能，便于实现自动化控制。

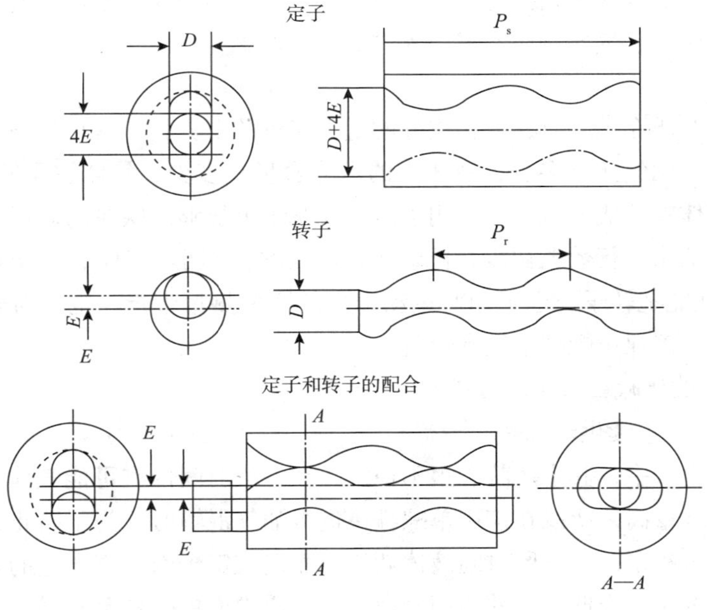

图 5-2-90 单螺杆泵结构

D—螺杆直径；E—偏心距离；P_r—转子螺距；P_s—定子螺距

2）单螺杆泵的特点

与活塞泵、离心泵、叶片泵及齿轮泵相比，单螺杆泵具有以下优点：

（1）能输送高固体含量介质；

（2）流量均匀、压力稳定，低转速时更为明显；

（3）流量与泵的转速成正比，因而具有良好的变量调节性；

（4）一泵多用，可以输送不同黏度的介质；

（5）泵的安装位置可以任意倾斜；

（6）适合输送敏感性介质和易受离心力破坏的介质；

（7）体积小、重量轻、噪声低、机构简单、便于维修。

2. 单螺杆多相混输介质主要指标

1）油气比和含水率

油气多相混输介质主要由原油、水、天然气以及固体颗粒等液态、气态、固态成分组成。在油田开发中，衡量油井生产的油气特性的指标有油气比、含水率和含固率等，不同油井的油气比、含水率各不相同，而且悬殊很大。油气比指油气介质在标准大气压下气体体积与原油体积之比值。气体在不同压力、温度下，按气态方程改变其状态；当不考虑温度变化对其状态变化的影响时，气体的体积随压力的变化成反比例变化。同时，压力升高，部分气体被液化，反之液化的气体会被汽化；并且在其压力变化时，溶解在液体中气体的量也发生变化。当油气混输时，泵吸入室承受油井汇管压力，其压力通常高于大气压，介质中的气体已经被压缩，这时用在特定气压下的油气比来表示介质特点已不能反映泵的实际运行状态。含水率是指含水的质量百分比，也不能反映泵的实际运行状态。为了反映进入混输泵中液、气比例，本书引入进液率的概念。

2）进液率

进液率是指介质在进泵时，液相成分的量占流量的百分比，这里指体积之比。有了进液率的概念，不管油气比是多少，液体中的水分含量是多少，气体被压缩的程度有多大，也不管介质中固体颗粒成分有多少，用进液率就基本上能够反映泵的运行状况。

根据实验及油田运行数据初步分析确认，进液率在不小于5%，单螺杆泵就能正常工作。5%的液体就能把转子与定子相对运动产生的摩擦热量带走，也能对转子和定子啮合面起到润滑作用，确保单螺杆泵正常运行。

3. 混输流程设计时应注意的问题

1）液相介质的连续供给问题

在油井原油生产中，其生产状态很不稳定，在一段时间内有可能气体含量高，而在另一段时间内液体含量高，所以在使用单螺杆泵进行油气混输时，为了防止泵在输送液体和气体、混合液的过程中，有一段时间液体断流，而造成定子因摩擦产生的热量使定子橡胶温度升高，橡胶老化，降低定子的使用寿命，当介质进入单螺杆泵腔时，尽量使原油中的液体与气体均匀混合，保证液体介质对泵的连续供给。

（1）同时开动油田区块中的多口油井，让油井的油气相互补充，使进入单螺杆泵的介质尽量均匀。

（2）在泵前管路中增设缓冲罐，在缓冲罐里储存一定量的原油，并用一套限流装置给混输泵供给一定量的原油。这样无论油井含气量如何变动，都可保证最低进液率，使单螺杆泵能够正常工作。在输油管路上增设的限流装置，其流量应为单螺杆泵流量1/20的定量泵，用单螺杆泵效果会更好，使用时应同时控制启停。

（3）在泵后管路中增设回油罐，用限流装置使罐中的部分液体回流到单螺杆泵入口，保证进泵油气的进液率，使单螺杆泵能够正常工作。限流装置可用节流阀控制流量，也可用单螺杆泵控制流量。本方案因回流部分液体，会降低系统效率。

当输送流量较大，采用多台泵并联输送介质时，必须注意吸入管路的对称布置，保证使进入单螺杆泵的介质尽量均匀分配，防止偏流。

2）串联运行中的问题

当输送距离较远、泵压力较高时，可采用多台泵串联运行。由于气体具有可压缩性，各级泵流量要根据油气比、汇管压力、混输管线压力和各泵之间的压力分配综合考虑。为了各级泵都能正常、协调工作，必须要以各采压点的压力自动调节泵的转速，以调节泵的流量，达到高压油气混输的目的。

3）单螺杆泵的承压问题

由于在混输系统中，单螺杆泵吸入室不仅仅承受油井采油管路回压，可能还要承受出口压力或前一级泵的压力（见图5-2-91）。当输送由管线输送切换为单螺杆泵输送，或由单螺杆泵输送切换为管线直输，在阀门切换时，泵的吸入端和排出端都承受油气混输管线压力。因此，吸入室必须要有足够的承压能力，通常能够承受排出端的压力。

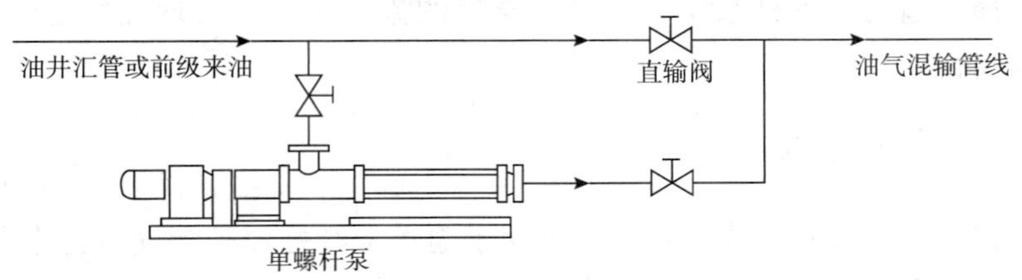

图 5-2-91 管线直输与混输切换示意图

4）单螺杆泵的防反转问题

单螺杆泵在流程系统里运行后，泵进、出管线之间产生一定的压差。当停泵阀门未关闭时，有可能泵发生倒转现象。由于油气混输中的流体大部分是气体，流动阻力较小，流动速度快，会使泵反转超过额定转速而发生飞车现象，容易发生事故。在设计流程时，应采取相应措施，防止发生这种现象。可以在泵出口管路上安装逆止阀，防止流体反向流动，这种方法最简单、实用、可靠；也可以选用附带制动装置的电动机。

5）防止单螺杆泵超压运行

一般单螺杆泵输送介质的性质、状态都比较复杂，在管路里可能造成堵塞。因单螺杆泵是容积式类型的泵，当发生堵塞或人为操作失误时，会造成泵的超压，很容易损坏其零部件。为了防止泵的损坏，必须在泵的排出管到吸入管之间安装安全阀，也可在出口管线上安装压力继电器，在泵超过额定压力时自动报警停泵。

4. 单螺杆泵油气混输应用示例

图 5-2-92 是油田用单螺杆泵油气混输的应用流程示例。在该混输系统中，两台泵并联，管路对称布置；进口管线的压力变送信号送至电控柜，通过变频器调节泵排量实现泵入口恒压控制；泵出口压力继电器信号送至电控柜实现超压力自动报警、自动停泵；泵出口单流阀起到防止介质倒流和单螺杆泵反转的作用。泵前确保泵的不间断供液，分离罐起到缓冲作用，分离的天然气也可用作加热炉燃料。

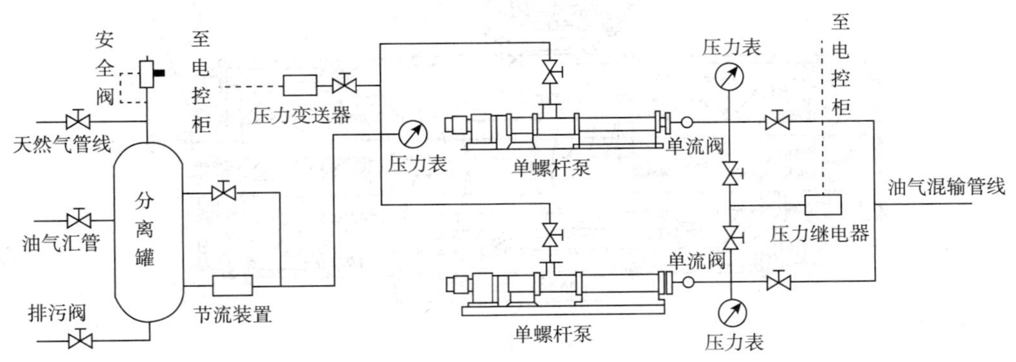

图 5-2-92 单螺杆泵油气混输系统应用流程示例

在实际设计单螺杆泵油气混输流程时，必须根据油区的具体情况，综合分析油气混输量、油气产量、油气比、采油回压和输送距离等因素，开展多方面的调查研究，多方案的对比分析，选择合适的单螺杆泵型，制定出合理的流程布局，实现油气混输安全、科学、可靠、经济的运行。

二、双螺杆多相泵

双螺杆多相泵是一种旋转式容积泵，可用于输送未经处理的含气、含水原油，尤其是对于边际油田和滩海油田，采用双螺杆多相泵可减少繁杂的分离器、输油泵、空压机等设备的投入。

1. 双螺杆多相泵的工作原理

双螺杆多相泵按其结构和使用特点分两大类：①由主动螺杆直接带动从动螺杆，其工作原理、型线结构及适用范围类似于三螺杆多相泵；②外支承型，从动螺杆由主动螺杆借助同步齿轮传动，达到工作型面间无接触运行。

按照轴承的位置，双螺杆多相泵又可分为内置轴承和外置轴承两种结构形式。在内置轴承的结构形式中，轴承由输送物进行润滑。外置轴承结构的双螺杆多相泵工作腔与轴承是分开的。由于这种泵的结构和螺杆间存在侧间隙，它可以输送非润滑性介质。此外，调整同步齿轮使螺杆不接触，同时将输出扭矩的一半传给从动螺杆。其典型的结构如图5-2-93所示，正如所有螺杆泵一样，外置轴承式双螺杆多相泵也有自吸能力，而且多数泵输送元件本身都采用双吸对称布置，可消除轴向力，同时也有很大的吸高。这些特性使它在油田化工和船舶工业中得到了广泛的应用。外置轴承式双螺杆多相泵可根据各种使用情况分别采用普通铸铁、不锈钢等不同材料制造，输送温度可达250℃。采用独立润滑的外置轴承，允许输送各种非润滑性介质。卧式、立式、带加热套等各种结构形式的泵，可以输送各种清洁的，不含固体颗粒的低黏度或高黏度介质。如果能选用正确的材质，甚至可以输送许多腐蚀性介质。

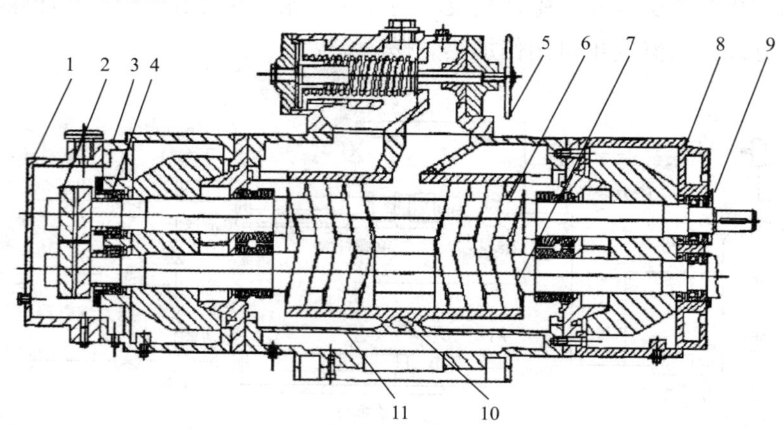

图5-2-93　双螺杆多相泵曲型结构

1—齿轮箱；2—同步齿轮；3—左填料箱；4—轴承；
5—安全阀；6—主动螺杆；7—副动螺杆；8—右填料箱；9—压盖；10—泵套；11—泵体

当螺杆转动时，吸入腔一端的密封线连续地向排出端移动，使吸入腔的容积增大，压力降低，液体在压差作用下进入吸入腔，随着螺杆的转动，密封腔内的流体连续而均匀地移向排出腔，从而将流体排出。

图 5-2-94 给出了双螺杆多相泵的典型转子结构图，流体从两端吸入，形成封闭基元容积，随着转子的转动，封闭容积向排出端移动，直至流体完全排出泵体。图 5-2-95 给出了基元容积随转子转角的变化曲线，基元容积仅在吸入和排出阶段发生变化。双螺杆多相泵工作过程可简化成如图 5-2-96 所示的原理机。在双螺杆多相泵内，泵工作过程包括吸入阶段、基元容积闭合阶段和排出阶段。

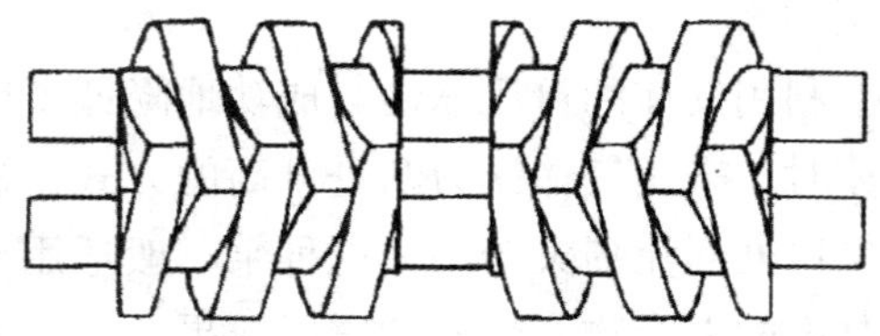

图 5-2-94　双螺杆多相泵典型转子结构

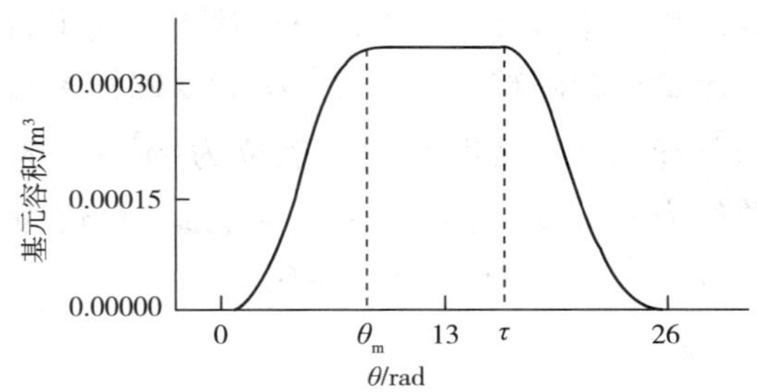

图 5-2-95　双螺杆多相泵容积曲线

注：转子半径：0.075m；螺距：0.060m；扭转角：1260′。

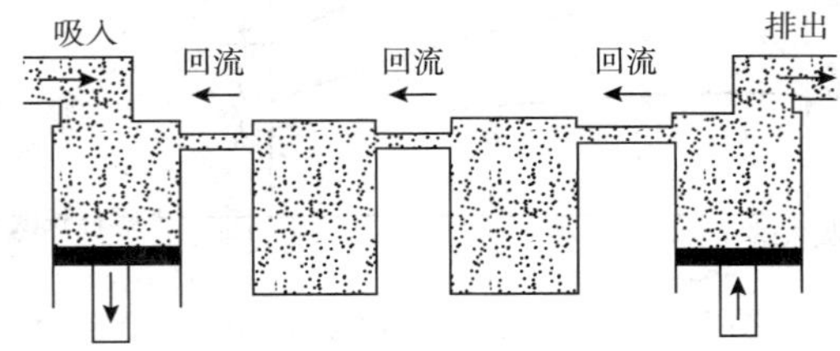

图 5-2-96　双螺杆多相泵的原理机

1）吸入阶段

流体由两端入口进入泵体，随着转子的转动，基元容积腔逐渐增大，当到达转角 θ_m 时，基元容积达到最大，同时基元容积腔与吸入端隔离，完成吸入过程。在此过程中，工作介质流动速度较低，压力损失小，可视为等压阶段。

2）基元容积闭合阶段

转角在 $\theta_m \sim \tau$ 的角度范围内，基元容积腔的容积保持恒定。回流是影响该过程的主要因素，由几何特性分析可知，回流包括齿顶间隙回流、泄漏三角形回流及接触线间隙回流。其中，既包括流体从前一高压工作腔到该工作腔的回流，又有从该工作腔向后一工作腔的回流。回流多相流体的存在使得输送介质中封闭的气相体积减少，以达到增加压力的效果。中间过程的质量变化情况为：$M = M_{in} - M_{out}$。

3）排出阶段

当转子转过转角 τ 时，基元容积腔与排出端连通。此时，若工作腔压力低于排出压力，则排出腔的流体将回流至工作腔，使得腔内压力迅速升高，直至与排出腔压力平衡，随转子的转动，基元容积腔体积逐渐减小，流体排出泵体。该阶段的质量变化包括通过回流通道的回流和流体的排出两部分：$M = -M_{dis} - M_{out}$。

2. 双螺杆多相泵的工作性能

双螺杆多相泵在设计上利用气体的可压缩性，成功地降低了回流损失，提高了泵的容积效率。它在输送多相流体时，采用气体压力渐进升高的方式，进口处压力升高缓慢，出口处压力升高较快，因而进口处回流损失较小。这种泵一般适用于中、小流量的场合，对高含气率、高凝固点、高黏度的混合物有较好的增压效果。

1）流量

对存在可压缩气体的多相流体而言，因为在流体从入口到出口的传递过程中，存在着各相的回流问题，故计算流量比较困难。图5-2-97为双螺杆多相泵流量示意图，图中 Q_g 为气相流量，单位为 $\Delta m^3/s$；Q_l 为液相流量，单位为 m^3/s；Q_{TH} 为理论流量，单位为 $\Delta m^3/s$；Q_B 为回流量，单位为 $\Delta m^3/s$；泵的实际流量 Q_{real}，单位为 $\Delta m^3/s$。Q_{real} 可表示为：

$$Q_{real} = Q_{TH} - Q_B$$

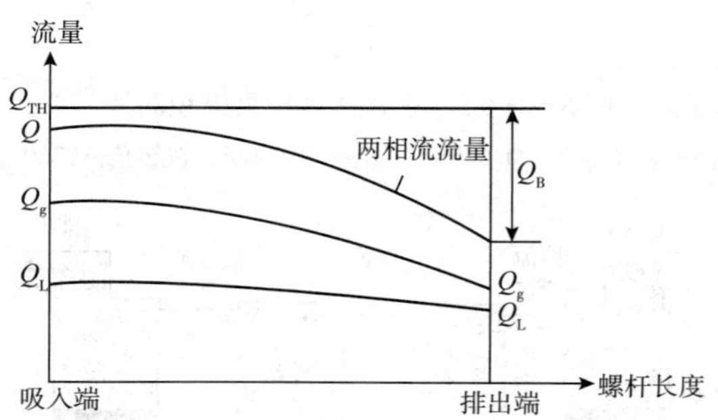

图5-2-97 双螺杆多相泵流量示意图

其中，理论流量 Q_{TH} 可从螺杆的结构计算获得，它与螺杆型线、螺杆导程及螺杆直径有关，如式（5-2-88）：

$$Q_{TH} = \frac{B^2 L\xi}{4 \times 10^6} \times n \tag{5-2-88}$$

式中 B——螺杆直径，mm；

L——螺杆导程，mm；

ξ——修正系数，此值因螺杆结构的不同而不同；

n——螺杆转速，r/min。

回流量 Q_B 是压差 ΔP 和进口压力 P_s 的函数，可用式（5-2-89）表示：

$$Q_B = f(\Delta P, P_s) \tag{5-2-89}$$

而压差 ΔP 是转速 n、进口含气率 α_s、气液相流体的运动黏性系数 ν_g、ν_l 和温度 T 的函数，可用式（5-2-90）表示：

$$\Delta P = f(n, \alpha_s, \nu_g, \nu_l, T) \tag{5-2-90}$$

2）压力

在吸入端和排出端之间沿螺杆的长度上总存在几个密封腔，因此压力从吸入端到排出端是逐渐增高的，在出口处压力增高较快，因而双螺杆多相泵的压力脉动较轻微，声压级较低。沿螺杆方向的压力分配可用式（5-2-91）表示：

$$\frac{P_i - P_s}{P_d - P_s} = \left(\frac{i}{N_P + 1}\right)^{\gamma} \tag{5-2-91}$$

式中　P_i——螺杆上某处的压力，Pa；

P_s——泵进口压力，Pa；

P_d——泵出口压力，Pa；

i——吸气侧到螺杆长度方向某处间的工作腔数；

N_p——螺杆长度方向上总工作腔数；

γ——参数，γ 在单相流动时为 1，且随流体的可压缩性增大而增大。

图 5-2-98 为理想双螺杆多相泵沿螺杆长度方向上压力分配的简单模型，该图清晰地表示出了双螺杆泵的压力渐进升高形式，进口处压力升高较慢，出口处压力升高较快。

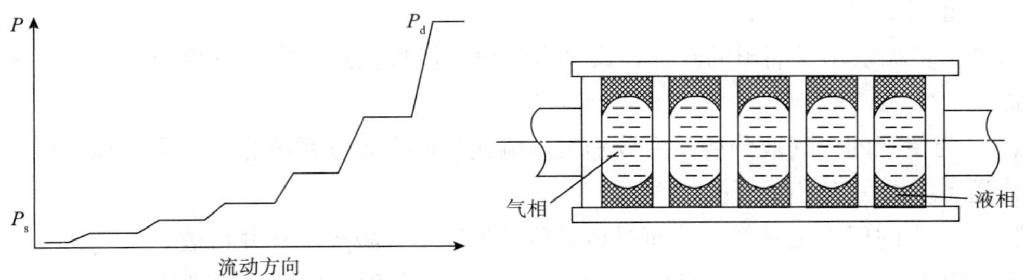

图 5-2-98　理想双螺杆多相泵简单压力模型

3）效率

如果将两相流体看成两个具有不同压力值的气相流和液相流，泵作用于两相流体上的功 $(G_l + G_g)H_{TP}$ 可以表示成对气相所做的功 G_gH_g 和对液相所做的功 G_lH_l 之和，则效率 η 可用式(5-2-92) 表示：

$$\eta = \frac{C_{TP}\Delta H_{TP}}{\Gamma_n} \tag{5-2-92}$$

式中　Γ——扭矩，N · m。

$$G_{TP} = G_l + G_g \tag{5-2-93}$$

$$\Delta H_{TP} = (1-x)\left(\frac{p_d - p_s}{\rho_l g} + \frac{v_{ld}^2 - v_{ls}^2}{2g}\right) + x\left(\int_{P_s}^{P_d} \frac{dp}{\rho_g g} + \frac{v_{gd}^2 - v_{gs}^2}{2g}\right) \tag{5-2-94}$$

$$x = \frac{G_g}{G_l + G_g} \tag{5-2-95}$$

式中 ν_{ls}、ν_{ld}——液相入口、出口处的速度，m/s；

ν_{gs}、ν_{gd}——气相入口、出口处的速度，m/s；

G_l、G_g——液相、气相质量流量，kg/s；

P_s、P_d——泵进口、出口压力，Pa；

ρ_l、ρ_g——液相、气相密度，kg/m^3。

3. 双螺杆多相泵的特点和应用范围

容积式多相泵通过工作容积的周期性变化实现对流体的能量传递，与旋转式多相泵相比，其体积和重量都较大，但它最显著的优点是即使在很高的含气率下，扬程并不显著降低，仍然能取得良好的增压效果。特别是对气体含量高，含气率经常变化的原油输送而言，可靠性良好，价格相对较低。双螺杆多相泵作为容积式多相泵的代表，具有如下主要特点：

（1）可提供适合中、小流量（10～1000m^3/h）和低、中、高各种压差（0～10MPa）；

（2）具有稳定特性，即在进口参数或扬程发生变化时，流量基本不变；

（3）适应性广，可输送含气率在0～100%范围内的任何流体；

（4）运转平稳、可靠，能在宽广的转速范围内保持高效运转，适合变频驱动；

（5）允许输送介质中含泥砂及杂质；

（6）价格比轴流多相泵低；

（7）重量、尺寸较大。

另外，多相泵用于油田的开发，其具有的很大优势就是可降低总投资。主要表现在两个方面：

（1）与传统的先气液分离，后分别增压输送的两套独立系统相比，多相混输仅需一套增压输送系统即可满足要求；

（2）探头的压力被降低，从而提高了单井采油率，减少了开井口数。

鉴于以上特点，双螺杆多相泵可推广应用于自然条件恶劣的沙漠油田、滩海油田和边际油田，解决远距离混输问题。另外，以多相混输泵为核心的水下多相油气自动开采技术的应用，意味着可用海底增压泵站代替造价高的海上平台，这大大降低了开采成本和管理费用。截至目前，国外多相泵已成功地应用于近海油田和浅海平台油田，水下多相混输系统也已发展到验收鉴定阶段。

三、三螺杆多相泵

多螺杆泵有双螺杆泵、三螺杆泵、五螺杆泵等。其中，一根螺杆是主动螺杆，呈右旋凸螺杆；其余为从动螺杆，呈右旋凹螺杆。螺杆采用摆线齿廓螺纹，其工作原理如图5-2-99所示。当螺杆转动时，吸入腔一端的密封线连续地向排出腔一端做轴向移动，使吸入腔容积增大，压力降低，液体在泵内、外压差作用下沿吸入管进入吸入腔。随着螺杆的转动，密封腔内的液体连续而均匀地沿轴向移动到排出腔，随着排出腔一端的容积逐渐缩小，即将液体排出。

在多螺杆泵中最常见的是三螺杆泵。三螺杆泵在油库和泵站中常作为辅助用泵，来输送润滑油及中等黏度的原油，在石油化工厂中常用来输送机泵装置的润滑油和密封油。油气混输用的双吸卧式三螺杆泵广泛用于各油田的油气集输中。

图5-2-100所示为一台卧式双吸三螺杆泵结构图。它的主要部件有主动螺杆、从动螺杆、衬套、泵体、填料箱和轴承等。衬套外面为圆柱形，与泵体配合形成吸油腔与排油腔，衬套内有三个相互连接的圆孔，三个孔与三个螺杆相配合。为了使轴端便于密封并减小由伸出端引起的不平衡轴向力，通常都是两边吸油、中间排油。轴向力基本上得到平衡，未平衡的只是主动螺杆伸出端为大气压，另一端为吸入腔压力而引起的轴向力。

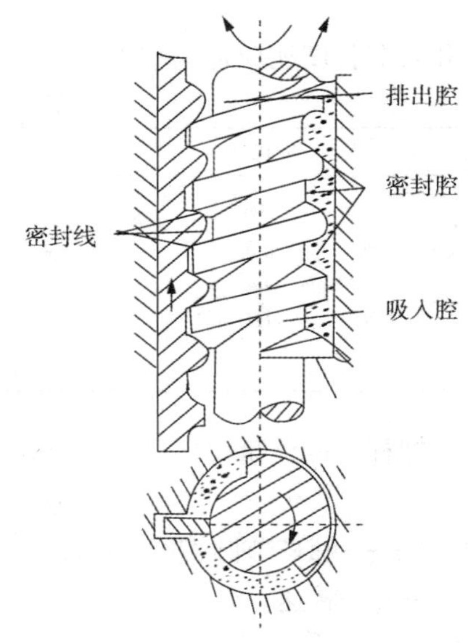

图5-2-99　多螺杆泵输液原理

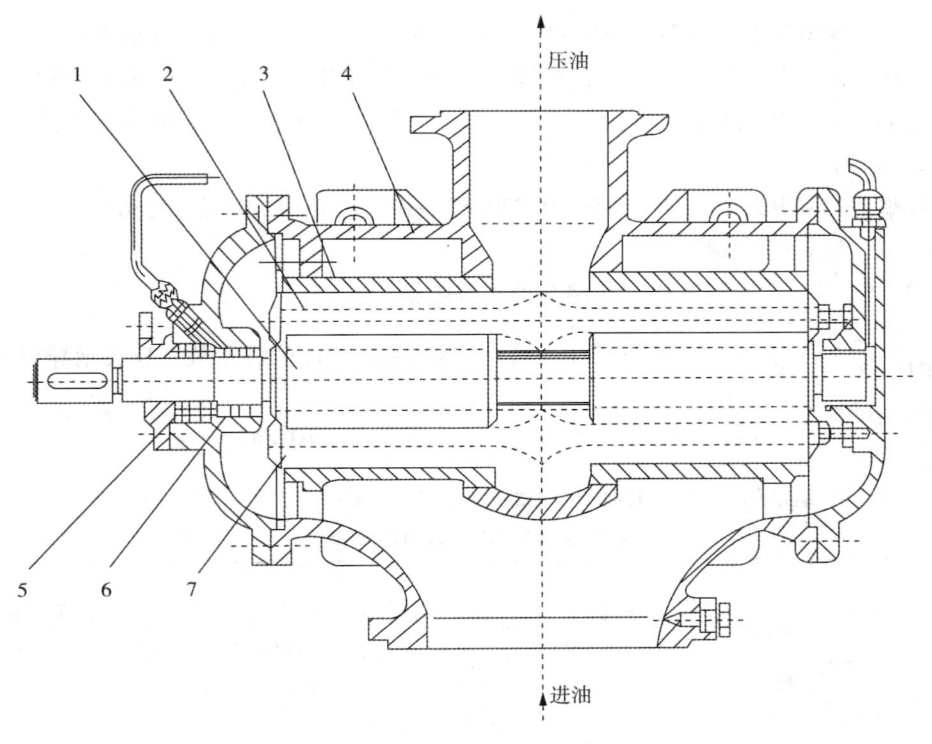

图5-2-100　卧式双吸三螺杆泵结构

1—主动螺杆；2、7—从动螺杆；3—衬套；4—泵体；5—填料箱；6—轴承

为保证在任一瞬时至少有一条密封线隔绝泵的吸入腔与排出腔，螺杆和泵套的最小长度 L 应大于形成两条密封线之间的轴向距离。一般根据泵的压力不同按表 5-2-11 选取。表中，t 为螺距（$t=\frac{1}{2}T$），适于输送恩氏黏度为 3～80°E 的液体。当黏度为 1.2～3°E 时，螺杆和泵套长度还应适当增加。

表 5-2-11 螺杆与泵套长度

$p/10^5$Pa	长度（L）
10	$2.2t$
25	$4t$
64	$6t$
160	$12t$
320	$24t$

三螺杆泵的流量按式（5-2-96）计算：

$$Q = 1.243 \times 10^{-3} T d_i^2 n \eta_v \tag{5-2-96}$$

式中 d_i——螺杆节圆直径，cm；

n——转速，r/min；

T——螺杆导程，一般 $T=\left(\frac{4}{3}\sim\frac{10}{3}\right)d_i$，cm；

η_v——容积效率，一般 $\eta_v=0.75\sim0.95$，在压力低、d_i 大时，η_v 取大值。

三螺杆泵的型号与规格。目前，我国生产的三螺杆泵主要由 G、U 表示的螺杆泵，另加一些附加字母，其意义见表 5-2-12。国内生产的三螺杆泵类型有很多，其技术规格范围见表 5-2-13。

型号举例：3GR25×4—1.6/25，3GC50×2—10/5，3GS160D×3—280/16

其中 3G——三螺杆泵；

R、C、S——一般结构、船用结构和双吸结构；

25×4、50×2、160D×3——主动螺杆外径（mm）×螺纹工作长度的螺距数（D 表示导程不等）；

1.6/25、10/5、280/16——设计点流量（m^3/h）/设计点压力（10^5Pa）。

表 5-2-14 是油气混输双吸卧式三螺杆泵的技术规格。

表 5-2-12 螺杆泵中符号意义

符 号	意 义	适用范围
G	螺杆泵	不含固体颗粒，无腐蚀，恩氏黏度为 3～80°E，温度不超过 80℃ 的油类及润滑性液体，如润滑油、燃料油、原油、化纤黏胶等
U	螺杆泵	输送恩氏黏度为 3～50°E 的燃料油，如重油、渣油
L	立式	输送润滑性较差的液体，如轻机油等
Y	一般结构	适用于大流量泵

续表

符号	意义	适用范围
S	双吸式	使用温度最高为150℃
W	一般结构	与船舶配套用
C	船用结构	
N	高黏度泵	动力黏度为1000～500000cP（1cP＝1×10－3Pa·s）的高黏度液体
K	含固体颗粒	输送含有小固体颗粒或纤维的液体
F	耐腐蚀	输送有腐蚀性液体

表5-2-13　三螺杆泵主要技术规格范围

型号	黏度	流量/（m^3/h）	压力/10^5Pa	转速/（r/min）	电机功率/kW
3G	3～50°E	0.2～590	4～100	3000 1500 970	0.6～225
3U	1.5～80°E	2.0～380	4～100	3000 1500 960	1.5～200
3GH	1～500Pa·s	0.4～21	5～16	100～600	

表5-2-14　油气混输双吸卧式三螺杆泵

型　号	理论排量/（m^3/h）	转速/（r/min）
双吸12－15型	12 24	1500 3000
双吸40－15型	40 80	1500 3000
双吸150－15型	150 300	1500 3000

四、螺旋轴流式多相泵

螺旋轴流式多相泵是由法国、挪威的研究机构和石油公司在电动潜油离心泵的基础上合作研制并生产的。由于从20世纪80年代开始的研究计划命名为“Poseidon”，故这种泵也称Poseidon（海神）泵。

1. 螺旋轴流式多相泵的工作原理

螺旋轴流式多相泵样机的总装图如图5-2-101所示，其基本工作原理是：多相流体在高速旋转的叶轮中获得动能，通过导叶的扩压作用实现动能向压力能的转换和多相流体流动状态的调整。整个样机由吸入单元、压缩单元、出口单元、泵体及辅助单元组成。

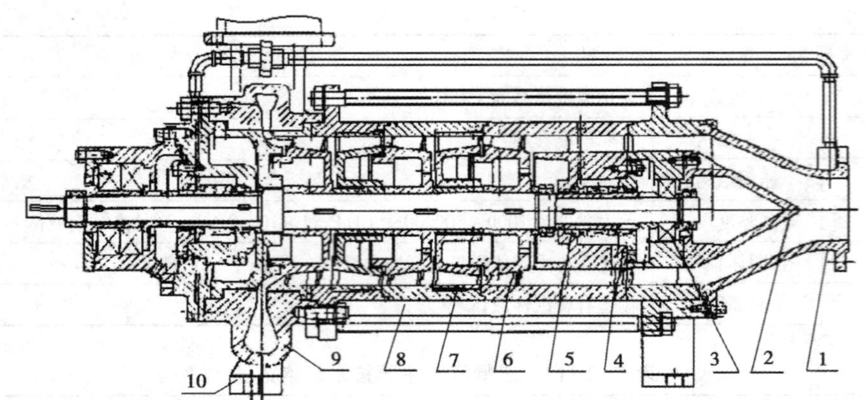

图 5-2-101 螺旋轴流式多相泵样机总体结构

1—进口；2—进口导流锥；3—轴承；4—进口导叶；5—机械密封；6—叶轮；7—导叶；8—泵壳；9—压出室；10—出口

（1）吸入单元：由进口导流锥和进口导叶组成，其主要作用是梳直进口的气液多相流体，保证叶轮进口达到要求的速度场。

（2）压缩单元：压缩单元为样机的核心组成部分，由一对叶轮和导叶组成，如图 5-2-102所示。压缩单元的工作原理是：当两相流体介质通过叶轮时，由于动叶轮的高速旋转使其获得动能，当通过静叶轮时速度下降，动能则在静叶轮的增压作用下转换为压力能。同时，动叶轮出口处的大气团也会因静叶轮叶片的剪切作用而破碎，在一定程度上调整了两相介质的流动状态，为混输泵的正常工作提供了保证。另外，动叶轮的螺旋形形状和静叶轮叶片使得输送介质沿着轴向运动，有效地防止了压缩单元流道内两相介质的相态分离。

（3）辅助单元：包括轴承、密封、润滑等装置。这些装置必须能够在气液交变载荷情况下正常工作。

2. 螺旋轴流式多相泵的特征

在容积式多相混输泵中，代表目前发展水平的是德国 BORNEMANN 公司的 MW 等系列螺杆泵、SBS 螺杆泵、SMUBS1 容积泵以及 TRITONIS 多相混输泵。容积式多相混输泵是通过外界能量将流体从低压侧（吸入口）挤压到高压侧（排出口），通过单元级的体积变化使混合介质增压，典型代表是双螺杆多相泵。

比较成功的混输泵，主要集中在旋转动力式多相泵中的螺旋轴流式多相泵和容积式双螺杆多相泵两种类型。两类多相泵各有优缺点。

与旋转动力式多相泵相比，双螺杆多相泵体积及重量较大，其优点在于对高气液比的介质仍有较好的增压效果；但是，双螺杆多相泵的缺点是对砂粒极为敏感。

螺旋轴流式多相泵每级压缩单元由一个叶轮（安装在轴上）和固定不动的导叶组成。螺旋型的叶轮和整流器强迫输送介质沿轴向运动，而且有效地防止气液两相介质在叶道内分离。从性能上讲，螺旋轴流式多相混输泵兼备离心泵与压缩机的性能。相比于容积式多

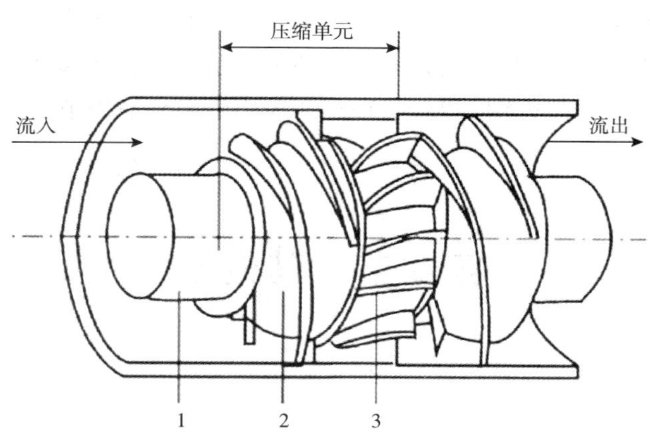

图 5-2-102　压缩单元结构图

1—主轴；2—叶轮；3—导叶（整流器）

相混输泵，螺旋轴流式多相泵的体积小、重量轻、排量大、对输送介质中的固体砂粒不敏感等。主要可归纳为以下七点：

（1）叶片与导叶之间没有内部密封，使系统在输送含杂质的多相介质过程中，更加可靠和灵活（可配合多种油井油流工作）。

（2）开式流动系统能适应气塞和液体段塞的影响，对固体颗粒不敏感。

（3）适用范围广，能处理较大的流量范围。

（4）只有一个旋转部件，结构简单、紧凑，适用于深水推广使用，易于井下安装。

（5）具有自适应（自调节）特性。

（6）驱动方式灵活，可采用电机或水力透平等驱动；近海平台一般存在能源短缺的问题，多相混输可以通过提取部分采出的天然气用于驱动燃气轮机或气体发动机，从而获得所需要的能源。

（7）含气率为 0～93% 的多相流，增压效果良好，短时间内可在 100% 的气体工况下运行，无需外部再循环冷却。

螺旋轴流式多相泵的主要优势可概括如下：

（1）在高转速 4500～6800r/min 时，尤其能够在高油气比下操作。

（2）该泵的变速性能更能适应油田地下工况变化时的运行条件，使其在变工况下都能保持高效运行，有较好的工况适应性。驱动系统可以采用变频电机或机械式增速机。

（3）该泵由于转子之间没有接触，能够在高含砂量下运行。据报道，含砂量最高为 1000～3000ppm，1ppm＝0.001‰，对于含砂量为 5000ppm 或以上的情况，泵的寿命将低于 8000h。

（4）该泵在中、大流量，中、高气压下更能显出其结构紧凑、重量轻、可靠地长期运行且操作简单等优点，在大流量和近海应用中特别有吸引力。

（5）当配套电子监测监控系统后，在海洋、沙漠及边远油田中具有巨大的应用前景和潜力。

总之，这两种类型的泵各有利弊，不能简单地判定孰优孰劣，在应用时要扬长避短、

互为补充。油田现场情况较为复杂，每一座油田、油井的情况各不相同，用一种类型的多相泵达到所有油田的要求是不现实的，因此这两种类型的泵应取长补短、分工合作，组成一个互补系统，使多相混输技术取得较为理想的应用效果，适用范围更为广泛，特别在海洋应用中尤为如此。

第四节 其他泵

一、旋涡泵

旋涡泵属于叶片泵，它的工作机构由叶轮和有环形流道的壳体组成，分为开式旋涡泵和闭式旋涡泵。通常采用闭式旋涡泵作为汽油泵、碱泵和小型锅炉给水泵等。

（一）旋涡泵的工作原理

如图 5-2-103 所示为一旋涡泵结构图。叶轮上铣出许多径向叶片，如图 5-2-104 所示。叶轮端面紧靠泵体，其轴向间隙约为 0.10～0.15mm。流道由叶轮、泵体和泵盖之间的环形空腔等组成。

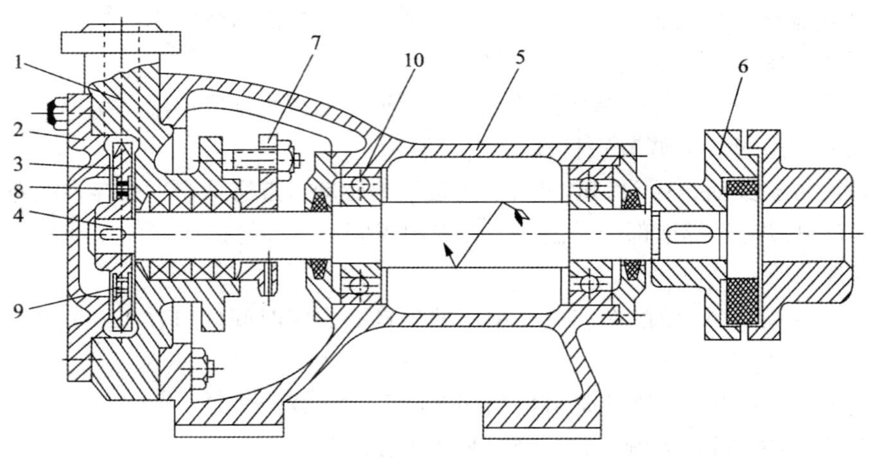

图 5-2-103 旋涡泵结构

1—泵体；2—泵盖；3—叶轮；4—轴；5—托架；6—联轴器；7—填料压盖；8、9—平衡孔与拆装用螺孔；10—轴承

在流道中，吸入口与排出口分开的一段称为隔舌。隔舌与叶轮的径向间隙很小，以防排出口的高压液体窜漏到吸入口。开式旋涡泵叶轮的叶片较长，叶片内径小于流道内径，液体从吸入口先进入叶轮，后进入流道。闭式旋涡泵叶轮的叶片较短，叶片内径等于流道内径。液体从吸入口先进入流道，再从叶轮两边进入叶轮。

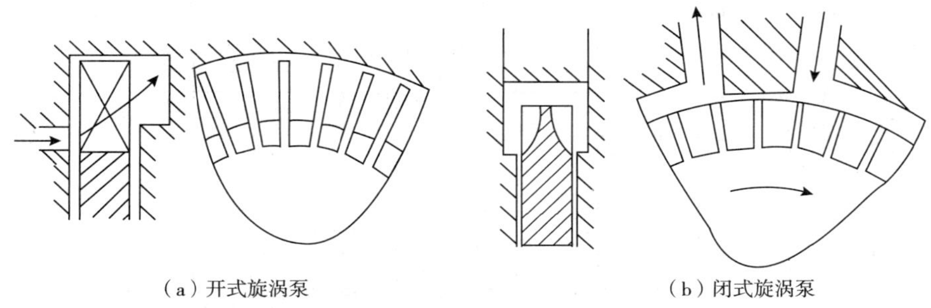

（a）开式旋涡泵　　（b）闭式旋涡泵

图 5-2-104　旋涡泵类型

现以闭式泵为例，说明其工作原理。液体由吸入口进入流道和叶轮。当叶轮旋转时，由于叶轮中运动液体的离心力 F_u，大于流道中运动液体的离心力 F_c，二者之间产生一个旋涡运动，其旋转中心线沿流道纵向方向，称为纵向旋涡，如图 5-2-105 所示。在纵向旋涡的作用下，液体从吸入至排出的整个过程中，可以多次进入与流出叶轮，类似于液体在多级离心泵内的流动。每流入叶轮一次，就获得一次能量。当液体从叶轮流至流道时，就与流道中运动的液体混合。由于两股液流速度不同，在混合过程中产生动量交换，使流道中液体的能量得到增加，旋涡泵主要是依靠这种纵向旋涡来传递能量的。

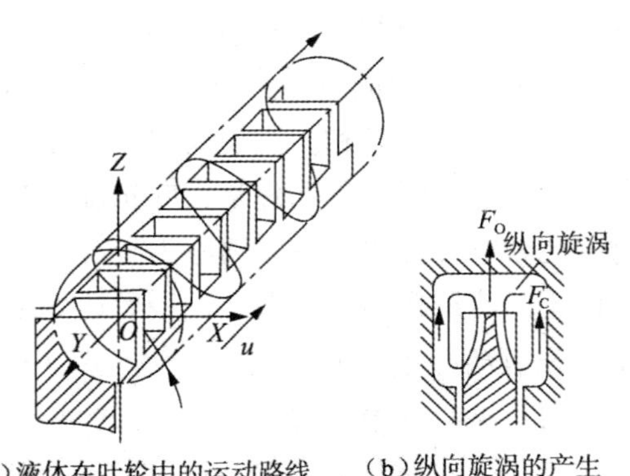

（a）液体在叶轮中的运动路线　　（b）纵向旋涡的产生

图 5-2-105　旋涡泵工作原理

（二）旋涡泵的特点

（1）在叶轮直径和转速相同时，旋涡泵的扬程比离心泵高 2～4 倍。与相同扬程的容积泵相比，它的尺寸要小得多，结构也简单得多。

（2）旋涡泵的扬程和功率特性曲线是陡降的。图 5-2-106 为旋涡泵与离心泵特性曲线的比较。因旋涡泵主要依靠纵向旋涡传递能量，所以，在小流量时，流道内液体流动速度小，液体经过叶轮的次数增多，使泵的扬程提高。反之，流量越大，液体经过叶轮的次数越少，旋涡作用减小，扬程下降。因此，旋涡泵应在出口阀开启的情况下启动，用旁路调节流量比关出口阀调节流量经济合理。

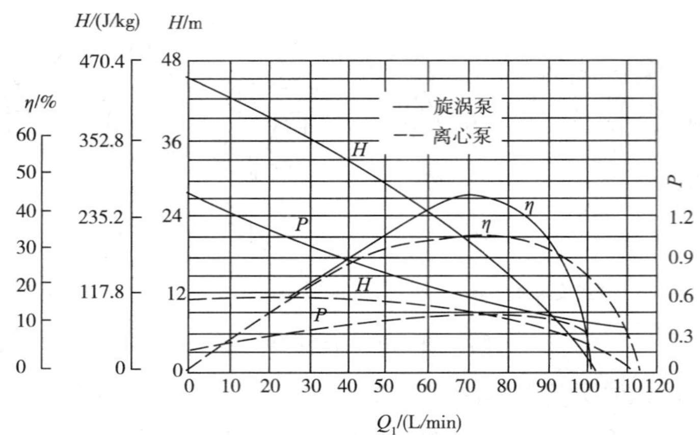

图 5-2-106　旋涡泵与离心泵性能曲线比较

（3）因液体在流道内混合时要进行动量交换，产生较大的冲击损失，所以旋涡泵效率较低，一般为 20% ~50%，只适用于小功率泵（40kW 以下）。低比转数的离心泵的效率比旋涡泵还要低，比转数 n_s 在 10 ~40r/min 范围内，采用旋涡泵比较合理。

（4）主要元件的结构形状简单，加工制造容易。因而，作为耐腐蚀的旋涡泵，其叶轮、泵体等可用难以铸造的不锈钢材料制造。有些旋涡泵也可用塑料、尼龙等材料制造。

（5）开式旋涡泵的叶片根径小于流道内径，液体从吸入口进入叶片，再从叶片进入流道。这种泵有自吸能力，其原理与液环泵相似。闭式旋涡泵在泵出口附加气液分离罩或采用突然扩大的排出管等方法后也能自吸。其原理是：叶轮旋转时，液体与气体在流道中强烈搅混，形成液气混合物。混合物在分离罩中靠离心力分离，在扩大的出口管中靠重力分离，分离后气体排出，液体返回流道再与气体混合，最后达到自吸。但旋涡泵的吸入能力不如离心泵（即吸入真空度没有离心泵大）。因此，旋涡泵与离心泵叶轮配合使用，既可提高扬程，又可改善吸入能力。离心旋涡泵就是这种结构的泵。

（6）旋涡泵不适用于输送高黏度液体，否则扬程和效率将降低很多。一般运动黏度在不大于 1000mm²/s 时方可使用。

（三）旋涡泵的扬程和流量

1. 扬程

旋涡泵在理论上还不够完善，它所产生的扬程采用与离心泵类似的方法求得：

$$H = \psi \frac{u^2}{2} \tag{5-2-97}$$

式中　H——扬程，J/kg；

ψ——扬程系数，它与比转数大小有关，如图 5-2-107 所示；

u——叶轮的圆周速度，$u = \frac{\pi Dn}{60}$，m/s；

D——闭式泵为叶轮外圆直径，开式泵为流道截面重心处的直径，m；

n——泵转速，r/min。

2. 流量

旋涡泵的流量可近似用式（5-2-98）估算：

$$Q = cA \tag{5-2-98}$$

式中 Q——旋涡泵流量，m^3/s；

A——流道截面积，m^2；

c——流道中流速，$c=\varphi u$，m/s；

φ——流量系数，开式泵按图 5-2-107 确定；闭式泵 $\varphi=0.45\sim0.56$，n_s 大者取较大值，W 型旋涡泵 $\varphi=0.5$。

旋涡泵比转数计算方法同离心泵。

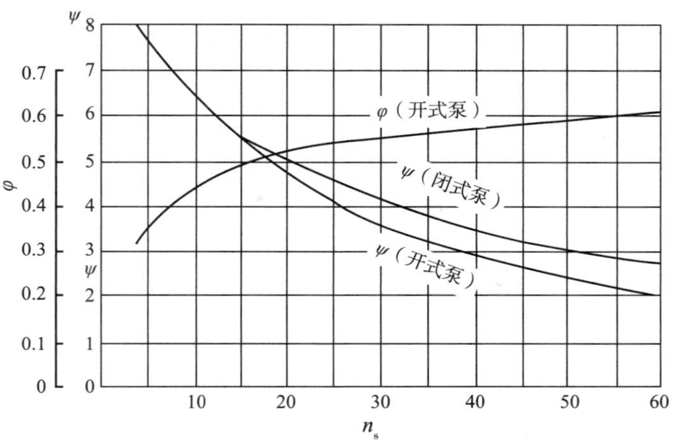

图 5-2-107 旋涡泵的扬程系数 ψ 和流量系数（φ）

（四）典型结构介绍

如图 5-2-103 所示为 W 型旋涡泵。W 型旋涡泵是单级悬臂式旋涡泵，适用于输送温度为 -20～80℃、运动黏度不大于 $35mm^2/s$、无腐蚀性、无固体颗粒的液体。扬程为 15～75m（147～735J/kg），流量为 0.36～$17m^3/h$。

分别用 H、J、M 表示材料代号，其型号意义如下：

例如：型号 32WM-30

其中 32——泵入口直径 32mm；

W——旋涡泵；

M——过流部分材料为 Cr18Ni12Mo2Ti；

30——设计点扬程 30m（294J/kg）。

叶轮上有平衡孔和拆卸孔，以平衡叶轮两侧的压力。叶轮在轴上可以轴向自由移动以保证叶轮与泵体、泵盖的轴向间隙相等。吸入口与排出口之间隔板突座与叶轮外圆采用动配合。

二、射流泵

（一）射流泵的工作原理

射流泵又称喷射器，主要由喷嘴、吸入室和扩散器组成，扩散器又由喉管入口（混合段）、喉管、扩散管三部分组成。如图 5-2-108 所示。

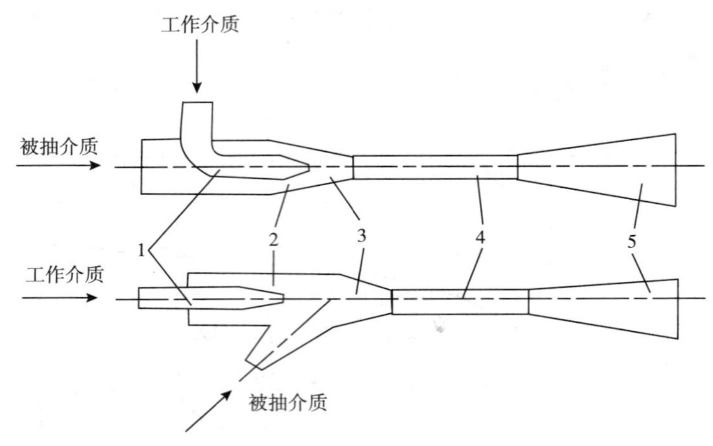

图 5-2-108 射流泵结构示意图

1—喷嘴；2—吸入室；3—喉管入口；4—喉管；5—扩散管

当具有一定压力的流体通过喷嘴以一定速度喷出时，射流质点的横向紊动扩散作用，将吸入室内的流体带走，吸入室形成低压区，在吸入管内、外压差的作用下，将低压流体不断送入吸入室。由喷嘴及吸入管来的两股流体在混合段及喉管中混合并进行能量交换，工作流体的速度降低，被吸入流体的速度增加，直到喉管出口，两股流体的速度逐渐趋近一致。在扩散管中，混合后的流体进行能量转换，把大部分动能变为压力能，最后排出。由此可见，射流泵是一个没有运动部件的泵，它是利用一股流体的能量抽送另一股流体的泵。

按工作流体的种类不同可分为液体射流泵和气体射流泵（喷射泵）两种。

射流泵内没有运动部件，因此结构简单、工作可靠、安装维护方便、密封性好，便于综合利用废水、废气等能源，这些能源作为工作流体，可节约能源，提高经济效益。又因射流泵是两股流体混合进行能量交换而工作的，在混合过程中有较大的能量损失，所以传能效率较低。

（二）射流泵的主要参数及性能曲线

要想正确设计、使用射流泵，必须了解压力、流量与几何尺寸之间的关系，它反映了泵内能量的转换过程和主要工作构件（喷嘴、喉管）对性能的影响。其主要参数如下：

（1）压力比 h。

$$h=\frac{\text{射流泵的压力}}{\text{工作压力}}=\frac{\text{射流泵排出压力与吸入压力之差}}{\text{工作流体压力与吸入压力之差}} \tag{5-2-99}$$

（2）流量比 q。

$$q = \frac{\text{被吸流体流量}}{\text{工作流体流量}} \tag{5-2-100}$$

（3）喉、嘴面积比 m。

$$m = \frac{\text{喉管截面积}}{\text{喷嘴出口截面积}} \tag{5-2-101}$$

（4）密度比 ρ。

$$\rho = \frac{\text{被吸流体密度}}{\text{工作流体密度}} \tag{5-2-102}$$

用射流泵的以上参数可以表示其基本方程：

$$h = f\ (m,\ q,\ \rho) \tag{5-2-103}$$

因影响因素比较复杂，现用实验曲线（见图 5-2-109）来表示基本性能曲线。当 ρ 一定时，在某一个喉、嘴面积比 m 下，压力比 h 与流量比 q 近似为一直线关系，随 m 值的增大，直线由陡降变为平缓。不同 m 值直线组的包络线上各点所对应的面积比就是最优的面积比。在面积比已定的情况下，使射流泵效率最高的流量比和压力比称为最优流量比和最优压力比。不同的射流泵装置有不同的数值。

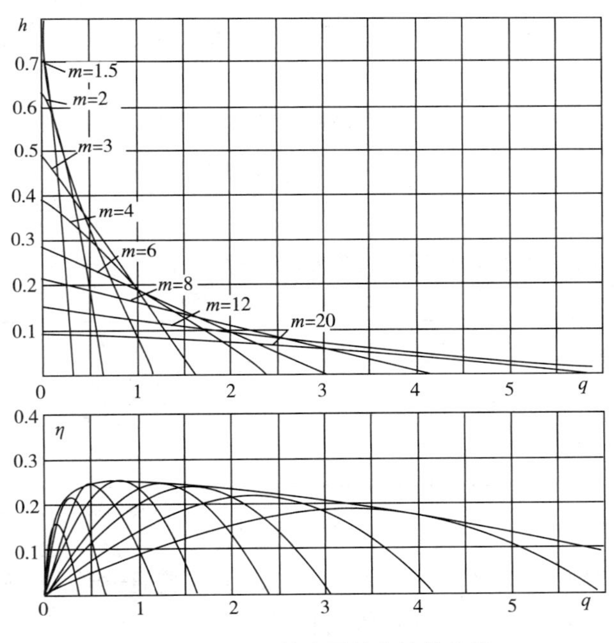

图 5-2-109　射流泵基本性能曲线

（三）主要工作构件形式

1. 喷嘴

采用收缩圆锥形、流线形和孔板形等形式（见图 5-2-110）。出口处有一圆柱段，圆柱段长度与喷嘴出口直径有关，若喷嘴直径为 d_1，则圆柱段长度为 $0.25d_1$。

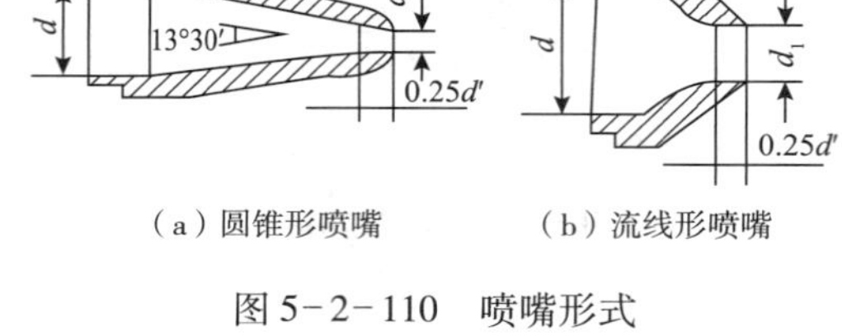

（a）圆锥形喷嘴　　（b）流线形喷嘴

图 5-2-110　喷嘴形式

2. 喉管入口

采用光滑曲线或收缩圆锥形入口（见图 5-2-111），圆锥形的入口收缩半角 $\beta=8°\sim20°$。当抽送带固体颗粒的液浆时，喷嘴与喉管入口的环形空间保证能通过最大粒径的固体。

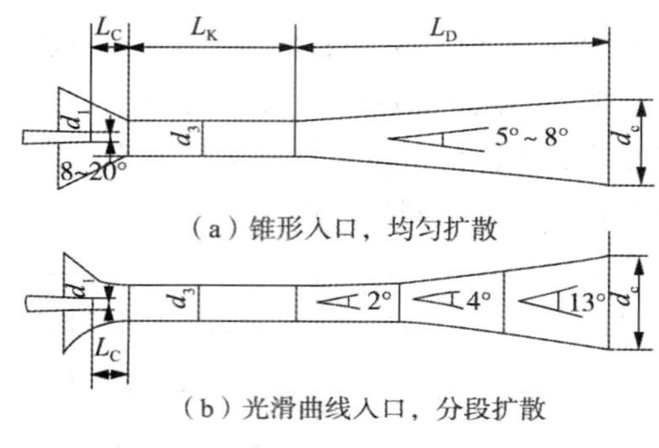

（a）锥形入口，均匀扩散

（b）光滑曲线入口，分段扩散

图 5-2-111　扩散器形式

3. 喉嘴距 L_c

如图 5-2-73 所示，此值对射流泵性能影响很大，其值按表 5-2-15 选取。

表 5-2-15　最优喉嘴距

m	L_c
1.5~3	(0.5~1.5) d_1
4~6	(1~2.5) d_1
7~25	(1~7) d_1

4. 喉管

喉管为圆柱形，其直径为 d_3（见图 5-2-111），应能通过最大粒径固体。当抽送液体时，喉管长度 $L_k=(6\sim7)\ d_3$。若长度太短则液体混合不均匀，会增加后面的扩压损失，太长则增加摩擦损失。

5. 扩散管

如图 5-2-111 所示，扩散管的作用是将喉管出口流体的动能转换为压力能。扩散管采用均匀扩散和分段扩散两种，均匀扩散的扩散角 $\theta=5°\sim8°$，$\frac{d_c}{d_3}=2\sim4$；分段扩散的扩散角分别为 $\theta=2°$、4°和 3°，每段流速减小$\frac{1}{3}$（$c_3\sim c_c$）。

射流泵中的两种流体能得到充分混合，因而其在很多场合作为混合器使用。射流泵还常用来抽真空，如在离心泵、离心压缩机中常和填料封密、梳齿密封联合使用，抽吸泄漏的液体或气体。

三、滑片泵

滑片泵（也称刮板泵）是容积泵的一种，它是靠泵体、泵盖、偏心转子和滑片之间形成的容积（称基元容积）的周期性变化来吸排液体的泵。

（一）滑片泵的工作原理

图5-2-112是一滑片泵的结构简图。泵转子为圆柱形，转子上有若干个槽（两个或多个），每个槽内设有滑片。转子在泵壳内为偏心安装，其偏心距为 e。滑片可在转子的槽内径向滑动。滑片靠离心力、弹簧力或液体压力压向壳体，使滑片端部紧贴壳体而保证密封。吸入口、排出口靠转子与壳体之间很小的间隙密封分开。

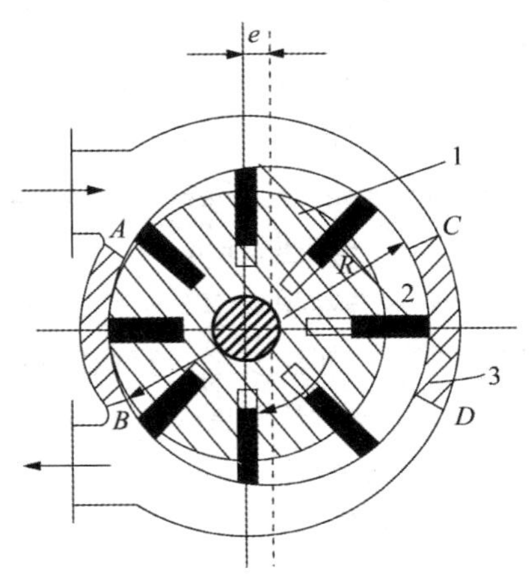

图5-2-112 滑片泵结构简图
1—转子；2—滑片；3—泵体

当转子旋转时，吸入侧的基元容积不断增大，将液体吸入基元容积。当基元容积达最大值时，基元容积与吸入口脱离而与排出口连通。转子继续旋转，基元容积逐渐变小，将液体排出。转子旋转一周，滑片在槽内往复一次，各基元容积变大、变小一次，完成一次吸入、排出过程。

若将泵制成偏心距可变化的结构，则可以调节流量的变化。若制成一次旋转两次吸入、两次排出的结构则称双作用滑片泵。

（二）滑片泵的特殊问题

（1）滑片泵高压腔与低压腔靠密封凸座 *AB* 段密封。因此，密封凸座的夹角应大于两滑片间的夹角。滑片径向应紧贴缸壁，为此可将高压液通入滑片根部空间而达到自紧式密封。这样，当滑片位于吸液区时，基元中液体压力小而根部压力大，使滑片压在泵体 *AC* 段上的力较大，该段泵体工作面容易磨损。

（2）由于吸液区与压液区存在压差，轴与轴承受不平衡径向力作用。只有双作用滑片泵径向力是平衡的。此外，滑片两侧受力不等，特别是由低压区进入高压区的瞬间，滑片一边是高压（排出压力），一边是低压（吸入压力），滑片受力很大。因此，滑片要有足够的强度，滑片厚度不可太薄，伸距不能太大。滑片在径向压力作用下，在端部与泵缸接触点上产生局部高温，会引起局部退火，使滑片迅速磨损。所以，滑片一般用高速钢制造，在高温下仍有一定硬度。泵缸在低压区易磨损，检修中可将缸体倒置，使原来在高压区部分，换到低压区位置，以延长使用寿命。

（3）滑片泵中也存在闭死容积，也有困油问题。可采取在泵体 *AB* 段侧面开卸荷槽的办法解决。

（4）滑片泵泵缸半径与转子半径的差值（$R-r$），一般取滑片长的40%，$R-r$ 值太大，使滑片伸出转子的距离增大，滑片容易被楔住；$R-r$ 值太小，滑片伸出转子的距离减小，使泵流量减小，泵的相对重量增大。为防止滑片被楔住，在单向旋转的滑片泵中，可将滑片向前倾斜 6°～13°。

（三）滑片泵的流量计算

（1）滑片不倾斜的单作用滑片泵流量：

$$Q = 2\times 10^{-6} enb(\pi D - \delta z)\eta_v \tag{5-2-104}$$

式中 D——泵缸内径，mm；

e——偏心距，mm；

b——滑片宽度（轴向 $b=29\sim30$mm），mm；

n——转速，r/min；

η_v——容积效率，$\eta_v=0.75\sim0.95$，因滑片泵构成工作容积的零件多，密封条件不如往复泵，容积效率较低；

δ——滑片厚度，一般 $\delta=2\sim3$mm，mm；

z——滑片数目，一般 $z=6\sim12$。

（2）滑片不倾斜的双作用滑片泵流量：

$$Q = 2\times 10^{-6}\pi bn(R^2 - r^2)\eta_v \tag{5-2-105}$$

式中 R——缸体内表面长半径，mm；

r——缸体内表面短半径，即转子半径，mm。

其他符号意义同前。

在式（5-2-105）中未考虑滑片厚度的影响。滑片泵的功率计算可参考齿轮泵功率计算，此处不再重复。

第三章 分离器

第一节 概 述

当地层中的石油到达油气井口，继而沿出油管或采气管流动时，随压力和温度条件的变化，常形成气液两相流。根据相平衡原理，对组成一定的石油，在某一压力和温度下，就有确定的气液相组成和数量，当压力、温度发生改变时，气液相组成和数量也随之而变，这就是平衡分离，平衡分离是一个自发过程。为满足油气井产品计量、矿场加工、储存和管道（或其他输送方式）输送的需要，必须将已形成的气液两相分开，用不同的管线输送，这称为物理或机械分离。在水驱油藏开发中，油井产物中常含大量的伴生水，采出水具有很强的腐蚀性，且易结垢，应尽早将其与原油分离。

把管路内自发形成并交错存在的油气水分离为单一相态的过程，通常在分离器中进行，它是油气田内应用最多、最重要的设备之一。

在油气田内使用的分离器，按其外形主要有两种，即立式分离器和卧式分离器；此外，还有偶尔使用的球形分离器和卧式双筒分离器等。

按分离器的功能可分为油气两相分离器、油气水三相分离器；计量分离器和生产分离器；从高气液比流体中分离夹带油滴的涤气器；用于分离从高压降为低压时，液体及其释放气体的闪蒸罐；用于高气液比管线分离气体和游离液体的分液器等。

按分离器的工作压力可分为真空分离器（<0.1MPa）、低压分离器（<1.5MPa）、中压分离器（1.5~6MPa）和高压（>6MPa）分离器等。

按分离器工作温度可分为常温分离器和低温分离器。

按实现气液分离所利用的能量可分为重力式分离器、离心式分离器和混合式分离器等。还有某些具有特定功能的分离器，如用于集气系统和气液两相流管线、既能气液分离又能抑制气液瞬时流量间歇性急剧变化的液塞捕集器，以及新近开发的气液圆柱形旋流分离器等。

在集输系统中，由于单井产量的递减、新井投产以及配气要求变化等原因，气体处理量变化较大，重力分离器应用最为广泛。故本章重点介绍重力分离器的工艺原理及选型计算。

第二节　两相分离器

一、两相分离器的基本结构与工艺原理

分离器的种类繁多，但在集输系统中，由于单井产量的递减、新井投产以及配气要求变化等原因，气体处理量变化较大，重力式分离器应用最为广泛。

重力式分离器主要都是利用天然气和被分离物质的密度差（即重力场中的重度差）来实现分离的，因而叫做重力式分离器。除温度、压力等参数外，最大处理量是设计分离器的一个主要参数，只要实际处理量在最大设计处理量的范围以内，重力分离器即能适应较大的负荷波动。

（一）立式重力分离器

立式重力分离器的主体为立式圆筒体，气流一般从该筒体的中段进入，顶部为气流出口，底部为液体出口，其结构与分离作用如图 5-3-1 所示。

（1）入口初级分离段。即气流入口处，气流进入筒体后，由于气流速度突然降低，成股状的液体或大的液滴由于重力作用被分离出来直接沉降到积液段。为了提高初级分离的效果，常在气液入口处增设入口挡板或采用切线入口方式。

（2）沉降二级分离段。即沉降段，经初级分离后的天然气流携带着较小的液滴向气流出口以较低的流速向上流动。此时，由于重力的作用，液滴向下沉降与气流分离。本段的分离效率取决于气体和液体的特性、液滴尺寸及气流的平均流速与扰动程度。在分离器设计计算过程中，本分离段的各种流动参数是决定分离器计算直径的关键因素，也是分离器工艺计算的立足点。

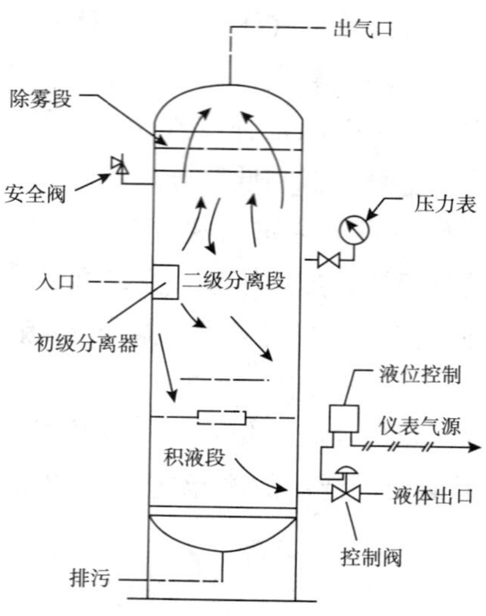

图 5-3-1　立式重力分离器结构

(3) 积液段。本段主要收集液体，在设计中，本段还具有减少流动气流对已沉降液体扰动的功能。一般积液段还应有足够的容积，以保证溶解在液体中的气体能脱离液体而进入气相中。对三相分离器而言，积液段也是油水分离段。分离器的液体排放控制系统也是积液段的主要包含内容。为了防止排液时的气体旋涡，除了保留一段液封外，还常在排液口上方设置挡板类的涡旋装置。

(4) 除雾段。主要设置在紧靠气体流出口前，用于捕集沉降段未能分离出来的较小液滴（10～100μm）。微小液滴在此发生碰撞、凝聚，最后结合成较大液滴下沉至积液段。

立式重力分离器占地面积小，易于清除筒体内污物，便于实现排污与液位自动控制，适于处理较大含液量的气体。但单位处理量成本高于卧式重力分离器。

（二）卧式重力分离器

卧式重力式分离器的主体为卧式圆筒体，气流从一端进入，从另一端流出，其作用原理与立式重力分离器大致相同，如图 5-3-2 所示，可分为下列部分：

(1) 入口初级分离段。可具有不同的入口形式，其目的在于对气体进行初级分离，除了入口挡板外，有的在入口内增设一个小内旋器，即在入口对气—液进行一次旋风分离。

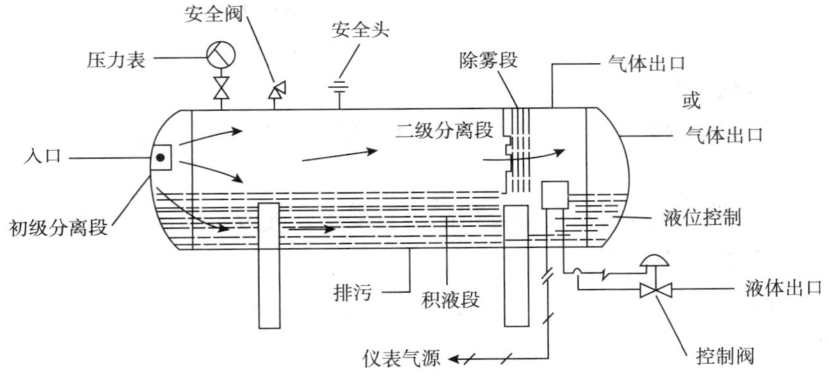

图 5-3-2　卧式重力分离器结构

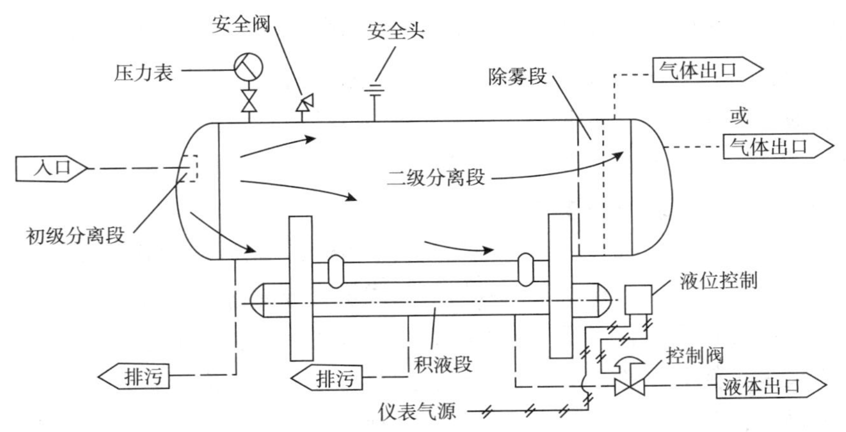

图 5-3-3　双筒卧式重力分离器结构

（2）沉降二级分离段。此段也是气体与液滴实现重力分离的主体，其各种参数为设计卧式分离器的主要依据。在立式重力分离器的沉降段内，气流一般向上流动，而液滴向下运动，二者运动方向完全相反，因在而气流对液滴下降的阻力较大，而在卧式重力分离器的沉降段内，气流水平流动与液滴下沉成90°夹角，因而对液滴的下降阻力小于立式重力分离器，通过计算可知，卧式重力分离器的气体处理能力比同直径立式重力分离器的气体处理能力大。

（3）除雾段。此段可设置在筒体内，也可设置在筒体上部，紧接气流出口处。除雾段除设置纤维或金属网丝外，还可采用专门的除雾芯。

（4）液体储存段（积液段）。此段设计常需考虑液体必须在分离器内的停留时间，一般储存量度按 $D/2$ 考虑。

（5）泥砂储存段。这段实际上在积液段下部，主要是由于在水平筒体的底部，泥砂等污物有45°～60°的静止角，因排污比立式分离器困难，有时此段需增设两个以上的排污口。

针对卧式重力分离器液位控制等方面的缺陷，另外还有一种双筒卧式重力分离器，如图5-3-3所示。上筒用于气液分离，而下筒专门用于储液，但由于其建造费用较高，因而应用不太广。

（三）分离器的基本组成

由立式重力分离器和卧式重力分离器的工作原理可知，分离器通常包括以下主要组成部分：

（1）入口分离器。使入口油气混合物的动量减小，气液得到初步分离，并使气液在各自的流通面积上有均匀的流速。

（2）重力沉降区。在该区内，气体流速减小、湍流度降低，利用重力使气体夹带的油滴降至集液区。

（3）集液区。为液体提供必要的停留时间，使液体进一步脱气，收集从重力沉降区和捕雾器分出的液体，平衡进液量和排液量，即有一定的缓冲作用。

（4）捕雾器。利用一系列折板、丝网垫或产生离心力的部件，从气流中截留粒径更小的油滴，使分离器出口气体的带液量控制在某一允许数量之下。

（5）安全防护部件。分离器是压力容器，按规定应在容器上安装防止超压的安全阀，有时还装有易爆片，与安全阀一起保护分离器的安全运行。

（四）卧式与立式重力分离器的比较

在立式重力分离器重力沉降区和集液区内，分散相运动方向与连续相运动方向相反，而在卧式重力分离器中二者相互垂直。显然，卧式重力分离器的气液机械分离性能优于立式重力分离器。在卧式重力分离器中，气液界面面积较大，有利于分离器内气液达到相平衡。因而，无论是平衡分离还是机械分离，卧式重力分离器均优于立式重力分离器，即在相同气液处理量下，卧式重力分离器尺寸较小，制造成本较低。同时，卧式重力分离器有较大的集液区体积，适合处理发泡原油和伴生气的分离，以及油、气、水三相分离。当来液流量变化时，卧式重力分离器的液位变化较小，缓冲能力较强，能向下游设备提供较稳定的流量。卧式重力分离器还有易于安装、检查、保养，和易于制成撬装装置等优点。但是，卧式重力分离器也有占地面积大、液体控制比较困难和不易排污等缺点。另外，由于受高度限制，公路运输卧式重力分离器要比撬装立式重力分离器方便很多。

立式重力分离器适合于处理含固体杂质较多的油气混合物，可以在其底部设置排污口定期排污。卧式重力分离器在处理含固体杂质较多的油气混合物时，由于固相杂质有45°~60°的休止角，在分离器底部沿长度方向常需设置若干个排污口，还很难完全清除固相杂质。立式重力分离器占地面积小，这对海洋采油、采气至关重要。

总之，对于普通油气的分离，特别是可能存在乳状液、泡沫，或用于高气油比油气混合物的分离时，卧式重力分离器较经济；在气油比很高和气体流量较小时（如涤气器），常采用立式重力分离器。

（五）影响分离的主要因素

1. 液滴或颗粒的直径

由液滴沉降速度公式可以看出，液滴或颗粒的直径是影响分离效率的重要因素之一。直径越大，沉降速度越大，分离效率越高。

2. 密度差

两种介质的密度差越大，沉降速度就越大，分离效率就越好，

3. 表面和界面张力

液滴或颗粒的表面张力越大，越不容易聚结形成大的液滴或颗粒，分离效果就较低；同样，对于不混溶的液体，界面张力越大，也使液滴或颗粒不容易聚结，从而降低分离效率。

4. 黏度

连续相介质的黏度越小，沉降速度越大，分离效率越高。

5. 温度

温度主要是通过影响连续相介质的黏度来影响分离效果。对于气体，温度升高，气体黏度增加，阻止了较小颗粒的分离，而对于液体，温度升高，黏度降低，提高了分离效果。

6. 压力

压力主要对气液分离影响大。一方面，压力增加，使气体黏度增加，阻止了较小颗粒的分离；另一方面，压力越高，气体密度差越小，气泡就越不易浮出液面。

7. 停留时间

流体在分离器中的停留时间越长，小液滴就能有足够的时间聚结、沉降、分离，分离效率就越高。

8. 气体流速

对于气液分离，如果入口考虑了离心分离，沿切线进入的气体流速大，离心分离效果就好；但在一般分离器的沉降分离段，气体流速必须低于液滴沉降速度，否则，小液滴未

来得及分离即被带走，从而降低分离效果。

9. 泡沫

当气液混合物进入分离器时，气体或溶解在液体中的气泡会在液体表面形成一层泡沫，如果起泡严重，可能导致分离器内整个气液分离空间充满泡沫，而影响气液的分离效果。

10. 乳化液

乳化液是原油和地层水共同运动过程中，一种液滴分散到另一种液体滴中形成的“油包水”（W/O）或“水包油”（O/W）混合物，由于“油包水”或“水包油”液滴相对稳定，分离时其中乳化的油滴或水滴不易聚结形成大颗粒，也就不易分离出来。越易乳化的原油，越难分离。

除了上述介绍的几个影响分离的主要因素外，还有其他多种影响分离的因素，如流动状态、流体的波动等。

为了减少流体波动和流动状态对分离的影响，除了在系统设计时尽量保证流体流动稳定外，在分离器尺寸设计时还要考虑足够的缓冲余量，设置必要的内件，如入口挡板、预分离器或稳流器等，使进入分离器的流体尽量平稳流动，易于分离。

对于易起泡和易乳化的原油，一般通过注入化学药剂来减少其影响。消泡剂可以破坏泡沫的稳定性，提高油气分离效果。破乳剂可以破坏乳化液的稳定性，使油中水滴或水中油滴聚结形成大液滴而易于分离。

一般破乳剂的破乳机理可归纳为如下几个方面：

（1）表面活性作用。

破乳剂具有高效能的表面活性物质，它们很容易吸附在油水界面上，降低界面膜的表面张力，使“W/O”型乳状液变得不稳定，易于破裂，水滴分离出来。

（2）反向作用。

亲水性的破乳剂可以将“W/O”型乳状液转化为“O/W”型乳状液，借乳化过程的转化和水包油型乳状液的不稳定性而使油水分离。

（3）“湿润”和“渗透”作用。

破乳剂可以溶解、吸附油水界面上的胶质、沥青质等天然乳化剂，还能降低原油的黏度，而且还能透过薄膜与水饱和，形成亲水的吸附层。这样，有利于水滴的碰撞合并和沉降分离。

（4）反离子作用。

由于原油乳状液中分散相的水滴表面吸附了一部分正离子，而使分散相往往带正电，使水滴之间相互排斥，难以聚结。如果加入离子型破乳剂，它们吸附于水滴表面，中和正电，减弱斥力，破坏受同性电荷保护的界面膜，使水滴易于聚结、沉降、分离。

破乳剂分离子型破乳剂和非离子型破乳剂两大类。当破乳剂溶于水时，凡能形成电解质的，称为离子型破乳剂。它又分阴离子型破乳剂、阳离子型破乳剂和两性离子型破乳剂等类型。凡在水溶液中不能形成电解质的，称为非离子型破乳剂。按溶解性可分为水溶性破乳剂、油溶性破乳剂和部分溶于水、部分溶于油的混溶性破乳剂三类。

由于原油的特性不同，破乳剂的优选需要通过实验及实际应用确定；而且，随着油田开采期的不同，要根据原油乳状液性质的变化而选用不同的破乳剂。优选时主要考虑破乳剂的脱水率、脱水速度、脱出水的含油率、最佳用量及低温脱水性能等。

二、两相分离器的工艺计算

从分离器流出的天然气中含有过量的油滴，既损失部分本该纳入液相的轻质原油，使原油的质和量遭受损失，又使气管中气液共流，压降增大，甚至阻塞管路；此外，气体含油过多，给气体下游处理设备的正常操作带来困难。因此，气体携液率应控制在规定标准之下。

油气混合物经分离器入口分流器的油气初步分离后，携带大量油滴的气体进入重力沉降区，气体流速突然变慢，油滴在重力作用下开始以某一加速度下沉。随着下沉速度加大，油滴受气流的阻力亦越来越大。当油滴上所受合力为零时，油滴将以匀速在气流中下沉。显然，油滴沉降至分离器集液区所需时间应小于气流把油滴带出分离器所用的时间，后者也即气体在分离器内的停留时间。

（一）基本沉降理论与沉降速度

1. 液滴在沉降过程中的受力分析

在重力分离器中，液滴在沉降段与初级分离段的受力情况不同。液滴在分离段主要受离心力或惯性力的作用。在沉降段，液滴主要受液滴本身向下的重力和液滴向下沉降或气流向上运动时所产生的气流对液滴的携带力或阻力。后者实际上产生于液滴对气流的相对运动。当液滴所受重力等于气流对液滴的携带力时，液滴运动加速度为零，此时的气体与液滴之间的相对运动速度叫做液滴的临界气流速度（v_t）。如果气液间相对运动速度低于此临界气流速度，液滴即将开始沉降并从气相中分离。

如果用 F_B 表示液滴本身所受重力，用 F_D 表示气体对液滴相对运动所产生的携带力（见图5-3-4），则有：

$$F_B = (\rho_l - \rho_g)\frac{\pi D_m^3 g}{6} \tag{5-3-1}$$

$$F_D = C_D A \rho_g \frac{v^2}{2} \tag{5-3-2}$$

式中　ρ_l——液滴密度，kg/m^3；

ρ_g——工况条件下气体密度，kg/m^3；

D_m——液滴直径，m；

C_D——气流携带力系数；

A——液滴横截面积，m^2；

v——工况条件下液滴周围气流速度，m/s；

g——重力加速度，取9.81m/s^2。

对于球形液滴来说，携带能力系数是假想雷诺数的函数，其关系式如下：

$$C_D = \frac{24}{Re} + \frac{3}{\sqrt{Re}} + 0.34 \tag{5-3-3}$$

$$Re = 10^{-3}\frac{\rho_g d_m v}{\mu} \tag{5-3-4}$$

式中　d_m——用微米表示的液滴直径，μm，一般情况下，常取 $d_m = 100\mu m$；

μ——气体黏度，mPa·s。

其他符号意义同前。

通常在计算中，当 $Re \leqslant 2$ 时，认为液滴在气流中的沉降处于层流状态，可取 $C_D = 24/Re$；在过渡区 $2 \leqslant Re \leqslant 500$ 时，可取 $C_D = 18.5Re^{-0.6}$；在紊流区 $500 \leqslant Re \leqslant 2\times10^5$ 时，可取 $C_D = 0.44$；当 $Re > 2\times10^5$ 时，可取 $C_D = 0.1$。

此外，也可利用图5-3-5查取气流携带系数 C_D。

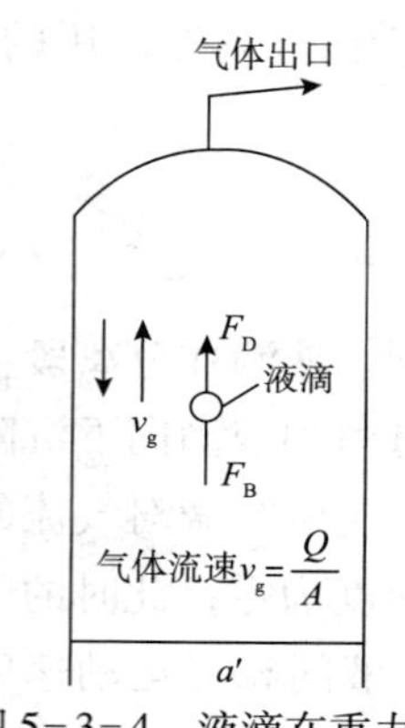

图5-3-4　液滴在重力分离器中受力分析

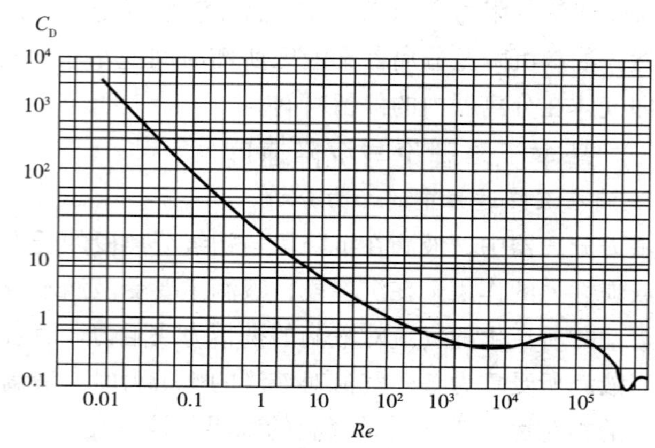

图5-3-5　阻力系数与雷诺数的关系

2. 斯托克斯公式

如果假想雷诺数 $Re \leqslant 2$，则认为液滴周围的气流处于层流状态。此时：

$$C_D = \frac{24}{Re} \quad Re = 10^{-3}\frac{\rho_g d_m v}{\mu}$$

$$F_D = C_D A \rho_g \frac{v^2}{2} = \frac{24}{Re}\left(\pi\frac{D_m^2}{4}\right)\rho_g\frac{v^2}{2} = \frac{24\mu}{10^3\rho_g D_m v}\left(\pi\frac{D_m^2}{4}\right)\rho_g\frac{v^2}{2} = 3\times10^{-3}\pi\mu D_m v$$

令 $F_D = F_B$，

即

$$3\times10^{-3}\pi\mu D_m v = (\rho_l - \rho_g)\frac{\pi D_m^3 g}{6}$$

可得：

$$v = 0.545\times10^3\left(\frac{\rho_l - \rho_g}{\mu}\right)D_m^2 \tag{5-3-5}$$

当液滴直径用 d_m（单位为 μm）表示时，则可得如下层流状态时的临界气体流速公式：

$$v_t = \frac{5.45\times10^{-10}(\rho_l-\rho_g)d_m^2}{\mu} \tag{5-3-6}$$

需要说明的是，该式在推导过程中，C_D 使用了简化式，因而在气液分离运算中误差较大。但该式在三相分离器油水分离计算时可采用。

利用牛顿第二定律还可建立起液滴在气流中下降时的加速度公式，即

$$a = \frac{F_B - F_D}{m} \tag{5-3-7}$$

经微积分运算后，可得下列液滴沉降时的动态公式：

$$v_t = 0.545\times10^{-10}\frac{(\rho_l-\rho_g)d_m^2}{\mu}\left(1-\frac{1}{e^y}\right) \tag{5-3-8}$$

式中　y——$0.545\times10^{10}\frac{\mu t}{(\rho_l-\rho_g)\ d_m^2}$；

t——沉降时间，s。

其他符号意义同前。

经计算可知：在相当短的时间内，液滴的下降运动即可处于平衡，当平衡以后，动态式（5-2-8）即与静态式（5-3-6）相同。

3. 气液分离的实用公式

如上所述，由于斯托克斯公式用于气液分离误差较大，故需对气液分离的临界气体流速使用公式进行推导。其推导过程如下：

首先，假定 C_D 为常数，令 $F_D=F_B$，且液滴横切面 $A=\pi\frac{D_m^2}{4}$。由式（5-3-1）和式（5-3-2）可得：

$$C_D(\pi\frac{D_m^2}{4})\rho_g\frac{v_t^2}{2} = (\rho_l-\rho_g)\frac{\pi D_{mg}^3}{6}$$

式中，液滴直径用 d_m（单位为 μm）表示，可得：

$$v_1^2 = 13.08\times10^{-6}\left(\frac{\rho_l-\rho_g}{\rho_g}\right)\frac{d_m}{C_D}$$

$$v_t = 3.617\times10^{-3}\left[\left(\frac{\rho_l-\rho_g}{\rho_g}\right)\frac{d_m}{C_D}\right]^{0.5} \tag{5-3-9}$$

当 $C_D=0.34$ 时，可得紊流条件下的临界流速 v_t°：

$$v_t^\circ = 6.203\times10^{-3}\left[\left(\frac{\rho_l-\rho_g}{\rho_g}\right)\frac{d_m}{C_D}\right]^{0.5} \tag{5-3-10}$$

从上述推导中可以看出，实用公式的计算首先需求得 C_D 常数的值。C_D 常数的计算可利用上述有关公式按下列步骤进行计算：

（1）假设在紊流条件下计算第一步，即：

$$v_t^\circ = 6.203 \times 10^{-3}\left[\left(\frac{\rho_l - \rho_g}{\rho_g}\right)\frac{d_m}{C_D}\right]^{0.5}$$

（2）计算雷诺数，第一次计算时，式（5-3-4）中 v 用 V_t° 代替：

$$Re = 10^{-3}\frac{\rho_g d_m v_t}{\mu}$$

（3）计算 C_D 常数：

$$C_D = \frac{24}{Re} + \frac{3}{Re^{\frac{1}{2}}} + 0.34$$

（4）利用式（5-3-9）计算 v_t，即：

$$v_t = 3.617 \times 10^{-3}\left[\left(\frac{\rho_l - \rho_g}{\rho_g}\right)\frac{d_m}{C_D}\right]^{0.5}$$

（5）利用步骤（4）算得的 v_t，再从步骤（2）开始计算下一个 v_t，使最后两次计算的 v_t 值靠近所需的精度，然后利用最后算得的 v_t 求得所需的 C_D 系数值。

显然，以上试算以计算机计算为好，但即使采用手工计算，该式收敛也较快。当利用上述方法求得 C_D 系数后，进一步计算分离器的设计系数 K 值，其计算结果适用于不同形式的重力式分离器工艺计算。

（二）两相立式重力分离器计算

两相立式重力分离器示意图如图 5-3-6 所示（图中尺寸单位为 m）。

1. 气相处理能力计算

立式重力分离器的气体处理能力计算，主要基于气体在分离器中的流速必须小于液滴的临界气体流速 v_t ［见式（5-3-9）］。

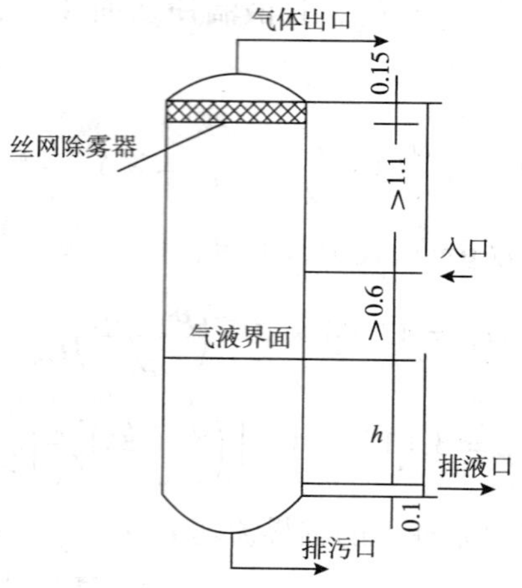

图 5-3-6　两相立式重力分离器示意图（单位：m）

分离器气体流速为：

$$v_g = \frac{Q}{A_g} \tag{5-3-11}$$

式中 Q——天然气工况下流量，m^3/s；

A_g——分离器横截面，m^2。

$$A_g = \frac{\pi D^2}{4} = 0.785D^2$$

$$Q = Q_n \frac{p_0 ZT}{pT_0 86400} = Q_n \frac{0.101325TZ}{p \times (273.2 + 20) \times 86400} = 4 \times 10^{-9} \frac{TZQ_n}{p}$$

$$V_g = \frac{Q}{A_g} = \frac{4 \times 10^{-9} \frac{TZQ_n}{p}}{0.785D^2} = 5.096 \times 10^{-9} \frac{TZ}{PD^2} Q_n$$

令 $v_t = v_g$，v_t 按式（5-3-9）计算，最后可得：

$$D^2 = 1.408 \times 10^{-6} \frac{ZQ_n T}{p} \left[\left(\frac{\rho_g}{\rho_l - \rho_g} \right) \frac{C_D}{d_m} \right]^{0.5}$$

令

$$K = \left[\left(\frac{\rho_g}{\rho_l - \rho_g} \right) \frac{C_D}{d_m} \right]^{0.5} \tag{5-3-12}$$

得：

$$D^2 = 1.408 \times 10^{-7} \frac{ZQ_n T}{pd_m^{0.5}} K \tag{5-3-13}$$

当 $d_m = 100\mu m$ 时，

$$D^2 = 1.408 \times 10^{-7} \frac{ZQ_n T}{p} K \tag{5-3-14}$$

式中 ρ_g——气体工况下密度，kg/m^3；

D——分离器计算直径，m；

ρ_l——液体密度，kg/m^3；

Z——气体压缩因子；

Q_n——气体流量，m^3/d（$p = 0.101325MPa$，$t = 20℃$）；

T——分离温度，K；

p——分离压力（绝压），MPa；

d_m——液滴直径，μm；

C_D——阻力系数；

K——分离器设计系数，可利用气液分离的实用公式进行计算或查相关图表获得。

由式（5-3-13）或式（5-3-14）可算出所需分离器最小直径 D。

2. 液相处理能力计算

液相处理能力计算主要依据所需液体在分离器内的稳定时间或滞留时间。若分离器储液段体积为 V_l（单位为 m^3），液体流量为 Q_l（单位为 m^3/s），分离器液柱高度为 h（单位为 m），则液体在分离器内的滞留时间 t 为：

$$t = \frac{V_l}{Q_l}$$

$$V_l = \frac{\pi D^2 h}{4} = 0.785hD^2$$

若液体产量 Q_{In} 用 m^3/d 表示，则

$$Q_1 = \frac{Q_{\text{In}}}{86400} = 1.157 \times 10^{-5} Q_{\text{In}}$$

可得：

$$t = \frac{V_1}{Q_1} = \frac{0.785hD^2}{1.157 \times 10^{-5} Q_{\text{In}}} = 6.784 \times 10^4 \frac{hD^2}{Q_{\text{In}}}$$

若滞留时间用分钟表示为 t_r，则

$$t_r = \frac{6.784 \times 10^4 hD^2}{60 \quad Q_{\text{In}}} = 1130.7 \frac{hD^2}{Q_{\text{In}}}$$

最后，可得立式重力分离器的液体处理能力计算式：

$$D^2 h = 8.843 \times 10^{-4} t_r Q_{\text{In}} \tag{5-3-15}$$

式中 h——分离器液柱高度，m；

t_r——液体在分离器中所需的滞留时间，min。

根据 API 规范，对油气分离器而言，油液在分离器内的滞留时间见表 5-3-1。

表 5-3-1 油液在分离器内的滞留时间

原油比重指数	滞留时间/min
>35	1
30	1~2
20	2~4

API 度数与原油相对密度关系换算式为：

$$\frac{141.5}{(131.5 + API^\circ)} = d_{15.6}^{15.6}$$

一般天然气中水气分离时，可用 $t_r \leqslant 1\text{min}$。

3. 分离器实用长度与长径比

由图 5-3-7 可知，立式重力分离器的实用长度必须考虑气液分离段长度、丝网除雾器长度、排液口下部的长度以及沉降段的长度，故立式重力分离器的实用长度可按式（5-3-16）计算：

$$L_{SS} = h + (1.9 \sim 2) \tag{5-3-16}$$

式中，1.9~2m 的长度为经验数据，在具体设计分离器时，可根据分离的结构，参照最小直径 D 和 D^2h 计算值，以及合适的长径比对 1.9~2m 的值进行调整。

长径比一般选择为 3~4。

（三）两相卧式重力分离器计算

两相卧式重力分离器示意图如图 5-3-7 所示。

1. 气体处理能力计算

为了便于分离器液位控制及其他内部结构设计，一般假设卧式重力分离器的内部一半

为液体充满。因而，气体在分离器中的流速以及分离器的有效长度等可计算如下。

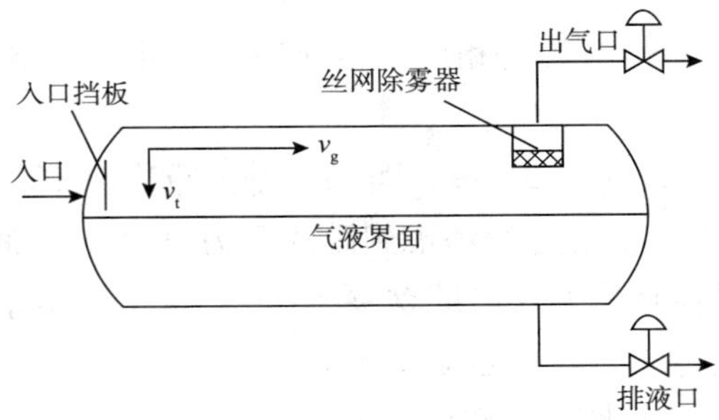

图 5-3-7　两相卧式重力分离器示意图

1）求气体流速 v_g

$$v_g = \frac{Q}{A_g}$$

$$A_g = \frac{1}{2}\left(\frac{\pi}{4}D^2\right) = \frac{\pi D^2}{8}$$

$$Q = 4 \times 10^{-9}\frac{TZQ_n}{p}$$

$$v_g = 1.019 \times 10^{-8}\frac{TZQ_n}{pD^2} \tag{5-3-17}$$

式中　A_g——分离器气相部分横截面。

其他符号意义同前。

2）求分离器有效长度 L_{ef}

由沉降过程可知，气体在卧式重力分离器中的滞留时间 t_g 必须大于或等于液滴从气体中沉降分离所需的时间 t_d。再利用式（5-3-17）和式（5-3-9）可得：

$$t_g = \frac{L_{ef}}{v_g} = \frac{L_{ef}}{1.019 \times 10^{-8}\dfrac{TZQ_n}{pD^2}}$$

$$t_d = \frac{\dfrac{D}{2}}{v_t} = \frac{D}{2}\frac{1}{3.617 \times 10^{-3}}\left[\left(\frac{\rho_g}{\rho_l - \rho_g}\right)\frac{C_D}{d_m}\right]^{0.5}$$

$$= 138.2\left[\left(\frac{\rho_g}{\rho_l - \rho_g}\right)\frac{C_D}{d_m}\right]^{0.5} D$$

令 $t_g = t_d$ 可得：

$$L_{ef}D = 1.408 \times 10^{-6}\frac{TZQ_n}{pd_m^{0.5}}K \tag{5-3-18}$$

当 $d_m = 100\mu m$ 时，得：

$$L_{ef}D = 1.408\times10^{-7}\frac{TZQ_n}{p}K \qquad (5-3-19)$$

系数 K 的计算与立式重力分离器相同。在乘积 $L_{ef}D$ 中，L_{ef} 和 D 的大小可参考所需的长径比进行计算。

比较式（5-3-14）与式（5-3-19）可知，卧式重力分离器的气体处理能力为同直径立式重力分离器的 L_{ef}/D 倍，但一般考虑到卧式重力分离器液面受气流影响大，故当设计卧式重力分离器时，常需将最大处理量 Q_n 乘以 1.5～2 的稳定系数。

2. 液体处理能力计算

液体处理能力的计算公式推导如下：

设滞留时间为 t（单位为 s），分离器储液体积为 V_1（单位为 m^3），液体流量为 Q_1（单位为 m^3/s），则

$$t = \frac{V_1}{Q_1}$$

而

$$V_1 = \frac{1}{2}\left(\frac{\pi D^2 L_{ef}}{4}\right) = 0.3927D^2L_{ef}$$

$$Q_1 = Q_{\mathrm{In}}/86400 = 1.157\times10^{-5}Q_{\mathrm{In}}$$

故：

$$t = \frac{V_1}{Q_1} = \frac{0.3927D^2L_{ef}}{1.157\times10^{-5}Q_{\mathrm{In}}} = 3.394\times10^4\frac{D^2L_{ef}}{Q_{\mathrm{In}}}$$

用 t_r 表示以分钟为单位的滞留时间，用 D_1 表示液相能力并代替 D，可得：

$$L_{ef}\mathrm{D}_1^2 = \frac{t_rQ_{\mathrm{In}}}{566} \quad 或 \quad L_{ef}D_1^2 = 1.767\times10^{-3}t_rQ_{\mathrm{Zn}} \qquad (5-3-20)$$

3. 分离器实用长度 L_{SS} 与长径比

考虑到分离器入口分离段与出口网状吸附器或除雾器的安装，在设计分离器时，还必须在有效长度 L_{ef} 的基础上考虑分离器的实用长度 L_{SS}。

当以气体处理能力进行分离器设计时，实用长度按式（5-3-21）计算：

$$L_{SS} = L_{ef} + D \qquad (5-3-21)$$

当以液体处理能力进行分离器设计时，实用长度按式（5-3-22）计算：

$$L_{SS} = \frac{4}{3}L_{ef} \qquad (5-3-22)$$

据现场经验，分离器的长径比（即分离器实用长度与分离器直径之比）一般按 3～4 考虑。

［例 5-3-1］某气井产气量 Q_n 为 $2.832\times10^4 m^3/d$，产油量 Q_{In} 为 $318m^3/d$，油相对密度 Δ_0 为 0.825，天然气相对密度 Δ_g 为 0.642，压缩系数为 0.84，分离压力 p 为 6.897MPa（绝压），分离温度 t 为 15.5℃，求所需分离器工艺尺寸。

解：1）辅助计算

（1）求基准状态下天然气密度 ρ_g°：

$$\rho_g^\circ = \Delta_g \rho_a^\circ = 0.642 \times 1.204 = 0.773\text{kg/m}^3$$

式中　ρ_a°——在基准状态下，$p_0 = 0.101325\text{MPa}$，$t = 20℃$下空气的密度，kg/m^3。

（2）求工况下天然气密度ρ_g：

$$\rho_g = \frac{\rho_g^\circ p T_0}{p_0 ZT} = 0.773 \frac{6.897 \times (273.15 \times 20)}{0.101325 \times 0.84 \times (273.15 + 15.56)} = 63.59\text{kg/m}^3$$

（3）求天然气黏度μ：

天然气黏度可查图表求取，也可按下列公式进行计算：

$$\mu = 10^{-4} K e^{x\left(\frac{\rho_g}{1000}\right)^3}$$

$$K = \frac{(9.4 + 0.02M)(1.8T)^{1.5}}{209 + 19M + 1.8T}$$

$$x = 3.5 + \frac{986}{1.8T} + 0.01M$$

$$y = 2.4 - 0.2x$$

$$M = 28.964\Delta_g$$

式中　M——气体相对分子质量；

T——绝对温度，K；

Δ_g——天然气相对密度。

故：

$$M = 28.96 \times 0.642 = 18.6 \quad T = 288.8K$$

$$K = \frac{(9.4 + 0.02 \times 18.6)(1.8 \times 288 \times 8)^{1.5}}{209 + 19 \times 18.6 + 1.8 \times 288.8} = 107$$

$$x = 3.5 + \frac{986}{1.8 \times 288.8} + 0.01 \times 18.6 = 5.583$$

$$y = 2.4 - 0.2 \times 5.583 = 1.2834$$

$$\mu = 107 \times 10^{-4} \times e^{\left[5.583 \times \left(\frac{63.59}{1000}\right)^{1.2834}\right]} = 0.01259\text{mPa} \cdot \text{s}$$

（4）按下列步骤求分离器设计系数K：

①按式（5-3-10）求v_t°，此时$d_m = 100\mu\text{m}$：

$$v_t^\circ = 6.203 \times 10^{-3}\left[\left(\frac{\rho_1 - \rho_g}{\rho_g}\right) d_m\right]^{0.5}$$

$$= 6.203 \times 10^{-3}\left[\left(\frac{825 - 63.59}{63.59}\right) \times 100\right]^{0.5}$$

$$= 0.2146\text{m/s}$$

②利用式（5-3-4）求雷诺数Re：

$$Re = 10^{-3}\frac{\rho_g d_m v_t^\circ}{\mu} = \frac{10^{-3} \times 63.59 \times 100 \times 0.2146}{0.01259} = 108.4$$

③利用式（5-3-3）求阻力系数 C_D：

$$C_D=\frac{24}{Re}+\frac{3}{\sqrt{Re}}+0.34=\frac{24}{108.4}+\frac{3}{\sqrt{108.4}}+0.34=0.8495$$

④利用式（5-3-9）求 v_{tl}：

$$v_{tl}=3.617\times10^{-3}\left[\left(\frac{\rho_l-\rho_g}{\rho_g}\right)\frac{d_m}{C_D}\right]^{0.5}$$

$$=3.617\times10^{-3}\left[\left(\frac{825-63.59}{63.59}\right)\times\frac{100}{0.8495}\right]^{0.5}$$

$$=0.1358\text{m/s}$$

⑤利用求得的 v_{tl} 代入步骤②求雷诺数公式，得出雷诺数，再重复步骤③、④的计算，一般手工计算时，重复4或5次即可得到较好的收敛结果，当利用可编程计算器或计算机计算时，可令 $v_{gn}-v_{g(n-1)}=0.001$ 即可。此例为手工计算，重复五次后可得：

$$Re=59.4\quad v_t=0.1175\text{m/s}\quad C_D=1.133$$

⑥利用式（5-3-12）求 K 值：

$$K=\left[\left(\frac{\rho_g}{\rho_l-\rho_g}\right)C_D\right]^{0.5}=\left[\left(\frac{63.59}{825-63.59}\right)\times1.133\right]^{0.5}=0.308$$

2）按立式重力分离器进行设计

（1）气体处理能力计算。利用式（5-3-14）计算分离器最小直径 D：

$$D^2=1.408\times10^{-7}\frac{TZQ_n}{p}K$$

$$=1.408\times10^{-7}\frac{288.8\times0.84\times283200}{6.897}\times0.308=0.4320\text{m}^2$$

$$D=0.657\text{m}$$

（2）液体处理能力计算。利用式（5-3-15）求液柱高度：通过气体处理能力计算可知，实际分离器可选用 $DN=800$mm 系列直径，并定 $t_r=1$s。

$$hD^2=0.843\times10^{-4}t_rQ_{ln}$$

或得

$$h=\frac{8.843\times10^{4}t_rQ_{ln}}{D^2}=\frac{8.843\times10^{-4}\times1\times318}{0.8^2}=0.44\text{m}$$

（3）分离器筒体高度 L_{SS}。利用式（5-3-16）求分离器上、下封头筒体的高度：

$$L_{SS}=h+(1.9\sim2)=0.44+(1.9\sim2)$$

$$=2.34\sim2.44\text{m}$$

故可取 $L_{SS}=2.4$m，$DN=800$mm。

3）按卧式重力分离器进行设计

（1）气体处理能力计算按式（5-3-19）进行：

$$L_{ef}D=1.408\times10^{-7}\frac{TZQ_n}{p}K$$

$$= 1.408 \times 10^{-7}\left(\frac{288.8 \times 0.84 \times 283200}{6.897}\right) \times 0.308$$

$$= 0.4320\text{m}^2$$

若长径比按 4 考虑，则利用式（5−3−23）对分离器直径进行初步试算：

$$D = \sqrt{\frac{L_{ef}D}{3}} \tag{5-3-23}$$

式中 $L_{ef}D$——气体处理能力公式计算结果，m^2。

故可得：

$$D = \sqrt{\frac{0.4320}{3}} = 0.3795\text{m}$$

最后，仍取 $D = 400\text{mm} = 0.4\text{m}$（若考虑到液面稳定需要，可取 $D = 0.5\text{m}$）。

$$L_{ef} = \frac{0.4320}{D} = \frac{0.4320}{0.4} = 1.08\text{m}$$

若利用计算机计算，则可算出一系列数据进行选择，无需试算。

（2）液体处理能力计算按式（5−3−20）进行：

$$L_{ef}D_1^2 = \frac{t_r Q_{In}}{566} = \frac{1 \times 316}{566} = 0.5618\text{m}^3$$

若长径比 L_{SS}/D 按 4 考虑，则计算时 D，可按式（5−3−24）选用：

$$D_1 = \sqrt[3]{\frac{L_{ef}D_1^2}{3}} \tag{5-3-24}$$

故：

$$D_1 = \sqrt[3]{\frac{0.5618}{3}} = 0.572\text{m}$$

选 $D_1 = 0.6\text{mm}$，得：

$$L_{ef} = \frac{0.5618}{0.6^2} = 1.56\text{m}$$

（3）实用长度 L_{SS}：

对气体处理能力而言，其实用长度按式（5−3−21）选用：

$$L_{SS} = L_{ef} + D = 1.08 + 0.4 = 1.48\text{m}$$

对液体处理能力而言，其实用长度按式（5−3−22）选用：

$$L_{SS} = \frac{4}{3}L_{ef} = \frac{4}{3} \times 1.56 = 2.08\text{m}$$

比较计算结果可知，液体处理能力决定了该分离器尺寸，即 $D = 600\text{mm}$，$L_{SS} = 2.08\text{m}$，此时长径比为 3.47，这主要是采用圆整标准直径带来的误差，若需保证长径比为 4，则可加长分离器的长度尺寸。

第三节 三相分离器

一、三相分离器的基本结构与工艺原理

油井产物内常含有水，特别是在水驱油藏生产的中后期，油井中的水含量急剧上升。含水油井产物进入分离器后，在油气分离的同时，由于密度差，一部分水将与原油分离沉降至分离器底部。因而，处理这种含水原油的分离器必须有油、气、水三个出口，这种分离器称为三相分离器。

（一）工作原理

三相分离器也有立式和卧式之分，各自的优缺点、适用场合与气液两相分离器相同。如图5-3-8所示为三相卧式分离器示意图，油气水混合物进入分离器后，入口分流器将混合物初步分成气液两相，液相引至油水界面以下进入集液区。在该区内，依靠油水密度差使油水分层，底部为分出的水层，上部为原油和含有分散水珠的原油乳状液层。油和乳状液从堰板上方流至油室，经由液位控制的出油阀排出。水从堰板上游的出水阀排出，由油水界面控制排水阀开度，使界面保持一定高度。分离器分出的气体水平地通过重力沉降区，经除雾后流出分离器。分离器压力由安装在气体管线上的控制阀控制。分离器的液位依据气液分离需要可设在0.5～0.75D之间，常采用0.5D。

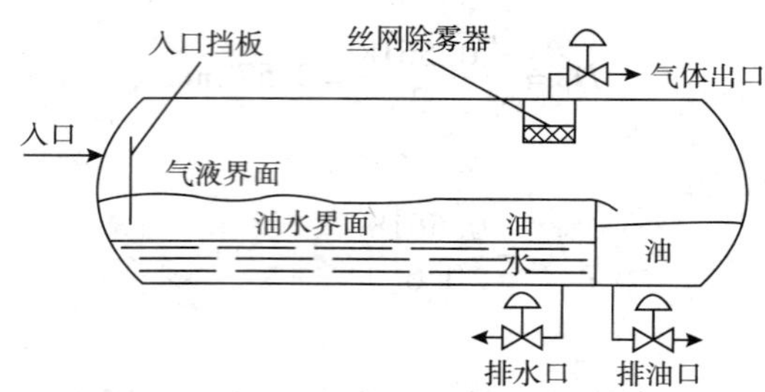

图5-3-8 三相卧式分离器示意图

如图5-3-9表示为立式三相分离器示意图。设在油水界面下方的配液管使油水混合物在容器整个截面上均匀分布。自配液管流出的油水混合物在水层内经过水洗后，使部分游离水合并在水层内。当原油向上流动时，原油内携带的水珠向下沉降；当水向下流动时，水内油滴向上浮升，使油水分层。原油内释放的气泡上浮至上方的气体空间，在该空间内油平衡管与入口分流器分出的气体汇合，经除雾后流出分离器。

（二）油水界面控制

卧式和立式三相分离器有三种原理相同的油水界面控制方式，如图5-3-10和图5-3-11所示。

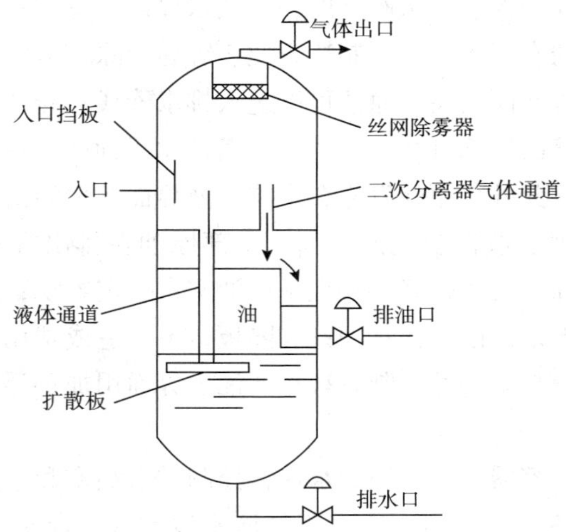

图 5-3-9　三相立式分离器示意图

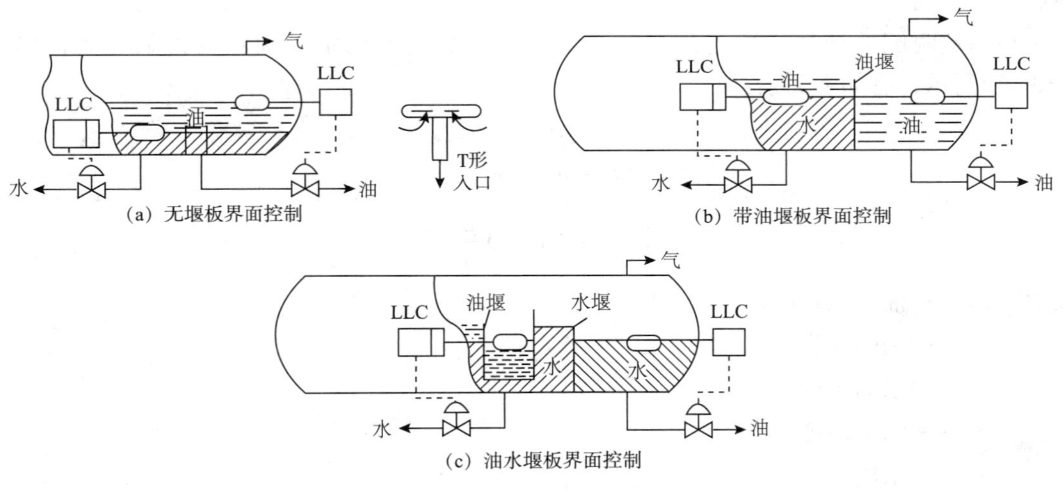

图 5-3-10　卧式分离器界面控制

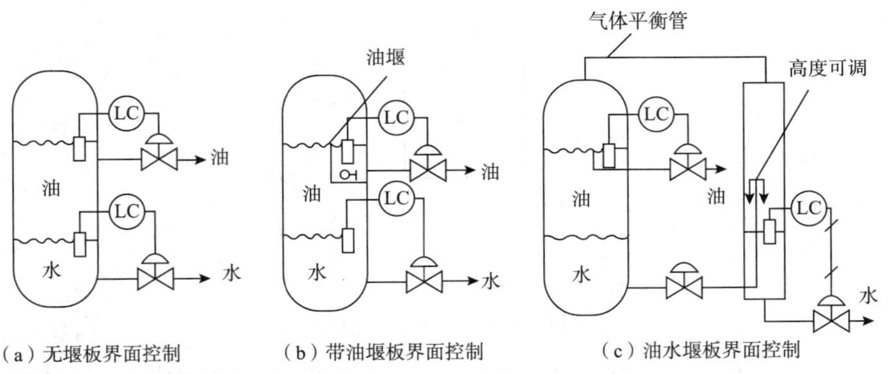

图 5-3-11　立式分离器界面控制

第一种方法用界面浮子控制排水阀开度，使油水界面保持在一定高度范围内。由于分离器没有隔板，故容器的有效容积大、制造方便、容易清除容器内的积的积砂和油泥。缺点是：若水位控制器或排水阀失灵，原油可能进入排水管线；若油面下降，气体可能进入出油管线，为此在出油管的端部可装 T 形入口；若油水界面间存在较厚的原油乳状液，则油水界面的控制很困难；此外，原油发泡会影响气液界面计量的指示值。

第二种控制方法是用油堰控制气液界面，全部原油在排出容器前必须上升至油堰高度，所以分离器流出原油的质量较好。缺点是：油室占一定容积，使分离器油水分离的有效容积减小，影响分离效果；由于存在油室和隔板，不但造成费用增加，也不易清除容器和油室内的积砂和油泥；与第一种控制方法相同油水界面用加重浮子控制，不适用于油水间存在乳状液的工况。

第三种控制方法是在容器内设油堰和水堰，控制进入油室和水室的液面，用油室和水室的气液界面浮子控制各自的排出阀，由于气液密度差大，浮子能有效地控制油位和水位。该方法最大优点是当油水间存在乳化油层时，不影响分离器正常工作，缺点与第二种控制方法相同。

在油室两侧的液体构成连通器，油堰和水堰的高差确定了油水界面的位置，如图5-3-12所示，有如下关系：

$$\begin{cases}\rho_0 h_0 + \rho_w h_w = \rho_w h_w' \\ \Delta h = h_0 + h_w - h_w' \\ \Delta h = \left(1 - \Delta \dfrac{\rho_0}{h_w}\right) h_0\end{cases} \quad (5-3-25)$$

式中 Δh——油水堰板的高差；

ρ_0——油的密度；

ρ_w——水的密度；

h_0——油层高度；

h_w——水层高度；

h_w'——水堰高度。

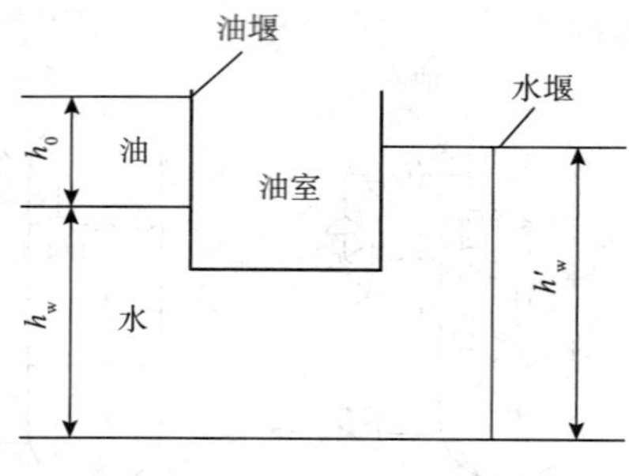

图5-3-12 油水界面控制

由式（5-3-25）可知，Δh 与 h_0 成正比。当原油瞬时流量增大时，越过油堰的油膜增厚，加大了油水堰板的高差使油层的 h_0 增加，油室应有足够的深度，防止原油通过油室下方流入油室的右侧，进而流入水室。相反，当水瞬时流量增大时，油层变薄，会有较多原油流入油室。为减少这种波动，油堰和水堰应有足够的宽度和水平度。

在油田生产实践中，广泛采用第二种、第三种控制方法，当油水密度差较大、容易分层、油水界面清晰时，可使用第二种控制方法，否则使用第三种控制方法。

（三）除砂

在油气水三相分离器底部会沉积砂、水垢、铁锈和油泥等固体杂质，如得不到及时清除，将减小容器的有效容积、阻塞流道、加速细菌繁殖和腐蚀、干扰液位控制，还影响阀、计量仪表、泵的正常工作。对立式三相分离器，可在器身内部安装锥底，锥底与水平面的夹角为45°~60°，以利于固体杂质的排放。锥底与分离器外壳间的空间应和分离器气体空间用平衡管相连，改善锥底受力情况。对卧式三相分离器，底部沿长度方向设若干排污口、除砂管汇和挡砂槽或挡砂盘，用带压水（常为油田污水）经除砂喷管高速喷射沉积物使其流化后，从排污口排出。除砂管汇内的压力至少比容器操作压力高0.2MPa，喷射流速不小于6m/s。挡砂槽或挡砂盘的作用是防止沉积物堵塞排污口。

（四）聚结板

在油气水三相分离器的集液区，可能安装若干聚结板，促使原油内水珠粒径增大、迅速沉降至油水界面。聚结板的使用可使分离器的油水处理量增大，或在一定油水处理量下减少分离器外形尺寸。但聚结板间的流道易被砂、蜡、腐蚀产物等固体杂质堵塞。

二、分离器的工艺计算

（一）三相立式重力分离器计算

三相立式重力分离器结构如图5-3-13所示。

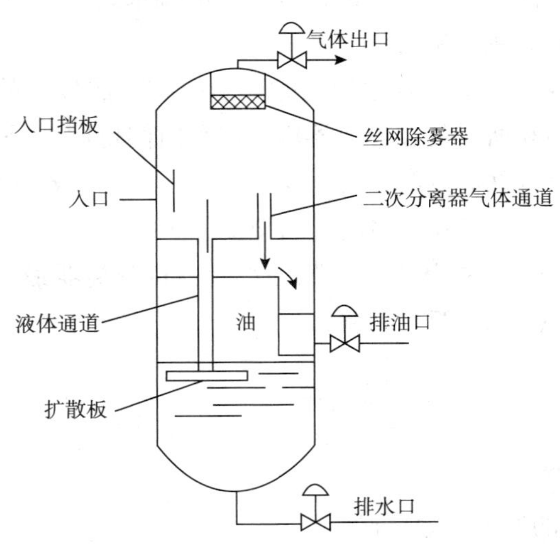

图5-3-13 三相立式重力分离器示意图

1. 气体处理能力计算

三相立式重力分离器的气体处理能力计算公式与两相立式重力分离器的计算公式相同。

即分离器的计算直径为：

$$D^2 = 1.408 \times 10^{-6} \frac{TZQ_n}{pd_m^{0.5}} K$$

或

$$D^2 = 1.408 \times 10^{-7} \frac{TZQ_n}{p} K$$

$$K = \left[\left(\frac{\rho_g}{\rho_l - \rho_g} \right) C_D \right]^{0.5}$$

C_D 计算亦与两相重力分离器的计算相同。

2. 液体处理能力计算

（1）关于油水分离的斯托克斯公式。两相重力分离器气液分离沉降的基本理论同样适用于三相重力离器，而油水两相的分离沉降计算则可采用斯托克斯公式，详见式（5-3-26）。

$$v_t = 5.45 \times 10^{-10} \frac{(\rho_w - \rho_o)\ d_m^2}{\mu} \tag{5-3-26}$$

式中 v_t——油滴或水滴在连续相中的临界沉降速度，m/s；

ρ_w——地层水密度，kg/m^3；

ρ_o——油密度，kg/m^3；

d_m——油滴或水滴尺寸，μm，一般情况下，d_m 选用 500μm；

μ——连续相黏度，当连续相为油时，用 μ_0 表示，mPa · s。

由于油的黏度远大于水的黏度，因而分离油中的水滴远比分离水中的油滴困难。同时，三相分离器的主要目的之一是对原油进行初步的脱水处理。所以，三相分离器的设计也常以从原油中除去水滴为主要依据。

为了保证水中油滴或油中水滴有适当的时间碰撞结合成较大的油滴或水滴以便分离，在设计分离器时，油水两相所需的在分离器内的滞留时间也同样是个重要因素。一般在没有特别要求的情况下，推荐两者的滞留时间为 10min，反之，若油水密度差很小，而分离温度又很低（如 15℃左右），则滞留时间可增至 20～30min。

（2）液体处理能力公式（按从油层中除去水滴进行分离器最小直径的计算）。原油在分离器中的流速 v_0 按式（5-3-27）计算：

$$v_0 = \frac{Q_o'}{A} = \frac{\frac{Q_o}{86400}}{\frac{\pi D^2}{4}} = 1.474 \times 10^{-5} \frac{Q_o}{D^2} \tag{5-3-27}$$

式中 Q_o'——以秒计算的原油产量，t/s；

Q_o——以日计算的原油产量，t/d。

令 $v_t = v_0$，而 v_t 为水滴在原油中的沉降速度，按式（5-2-26）计算：

$$5.45\times10^{-10}\frac{(\rho_w-\rho_o)\ d_m^2}{\mu_o}=1.474\times10^{-5}\frac{Q_o}{D^2}$$

并用 D_1 表示液相计算值代替 D，可得：

$$D_1^2=27046\frac{Q_o\mu_o}{(\rho_w-\rho_o)d_m^2} \quad (5-3-28)$$

当 $d_m=500\mu m$ 时，

$$D_1^2=0.1082\frac{Q_o\mu_o}{(\rho_w-\rho_o)} \quad (5-3-29)$$

此时，应比较气液两相计算所得的 D 与 D_2 值，在进行以下液柱高度计算时，应选用其中较大值。

(3) 液柱高度计算。液柱高度计算主要根据油水在分离器内所需的滞留时间而定，故可分别参照采用两相重力分离器的相应计算公式（5-3-3）~式（5-3-15），只是式中分离器直径 D 应大于式（5-3-14）和式（5-3-24）所得计算值的任一值，即可得：

$$D^2h_o=8.843\times10^{-4}t_{ro}Q_o \quad (5-3-30)$$

$$D^2h_w=8.843\times10^{-4}t_{rw}Q_w \quad (5-3-31)$$

式中　h_o、h_w——油、水高度，m；

t_{ro}、r_{rw}——油、水滞留时间，min；

Q_o、Q_w——油、水日产量，t/d。

式（5-3-30）与式（5-3-31）相加可得：

$$(h_o+h_w)\ D^2=8.843\times10^{-4}\ (t_{ro}Q_o+t_{rw}Q_w) \quad (5-3-32)$$

式中，D 同样应大于式（5-3-14）或式（5-3-29）计算结果的设定值。

(4) 实用长度计算。

$$L_{SS}=h_o+h_w+2 \quad (5-3-33)$$

或

$$L_{SS}=h_o+h_w+D+1 \quad (5-3-34)$$

式（5-3-33）和式（5-3-34）中，2m 和 1m 分别为结构设计时的经验数据，在具体设计时，可作适当调整。同时，在式（5-3-34）中，D 为按气体处理能力计算所得的分离器最小直径。一般立式三相重力分离器的长径比在 1.5 ~3。

（二）三相卧式重力分离器计算

三相卧式重力分离器如图 5-3-14 所示。

1. 气体处理能力计算

此计算与两相卧式重力分离器相同，可以采用同样的气液分离公式，详见式（5-3-18）和式（5-3-14）。即：

$$L_{ef}D=1.408\times10^{-6}\frac{TZQ_n}{pd_m^{0.5}}K$$

$$K=\left[\left(\frac{\rho_g}{\rho_l-\rho_g}\right)C_D\right]^{0.5}$$

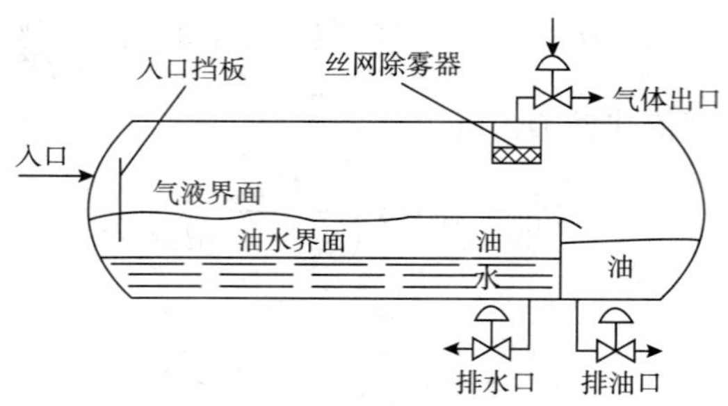

图 5-3-14 三相卧式重力分离器示意图

当 $d_m = 100\mu m$ 时，

$$L_{ef}D = 1.408 \times 10^{-7} \frac{TZQ_n}{p}K$$

2. 液体处理能力计算

油水滞留时间的长短是液体处理能力计算的关键因素。若滞留时间 t 用 s 表示，油、水体积 V_o、V_w 用 m^3 表示、其余长度单位均用 m 表示，并假定分离器是按液体充满一半来考虑，同时设定：

A_1——油水两相占分离器的横截面之和，即 $A_1 = A_o + A_w$，m^2；

A_o——油占分离器横截面部分，m^2；

A_w——水占分离器横截面部分，m^2；

Q_o——油产量，m^3/d；

Q_w——水产量，m^3/d；

V_1——油水在分离器中的体积，即 $V_1 = V_o + V_w$，m^3；

Q_o'、Q_w'——油、水每秒钟的产量，m^3/s。

故：

$$t_o = \frac{V_o}{Q_o'} \quad t_w = \frac{V_w}{Q_w'}$$

$$V_1 = V_o + V_w = \frac{1}{2}\left(\frac{\pi D^2 L_{ef}}{4}\right) = 0.3927D^2L_{ef}$$

$$V_o = 0.3927D^2L_{ef}\left(\frac{A_o}{A_1}\right)$$

$$V_w = 0.3927D^2L_{ef}\left(\frac{A_w}{A_1}\right)$$

$$Q_o' = \frac{Q_o}{86400} = 1.157 \times 10^{-5}Q_o$$

$$Q_w' = \frac{Q_w}{86400} = 1.157 \times 10^{-5}Q_w$$

对于原油：

$$t_o = \frac{V_o}{Q_o'} = \frac{0.3927D^2L_{ef}\left(\frac{A_o}{A_1}\right)}{1.157\times10^{-5}Q_o} = 3.394\times10^4\frac{D^2L_{ef}}{Q_o}\left(\frac{A_o}{A_1}\right)$$

可得：

$$3.394\times10^4\left(\frac{A_o}{A_1}\right) = \frac{t_oQ_o}{D^2L_{ef}}$$

对于水，同样可得：

$$3.394\times10^4\left(\frac{A_w}{A_1}\right) = \frac{t_wQ_w}{D^2L_{ef}}$$

当滞留时间用 min 表示时，可得：

$$566\left(\frac{A_o}{A_1}\right) = \frac{t_{ro}Q_{ro}}{D^2L_{ef}} \tag{5-3-35}$$

$$566\left(\frac{A_w}{A_1}\right) = \frac{t_{rw}Q_{rw}}{D^2L_{ef}} \tag{5-3-36}$$

式（5-3-35）与式（5-3-36）相加，可得：

$$566\left(\frac{A_w+A_o}{A_1}\right) = \frac{t_{rw}Q_{rw}+t_{ro}Q_{ro}}{D^2L_{ef}}$$

最后，同样用 D_1 代替 D 表示液体处理能力，得：

$$D_1^2L_{ef} = 1.767\times10^{-3}(t_{rw}Q_{rw}+t_{ro}Q_{ro}) \tag{5-3-37}$$

由式（5-3-37）可计算出满足所需油水处理量的不同分离器的计算直径和有效长度的组合。

3. 许用最大油层厚度 $(h_o)_{max}$ 的计算

在三相卧式重力分离器中，为了保证水滴从油层中尽快地分离沉降，要求在油层厚度满足所需滞留时间的同时，还不得超过最大油层厚度 $(h_o)_{max}$（见图 5-3-15 右下角小图中之 h_o）。

设 t_w 为油层中水滴沉降到油水界面所需的时间（单位为 s），t_o 为油液在分离器中的滞留时间（单位为 s）。若滞留时间用 min 表示则为 t_{ro}。

要求 $t_w = t_{ro}$

而

$$t_w = \frac{h_o}{V_t} \quad v_t = \frac{5.45\times10^{-10}(\rho_w-\rho_o)d_m^2}{\mu_o} \tag{5-3-38}$$

式中 h_o——油层厚度，m；

v_t——水滴在油层中的临界沉降速度，此时可采用斯托克斯公式；

μ_o——原油黏度，mPa·s。

故

$$t_w = \frac{h_o}{\frac{5.45\times10^{-10}(\rho_w-\rho_o)d_m^2}{\mu_o}} = 1.835\times10^9\frac{h_o\mu_o}{(\rho_w-\rho_o)d_m^2}$$

当 t_w 用 t_{ro}（单位为 min）表示时：

$$t_w = \frac{1.835\times10^9}{60}\frac{h_o\mu_o}{(\rho_w-\rho_o)d_m^2} = 3.058\times10^7\frac{h_o\mu_o}{(\rho_w-\rho_o)d_m^2}$$

由于在推导中使用了临界沉降速度，故式中 h_o 即为最大油层厚度。

故：

$$(h_o)_{max} = 3.27\times10^{-8}t_{ro}\frac{(\rho_w-\rho_o)\ d_m^2}{\mu_o} \tag{5-3-39}$$

当设定 $d_m = 500\mu m$ 时：

$$(h_o)_{max} = 8.175\times10^{-3}\frac{t_{ro}\ (\rho_w-\rho_o)}{\mu_o} \tag{5-3-40}$$

许用最大油层厚度的概念同样适用于三相立式重力分离器，只是由于三相立式重力分离器计算液相公式本身已包含了最大油层厚度概念，没有单独计算。例如，用式（5-3-29）除式（5-3-30）可得出上述最大油层厚度公式（5-3-40）。

4. 分离器最大直径 D_{max} 的计算

若用 Q_o'' 与 Q_w'' 表示每分钟的油、水产量时：

$$Q_o'' = \frac{Q_o}{24\times60} = 6.94\times10^{-4}Q_o$$

$$Q_w'' = \frac{Q_w}{24\times60} = 6.94\times10^{-4}Q_w$$

这样，分离器所需油水横截面分别为：

$$A_o = \frac{Q_o''t_{ro}}{L_{ef}} = 6.94\times10^{-4}\frac{Q_ot_{ro}}{L_{ef}}$$

$$A_w = \frac{Q_w''t_{rw}}{L_{ef}} = 6.94\times10^{-4}\frac{Q_wt_{rw}}{L_{ef}}$$

$$A = 2\ (A_o + A_w) = 2\times6.94\times10^{-4}\left(\frac{Q_w''t_{rw}+Q_o''t_{ro}}{L_{ef}}\right)$$

$$= 1.388\times10^{-3}\left(\frac{Q_w''t_{rw}+Q_o''t_{ro}}{L_{ef}}\right)$$

故：

$$\frac{A_w}{A} = 0.5\frac{Q_wt_w}{t_{ro}Q_o + t_{rw}Q_w} \tag{5-3-41}$$

由上述求得 $\frac{A_w}{A}$ 比值后，即可由图 5-3-15 确定出系数 Z，这样即可按式（5-3-41）计算出分离器的最大许可直径 D_{max}：

$$D_{max} = \frac{(h_o)_{max}}{Z} \tag{5-3-42}$$

图 5-3-15 中系数 Z 也可用式（5-3-42）计算：

$$0.5\frac{Q_w + t_{rw}}{t_{ro}Q_o + t_{rw}Q_w} = \frac{\arccos\ (2Z)}{\pi} - \frac{Z}{\pi}\sqrt{\frac{1}{4} - Z^2} \tag{5-3-43}$$

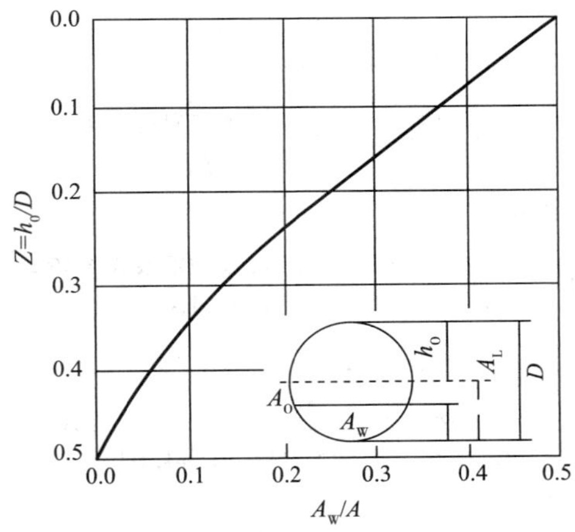

图 5-3-15　油层最大厚度系数 Z 曲线

5. 实用长度 L_{SS} 与长径比

三相卧式重力分离器实用长度的计算与两相卧式重力分离器相同，即以气体处理能力进行分离设计时，选用式（5-3-21），以液体处理能力进行分离器设计时选用式（5-3-22）。

长径比通常选用 3～5。

［例 5-3-2］某油气井产气量 $Q_n=141600\text{m}^3/\text{d}$，产油量 $Q_o=794.9\text{m}^3/\text{d}$，产水量 $Q_w=477\text{m}^3/\text{d}$，分离压力 $p=0.6897\text{MPa}$（绝压），天然气相对密度 $\Delta_g=0.6$，油相对密度 $\Delta_o=0.876$，地层水相对密度 $\Delta_w=1.07$，原油黏度 $\mu_o=10\text{mPa}\cdot\text{s}$，分离温度 $t=32.2℃$。

解：1）辅助计算

（1）求天然气在基准状态下密度：

天然气在基准状态下密度 ρ_g°：

$$\rho_g^\circ=\Delta_g\rho_g=0.6\times1.204=0.722\text{kg/m}^3$$

式中　ρ_g°——空气在基准状态 $p_0=0.101325\text{MPa}$，$t=20℃$ 时的密度，kg/m^3。

（2）求天然气在工况下的密度 ρ_g：

$$\rho_g=\rho_g^\circ\frac{p_1T_0}{p_0ZT_1}=0.722\times\frac{0.6897\times(273.15+20)}{0.101325\times0.981\times(273.15+32.2)}=4.81\text{kg/m}^3$$

（3）求天然气黏度：

天然气相对分子质量　$M=0.6\times29.96=17.4$

$$T=273.15+32.2=305.4\text{K}$$

$$K=\frac{(9.4+0.02\times17.4)\times(1.8\times305.4)^{1.5}}{209+19\times17.4+1.8\times305.4}=115.3$$

$$x=3.5+\frac{986}{1.8\times305.4}+0.01\times17.4=5.468$$

$$y=2.4-0.2\times5.468=1.306$$

$$\begin{aligned}\mu_g&=115.3\times10e^{-4\left[5.468\times\left(\frac{4.81}{1000}\right)^{1.306}\right]}\\&=0.0116\text{mPa}\cdot\text{s}\end{aligned}$$

设备

（4）求分离器设计系数 K：

①利用式（5-3-10）求 v_t°，$d_m=100\mu m$

$$v_t^\circ=6.203\times10^{-3}\left[\left(\frac{\rho_1-\rho_g}{\rho_g}\right)d_m\right]^{0.5}$$

②利用式（5-3-4）求 Re：

$$Re=10^{-3}\frac{\rho_g d_m v_t^\circ}{\mu}=\frac{10^{-3}\times4.81\times100\times0.8384}{0.0116}=34.61$$

③利用式（5-3-3）求阻力系数 C_D：

$$C_D=\frac{24}{Re}+\frac{3}{\sqrt{Re}}+0.34=\frac{24}{34.61}+\frac{3}{\sqrt{34.61}}+0.34=1.543$$

④利用式（5-3-9）求 v_{t1}：

$$v_{t1}=3.617\times10^{-3}\left[\left(\frac{\rho_1-\rho_g}{\rho_g}\right)\frac{d_m}{C_D}\right]^{0.5}=3.617\times10^{-3}\left[\left(\frac{876-4.81}{4.81}\right)\times\frac{100}{1.543}\right]^{0.5}=0.3919\text{m/s}$$

⑤利用步聚④所求得的 v_{t1} 代入步骤②求雷诺数公式，求出雷诺数，经 7 次试算后得：

$$v_t=0.2619\text{m/s}\quad C_D=3.460$$

⑥利用式（5-3-12）求 K 值：

$$K=\left[\left(\frac{\rho_g}{\rho_1-\rho_g}\right)C_D\right]^{0.5}=\left[\left(\frac{4.81}{876-4.81}\right)\times3.460\right]^{0.5}=0.138$$

2）按立式重力分离器进行设计

（1）气体处理能力计算。按式（5-3-14）计算分离器最小直径 D：

$$D^2=1.408\times10^{-7}\frac{TZQ_n}{p}K=1.408\times10^{-7}\frac{305.4\times0.981\times141600}{0.6897}\times0.138=1.196\text{ m}^2$$

$$D=1.093\text{m}$$

（2）按式（5-3-29）液体处理能力公式计算。在求液体所需分离器最小直径时，按水滴从油层中分离出来，$d_m=500\mu m$：

$$D_1^2=0.1082\frac{Q_o\mu_o}{\rho_w-\rho_o}=0.1082\frac{794.9\times10}{1070-876}=4.433\text{ m}^2$$

$$D_1=2.105\text{m}$$

由于 $D_1>D$，故下面计算用 D_1 作为分离器直径。

（3）油水高度按式（5-3-32）计算：

$$\begin{aligned}(h_o+h_w)D_1^2&=8.843\times10^{-4}(t_{ro}Q_o+t_{rw}Q_w)\\&=8.843\times10^{-4}（10\times794.9+10\times477）\\&=11.25\text{m}^2\end{aligned}$$

当 $D_1=2.105$ 时，

$$h_o+h_w=\frac{11.25}{2.105^2}=2.54\text{m}$$

（4）求实用长度 L_{SS}：

$$L_{SS}=(h_o+h_w)+2=2.54+2=4.54\text{m}$$

此时，分离器直径为2.105m。

3）按卧式三相重力分离器进行设计

（1）气体处理能力按式（5-3-19）计算：

$$\begin{aligned}L_{ef}D&=1.408\times10^{-7}\frac{TZQ_n}{p}K\\&=1.408\times10^{-7}\frac{305.4\times0.981\times1460}{0.6897}\times0.138\\&=1.196\text{m}^2\end{aligned}$$

若长径比按4考虑，则当 $D=\sqrt{\frac{L_{ef}D}{3}}=\sqrt{\frac{1.196}{3}}=0.631\text{m}$ 时：

$$L_{ef}=\frac{1.196}{0.631}=1.895\text{m}$$

（2）液体处理能力计算按式（5-3-37）计算：

$$\begin{aligned}D_1^2L_{ef}&=1.767\times10^{-3}(t_{rw}Q_{rw}+t_{ro}Q_{ro})\\&=1.767\times10^{-3}(10\times794.7+10\times477)\\&=22.49\text{m}^3\end{aligned}$$

若分离器长径比按4考虑，则：

$$D_1=\sqrt[3]{\frac{L_{ef}D_1^2}{3}}=\sqrt[3]{\frac{22.49}{3}}=2\ \text{m}$$

$$L_{ef}=\frac{22.49}{4}=5.62\text{m}$$

（3）利用式（5-3-40）求许用油层最大厚度 $(h_o)_{max}$：

$$\begin{aligned}(h_o)_{max}&=8.175\times10^{-3}\frac{t_{ro}(\rho_w-\rho_o)}{\mu_o}\\&=8.175\times10^{-3}\frac{10\times(1070-876)}{10}\\&=1.586\text{m}\end{aligned}$$

（4）与 $(h_o)_{max}$ 相应的分离器最大许可直径：

① $\frac{A_w}{A}=0.5\frac{Q_wt_w}{t_{ro}Q_o+t_{rw}Q_w}=0.5\frac{477\times10}{794.9\times10+477\times10}=0.1875$

②利用图5-3-15查得 $Z=0.257$。

③利用式（5-3-41）可得：

$$D_{max}=\frac{(h_o)_{max}}{Z}$$

④求分离器实用长度 L_{SS}。按式（5-3-21）气体处理能力公式进行计算时，则有：

$$L_{SS}=L_{ef}+D=1.895+0.631=2.526\text{m}$$

按式（5-3-22）液体处理能力公式进行计算时，则有：

$$L_{SS}=\frac{4}{3}L_{ef}=\frac{4}{3}\times 5.62=7.5\text{m}$$

比较计算结果可知，该分离器应按液体处理能力进行设计，即 $D=2\text{m}$，$L_{SS}=\frac{4}{3}L_{ef}=\frac{4}{3}\times 5.62=7.5\text{m}$。同时，此时的分离器直径小于分离器最大许可直径6.17m。

第四节　特殊分离器

一、低温分离器

当气田压力很高时，可通过节流元件在降压的同时，因焦耳－汤姆逊效应使气体获取冷量，从而温度降低，在低温下进行气液分离的工艺称为低温分离。与常温分离相比，低温分离可从气流中分出更多的液态烃和水，降低气体的水露点和烃露点。低温分离得到的凝析烃数量与气体温度和组成有关，在粗略估计时，可认为温度每下降10℃、每 10^6m^3 天然气可多回收 5.5m^3 凝析烃（经验值），这些凝析烃可加工成附加值更高的产品，提高气田经济效益。在低温分离时，可能形成天然气水合物，应有措施防止水合物堵塞设备和管线。

如图5-3-16所示为某气田低温分离流程。从气井来的高压气体经三相分离器分出水和凝析液后，进低温分离器的加热盘管，溶解分离器底部形成的水合物并使液态甲烷、乙烷进入气相，凝析液得到一定程度的稳定。盘管出口液体与分离器出口气体换热，降温至

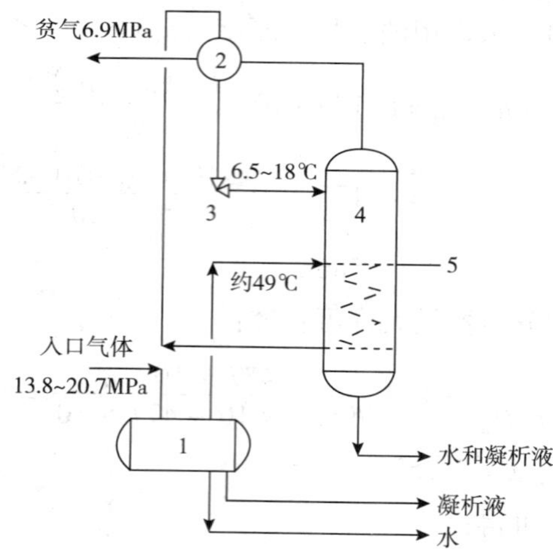

图5-3-16　某气田低温分离流程

1—高压三相分离器；2—换热器；3—节流件；4—低温分离器；5—加热盘

比水合物生成温度高5℃左右，再经安装在分离器内的节流件降压、降温，形成的水合物落入分离器底部，气体由分离器顶部流出并经换热提高温度后外输。

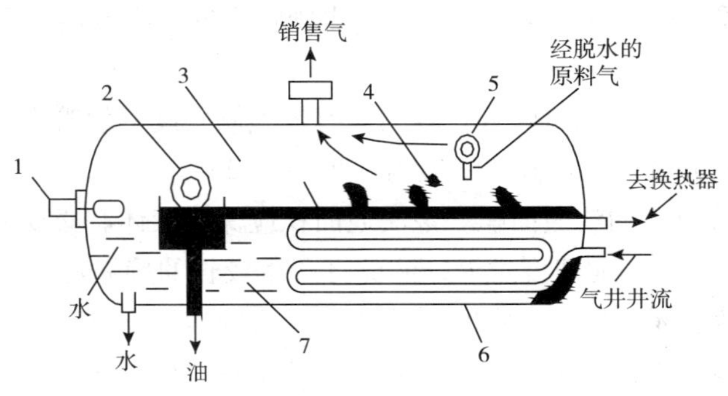

图 5-3-17 卧式低温分离器结构

1—热液段；2—油位控制；3—冷段；4—水合物；5—节流件；6—加热盘管；7—热液段

低温分离器是低温分离的关键设备。如图5-3-17所示为一卧式低温分离器结构图。经脱除游离水和固体杂质的原料气（约15℃）经节流件后进入分离器，在气体压力降为销售管线压力的同时，温度降至-1℃左右，部分气体和大部分水蒸气液化并有水合物形成，一起落入分离器底部的液体段。液体段内有加热盘管，使液体温度保持在27~32℃，融化水合物并使凝析烃液得到稳定。在低温分离器内油水分离后，分别从各自的出口流出。节流件还可用来调节低温分离器的压力和流量。

低温分离器可作为气体脱水和脱凝析液的一种方法，与甘醇脱水、固体干燥剂脱水方法相比，只要井口有足够的压力，低温分离的操作费用和腐蚀性都较小。

二、气液圆柱形旋流分离器

气液圆柱形旋流分离器是20世纪90年代开发的一种结构简单、紧凑的气液分离设备，简称“GLCC”。它有一根立管，气液混合物向下倾斜某一角度切向进入该立管并绕筒体旋转，依靠离心和重力沉降使气液分离，如图5-3-18所示。

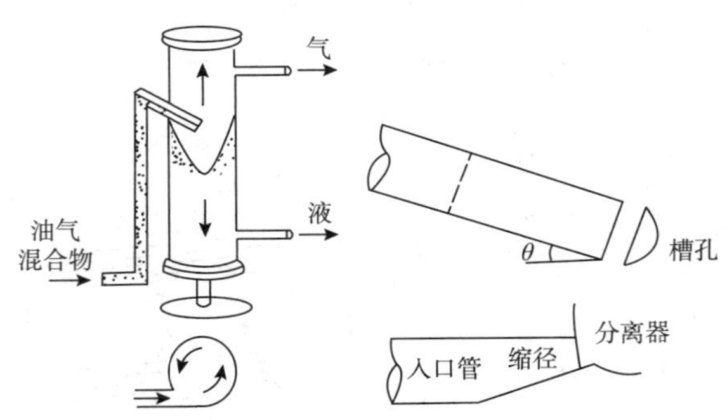

图 5-3-18 气液圆柱形旋流分离器结构

在这种分离器设计中所遵循的原则是：

（1）分离器直径。在分离器内的气体折算速度不能过大，若流型处于环状雾状流，分出气流内将夹带液滴；气体速度又不能过小，否则将降低离心分离效率，因而分离器直径应和气体处理量匹配。

（2）入口管的倾斜度。入口管管径较大并有较大倾斜度，使管内气液混合物的流动呈分层流，为强化气液分层，入口倾角一般为 -30° ~ -25°。

（3）气液进入分离器的流通面积。该流通面积应保证液体有必要的切向速度，推荐液体流速范围为 3 ~6m/s。切向速度过大，液面将产生较长的旋涡深度，导致气中带液或液中带气，入口切向速度还应低于规定的磨蚀速度（磨蚀速度 $v_e = c/\rho_{mix}^{0.5}$ 式中，ρ_{mix} 为分离工况下气液混合物平均密度，kg/m^3；c 为常数，连续工作时取 122，非连续工作时取 152）。

（4）分离器高度。入口以上部分应有足够的高度，防止贴壁向上旋转的液膜被气体带出分离器排气口，还使在流量变化或液塞进入分离器时，容器内有空间可以接受较大的瞬时液体流量而不发生气体带液。有关文献认为：直径为 75 ~150mm 分离器上半部分的推荐高度为 1.2 ~1.5m，分离器入口以下部分也应有一定高度，使旋涡以下的液层保持一定厚度，有足够的时间从液层内分出气泡，防止液流内夹带气泡。直径为 75 ~150mm 分离器下半部分的推荐高度也为 1.2 ~1.5m。

（5）气液支管段长度。该长度对分离无重要影响，根据支管上要安装的仪表、管件等的需要确定。若气液需重新汇合并向下游输送，推荐汇合点的高度低于分离器入口平面 0.3 ~0.6m，使各种工况下分离器内的液面能维持在入口以下 0.15 ~0.3m 范围内。

气液圆筒形旋流分离器适用于：

（1）油气井计量。分离器分离油气后用单相流量计计量油气，如图 5-3-19 所示。在用多相流量计计量高气油比油气混合物时，为使通过流量计的气油比小于 10 以提高多相流量计精度并减小仪表额定流量，可用圆筒分离器分出部分气体，分出的气体用单相流量计计量。

（2）作预分离器。在普通分离器上游安装圆筒分离器分出大部分气体，使普通分离器受段塞流影响减小、油气处理能力增加、平稳操作。

（3）作涤气器。脱除气流内夹带的液体。

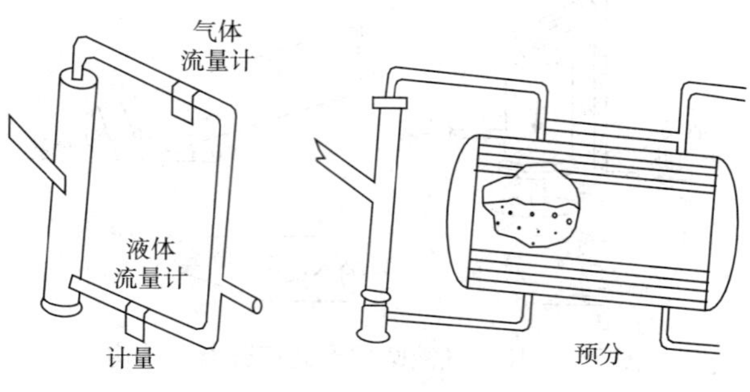

图 5-3-19　圆筒分离器及单向流量计示意图

气液圆筒形旋流分离器的突出优点是尺寸小、结构简单、造价和操作费用低。但仅适用于气油比较高的场合，并消耗较多能量。目前，这种分离器还处于研究和完善阶段，研究主要内容为在各种不同使用情况下结构的局部调整、圆筒内气液流程模拟和设计软件完善。

三、液塞捕集器

随着海洋石油的开发，气液混输管路不断得到发展，在平台间及平台和陆上终端间输送工艺流体。由于平台和海底的高差较大，这类管道终端处流体常呈段塞流型，与管道终端相连的气液分离设备称为液塞捕集器，捕集器有两个功能：①有效地进行气液分离，并捕集气体内夹带的液体；②当混输管道内最大液塞到达捕集器时，捕集器能作为液体的临时储存器起缓冲作用，使捕集器向下游气液加工装置提供稳定的气流流量。

液塞捕集器分容器式和管式（或称指式）两种。容器式捕集器一般用在海洋平台上，接受其他平台通过海底管道输送来的油气，其结构和陆上油气分离器类同，只是有较大的缓冲容积，以满足气液瞬时流量的剧烈变化。捕集器设有高高液位、高液位、低液位、低低液位，在正常工作时捕集器内液位应在高、低液位间，液位达到高（或低）液位时报警，达到高高（或低低）液位时自动切断捕集器进口（或排液）管道。由于容器式捕集器与缓冲分离器基本相同，不再赘述。管式捕集器一般用于天然气/凝析液、伴生气/轻质原油海底混输管道的陆上终端中，管式捕集器是利用下倾管道内（倾角一般为1°~3°）气液混合物常呈分层流型的原理使气液分离。根据气液处理量大小，管式捕集器由多根平行管子构成，平行管数愈多，各管气液负荷分配愈不均匀；管数愈少，则在一定气液处理量下，管子所需直径愈大、管子愈长。平行管长度方向的上半部分为倾角较大的气液分离段，下半部分为倾角较小的液体储存段。液塞捕集器工艺和仪表如图 5-3-20 所示。

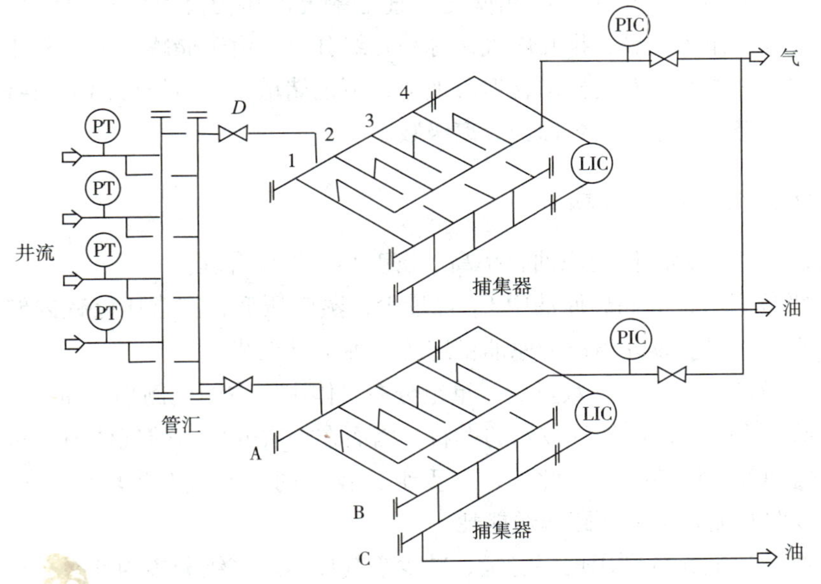

图 5-3-20 液塞捕集器工艺和仪表

第五节 多级分离

从油气井采出的油气混合物，总带有一定的压力和不同地层的温度。在沿集输管网流动过程中，随压力降低，溶解在液相中的气体不断析出。如何对待这些不断析出的气体，是随析出随从管系中引出，还是积累到一定程度从管系内引出，这就是分离方式问题。分离方式对所得的气液数量和质量都有很大影响。

一、分离方式

分离方式可分为三种，即一次分离、连续分离和多级分离。

（1）一次分离是指混合物的气液两相在保持接触条件下逐渐降低压力，最后流入常压储罐，在罐内实行气液分离。对某些气油比很小，或基本不含气的重质原油，油井尚未纳入集输系统，油井产物直接排入设在井场的高架罐内，靠汽车将油拉往集中处理站，这是一次分离的例子。对一般油井，一次分离方式有大量气体从储罐内排出，同时在油气进入油罐时，冲击力很大，在实际生产中并不采用这种方式。

（2）连续分离是指随油气混合物在管路内压力的降低，不断地将析出的平衡气排出，直至压力降为常压，平衡气亦最终排除干净，剩下的液相进入储罐。连续分离也即微分分离，在现实生产中也很难实现。

（3）多级分离是指油气两相在保持接触条件下，压力降到某一数值时，把降压过程中析出的气体排出；脱出气体的原油继续沿管路流动，压力降到另一较低值时，把该段降压过程中从油中析出的气体排出，如此反复，直至系统的压力降为常压，产品进入储罐为止。每排一次气，作为一级；排几次气，称为几级分离。由于储罐压力总低于其进油管线的压力，在储罐内总有平衡气排出，但习惯上，不把储罐计入多级分离的级数内，因而在集输过程中，所经过的分离器数即为分离级数。

二、多级分离的优点

（1）多级分离所得的储罐原油收率高、密度小、组成合理。

（2）多级分离所得的储罐原油中 C_1 含量少，蒸汽压低，在常压储罐内储存时，蒸发损耗少。工业上常把多级分离作为原油稳定的一种重要工艺。

（3）多级分离所得天然气数量少，重组分在气体中所占的比例小。油气分离所得的天然气中有一部分将作为矿场油气技术的燃料，因而在一次分离出的气体内将有大量汽油组分被烧掉，使油气田产品贬值。此外，含重组分较多的天然气在灌输时，容易产生凝析液，形成气液两相流，增大管路输送能耗。

（4）多级分离能充分利用地层能量、减少输气成本。多级分离为什么会获得较多的液体量，而且液相组成较合理（C_1 浓度低、C_5^+ 浓度高），这可由分子运动学来解释。在一定温度、压力条件下，本来应处于液态的分子量较大的烃类，在多元物系中之所以能有分子进入气相，以及在纯态时呈气态的烃类在多元物系中之所以能部分存在于液相中，其原因是：在多元物系中，运动速度较高的轻组分分子在运动过程中，与速度低的重组分分子产生撞击，使前者失去本可以使其进入气相的能量，而后者获得能量进入气相，这种现象称为携带作用。当平衡物系压力较高时，分子间距小、分子间引力大，分子需具备较大能量才能进入气相。能量低的重组分分子进入气相更困难，所以平衡物系内气相数量较少，重组分在气相中的浓度也较低。如果在较高压力下把已分离成为气相的气体排出，减少了物系中具有较高能量的轻组分分子数（即改变了物系的组成），则在压力进一步降低时就减小了重组分分子被轻组分分子撞击携带的概率。所以，气体排出愈及时，以后携带蒸发的概率愈小。由此得出如下结论：连续分离所得的液体量最多，一次分离所得的液体量最少，多级分离居中。在多级分离中，级数愈多，液体的收率愈大，液体的密度愈小。

三、分离系统流程选择和重要参数确定

图 5-3-21 和图 5-3-22 是典型的分离系统流程图。流程的选择需要根据油田的实际情况和要求，以及中间是否需要加热、换热或加压等具体情况来定。如果仅为了将井流进行初步处理，脱出部分气体和水分以满足管输需要，则需要一级或二级处理流程即可；如果为了达到储存或直接销售的商业要求，则可能需要二级或二级以上的分离处理，包括增加相应的冷换设备和加压泵等，对于轻质原油甚至需要采用带稳定装置的流。

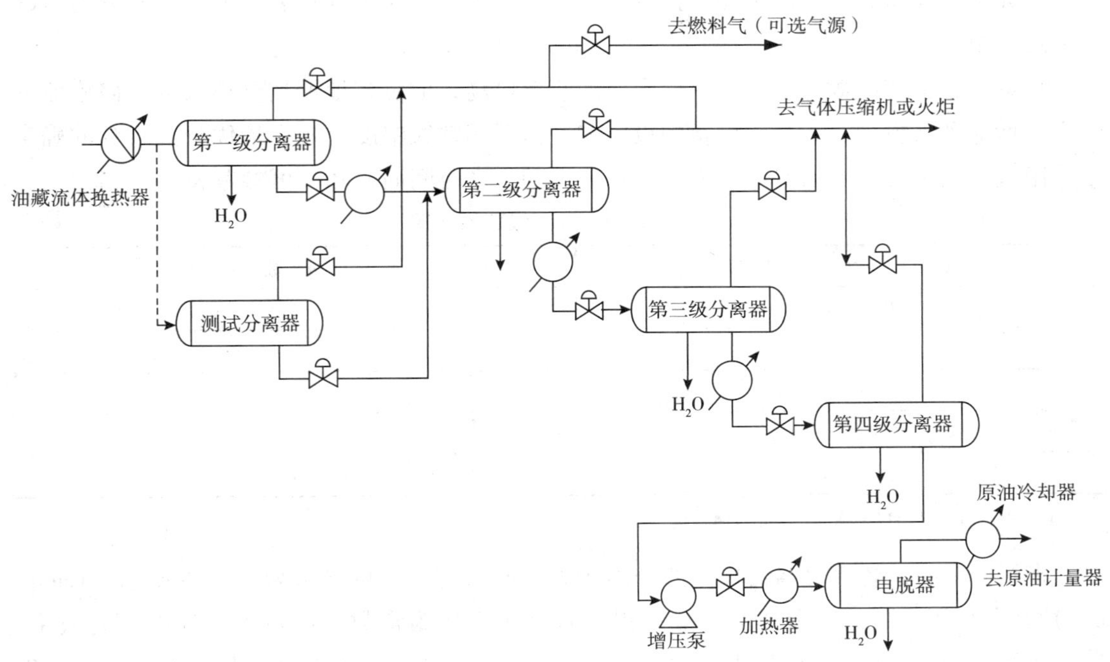

图 5-3-21 多级分离系统的分离设施

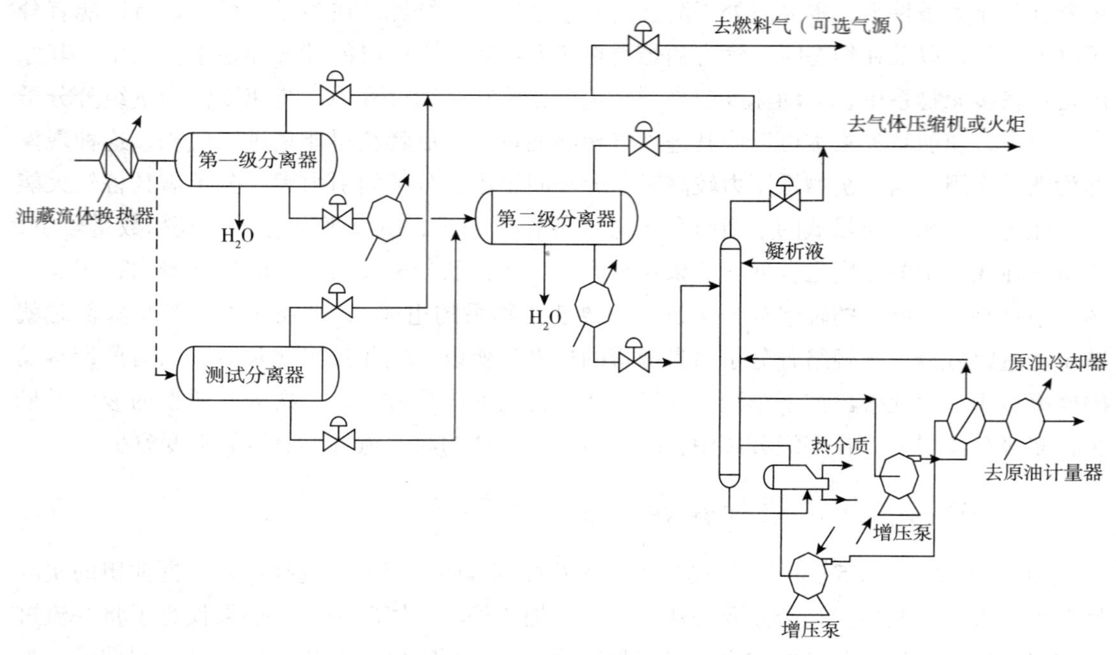

图 5-3-22　带有稳定塔的分离设施

1. 分离级数和各级的操作压力

分离级数和压力的确定主要根据油田的井口压力、井流含气量、井流物性和分离目的及要求确定。

理论上，分离级数愈多，在储罐内原油收率愈高，但过多地增加分离级数，储罐原油收率的增加愈来愈少，而分离设备的投资和经营费用却大幅度上升。最优分离级数的确定十分困难，因为各井的情况不同而且井口压力随生产时间而递降，可参考表 5-3-2。

表 5-3-2　分离级数的选择

一级分离压力（表压）/MPa	级　数
0.15～0.85	1
0.85～2.0	1～2
2.0～3.5	2
3.5～4.8	2～3
>4.8	4

注：若原油产量超过 1500m³/d 可增加级数。

多级分离时，各级分离器控制的分离压力不同就有不同的分离效果。克比尔（Campbell）在分析了大量油气分离数据后，提出各级压力比为常数时能得到较好的分离效果。若分离级数为 n，各级操作压力分别 p_1、p_2、…、p_n（绝压）克比尔提出的各级压力比 R_p 的经验公式为：$\frac{p_{i-1}}{p_i}=\left(\frac{p_1}{p_n}\right)^{1/n}$。该式是确定各级分离压力的简便方法，也可为优化各级分离压力提供计算初值。拟定多种分离压力方案，根据石油组成进行相平衡计算，对比计算结果，确定多级分离时各级分离器的最优分离压力。

2. 各级的操作温度

分离温度的确定取决于分离级数和井流物性。在分离级数确定的前提下，根据原油是否易于分离，什么温度下分离效果好，以及系统热平衡来确定各级操作温度。最好以油田分离实验的数据为基础确定。

3. 停留时间

流体在分离器中的停留时间越长，较小液滴就能有足够的时间聚结沉降分离，分离效率就越高。综合考虑经济性和可行性，以及原油密度、黏度等物性，最好通过实验，综合考虑操作温度来确定，如目前渤海大部分油田原油的密度和黏度都比较大，一级停留时间一般为 10～15min，二级停留时间一般为 25min 左右。

4. 各级出口含水率

各级出口含水率要根据分离级数、原油物性、操作温度和最终分离要求而定。一般在原油的三级分离流程中，一级分离器出口含水率要求小于 40%（体积分数），二级分离器出口含水率在 10%～30%（体积分数），三级分离通过热化学脱水或电脱水器脱水达到商业脱水要求（含水率一般不高于 0.5%）。对于轻质原油，一般二级即可达到商业脱水要求（一级游离水分离和二级热化学脱水或电脱水），一级分离器出口的含水率一般控制在 20%（体积分数）以下，二级脱水器出口的含水率达到脱水要求（含水率一般不高于 0.5%）。

第四章　换热器

第一节　换热器的分类及适用范围

一、换热器的分类

在石油化工生产过程中，常常需要进行加热或冷却，即热量传递。有三种热量传递的基本方式，即导热、对流和辐射。传热过程通常是两种或三种基本方式的复杂组合。当一种流体与另一种流体进行热交换而且不允许混合时，就要求在间壁式换热器中进行，冷热流体被固体传热面隔开。间壁式换热器详细分类见表5-4-1。

表5-4-1　间壁式换热器的结构分类

类型	结构	型式	特点
管式	管壳式	固定管板式	刚性结构：用于管壳温差较小的情况（一般≤50°C），管间不能清洗
			带膨胀节：有一定的温度补偿能力，壳程只能承受较低压力
		浮头式	管内外均能承受高压，可用于高温高压场合
		U型管式	管内外均能承受高压，管内清洗及检修困难
		填料函式	外填料函：管间容易泄漏，不宜处理易挥发、易爆易燃及压力较高的介质
			内填料函：密封性能差，只能用于压差较小的场合
		釜式	壳体上都有个蒸发空间，用于蒸汽与液相分离
	套管式	双套管式	结构比较复杂，主要用于高温高压场合，或固定床反应器中
		套管式	能逆流操作，用于传热面较小的冷却器、冷凝器或预热器
	螺旋盘管式	浸没式	用于管内流体的冷却、冷凝，或者管外流体的加热
		喷淋式	只用于管内流体的冷却或冷凝
板式	板式		拆洗方便，传热面能调整，主要用于黏性较大的液体
	螺旋板		可进行严格的逆流操作，有自洁作用，可回收低温热能
	伞板式		伞形传热板结构紧凑，拆洗方便，通道较小，易堵，要求流体干净
	板壳式		板束类似于管束，可抽出清洗检修，压力不能太高
扩展板翅式	板翅式		结构十分紧凑，传热效率高，流体阻力大
	管翅式		适用于气体和液体之间传热，传热效率高，用于化工、动力、空调、制冷工业
蓄热式	回旋式	盘式	传热效率高，用于高温烟气冷却等
		鼓式	用于空气预热器等
	固定格室式	紧凑式	适用于低温到高温的各种条件
		非紧凑式	可用于高温及腐蚀性气体场合

换热器的类型有很多，每种类型都有特定的应用范围。在某一种场合下性能很好的换热器，如果换到另一种场合可能传热效果和性能会有很大改变。

因此，针对具体情况正确地选择换热器的类型是很重要的。在换热器选型时，需要考虑的因素是多方面的，主要有：

（1）热负荷及流量大小；

（2）流体的性质；

（3）温度、压力及允许压降的范围；

（4）对清洗、维修的要求；

（5）设备结构、材料、尺寸、质量；

（6）价格、使用安全性和寿命。

在换热器选型中，除考虑上述因素外，还应在结构强度、材料来源、加工条件、密封性、安全性等方面加以考虑。所有这些又常常是相互制约、相互影响的，通过设计的优化加以解决。针对不同的工艺条件及操作工况，我们有时使用特殊类型的换热器或特殊的换热管，以实现降低成本的目的。因此，应综合考虑工艺条件和机械设计的要求，正确选择合适的换热器类型，有效地减少工艺过程的能量消耗。对工程技术人员而言，在设计换热器时，对类型的合理选择、经济运行和降低成本等方面应有足够的重视，必要时，还得通过计算来进行技术经济指标分析、投资和操作费用对比，从而使设计成为该具体条件下的最佳设计。常用换热器的类型及应用详见表5-4-2。

表5-4-2　常用换热器的类型及应用

类　型	换热面积/m^2	温度（t）/℃	压力/（kgf/cm^2）	材　料	特点和应用
1. 管壳式换热器					
管壳式（标准型）S&T	≤5000	$-270 \le t \le 1650$	600	无限制	这种类型的换热器被广泛地用在工艺装置中，安全、可靠。可以通过采用特殊类型的换热管来提高其传热性
折流杆式	≤5000	$100 \le t \le 600$	300	无限制	通过折流杆支撑换热管来消除振动。由于壳侧流动是纵向的和有规律的，因此压力损失较小，适用于允许压降小的气液或气体系统
多管式	≤50	$100 \le t \le 600$	300	无限制	因流动为纯逆流，故具有较好的传热推动力，当换热面积相对比较小并且两流体温度交叉时，可考虑采用此类型。另外，若壳侧传热不好，可使用翅片管来强化传热

续表

类　型	换热面积/m^2	温度（t）/℃	压力/（kgf/cm^2）	材　料	特点和应用
1. 管壳式换热器					
蛇管式	≤2000	$-260 \leq t \leq 600$	200	铜、铝、不锈钢、碳钢	在低温系统中，因不宜采用铝材板翅式换热器，而经常使用蛇管式换热器。纯逆流流动，传热可在两股以上流体间进行。高弹性的结构可以克服热应力。在高温的气－气换热时，可采用不锈钢材料
2. 单管式换热器					
套管式	≤10	$-100 \leq t \leq 600$	300	铜、铝、不锈钢碳钢	当传热面积比较小（10～$20m^2$）时，一般选用套管式换热器。流动为纯逆流，制造成本低，维修容易，但是紧凑性较差
长号式	≤100	$-50 \leq t \leq 300$	300	铜、铝、不锈钢碳钢	也称为冲洗式，水被从管侧上处喷下，加热或冷却管内流体经常用在利用海水作介质的液化石油气加热器中。结构简单并易于维修，但是设备占地面积较大
蛇管式	≤10	$0 \leq t \leq 300$	300	铜、铝、不锈钢碳钢	蛇管式换热管经常被插在罐中，用以加热或冷却罐内的液体
板式	≤2000	$-40 \leq t \leq 200$	25	钛、不锈钢等	结构紧凑，易维修。在液－液换热设备中传热系数较高，实际应用范围广泛。也可用于气体冷却、冷凝或沸腾传热
螺旋板式	≤200	$-90 \leq t \leq 400$	20	碳钢、不锈钢、钛等	主要有逆流和错流两种形式。当温度存在交叉时，最好选用逆流形式，而当气体冷却或冷凝时，由于错流流动压力损失小，故常采用此形式。另外，要慎重选择流体的流路，尽量避免由于两股流体流率不平衡而造成的设备传热性能的降低
3. 翅片式换热器					
空冷器	≤2000	≤500（空气温度：-60～+50℃）	500	碳钢、不锈钢翅片、铝、碳钢	空冷器和管壳式换热器相比，安装面积大，对空冷器需作包括结构价格、耗电等因素在内的综合费用分析。通常当物流出口温度高于环境温度15～20℃或更高时，使用空冷器较为经济

续表

类　型	换热面积/m^2	温度（t）/℃	压力/（kgf/cm^2）	材　料	特点和应用
3. 翅片式换热器					
板翅式	≤10000	260≤t≤100（铝）	70	铝、不锈钢、铜	板翅式换热器通常用于低温过程。其传热性能好、重量小、结构紧凑，适应性广，可用于单相流动、冷凝器和蒸发器中对高温体系中的气－气换热，目前正逐渐使用材质为不锈钢的板翅式换热器。对铝合金制造的板翅式换热器，可利用其低温延展性和抗拉性好的特点，特别适用于低温或超低温场合
热管	<2000	－40≤t≤350	10	碳钢、不锈钢、铜	流动阻力小、体积小、结构紧凑。由于热管可在热流体和冷流体两侧通过增加翅片来扩展受热面，因而大大提高了气－气换热器的传热量，用在气－气换热器中最为有效
4. 特殊材料的换热器					
石墨	≤700	≤160	7	不渗透性石墨	结构有：管壳式换热器、块状换热器等
聚四氟乙烯	≤80	≤150	5	聚四氟乙烯	管壳式和浸泡式换热器，重量小、结构紧凑。机械性能较差，只适用于低压工况
玻璃	≤25	≤280	9	耐热玻璃	玻璃换热器有盘管式、喷淋式、管壳式、套管式等。常用在空气预热器或节能装置中，回收露点以下的排放气热量
5. 特殊换热管					
低翅管	—	—	—	碳钢、不锈钢、铜合金	管子表面的翅片可增大换热面积2～3倍。与普通管子有着相同管外径的低翅管经常用作管壳式换热器的传热管。当壳侧传热系数低于管侧时，使用低翅管较为理想。低翅管也同样可用在冷凝和沸腾传热中

续表

类　型	换热面积/m^2	温度（t）/℃	压力/（kgf/cm^2）	材　料	特点和应用
5. 特殊换热管					
沸腾用传热强化管	—	—	—	碳钢、不锈钢、铜合金	典型的沸腾强化传热管即：高热通量管（UCC）、Thermoexcell－E（日立）等。在沸腾传热系数低、温差小（10℃）的蒸发器中，经常使用强化传热管。上述管子均可提高传热系数10～20倍
冷凝用传热强化管	—	—	—	碳钢、不锈钢、铜	典型的冷凝强化传热管即：槽管、Thermoexcell－C（日立）、低翅管等。使用上述管子均可提高传热系数2～5倍

注：$1kgf/cm^2=98.0665kPa$。

二、常用换热器的适用范围

1. 管壳式换热器

管壳式换热器由壳体、管束、管板和封头等部件构成。管束安装在壳体内，两端固定在花板上，如图5－4－1所示。管壳式换热器在所有换热器中使用最为广泛。优点是单位体积设备所能提供的传热面积较大，传热效果也较好。由于结构坚固，而且可以选用的结构材料范围也比较广，故适应性较强，操作弹性较大。尤其在高温、高压和大型装置中采用更为普遍。

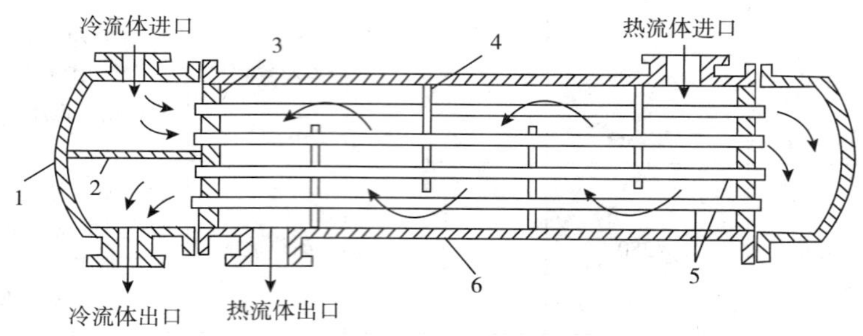

图5－4－1　管壳式换热器

1—封头；2—隔板；3—管板；4—挡板；5—管子；6—外壳

2. 套管式换热器

将两种直径大小不同的直管装成同心套管，并可用U型肘管把许多段串连起来，每一段直管称作一程，即为套管式换热器，如图5－4－2所示，在进行换热时，两流体都可达到较高的流速，从而提高传热膜系数，而且两流体可始终以逆流方向流动，平均温差亦为最大。由于结构简单，能耐高压，应用灵活，可根据需要增加或拆减套管段数。套管式换热器适用于流量不大，所需传热面积不多的场合。

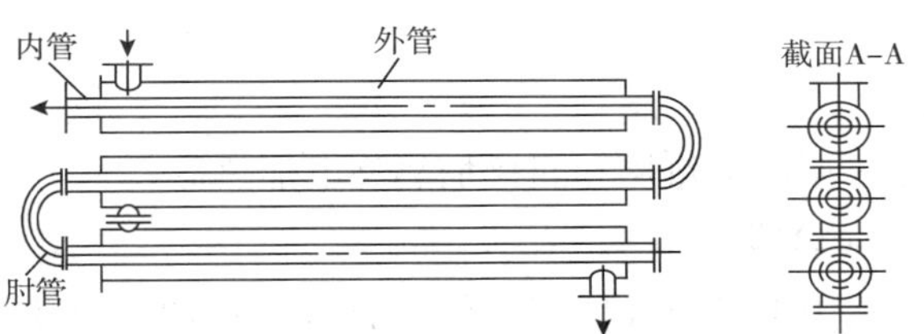

图 5-4-2　套管式换热器

3. 板式换热器

板式换热器为一组金属板片构成，两相邻板片的边缘衬以垫片，冷热流体交替在板片两侧流过，通过板片进行传热，如图 5-4-3 所示。板式换热器具有传热效能高、操作灵活性大、体积小、结构紧凑、钢材耗量少的优点；但因板间距小，流通截面较小，流速又不大，因此处理量不大。另外，板翅式换热器检修难度较大，对流体的清洁度要求高，耐压能力低于管壳式换热器。板式换热器通常适用于液－液换热。对流量小的流体，当压力与温度较低时，推荐选用板式换热器。

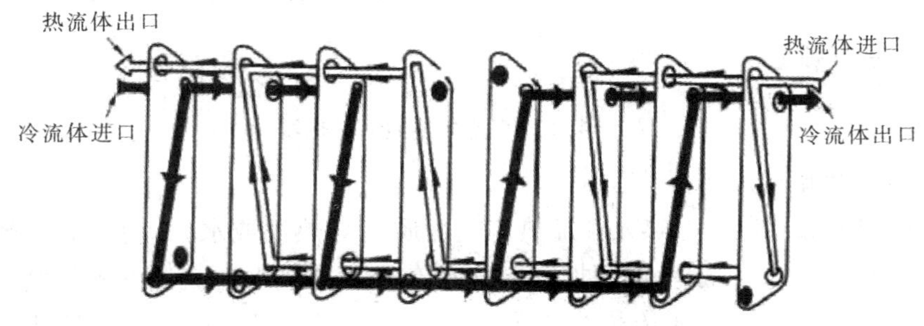

图 5-4-3　板式换热器

4. 空冷器

空冷器是用空气来冷却通过管内的流体。它由管束、风机、构架及百叶窗组成，如图 5-4-4 所示，空冷器腐蚀性较小，压降小，维护费用低，无需各种辅助费用；但空气比热容小，传热系数小，传热面积大，体积大，成本高，受气候影响大，噪声大，布置受限制。空冷器适用于缺水或水处理昂贵的地区。空冷器适用于冷凝或冷却干净的气体及轻质油品。

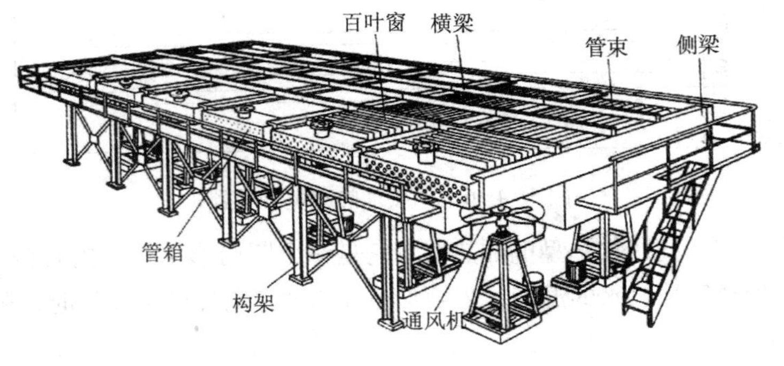

图 5-4-4　空冷器

设　备

5. 其他形式

1）电加热器

电加热器分直接加热型电加热器和间接加热型电加热器。

（1）直接加热型电加热器。

直接加热型电加热器为电热原件插到罐体内直接与被加热介质接触，如图 5-4-5 所示。这种加热方式具有传热效率高、结构简单、体积小、重量轻等优点；但由于流体中杂质造成局部过热而结集，因此需要抽空清洗，耗费维修工时；另外，对高压危险性介质，端部法兰密封要求很高，维修难度大，可靠性低。

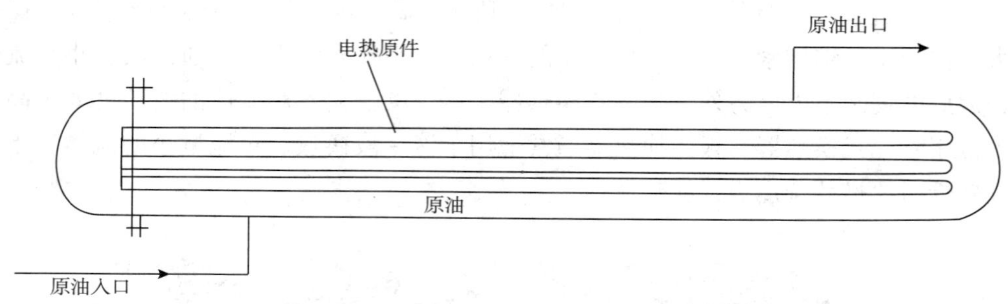

图 5-4-5　直接加热型电加热器

（2）间接加热型电加热器。

间接加热型电加热器为电热元件加热传热介质（导热油或水），再由导热油来加热被加热介质，如图 5-4-6 所示。这种加热方式具有导热油或水在高温下不易结集，安全可靠性高的优点。但由于间接式传热线路为：电加热元件—导热油或水—管线—被加热介质，因此其加热效率极低，且导热油或水需定期更换。

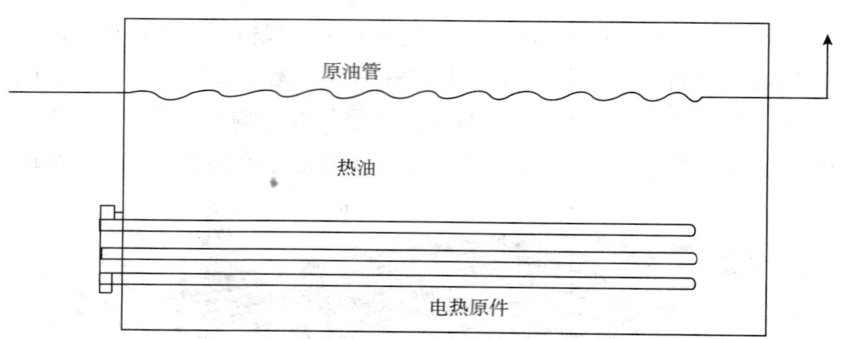

图 5-4-6　间接加热型电加热器

电水浴加热器即为间接加热型电加热器。它是一个圆筒形结构，内有被加热盘管，圆筒内充满了水，电加热器加热水的温度，当被加热介质通过筒体内的盘管时，由热水加热。

2）盘管式加热

盘管式加热器为在被加热介质中设热介质（导热油或蒸汽）加热管线，对被加热介质进行加热或维温。在油罐中，管式加热器一般布置在罐底部。

第二节 传热系数

一、换热器中传热系数的大致数值范围

工业换热器中传热系数 K 的大致数值范围见表5-4-3。

表5-4-3 管壳式换热器中 K 值大致范围

热流体	冷流体	传热系数 K 值	
		W/（m^2·℃）	kcal/（m·h·℃）
水	水	850～1700	730～1460
轻油	水	340～910	290～780
重油	水	60～280	50～240
气体	水	17～280	15～240
水蒸气冷凝	水	1420～4250	1220～3650
水蒸气冷凝	气体	30～300	25～260
低沸点烃类蒸汽冷凝（常压）	水	455～1140	390～980
高沸点烃类蒸汽冷凝（减压）	水	60～170	50～150
水蒸气冷凝	水沸腾	2000～4250	1720～3650
水蒸气冷凝	轻油沸腾	455～1020	390～880
水蒸气冷凝	重油沸腾	140～425	120～370

注：以工程单位制表示的 K 值，为由SI制换算并经过圆整之值。

由表5-4-3可见，K 值的变化范围很大。因此，如何合理地确定 K 值，是设计换热器的一个重要问题。

二、传热系数 K 值的计算

现以两流体通过间壁的恒温传热为例，推导传热系数的计算式。如图5-4-7所示，两流体通过间壁的传热包括以下过程。

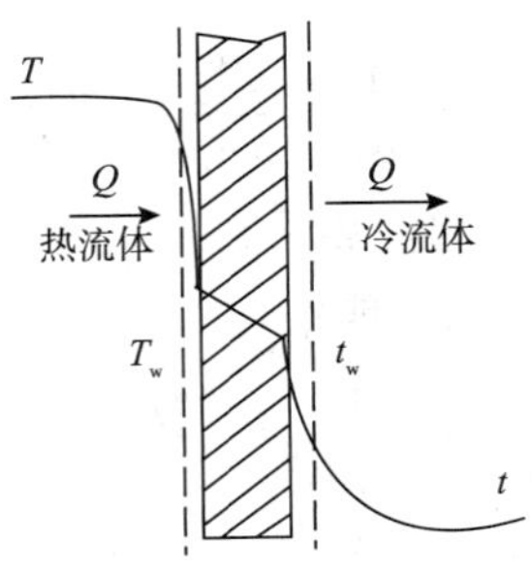

图5-4-7 流体通过间壁的热交换

（1）热流体在流动过程中把热量传到管壁的对流传热；

（2）通过管壁的导热；

（3）由管壁另一侧把热量传给冷流体的对流传热。

若热流体温度为 T，冷流体温度为 t，T_w 和 t_w 分别表示壁面两侧的温度，A_1 和 A_2 分别代表两侧的传热面积，α_1 和 α_2 为热流体和冷流体的传热膜系数，λ 为管壁的导热系数，b 为壁厚，则上述过程可以分别用以下公式表示：

$$Q_1 = \alpha_1 A_1 (T - T_w) = \frac{\Delta t_1}{\frac{1}{\alpha_1 A_1}} \tag{5-4-1}$$

$$Q_2 = \lambda A_m \frac{(T_w - t_w)}{b} = \frac{\Delta t_2}{\frac{b}{\lambda A_m}} \tag{5-4-2}$$

$$Q_3 = \alpha_2 A_2 (t_w - t) = \frac{\Delta t_3}{\frac{1}{\alpha_2 A_2}} \tag{5-4-3}$$

对于稳定传热过程，$Q_1 = Q_2 = Q_3 = Q$，故可得：

$$Q = \frac{\Delta t_1 + \Delta t_2 + \Delta t_3}{\frac{1}{\alpha_1 A_1} + \frac{b}{\lambda A_m} + \frac{1}{\alpha_2 A_2}} = \frac{\Delta t}{\frac{1}{\alpha_1 A_1} + \frac{b}{\lambda A_m} + \frac{1}{\alpha_2 A_2}} \tag{5-4-4}$$

与式（5-4-1）比较，得：

$$\frac{1}{KA} = \frac{1}{\alpha_1 A_1} + \frac{b}{\lambda A_m} + \frac{1}{\alpha_2 A_2} \tag{5-4-5}$$

即传热总的热阻为两侧流体的热阻与壁的热阻之和。

当传热面为平壁时，$A_1 = A_m = A_2 = A$，式（5-4-5）即为：

$$\frac{1}{K} = \frac{1}{\alpha_1} + \frac{b}{\lambda} + \frac{1}{\alpha_2} \tag{5-4-6}$$

当传热面为圆筒壁时，两侧的传热面积不等。若以传热面积 A_1 为基准，式（5-4-5）可写为：

$$\frac{1}{K_1 A_1} = \frac{1}{\alpha_1 A_1} + \frac{b}{\lambda A_m} + \frac{1}{\alpha_2 A_2}$$

或

$$\frac{1}{K_1} = \frac{1}{\alpha_1} + \frac{bA_1}{\lambda A_m} + \frac{A_1}{\alpha_2 A_2} \tag{5-4-7}$$

式中，K_1 称为以传热面积 A_1 为基准的传热系数。

同理，传热系数亦可以传热面积 A_2 或平均面积 A_m 为基准，相应的计算式为：

$$\frac{1}{K_2} = \frac{A_2}{\alpha_1 A_1} + \frac{bA_2}{\lambda A_m} + \frac{1}{\alpha_2} \tag{5-4-8}$$

$$\frac{1}{K_m} = \frac{A_m}{\alpha_1 A_1} + \frac{b}{\lambda} + \frac{A_m}{\alpha_2 A_1} \tag{5-4-9}$$

按式（5-4-7）~式（5-4-9）计算较为复杂。可加以简化。例如，当 $\alpha_1 \ll \alpha_2$ 时，若根据 A_1 为基准计算传热系数 K_1，由式（5-4-7）可见，主要热阻 $1/a_1$ 算准了，粗略地

令式中 $A_1/A_m \approx 1$、$A_1/A_2 \approx 1$，对整个热阻的计算影响不大。即这时 K_1 值的计算可以用平整的公式计算 K 值，传热面积取 A_2。

三、污垢热阻

换热器的传热表面常有污垢积存，在计算 K 值时污垢热阻一般不可忽视，污垢层的厚度及其导热系数不易估计，通常是根据经验选用污垢热阻作为计算的依据。如管壁两侧污垢热阻分别用 R_{α_1} 和 R_{α_2} 表示，则总的热阻为：

$$\frac{1}{K} = \frac{1}{\alpha_1} + R_{\alpha_1} + \frac{b}{\lambda} + R_{\alpha_2} + \frac{1}{\alpha_2} \tag{5-4-10}$$

常见流体在传热表面形成的污垢热阻，大致数值范围可参考表 5-4-4。

表 5-4-4 污垢热阻的大致数值范围

流体	污垢热阻		流体	污垢热阻	
	$m^2 \cdot ℃/kW$	$m^2 \cdot h \cdot ℃/kcal$		$m^2 \cdot ℃/kW$	$m^2 \cdot h \cdot ℃/kcal$
蒸馏水	0.09	0.000105	往复机排出液体	0.176	0.000205
海水	0.09	0.000105	处理过的盐水	0.264	0.000307
清净的河水	0.21	0.000244	有机物	0.176	0.000205
未处理的凉水塔用水	0.58	0.000675	燃料油	1.056	0.00123
已处理的凉水塔用水	0.26	0.000302	焦油	1.76	0.00205
硬水、井水	0.26	0.000302	空气	0.26～0.53	0.000302～0.000617
水蒸气	0.58	0.000675	溶剂蒸汽	0.14	0.000163
优质－不含油	0.052	0.000605			
劣质－不含油	0.09	0.000105			

表 5-4-4 只是给出了大致的范围，若流体容易结垢，换热器使用已久，污垢层会很厚，污垢热阻往往会使传热速度严重下降。所以，换热器要根据具体工作条件，定期清洗。

四、关于提高 K 值的讨论

要提高 K 值，必须设法减小起决定作用的热阻。

当管壁和污垢层热阻和传热膜系数相比，可以忽略不计时，式（5-4-10）可简化为：

$$\frac{1}{K} = \frac{1}{\alpha_1} + \frac{1}{\alpha_2} \tag{5-4-11}$$

由式（5-4-11）可见，总的热阻由最大热阻一侧的对流传热情况所控制，因此，要提高 K 值，关键在于提高膜系数小的一侧的 α。对于 α_1 和 α_2 相差不大时，则必须设置提高两侧的膜系数。

［例5-4-1］某一管壳式换热器，由 $\phi 25mm \times 2mm$ 的不锈钢管组成。CO_2 在管内流动，流量为 10kg/s，由 50℃冷却到 38℃。冷却水在管外和 CO_2 呈逆流流动，流量为 3.68kg/s，冷却水进口温度为 25℃。试求传热系数 K 和传热面积。

已知：管内 CO_2 侧的 $\alpha_1 = 50W/(m^2 \cdot ℃)$；管外侧水的 $\alpha_2 = 5000W/(m^2 \cdot ℃)$。

解：1）传热系数

不锈钢的导热系数 $\lambda = 5000W/(m^2 \cdot ℃)$。

取 CO_2 侧污垢热阻 $R_{\alpha_1} = 0.5 \times 10^{-3} m^2 \cdot ℃/W$，水侧污垢热阻 $R_{\alpha_2} = 0.20 \times 10^{-3} m^2 \cdot ℃/W$。

$$\frac{1}{K} = \frac{1}{\alpha_1} + R_{\alpha_1} + \frac{b}{\lambda} + R_{\alpha_2} + \frac{1}{\alpha_2}$$

$$= \frac{1}{50} + 0.5 \times 10^{-3} + \frac{0.002}{45} + 0.2 \times 10^{-3} + \frac{1}{5000}$$

$$= 0.02 + 0.0005 + 0.0000444 + 0.0002 + 0.0002$$

$$= 0.0209 m^2 \cdot ℃/W$$

$$K = 47.8W/(m^2 \cdot ℃)$$

2）传热面积

CO_2 在 $(50+38)/2 = 44℃$ 下的平均比热为 0.9kJ/（kg·℃）。

$$Q = W_1 c_{p1}(T_1 - T_2) = 10 \times 0.9(50 - 38) = 108kW$$

水的出口温度 t_2 可由式（5-4-12）求得：

$$Q = W_2 c_{p2}(t_2 - t_1) \tag{5-4-12}$$

$$t_2 = \frac{Q}{W_2 c_{p2}} + t_1 = \frac{108}{3.68 \times 4.18} + 25 = 32℃$$

平均温度差：

$$\Delta t_m = \frac{(50-32) + (38-25)}{2} = 15.5℃$$

以管子内表面计的传热面积 A_1：

$$A_1 = \frac{Q}{K\Delta t_m} = \frac{108 \times 10^3}{47.8 \times 15.5} = 145.8m^2$$

第三节 壁温的计算

在自然对流、强制对流、冷凝、沸腾时计算膜系数以及选用换热器类型和管材时，都需要知道壁温。

根据式（5-4-1）、式（5-4-2）和式（5-4-3）可以计算壁温：

$$T_w = T - \frac{Q}{\alpha_1 A_1}$$

$$t_w = T_w - \frac{bQ}{\lambda A_m}$$

或

$$t_w = t + \frac{Q}{\alpha_2 A_2}$$

［例 5-4-2］某一废热锅炉，由 ϕ25mm×2mm 锅炉钢管组成。管外为水沸腾，压力 26ata。管内输送合成转化气，温度由 575℃下降到 472℃。已知转化气一侧 $\alpha_1 = 300$W/（m^2·K），若忽视污垢热阻，试求平均壁温 T_w 及 t_w。

解：1）传热系数

以管子内表面 A_1 为基准：

$$\frac{1}{K_1} = \frac{1}{\alpha_1} + \frac{b}{\lambda} \times \frac{A_1}{A_m} + \frac{1}{\alpha_2} \times \frac{A_1}{A_2}$$

$$= \frac{1}{300} + \frac{0.002}{45} \times \frac{21}{23} + \frac{1}{10000} \times \frac{21}{25}$$

$$= 0.00333 + 0.0000405 + 0.000084 = 0.00345$$

$$K_1 = 47.8\text{W/（m}^2\cdot\text{K）}$$

2）平均温度差

在 26ata 下，水的饱和温度为 227℃。

$$\Delta t_m = \frac{(575-227)+(427-227)}{2} = \frac{384+245}{2} = 296.5℃$$

3）热负荷

$$\frac{Q}{A_1} = K_1 \Delta t_m = 290 \times 296.5 = 85800\text{W/m}^2$$

4）管壁温度

管内壁温度 $T_w = T - \frac{Q}{\alpha_1 A_1}$，$T$ 为热流体温度，取进、出口温度的平均值，即 $T = \frac{575+427}{2} = 523.5℃$，代入式中，得：

$$T_w = 523.5 - 85800 \times 0.00333 = 237.5℃$$

管外壁温度 $t_w = T_w - \frac{bQ}{\lambda A_m}$，式中 $\frac{Q}{A_m} = \frac{Q}{A_1}\frac{A_1}{A_m} = 85800 \times \frac{21}{23}$，代入得：

$$t_m = 237.5 - \frac{0.002}{45} \times 85800 \times \frac{21}{23} = 234.5℃$$

可见，由于水沸腾一侧的膜系数很大，壁温接近于水的温度，即壁温总是接近于膜系数较大一边的流体的温度。同时，一般管壁的热阻很小，管壁两侧的温度比较接近。所以，虽然转化气一侧的温度较高，仍然可以使用锅炉钢管。

第四节 换热器的类型选择

一、管壳式换热器

管壳式换热器的应用范围很广，适应性很强，其允许压力可以从高真空到41.5MPa，温度可以从-100℃以下到1100℃高温。此外，它还具有容量大、结构简单、造价低廉、清洗方便等优点，因此它在换热器中是最主要的类型。

二、特殊类型的换热器

特殊类型的换热器包括：板式换热器、空冷器、多管式换热器、折流杆式换热器、板翅式换热器、螺旋板式换热器、蛇管式换热器和热管换热器等。它们的使用是受设计温度和设计压力限制的。在图5-4-8中给出了特殊类型的换热器的适用范围，可供参考。

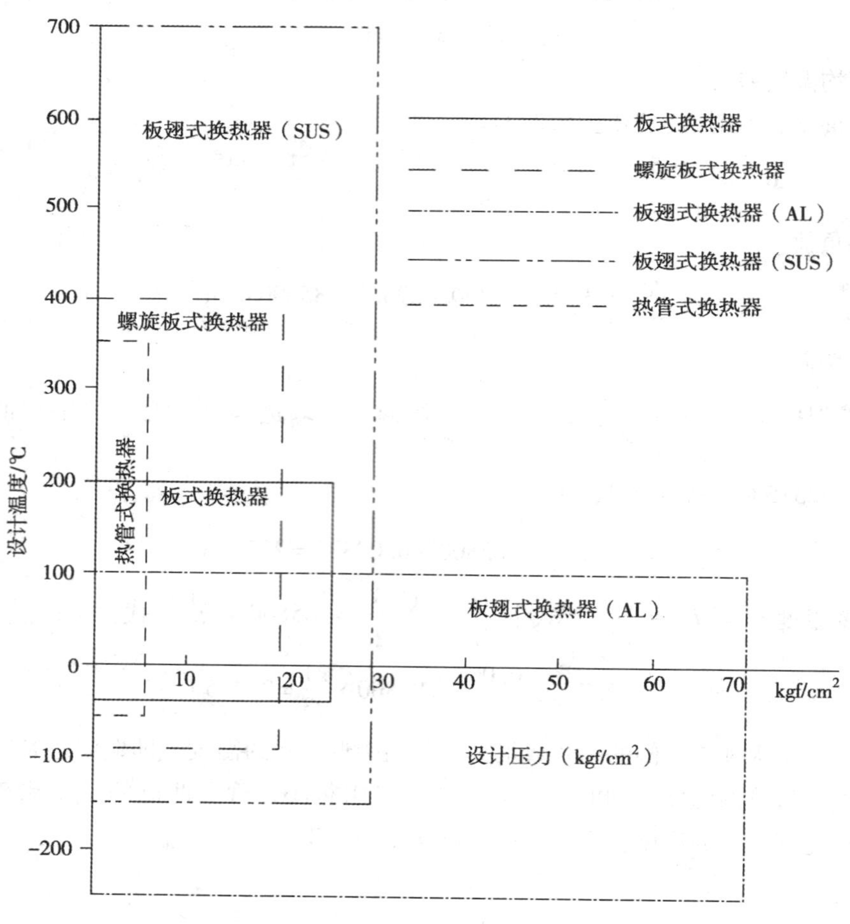

图5-4-8 特殊类型换热器的适用范围

三、管壳式换热器封头和管程数的选取

因管壳式换热器最为常用，表 5-4-5 给出了其封头选取的一般要求，表 5-4-6 和表 5-4-7 中给出了换热器的管程数限制值。

表 5-4-5 TEMA 端部类型的选取

污垢系数/（m²·℃/W）		管束类型	清洗方法（1）		前端固定式管箱（2）	尾端封头类型
管侧	壳侧		管侧	壳侧		
≤0.00018	所有	U 形管	—	—	A 或 B（3）	—
≤0.00035	所有	U 形管	C	—	A 或 B（3）	—
			M（4）	—	A	—
		可抽式	C	C	A 或 B（3）	S 或 T（5，6）
			M	C	A	S 或 T（5，7）
			C	M	A 或 B（3）	S 或 T（5）
			M	M	A	S 或 T（5）
≤0.00035	≤0.00035	固定式	C	C	A，B 或 C（8）	L，M 或 N（9，10）
			M	C	A	L
>0.00035	所有	U 形管可抽式	M（4）	—	A	—
			—	C	A	S 或 T（5）
			—	M	A	S 或 T（5）
>0.00035	≤0.00035	固定式	—	C	A	L

注：1 C：化学清洗；M：机械清洗，包括高压水力喷射清洗。
2 A：当管侧或壳侧腐蚀裕量为 3.0mm 时，首选封头类型。
3 B：常用的、较为经济的封头类型。
4 只用于管内侧，可用高压水喷射清洗的冷却水系统。
5 一般使用 S 形型头，除非有特殊要求时选 T 型封头。
6 当壳侧污垢系数≤0.00035 时，可以使用不可拆端盖。
7 当壳侧污垢系数≤0.00035 并且管侧可用高压水喷射清洗时，T 型封头可使用不可拆端盖。
8 B 或 C：常用类型，比 A 型经济。
9 M 或 N：常用类型，比 L 型经济。
10 L：当管侧腐蚀裕量为 3.0mm 时，首选封头类型。

表 5-4-6 各种换热器管程数限制

换热器类型	管程数限制
U 形管式	任意偶数；分程隔板只装在换热器前端
固定管板式	任意数；前、后两端均有分程隔板
拔出浮头式	任意偶数；对于单管程，必须在浮头端加装密封节；一般不用于单管程换热器
带外密封套环的浮头式	单管程或双管程；因为尾部没有分程隔板
带双开卡环的浮头式	任意偶数；单管程时浮头端要加装密封节
带填料函的浮头式	任意数

表 5-4-7 最大管程数

壳内径/mm	最大管程数
<250	4
250～510	6
510～760	8
760～1020	10
1270	12

四、根据不同的工艺条件安排物流

表 5-4-8 从不同的工艺条件出发给出了换热器的一般选型准则。从换热器经济设计的角度考虑，对管、壳式换热器应首先着重考虑物流的安排问题，如果两流体温度交叉（即高温流体的出口温度低于冷流体的出口温度），应考虑选流动类型为逆流的换热器。尽管对管壳式换热器可以选 F 形壳体，但因纵向隔板间会发生热量和流体泄漏，因此在多数情况下不推荐使用此种类型的壳体。

表 5-4-8 工艺条件和物流的安排

工艺条件	管壳式换热器		推荐使用的特殊类型的换热器
	壳侧	管侧	
高压		√	U 形管式
高温		√	U 形管式、蛇管式
大污垢系数		√	板式和螺旋板式换热器
高黏度流体	√		板式和螺旋板式换热器，强化湍流设备（例如扭管）和静态混合器等
低压力降	√	√	X 形壳体、折流杆式换热器和螺旋板式换热器
低流率	√		板式、螺旋板式、套管式及多管式换热器
腐蚀性流体		√	选用耐腐蚀材料和特殊材料（石墨、玻璃、聚四氟乙烯等）的换热器
低温度差	√	√	逆流类型的换热器。如：单管程、多管式、螺旋板式及板式换热器等，并可使用强化传热管
温度交叉	√	√	逆流类型的换热器，如：单管程、多管式、螺旋板式及板式换热器
冻结的流体	√		刺刀式和带 boxorboot 的换热器

五、冷却系统中换热器的选取

在许多工业过程中，产生的大量热量需要通过冷却系统排出。过去经常以水作为冷却剂。随着工业的发展，冷却水需求量急剧增加，引起供水困难，因而发展了空气冷却。对一个化工系统，一般包括水冷系统和空冷系统，或者是这两者的组合系统。当来自冷却器或冷凝器的工艺流体的出口温度较高时，应该考虑选择空气冷却器。通常空气冷却器比其他类型的换热器经济，设备回收期短，当工艺流体的出口温度高于大气环境温度15～20℃或更高时，选择空气冷却器比较理想。当然，对空气冷却器需做包括结构价格、耗电等因素在内的综合费用分析。而使用水冷系统时，也应考虑包括供水、处理、循环使用及废水处理等费用。根据技术经济比较，在气候适宜的地方，当工艺物料的最低温度大于65℃时，选用空气冷却器最为合适；而当工艺物料的最低温度小于50℃时，则宜用水冷却器；在这两温度之间，则应作详细的经济分析，以确定用何种类型。一般来说，当工艺流体温度较低时，使用空气冷却器和管壳式水冷却器的混合系统比较合理，通常高于60°C的部分热量用空气冷却器取走，其余部分热量用水冷却器取走。

选用空气冷却器的原则：

（1）冷却水供应困难，水冷的运行费用过高；

（2）水冷引起结垢和腐蚀严重；

（3）水冷引起环境污染，特别是化工厂，将热水排入环境的热污染也应注意。

符合下列条件时，选用空气冷却器更为有利：

（1）空气进口温度设计值<38℃；

（2）热流体出口温度与空气进口温度之差>15℃；

（3）有效对数平均温差≥40℃；

（4）热流体凝固温度<0℃；

（5）热流体出口温度的允许波动范围≥±3～5℃；

（6）管侧允许压力降>10kPa；

（7）管内介质的传热膜系数<2300W/（m^2·K）；

（8）冷却水污垢系数>0.0002m^2·℃/W。

第五节　管壳式换热器

管壳式换热器或称管壳换热器，是目前应用最广泛的一种换热设备。与前面提到的几种间壁换热器相比，最突出的一点就是其单位体积设备所能提供的传热面积要大得多，传热效果也较好。由于结构坚固，而且可以选用的结构材料范围也比较宽广，故适应性较强，操作弹性较大。尤其在高温、高压和大型装置中采用更为普遍。

一、管式换热器的构造和类型

管式换热器主要由壳体、管束、管板（又称花板）和顶盖（又称封头）等部件构成。管束安装在壳体内，两端固定在花板上。顶盖用螺钉与壳体两端的法兰相连，检修或清洗时便于拆卸。当进行热交换时，一种流体由顶盖的进口接管进入，通过平行管束的管内流动，从另一端顶盖出口接管流出，称管程。另一种流体则由壳体的接管进入，在壳体与管束间的空隙处流过，而由另一接管流出，称为壳程。如图5-4-9所示为单程管壳式换热器。

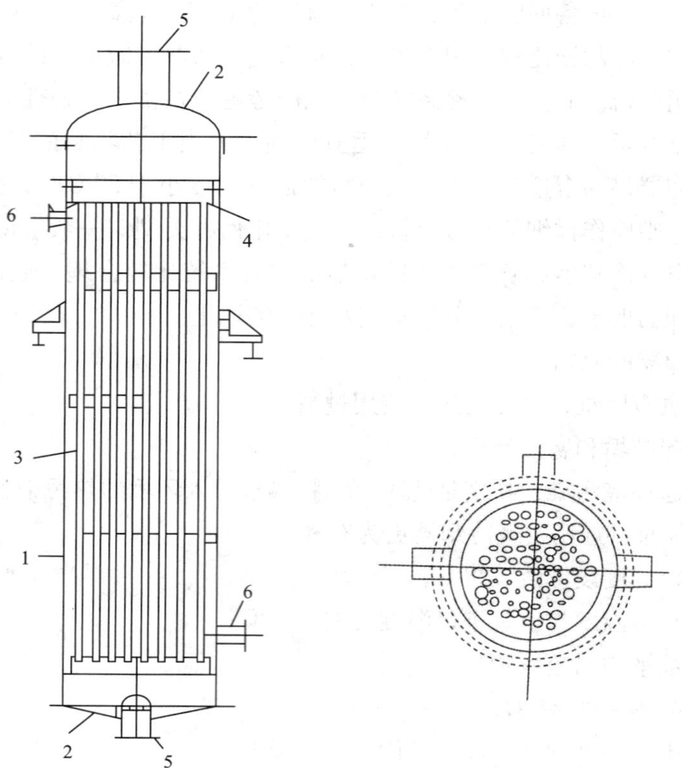

图 5-4-9 单程管壳式换热器

1—壳体；2—顶盖；3—管束；4—花板；5、6—接管

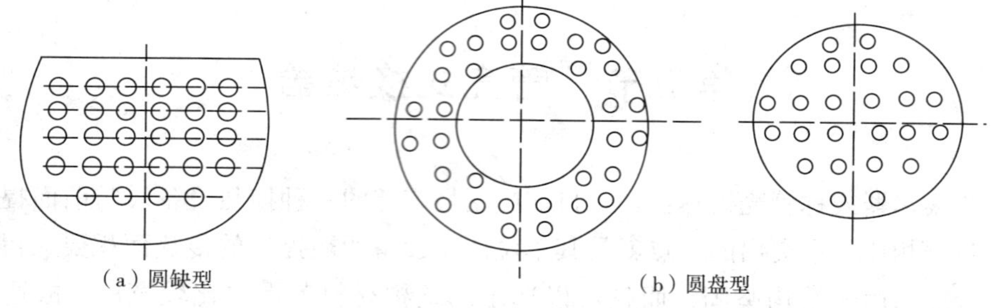

图 5-4-10 折流挡板

当管壳式换热器传热面积较大时，管子数目较多，为提高管程流体的流速，常将全部管子平均分割成若干组，使流体在管内依次往返流过多次，称为多管程，例如 2、4、6、8 管程等。程数过多，虽然提高了管内流体的流速，增大了管内传热膜系数；但同时将使流体阻力增大，平均温差降低，还因隔板占去部分布管面积，减少了传热面积。因此，程数不宜过多，一般以 2、4、6 管程最为常见。

同样，为了提高壳程流体的流速，往往在壳体内安装一定数目与管束相垂直的折流挡板（简称“挡板”）。这样既可提高流体流速，同时也迫使壳程流体按规定的路径流过，多次地错流流过管束，有利于管外传热膜系数的加大。常用的挡板类型有圆缺型挡板（也称弓形挡板）和圆盘型挡板两种，如图 5-4-10 所示，其中尤以前者采用较多。

图 5-4-11 为一壳程设有挡板的双程管式换热器。

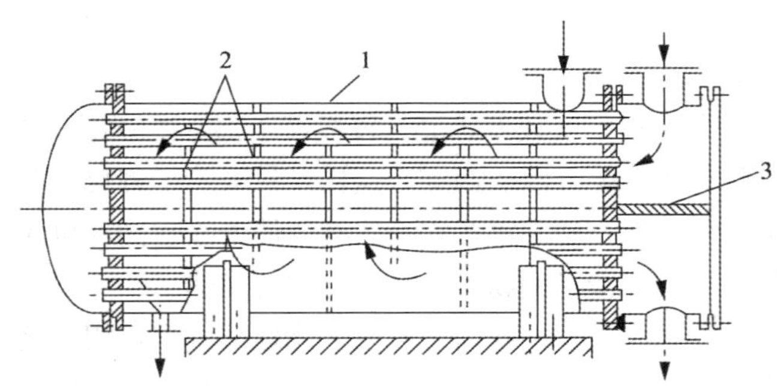

图 5-4-11 有折流挡板的双程管壳式换热器

1—壳体；2—挡板；3—隔板

管壳式换热器在操作时，由于冷、热两流体温度不同，使壳体和管束的温度不同，其热膨胀程度就不相同。如果两者相差较大（50℃以上），就可能引起设备变形，甚至扭弯或破裂，对此，就必须从结构上考虑热膨胀的影响，采用各种补偿的办法。管壳式换热器根据补偿的有无或不同，常用的有下列几种主要类型。

1. 固定管板式

当冷、热两流体温差不大时，可采用固定管板的结构类型，即两端管板和壳体是连为一体的。这种换热器的特点是结构简单，制造成本低。但由于壳程不易清洗或检修，管外物料应是比较清洁，不易结垢的。对于温差稍大而壳体承受压力不太高时，可在壳体上加上热补偿结构，以消除热应力。图 5-4-12 为壳体上具有补偿圈（或称膨胀节）的固定管板式换热器。

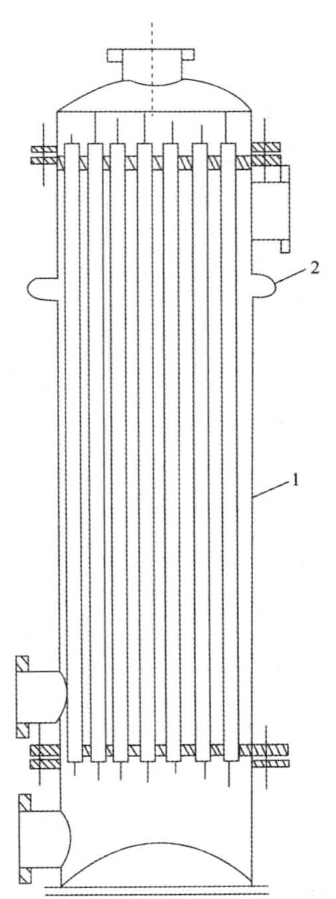

图 5-4-12 具有补偿圈的固定管板式换热器

1—壳体；2—补偿圈

2. 浮头式换热器

这种换热器中两端的管板，有一端不与壳体相连，可以沿管长方向自由浮动，故称浮头。这样，当壳体和管束因温差较大而热膨胀不同时，管束连浮头就可在壳体内自由伸缩，从而解决热补偿问题。而另外一端的管板又以法兰与壳体相连接，因此整个管束可以从壳体中拆卸出来，便于清洗和检修。所以，浮头式换热器是应用较多的一种类型。但其结构比较复杂，金属耗量多，造价也较高。图 5-4-13 为一双管程浮头式换热器。

3. U 形管式换热器

如图 5-4-14 所示为一 U 形管式换热器，每根管子都弯成 U 形，进、出口分别安装在同一花板的两侧，并将封头以隔板隔成两室。这样，每根管子都可以自由伸缩，且与其他管子和外壳无关。从结构上看，较之浮头式换热器要简单些，同样可用于高温、高压环境中。但管程不易清洗，可用于清净的物料及高压气体的换热。

以上几种类型的管壳式换热器，我国已有系列化标准可供选用。这些类型换热器的型号规格一般包括以下各项，即标明类型、壳体直径、传热面积、可以承受的压力，以及管程数等。例如，型号为 $F_B800-180-16-4$ 的换热器，F_B 表示浮头式 B 型，其换热管为 $\phi25mm \times 2.5mm$ 正方形排列（F_A 则为浮头式 A 型，其换热管径为 $\phi19mm \times 2mm$ 正三角形排列），壳体公称直径为 800mm，公称传热面积为 $180m^2$，公称压力为 $16kgf/cm^2$，管程数为 4。

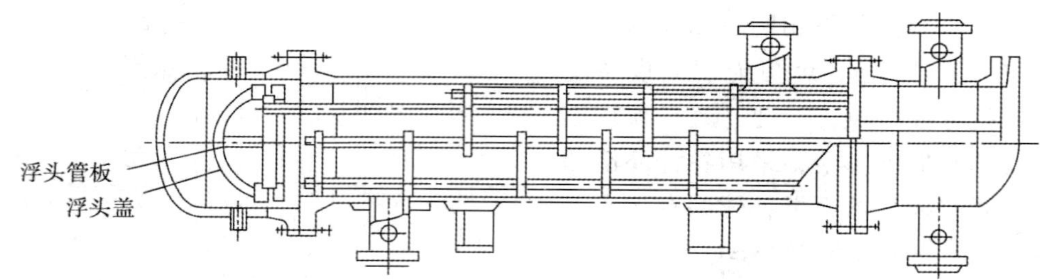

图 5-4-13 双管程浮头式换热器

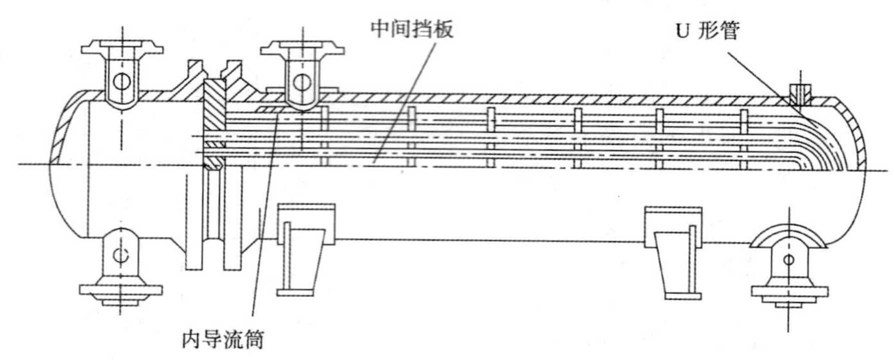

图 5-4-14 U 形管式换热器

二、管壳式换热器的选用和设计

管壳式换热器选用和设计所需考虑的一些问题和计划步骤，基本上是一致的。一般在设计新的管壳式换热器时，如能以系列标准为参照，而对某些参数进行适当调整，则可较为简便。现将有关问题分述如下。

1. 流程的选择

在换热器中，哪一种流体经过管程，哪一种流经过壳程，可以下列几点作为选择的一般原则：

（1）不洁净或易结垢的物料应当流过易于清洗的一侧，对于直管管束，一般通过管内。

（2）需要较高流速以增大其传热膜系数的流体应选管程，因管程流通截面积常小于壳程，而且易于采用多管程以增大流速。

（3）腐蚀性物料应在管内流过较为有利。

（4）压力高的物料选管程。

（5）饱和蒸汽一般通入壳程，以便排出冷凝液，而且蒸汽较清洁，其传热膜系数又与流速关系较小。

（6）对于黏度大（$\mu > 1.5 \times 10^{-3} \sim 2.5 \times 10^{-3} N \cdot s/m^2$），或流量较小的物料，以壳程为宜。因在有挡板的壳程中流动时，流道截面和流向都在不断改变，在低 Re 数下（$Re > 100$）即可达到湍流。

（7）被冷却物料一般选壳程，便于散热。

以上各点常常不可能同时满足，应抓住主要方面，例如首先从流体压力、防腐蚀及清洗等要求来考虑；然后从压力降或其他要求予以校核选定。

2. 流速的选择

流体在管程或壳程中的流速，不仅直接影响传热系数，而且影响污垢热阻，从而影响传热系数的大小，特别是对于含有泥砂等较易沉积颗粒的流体，流速过低甚至可能导致管路堵塞，严重影响设备的使用。但流速增大，又将使流体阻力增大。因此，选择适宜的流速是十分重要的。根据经验，表 5-4-9 和表 5-4-10 列出一些工业上常用的流速范围，以供参考。

表 5-4-9　管壳式换热器内常用的流速范围

流体种类	流速/（m/s）	
	管程	壳程
一般液体	0.5～3	0.2～1.5
易结垢液体	>1	>0.5
气体	5～30	3～15

表 5-4-10　不同黏度液体在管壳式换热器中的流速（在钢管中）

液体黏度/（$10^{-3}N \cdot s/m^2$）	最大流速/（m/s）
>1000	0.6
500～1000	0.75
100～500	1.1

续表

液体黏度/（10^{-3}N·s/m²）	最大流速/（m/s）
35～100	1.5
1～35	1.8
<1	2.4

3. 平均温度差的计算

在大多数管壳式换热器中，两流体并非成单纯的并流或逆流流动，而是比较复杂的多程流动或互相垂直的交叉流动。如图5－4－15所示，其中两流体流动方向是互相垂直的，称为错流；表示其中一流体的流向反复地折回，如在多管程内的流动，称为折流。但在管壳式换热器中的实际情况较此更为复杂，而是多种形式并存的。

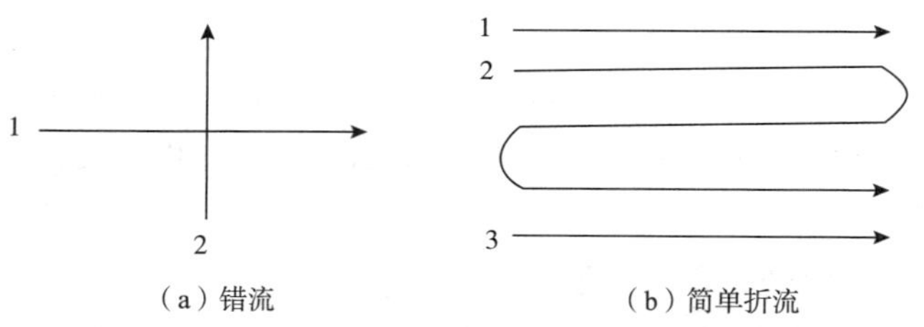

图5－4－15　两流体成错流和折流流动示意图

对于管壳式换热器中两流体间平均温度差Δt_m的计算，通常采用的方法是先按纯逆流的情况求得其对数平均温度差$\Delta t_m'$，然后根据实际流动情况乘以校正系数$\varepsilon_{\Delta t}$，即：

$$\Delta t_m = \varepsilon_{\Delta t}\Delta t_m'$$

校正系数$\varepsilon_{\Delta t}$与冷、热两流体的温度变化有关，是R和P两因素的函数，即：

$$\varepsilon_{\Delta t} = f(R,P)$$

式中，$R=\dfrac{T_1-T_2}{t_2-t_1}=\dfrac{\text{热流体的温降}}{\text{冷流体的温升}}$，$P=\dfrac{t_2-t_1}{T_1-t_1}=\dfrac{\text{冷流体的温升}}{\text{两流体的最初温差}}$。$T_1$、$T_2$为热流体的进、出口温度；$t_1$、$t_2$为冷流体的进、出口温度。

校正系数$\varepsilon_{\Delta t}$值可根据R和P两参数从相应的图中查得。图5－4－16即为几种对数平均温差校正系数图，分别适用于壳程为1～4，管程均可为2、4、6、8等多管程的管壳式换热器（内部均有折流挡板）。对于其他流向情况的换热器，亦可由手册查得其相应的校正系数值。

由图5－4－16可见，$\varepsilon_{\Delta t}$值恒小于1，即在管壳式换热器流动的情况下，其平均温差总是比纯逆流要小。但$\varepsilon_{\Delta t}$值不应小于0.8。否则，一方面在经济上不合理；另一方面此时若操作温度略有变动，$\varepsilon_{\Delta t}$值可能急剧降低，将影响操作的稳定。

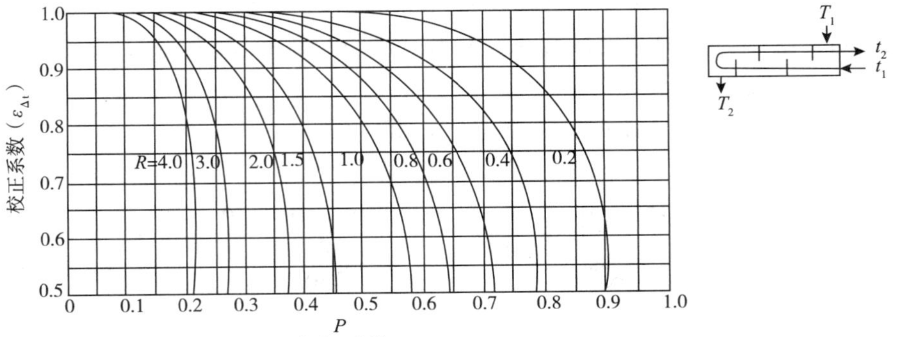

（a）1壳程

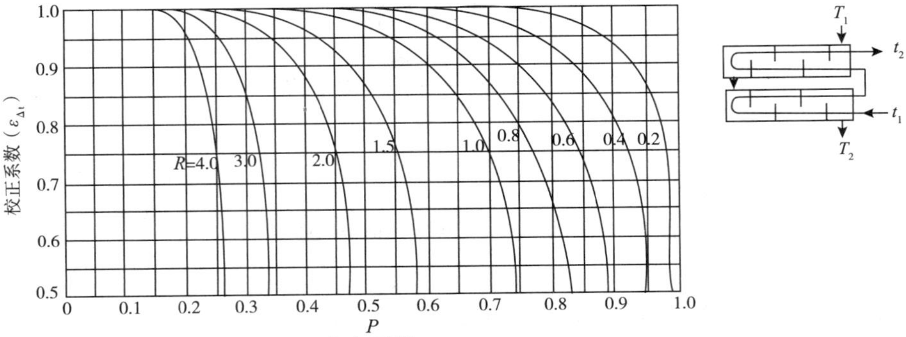

（b）2壳程

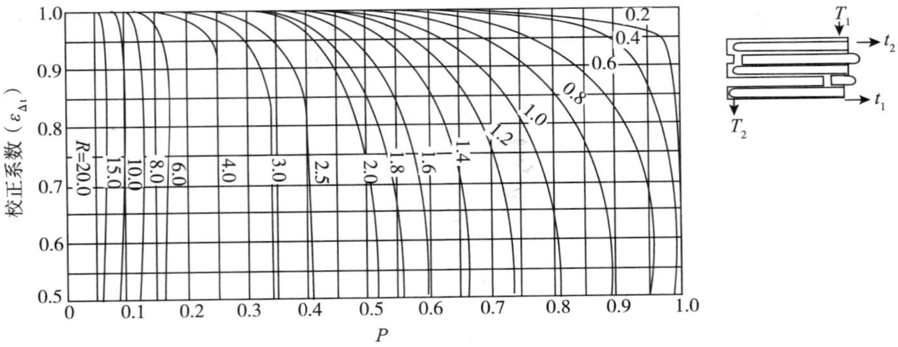

（c）3壳程

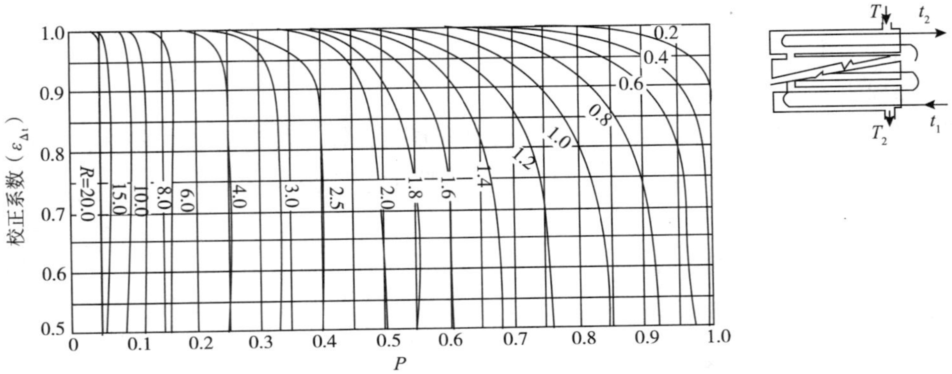

（d）4壳程

图 5-4-16 对数平均温度差的校正系数 $\varepsilon_{\Delta t}$值

［例 5-4-3］在一 1 壳程、4 管程的管壳式换热器中，用水冷却乙腈溶剂。冷却水在管内流动，进口温度为 15℃，出口温度为 40℃。乙腈溶剂由 125℃进入，冷却至 65℃。求两流体的平均温度差。

解：$T_1=125℃$，$T_2=65℃$，$t_1=15℃$，$t_2=40℃$。

按逆流计算：

$$\Delta t_m'=\frac{(125-40)-(65-15)}{\ln\frac{125-40}{65-15}}=\frac{85-50}{\ln\frac{85}{50}}=\frac{30}{0.53}=66℃$$

计算 R、P 值：

$$R=\frac{T_1-T_2}{t_2-t_1}=\frac{125-65}{40-15}=2.4$$

$$P=\frac{t_2-t_1}{T_1-t_1}=\frac{40-15}{125-15}=0.227$$

查图 5-4-16（a），得 $\varepsilon_{\Delta t}=0.93$

故两流体的平均温差为：

$$\Delta t_m=\varepsilon_{\Delta t}\Delta t_m'=0.93\times 66=61.4℃$$

4. 流体阻力的计算

管壳式换热器中流体阻力的计算包括管程和壳程两个方面。

1）管程压力降

可按一般摩擦阻力计算式求得。但管程总的阻力 ΔP_t 应是各程直管摩擦阻力 ΔP_i、每程回弯阻力 ΔP_r，以及进出口阻力 ΔP_N 三项之和，而对比之下 ΔP_N 常可忽略不计。

因此，可用式（5-4-13）计算管程总压力降 ΔP_t：

$$\Delta P_t=(\Delta P_i+\Delta P_r)F_tN_sN_p \tag{5-4-13}$$

式中 ΔP_i——每程直管压降（$\Delta P_i=\lambda\frac{l}{d_i}\frac{u^2\rho}{2}$）；

ΔP_r——每程回弯压降（$\Delta P_r=\frac{3u^2\rho}{2}$）；

F_t——管程压降结垢校正系数，对于 F_A 型 $F_t=1.5$，对于 F_B 型 $F_t=1.4$；

N_s——壳程数；

N_p——管程数。

2）壳程压力降

对于壳程压力降的计算，由于流动状态比较复杂，提出的计算公式较多，所得计算结果常相差较大。下面为利用埃索法计算壳程压力降的公式：

$$\Delta P_s=(\Delta P_0+\Delta P_{ip})F_s \tag{5-4-14}$$

式中 ΔP_s——壳程总压降，N/m^2；

ΔP_0——流过管束的压降，N/m^2；

ΔP_{ip}——流过折流板缺口的压降，N/m^2；

F_s——壳程压力降结垢校正系数，对于液体 $F_s=1.15$，对于气体或可凝蒸汽 $F_s=1.0$。

管束压降：

$$\Delta P_0 = Ff_0 N_{TC}(N_B+1)\frac{u_0^2\rho}{2} \tag{5-4-15}$$

折流板缺口压降：

$$\Delta P_{ip} = N_B\left(3.5-\frac{2B}{D}\right)\frac{u_0^2\rho}{2} \tag{5-4-16}$$

式中 N_B——折流板数目；

N_{TC}——横过管束中心线的管子数，对于三角形排列的管束 $N_{TC}=1.1N_T^{0.5}$，对于正方形排列的管束 $N_{TC}=1.19N_T^{0.5}$，N_T 为每一壳程的管子总数；

B——折流挡板间距，m；

D——壳体内径，m；

u_0——按壳程流通截面积 $S_0=B(D-N_{TC}d_0)$ 计算所得的壳程流速，m/s；

F——管子排列形式对压降的校正因数，对于三角形排列 $F=0.5$，对于正方形斜转 45° $F=0.4$，对于正方形 $F=0.3$；

f_0——壳程流体摩擦因数，当 $Re_0=\frac{d_0\mu_0\rho}{u}>500$ 时，$f_0=5.0Re_0^{-0.228}$。

5. 换热管规格和排列的选定

管壳式换热器中所用换热管的管径，对于洁净的流体可取小些，这样单位体积设备的传热面积就能大些。对于不太清洁、黏度较大或易结垢的流体就取大些，以便清洗或避免堵塞。目前，在我国试行的系列标准中，规定采用的是 ϕ25mm×2.5mm 和 ϕ19mm×2mm 两种规格的换热管，这对一般流体是适用的。按选定的管径和流速就可确定管子数，再根据所需传热面积，就可求得管子长度。但管子的长度又应与壳径相适应，一般 L/D 约为 4～6。同时，也应根据出厂的钢管长度合理截用，如国内生产的管子长多为 6m，故系列标准中换热管的长度分为 1.5m、2m、3m 或 6m，而以 3m 和 6m 最为普遍。管子在管板中的排列方法常用的有等边三角形排列、正方形直列和正方形错列三种，如图 5-4-17 所示。等边三角形排列比较紧凑，在一定的壳径内可排列较多的管子，且传热效果较好，但管外清洗较困难。正方形排列的好处是管外清洗方便，故适用于壳程流体易生污垢的情况，其传热效果较之等边三角形排列要差些，但如果斜转 45°成为错列排列时，则传热效果可以适当提高一些。

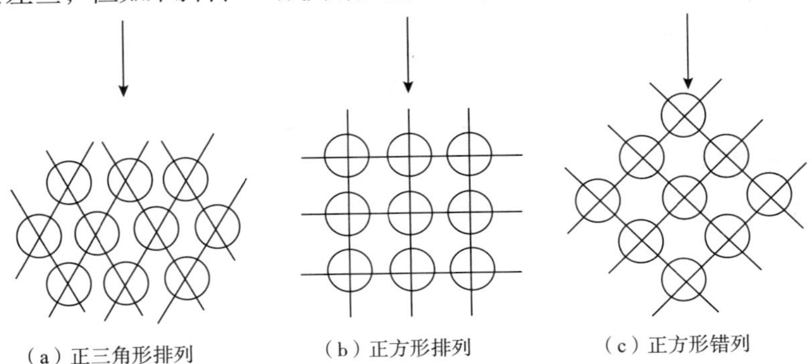

图 5-4-17 管子在管板上的排列

6. 管壳式换热器的选用和设计计算步骤

基本上可按下列步骤进行选用和设计计算：

（1）计算传热量及对数平均温度差，按估计的总传热系数估算传热面积。由此可以试选适当型号的换热器。

（2）计算管程、壳程压力降。

在选择管程流体与壳程流体，以及初步确定了换热器主要尺寸的基础上，就可以计算管程、壳程流速和压力降，看是否合理。或者先选定流速，以确定管程数 N 和折流板间距 B，再计算压力降是否合理。这时，N 与 B 是可以调整的参数，如果仍不能满足要求，可另选壳径再进行计算，直到合理为止。

（3）核算总传热系数。

分别计算管程、壳程传热膜系数，确定污垢热阻，求出总传热系数，并与估算时所选用的传热系数进行比较。如果二者相差较多，应重作估算。

（4）计算传热面积。

根据核算的 K 值与温度校正系数 $\varepsilon_{\Delta t}$，由 $A=\dfrac{Q}{K\Delta t_m'\varepsilon_{\Delta t}}$，计算传热面积，一般应使所选用或设计的传热面积大于计算所得面积的10%～15%为宜。

［例5-4-4］某炼油厂拟用一管壳式换热器，将175℃的柴油与70℃的原油进行换热。原油应预热到110℃，柴油冷却到130℃左右。已知柴油的处理量为34000kg/h，密度为715kg/m^3，比热为2.48kJ/（kg·℃），导热系数为0.133W/（m·℃），黏度为0.64×10^{-3}N·s/m^2。原油的处理量为44000kg/h，密度为815kg/m^3，比热为2.2kJ/（kg·℃），导热系数为0.128W/（m·℃），黏度为6.65×10^{-3}N·s/m^2，传热管两侧污垢热阻均可取为0.0002m^2·℃/W。两侧的压力降都不应超过0.3ata。试选用一适合型号的管壳式换热器。

解：1）计算传热量 Q

按原油所需热量再加上5%的热损失计算传热量，即：

$$Q=44000\times2.20\times(110-70)\times1.05=4.06\times10^6\text{kJ/h}=1.13\times10^6\text{ W}$$

2）估算传热面积 A

根据能量守恒定律求得柴油的出口温度 T_2 为：

$$T_2=T_1-\frac{Q}{W_1c_{p1}}=175-\frac{4.06\times10^6}{3.4\times10^4\times2.48}=175-48=127℃$$

3）计算逆流平均温度差

柴油：175℃→127℃

原油：110℃←70℃

温差：65℃　　57℃

$$\Delta t_m=\frac{65+57}{2}=61℃$$

取 $K=250\mathrm{W}/(\mathrm{m}^2\cdot℃)$

初步估算所需传热面积：

$$A=\frac{Q}{K\Delta t_{\mathrm{m}}}=\frac{1.13\times10^{-6}}{2560\times61}=74.1\mathrm{m}^2$$

三、试选型号

由于温差较大和为了便于清洗壳程污垢，对于油品的换热，以采用 F_B 系列的浮头式管壳换热器为宜。柴油温度高，流经管程可减少热损失，又因原油黏度较大，流经壳程在较低的 *Re* 数时即达湍流，有利于提高其传热膜系数。

现设管程流速为 1.0m/s，所需单程管数为 n，已知管内径为 $0.025-2\times0.0025=0.020\mathrm{m}$，故：

$$n\times\frac{\pi}{4}\times0.020^2\times1.0\times3600=\frac{34000}{715}$$

解得 $n=42$ 根，按 4 程考虑，则一台换热器的管子总数为 $4\times42=168$ 根，查得适当的浮头式换热器型号为 $F_B-600-95-16-4$。可取折流板间距 200mm，折流板数为 $N_B=24$ 块。又查得其管程通道截面积为 $0.0151\mathrm{m}^2$，壳程通道截面积为 $0.0438\mathrm{m}^2$，总管子数为 192 根。按上述数据核算管程、壳程流速和 *Re* 数。

管程：

质量流速：$G_i=\dfrac{34000}{3600\times0.0151}=625\mathrm{kg}/(\mathrm{m}^2\cdot\mathrm{s})$

流速：$u_i=\dfrac{G_i}{\rho}=\dfrac{625}{715}=0.875\mathrm{m/s}$

$$Re=\frac{d_iG_i}{\mu}=\frac{0.020\times625}{0.64\times10^{-3}}=19500$$

壳程：

质量流速：$G_0=\dfrac{44000}{3600\times0.0438}=279\mathrm{kg}/(\mathrm{m}^2\cdot\mathrm{s})$

流速：$u_0=\dfrac{G_0}{\rho}=\dfrac{279}{815}=0.342\mathrm{m/s}$

当量直径：$d_e=\dfrac{4\left(t^2-\frac{\pi}{4}d_0^2\right)}{\pi d_0}=\dfrac{4\left(0.032^2-\frac{\pi}{4}\times0.025^2\right)}{\pi\times0.025}=0.027\mathrm{m}$

$$Re=\frac{d_0G_0}{\mu}=\frac{0.027\times279}{6.65\times10^{-3}}=1130$$

由以上核算可知，采用 $F_B-600-95-16-4$ 型号，对于管程、壳程流速和 *Re* 数都是合适的。

四、计算压力降

1. 管程压力降

$$\Delta P_t = (\Delta P_i + \Delta P_e) F_t N_p N_s$$

当 $Re = 19500$，$\lambda = 0.030$ 时，

$$\Delta P_i = \lambda \frac{l}{d_i} \frac{u^2\rho}{2} = 0.030 \times \frac{6}{0.020} \times \frac{0.875^2 \times 715}{2} = 2460\mathrm{N/m^2}$$

$$\Delta P_e = 3 \times \frac{0.875^2 \times 715}{2} = 820\mathrm{N/m^2}$$

$$F_t = 1.4$$

$$\Delta P_t = (2460 + 820) \times 1.4 \times 4 \times 1 = 18400\mathrm{N/m^2} = 0.188\mathrm{kg/cm^2}$$

2. 壳程压力降

$$\Delta P_s = (\Delta P_0 - \Delta P_{ip}) F_s N_s$$

$$\Delta P_0 = F f_0 N_{TC} (N_B + 1) \frac{\mu_0^2 \rho_0}{2}$$

$$F = 0.4 \text{（45°错列）}$$

f_0：当 $Re = 1130 > 500$ 时，

$$f_0 = 5 \times 1130^{-0.228} = 1$$

$$N_{TC} = 1.19 \times (192)^{0.5} = 16.5 \text{，取 17 根}$$

$$\Delta P_0 = 0.4 \times 1.0 \times 17 \times (24 + 1) \times \frac{0.342^2 \times 815}{2} = 8100\mathrm{N/m^2}$$

$$\Delta P_{ip} = N_B \left(3.5 - \frac{2B}{D}\right) \frac{u_0^2 \rho_0}{2} = 24 \times \left(3.5 - \frac{2 \times 0.2}{0.6}\right) \times \frac{0.342^2 \times 815}{2} = 3240\mathrm{N/m^2}$$

$$\Delta P_s = (8100 + 3240) \times 1.15 \times 1 = 1.31 \times 10^4\mathrm{N/m^2} = 0.134\mathrm{kg/cm^2}$$

五、核算传热系数 K

1. 管程传热膜系数 α_i

$$\alpha_i = 0.023 \frac{\lambda}{d_i} Re_i^{0.8} Pr_i^{0.3}$$

$$Re_i = 19500$$

$$Pr_i = \frac{C_p \mu}{\lambda} = \frac{2.48 \times 0.64 \times 10^{-3}}{0.133 \times 10^{-3}} 11.9$$

$$\alpha_i = 0.023 \times \frac{0.133}{0.02} \times 19500^{0.8} \times 11.9^{0.3} = 867\mathrm{W/(m^2 \cdot ℃)}$$

2. 壳程传热膜系数

当 $Re_0 = 1130$ 时，图 5-4-18 为管壳式换热器壳程膜系数计算用曲线，由图查得：

$$NuPr^{-\frac{1}{3}}\left(\frac{\mu}{\mu_w}\right)^{-0.14}=18$$

取$\left(\frac{\mu}{\mu_w}\right)^{-0.14}\approx 1$则

$$Pr=\frac{2.2\times 6.65\times 10^{-3}}{0.128\times 10^{-3}}=114 \qquad Pr^{\frac{1}{3}}=4.85$$

$$\alpha_0=18\times\frac{\lambda}{d_e}Pr^{\frac{1}{3}}=18\times\frac{0.128}{0.027}\times 4.85=414\text{W/（m}^2\cdot℃）$$

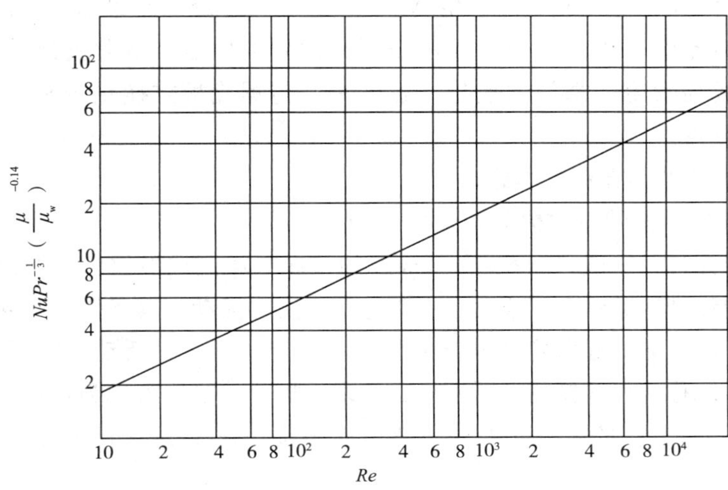

图 5-4-18　管壳式换热器壳程膜系数计算用曲线

3. 总传热系数 K_0（以接管外表面为准）

$$K_0=\frac{1}{\frac{d_0}{\alpha_i d_i}+R_{di}\frac{d_0}{d_i}+R_{d_0}+\frac{1}{\alpha_0}}=\frac{1}{\frac{0.025}{867\times 0.02}+0.0002\times\frac{0.025}{0.020}+0.0002+\frac{1}{414}}=233\text{W/（m}^2\cdot℃）$$

六、计算传热面积 A_0

根据核算所得的 K 值，再求所需传热面积，应先查得 $\varepsilon_{\Delta t}$。

$$R=\frac{T_1-T_2}{t_2-t_1}=\frac{175-127}{110-70}=1.2$$

$$P=\frac{t_2-t_1}{T_1-t_1}=\frac{110-70}{175-70}=0.381$$

由图 5-4-16（a）查得 $\varepsilon_{\Delta t}=0.92$，故实际所需传热面积为：

$$A_0=\frac{Q}{K_0\Delta t_m\varepsilon_{\Delta t}}=\frac{1.13\times 10^6}{233\times 61\times 0.92}=86.4\text{ m}^2$$

由以上核算结果可知，$F_B-600-95-16-4$ 型换热器可予以选用。

第六节　板式换热器

一、概述

1878年，德国人发明了板片式换热器，现在通常称为板式换热器，它经过了50余年的发展。至20世纪30年代，由薄金属板压制的板片组装而成的板式换热器问世，并将该换热器应用于工业中，显示出了其优异的性能，从此就迅速地得到了广泛的推广应用，成为紧凑、高效的换热设备之一，与螺旋板式换热器和板翅式换热器共称为紧凑式换热器。

1. 板（片）式换热器的基本构造

板（片）式换热器的基本构造如图5-4-19所示。

板片是传热元件，一般将0.6～0.8cm厚的金属板压制成波纹状，波纹板片上贴有密封垫圈。板片按设计的数量和顺序安放在固定压紧板和活动压紧板之间，然后用压紧螺柱和螺母压紧，上、下导杆起着定位和导向作用。固定压紧板，活动压紧板、导杆、螺柱、螺母、前支杆可统称为板式换热器的框架；众多的板片、垫片可称为板束。分析以上的结构和零部件，可见其零部件品种少，且通用性极强，这十分有利于成批量生产及使用维修。

2. 流程组合

板束中板片的数量和排列方式，由设计确定，图5-4-20是典型的排列形式。由图5-4-20可见，垫片不仅起到密封作用，还起到流体在板间流动的导向作用。流程组合就是板片数量和排列方式的有机结合，并以数学形式表示为：

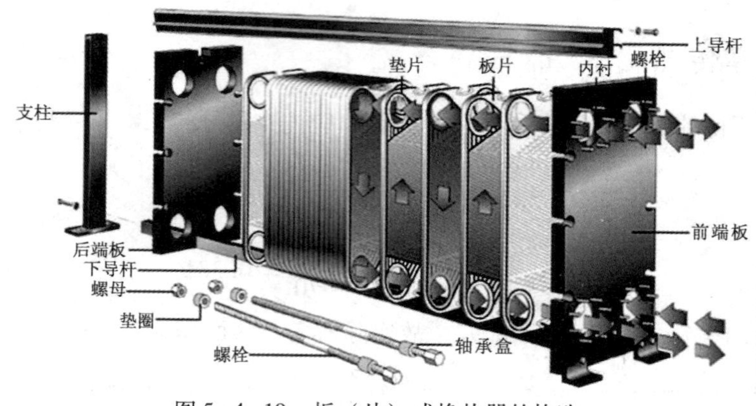

图5-4-19　板（片）式换热器的构造

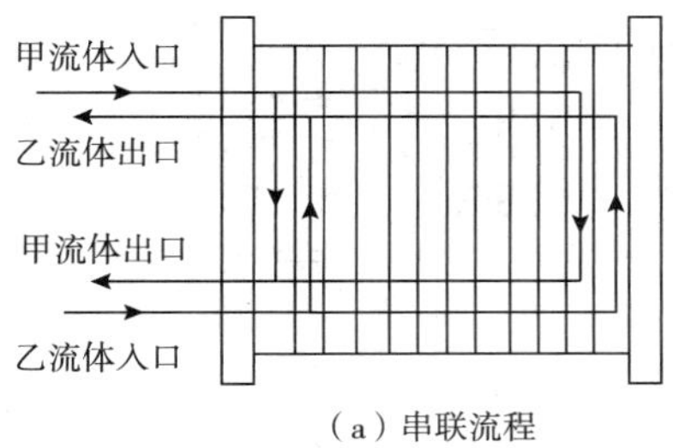

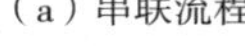

（a）串联流程

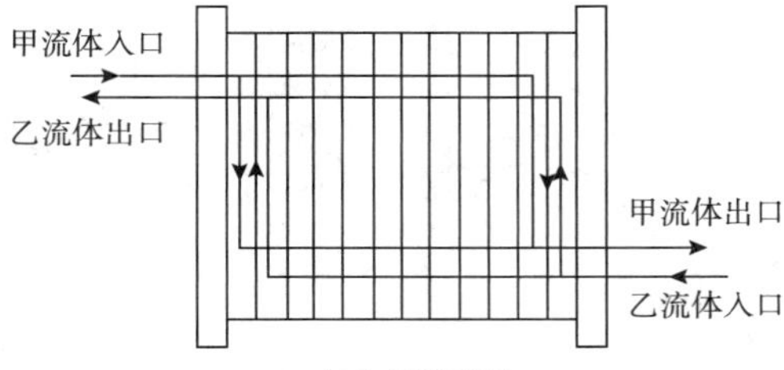

（b）并联流程

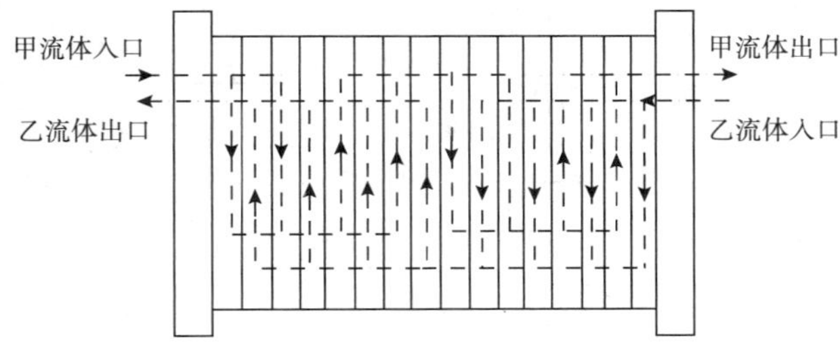

（c）混合流程（$\frac{2\times4}{4\times2}$例）

图 5-4-20　典型的流程组合

$$\frac{M_1N_1+M_2N_2+\cdots+M_iN_i}{m_1n_1+m_2n_2+\cdots+m_in_i} \tag{5-4-17}$$

式中　M_1、M_2、…、M_i——从固定压紧板开始，甲流体侧流道数相等的流程数；

N_1、N_2、…、N_i——M_1、M_2、…、M_i 中的流道数；

m_1、m_2、…、m_i——从固定压紧板开始，乙流体侧流道数相等的流程数；

n_1、n_2、…、n_i——m_1、m_2、…、m_i 中的流道数。

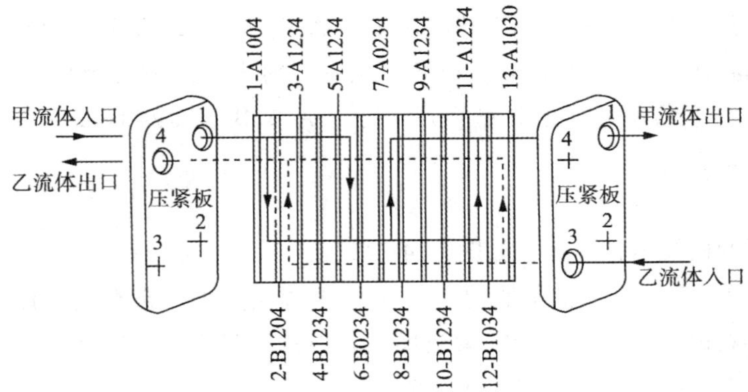

图 5-4-21　带有板片标记的流程组合图

（流程组合$\frac{2\times3}{1\times6}$）

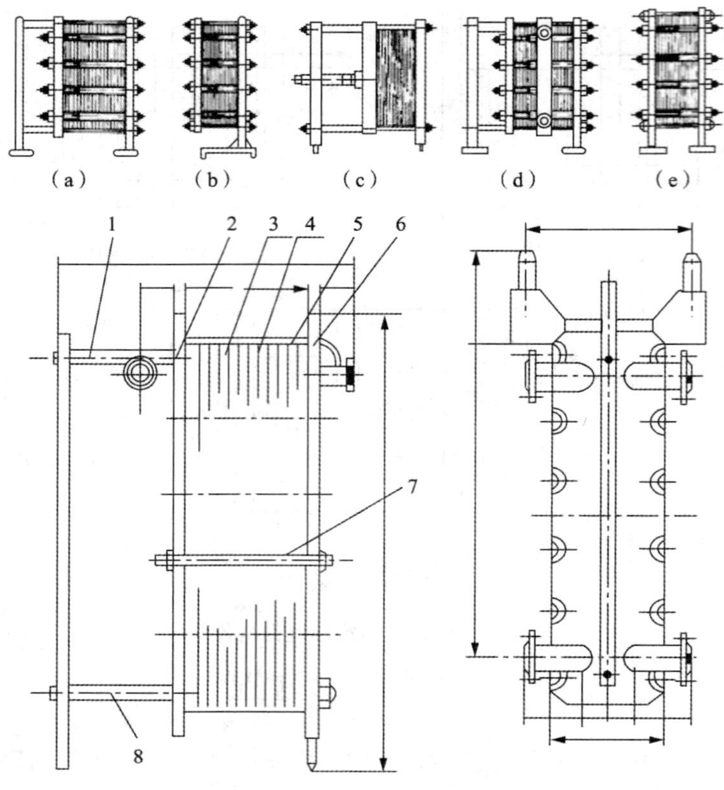

图5-4-22　框架主要类型及螺栓压紧式板式换热器结构

1—上导梁；2—活动压紧（端）板；3—板片；4—垫片；5—挂钩；6—固定压紧（端）板；7—压紧螺栓；8—下导梁

制造厂的流程组合图上常带有板片的标记，如图5-4-21所示，这样便于制造安装。图5-4-21中的A、B是指A型板片和B型板片，对人字形波纹板片，若把人字角朝上定为A型板片，人字角朝下则为B型板片。字母A或B后面的1、2、3、4、0为板片上开孔的方位，“0”为不开孔。

3. 框架类型

板式换热器的框架多种多样，如图5-4-22所示，其中尤以图5-4-22（a）、图5-4-22（b）更为常用。应用于乳品等食品行业中的板式换热器，常有两种以上的介质换热，所以要设置中间隔板，中间隔板的数量视换热介质的数量而定，另外由于工作压力不高，又需经常拆卸清洗，所以常采用顶杆式框架。

二、板片的类型与影响板片性能的参数

1. 影响板片传热与压降的参数和结构

图5-4-23和图5-4-24给出了hand等（1991）关于板片结构对传热和摩擦因子的影响。

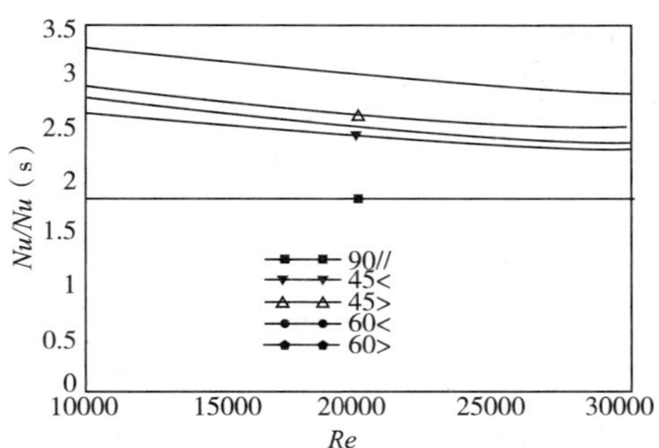

图 5-4-23 不同板片波纹及其布置的 $Nu-Re$ 关系

注：$W/H=1$；波纹高度 $e/D=0.0625$；$p/e=10$；Nu（s）为光滑板片的 Nu 数。

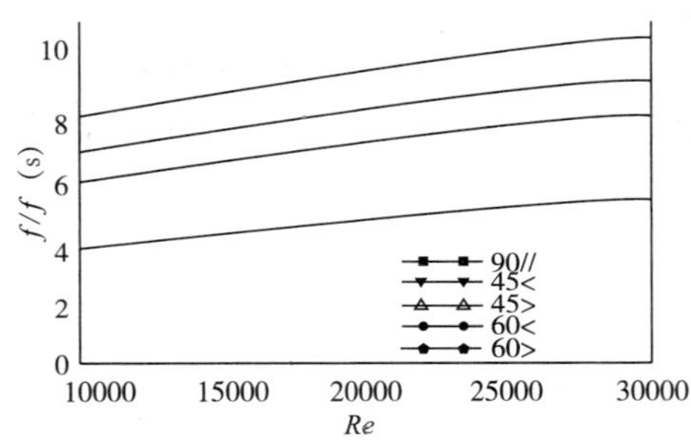

图 5-4-24 不同板片波纹及其布置的 $f-Re$ 关系

注：$W/H=1$，$e/D=0.0625$；$p/e=10$；f（s）为光滑板片的摩擦因子。

由图 5-4-23 可见，呈→<流向的 60°人字角的波纹传热效果最好，平直波纹传热效果最差，但压降也相应增高。许多研究者的结果都表明，与主流方向相垂直的人字波纹 $p/e\approx10$ 时，具有最佳的传热性能，其中波纹高度 e 至关重要；而波纹的形状对压降的影响比其对传热的影响更大；波纹的倾角 β 对传热与压降都有影响。研究发现，人字波纹板比光滑板可强化传热高达 80%。

2. 板片的类型与性能

根据上述一系列的研究和应用实践，人们开发了各种各样的波纹板片及其相应组合形成的各种流道，如图 5-4-25 所示。

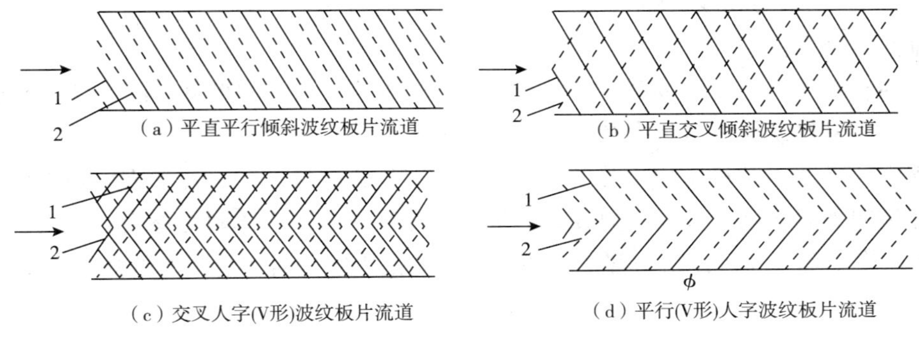

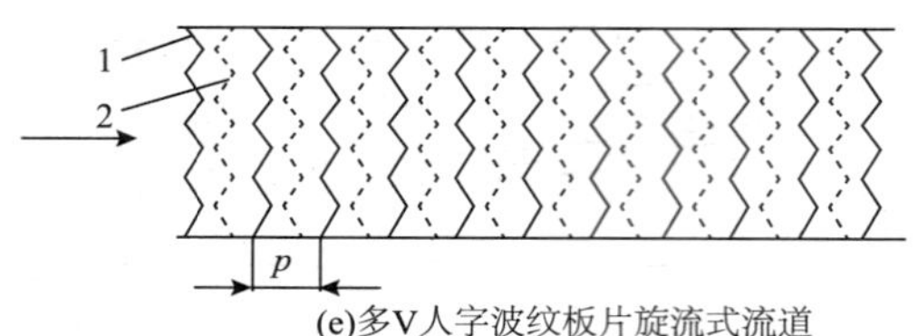

(e)多V人字波纹板片旋流式流道

图 5-4-25 板片波纹及流道类型示例

1—板片 1；2—板片 2；p—波节距；ϕ—波肋倾向

为评价和比较这些不同板片及其组合流道的“热力-流体动力”性能，Shah 和 London（1987），Shah 和 Fouke（1988）采用板片“面积质量因子”j/f 和“体积质量因子”来表示板片的性能。面积质量因子为：

$$j/f = \frac{NuPr^{-1/3}}{fRe} = \frac{1}{A_c^2}\frac{maAPr^{2/3}}{2\rho c_p \Delta p} \tag{5-4-18}$$

式中 A_c——板片流道横截面积，即每单位长板片的板间空隙容积，m^2；

A——板片传热面积，m^2；

c_p——流体比热容，J/（kg·K）；

a——板片传热膜系数，W/（m^2·K）；

m——流体质量流率，kg/s；

Δp——板片压降，N/m^2；

ρ——流体密度，kg/m^3；

j——Collburn 传热因子，$J = NuRePr^{1/3}$。

体积质量因子代表板片传热膜系数 α 与单位板片面积的流体泵功率之间的平衡关系：

$$\alpha = \frac{kNu}{d_e} = \frac{\mu c_p}{d_e Pr^{2/3}} jRe = \frac{jRekPr^{1/3}}{d_e}$$

单位板面积流体泵功率（摩擦功率）为：

$$E = \frac{m\Delta p}{\rho A} = \frac{\mu^3}{2\rho d^3} fRe_3 \tag{5-4-19}$$

式中 k——流体导热系数，W/（m·K）；

d_e——板片流道当量直径，m；

μ——流体动力黏度，kg/（m·s）。

其他符号意义同前。

图 5-4-26 为人字波纹板对板片壁旋涡强度的影响，由该图可见，图 5-4-26（a）的流向为→≪，其轴旋涡分量将会减薄板壁的边界层而强化传热。

图 5-4-27 表示两种常用板片的结构示图。对于人字形波纹板片，人字角 β 的大小对传热和流体阻力影响甚大。人字角 β 大的板片传热系数高，流体阻力亦大；反之，人字角 β 小的板片传热系数和流体阻力都低，图 5-4-28 是人字角对传热影响的曲线示图。

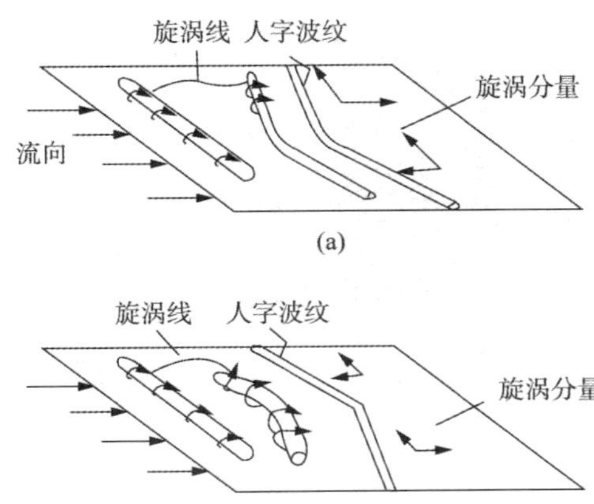

图 5-4-26　人字波纹板对板片旋涡强度的影响示图

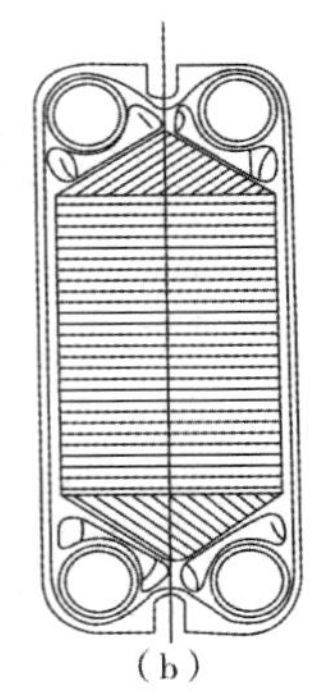

图 5-4-27　两种常用的板片结构示图

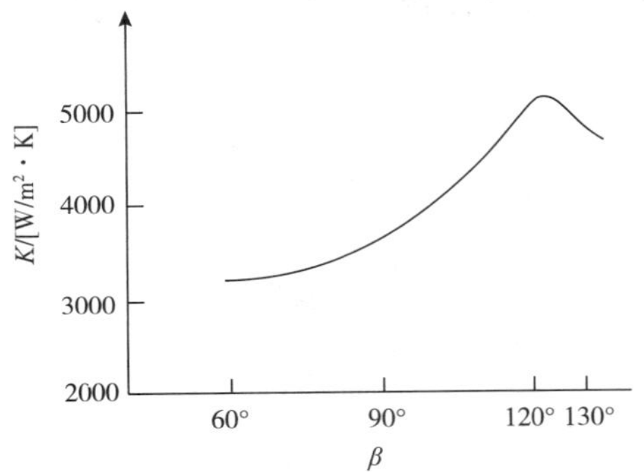

图 5-4-28　人字角对传热的影响

3. 混合 β 人字板（热混合板）及其性能

利用人字角 β 对传热的影响，很多制造厂将同一规格的板片制成大人字角和小人字角两种，如图 5-4-29 所示。国外把大人字角的板片称为 H 板片（即硬板：Hard Plates）；小人字角的板片称为 L 板片（即软板：Soft Plates）。一台板式换热器可全部用 H 板片组装或全部用 L 板片组装，也有将 H 板片和 L 板片相间组装、分段组装，这样组装的板式换热器性能介于前两者之间，从某种意义上讲，相当于第三种性能的板片，称之为 M 板片，（混合 β 板片其实是第二种性能的流道），图 5-4-29 和图 5-4-30 表示了组装情况及其相应的性能。在充分利用允许压降的情况下，称之为换热混合设计，其换热面积可减少 25% ~30% 。

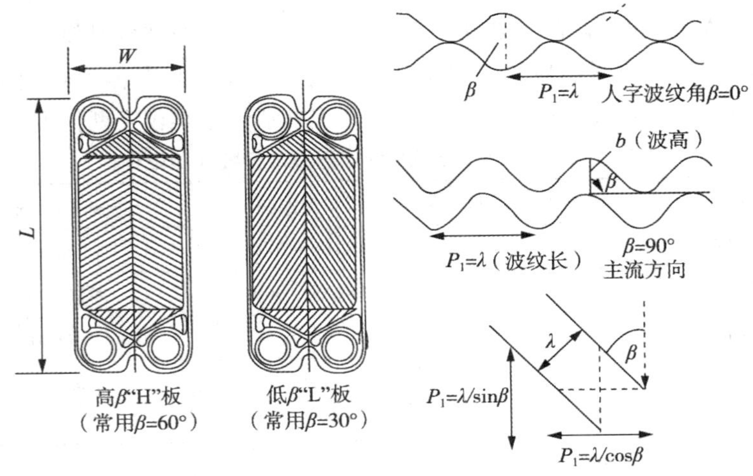

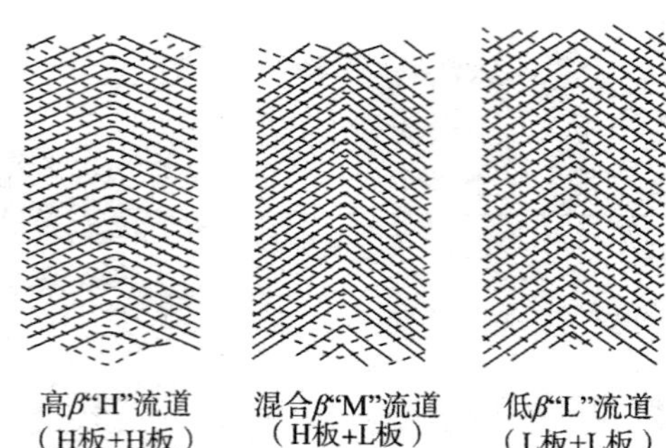

图5-4-29　大人字角板片（H板）、小人字角板片（L板）和三种组合的H、M、L流道示图

板片的厚度一般为0.6～0.8mm，长宽比约为2.7～3.3。但也有长宽比在2左右的板片，这种板片常应用于换热介质对数温差很大，而两种介质流量又有数倍之差的场合。

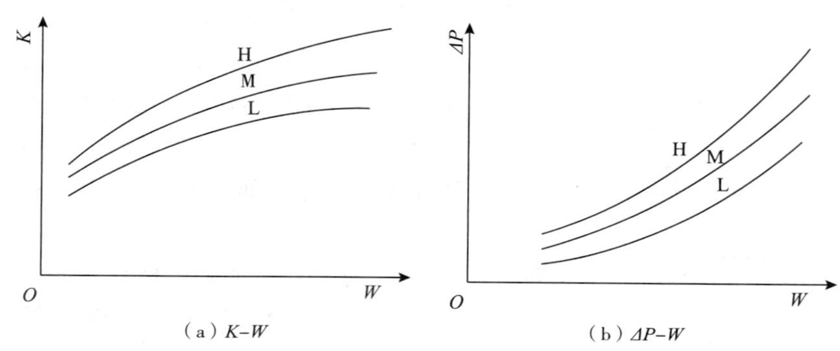

图5-4-30　H、M、L流道性能示图

4. 几种特殊构造的板片

国内外都有一些特殊的板式换热器，如宽窄流道板式换热器、双壁板式换热器等。宽窄流道板式换热器是采用结构特殊的板片组装在一起，使得窄流道和宽流道相间排列。例如，ALFA－LAVAL公司的产品，宽流道的间隙达16m，可处理含纤维、固体颗粒、高黏度的介质；双壁板式换热器的板片由两张薄金属板复合在一起（但存在间隙），板片边缘设有泄漏口，当一张薄板被介质腐蚀穿透后，即能外泄，不会仅在两侧发生介质混合。

表5-4-11　国外焊接板式换热器技术参数（极限指标）

生产企业	设计压力/MPa	设计温度/℃	单台换热面积/m^2	焊接模式
BAVEX（德国）	真空～8.0	－200～1000	3～2000	全焊式
DEG（德国）	8.0	－200～600	不详	全焊式
Novellas（法国）	4.4	530	1000～10000	全焊式
ALFA－LAVAL（瑞典）	10.0 3.0	400 －196～225	不详 15	全焊式 钎焊式

续表

生产企业	设计压力/MPa	设计温度/℃	单台换热面积/m^2	焊接模式
VICARB（法国）	3.2	300	1.5～320	全焊式
Flat Plat（美国）	3.1	232	不详	钎焊式
SWEP（瑞典）	3.0	-196～225	80	钎焊式
MULTISTACK（澳大利亚）	真空～3.0	225	8.3	钎焊式

为提高板式换热器的工作压力和工作温度，全焊式和半焊式板式换热器得到了发展。前者为钎焊而成，是不可拆卸的板式换热器。虽然提高了工作压力和工作温度，但丧失了板式换热器的一些优点；后者则将每两张板片焊接在一起成为焊接单元，然后组装起来，焊接单元之间用垫片密封，这样焊接单元中的流道可承受较高的温度和压力，但不能拆卸，而焊接单元之间的流道能承受的压力、温度仍和一般的板式换热器一样。国外焊接板式换热器技术参数见表5-4-11。

虽然普通的板式换热器也可应用于要求不高的相变换热工况中，但如果要获得完善的相变换热，则应采用板式冷凝器和板式蒸发器。图5-4-31是板式冷凝器的板片，其波纹类型和角孔尺寸都为了减小气侧的流体阻力；图5-4-32和图5-4-33是APV公司板式蒸发器的构造，四片为一组，在一台板式蒸发器中，可设置数组，以便连续蒸发。

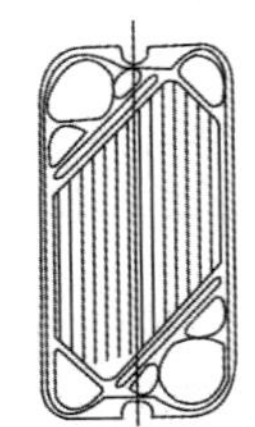

（a）冷却板片

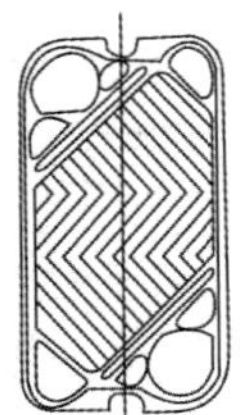

（b）冷凝板片

图5-4-31 板式冷凝器的板片示图

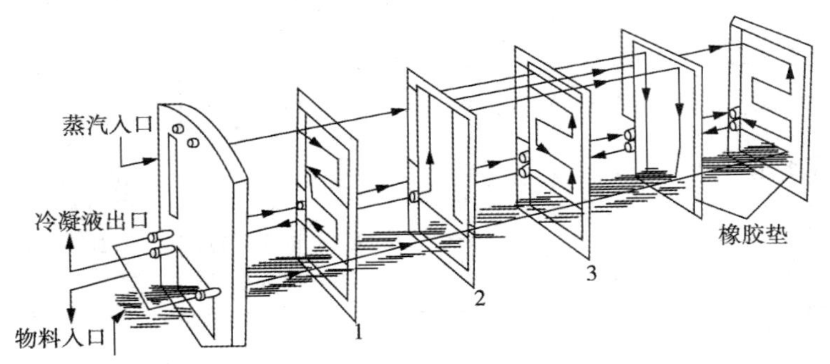

图5-4-32 板式蒸发器

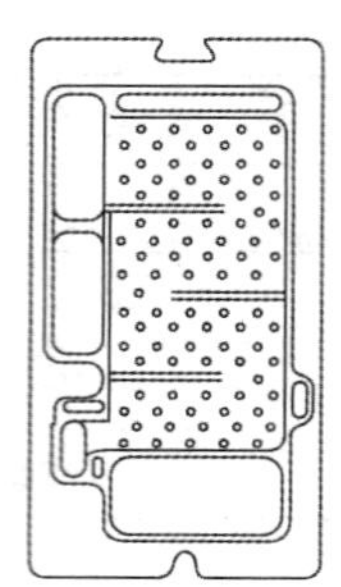

图5-4-33　板式蒸发器板片

三、板（片）式换热器的性能特点

虽然人们已进行了多方面研究，以提高板式换热器的工作压力和工作温度，但没有获得突破。而只是在产品大型化、使用工况多样化方面取得了一定进展，这就是现已可以制造的大型板式换热器和采用各种耐腐蚀材料制造的板式换热器。表5-4-12列出了当前国内外板式换热器的一些技术参数。

表5-4-12　板式换热器的技术参数

项　目	国　外	国　内
最大单板面积/m^2	4.75	2.0
最大单台面积/m^2	2200	<1000
最高工作压力/MPa	2.5	2.5
最高工作温度/℃		
橡胶垫片	<200	<200
石棉垫片	<250	<250
单台流量/（m^3/h）	3600	
总传热系数①/［W/（m^2·K）］	3500～7500	

极限指标

生产企业	单板面积/m^2	单台换热面积/m^2	设计压力/MPa	设计温度/℃	处理量/（m^3/h）
ALFA-LAVAL（瑞典）	3.63	2200	2.5（特殊3.0）	-25～200	3600
APV（英国）	4.75	2500	2.5	-35～200	3500
GEA AHLBORN（德国）	2.50	2000	2.5	220	3600
W. SCHMIDT（德国）	1.55	1800	2.5	170	1800
HISAKA（日本）	2.30	1500	2.5（特殊3.0）	-20～180	2500
VICARB（法国）	2.83	1820	2.0（特殊2.5）	170	2800

注：①水-水换热无污染热阻，人字形波纹。

1. 板（片）式换热器的主要优点

（1）总传热系数高。板式换热器的板间流道是一个横截面多变、曲折的流道（见图5-4-34），它能很有效地使流体产生湍流，从而降低液膜的热阻；板片用0.6～0.8mm厚的薄板制造，降低了壁面的热阻，因污垢很薄，故其热阻也小，另外不会出现像管壳式换热器那样的旁路流。于是，板式换热器总传热系数约为管壳式换热器总传热系数的 3 ~ 5 倍。

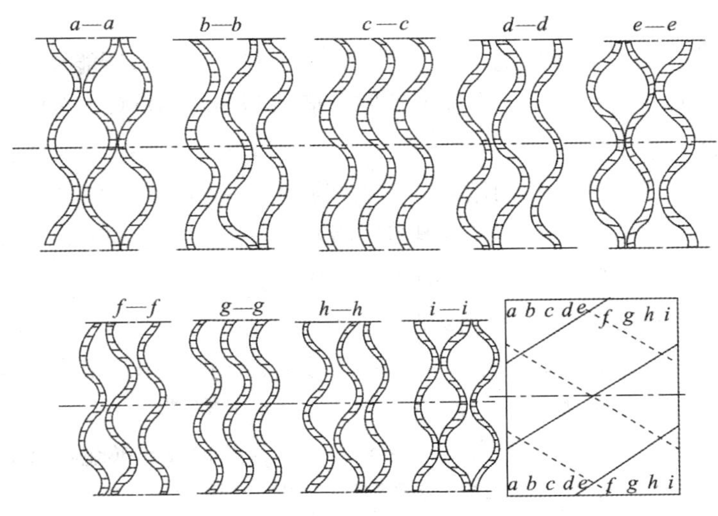

图 5-4-34 人字形板片流道截面的变化示图

（2）占地面积小。用于同一工况下的板式换热器的占地面积，约为管壳式换热器占地面积的 1/5 左右，这是由于板式换热器的总传热系数高，减小了换热面积，并且本身紧凑，单位体积内的换热面积，约为管壳式换热器换热面积的 2 倍，又不需附加的检修场地。

（3）多种介质换热。在一台板式换热器中，只要设置中间隔板，就可以进行多种介质的换热，这一特点是管壳式换热器难以达到的。在乳品、饮料行业中，利用板式换热器这样一个优点，在一台设备中实现加热、杀菌、热回收，减少设备台位，方便了操作。

（4）对数平均温差大。冷、热流体在板式换热器的板间流动是平行流动，且一般可以设计成为逆流的方式，因此温差修正系数高于管壳式换热器以错流为主的流动方式的温差修正系数，其结果使得其对数平均温差大于管壳式换热器的对数平均温差。

（5）末端温差小。末端温差是指一流体入口温度与另一流体出口温度之差。板式换热器的流道是相互平行的，一程内的流体（程内有多个流道）虽然流量分配并不十分均匀，但程与程之间不会有短路、旁路等现象，对此，流体在流道内的运动不会有任何影响末端温差的现象。对水 - 水换热而言，板式换热器的末端温差可低至 1 ~ 2℃，而管壳式换热器难以使流体末端温差达到 5℃以下。

（6）使用方便。只要拆下压紧螺柱，即可取出板片或移开板束，于是清洗、维修（更换板片、垫片），增加或减少板片（即增减换热面积），更改流程组合等都十分方便。

2. 板（片）式换热器的主要缺点

（1）工作压力。板式换热器的每张板片上都有一个由弹性材料制造的密封垫圈，密封周边很长，密封系统刚性差、结构特殊，特别是在导流区的二道密封处，支撑薄弱，又离压紧螺柱较远，得不到足够的压紧力，所以承受不了较高的工作压力。虽然目前的产品能达到2.5MPa，但不是所有产品都可在2.5MPa下工作。对于单板面积小，且单机内安装的板片数量又不太多时，则可以达到较高的工作压力，否则要低于2.5MPa，制造厂将在具体的产品上，给出实际使用的操作压力数值。

（2）工作温度。板式换热器的工作温度决定于密封垫圈材料所能承受的温度。对橡胶类垫圈，不同的胶种有其相应的工作温度范围，但均不超过200℃；石棉垫圈的最高工作温度为250~260℃。

（3）含固体的介质。由于板间流道的平均间隙为3~5mm，且流道曲折多变，当换热介质中含有较大的颗粒或纤维时，流道很容易堵塞。所以，对这样的换热场合，要在换热器的入口装过滤器，或选择特殊的大间隙板式换热器。

3. 板（片）式换热器与管壳式换热器的比较

各种换热器都有其优缺点，迄今为止，管壳式换热器仍是用途最广的换热器，但在某些场合，采用板式换热器更为优越；各类板式换热器也各有其优缺点，表5-4-13为板式换热器和管壳式换热器各种性能的比较，表5-4-14为各种板式换热器彼此性能的比较。

表5-4-13 板式换热器和管壳式换热器的性能比较

项　目	板式换热器	壳式换热器
温度交叉①	能	不能
末端温差②/℃	≈1	5
多种介质操作	能	不能
管线连接	可集中在一个方位	要设在几个方位
总传热系数比	3~5	1
设备重量比	1	3~10
滞液体积	小	大
占地面积/10^3m^2	1	2~5
垫片	每张板片有一个垫片	数量少，仅在壳体两端与管箱及后端结构法并联接处
检漏	易在泄漏口发现	内漏难发现
直观检查	可对板片逐张检查	对管输检查困难
打开需要时间/min	15~20	60~90
维修	更换板片、垫片容易	更换换热管困难
变更换热面积	增减板片	不能
变更程数	可以改变流程组合	不能
最高工作压力/MPa	2.5	决定于设计
最高工作温度/℃		决定于设计
橡胶垫片	<200	
石棉垫片	250~260	
对含固体颗粒介质换热	较差	可以

注：①温度交叉：指冷液体的出口温度高于热流体的出口温度。

②末端温差：指热流体入口温度和冷流体出口温度之差，或是热流体出口温度和冷流体入口温度之差。

表 5-4-14　各种板式换热器的性能比较

性能项目		标准型	板管型	宽窄间隙型	双层板片型	半焊式	石墨板式	钎焊式
工作性能	压力/MPa	2.5	2	0.9	2.5	2.5	0.6	3
	温度/℃	-30～200	-30～200	-30～200	—	-30～200	0～140	-195～225
应用场合	液/液	1	1	1	1	1	1	1
	气/液	1～3	1～3	1～3	1～3	1～3	1～3	1
	气/气	1～3	1～3	1～3	1～3	1～3	1～3	1～3
	冷/凝	1～3	1～3	1～3	1～3	1～3	1～3	1
	蒸/发	1～3	1～3	1～3	1～3	1～3	1～3	1
介质性质	腐蚀的	1	1	1	1	1	1	3
	侵蚀的	3	3	3	3	1	1	4
	黏的	1	1	1	1	1	1	3
	热敏性的	1	1	1	1	1	1	1
	反应的	3	3	3	1	2	3	4
	有纤维的	4	3	1	4	4	4	4
	浆状悬浮的	3	2	2	3	3	3	4
	结垢的	3	2	2	3	3	3	3
检查难易	腐蚀	A	A	A	A	B	A	C
	泄漏	A	A	A	A	A	A	C
	结垢	A	A	A	A	B	A	C
维修可能性	机械清洗	A	A	A	A	B	A	C
	更换	A	A	A	A	A	A	C
	修理	A	A	A	A	B	A	C

注：1 为通常选择；2 为经常选择；3 为有时选择；4 为很少选择；1～3 根据工作压力、气/液的密度确定；A 为可两侧；B 为可一侧；C 为两侧均不可能。

四、板（片）式换热器的设计计算

板式换热器设计计算的目的是：在给定的工况下，求取换热器的换热面积和其流程组合，或是已知换热器，校核该换热器能否满足给定的使用工况。这两者仅是计算的步骤不同，而涉及的计算公式是相同的。

现在国内板式换热器的品种有很多，但没有统一的类型与基本参数标准。各制造厂都有自己系列、规格的产品供用户选用。

板式换热器的对流传热准数关联式和流体阻力准数关联式，随板片的构造不同而异，要通过实验求得。对于无相变的换热，多数制造厂都能提供其相应产品的关联式；对于相变换热，绝大多数的产品尚不能提供相应的关联式。

1. 一般设计要求

1）板间流速

流体在板间流动，其流速是不均匀的，在主流线上的流速约为平均流速的 4～5 倍，在一个流程内每个流道的流速也不均匀（见图 5-4-35）。为使流体在板间流动时处于充分的湍流状态，宜取板间的平均流速为 0.3～0.8m/s。在阻力降允许的情况下取大值，以提高对流传热膜系数，从而减小换热面积，降低设备投资。

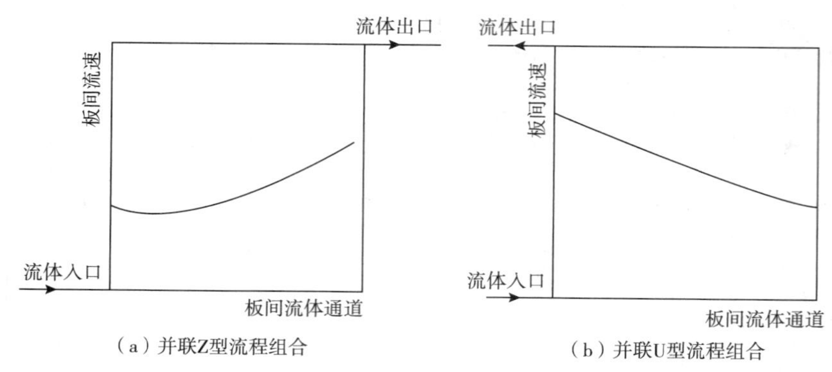

图 5-4-35　并联 Z 型和 U 型流程板间流道的流体流速变化示图

2）流程组合

一般来说，程数宜少，冷、热介质等程，逆向流动布置，这样的流程组合温差修正系数较大。如图 5-4-35（b）所示，并联 U 型的流程组合也常常被采用，因为这种流程组合可把冷、热流体的进、出口接管，都集中在固定压紧板上，当拆卸清洗时，可不拆卸外部接管。对于冷凝的工况，只能采用单程，且被冷凝的流体应从上到下，便于排出冷凝液；对于蒸发的工况，则相反，蒸发的介质采用单程，且被冷凝的流体从下到上，便于蒸汽从上部排出。

3）板片选择

恰当的单板面积可得到较好的流程组合，使得程数少，流体阻力小。角孔的尺寸与单板面积有一定的内在联系，为使流体通过角孔流道不致损失过多压力，一般取流体角孔中的流速为 4～6m/s，表 5-4-15 列出了单板面积和处理量的关系，表中流体通过角孔以 6m/s 计算的。

表 5-4-15　单板面积和处理量的关系

单板面积/m^2	0.1	0.2	0.3	0.5	0.8	1.0	1.6	2
角孔直径/mm	40～50	65～90	80～100	125～150	175～200	200～250	300～350	≈400
单台最大处理量/（m^3/h）	27～42	71～137	108～170	265～380	520～680	680～1060	1530～2080	≈2700

波纹板的类型，应按工艺条件进行选排，人字形波纹板片是广为采用的板片，人字角大的板片（如 $\beta\approx120°$，称为 H 板片），适用于允许阻力损失较大，而要求传热效率高的场合，人字角小的板片（如 $\beta\approx70°$，称为 L 板片），适用于允许阻力损失限制极严的场合。水平平直波纹板片则适用于传热效率、阻力损失限制都适中的场合。对于两种换热流体，其流量差别甚大，则应考虑选用非对称流道（或称宽窄间隙流道）的板片来组装板式

换热器。对于两种换热流体的对数温度很大，流量差亦很大的换热工况，选用长宽比较小的波纹板较为理想。

4）材料选择

板片的原材料厚度为0.6～0.8mm，压制成波纹板后允许有25%的减薄量，于是最薄处的厚度为0.45～0.6mm，因此一定要选用耐腐蚀的材料进行制造，对板片采用表面防腐措施是难以奏效的。金属材料的耐腐蚀性能可参考有关文献。

垫片的材料既要耐温又要耐腐蚀，各种垫片材料的允许使用温度可参考相关文献。

5）其他

一般不推荐板式换热器用于易燃、易爆、有毒介质的换热，如果一定要使用，用其设计压力至少比工作压力高一个公称级别的换热器，垫片的耐温、耐腐蚀要十分可靠，制造上要格外慎重。

对用于强腐蚀介质的板式换热器，应在板束周围安装一个防护罩，以免液体泄漏伤人；对用于流体中含有少量固体杂质的场合，应在流体的入口装设一个过滤器。

2. 设计计算公式和曲线

1）传热基本方程式

$$Q = KA\Delta t_m \tag{5-4-20}$$

式中 Q——传热量，J/s；

A——换热面积，m^2；

K——总传热系数，W/（m^2·K）；

Δt_m——传热平均温差，系对数平均温差乘以板片组合校正系数，℃。

2）换热量计算式

对单相换热采用以下公式计算：

$$Q = q_m C_p(t' - t'') \tag{5-4-21}$$

式中 q_m——流体质量流量，kg/s；

C_p——流体比热容，J/（kg·K）；

t'、t''——某流体进、出口温度，℃。

或

$$Q = q_m(i' - i'') \tag{5-4-22}$$

式中 i'、i''——某流体进、出口比热焓，J/kg。

其他符号意义同前。

对相变换热则采用以下公式计算：

$$Q = q_m x r \tag{5-4-23}$$

或

$$Q = q_m(i'' - i') \tag{5-4-24}$$

式中 x——蒸汽干度；

r——潜热，J。

其他符号意义同前。

表 5-4-16 板式换热器的污垢热阻

流体名称	污垢热阻	流体名称	污垢热阻
软水或蒸馏水	0.000009	机器夹套水	0.000052
城市用软水	0.000017	润滑油水	0.000009 ~ 0.000043
城市用硬水（加热时）	0.000043	植物油	0.000007 ~ 0.000052
处理过的冷却水	0.000034	有机溶剂	0.000009 ~ 0.000026
沿海海水或港湾水	0.000043	水蒸气	0.000009
大洋的海水	0.000026	工艺流体、一般流体	0.000009 ~ 0.000052
河水、运河水	0.000043		

3）传热系数计算式

$$K = \left(\frac{1}{\alpha_1} + R_1 + \frac{\delta_p}{\lambda_p} + R_2 + \frac{1}{\alpha_2}\right)^{-1} \tag{5-4-25}$$

式中 α_1、α_2——板片两侧的传热膜系数，W/（m²·K）；

R_1、R_2——板片两侧污垢系数，可参阅表 5-4-16；

δ_p——板片厚度，m；

λ_p——板片导热系效，W/（m·K）。

4）对流传热准数关联式

$$Nu = CRe^n Pr^{(0.3或0.4)} \tag{5-4-26}$$

式中 C——系数，由实验求得；

n——指数，由实验求得；

Re——雷诺准数，无因次；

Pr——普兰特准数，无因次。

这一关联式文献给很多各个厂家生产的不同板片，所得的关联式也不尽相间，可供设计参考的公式为：

$$Nu = 0.159Re^{0.7}Pr^{1/3}(\mu_L/\mu_W)^{0.14} \tag{5-4-27}$$

实验介质为冷却水。

典型的数据：系数为 0.15 ~ 0.40；Re 指数为 0.65 ~ 0.85；Pr 指数为 0.30 ~ 0.45（通常为 0.333）；黏度修正指数为 0.05 ~ 0.20。在制造厂为其产品提供的关联式中已明确。

5）换热面积计算式

$$A = N_e A_0 = (N - 2)A_0 \tag{5-4-28}$$

式中 A——换热器换热面积，m²；

A_0——单板换热面积，m²；

N_e——有效传热板板片数。

6）传热平均温差 Δt_m 计算式

$$\Delta t_m = \varphi \Delta t_{1m} \tag{5-4-29}$$

$$\Delta t_{1m} = \frac{\Delta t_{max} - \Delta t_{min}}{\ln \frac{\Delta t_{max}}{\Delta t_{min}}} \tag{5-4-30}$$

式中 Δt_{max}、Δt_{min}——逆流换热时冷、热两流体端部温差的大值和小值，℃；

Δt_{1m}——对数平均温差，℃；

φ——随不同的流程组合，导致冷、热流体流动方向有异于纯逆流时的对数平均温差修正系数，可从图5-4-36、图5-4-37和图5-4-38中查取。

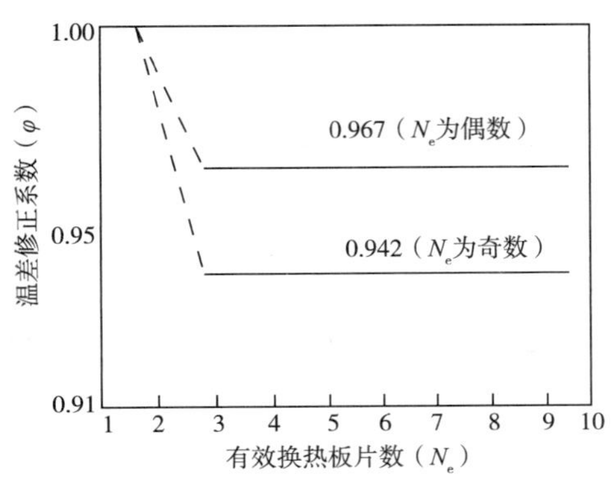

图5-4-36 并联流程（框式）组合（Z和U型）对数平均温差修正系数

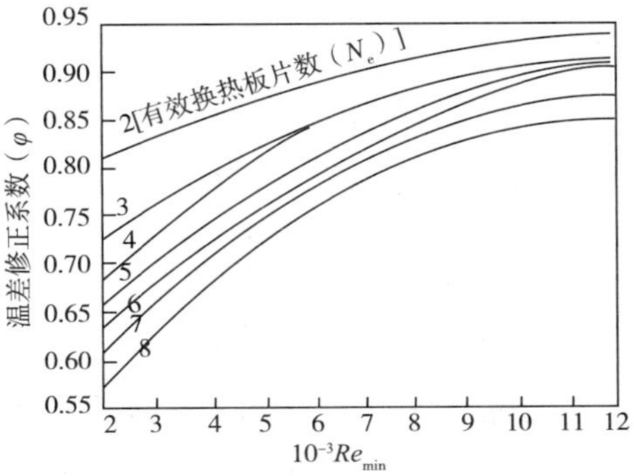

图5-4-37 串联流程组合对数平均温差修正系数

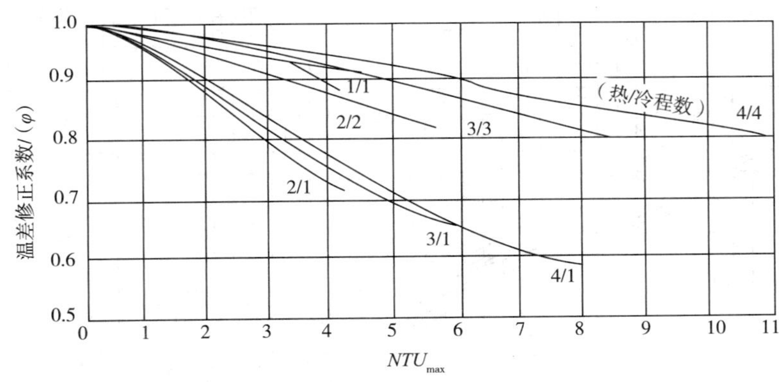

图5-4-38 多程流程组合对数平均温差修正系数

7）当量直径计算式

$$d_e = 4Wb/2(w + b) \approx 2b \tag{5-4-31}$$

式中 w——板间流道宽度，m；

b——板间流道平均间隙，m；

d_e——板间当量直径，m。

8）传热单元数（NTU）的定义式

$$(NTU)_1 = KA/C_1 \quad 或 \quad (NTU)_2 = KA/C_2 = r(NTU)_1 \tag{5-4-32}$$

式中　C——流体比热容，下标1、2代表1流体和2流体，J/（kg·K）；

$(NTU)_1$、$(NTU)_2$——1流体和2流体传热单元总数，无因次；

r——系数，无因次。

9）温度效率 ε 定义式

$$\varepsilon_1 = \frac{t_1' - t_1''}{t_1' - t_2'} \tag{5-4-33}$$

$$\varepsilon_2 = \frac{t_2'' - t_2'}{t_1' - t_2'} = r_1\varepsilon_1 \tag{5-4-34}$$

式中　t_1'、t_1''——流体进、出口温度，下标1和2表示1流体和2流体；

r_1——系数，无因次。

10）热容量 C 之比 r 定义式

$$r_1 = \frac{C_1}{C_2} = q_{m1}C_{p1}/(q_{m2}C_{p2}) \quad 或 \quad r_2 = \frac{C_2}{C_1} = q_{m2}C_{p2}/(q_{m1}C_{p1}) = 1/r_1 \tag{5-4-35}$$

式中　q_{m1}、q_{m2}——1流体和2流体质量流量，kg/s；

C_{p1}、C_{p2}——1流体和2流体定压比热容，J/（kg·K）。

由已知的 ε、r 可从图5-4-39～图5-4-48查 NTU 值。根据式（5-4-32），可求得换热面积 A。

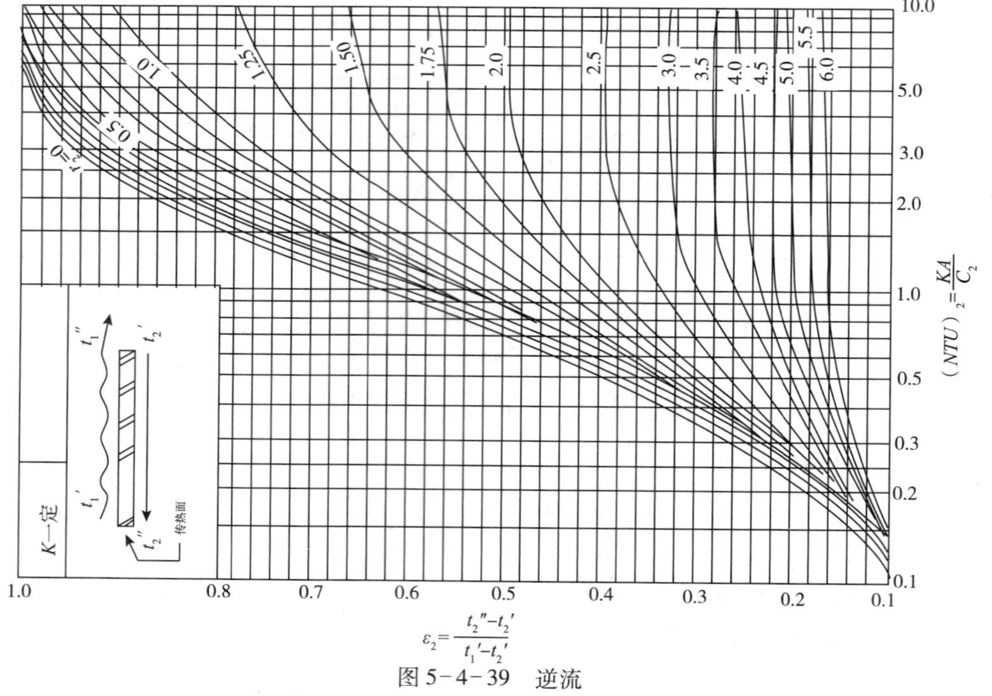

图5-4-39　逆流

注：适用于1－1程、1－1流道、1－2流道。1－1程每程流道在3以上，或有一方程数在4以上者。

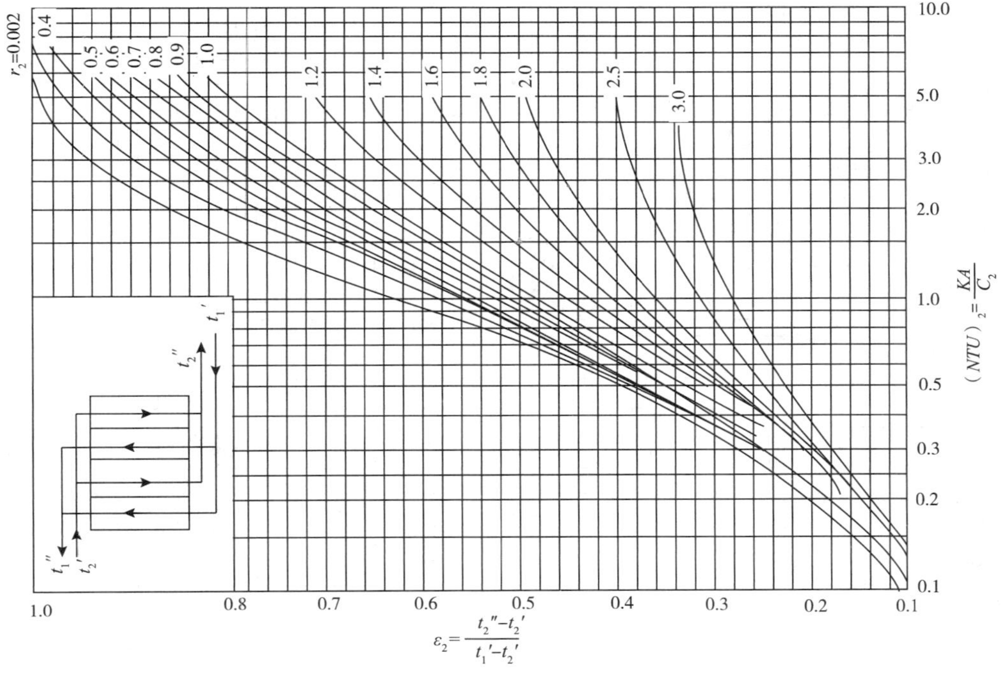

图 5-4-40　1-1 程、2-2 流道

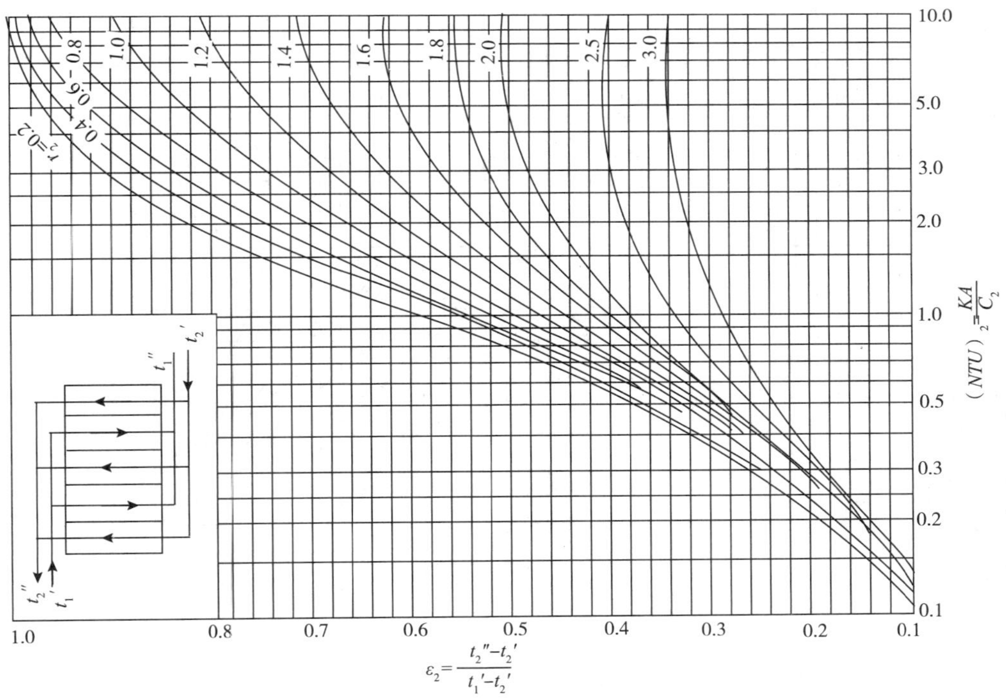

图 5-4-41　1-1 程、2-3 流道

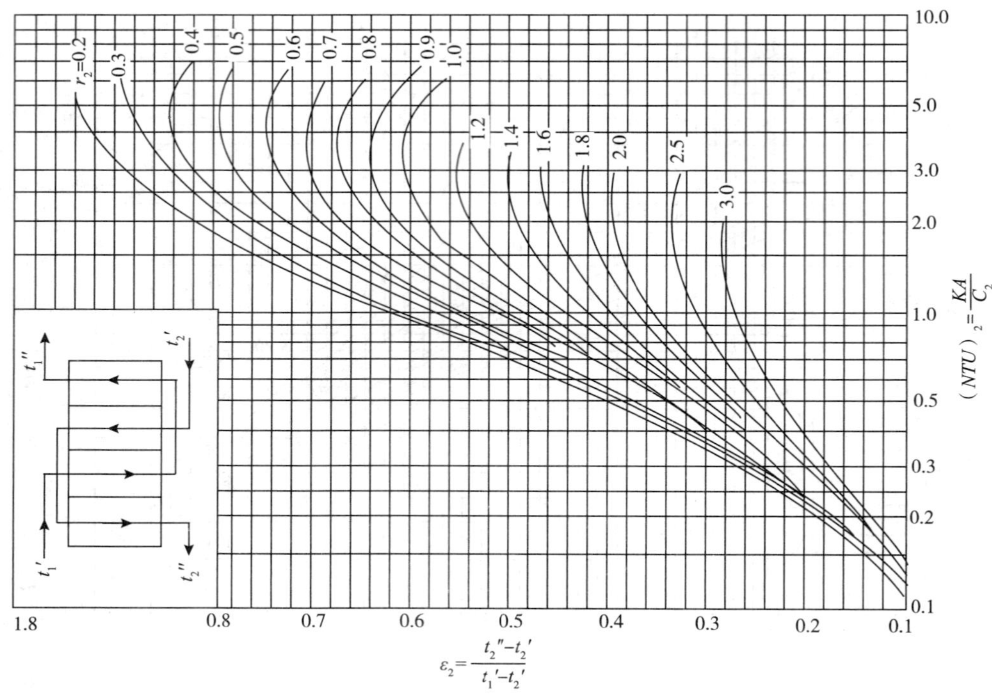

图 5-4-42　2-2 程、1-1 流道（并流）

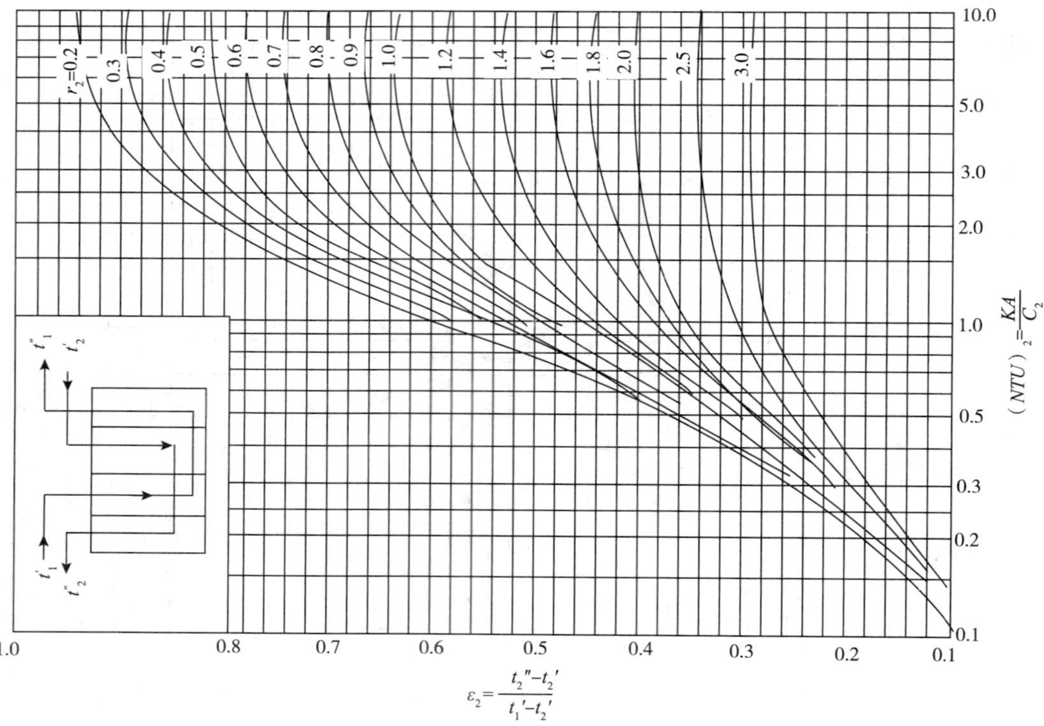

图 5-4-43　2-2 程、1-1 流道（逆流）

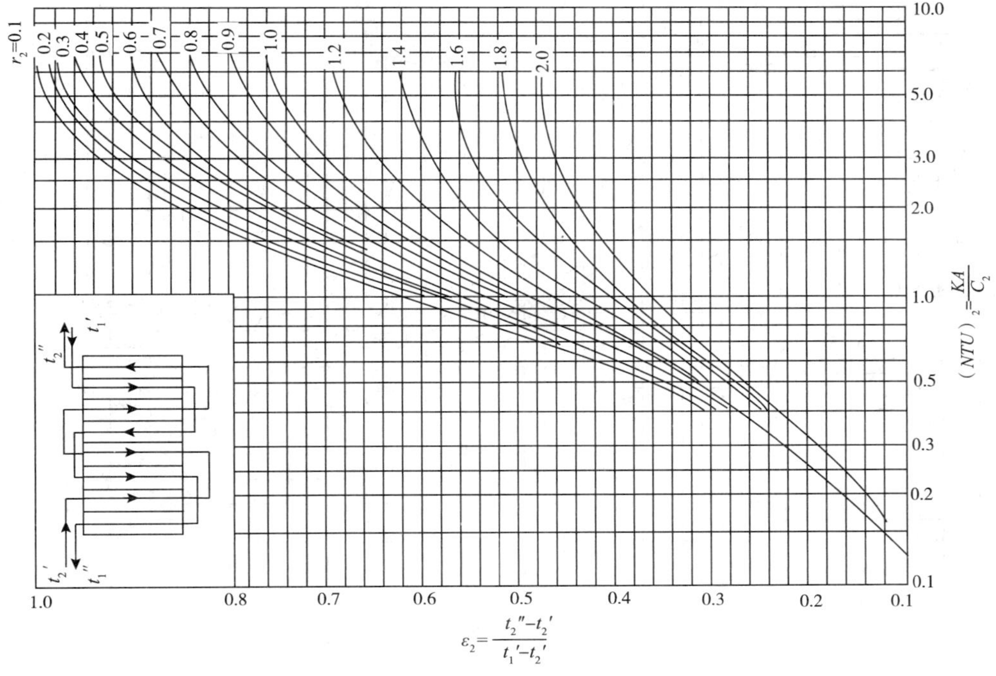

图 5-4-44　两流体程数大于或等于 4、各程的流道数亦相等

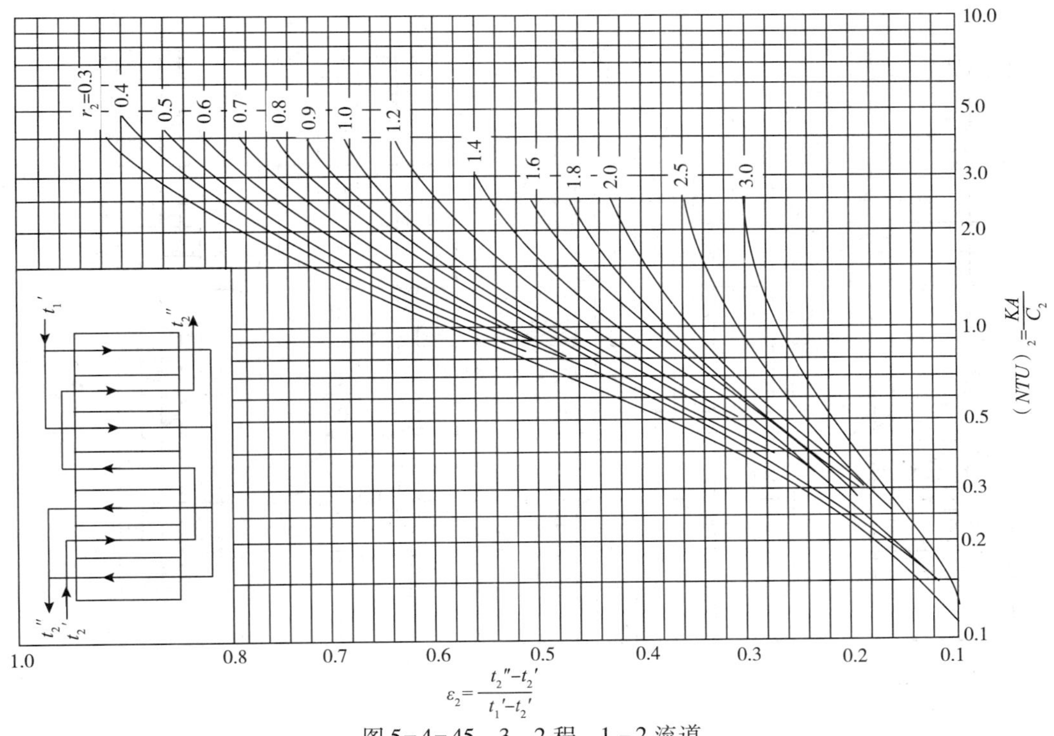

图 5-4-45　3－2 程、1－2 流道

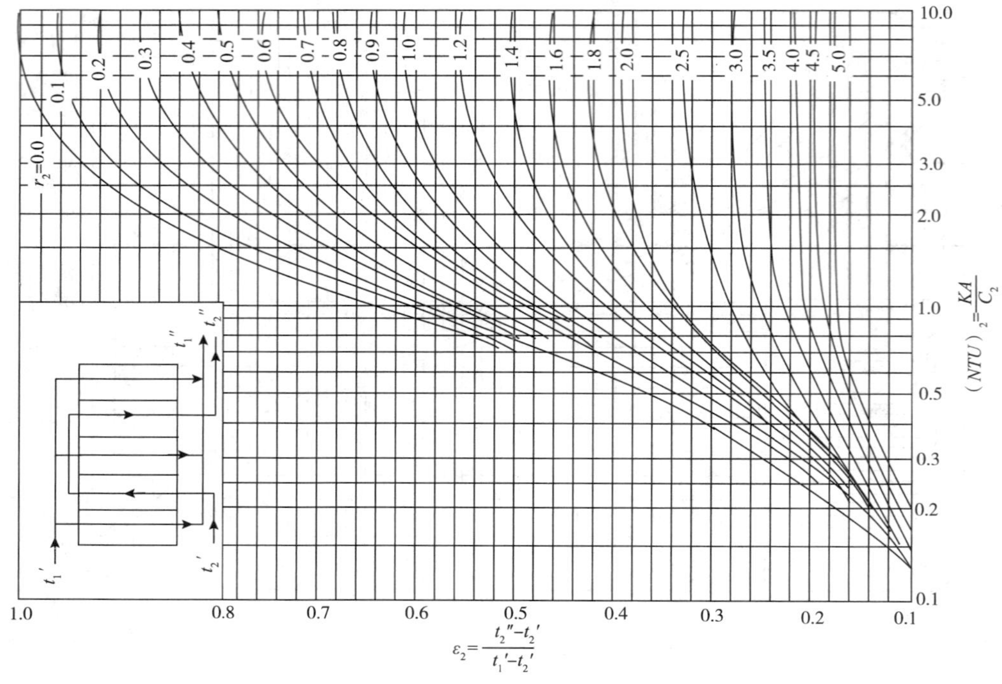

图 5-4-46 2-1 程、1-3 流道

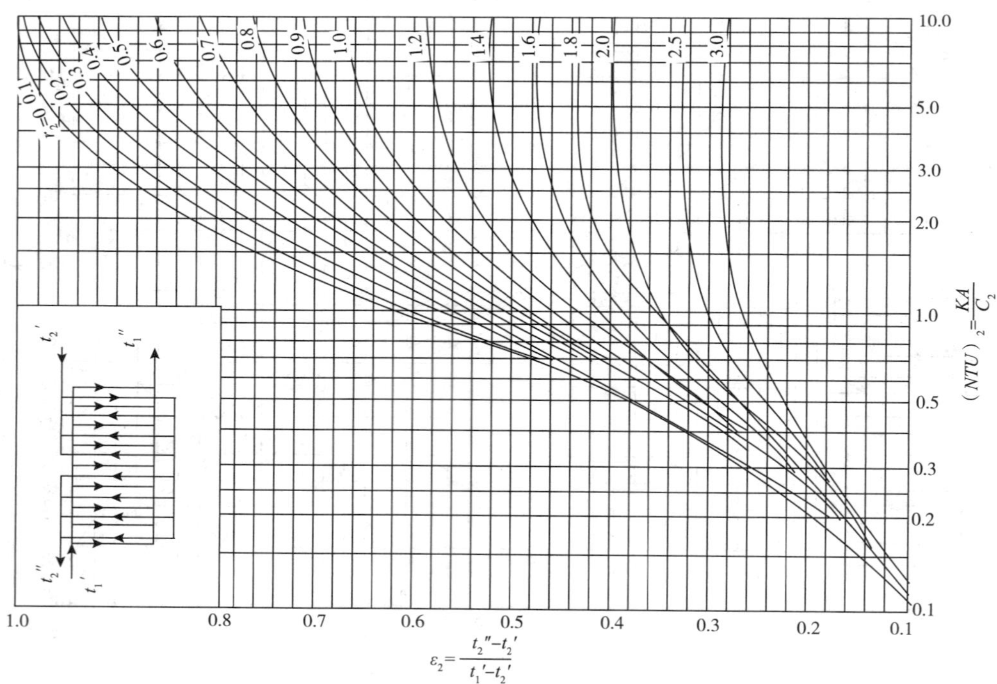

图 5-4-47 1-2 程、n_1-n_2 流道

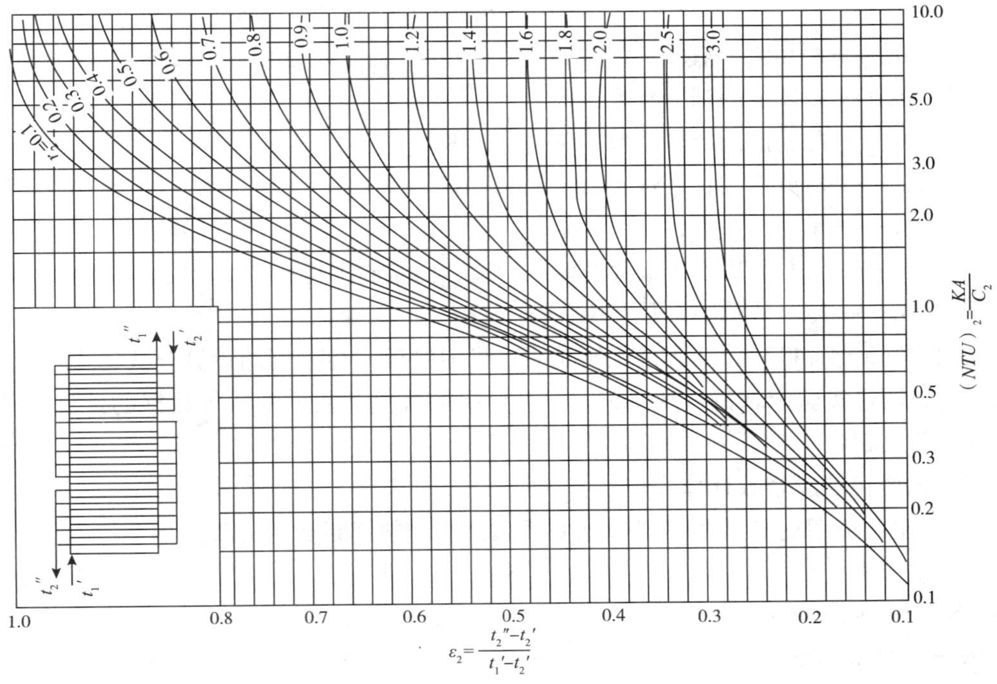

图 5-4-48　1-3 程、n_1-n_2 流道

11）流体阻力计算欧拉数 Eu 关联式

$$Eu = bRe^d \tag{5-4-36}$$

式中，系数 b、指数 d 随不同类型的板片而异，由实验求得，制造厂在为其产品提供的公式中已确定具体数值。

或

$$\Delta p = bRe^d\rho w^2 = Eu\rho u^2 \tag{5-4-37}$$

式中　w——流速，m/s；

ρ——流体密度，kg/m^3。

由于式（5-4-37）是在 1-1 程换热中求得的，对换热器的流体阻力要乘以程数 m，即

$$\Delta p = mbRe^d\rho w^2 = mEu\rho E^2 \tag{5-4-38}$$

12）两相流的传热和流体阻力计算

两相流的流态比较复杂，虽然有不少公式已经发表，但都未获得公认。

（1）冷凝传热膜系数计算式。

Kumar 提出的计算式：

$$Nu = CRe_L^n Pr_L^{0.33}(\mu_L/\mu_W)^{0.4} \tag{5-4-39}$$

式中　μ——冷凝液动力黏度，下标 L、W 分别代表冷凝液和板壁温度下值，Pa·s。

此外，［日］尾花英朗提出用垂直平板冷凝计算式来进行近似计算。

我国国家石油炼化设备质量监督检测中心在做产品性能实验时采用的公式为：

$$\alpha_B = C[\lambda_L^2\rho_L(\rho_L - \rho_S)/(\mu_L^2 g)]^{1/3}Re_L^{1/3} \tag{5-4-40}$$

式中 ρ_L、ρ_S——两相流中液体、气体的密度，kg/m³；

μ_L——冷凝液的动力黏度，Pa·s；

λ_L——冷凝液的导热系数，W/（m·K）；

Re_L——冷凝液的雷诺数；

g——重力加速度；

C——常数，决定于板片的波纹构造，由实验求得；

α_B——冷凝传热膜系数，W/（m²·K）。

利用式（5-4-40）计算起来比较简便，我国的板式冷凝器的计算公式，大多是由该检测中心，通过实验求取的。式（5-4-39）中的有关常数、指数等数据的计算、选取，可参见相关文献。

（2）沸腾传热膜系数计算式。

［日］尾花英朗提出可采用 Chen J. C 求解沸腾传热膜系数的关联式：

$$\alpha_b = S\alpha' + \alpha'' \tag{5-4-41}$$

式中 S——沸腾影响系数；

α'——沸腾传热膜系数，W/（m²·K）；

α''——两相流强制对流传热膜系数，W/（m²·K）。

（3）阻力计算公式。

天津大学通过研究认为，板式冷凝器两相流阻力的计算，可采用洛克哈特－马丁尼利的计算式。即：

$$(\Delta p_f)_{1p} = (\Delta p_f)_1\phi_1^2 \tag{5-4-42}$$

式中 $(\Delta p_f)_{1p}$——两相流摩擦损失；

$(\Delta p_f)_1$——假定仅为液相流动时的摩擦损失；

ϕ_1——摩阻分液相表观系数。

式（5-4-42）中有关数据的计算、选取，可参见相关文献。

国家石油钻采炼化设备质量监督检测中心在做产品性能实验时采用的冷凝阻力计算公式为：

$$\Delta p_s = Cv_s^n \tag{5-4-43}$$

式中 Δp_s——两相流的压力降，kPa；

v_s——板间入口的蒸汽流速，m/s；

C、n——常数、指数，决定于板片的波纹构造，由实验求得。

3. 平均温差法设计计算步骤

（1）根据热量平衡的关系，求出未知的质量流量或未知的温度，同时算出热负荷；

（2）参考有关资料、数据，设计换热面积 A'，并选择换热器的型号；

（3）设定流程组合，尽可能使流体在板间的平均流速为 0.3～0.8m/s；

（4）参考表 5-4-16 选定污垢热阻，如果板片表面有防腐涂层，则还应确定涂层的热阻；

（5）根据式（5-4-26）求出对流传热膜系数；

（6）根据式（5-4-29）求出传热对数平均温差；

（7）按式（5-4-29）求出换热面积 A，比较 A、A'；若 A 略小于 A' 即可，若 A 过大于或过小于 A'，则从第（2）步或第（3）步（即重新选定 A' 或重新设定流程组合）开始重新计算；

（8）按式（5-4-29）或式（5-4-38）求出流体阻力，该值应不小于工艺的要求，否则亦应从第（2）步或第（3）步开始重新计算。

4. 平均温差法校核计算步骤

（1）计算出换热量 Q' 和未知的温度。如果冷、热流体各有一个未知的温度，则先假设其中一个温度，再计算出相应的另一个温度和换热 Q'。

（2）在已定板式换热器的情况下，求得对流传热膜系数。

（3）选定污垢热阻。

（4）求出总传热系数。

（5）求出对数平均温差 Δt_{1m} 和传热温差 Δt_m。

（6）按式（5-4-29）求出换热量 Q，比较 Q、Q' 判定已定的板式换热器能否满足工艺要求。

（7）若传热上能满足工艺要求，则按式（5-4-29）和式（5-4-38）计算阻力降，判断在流体阻力方面能否满足工艺要求。

5. $\varepsilon-NTU$ 法设计计算步骤

（1）根据热平衡的关系，求出未知数；

（2）按式（5-4-33）和式（5-4-35）求出 ε 和 r；

（3）设定换热面积 A' 和流程组合；

（4）根据对流传热特征数关联式，求出对流传热膜系数；

（5）选择污垢热阻、求出总传热系数；

（6）根据相应 $\varepsilon-NTU$ 图，求出 NTU；

（7）从 NTU 求得换热面积 A，若 A 略大于 A' 即可，若 A 小于或大于 A' 很多，则从第（3）步开始重新设定进行计算；

（8）在换热面积计算满足要求后，按式（5-4-29）或式（5-4-38）计算流体阻力，如果流体阻力满足不了要求，则亦应从第（3）步开始重新计算。

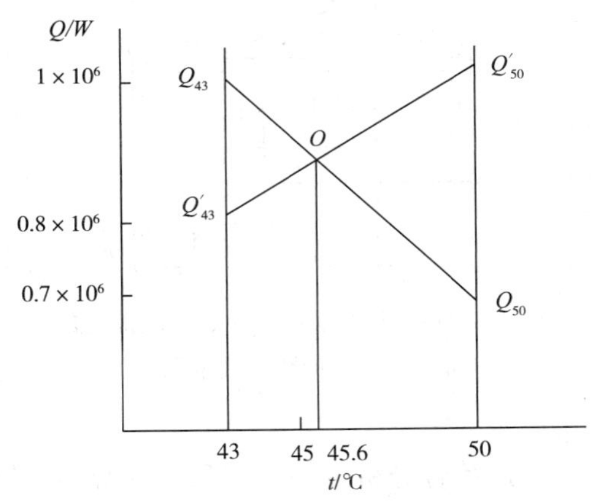

图 5-4-49 图解法求温度

6. 热混合设计法

1）机理

前面已经提到，人字角不同的“孪生”人字形波纹板片，可以组成 H 流道、M 流道和 L 流道，具有三种性能，如图 5-4-30 所示。

20 世纪 60 年代末期，ALFA－LAVAL 公司发展了热混合的设计方法，称之为 A LFA-LEX 板式换热器，在一些工况中成功地获得应用。热混合设计的机理是：若在板式换热器的一个程内，排列着两种不同的流道（例如 H、M 流道），在一定的压力降限制下，热侧流体从进口角孔流道进入板间流道——H 和 M 流道，然后汇合到出口的角孔流道，这时从 H 流道出来的热流体温度将低于从 M 流道出来的热流体温度，也就是说前者低于要求的温度，后者则高于要求的温度。如果把 H 流道和 M 流道的数量恰当地匹配，获得一定比例的高于要求和低于要求温度的流体。这两种温度的流体，在出口角孔流道中，一经混合，便达到要求流体的温度。反之，一定数量高于要求温度的流体（出自 H 流道）和低于要求流体的温度的流体（出自 M 流道），在冷侧的出口角孔流道中混合，便可达到要求流体的温度。由此可见，采用热混合法设计“孪生”板片，不只是可以组成三种不同性能的板式换热器，而是在 $H-B$、$E-F$ 两条曲线之间的任何一个工况点，都可以由适当的 H、M、L 流道的匹配获得，如图 5-4-50 所示。

热混合法设计还可节省换热面积。例如，某一换热工况，对采用单一流道设计和热混合法设计进行比较，其结果如图 5-4-51 所示。就曲线 2 进行分析，采用单一的 L 流道，板片数为 271 片；采用单一的 H 流道，板片数为 192 片；采用热混合设计，板片数为 113 片。

但是，热混合法设计并不适合所有换热工况。

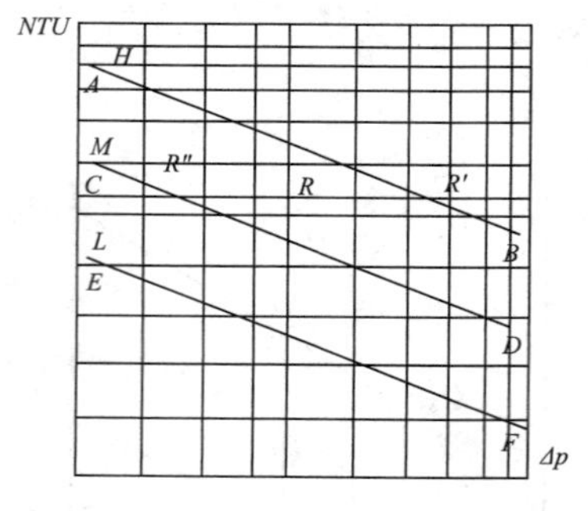

图 5-4-50　某产品高、中、低阻流道的 $\Delta p-NUT$ 特性曲线示图

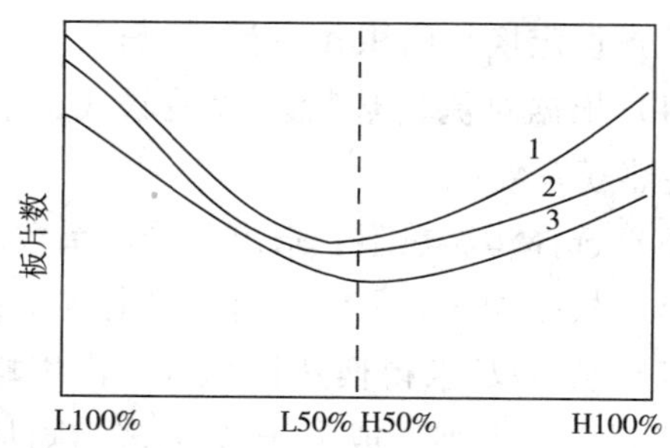

图 5-4-51　同一工况采用 H 板和 L 板的各种混合方式所需的板片数示意图

（冷却水压降：1～55kPa，2～83kPa，3～110kPa）

（1）综合分析设备投资和运行费用，热混合法设计适宜于热容比 $\gamma=0.7\sim0.8$，热容比在此范围之外，其优越性就不明显了。

（2）当流体的黏度高于 0.2～0.5Pa·s 时，采用热混合法设计的换热面积和常规设计的换热面积差别不大。

（3）当冷、热流体无法组成等程的流程组合时，就不能采用热混合法设计。

2）计算公式

（1）二流体的热容比。

$$\gamma = (q_m C_p)_1/(q_m C_p)_2 \tag{5-4-44}$$

（2）传热单元数。

$$NTU = \frac{KA_0}{C_{min}} = \frac{\Delta t_1}{\Delta t_{1m}} \tag{5-4-45}$$

H 板流道传热单元数：

$$(NTU)_H = \frac{2KA_0}{q_{iH} C_p} \tag{5-4-46}$$

M 板流道传热单元数：

$$(NTU)_M = \frac{2KA_0}{q_{iM} C_p} \tag{5-4-47}$$

式中 q_{iH}、q_{iM}——H 流道板和 M 流道板的单流道质量流量，kg/s。

其他符号意义同前。

（3）板片流道性能参数。

各种板片流体的平均性能参数：

$$R = \frac{1 - e^{NTU(1-r)}}{r - e^{NTU(1-r)}} \tag{5-4-48}$$

H 流道性能参数：

$$R_H = \frac{1 - e^{(NTU)_H(1-r)}}{r - e^{(NTU)_H(1-r)}} \tag{5-4-49}$$

M 流道性能参数：

$$R_M = \frac{1 - e^{(NTU)_M(1-r)}}{r - e^{(NTU)_M(1-r)}} \tag{5-4-50}$$

当 $r=1$ 时，则：

$$R = \frac{NTU}{1 + NTU} \tag{5-4-51}$$

$$R_H = \frac{(NTU)_H}{1 + (NTU)_H} \tag{5-4-52}$$

$$R_M = \frac{(NTU)_M}{1 + (NTU)_M} \tag{5-4-53}$$

（4）换热流体的温度变化 δ_t。

$$\Delta t_i = t_{i1} - t_{i2} \tag{5-4-54}$$

H 流道温度变化：

$$\Delta t_H = \Delta t_i R_H \tag{5-4-55}$$

M 流道温度变化：

$$\Delta t_M = \Delta t_i R_M \tag{5-4-56}$$

式中 t_{i1}、t_{i2}——板一侧热流体入口温度和另一侧冷流体入口温度，℃。

其他符号意义同前。

（5）计算板片数或流道数。

M 流道的流道数 n_M：

$$n_M = (q/q_{iM})[(R - R_H)/(R_M - R_H)] \tag{5-4-57}$$

H 流道的流道数 n_H：

$$n_H = [q/(q_{iM}n_M)]/q_{iH} \tag{5-4-58}$$

式中 q——流体总的质量流量，kg/s。

其他符号意义同前。

3）设计计算步骤

（1）根据冷、热流体一程内的允许压降，假设计算定性温度，求出单流道的平均质量流量 q_i；

（2）跟据 q_i 求得对流传热膜系数 α，然后求出总传热系数 K；

（3）求出 NTU、$(NTU)_H$、$(NTU)_M$；

（4）求出 R、R_H、R_M；

（5）求出 n_H、n_M；

（6）迭代计算，因为以上计算采用的定性温度是假设的，或是取常规设计的流体平均温度，因而偏离了两种特性流道具有不同的流体平均温度认识，因此需按式（5-4-54）、式（5-4-55）求出温度变化值，再算出新的平均温度作为定性温度，重复第（2）步至第（6）步的计算，直至前后两次迭代的温度变化值 δ_i 之差，在允许范围内为止。

第五章　加热炉

目前，长输管道的原油加热方式有直接加热和间接加热两种。直接加热是原油直接经过加热炉吸收燃料燃烧放出的热量；间接加热是原油通过中间介质（导热油、饱和水蒸气或饱和水）在换热器中吸收热量，达到升温的目的。直接加热所用的加热设备是直接加热炉，而间接加热所用的加热设备是间接加热炉或锅炉。

第一节　直接加热炉

一、输油管道常用加热炉的类型

随着我国石油工业的迅速发展，长距离输油管线日益增多，要把原油顺利地从油田输往各地，需要给原油以动能和热能，我国大部分输油管线采用加热输送的办法。加热使原油温度升高，可防止在输送过程中原油在输油管中的凝结，减少结蜡，降低动能损耗。加热炉是给原油提供热能的设备，它把燃料的化学能转变为热能，经炉管传递给原油。输油管道使用的是管式加热炉。按加热方式其又分为直接加热式和间接加热式。直接加热式输油加热炉的工作原理是：低温原油先进加热炉的对流室加热，再经辐射室（即炉膛）的炉管，被加热到所需要的温度后送至炉外。燃料燃烧产生的高温火焰与烟气以辐射换热的方式把热量传递给辐射炉管，烟气放出热量后，温度降低至750～850℃，然后流向对流室，以对流放热的方式将热量传递给对流炉管，最后流出烟囱。

输油管道所用的加热炉按其结构可分为圆筒形直接式原油加热炉和卧式方箱形直接式原油加热炉两大类。圆筒形加热炉又分为立式圆筒形加热炉、卧式圆筒形加热炉和异型管式加热炉三种；卧式方箱形加热炉根据其外形结构又分为方箱炉、双斜顶炉和单斜顶炉三种。

中国石油天然气管道局自20世纪70年代建设长输管道以来，全管道系统内共有270余台加热炉投入生产运行，早期一般用砖砌方箱型加热炉，其热效率低，技术落后，80年代以后陆续对现存的方箱式加热炉进行了改造，使其热效率有了大幅提高。经过多年的努力，从1980年以后，在加热炉设计和研制方面取得了一定的进展，推出了适合管道输油生产的轻型快装管式直接式原油加热炉，设计热效率达到85%～90%，并配备一定数量的自控仪表，经生产实践和测试鉴定，证实这种加热炉热效率高，操作管理方便，适合于长输管道生产需要，但在自动控制和优化燃烧操作等方面尚不能满足科技进步发展的要求，有待进一步改进和提高，80年代中后期，又从国外引进了原油间接加热技术和设备，加上自己的消化吸收，生产出了原油间接加热炉。

目前，已有多种炉型，其中有简单的方箱炉、斜顶炉、立式炉、圆筒炉及无焰炉等，还有卧式圆筒炉和中间介质加热系统（即间接加热系统），以及其他炉型等。

1. 方箱炉

方箱炉是石油工业早期使用的一种简单炉型。它占地面积大，耗用钢材量大，热效率较低（73%～77%），自动化程度低，缺乏必要的安全保护措施。但因这种炉子具有结构简单，安装施工方便，施工周期短，适用于低温操作等特点，因此在80年代前的输油加热站中应用较多。

如图5-5-1所示为鲁宁线使用过的8000kW方箱炉，设计热效率为77%，排烟温度为350℃，辐射管为ϕ219mm的20号裂化钢管，壁厚为8mm；对流管为ϕ152mm的20号裂化钢管，壁厚为8mm。在对流室底部装有600kW的热水炉，这种炉子金属耗量低，特别是合金钢的用量很少，炉墙采用砖砌结构，炉顶直接敷设在炉顶管上，具有结构简单、施工和维修方便、运行调整容易等特点。

这种加热炉的不足之处是：热效率低；加热炉负荷达不到设计值；加热炉热量不能充分利用；露天布置时炉墙易裂，导致漏风量增加；炉膛中烟气充满度不佳，有死角，不同部位炉管热强度相差很大。

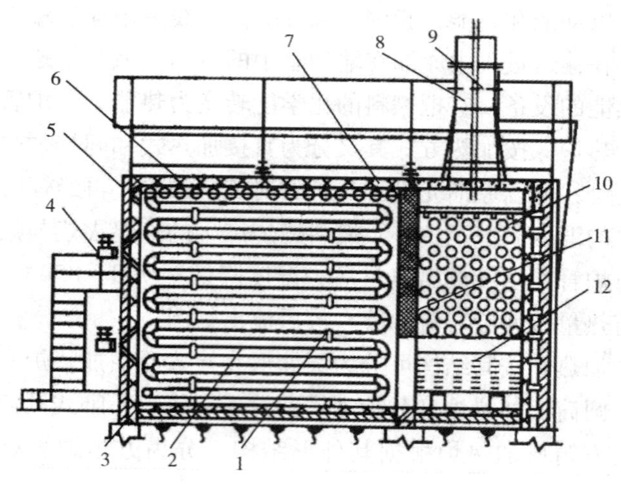

图5-5-1 方箱炉结构

1—管支持；2—辐射管；3—辐射室；4—火嘴；5—圈梁；6—顶辐射室；7—炉顶板；8—烟囱；9—烟道挡板；10—对流炉管；11—隔墙；12—热水管

1985年，某研究所对这种加热炉的炉型进行了改造设计（见图5-5-2），主要进行了以下几点改造：

（1）为了提高加热炉的热效率，对流管面积从205m^{2}增加到633m^2，使排烟温度由350℃降到160℃，炉子热效率从77%提高到89%。

（2）为了使热负荷达到设计值，在炉膛中间布置了双面辐射管。

（3）在对流段布置了吹灰器，从而保证对流管有良好的传热效果，降低了排烟温度，使加热炉处于高效率运行。

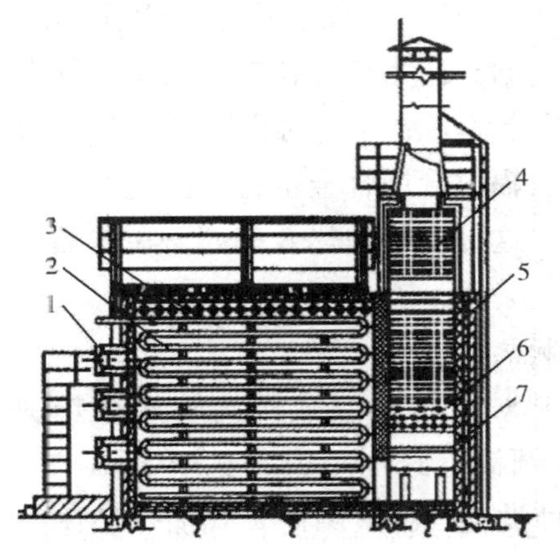

图 5-5-2　改造后方箱炉结构

1—燃烧器预热室；2—中间双面辐射管；3—顶辐射管；4、5、6—对流管；7—热水炉

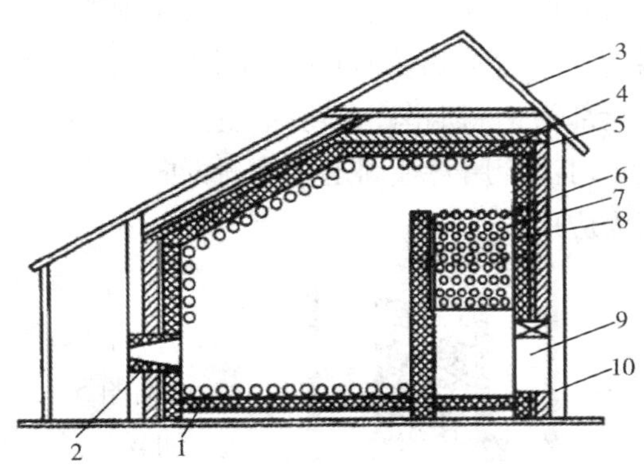

图 5-5-3　单斜顶方箱炉结构

1—底辐射管；2—火嘴砖；3—防雨蓬；4—顶辐射管；5—炉顶挂砖；6—对流管；7—对流管板；8—耐火砖；9—烟道；10—钢架支柱

图 5-5-3 和图 5-5-4 是斜顶方箱炉示意图。为补足方箱炉炉膛中气体充满度不佳的缺陷，炉顶改成倾斜方向，就构成斜顶炉。这种炉使沿烟气流向的传热较为均匀，而方箱炉腔中存在死角，传热不均匀。但斜顶炉还有烟气从上向下流动的不合理现象，且使炉体结构复杂化，增加炉顶挂砖。由于这种双斜顶炉处理量大，故在炼油厂中的老型炉多是这种类型。

很多泵站已经将方箱炉淘汰，改用效率更高的圆筒炉、快装炉或热媒炉。但有些泵站如马惠宁输油管线将方箱炉进行了改造，提高了炉效率，还在继续使用。

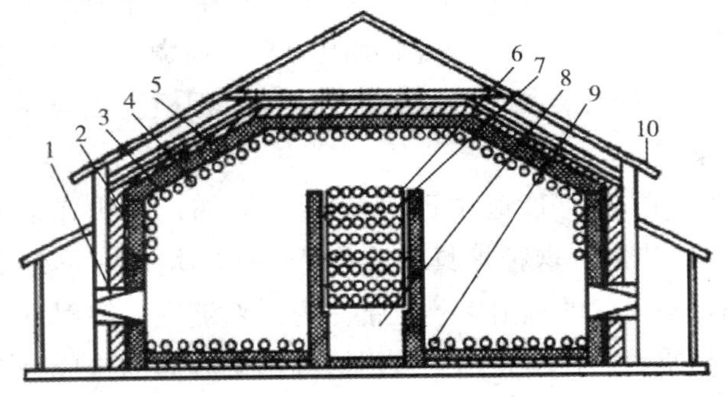

图 5-5-4　双斜顶方箱炉结构

1—火嘴砖；2—挂砖；3—顶挂砖；4—辐射管；5—保温层；6—对流管；7—对流管板；8—烟道；9—底辐射管；10—防雨蓬

2. 立式炉

如图5-5-5所示为立式炉，其炉膛为长方形，全部负荷承载在钢架支柱上，辐射管排在两侧，火嘴在炉底，为提高辐射能力，在两排火嘴间砌筑一道花墙。这种炉结构紧凑，可减小炉膛容积，减小占地面积，钢材消耗量少。烟气流向合理（由下向上流动），可降低烟囱高度。炉全部负荷承载在钢架立柱上，炉墙用耐火砖平砌，挂在砖架上，外有保温砖、保温层和防水层。加热炉分上、中、下三个部分。下部为辐射室，中部为对流室，上部为钢制烟囱，辐射室底部设有一排或两排火嘴。辐射管用合金钢管架固定在两边墙上。对流管用管板固定，排列方向与烟气走向相垂直。这种加热炉热效率高，在炼油厂中广为应用。

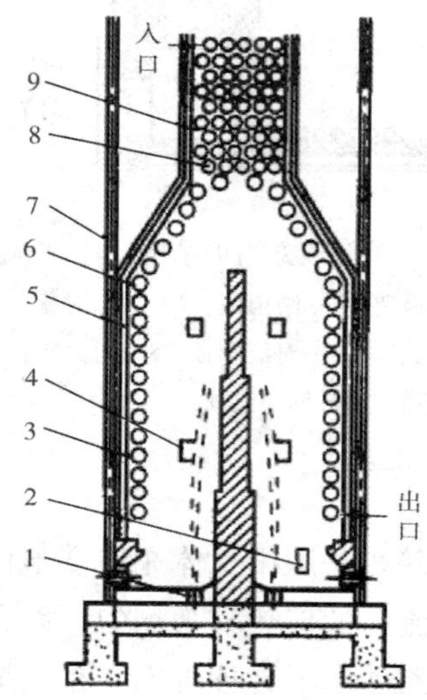

图5-5-5　立式炉结构

1—火嘴砖；2—人孔；3—壁辐射管；4—看火孔；5—保温层；6—顶辐射管；7—钢架；8—对流管；9—对流管板

3. 圆筒形直接式加热炉

圆筒形直接式加热炉又分为立式圆筒管式加热炉（见图5-5-6）、卧式圆筒管式加热炉（见图5-5-7）和异形管式加热炉三种类型。卧式圆筒管式加热炉体内的炉管有沿炉壁水平排列的炉管和按螺旋式装置的炉管两种类型。这三种加热炉的共同特点是结构紧凑，可减小炉膛容积，占地面积小，耗用钢材少；烟气流向合理，烟囱不很高，沿炉截面积热分布均匀，可提高传热效果。根据燃烧器的位置，烟气有三种可能的流向，第一种是底烧燃烧器，即燃烧器放在炉膛底部，烟气上行，其优点是烟气流动阻力小，减小烟囱高度，缺点是炉膛烟气充满度小，漏油和雾化不良时油滴落入炉底造成脏物；第二种是顶烧燃烧器，即燃烧器放在炉膛顶部，烟气下行，其优缺点正好与底烧燃烧器相反，烟气流动阻力大、结构复杂、操作不便，但是炉膛烟气充满度大、轴向传热较底烧燃烧器均匀、燃烧器漏油或雾化不良时不污染炉子；第三种是横烧燃烧器，即燃烧器放在炉膛侧边，烟气横向或斜向流动，烟气流动阻力介于顶烧与底烧燃烧器之间，一般烟气充满度不佳，不适于横截面积太大或高度很高的炉型，但横烧燃烧器操作也是方便的，不像底烧燃烧器那样污染炉子。

圆筒直接式加热炉在输油管道中已有应用。例如，在山东临邑泵站就设有3台8000kW的圆筒直接式加热炉。这种炉具有造价低、传热均匀、热效率高、占地面积小等优点。这种炉的下部是圆筒状的辐射室，上部是方形对流室，辐射室和对流室的外墙全由钢板制成，内部衬有轻质耐热衬里，辐射管沿圆筒形炉膛周围排成一圈，炉底装有一圈顶烧式燃烧器（火嘴）。对流管横向排列，中间部分一般作为水蒸气过热用。为提高对流室热效率，可在对流管外表面焊接钉头或翅片，以增大传热面积。还有的在对流室中增加燃料油预热器和空气预热器。烟囱装在对流室的上面，并装有烟道挡板以调节风量。

圆筒直接式加热炉的主要参数为：设计热效率 90%，排烟温度 156℃，热负荷 8700kW，辐射管为 ϕ219mm×8mm 的 20 号裂化钢管，对流炉管为 ϕ1528mm 的 20 号裂化钢管。

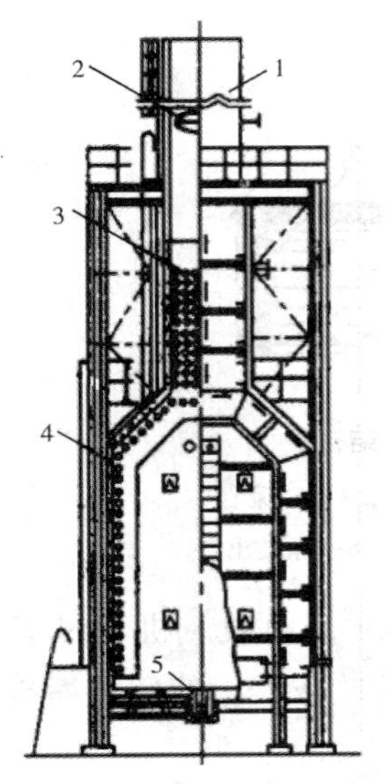

图 5-5-6　立式圆筒管式加热炉结构

1—烟囱；2—烟道挡板；3—对流室炉管；4—辐射室炉管；5—燃烧室

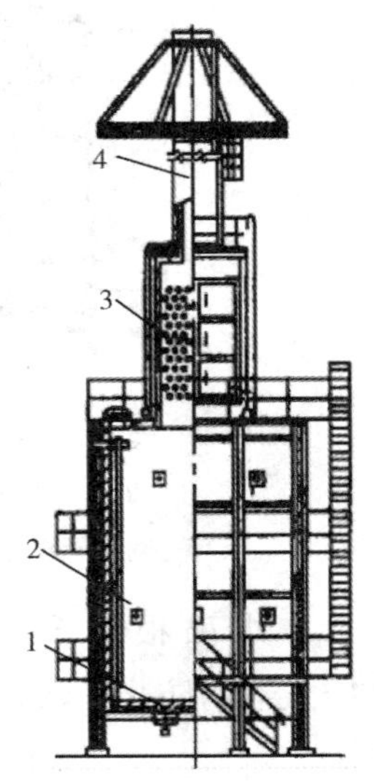

图 5-5-7　卧式圆筒管式加热炉结构

1—燃烧室；2—辐射管；3—对流管；4—烟囱

4. 快装管式加热炉

快装管式加热炉炉管是沿圆筒内壁水平排列的，在圆筒形外壳内设 2 管程辐射管，在辐射管中间的圆柱形空间为辐射室。圆筒内有轻质耐热衬里层。辐射室后面有方形对流室，其中有对流管、燃料油预热管和空气预热管。这种炉使用一个转杯式火嘴。该炉热效率比较高，投产时不用烘炉。

如图 5-5-8 所示为 4600kW 快装管式加热炉。它的设计特性为：设计热效率为 90%，排烟温度为 160℃。当辐射管面积为 143.1m^2，辐射热强度为 83090kJ/m^2 时，辐射管采用 ϕ219mm，2 管程，共 24 根，水平布置于炉膛四周。对流管采用 ϕ102mm×6mm，10 管程，共 32 排，每排 10 根炉管，当对流管面积为 226m^2，对流管热强度为 28900kJ/m^2 时，该炉为快装管式加热炉，全炉可分为四个部分，辐射室、对流室、过度段、烟囱和风机等散件。辐射室断面为列车箱状，炉墙采用陶瓷纤维毡—岩棉板复合衬里。对流室全部采用 ϕ102mm 的光管，分为四组布置。为防止积灰，在管组之间装置 3 台回转式吹灰器，使用压缩空气吹灰，以保持良好的传热效果。

花格输油管线采用的是 1750kW 快装管式加热炉，热效率 90%，排烟温度 150℃，设计压力 6.4MPa，额定流量 125m^3/h，最小流量 84m^3/h，额定压降 0.165 MPa，炉膛温度 785℃。其辐射室为一圆筒形设备，内有 ϕ152mm×8mm 炉管双根水平单程，布置于炉膛四周。辐射管面积为 63m^2。对流室为立式方形结构，采用 ϕ89mm×4mm 的光管，共 12

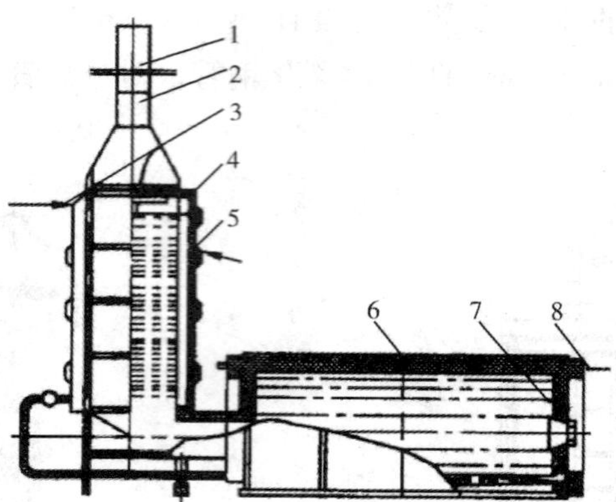

图 5-5-8　快装式加热炉结构

1—炉囱；2—烟道挡板；3—原油进口；4—对流管；5—对流管板；6—辐射管；7—燃烧室；8—原油出口

排，每排 6 根炉管，共 72 根管子，对流室面积 41.53m²。由鼓风机和风道组成的鼓风系统，为燃烧提供空气。为防止积灰，在管组间装置转式吹灰器，使用压缩空气吹灰以保持良好的传热效果。

快装管式加热炉在设计上还具有如下特点：

（1）在辐射室的 2 管程上均设置了一台流量计，当 2 管程流量偏差过大时，发出报警信号。这样可以防止发生偏流，避免由于偏流而引起的炉管结焦。

（2）在靠近火焰的炉管管壁上设置了热电偶，测量并显示出炉管管壁温度。当管壁超温时就报警，并切断燃料油，使炉子停止运行。

（3）燃烧器灭火后自动报警并切断燃料油。

（4）选用了目前国内较为理想的燃烧器——长沙节能设备厂生产的 ZH_{II} 550m－400 型重油燃烧器。

（5）设计上采取了如下自动控制方案：①给定炉子出口原油温度，自动调节燃油量。②通过空气调节阀自动调节烟气含氧量，使燃烧始终能处于最佳状态。③自动调节烟道挡板开度，使加热炉能维持在最佳负压下运行。

二、加热炉工作原理

液体（气体）燃料在加热炉辐射室（炉膛）中燃烧，产生高温烟气并以它作为热载体，流向对流室，从烟囱排出。待加热的原油首先进入加热炉对流室炉管，原油温度一般为 35～50℃。炉管主要以对流方式从流过对流室的烟气（600～750℃）中获得热量，这些热量又以传热方式由炉管外表面传导至炉管内表面，同时又以对流方式传递给管内流动的原油。

原油由对流室炉管进入辐射室炉管，在辐射室内，燃烧器喷出的火焰主要以辐射方式将热量的一部分辐射到炉管外表面，另一部分辐射到敷设炉管的炉墙上，炉墙再次以辐射

方式将热量辐射到背火面一侧的炉管外表面上。这两部分辐射热共同作用，使炉管外表面升温并与管壁内表面形成温差，热量以传导方式流向管内壁，管内流动的原油又以对流方式不断从管内壁获得热量，实现了加热原油的工艺要求。

加热炉加热能力的大小取决于火焰的强弱程度（炉膛温度）、炉管表面积和总传热系数的大小。火焰越强，则炉膛温度越高，炉膛与油流之间的温差越大，传热量越大；火焰与烟气接触的炉管面积越大，则传热量越多；炉管的导热性能越好，炉膛结构越合理，传热量也越多。

火焰的强弱可用控制火嘴的方法来调节。但对一定结构的加热炉来说，在正常操作条件下，炉膛温度达到某一值后就不再上升。炉管表面的总传热系数对一台炉子来说是一定的，所以每台炉子的加热能力有一定的范围。在实际使用中，火焰燃烧不好和炉管结焦等都会影响加热炉的加热能力，所以要注意控制燃烧器使之完全燃烧，并要防止局部炉管温度过高而结焦。

三、加热炉的运行参数

1. 炉膛温度（挡墙温度）

炉膛温度一般指烟气离开辐射室的温度，也就是烟气未进入对流室的温度或辐射室挡火墙前的温度，它是加热炉运行的重要参数。

在炉膛内（辐射室）燃料燃烧产生的热量，是通过辐射和对流传方式给炉管的。传热量的大小与炉膛温度和管壁温度有关。原油从加热炉中获得的热量其中有90%来自辐射传热方式。辐射传热与火焰的绝对温度的四次方成正比，因此，在高温区，辐射受热面的吸热效果要比对流受热面的吸热效果好，吸收同样数量的热量，辐射传热所需的受热面积即金属消耗量要比对流传热所需的受热面积小。设计时选取的炉膛温度值决定着加热炉辐射受热面及对流受热面之间的吸热量比例。炉膛温度高，辐射室传热量就大，所以炉膛温度能比较灵敏地反映炉出口温度。但是，从运行角度考虑，炉膛温度过高，辐射室炉管热强度过大，有可能导致辐射管局部过热结焦，同时进入对流室的烟气温度也过高，对流室炉管也易被烧坏，使排烟温度过高，加热炉热效率下降。所以，炉膛温度是保证加热炉长期安全运行的指标。在输油加热炉中，炉膛温度最高不超过750℃。

2. 排烟温度

排烟温度是烟气离开加热炉最后一组对流受热面进入烟囱的温度。

排烟温度不应过高，否则热损失大。在操作时应控制排烟温度，在保证加热炉处于负压完全燃烧的情况下，应降低排烟温度。排烟温度的调节一般用控制进风量，即调整过剩空气系数的方法。

降低排烟温度，可减少加热炉排烟热损失，提高热效率，从而减少燃料消耗量，降低加热炉运行成本。但排烟温度过低，使对流受热面末段烟气与载热质的传热温差降低，增加了受热面的金属消耗量，提高了加热炉的投资费用。因此，排烟温度的选择要经过经济比较。

在选择最合理的排烟温度时，还应考虑低温腐蚀的影响。由于燃料中的硫在燃烧后可生成 SO_2，它在烟气中和水蒸气形成硫酸蒸汽，当受热面壁温低于硫酸蒸汽的露点温度时，硫酸蒸汽就会冷凝下来，腐蚀壁面金属。如受热面壁温低于烟气中水蒸气的露点时，则水蒸气也会凝结在管壁上，这就加剧了腐蚀，并且容易引起积灰。

降低露点，减少腐蚀和积灰的措施有：

（1）净化燃料油。目前，国外已有应用，但能否得到广泛应用还值得研究。

（2）采用各种添加剂，降低露点温度。在油中或炉内加入少量添加剂能中和烟气中 SO_3 和硫酸蒸汽的碱土金属或其他物质，以改变油灰特性，便于吹灰器将其吹掉。这些添加剂为：白云石、镁化物、铝化物、锌粉、NH_3、甲烷或氢气等。白云石主要成分是碳酸镁和碳酸钙，在喷入炉膛后，不但能中和烟气中的 SO_3 和硫酸蒸汽，也能中和已凝结在受热面上的硫酸，这样不但降低了烟气露点温度，还使管壁面上的积灰变得松散而易被吹掉。

（3）采用低氧燃烧。低氧燃烧即低过剩空气系数的燃烧技术，在国外已得到广泛重视。采用低氧燃烧可以有如下效果：①烟气中 SO_3 含量可减少几倍；②烟气露点温度可降低几十度；③腐蚀速度可以降低几倍甚至十几倍；④排烟热损失降低。大多数研究者认为，过剩空气系数只有降到 1.1% 以下时，才会有上述的明显效果，如果管理不妥，操作不当，带来的弊病是：①将使固体不完全燃烧热损失和气体不完全燃烧热损失增加；②未燃烧的炭黑和液滴落到炉管表面，增加炉管表面积灰，恶化传热，使炉管局部过热而被烧毁。

（4）控制炉内温度分布。炉内温度越高，特别是火焰尾部温度偏高，会使 SO_3 增加。如果把火焰燃烧中心及尾部进行适当冷却，会减慢 SO_2 向 SO_3 的转化反应。采用的办法是在火焰中心和尾部喷入冷空气，或采用烟气再循环等。当然，最有效的措施是提高排烟温度，保持管壁温度高于烟气露点温度，或者采用耐腐蚀材料，如玻璃管、渗铅管等。

3. 燃料的发热值

输油加热炉采用的燃料通常是所输送的原油，它是由多种碳氢化合物组成的混合物，其主要元素为碳和氢，尚有少量其他元素，如氧、硫、氮等。一般，氧和氮的含量很少，可以忽略，而硫的含量均要给出。如果燃料油的元素组成难以找到，可以用燃料油的相对密度 γ_4^{20} 来估算氢和碳的含量：

$$H = 26 - 15\gamma_4^{20} \tag{5-5-1}$$

$$C = 100 - (H + S) \tag{5-5-2}$$

式中 H、C、S——燃料油中氢、碳、硫的质量百分数，如燃料油中含碳 86%（质量），则 $C = 86$。

燃料燃烧时放出大量的热。燃料的发热值是指在工程上将 1kg 燃料（气体燃料以标准立方米计算）定温完全燃烧时所放出的热量（单位为 kJ/kg）。按燃烧产物中水蒸气所处的相态（液态还是气态），有高、低发热量之分。燃烧产物中的水蒸气（包括燃料中所含水分生成的水蒸气和燃料中氢燃烧时生成的水蒸气）凝结为水时的反应热，叫高发热量。

燃料油的高发热量可用“氧弹”法测得。燃烧产物中的水蒸气仍以气态存在时的反应热，叫低发热量，它等于从高发热量中扣除水蒸气凝结热后的热量，由于管式炉的排烟温度远超过水蒸气的凝结温度，为避免发生低温腐蚀和结垢堵塞，今后管式炉的排烟温度也不大可能降低到水蒸气的凝结温度，因此在管式炉的热平衡和热效率计算中均采用低发热量。

燃料油的发热量可按其元素组成计算：

$$Q_H = 339C + 1256H + 109(S - O) \tag{5-5-3}$$

$$Q_L = 339C + 1030H + 109(S - O) - 25W \tag{5-5-4}$$

式中 Q_H——燃料油的高发热量（亦称高热值），kJ/kg；

Q_L——燃料油的低发热量（亦称低热值），kJ/kg；

C、H、O、S、W——燃料油中碳、氢、氧、硫和水分的质量百分数，如碳含量为86%，则 $C = 86$（见表5-5-1）。

表5-5-1 液体燃料的发热值

名称	可燃物的元素组成/%（质量）			发热值/（kJ/kg）	名称	可燃物的元素组成/%（质量）			发热值/（kJ/kg）
	C	H	S—O			C	H	S—O	
原油	83~84	11~14	0.5~2	43543~46055	汽油	85.1	14	—	43756~47102
重油	84~88	11~12	0.5~0.8	40652~45008	煤油	86	14	—	43124~46055

当计算企业的综合能耗时，能源消耗量须用千克标准煤或吨标准煤表示。低位发热量为29.27MJ/kg 的煤为标准煤。

4. 炉膛体积热强度

燃料在炉膛燃烧时，单位时间内单位体积里放出的热量，叫炉膛体积热强度。用 q_V 表示，单位为 kW/m^3。

$$q_V = \frac{Q_0}{V} \tag{5-5-5}$$

式中 q_V——炉膛体积热强度，kW/m^3；

Q_0——单位时间内输入炉膛热量，kW；

V——炉膛容积，m^3。

在相同的炉膛热负荷下，炉膛体积越小，炉膛热强度就越高，越有利于燃料的燃烧。但炉膛体积过小，则燃烧空间不够，火焰容易舔到炉管和管架上，炉膛温度也高，不利于长周期安全运行。因此，炉膛温度不允许过高。加热炉炉膛体积热强度在燃油时不得超过124 kW/m^3，燃气时不得超过165 kW/m^3。

5. 炉管表面热强度（平均表面热流密度）

单位时间内单位炉管表面积所吸收的热量，叫炉管表面热强度，用 Q_f 表示，单位为 kW/m^3。

$$Q_f = \frac{Q_1}{F} \tag{5-5-6}$$

式中 Q_f——炉管表面热强度，kW/m^3；

Q_1——单位时间内炉管吸收热量，kW；

F——炉管受热面积，m^2。

炉管表面热强度包括辐射管表面热强度和对流管表面热强度。对热负荷相同的炉子，炉管平均表面热流密度越高，完成一定的加热任务所需的炉管就越少，所以为了提高加热能力，应尽可能提高炉管平均表面热强度，特别是辐射炉管表面热强度。对输油系统加热炉，辐射管平均表面热流密度在 24 ~ 28 kW/m^2。

炉膛内主要是辐射传热，对流传热所占比例很小。在辐射传热中，因炉管受热不均匀，炉管表面热强度也不均匀。例如，炉管朝火焰一面受火焰辐射，而背火焰一面只受炉墙的反射，所以朝火焰面的热强度比背火焰面的热强度高，从而使炉管径向受热不均匀。在炉管长度方面，靠近火焰处的炉管所受辐射热比远离火焰时所受辐射热要高，这样沿管长方向热强度也不均匀。为了提高炉子的加热能力，使辐射炉管表面热强度尽量均匀，可以采取如下办法：

（1）增加辐射炉管；

（2）增加辐射墙；

（3）在操作上，尽量做到多火嘴、短火焰、齐火苗；

（4）加强炉管的清扫工作；

（5）在炉壁喷涂节能涂料，如碳化硅涂料；

（6）把炉管制成椭圆形钢管，加大受辐射面积。

近年来，为提高对流传热效率，对流炉管的管外侧大量使用了钉头或翅片。钉头管或翅片管的对流表面热强度习惯上仍按炉管外径计算表面积，而不计钉头或翅片本身的面积。钉头管或翅片管按此计算出的热强度一般为光管的二倍以上，也就是说，一根钉头或翅片管的传热能力相当于两根以上光管的传热能力。

6. 热效率及全炉热平衡

热平衡是分析炉内传热情况与加热工艺计算的重要工具之一。燃料燃烧所放出的热量的利用和分配情况由热平衡关系确定。

1）热负荷

加热炉热负荷（用 Q 表示）是指单位时间内供给被加热介质的热量，即被加热介质达到所需温度而被供给的热量，表示加热炉供热能力的大小。随着加热炉用途和处理量的不同，其总热负荷有很大的差别，炉子最大负荷可达 4600 kW，而输油加热炉热负荷大的有 8000 kW，小的有 1750 kW。

计算加热炉热负荷的目的有以下几点：

（1）新建加热炉在烘炉交付正常运行前，测定其加热能力是否达到设计能力。

（2）用于计算运行一段时间后的加热炉热效率。

计算方法如下：

（1）对流油管的热负荷。

$$Q'_{对}=Gc\ (t_{2对}-t_{1对})\ /3600 \quad (5-5-7)$$

式中 $Q'_{对}$——对流管热负荷，kW；

c——原油比热，一般取 2kJ/（kg·℃）；

G——油的质量流量，kg/h；

$t_{2对}$——对流管油出口温度，℃；

$t_{1对}$——对流管油入口温度，℃。

（2）热水炉热负荷。

$$Q_{水}=G_{水}\ c\ (t_{2水}-t_{1水})\ /3600 \quad (5-5-8)$$

式中 $Q_{水}$——热水炉热负荷，kcal/h；

$G_{水}$——热水质量流量，kg/h；

$t_{2水}$——热水炉出口温度，℃；

$t_{1水}$——热水炉进口温度，℃；

c——水的比热，取 4.1868kJ/（kg·℃）。

（3）对流室总热负荷。

$$Q_{对}=Q'_{对}+Q_{水} \quad (5-5-9)$$

（4）辐射室热负荷。

$$Q_{辐}=Gc\ (t_{2辐}-t_{1辐})\ /3600 \quad (5-5-10)$$

式中 $Q_{辐}$——辐射室热负荷，kW；

$t_{2辐}$——辐射管油出口温度，℃；

$t_{1辐}$——辐射管油入口温度，℃。

（5）加热炉总热负荷。

$$Q_{总}=Q_{辐}+Q_{对} \quad (5-5-11)$$

2）全炉热平衡

全炉热平衡系指入炉的总热量和炉内有效消耗及损失的总热量间的平衡。它是用来考察加热炉生产能力和效率的主要方法。

入炉总热量（用 $Q_{入}$ 表示）包括燃料燃烧热和燃料、空气、水蒸气在进炉温度下的显热。一般情况下，空气不经预热时，空气带入的显热可以不计，此时入炉的总热量可以认为近似等于 $BQ_L/3600$kW。

出炉的总热量（用 $Q_{出}$ 表示）包括加热炉的总热负荷（又称有效热负荷）、烟气离开对流室带出的热量和全部热损失。

由于全炉热平衡 $Q_{入}=Q_{出}$，则

$$BQ_L/3600=Q_1+Q_2+Q_3+Q_4+Q_5 \quad (5-5-12)$$

式中 B——燃料用量，kg/h；

Q_L——燃料发热值，kJ/kg；

Q_1——加热炉输出热量，即有效热负荷，kW；

Q_2——排烟热损失，kW；

Q_3——气体不完全燃烧热损失，kW；

Q_4——固体不完全燃烧热损失，kW；

Q_5——加热炉的散热量，kW。

令 $Q_r = BQ_L/3600$，则

$$Q_r = Q_1 + Q_2 + Q_3 + Q_4 + Q_5$$

3）加热炉热效率

由全炉的热平衡可知，燃料燃烧发出的热量除用来加热炉管中的油之外，一部分热量通过炉墙散失到大气中，还有一部分被烟道气带走从烟囱排到大气中。可见，燃料燃烧释放的热量并非全部得到利用，燃料供给的热量总是大于加热炉有效热负荷。加热炉全炉热负荷与燃料发出热量之比值表示炉对热的利用程度，被称为加热炉的热效率，以百分数表示，则

$$\eta = \frac{3600Q_{总}}{BQ_L} \tag{5-5-13}$$

式中 η——加热炉热效率；

$Q_{总}$——加热炉总热负荷，kW；

B——燃料油耗量，kg/h；

Q_L——燃料低发热值，kJ/kg。

热效率是衡量加热炉燃料消耗的指标。热效率高，说明炉子对燃料的利用率高，燃料消耗就低。早期的加热炉热效率只有60%～70%，最近已达到85%～88%，在最新的技术水平下已接近92%左右。随着节能工作的不断深入，今后加热炉热效率将不断提高。

7. 热损失

如将式（5-5-12）中等号右边的各项热量用它占输入热量的百分数表示：

$$\begin{cases} q_1 = \dfrac{Q_1}{Q_r} \times 100\% \\ q_2 = \dfrac{Q_2}{Q_r} \times 100\% \\ q_3 = \dfrac{Q_3}{Q_r} \times 100\% \\ q_4 = \dfrac{Q_4}{Q_r} \times 100\% \\ q_5 = \dfrac{Q_5}{Q_r} \times 100\% \end{cases} \tag{5-5-14}$$

则有：

$$100 = q_1 + q_2 + q_3 + q_4 + q_5 \tag{5-5-15}$$

式中 q_1——有效利用热量百分数，%；

q_2——排烟热损失，%；

q_3——气体不完全燃烧热损失，%；

q_4——固体不完全燃烧热损失，%；

q_5——散热损失，%。

1）排烟造成的热损失

排烟热损失是当烟气离开加热炉的最后受热面时，烟气的焓高于进入加热炉的空气的焓，这部分热量将随烟气排放掉而不再被利用所形成的热损失。排烟热损失是加热炉各项热损失中最大的一项，对精心设计的节能型加热炉，其排烟热损失约为6%～10%，一般加热炉排烟热损失约为10%～15%，现有老式加热炉排烟温度高达350℃或以上，排烟热损失可高达20%。

影响排烟热损失的主要因素是排烟温度和烟气量。烟道气温度越高，热量损失越大，烟道气的数量越多，损失的热量越大。排烟温度升高，则 q_2 增大，一般排烟温度升高10℃，q_2 约增加1%，所以应尽量使排烟温度降低。在加热炉运行中，排烟温度与下列因素有关：

（1）燃烧过程组织是否正确。

（2）炉管积炭和结盐垢的程度。

（3）炉墙、人孔、看火孔和穿墙管等不严密地方的漏风大小。当冷空气从不严密处漏入烟道时，在漏风点烟气温度降低，因而在漏风点以后所有受热面的传热量减小，故排烟温度升高。由于排烟温度升高而使 q_2 的增加值：

$$\Delta q_2' = \frac{t_{py} - t_{py}'}{t_{py}} q_2 \tag{5-5-16}$$

式中　t_{py}——有漏风时实测的排烟温度,℃；

t_{py}'——没有漏风时的排烟温度,℃。

（4）烟气是否走短路或不能合理地冲刷炉管。在同样排烟温度下，烟气的体积越大，则 q_2 越大。减少烟气体积的办法有：

①降低过剩空气系数，有条件时可采用低氧燃烧新技术。烟道气量与过剩空气量的大小有关，过剩空气量越大，烟道气排量越大，则热损失也越大。因烟道气带走而损失的热量，一般为总量的15%～25%。当过剩空气系数很大，烟道气温度又很高时，此项损失甚至可达50%以上，这是加热炉热损失中的主要部分。从烟囱排出的烟道气的组成有二氧化碳、水蒸气、二氧化硫、氧、氮，及在燃烧不完全时产生的一氧化碳。氧和氮是过剩空气带进来的（参加燃烧的空气中也带进氮），过剩的空气对燃烧不仅不起作用，而且从炉内把热量带走，是造成损失的重要原因。

②提高炉墙检修质量，运行中经常进行查漏和堵漏，减少漏风。漏风的害处：烟气体积增加，排烟温度升高，对有吸风机的炉子耗电量增加。由于漏风，烟气体积增大，使 q_2 的增加值为：

$$\Delta q_2 = \frac{a_{py} - a_L}{a_{py}} q_2 \tag{5-5-17}$$

式中　a_{py}——排烟处过剩空气系数；

a_L——炉膛出口过剩空气系数。

2）气体（化学）未完全燃烧热损失

由于一氧化碳、氢气、甲烷等可燃气体未燃烧放热就随烟气排入大气，这种热损失称为气体未完全燃烧热损失，过去称为化学未完全燃烧热损失。根据气相层析仪实测的结果，在未完全燃烧的气体中，主要是一氧化碳和氢气，瞬间出现甲烷。通常在正常燃烧情况下，q_3 值很小，一般在5%左右。影响 q_3 值的主要因素是：炉膛的过剩空气系数、炉膛温度、炉内气体的混合与流动工况和燃烧器的性能等。

3）固体（机械）未完全燃烧热损失

烟气中含有固体炭粒未燃烧放热即随烟气一起排入大气或沉积在炉管上及烟道中，这项热损失称为固体未完全燃烧热损失，以前称为机械未完全燃烧热损失或炭粒未完全燃烧热损失，形成 q_4 损失的炭粒有两个来源：①燃料油的油滴燃烧后剩下来的焦粒，它的直径可以达到几十个微米甚至更大；②燃油发生裂解时分解的炭黑。加热炉在 运行中，一般是用烟色来监视烟气中固体未完全燃烧损失，当烟气接近无色或微带灰色时，认为此时的 $q_4 \approx 0$。在进行热平衡实验时，只有在烟色很淡的情况下，假定 $q_4 \approx 0$ 才是正确的。如果炉子冒黑烟仍假定 $q_4 \approx 0$ 显然是不对的。当加热炉燃烧不良而冒黑烟时，不仅有 q_4 损失，同时 q_4 损失也可能比较大。因此，加热炉在运行中应尽量避免冒黑烟。q_4 值大小决定于：燃烧器的性能、结构和燃烧过程组织得是否合理。

加热炉在运行中冒黑烟，从烟囱排出大量的炭粒，由看火孔可以观察到，在炉管、炉底和炉墙上都有黑色的积炭，这说明存在加热炉中固体炭粒未完全燃烧造成的热损失。在热平衡实验中，测量 q_4 比较困难，故目前在实验中多假定 $q_4 = 0$ 或 $q_4 \approx 0.5\%$。

在不完全燃烧所造成的热损失中，造成燃烧不完全的因素有两个：

（1）雾化不良。由于蒸汽（风）压力变化，燃烧油黏度、压力变化，使油、汽（风）比例不恰当而引起雾化不良，部分燃烧不能与空气充分接触，未燃烧就离开炉膛，造成燃烧不完全。

（2）进炉空气量不足。由于烟道挡板关得太小，使进炉空气量不足，部分燃料未能充分燃烧即随烟道气离开炉膛。

在完全燃烧的情况下，此项损失为零，若操作不好，调节不当，在燃烧不完全时会造成烟囱冒黑烟，此项损失可达总热量的0.5%～1%或更大。

4）散热损失

散热损失系指加热炉在运行时，各部分炉墙、炉顶、钢构架、进出口油管、转油线和烟风道等部件的温度高于周围大气温度而向炉子周围环境所散失的热量。

影响散热损失的因素有：炉墙绝热性能、加热炉外表面积的大小、炉墙表面温度、环境温度和风速等。

一般来说，加热炉容量越大，外表面积就越大，因而散热损失热量（指炉子每小时的总散热量）的绝对值就越大。但作为热量损失的百分数 q_5 来说，加热炉容量越大，散热损失 q_5 就越小。对同一台加热炉，当其在低于额定热负荷下运行时，q_5 值比额定热负荷下运行时增加，即低负荷时 q_5 值变高。

加热炉炉壁向大气的散热损失包括辐射散热和对流散热两部分。在外界无风条件下，仍存在自然对流散热。其中，向上的水平壁和向下的水平壁，以及垂直炉墙的散热量都是不同的。q_5 可以用热流计测量得出，也可以根据经验公式计算。由于加热炉炉墙内表面的温度是变化的，并且散热量也与外界温度和风速等因素有关，所以准确计算炉墙的散热较困难，故在设计中一般按供给热量的1.5%～3%来计算。在有较长烟气通道的余热回收系统中，加热炉整个系统的总散热损失可能达到4%。

加热炉外壁温度越低，散热损失越大；风速越大，散热损失越大。降低炉壁温度，减少散热损失，最好利用便宜、隔热性能好的材料，不宜用过多增加壁厚和加大投资的办法减少有限的散热损失。

5）降低热损失的措施

为减少热损失，提高热效率，需采取以下措施：

（1）尽可能保证完全燃烧。

（2）尽量降低过剩空气系数。不使过多的空气进入炉内。过剩空气系数每降低0.1，可提高热效率1.3%。

（3）在条件允许的情况下，增加余热回收，如增设热水炉、空气预热器等。

（4）加强设备管理，经常保持炉体完好、严密。根据有关资料介绍，燃烧能力为2.4t/h燃料油的加热炉，仅仅因为关紧弯头箱门和堵塞结构的空气裂缝，燃料油用量即可降低5%。

8. 理论空气量和过剩空气系数的计算

1）理论空气量的计算

1kg（标米^3）燃料完全燃烧时所需的空气量称为理论空气量，用符号 V_0 表示。空气量的单位，对于固体燃料和液体燃料采用标米^3/千克（m_N^3/kg）、对于气体燃料采用标米^3/标米^3（m_N^3/m_N^3）。所谓标准立方米是指气体在标准状态（温度为0℃，大气压力为101325Pa）下的体积。理论空气量 V_0 按式（5-5-18）计算：

$$V_0 = 0.0889\ (C + 0.375S)\ + 0.265H - 0.03330 \qquad (5-5-18)$$

理论空气量如用质量来表示，则为：

$$L_0 = 1.293V_0 \qquad (5-5-19)$$

式中 1.293——标准状态下的空气密度，kg/m_N^3。

在没有元素分析的情况下，可用式（5-5-20）按密度 γ_4^{20} 估算出燃料油的理论空气量：

$$L_0 = 17.48 - 3.45\gamma_4^{20} - 0.072S \qquad (5-5-20)$$

理论空气量计算式是根据燃烧的化学平衡方程式，并以干空气为基准推导出的。实际上，燃烧所用的空气都有一定的湿度，因此按上述公式计算的理论空气量应乘以一个修正系数（见图5-5-9），以免在高气温、高湿度下燃烧时缺氧。尤其是在我国南方，有些地区最热月平均气温达40℃，此项修正更不应该被忽略。

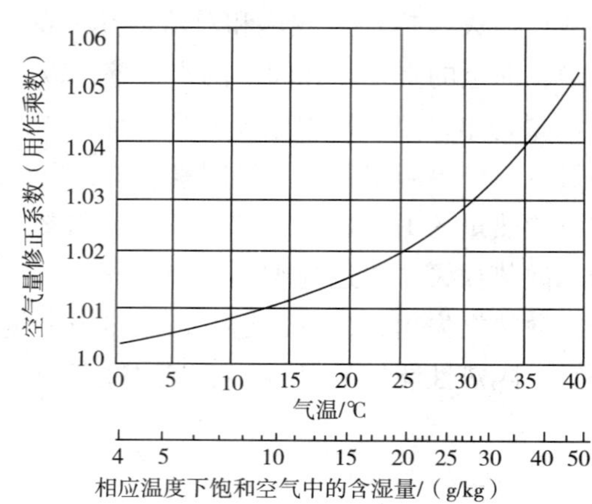

图5-5-9 饱和湿空气修正系数

2）过剩空气系数的计算

在加热炉运行中，由于现有的燃烧设备难于保证燃料和空气非常均匀地混合，使所有空气中的氧气全部参加燃烧。因此，为使燃料尽可能地完全燃烧，必须多供给一些空气，多供给的这部分空气称过剩空气量，亦即燃烧1kg（m_N^3）燃料所使用的实际空气量等于理论空气量加上过剩空气量。加热炉运行时使用的实际空气量 V 与理论空气量 V_0 的比值称为过剩空气系数 α，其表达式为：

$$\alpha = \frac{V}{V_0} = \frac{L}{L_0} \tag{5-5-21}$$

式中 V、L——实际空气用量，单位分别为 m_N^3、kg；

V_0、L_0——理论空气用量，单位分别为 m_N^3、kg。

过剩空气系数太小，使燃烧不完全，浪费燃料；过剩空气系数太大，进炉空气太多，炉膛温度下降，降低传热效果，且增加烟道气所带走的热损失，同时还会加速炉管的氧化剥皮。一般情况下，燃料燃烧的过剩空气系数，以辐射室中为1.1～1.3，烟道中为1.2～1.3为宜。如果烟道不严密，其过剩空气系数还要稍高一些。

3）实际生产中加热炉烟气分析与过剩空气系数计算

对于一台正在运行的加热炉，一般不直接利用式（5-5-21）计算过剩空气系数，而是用氧化锆含氧量测定仪直接测出烟气中的含氧量。

9. 管内流速

流体在炉管内的流速越低，则边界层越厚，传热系数越小，管壁温度越高，介质在管内的停留时间也越长。其结果，介质越容易结焦，炉管越容易损坏。但流速过高又增加管内压力降，增加管路系统的动力消耗。在设计炉子时，应在经济合理的范围内力求提高流速。

10. 炉管压降

输油管线采用大管径、多管程炉管的目的是减小炉内阻力。根据实际测定结果，在设计流量下运行时，炉内压降为0.1～0.45MPa。加热炉压力降是判断炉管是否结焦的一个主要指标，如果在油品流速不变的情况下，压力降增大，说明加热炉管内有结焦现象。

11. 烟气露点及腐蚀

输油加热炉一般用所输送原油作燃料油，当油中含硫量低时，腐蚀性较小。但在烟气温度过低的情况下，对流管和热水炉管壁结露时，水蒸气与烟气中的 SO_2、SO_3 或 CO_2 结合就会腐蚀管壁。所谓露点，就是烟气被冷却后开始凝结的温度。

第二节 间接加热炉

目前，油田地面建设管线和长输管道上使用的原油直接加热炉热效率一般都比较低，最高达到75%~80%。其次，炉管内加热的是原油，原油的流量由油田来油而定，当原油流量较小时，容易发生偏流，流量小的炉管原油温度升高，容易汽化，甚至导致炉管结焦、穿孔，不利于安全生产和实现自动化生产。从20世纪80年代后期开始，我国从国外引进了一种原油间接加热系统——热媒炉。热媒炉炉管内流动的是一种载热介质，它先后流经对流段和辐射段炉管，通过升高温度而带走加热炉炉膛和烟道中燃烧产物的热量。载热介质离开加热炉，流入换热器将大部分热量传给原油，把原油加热到输送所需的温度。冷却后的载热介质再送回加热炉吸收热量，完成了对原油的间接加热。综上所述，载热介质所起的作用只是将加热炉中燃料燃烧所产生的热量传递给原油的中间媒介而已。故习惯上称这样的载热介质为热媒。

直接加热原油的原油加热炉系统简单，但加热炉热效率低，炉体体积大，炉管易结焦，特别在原油流量变化幅度大的变工况下更为严重。在改为热媒炉后，原油加热的热量是由热媒加热而间接取得。当采用较高温度时，热稳定性良好的热媒可以避免结焦，热媒温升大，可以用较少数量热媒吸收加热炉中燃料放出的热量，使得热媒炉体积缩小，并可以在正常工况下运行。热媒炉的系统热效率可以达到91%左右，而且热媒的流量不受外界干扰，容易实现自动控制，尤其适合恶劣自然条件地区泵站的无人值守、远距离自动控制泵站的加热炉。

迄今为止，我国石油部门已先后从美国两家公司引进两种热媒炉及其原油加热系统。从美国伊克利伯斯公司（Eclipse Co）引进的安装在东北输油管线上的热媒炉，已于1986年1月投入使用。从美国燃烧工程公司（CE－Natco）引进的安装在东营—黄岛长输管线上的热媒炉及其系统，以及石油天然气管道局廊坊机械厂生产的RML－Ⅱ型热媒炉，其系统及主要设备大同小异。本节简要介绍它们的工作原理、设备规格型号和性能特点、运行操作规程等。

一、直接加热炉与热媒炉的主要区别

（1）直接加热炉中加热原油的数量大，但原油温升小。炉管内原油的流速不能太大，

因此使用单管程会使炉管直径增大，造成加热炉体积庞大，使用多管程要采取措施使平行各管有基本相同的流量分配，以防止严重偏流而引起炉管结焦，这就使仪表控制设备增多。热媒炉由于热媒温升可以较大，故热媒数量可较原油数量少，热媒可以在较小管径的炉管中用单管程在加热炉中吸热。例如，美国 CE - Natco 公司生产的 12MMBtu/h 和 20MMBtu/h 的热媒炉炉管直径为 4in。因此，热媒炉体积较相同热负荷的原油加热炉体积要小。

（2）直接加热炉中被加热的原油是未经处理的原油，其中可能含有各种腐蚀性气体或液体，成分随时会发生变化。热媒加热炉中的热媒是循环使用的。通常作为热媒的是经过专门筛选过的合成碳氢化合物，对金属没有腐蚀性。

（3）二者的通风方式不同。直接加热炉炉管管径较大，炉膛尺寸大，对流段内炉管管距较大，整个加热炉风烟道系统阻力小，利用适当高度烟囱内烟气和烟囱外空气的密度不同所产生的压力差，足以克服空气和烟气流动时的阻力，这种通风方式称为自然通风。因此，直接加热炉炉膛和对流段烟道均处于负压状态（即小于大气压），加热炉外的冷空气会从炉体不严密处渗入，使炉膛温度下降，燃料燃烧不良；对流段过剩空气系数增大，使排烟热损失增加。这些都使直接加热炉热效率降低。热媒炉炉管管径较小，炉膛尺寸小，对流段内烟气阻力大。整个加热炉风烟道系统阻力不可能全靠烟囱的抽力克服，而主要由装在炉膛前的送风机来克服。这样，整个送风、引风系统基本上处于正压状态（即大于大气压），故冷空气不可能渗入。当然，炉膛和烟道也应严密封闭，以免烟气外冒，影响工作人员的安全和污染环境。热媒加热炉炉膛正压燃烧使得炉膛容积热负荷增大，炉子结构比较紧凑，节省了使用材料和降低了制造费用。如果燃料雾化良好和燃烧正常，就可以使加热炉散热损失 q_5 小，固体不完全燃烧热损失 q_4 和气体不完全燃烧热损失 q_3 减小，并且由于不漏入冷空气，排烟热损失 q_2 也较大降低，因此使得热媒炉的热效率（$\eta_t = 100\% - q_1 - q_2 - q_3 - q_4 - q_5$）比常用的原油加热炉热效率高得多。

但是，直接加热炉直接加热原油，系统简单，热媒炉加热的是热媒，原油还要通过热媒 - 原油换热器才能被加热，还需要一整套辅助设备，使得整套热媒加热系统变得比较复杂。

二、具有热煤炉的原油加热系统

整套原油加热装置可以分为压缩空气供给系统、热媒炉系统、热媒 - 原油换热系统和热媒稳定供给系统四大主要系统和其他一些辅助系统。为了保证在不同输油量的工况下，整套装置都能安全、经济地运行，上述四大系统内部有若干台设备并联工作，根据输油负荷的变化，装置配用的电子计算机启动全部或一部分设备进行工作。如东黄管线上的各个加热站由于需要的加热原油热负荷不同，各个系统内配置的设备台数也各不相同。

图 5-5-10 给出的是 CE - Natco 公司热媒炉操作手册上提供的整套装置系统流程图，其中每一系统只画出并联工作设备中的一个，主要说明工作过程和每一系统之间的相互关系。没有画出流程中的测量、控制装置以及阀件等元件。由该图可知，整套装置大体上可

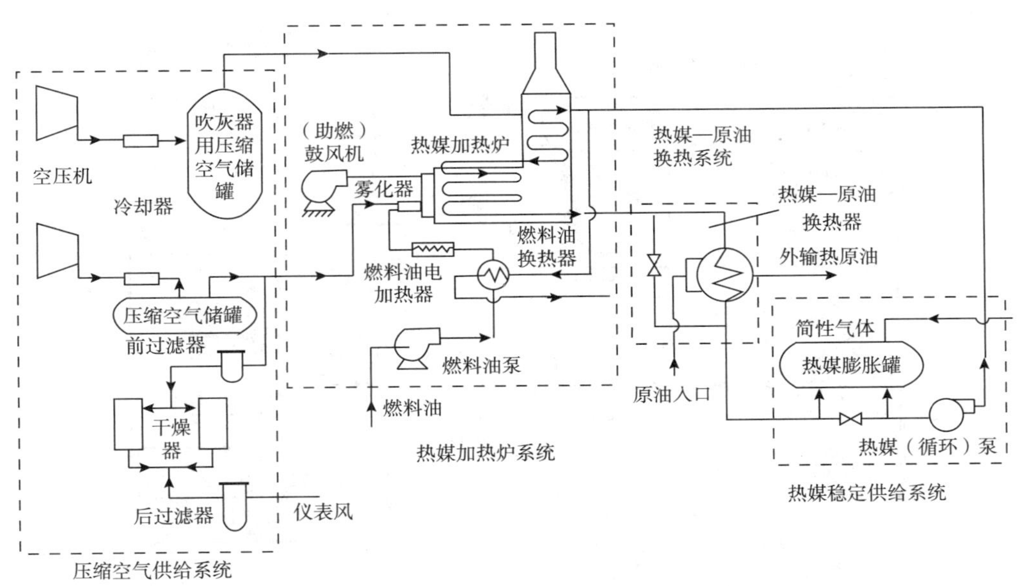

图 5-5-10　CE－Natco 热媒炉系统流程图

分为四个组成部分（即四个系统）。美国燃烧工程公司提供的图纸也是按这四个系统，分为四大组合托架（撬装架）。图 5-5-11 给出的是石油天然气管道局廊坊机械厂生产的 RML－Ⅱ型热媒炉工艺流程图，图中给出了测量、控制装置及阀件。

（一）压缩空气供给系统

整套原油加热系统中所有装置需要的压缩空气，除了热媒炉燃烧用的空气由一台单独鼓风机供给以外，其余的均由压缩空气供给系统提供。系统内主要设备有空气压缩机机组、冷却器、空气储罐、过滤器和干燥器等。

图 5-5-12 是中间站（昌邑）压缩空气供给系统流程简图。由该流程图可见，压缩空气分成三股。

1. 吹灰用的压缩空气

热媒炉对流段装有六台吹灰器，定时用压缩空气吹扫对流段内对流管束外表面上的积灰。为了强化对流段内的热量交换，有一部分对流管束采用了增大换热面积的翅片管，它比光管更易积灰、积渣。积灰不仅会影响对流段传热效果，而且会增大烟气流动阻力，使加热炉的运行条件大大恶化。

吹灰器使用的压缩空气压力范围为 0.689～1.034MPa（表压）。吹灰用的空气质量要求不高，单独由一台空气压缩机（图 5-5-12 中的 C－4901）供给，经一风扇空气冷却器，把压缩后的空气冷却后储存在一空气储罐内备用。储罐为立式，其直径 × 高度为 1371.6mm × 3962.4mm。储罐上端安全阀整定在 1.929MPa（表压）。

2. 燃料油雾化用的压缩空气

热媒炉燃烧使用液体燃料（轻质油或重质油），是为了让燃料油完全燃烧。燃烧前，先把燃料油雾化成平均直径为 0.1～0.25mm 的油雾。热媒炉雾化器所用的雾化介质是压缩空

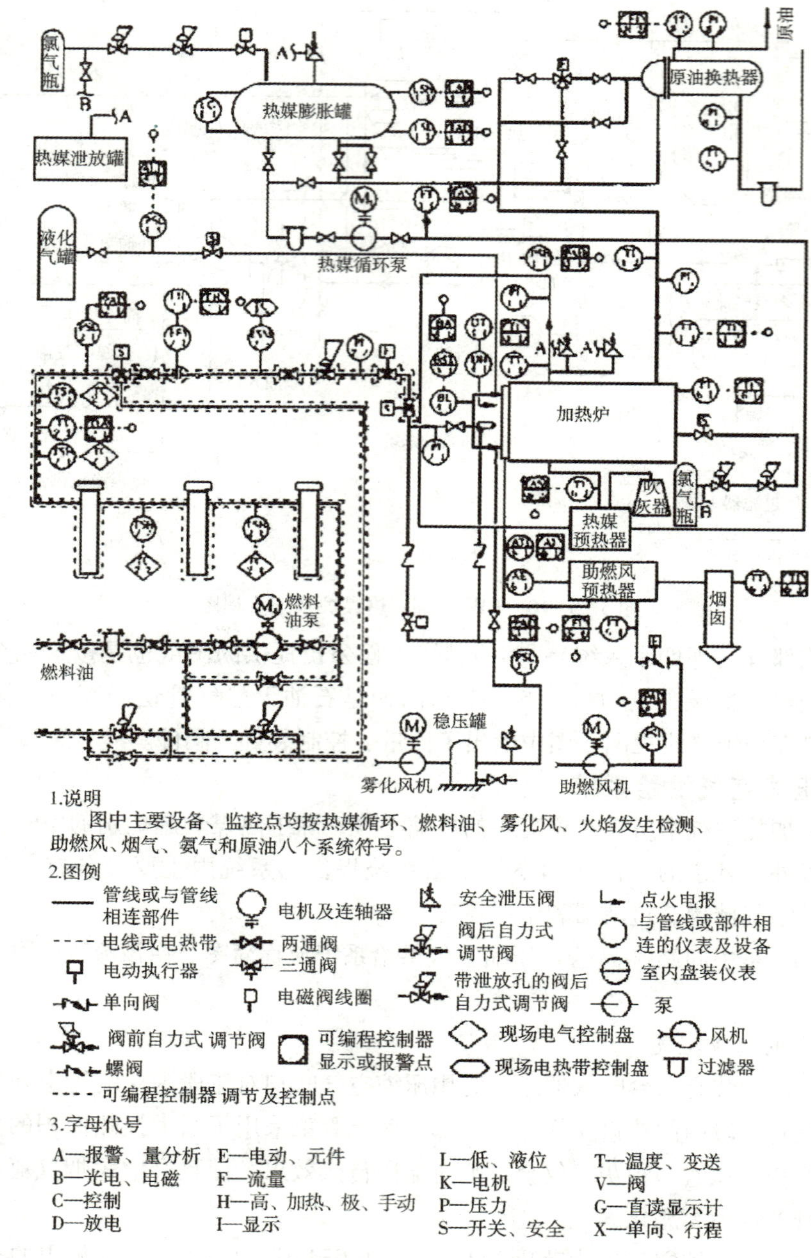

图5-5-11　RML-Ⅱ型热媒炉工艺流程图

气，工作压力范围为0.689~1.034MPa（表压）。由图5-5-12可知，雾化空气由另一空气压缩机（C-4900）供给。雾化空气质量要求亦不高，只需把压缩机出口空气经后冷却器（FF-4900）冷却后即可使用。一般雾化风压力不能低于0.2MPa，否则雾化油颗粒太大，燃烧效果严重变差；雾化风压力也不能过高，否则会通过火嘴抬高整个燃料油系统的压力。由于该空气压缩机还需提供仪表风，所以中间设置另一卧式空气储罐（V-4900）。

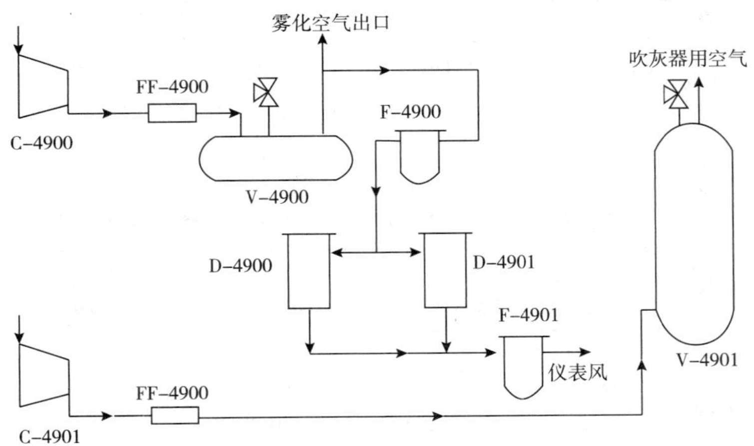

图 5-5-12　压缩空气供给系统流程图

C-4900、C-4901—空气压缩机；D-4900、D—4901 干燥器；

F-4900、F-4901—前、后过滤器；FF-4900—后过滤器；

V-4900—雾化用和仪表用压缩空气储罐；V-4901—吹灰用压缩空气储罐

3. 仪表控制用的压缩空气（通常称仪表风）

整套装置的启动、运行和停车都是自动控制的。这是由一系列测量、调节装置，通过一台专用计算机来实现的。现场使用的测量仪表、调节阀门等大多采用气动元件，因此保证供给符合要求的气源是实现安全、经济运行的重要条件之一。仪表和调节装置上气动元件要求压缩空气有足够的压力［大于 0.1 MPa（表压）］，同时空气必须是干燥、无杂质的。

如图 5-5-12 所示，为了得到高质量的压缩空气，让它先后经过前过滤器、干燥器和后过滤器，并通过压力调节阀，保证仪表风无水、无杂质、定压。雾化和仪表控制用的压缩空气来自同一空气压缩机（图 5-5-12 中的 C-4900）。

综上所述，不同用途的压缩空气不仅对其数量，而且对其质量要求也互不相同。加热炉吹灰所需的压缩空气是间歇使用的，数量要求不大，但所需的压力较高，故用单独的空气压缩机和储罐，不需过滤和干燥处理；燃料油雾化和仪表控制所用的压缩空气在装置运行期间需连续供给。它们合用另一套空气压缩系统，其中用作仪表风的压缩空气更需过滤杂质和干燥水分，但所需压力较吹灰所需压力低。

另外，长输管线上不同地点的加热站，由于具有不同的热负荷，所配置的压缩空气供给系统亦有所差异。表 5-5-2 列出首站和中间站（昌邑）压缩空气供给系统主要设备规格型号。

表 5-5-2 东营和昌邑站压缩空气供给系统主要设备规格表

用途	主要设备	首站（东营）	中间站（昌邑）
吹灰用	空气压缩机机组	C－2201 电机：50hp，三相，50Hz，1800r/min，380V	C－4901，756r/min，排气压力 256lbf/in²，电机：60hp，三相，50Hz，1800r/min，380V
	空气储罐	V－2201，立式 直径×高度：1372mm×3911mm 工作压力：（65℃）1.582MPa	V－4901，立式 直径×高度：1372mm×3962mm 工作压力：（93℃）1.582MPa
雾化和仪表控制用	空气压缩机机组	C－2200 电机：100hp，三相，50Hz，1800r/min，380V	C－4900，893r/min，排气压力 110lbf/in²，电机：100hp，三相，50Hz，1800r/min，380V
	空气储罐	V－2200，立式 直径×高度：914mm×591mm 工作压力：（65℃）0.879MPa	V－4900，立式 直径×高度：914mm×2362mm 安全阀整定压力：0.879MPa

注：1hp＝745.6999W；1lbf/in² ＝6894.757Pa。

（二）热媒炉系统

1. 热媒炉的结构

热媒炉系统是原油加热系统整套装置的主要组成部分。图 5-5-13 为国外引进的热煤炉外形略图。整个热煤炉由燃烧设备、辐射段（亦称炉膛）、过渡段、对流段（这两部分亦称烟道）和烟囱组成。一般，热媒炉的炉膛采用螺旋盘管式，螺旋管用 ϕ154×7mm 无缝碳素钢管焊接制成。炉管压力降为 0.12MPa 左右，炉管承压能力 1.05MPa，炉体呈卧式圆筒体，内衬陶瓷纤维毡。螺旋炉管中间的圆柱形空间作炉膛（辐射室），螺旋炉管外壁与圆筒形外壳之间的环形空间为对流室，如图 5-5-14 所示。

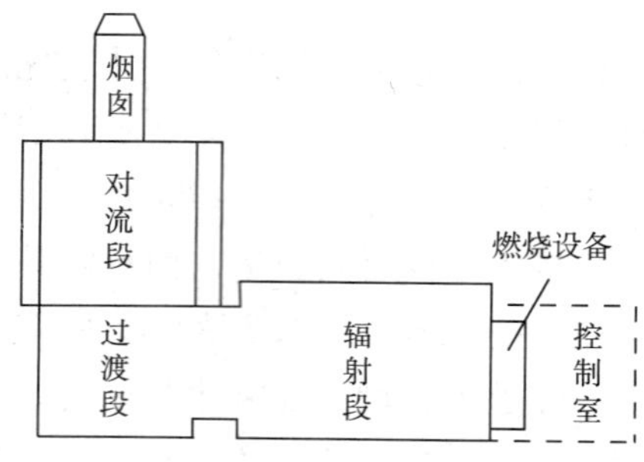

图 5-5-13 热媒炉外形结构略图

加热炉所用的火嘴是旋流喷嘴，由风箱空气旋流器、燃烧室和雾化室组成。采用电动连杆调节器带动火嘴、进风蝶阀，对燃料油和助燃风进行非常好的比例调节，以改变炉温，使过剩空气量为 5%～15%，保持热媒温度在给定值。当发热量在 5800kW 时，耗燃油量为 685kg/h。

热媒炉系统除了包含主要设备热媒炉以外，还有燃料油换热器、燃料油电加热器、燃料油泵和供给燃烧用空气的鼓风机（或称送风机）。不同热负荷的热媒加热炉配用不同的

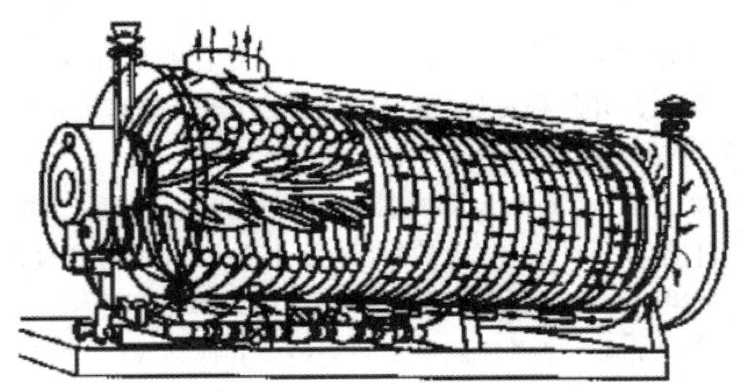

图 5-5-14 热媒炉炉膛结构示意图

燃料油泵、燃料油加热器和送风机。东营－黄岛管线上各加热站引进的热媒炉有大小两种类型，大的为5800kW，小的为3500kW；东北输油管理局从美国 Eclipse 公司引进的热媒炉的热负荷为4650kW。图5-5-15 是 RML－Ⅱ4650kW 热媒炉系统的流程简图。以下流程操作就以 RML－Ⅱ4650kW 热媒炉为例说明。

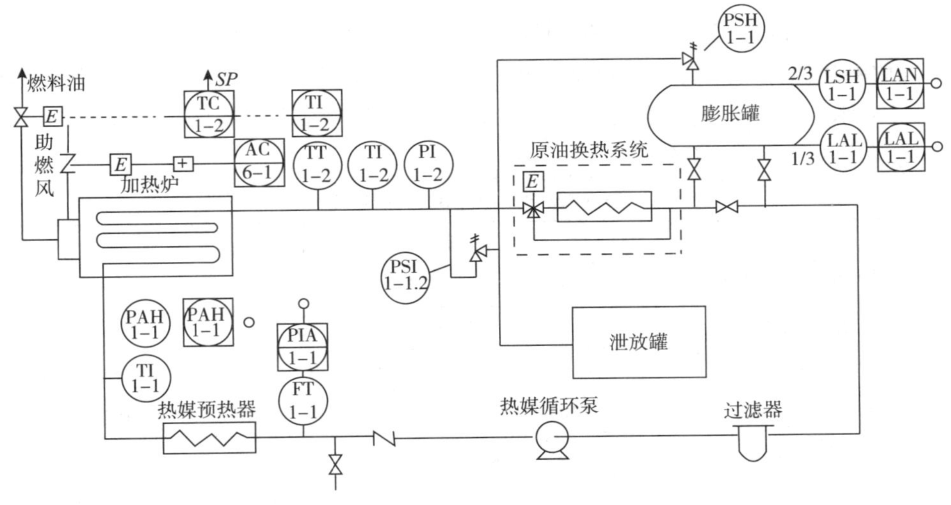

图 5-5-15 RML－Ⅱ型热媒炉工艺流程图

热媒炉用天然气点火（由点火变压器实现电火花点火），引燃以后再由主燃烧器送入雾化好的燃料油和送风机吹入空气，将引燃火焰扩大为主要燃烧火焰。显然，点火前热媒炉内热媒已经在需要的流量条件下流动着。为了使燃料油完全燃烧，先要把燃料油预热到适当的温度，因而在燃料油输送管路中设置了启动时使用的燃料油电加热器。正常运行的燃料油则由一部分热媒来加热。部分热媒与燃烧油的换热是在燃料油换热器中完成的。燃料油预热温度应控制在一定的范围内，温度过低，燃料油黏度过大，会影响雾化质量，因而使燃烧恶化，温度过高（即燃料油过热）会造成油的蒸发或闪蒸，引起炉膛火焰脉动或燃料油换热器的堵塞（碳残留物积聚在换热器的盘管上）。

燃料油的最佳温度取决于燃料油的种类，不同种类的燃料油有其不同的燃烧最佳温度，确定最佳温度的最好方法是反复实验。升高和降低燃料油温度，观察火焰的稳定性、火焰的长短和火焰的颜色，并且根据燃烧产物的烟气分析结果来确定最佳燃烧工况。

2. 加热炉的启停

在手动启动热媒循环泵、燃料油泵和燃料油管线电加热装置后，再按动手动启炉按钮，加热炉的启停程序便自动运行。当执行启炉程序时，控制器首先检查表5-5-3中的前10个停炉条件是否存在，如果不存在，启动助燃风机、雾化风机和开助燃风调节阀。为了在预吹扫期间吹净炉内的可燃性气体，助燃风调节阀开至最大并保持50s。然后该调节阀关至最小。平时，10s后建立引燃火，引燃火建立10s后建立主火焰，主火焰建立10s后，引焰火熄灭。在主火焰建立的同时，控制器的各调节回路投入工作，到此启炉程序结束。

有两类状况可以导致自动停炉：①运行参数越限停炉。处于这种停炉状态下，当运行参数恢复到正常值时，热媒炉能自动启炉。例如，在热媒温度超高时停炉，当热媒温度恢复正常值时自动启炉。②设备故障锁定停炉。处于锁定停炉状态下，即使故障消除，只有在按动复位按钮后才能自动启炉。这一功能设置是基于安全的考虑。在执行停炉程序时，控制器切断主火焰和全开助燃风调节阀。然后吹扫净炉内可燃性气体和烟尘，调节阀开至最大并保持50s，然后延时1h停热媒循环泵（美国Eclipse公司热媒炉只有在手动停炉时延时1h自动停热媒循环泵，而在自动停炉时不停热媒循环泵）。与此同时，控制器给出第一停炉信号显示，以提示运行人员及时排除故障。当烟气温度超高的故障出现时，立刻停热媒循环泵和进行炉膛氮气吹扫。

表5-5-3 报警和停炉定值

序号	名称	单位	报警	停炉	测点位置
1#	热媒温度过高	℃	220	230	热媒出炉口
2#	燃料油温度过低	℃	60	50	第三级电加热器出口
3	燃料油温度过高	℃	90	100	第三级电加热器出口
4	燃料油压力过低	MPa		0.5	火嘴减压阀前
5	热媒入炉压力过高	MPa		0.42	热媒入炉口
6	膨胀罐液位过低	罐位		1/3	膨胀罐
7	膨胀罐液位过高	罐位		2/3	膨胀罐
8	热媒流量过低	m^3/h	146	135	热媒泵出口
9	烟气温度过高	℃	470	480	热媒预热器前
10	引燃气压力过低	kPa		1.0	液化气罐出口
11	雾化风压力过低	kPa		50	雾化风机出口
12	助燃风压力过低	kPa		1.5	助燃风机出口
13	火焰故障			灭火	助燃风入炉口

注：#为能自动启炉的停炉点。

3. 热媒的循环

热媒循环泵启动后，热媒经热媒预热器预热，升温约6℃，然后送至加热炉加热。在热媒出炉温度为200℃、流量为170m³/h时，升温约42℃。被加热的热媒再经原油换热系统、膨胀罐旁通阀和过滤器返回到循环泵的入口。经流量变送器FT_{1-1}检测的热媒流量应在165～175m³/h范围内，当流量低于146m³/h时报警，流量低于135m³/h时自动停炉。当热媒膨胀罐的液位低于1/3罐高时，通过液位开关LSH_{1-1}与控制器停炉点LAH_{1-1}自动停炉；当液位高于2/3罐高时，通过液位开关LSH_{1-1}控制器停炉点LAH_{1-1}自动停炉。膨胀罐属带压容器，内部正常压力在0.01～0.05MPa范围内，当压力超过0.1MPa时，膨胀罐内的热媒和气体将通过安全泄放阀PSV_{s-1}泄于泄放罐中，避免膨胀罐的压力过高。热媒管网压力正常状态为0.4MPa，当压力超过0.8MPa时，热媒和气体将通过两个并联安全泄放阀PSV_{1-1}、PSV_{1-2}泄于泄放罐中，避免整个管网超压。为防止炉管或炉出口热媒管网堵塞，在加热炉入口热媒管线上设置一个压力开关PSH_{1-1}和控制器PAH_{1-1}停炉点，当该点热媒压力高于0.42MPa时，自动停炉。

4. 热媒出炉温度调节

热媒炉正常负荷调节范围为40%～100%。对应此负荷，用大庆原油作为燃料油的体积流量约为200～540L/h，助燃风量约为2400～6900m³/h。当负荷过低时，不仅会使风油配比质量变差，燃料油雾化颗粒变大，而且会因为烟道温度过低烟气结露而造成烟道的严重腐蚀。当负荷过高时，炉膛内的火焰将会过长。当火焰长度超过炉膛长的3/4时，一方面容易烧坏炉后墙，另一方面会因烟气带走的热量过多而造成能源的浪费。为了使热媒炉负荷能够连续调节并保证不越限，由温度变送器TT_{1-2}、控制器调节模块TC_{1-2}、助燃风调节阀FV_{5-1}和燃料油调节阀FV_{2-1}组成的热媒出炉温度调节回路加以实现。在正常运行状态下，热媒出炉温度一经设定，将保持不变。另外，通过燃料油调节阀和助燃风调节阀的行程限位使热负荷的变化范围符合技术要求。实际上，热媒出炉温度保持不变是通过热负荷或热输入量（燃料油和助燃风量）的变化换取的。由于这种变化范围很宽，因此对于输油过程的节能十分有利。具体工作过程是：当热媒进炉温度降低时，助燃风和燃料油调节阀同时向开的方向转动，热输入量增加，使热媒出炉温度不致下降。当热媒进炉温度上升且热负荷需要量大于40%时，助燃风和燃料油调节阀同时向关的方向转动，热输入量减少，使热媒出炉温度不致上升。如果热负荷需要量远远小于40%（此时电动三通调节阀TV_{1-1}阀位接近全关位置状态），助燃风和燃料油调节阀即使同时关至最小，热媒温度还会继续上升。这时，只有通过热媒温度超限自动停炉而使热媒出炉温度不致继续上升。停炉后，热媒温度将会下降，当热媒温度降低到温度设定值之下时，将自动启炉。实际上，这种自动启停功能属于热媒出炉温度调节的一种补充措施。对于热媒炉的安全和节能都是必要的。由图5-5-15可以看到，助燃风调节阀不仅要受到控制器调节模块TC_{1-2}的控制，还要受到烟气含氧量调节器（模块）AC_{6-1}的控制，上面的讨论均是按AC_{6-1}不参与调节加以叙述的。

（三）热媒－原油换热器系统

热媒循环加热原油，是用泵从罐中抽出热媒并升压送入加热炉，升温到260℃，再进换热器的管程加热原油，原油在换热器壳程被加热，温度由40℃升到70℃以上，热媒温度则从260℃降到200℃，再返回到热媒膨胀罐完成一个加热循环系统。其循环系统如图5-5-16所示。间接加热系统中有两套温度控制器（其中，一套是热媒温度控制器，另一套是输出原油温度控制器），可以实现快速反应。在运行中，如果上站停输或减小排量，换热器中原油流量变小，温度升高，高于原油控制的给定温度，温度控制器产生动作，便自动开大换热器的热媒旁通阀门，减少进入换热器的热媒数量，使原油温度降到给定值。相反，如果输油量增大，原油温度低于给定值，温度控制器也产生动作，自动关小换热器旁通阀门，增大进入换热器的热媒流量，提高原油的温度。如果旁通阀门已关死，尚不足以提高到预定油温，此时热媒温度下降，热媒温度控制器产生动作，自动开大加热炉燃料阀门，提高炉膛温度，而使热媒温度升高，直到原油温度升到给定温度数值为止。

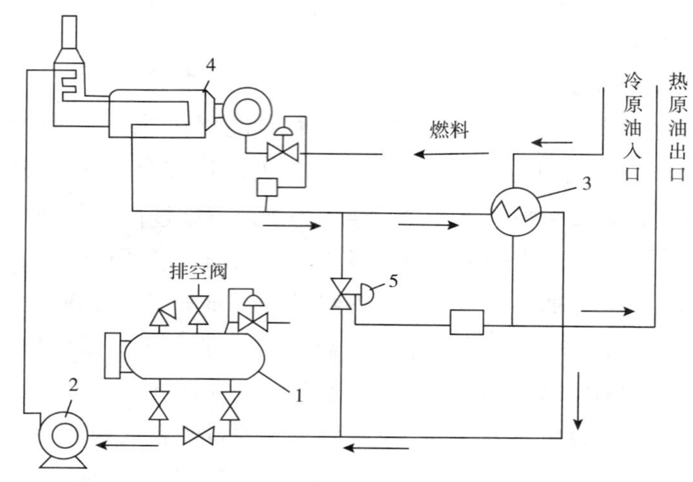

图5-5-16 间接加热循环系统

1—热媒膨胀罐；2—循环泵；3—换热器；4—热媒加热炉；5—换热器三通阀

为了提高换热器效率，减少热损失，换热器外表面敷设3in厚的保温材料；热媒进、出管线亦敷设2in厚的保温材料。热媒进、出口之间装有两条旁路，一条是由原油出口温度控制的自动旁路；另一条则是人工操作阀门的旁路。如果加热后的原油温度过高，则自动或手动打开旁路，使得进入换热器的热媒流量减少。

除了外输原油加热外，站内储罐原油也需保持适当的温度。因此，各加热站设置了容量和台数不等的储罐原油循环换热器，如东营首站设置了两台容量3500kW的换热器。实际上，储罐原油循环换热器的作用相当于外输原油换热器的初级加热，降低了外输原油换热器的热负荷，取消了原有的储罐内盘管蒸汽加热设备。

（四）火焰发生检测系统

1. 工作原理

火焰发生检测系统如图5-5-17所示。由该图可以看出，引燃火的建立是由变压器DT_{4-1}、点火电极DH_{4-1}和电磁阀BV_{4-1}的带电实现的。手动阀HV_{4-1}在季节停炉时关闭，运行时长开。由火焰检测器BE_{4-1}、火焰信号转换器BSI_{4-1}和控制器BA_{4-1}给出的开关量用于火焰信号检测。从建立引燃火开始，如果发现炉膛内无火，立刻产生停炉控制信号。

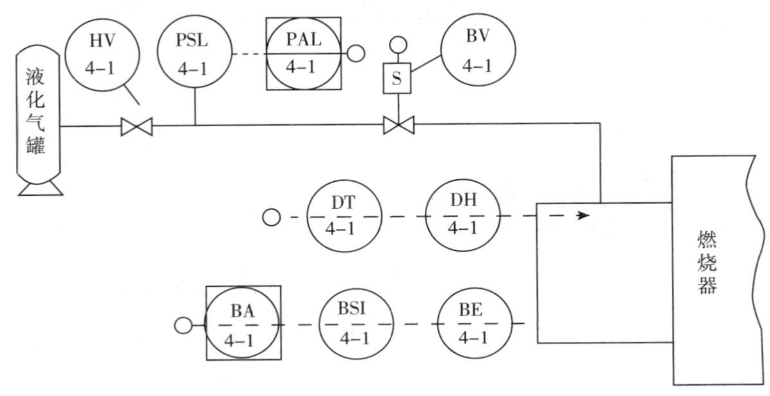

图5-5-17 火焰发生检测系统

2. 运行注意事项

（1）冬季要注意液化气罐的保温，防止液化气罐压力低而无法启炉。

（2）在炉运行期间，液化气罐不要拆下，手动阀HV_{4-1}也不能关闭，否则会破坏热媒炉自动启炉功能。

（五）氮气保护系统

热媒在整套原油加热装置中起着载热介质的作用并在系统中循环使用。它的物理化学性能稳定与否对系统安全、可靠运行至关重要。

作为热媒的基本要求是在工作温度范围内呈液体状态，易泵送，有较大的比热和导热系数。满足这些基本要求的液体主要是碳氢化合物（有机化合物）。一般，有机化合物与空气接触容易被氧化而变质，因此要使热媒热物理性质稳定，循环系统应该是密闭的。考虑到热媒的热膨胀和蒸汽压随温度升高而升高，热媒循环系统应设置有膨胀罐，膨胀罐内充以惰性气体（氮气）作为覆盖层，防止热媒与空气相接触而被氧化。

1. 工作原理

氮气保护系统流程如图5-5-18所示。氮气保护系统有两个回路，第一个回路是用于热媒膨胀罐中的氮气覆盖，防止热媒氧化。第二个回路是用于出炉烟气超高停炉时，向炉膛喷放氮气。第一个回路的具体工作过程是：由氮气瓶产生的高压氮气通过自力式调节阀$PICV_{7-1}$减压至0.5MPa，再通过自力式调节阀$PICV_{7-2}$减压至0.01～0.05MPa，然后通过长开电磁阀送到热媒膨胀罐替代空气作为缓冲气体，同时起防止热媒氧化的作用。安全阀

PSV_{1-1}用于防止氮气超压。当压力升至0.1MPa时开阀，降至0.08MPa时关阀。第二个回路的具体工作过程是：由氮气瓶内的高压氮气通过自力式调节阀$PICV_{7-3}$减压至1MPa，再通过自力式调节阀$PICV_{7-4}$减压至0.3MPa。电磁阀BV_{7-2}为长关电磁阀。当出加热炉的烟气温度超高时，控制器使电磁阀BV_{7-1}与BV_{7-2}同时关与开，这样既能防止因热媒膨胀罐带压使热媒过多地从炉膛破裂盘管中流出，又能向炉膛内迅速喷氮气，扑灭火焰。

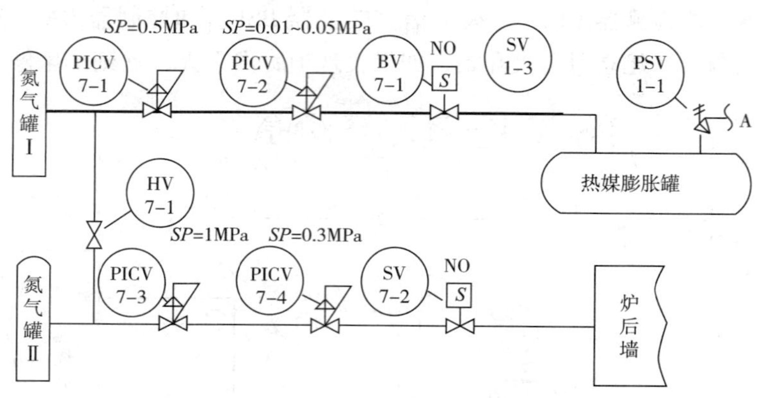

图5-5-18　氮气保护系统工艺图

2. 运行注意事项

（1）手动阀HV_{7-1}正常时全关，保证两组氮气瓶隔绝。在检修和更换氮气瓶时，需要一个氮气源供两个氮气回路，这时该阀全开。当然，这种工况时间应尽可能得短。

（2）氮气保护系统用的自力式调节阀均为带排气孔、带压力显示式阀后压力调节阀。这种自力式压力调节阀在阀后压力升高时，通过泄气孔向周围放气，当阀后压力降低时，开阀对热媒膨胀罐充气，保持阀后压力的稳定。由此可以看出，当热媒炉负荷变化频繁，即热媒的体积量变化频繁时，氮气的自然损耗量比较大。这种调节规律的氮气损耗应与氮气管线泄漏损耗相区别。

（3）加热炉出炉烟气温度超高发生停炉事件后，必须全部更换氮气瓶组Ⅱ。这是因为$PIVC_{7-4}$定值很高，氮气消耗很快。另外，氮气瓶组Ⅱ中的25L的氮气瓶不应少于三个，否则灭火氮气量不够。

（4）热媒膨胀罐的压力表PI_{1-3}用于指示氮气覆盖压力，它必须安装在电磁阀BV_{7-1}之后，其压力值应保持在0.01～0.05MPa范围内。压力过低应及时更换氮气瓶组Ⅰ中的氮气，保证膨胀罐中有充足的氮气。

第六章　蒸汽锅炉与水处理

第一节　蒸汽锅炉基本知识

一、锅炉参数

锅炉参数是表示锅炉蒸汽产量和质量的指标。蒸汽锅炉的主要参数是额定蒸发量、额定蒸汽压力和额定蒸汽温度。

1. 额定蒸发量

蒸汽锅炉每小时所产生的蒸汽数量称为这台锅炉的蒸发量，又称为“出力”或“容量”。用符号“D”表示，常用的单位是“t/h”。锅炉蒸发量有额定蒸发量、经济蒸发量和最大连续蒸发量之分：

（1）额定蒸发量。蒸汽锅炉在额定蒸汽压力、额定蒸汽温度、额定给水温度、使用设计规定的燃料并保证效率时所规定的每小时的蒸发量。锅炉产品金属铭牌上标示的蒸发量就是锅炉的额定蒸发量。

（2）经济蒸发量。蒸汽锅炉在连续运行中，效率达到最高时的蒸发量称为经济蒸发量。经济蒸发量约为额定蒸发量的75%～80%。

（3）最大连续蒸发量。蒸汽锅炉在额定蒸汽参数、额定给水温度和使用设计燃料长期连续运行时所能达到的最大蒸发量称为最大连续蒸发量，这时锅炉的效率会有所降低。因此，应尽量避免锅炉在最大连续蒸发量下运行。

2. 额定蒸汽压力

蒸汽锅炉在规定的给水压力和负荷范围内长期连续运行时，应予以保证的出口蒸汽压力称为额定蒸汽压力，常用单位是“MPa”。锅炉产品金属铭牌上标示的压力，就是锅炉的额定蒸汽压力。对于有过热器的蒸汽锅炉，其额定蒸汽压力是指过热器出口处的蒸汽压力；对于无过热器的蒸汽锅炉，其额定蒸汽压力是指锅炉出口处的蒸汽压力。

3. 额定蒸汽温度

蒸汽锅炉在规定的负荷范围内，在额定蒸汽压力和额定给水温度下长期连续运行所必须保证的出口蒸汽温度称为额定蒸汽温度。锅炉产品金属铭牌上标示的温度，就是锅炉的额定蒸汽温度。对于有过热器的蒸汽锅炉，其额定蒸汽温度是指过热器出口处的过热蒸汽温度；对于无过热器的蒸汽锅炉，其额定蒸汽温度是指锅炉额定蒸汽压力下所对应的饱和温度。

4. 锅炉技术经济指标

锅炉技术经济指标一般用锅炉热效率、成本及可靠性三项来表示。优质锅炉应保证热效率高、成本低和运行可靠。

（1）锅炉热效率。锅炉热效率是指送入锅炉的全部热量中被有效利用的百分数。

（2）锅炉成本。一般用锅炉成本的一个重要经济指标——钢材消耗率来表示。钢材消耗率为锅炉单位蒸发量所用的钢材质量，单位为“t・h/t”。

（3）锅炉可靠性。锅炉可靠性常用下列三种指标来衡量：

①连续运行时数＝两次检修之间的运行时数；

②事故率 $=\dfrac{\text{事故停用小时数}}{\text{运行总时数}+\text{事故停用小时数}}\times 100\%$；

③可用率 $=\dfrac{\text{运行总时数}+\text{备用总时数}}{\text{统计时间总时数}}\times 100\%$。

二、燃油锅炉的工作过程

1. 锅炉的工作过程

锅炉的工作过程主要包括三个过程：燃料（油）的燃烧过程、火焰和烟气向水的传热过程以及水被加热、汽化过程。

2. 锅炉的工作系统

燃油蒸汽锅炉的工作系统主要由燃烧器和水汽系统组成。

（1）燃烧器。燃烧器是燃料燃烧的装置，其工作原理和结构与加热炉所用的燃烧器相同或相似。

（2）水汽系统。进入锅炉的水叫给水。给水进入锅炉后，在锅炉内进行循环流动吸收热量，逐渐提高温度并被汽化，最后成为蒸汽从锅炉主汽阀送出。

三、锅炉水循环

1. 水循环原理

锅炉在运行时，水和汽水混合物在闭合的回路中持续而有规律地循环流动，受热面从火焰和高温烟气中吸收的热量，不断地被流动的水或汽水混合物带走，保证受热面金属得到冷却，这就叫锅炉水循环。

锅炉水循环按其循环方式可分为自然循环和强制循环两种。自然循环是依靠受热部分汽水混合物的密度小于不受热部分水的密度，从而形成压力差（流动压头），促使锅水流动。强制循环是利用水泵的推动作用，强迫锅水流动。工业锅炉大多采用自然循环。

2. 水循环回路

由于锅炉结构不同，自然循环至少应有一条循环回路，也可以有几条循环回路，图5－6－1是常见的自然循环示意图。锅炉的锅筒和下集箱由上升管和下降管连通，其中下降管位于炉墙外不受热，因而管中是温度较低的水，由于重度大而向下流动；上升管位于炉膛内，吸收热量，管中的水有一部分汽化成蒸汽，形成汽水混合物，由于重度减小而向上流动，上升管中的汽水混合物在进入锅筒后，蒸汽被分离出来，水继续流入下降管进行再循环。

3. 循环倍率

自然循环锅炉中的水，每经过一次循环，只有一部分水转化为蒸汽：通常将进入循环回路的水量称为“循环流量”，它与该循环回路中所产生的蒸汽量的比值称为“循环倍率”。即：

$$\text{循环倍率} = \frac{\text{循环流量}}{\text{回路所产生的蒸汽量}} \quad (5-6-1)$$

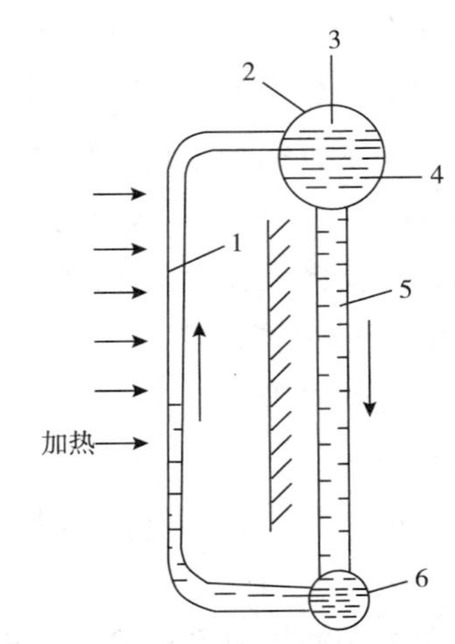

图5-6-1　单回路水循环示意图

1—上升管；2—锅筒；3—蒸汽出口管；4—给水管；5—下降管；6—下集箱

对于工作压力为1.25MPa、蒸发量在10t/h以下的小型锅炉，循环倍率约为150～200。水循环好的锅炉，各受热面受热均匀，热应力小，锅水的升温和汽化可以加快，从而缩短点火至正常供汽的时间。

循环倍率的大小与循环回路的阻力、流动压头以及锅炉的工作压力、负荷的变比等因素有关。水循环的动力来自下降管与上升管内水和汽水混合物的密度差形成的流动压头。水循环动力可按式（5-6-2）计算：

$$\text{水循环动力} = \text{循环高度} \times (\text{下降管水的密度} - \text{上升管汽水混合物的密度}) \quad (5-6-2)$$

从式（5-6-2）可以看出：使水产生循环的动力大小，决定于循环回路的高度及上升管中汽水混合物的汽化程度。回路越高，汽化越强，循环动力越大。循环的动力是用来克服水及汽水混合物在下降管、上升管及集箱中的阻力的。因此，要使水循环好，一方面要增加循环动力，另一方面要减少回路中的阻力。

四、锅炉的主要元件及连接方法

锅炉的受压元件主要有锅筒（锅壳）、管板（封头）、炉胆（炉胆顶）、回燃（烟）室、集箱、汽水管、烟（火）管、拉撑件、门孔及孔盖等。受压元件的主要连接方式是焊接和胀接。

1. 锅筒（锅壳）

除了直流锅炉和小型立式水管锅炉（贯流炉）外，锅炉一般都有锅筒（锅壳），它是十分重要的受压元件，其主要作用是：

（1）接受和分配给水；

（2）进行汽水分离，内装汽水分离装置，提高分离效果；

（3）贮存和输送蒸汽；

（4）部分炉型的锅炉锅筒作为受热面。

在水管锅炉中，若将锅筒置于炉体外，则亦称锅筒为汽包；若有上、下两个锅筒，则上锅筒也称为汽鼓，下锅筒称为水鼓或泥鼓。

锅壳式内燃锅炉的结构特点是燃烧空间和大部分受热面均布置在锅壳内，此时，锅壳内大多布置有炉胆、烟（火）管和拉撑等受压元件。

锅筒（锅壳）是用锅板卷成圆筒形焊接成筒体后，在两头焊上管板或封头面而制成的。对于水管锅炉来说，筒体的壁厚不应小于6mm；对于锅壳锅炉，除内径小于或等于1000mm筒体的壁厚应不小于4mm外，内径大于1000mm筒体的壁厚也应不小于6mm，一般而言，筒体上要开多个管孔用来装接下降管、安全阀、压力表、水位表、主蒸汽（或出水）管、进水管、排污管和加药管等。水管（或水、火管）锅炉还要装接水冷壁管、对流管和过热器管等。

2. 管板（封头）

管板（封头）是锅筒的组成部分，它们位于锅筒两端，与筒体一起组成锅筒。封头有球形、椭球形和扁球形三种，目前多采用椭球形封头。管板实际上是封头的一种特殊形式，它是在冲压成平板状的封头上开许多管孔，用以连接烟（火）管，因此被称为管板。卧式锅壳锅炉的锅壳筒体两端绝大多数为管板。

3. 炉胆

只有锅壳式锅炉才有炉胆。炉胆和锅筒一样是受压元件，但筒体受到的是内部压力，炉胆受到的则是外部压力。炉胆的外面是炉水，里面则是燃烧室，因此其内部温度很高，内外壁温差很大，所以炉胆是锅壳式锅炉中工作环境最恶劣的受压部件。

炉胆的热膨胀问题是设计者必须考虑的问题，由于炉胆受高温火焰灼烧，其平均温度要高于锅筒（锅壳）的温度，特别是燃油、燃气锅炉的火焰温度更高，温度变化更剧烈，因此如果设计不合理，则会将很大的热膨胀应力集中于几处，容易造成应力集中处破裂甚至导致锅炉爆炸，所以就要求炉胆应具有良好的热胀冷缩性能。

以下是几种常见的炉胆结构形式：

（1）平直炉胆。炉胆为直筒形，分无加强圈和有加强圈两种。立式锅炉的炉胆多为平直炉胆。

（2）波纹炉胆。波纹炉胆主要部分（如受高温火焰直接灼烧的部分）壁面形状如一个接一个连续不断的波纹，故得名波纹炉胆。它的制造大多是由平直炉胆经专用设备加热滚压而成的，也有少数是将一节节波纹环焊接而成的。

炉胆顶与炉胆一样受到的也是外压，其工作条件也很恶劣。由于T形接头相对较易产生未焊透缺陷，炉胆的热膨胀应力又非常大，为了防止发生可能的危险，除了选择合适结构的炉胆外，我国还规定在炉胆出口处应采用扳边对接。

4. 回燃（烟）室

回燃（烟）室是湿背式、半湿背式锅炉所特有的装置。一般是指锅壳内部从炉胆出口到烟（回）程之间过渡段所占的空间。由于烟程与第一烟程流向相反，故得名回燃室。回燃室的存在，使锅炉内部T形焊缝增多，应力分布相对复杂，但也使锅炉散热损失减少。

5. 集箱

集箱又叫联箱，它与水管连接，用来汇聚和分配管中的汽水。集箱多用直径较大的无缝钢管加两个端盖制成，端盖上大多开有手孔。集箱上的手孔是用于检验和清洗集箱及管子的，多采用内闭式非焊接连接结构，并避免直接与火焰接触。

6. 水（汽）管及其组成的受压部件

锅炉本体钢管中的流动介质为水（汽）的称为水（汽）管。水管锅炉的主要受热面部件就是由水（汽）管组成的，主要有水冷壁、对流管束、省煤器和过热器。

1）水冷壁

水冷壁是布置在炉膛四周的辐射受热面。水冷壁管一般常用直径为 51 ~ 63mm，壁厚为 5mm 的无缝钢管制成，主要吸收炉膛内的辐射热，有的水冷壁管两侧有鳍片，以吸收更多的辐射热，在中、大型锅炉上普遍使用了膜式水冷壁。水冷壁除了吸收热量外，还有保护炉墙的作用。

水冷壁的上部与上锅筒直接连接，或先经过上集箱再与上锅筒相连。上锅筒的水经过下降管流入下锅筒及下集箱，然后经过水冷壁吸收热量，逐渐形成汽水混合物，再回到上锅筒，从而组成一个闭合的自然循环回路。

2）对流管束

对流管束一般用直径为 38 ~ 51mm 的无缝钢管制成，置于上、下锅筒之间，主要靠对流传热吸收烟气冲刷所带来的热量。处于烟气温度较高区域的为上升管，而处于烟气温度较低区域的则为下降管。

3）省煤器

省煤器是附加布置在锅炉尾部烟道中利用排烟的热量来加热锅炉给水的一种换热设备，属对流受热面。它可以提高给水的温度，减少排烟损失，一般而言，省煤器出水温度每升高 10℃，锅炉排烟温度平均降低 2 ~ 3℃。

对于小型燃油锅炉而言，由于本身排烟温度较低，排烟量亦较少，造成的排烟损失不大，而燃料烟气中的含硫量较高，易对尾部受热面产生低温腐蚀，综合考虑经济问题，小型燃油锅炉多不装省煤器。

4）过热器

有的锅炉对于出口蒸汽的温度和湿度有特殊要求，于是锅筒（汽包）中湿饱和蒸汽被引到专门加热蒸汽的受压部件——过热器中，一般蒸发量在 20t/h 以上水锅炉都带有过热器，少数蒸发量为 4t/h 甚至更小的蒸汽锅炉也带有过热器。

过热器按其换热的方式可分为：

（1）对流过热器。将过热器布置在炉子出口以后的对流烟道内。由于烟气温度比炉膛温度低得多，烟气流速较高，因此烟气与管子外表面的换热方式主要是对流，对流换热量占过热器总换热量的 60% ~80%。

（2）辐射过热器。将过热器制成像水冷壁那样在炉顶或炉膛墙壁上，直接吸收炉膛辐射热量。常在高压或超高压锅炉上采用。

图 5-6-2　立式过热器

（3）半辐射过热器。将过热器管子紧密排列像“屏”一样吊在炉膛出口或炉膛上部，既能吸收炉内床料的辐射热，又能吸收屏间烟气的辐射热和烟气流过时的对流热。也就是说，这种过热器总的换热方式是辐射和对流。辐射换热量所占比例较大，约占总吸热量的 50%。这种过热器又称为屏式过热器。

过热器按其放置的方式过热器可分为立式过热器和卧式过热器，如图 5-6-2 和图 5-6-3 所示。按过热器中蒸汽与烟气流动方向可分为顺流式过热器、逆流式过热器和混流式过热器，如图 5-6-4 所示。在顺流式过热器蒸汽入口处的几排管子内容易结盐垢导致爆管；逆流式布置传热效果最好，但蒸汽出口处几排管子易超温过热。

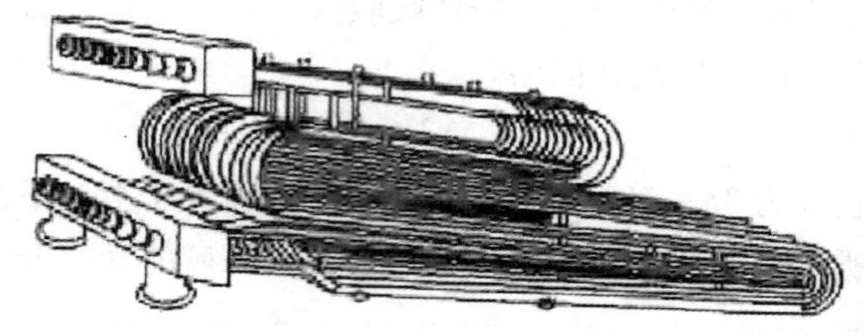

图 5-6-3　卧式过热器

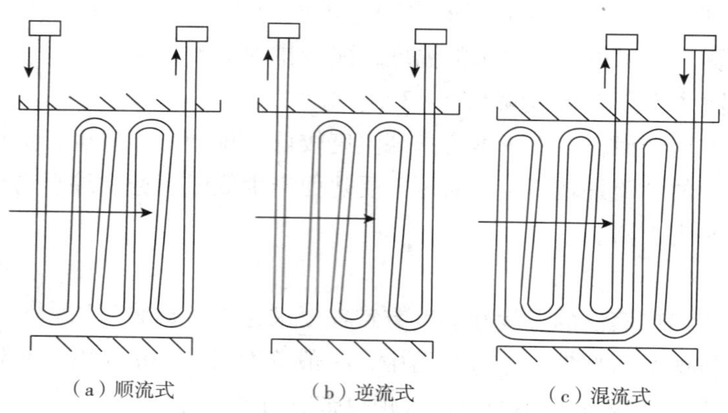

图 5-6-4　过热器的布置方式

注：蒸汽流向指：管内蒸汽温度由低向高；烟气流向指：管外烟气温度由高向低。

五、烟（火）管

锅壳式锅炉的主要受热面是烟（火）管，高温烟气甚至是火焰在管内流动加热管外的锅水，以产生蒸汽。

目前，烟（火）管有三种类型：①光管。光管有无缝钢管和有缝钢管两种，我国一般只用无缝钢管，且多用 ϕ51mm 管子，进口锅炉上也有采用有缝钢管的，光管的烟气阻力小，但是管内易积灰，传热效果较差。②螺纹管。其管内有似螺纹的凹槽，烟气在管内流动时会产生旋转，因此提高了传热效率且不易积灰，但是螺纹槽的存在增大了烟气的流动阻力。③在光管内放有抗氧化性好的如弹簧般的钢丝，成为“扰流子”或来复式钢丝，“扰流子”的存在起到了与螺纹凹槽相似的作用，而且因“扰流子”能轻易从管中抽出，因此清灰方便，且这种形式的钢管制造工艺相对简单，成本较螺纹管低，维护保养方便。

国外有的锅壳锅炉在保证锅炉蒸发量的前提下，为缩小锅炉的体积，采用了小直径的烟（火）管，最小的只有 ϕ24mm。有的锅炉在普通烟（火）管中布置了几根厚壁管，称为“拉撑管”，它们既起到烟（火）管的作用，又加强了管板的强度，也可算是拉撑管的一种。

第二节　典型燃油燃气的锅炉结构

锅炉按锅筒位置可分立式锅炉和卧式锅炉两类，立式锅壳锅炉最大的优点是占地面积小。但立式锅壳锅炉受到高度、受热面积等因素的限制，一般额定蒸发量小于 2t/h。输油泵站所用锅炉多是卧式燃油燃气锅炉，因此本节仅取几种典型结构的卧式锅炉进行介绍和分析。

一、卧式锅壳锅炉

1. 卧式锅壳锅炉的水容量

与立式锅壳锅炉相比，卧式锅壳锅炉的水容量大，因此蒸汽压力受外界变化的影响较小，内部结构也便于检修和清洗。因受占地面积等因素的限制，单炉胆锅炉额定蒸发量一般小于 16t/h，双炉胆锅炉额定蒸发量不超过 35t/h，额定工作压力最大可达 3.75MPa。

2. 结构形式及主要特点

卧式锅壳锅炉自 1808 年康尼许单炉胆锅壳锅炉诞生至今已有近 190 年历史了，按结构形式特点可分为干背式（Dry Back）、湿（水）背式（Wet Back）和半湿背式（Semi－Wet Back）。湿背式锅炉是指烟气的第一回程到第二回程的过渡段处于锅水包围中的锅炉；干背式锅炉此过渡段处于锅筒之外；而半湿背式锅炉则界于二者之间，此过渡段受到锅水的半包围。另外，有一种回火（燃）式（Revese Filed）锅炉，其在结构上比较持殊，但也符合湿背式的定义，故应属湿背式锅炉。目前，我国生产的和从德国、英国进口的卧式锅壳锅炉多为湿背式锅炉。

3. 几种常见的卧式锅壳锅炉结构特点

1）杭州特种锅炉厂 WNS 型锅炉

杭州特种锅炉厂生产的 WNS 型系列锅炉为湿背式对称型三回程锅炉，如图 5－6－5 所示。

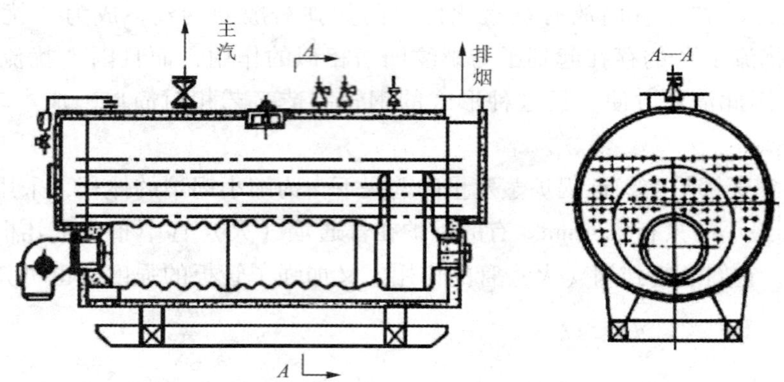

图 5－6－5　杭州特种锅炉厂 WNS 型锅炉

该锅炉筒体与脊板采用对接焊缝，回燃室与炉胆及喉管均采用扳边后再焊接，炉胆为波纹炉胆，锅壳与管板之间采用圆锅斜拉撑，回燃室与后管板之间则采用短拉撑杆加以补强。

与该锅炉配套的燃烧器、自动监控系统均采用国际名牌产品，经厂内调试合格后整装出口。

2）CS 锅炉系列

CS 锅炉系列产品是由上海工业锅炉厂按美国 COMSAI 公司提供的技术图纸和工艺生产的，产品制造执行美国 ASME 锅炉规范，该锅炉系列配制的燃烧器、电气控制箱、阀门和仪表等部件均由美国进口，整装出厂。

CS 系列 WNS 型锅炉本体结构是由苏格兰船用锅炉改进而来的，为卧式三回程水夹套湿背式锅炉，如图 5－6－6 所示，主要受压元件有锅壳、管板、炉胆、烟管、水夹套和斜拉撑等。炉胆采用波纹炉胆，管板与烟管采用胀接连接。这种锅炉与一般湿背式锅炉所不同的是回燃室位于锅筒以外，采用水夹套的湿背式结构，烟气在其中折返至第二回程。

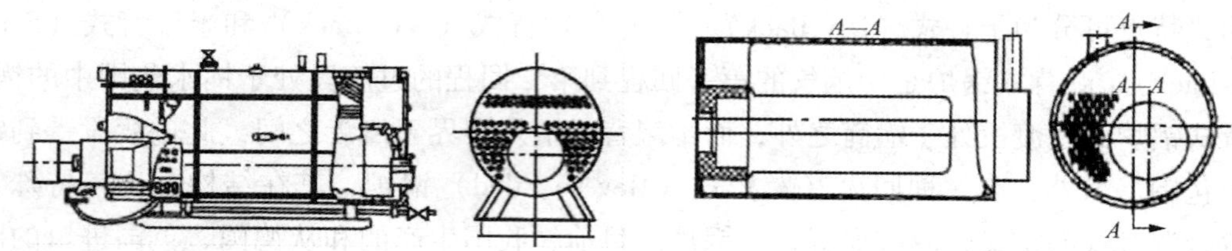

图 5－6－6　CS 系列 WNS 型锅炉　　图 5－6－7　杭州锅炉厂回燃式锅炉

3）杭州锅炉厂回燃式锅炉

杭州锅炉厂除了生产常规的湿背式锅炉外，小容量的锅炉则采用回燃式。主要受压元件为锅壳、管板、平直炉胆和炉胆顶、烟管等。该锅炉锅壳与管板、炉胆与炉胆顶、炉胆与前管板之间均采用扳边后对接焊接，如图5-6-7所示。

该锅炉受热回程采用不对称布置，炉胆布置在右侧，烟管布置在左侧。燃烧烟气自燃烧器喷出，至炉胆顶后从炉胆内沿壁折返后流到炉前烟箱，完成了第一回程和第二回程，然后从前烟箱又过渡到左侧烟管前端。最后经烟管流到烟道，完成了第三回程。

该锅炉具有不对称型锅炉水循环好的优点，同时回燃式结构也大大降低了制造成本。

4）德国E.T劳斯半湿背式锅炉

与该品牌锅炉的湿背式锅炉相比，这种锅炉主要在回燃室结构上与之相区别，其余结构基本一致，如图5-6-8所示。E.T劳斯半湿背式锅炉一般用于额定蒸发量在2t/h以下。

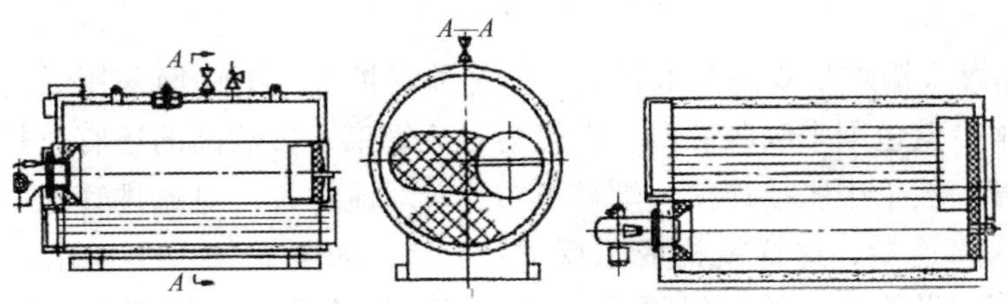

图5-6-8 E.T劳斯半湿背式锅炉

5）杭州锅炉厂干背式锅炉

杭州锅护厂生产的干背式卧式锅炉为三回程对称型锅炉，如图5-6-9所示。该锅炉锅壳与管板、炉胆与管板均采用扳边后对接焊接。

燃烧烟气从燃烧器喷出后经三个回程进入锅炉后部上方的烟道。该锅炉前后烟箱能方便地打开，便于检修。

6）英国CB燃油（气）锅炉

美国Cleaver Brooks公司生产的燃油（气）锅炉是典型的干背式对称型四回程锅炉。它采用将温度越高的受热面布置得越低的形式来提高锅炉的安全可靠性。燃烧器喷出的高温烟气沿炉胆流至锅筒外的后烟箱后折返到第二回程烟管内，然后依次流到第三回程、第四回程中，如图5-6-10所示。

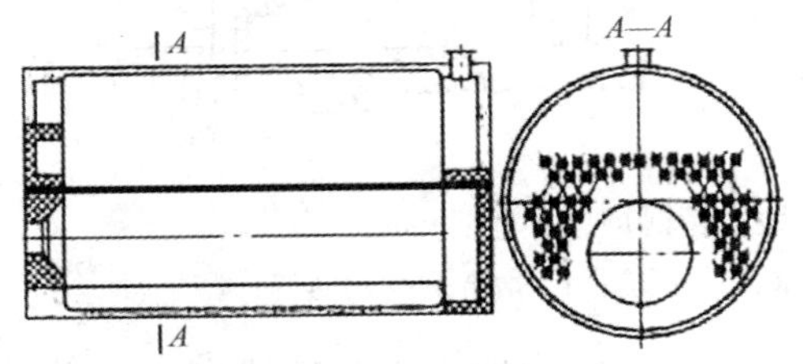

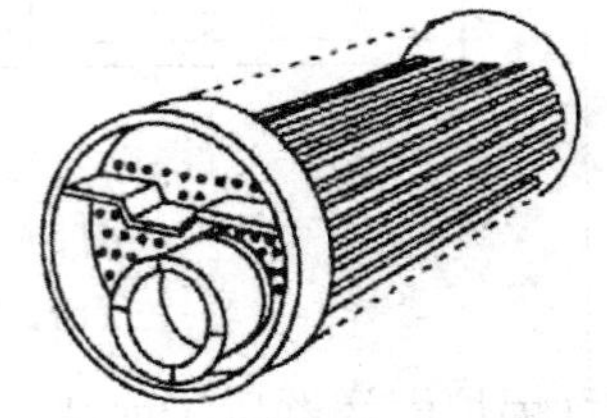

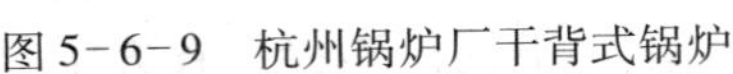

图5-6-9 杭州锅炉厂干背式锅炉

图5-6-10 英国CB干背式锅炉

英国CB干背式锅炉由于采用四回程设计，受热面布置面积大，达29.6m^2/L，有利于提高热效率。其前后端门均以铰链及悬臂与本体连接，端门能轻松地打开。以便对锅炉内部进行检查。

二、SZS 型水管锅炉

锅壳锅炉的受热面面积大小受到锅筒（壳）太小的限制，因此其额定蒸发量一般不超过35t/h。而要产生更多的蒸汽则必须采用水管锅炉；锅壳锅炉的额定工作压力也受结构的限制，也只能采用水管锅炉来解决。另外，水管锅炉的水循环好，结构更适应于温度、压力的剧烈变化。但由于水管的壁薄、口径小，因此水管锅炉对水处理的要求要高于锅壳锅炉。

燃油、燃气的水管锅炉可大体上分为小型立式水管锅炉、快装式水管锅炉和散装水管锅炉三类，输油首、末站广泛采用 SZS 型水管蒸汽燃油燃气锅炉，本节仅对这一型号加以简单介绍。

SZS 型燃油燃气锅炉是双锅筒水管锅炉。这种锅炉上、下锅筒采用纵向布置，左侧为炉膛，主要由水冷壁包围来吸收热量，右侧为对流管束，参数高的还有过热器。锅筒与水冷壁管、对流管一般采用胀接连接。烟道里布置着对流排管，对流排管的上端与上锅筒连接，下端与下锅筒连接，这样就构成了反“D”型，如图 5-6-11 所示。为充分吸收热量，在对流排管中设置了六道烟气隔墙，以提高烟气流速，增加烟气流程。在对流管束中，受热较强的管束为上升管，受热较弱的管束则为下降管。水冷壁管由于受到强烈的辐射热，管内汽水混合物的流向始终向上。

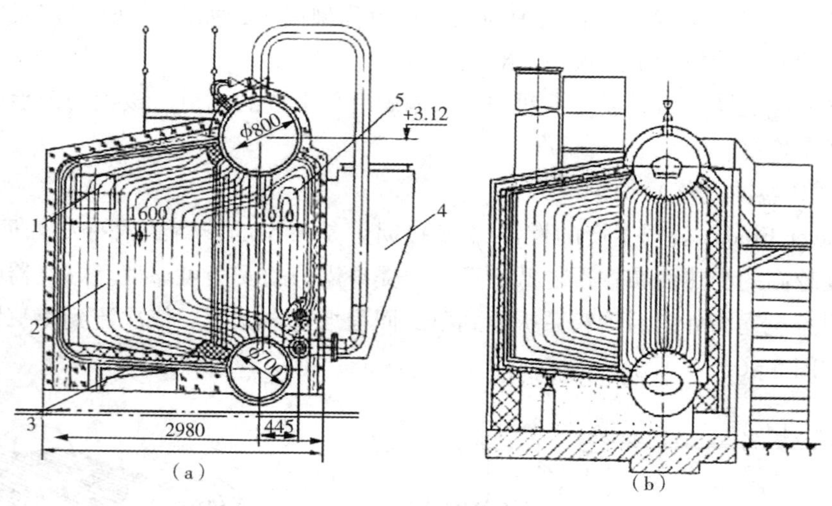

图 5-6-11 SZS 型水管锅炉（单位：mm）

1—防爆门；2—后墙水冷壁；3—风道；4—烟箱；5—过热器

这种锅炉燃烧器置于前墙，采用微正压燃烧。炉膛四周密封性要求高，以强化燃烧，消除漏风，降低排烟热损失；全部水冷壁直接与上、下锅筒连接，省去了集箱和下降管，减小了水循环阻力。这种锅炉还可快（整）装出厂。燃油燃烧产生大量的高温烟气，除在炉膛内向水冷壁管传递热量外，还从炉膛尾部进入对流室，冲刷对流管束，以对流换热的方式充分放出热量，然后沿烟道进入烟箱、烟囱，最后排入大气，燃油燃烧所需要的空气是由送风机供给的。空气由喷油嘴四周经过调风器进入炉膛。良好的燃油雾化质量，以及正确的配风方式是使油在锅炉内良好燃烧的必备条件。

经过处理的给水，由给水泵打入上锅筒。上锅筒的作用是汇集汽水混合物，贮存饱和水和接收补给水。上锅筒内的锅水不断地沿着处在烟气温度较低区域的对流管束进入下锅筒。下锅筒的作用是汇集和分配锅水，并将锅水中的一部分泥渣、污垢通过定期排污排出炉外。下锅筒的水一部分进入炉膛水冷壁管，另一部分进入处于烟气温度较高部分的对流管束。水在其中受热不断汽化，汽水混合物上升进入上锅筒，在其中经汽水分离，蒸汽经主汽阀引至用户。锅水沿对流管束的低温部分再进入下锅筒，如此循环往复。

三、热水锅炉

热水锅炉是锅内的工质（含出口）都是热水的锅炉。热水锅炉与蒸汽锅炉相比，有运行操作简单、无需监视水位、工作压力低、安全性能好、热水直接采暖、无凝结水热损、输送管道的热损较小、节约大量燃料等优点，新建的输油站都采用密闭输油工艺。因此，中间泵站只有一个很小（多数为500m^3）的油罐作卸压用。图5-6-12为电动循环泵热水采暖系统，在封闭的热水系统中，为防止水加热后体积膨胀而使压力升高并导致设备、管道损坏，在热水系统的最高处常装有开口水箱作为膨胀水箱，膨胀水箱的安装高度还常作为控制系统工作压力的一种手段。膨胀水箱上设有溢流管、定压管、检查管和补充水管。定压管一般接在循环泵入口附近的回水管道上，若系统内水体积膨胀或水减少时，水都流经定压管进行调节。

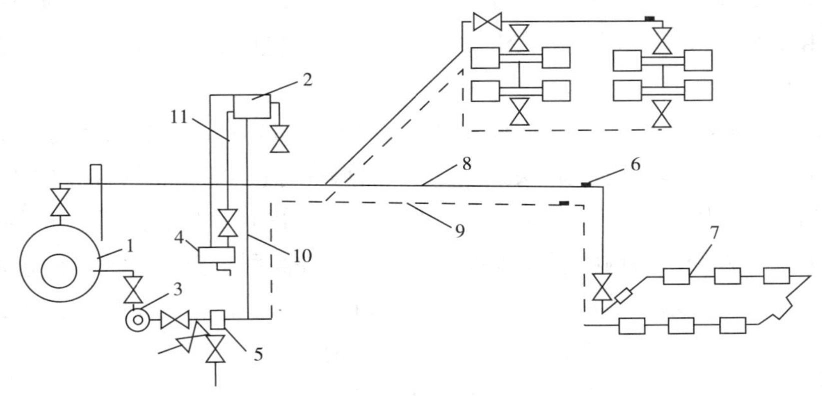

图5-6-12　电动循环泵热水采暖系统

1—热水锅炉；2—膨胀水箱；3—循环水泵；4—排水池；5—排污器；
6—自动跑风装置；7—排气阀门；8—供水管；9—回水管；10—定压管；11—检查管

热水锅炉的主要缺点是：循环泵耗电量大；系统的热惯性大。启动和停炉后，水温升降速度慢；低处的散热器和管道可能会随过高的水柱压差而易遭到破坏，特别对于高层建筑，更应考虑安全问题。

1. 杭州特种锅炉厂卧式热水锅护

杭州特种锅炉厂生产的卧式热水锅炉主要受压元件有锅壳、管板、波纹炉胆、回燃室和烟管等。其炉胆、回燃室结构与该厂生产的蒸汽锅炉相似，只有炉胆、回燃室和锅壳采用同圆心布置，如图5-6-13所示。

该锅炉亦为三回程设计，燃烧系统、自控系统的配套进口产品，在厂内调试以合格整装出厂。

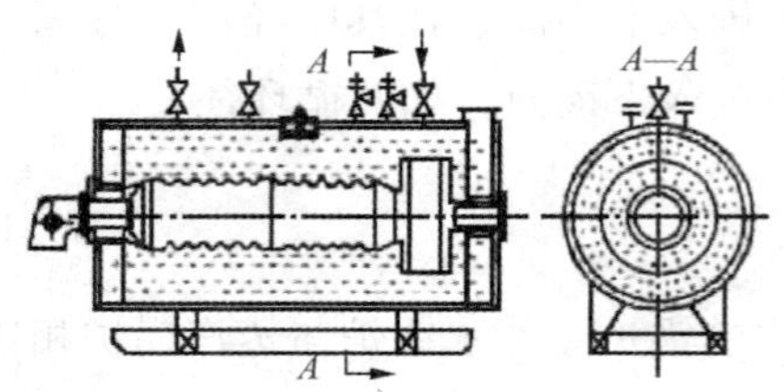

图5-6-13　杭州特种锅炉厂的卧式热水锅炉

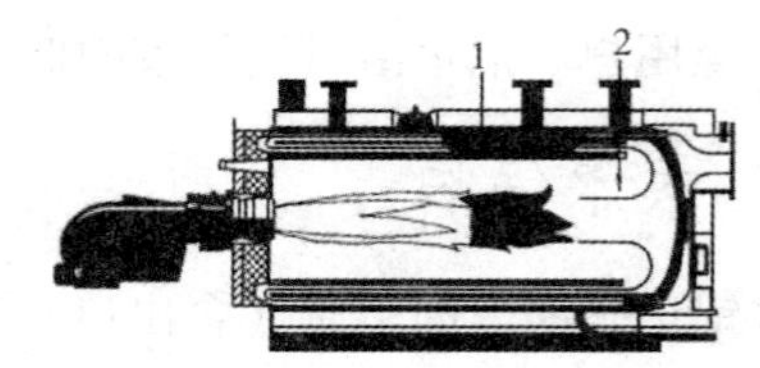

图5-6-14　E. T劳斯卧式热水锅炉

1—提高回水温度的喷射装置；2—烟气流向

2. 德国E. T劳斯热水锅炉

德国E. T劳斯国际锅炉公司生产的UT型热水锅炉是该公司生产的热水锅炉中较典型的一种，它的主要受压元件有：锅壳、炉胆、管板、回燃室和烟管等。

该锅炉的炉胆布置在锅筒的正中心，烟管围绕炉胆，并以炉胆圆心为中心圆形分布，第二回程的烟管直径比第三回程的烟管直径粗或第二回程采用两组较细的烟管。烟管与管板的连接全部采用焊接，前管板为平板，后管板则为凸形封头，前、后管板与筒体分别采用T形接头和对接接头结构焊接。该锅炉的回燃室由炉胆顶部的凸形封头和回燃室前端环形管板围成，也采用焊接连接。

E. T劳斯热水锅炉的烟气采用三回程流程，如图5-6-14所示。由于采用了中心对称结构，因此烟气在流程中分布均匀。烟气在锅筒外后部的后烟室的上方聚集，然后由烟囱排出。

该锅炉锅筒炉前上方装有安全阀，中部上方为回（进）水口，炉后上方为出水口。低温回水在锅炉入口处经锅筒内喷射装置处理后可迅速提高回水温度，然后回水流入锅内被再次均匀加热成为高温水，并从锅筒后上部出水口流出锅炉。该锅炉在尾部烟道中还可以安装省煤器，材料一般为防腐蚀性好的奥氏体不锈钢。

该锅炉结构紧凑，前门可便捷地打开，方便检修和清灰。

第三节　锅炉水处理

一、锅炉用水的控制指标

工业锅炉用水包栝给水和炉水，控制的主要指标有：悬浮物、总硬度、总碱度、溶解固形物、相对碱度、pH 值、含油量和溶解氧等。一般，小型低压锅炉主要控制悬浮物、总硬度、总碱度、pH 值和溶解固形物等。

1. 悬浮物

悬浮物指经过滤后分离出来的不溶于水的固体混合物的含量，单位是“mg/L”。限制悬浮物主要是防止对交换器造成污染。城区自来水已被处理过，可直接进入交换器，如直接取用地表水，则应进行预处理。悬浮物如直接进入锅内，会使炉水中有机物增加，造成汽水共腾。对小型锅炉来说，在水质澄清的情况下（如自来水）可不作为运行中的控制项目。

2. 总硬度

总硬度通常指钙、镁离子的总含量，是防止锅炉结垢的一项重要指标，单位是“mmol/L”。对锅炉来说，给水硬度越小越好，控制给水硬度就能控制锅炉结垢速度。按钙、镁离子与不同的酸根结合来区分总硬度，又可分为暂时硬度和永久硬度两大类。

（1）暂时硬度又称碳酸盐硬度。指钙、镁离子与重碳酸根结合形成的盐类的含量，包括重碳酸钙和重碳酸镁，它们受热后即分解沉淀析出，所以称暂时硬度。

（2）永久硬度又称非碳酸盐硬度。指钙、镁离子与其他酸根结合形成的盐类的含量，主要有氯化钙、氯化镁、硫酸钙、硫酸镁、硅酸钙和硅酸镁等，水被加热后，这种盐类不会分解析出，所以叫永久硬度。

3. 总碱度

总碱度是指每升水中所含有的碳酸根（CO_3^{2-}）、重碳酸根（HCO_3^{2-}）、氢氧根（OH^-）等酸根物质的总含量，单位“mmol/L 或 μmol/L”。炉水的碱度主要是由给水带入的重碳酸根分解浓缩而造成的，特别是使用地下深井水，将造成炉水硬度偏高，浓缩加快。

4. pH 值

pH 值即氢离子浓度的负对数，是表示溶液酸碱性的一项指标。pH 值过低或过高都不利于锅炉的防垢和防腐，一般，小锅炉可用最简便的 pH 试纸来测定，要求较高的锅炉可用比色法或 pH 酸度计来测定。pH 值 <7，水呈酸性；pH 值 $=7$，水呈中性；pH 值 >7 水呈碱性。炉水的 pH 值应以控制在 10～12 为宜，在此条件下金属表面会生成四氧化三铁（Fe_3O_4）保护膜，使钢板不受腐蚀。如不在此范围内，则保护膜会遭到破坏而使锅产生腐蚀。

5. 溶解固形物

溶解固形物指水中溶解盐类的总含量，通常以该含量来表示锅水的浓度，并用于指导锅炉的排污量。

在日常分析中，常以测定氯离子含量来间接控制溶解固形物含量。因为氯化物化学稳定性和溶解性较好，在一定的水质条件下，水中的溶解固形物与氯化物的比值接近于常数，所以在水质变化不大的情况下，根据溶解固形物与氯化物（Cl^-）的对应关系，只要测出氯化物（Cl^-）的含量就可直接指导锅炉的排污。

6. 相对碱度

相对碱度是指存在于炉水中的游离氢氧化钠（NaOH）的含量与炉水中溶解固形物总含量的比值。

$$相对碱度=\frac{炉水中游离的NaOH含量}{炉水中溶解固形物含量} \tag{5-6-3}$$

相对碱度过大会造成晶间腐蚀或碱性腐蚀，又称苛性脆化，使锅炉产生细微裂纹。

7. 含油量

含油量是指每升水中具有的油脂的含量，单位为“mg/L”。大量油脂会造成汽水共腾，污染蒸汽。天然水一般不含油，所以平时该项不作为控制项目，但当水源水受油污染时应监测含油量，以确定是否可作锅炉给水。油的测定采用重量法。

8. 溶解氧

溶解氧是指每升水中溶解的氧气的含量，单位为“mg/L”。溶解氧会造成锅炉的氧化腐蚀，应进行除氧。

二、低压锅炉水质标准

为了防止锅炉结垢和腐蚀，保持蒸汽品质良好，并使锅炉设备能长期安全经济运行，锅炉的给水和锅水水质都应达到《低压锅炉水质》国家标准（GB 1576）。《低压锅炉水质》标准适用于额定蒸汽压小于或等于3.5MPa的以水为介质的固定式蒸汽锅炉，也适用于额定热功率大于或等于0.1MW、额定出水压力大于或等于0.1MPa的以水为介质的固定式热水锅炉。该标准不适用于直流锅炉。

（1）蒸汽锅炉的给水应采用锅外化学水处理。额定蒸发量小于或等于2t/h，且额定蒸汽压力小于或等于0.1MPa的蒸汽锅炉也可采用锅内加药处理。但必须对锅炉的结垢、腐蚀和水质加强监督，认真做好加药、排污和清洗工作。

（2）当蒸汽锅炉采用锅内加药处理时，水质应符合表5-6-1的规定。

（3）当蒸汽锅炉采用锅外化学水处理时，水质应符合表5-6-2的规定。

表5-6-1 蒸汽锅炉锅内加药处理时水质标准

项目	给水	锅水	项目	给水	锅水
悬浮物/（mg/L）	≤20	—	pH（25℃）	≥7	10～12
总硬度/（mmol/L①）	≤4	—	溶解固形物/（mg/L）	—	<5000
总碱度/（mmol/L②）	—	8～26			

注：①硬度mmol/L的基本单位为C（$1/2Ca^{2+}$、$1/2Mg^{2+}$），下同。

②碱度mmol/L的基本单位为C（OH^-、HCO_3^-、$1/2CO_3^{2-}$），下同。

如测定溶解固形物有困难时，可采用测定Cl^-的方法来间接控制，但溶解固形物与氯离子的关系应根据实验确定，并应定期复试和修正此比例关系。

表 5-6-2　蒸汽锅炉采用锅外化学水处理时水质标准

项　目		给　水			锅　水		
额定蒸汽压力/MPa		≤1.0	>1.0 ≤1.6	>1.6 ≤2.5	≤1.0	>1.0 ≤1.6	>1.6 ≤2.5
悬浮物/（mg/L）		≤5	≤5	≤5	—	—	—
总硬度/（mmol/L）		≤0.03	≤0.03	≤0.03	—	—	—
总硬度/（mmol/L）	无过热器	—	—	—	6～26	6～24	6～16
	有过热器	—	—	—	—	≤14	≤12
pH（25℃）		≥7	≥7	≥7	10～12	10～12	10～12
溶解氧/（mg/L①）		≤0.1	≤0.1	≤0.05	—	—	—
溶解固形物/（mg/L）	无过热器	—	—	—	<4000	<3500	<3000
	有过热器	—	—	—	—	<3000	<2500
SO_3^{2-}/（mg/L）		—	—	—	—	10～30	10～30
PO_4^{3-}/（mg/L）		—	—	—	—	10～30	10～30
相对碱度（$\frac{游离\ NaOH}{溶解固形物}$）		—	—	—	—	<0.2	<0.2
含油量/（mg/L）		≤2	≤2	≤2	—	—	—

注：①当锅炉蒸发量大于或等于 6t/h 时应除氧，额定蒸发量小于 6t/h 的锅炉如发现局部腐蚀时应采取除氧措施，对于供汽轮机用汽的锅炉给水含氧量应小于或等于 0.05mg/L。

（4）热水锅炉的水质应符合表 5-6-3 的规定。

表 5-6-3　热水锅炉水质标准

项　目	锅内加药处理		锅外化学处理	
	给水	锅水	给水	锅水
悬浮物/（mg/L）	≤20	—	≤5	—
总硬度/（mmol/L）	≤4	—	≤0.6	—
pH（25℃）	≥7	10～12	≥7	10～12
溶解氧/（mg/L）	—	—	≤0.1	≤0.1
含油量/（mg/L）	≤2		≤2	—

注：通过补加药剂使锅水 pH 值控制在 10～12。

（5）热水锅炉给水应进行锅外处理。对于额定功率小于或等于 2.8MW 的热水锅炉，可采用锅内加药处理，但必须对锅炉的结垢、腐蚀和水质加强监督，认真做好加药工作。

（6）当热水锅炉额定功率大于或等于 4.2MW 时，给水应除氧，对额定功率小于 4.2MW 的热水锅炉，给水应尽量除氧。

（7）余热锅炉的水质指标应符合同类型、同参数的水质要求。

三、锅炉用水的过滤

锅炉用水的过滤主要是去除水中的各种杂质。一般，自来水中的悬浮物已经达到标准，不需要过滤，但如使用各种地表水，水中总会有各种杂质。在沿江河工业集中的城市和地区，一些工业废水还会造成江河水的污染。雨水与大气中的氧气、二氧化碳及尘埃等接触，都会使雨水产生不同程度的污染，因此，如果未经处理的地表水直接进入锅炉，对锅炉的安全和经济运行危害极大。有的杂质沉淀在锅炉受热面上（结垢），有的对锅炉产生腐蚀，有的在锅炉内引起汽水共腾。因此，必须把水中所含的杂质过滤掉。另外，如果选使用的钠离子交换器直径较大或采用除盐系统，为了保护离子交换树脂不受污染，最好在交换器前设内装石英砂或活性炭的机械过滤器，以便进一步除去悬浮物或游离余氯等杂质。

目前所使用的过滤器为机械过滤器，分为单流式和双流式两种。单流式机械过滤器的管道系统较为简单，运行稳定，过滤速度一般为 4～5m^3/h，运行周期一般为 8h。双流式过滤器上、下两端设有进水装置，中部设有出水装置，其优点是过滤水量较大，除污能力较高，运行周期较一般为20h，缺点是管道系统较复杂，运行不太稳定，冲洗换料较困难。

过滤的目的是按照锅炉水质标准规定：蒸汽锅炉不允许含有悬浮物，热水锅炉原水的悬浮物不得大于 5mg/L。经过过滤使原水达到标准要求。同时，为防止水中杂质使离子交换剂过早失效，原水在进入离子交换器前，水中含有的各种悬浮物、凝聚物以及黏结胶质颗粒都要过滤掉。

1. 压力式过滤器的结构

图 5-6-15 为压力式过滤器结构，其中图 5-6-15（a）为其内部结构图，图 5-6-15（b）为其外形图。

在压力式过滤器中，原水通过过滤层，即石英砂或无烟煤屑层（粒状的有机过滤材料）的过滤床，在此过滤床中原水所含有的固形杂质就停留下来，因而，当该过滤器每流过一定的水量之后，必须暂时停止水的过滤，以便反流向清洗，从过滤床中清除残留下来的固形杂物。此外，在过滤过程期间，必须使水在该过滤器中所规定的压力下，即以规定的流量下流过，如果水流是在过高压力和流量变化极大的情况下通过时，则过滤床中就有可能产生龟裂缝，通过这种裂缝的原水中，所含有的固形杂物未能得以清除，起不到过滤的作用。

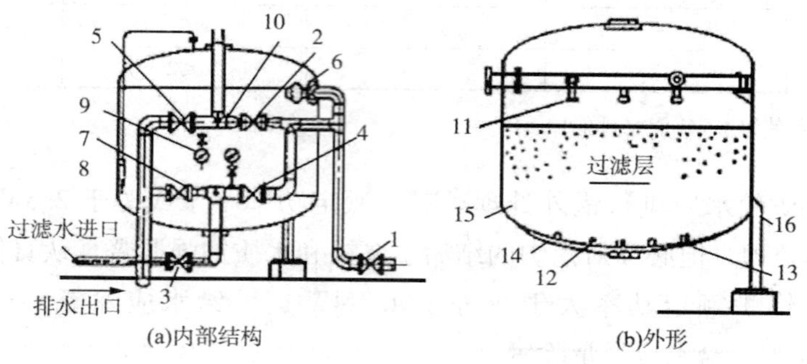

图 5-6-15 压力式过滤器结构

1—原水进口阀；2—水流进口阀；3—过滤水出口阀；4—清洗进口阀；5—反流向清洗进口阀；6—表面清洗出口阀；7—反流向清洗出口阀；8—空气排放阀；9—压力表；10—取样旋塞；11—表面清洗喷嘴；12—滤网；13—集水板；14—集水室；15—本体；16—支架

在过滤过程中尤为重要的是要预防空气混入过滤器中。如果确有空气混入，应打开过滤器的排气阀，进行排除。因为混入过滤器中的空气会渗入过滤层中，不仅使过滤效果下降，而且在清洗过程中的反流向清洗时，还会使过滤材料倒流出来。除此之外，由于过滤器是与离子交换器连在一起使用的，如果把混入气的过滤水送入离子交换器中，结果使离子树脂中渗入空气而使其交换能力下降，并会在树脂反向清洗时冲出树脂，造成所谓“空气障碍”。

2. 压力式过滤器的操作

以图 5-6-15 为例，说明过滤器的操作要点。

1）过滤过程的操作

（1）空气排放和向下清洗。在过滤原水的过程中（图 5-6-15 中除原水进口阀之外全部关闭），首先打开上部排放空气阀，并且稍打开反流向清洗进口阀，让水从过滤器下部缓慢而平稳地流入并充满过滤器，使过滤器内空气从放气阀中排出。当这一排放空气的步骤结束时，就把放气阀关闭，同时打开水流进口阀和清洗出口阀，并调整清洗出口阀的开度，以便达到规定的流量。于是，水就从过滤器上部进入，并由下部排出。这样就实现了向下清洗的步骤，这一步骤一直要持续到清洗后的排水达到澄清时为止，才可结束向下清洗而进入过滤操作。

（2）过滤操作。在空气排放和向下清洗后，仍可让水流进口阀开着，并把清洗出口阀关闭，同时打开滤水出口阀，使之调整到按规定压力和流量下进行流动的开度。这样一来，原水过滤后从过滤器下部的过滤水出口管中流出，即把已去除固形杂物的过滤水送往离子交换器中去。此外，在过滤期间要适当打开空气排放阀，使过滤器中的空气排放出去。其次，原水中的细微悬浮胶质体及其他固形杂物将吸附于过滤层表面或其床层之中，且其数量将随着过滤水成正比例地增加，以致水流阻力逐渐增加，过滤能力下降，因此，应当根据原水的水质（所含固形杂物的多少）定期清洗黏附于煤层上的杂物。定期清洗的要求也按其原水与过滤水的压力差（如达到 0.03MPa）来确定。清洗后，过滤屋的过滤效率便可恢复。

2）清洗过程的操作

过滤层的清洗过程由表面清洗、反流向清洗、停歇、洗净（向下清洗）等步骤组成。

（1）表面清洗。把在过滤步骤中所打开的水流进口阀和过滤水出口阀关闭，并打开反流向清洗出口阀和表面清洗进口阀，同时调节表面清洗进口阀的开度，以便使水的流量达到所规定的数值。这样一来，水就从表面清洗喷嘴中以淋浴状态喷出，石英砂或煤屑等过滤材料表面上所黏附的杂质（主要是悬浮状胶体物质）在淋浴水流作用之下清洗成污水，并被压送到过滤器上部，从反流向清洗出口阀排出。通常，这种表面清洗步骤约需进行 10min。

（2）反流向清洗。让反流向清洗出口阀打开，但把表面清洗进口阀关闭，同时缓慢打开反流向进口阀，并调节反流向清洗出口阀的开度，使之达到所规定的流量。绝对不得快速开启此阀，如果快速开启，则过滤层的状态会突变，使过滤性能降低下来。依靠这种反流向清洗操作能使水从过滤器下部向上部作反流向流动。这样一来，已黏附于过滤床中的杂质（过滤渣），便会从过滤器上部以溢流方式排出反流向清洗出口阀。这种反流向清洗一直要持续到从反流向清洗出口阀中排出的溢流排放水达到澄清为止。通常，反流向清洗所需要的时间约为15min。

（3）停歇。把反流向清洗的进、出口的两个阀门都关闭（在这种清况下，除原水进口阀之外所有的阀门都处于关闭状态）。由于反流向清洗而上浮的过滤材料就可以下沉。这种操作称为“停歇”，通常停歇时间约为6min。

（4）洗净（向下清洗）。过滤材料由于停歇面沉下不动，便可打开水流进口阀和清洗出口阀，并调节清洗出口阀的开度，使水流保持在所规定的流量值上。这样，从过滤器上部进入的水通过过滤器，并从过滤器下部经清洗出口阀排出。依靠反流向清洗可除去过滤床中的污物。此种清洗一直要持续到排放水达到澄清为止。这样一来，煤屑过滤材料的过滤能力得以恢复。由此可以转入过滤操作阶段。

压力式过滤器各阀在每个过程中的开闭状态列入表5-6-4中。

表5-6-4　各阀在工作过程中的开闭状态

阀门名称	符号	动作状态
原水进口阀	1	长开
水流进口阀	2	除了在反流向清洗和表面清洗时间外，长开
过滤水出口阀	3	除了过滤时期外，长关
反流向清洗进口阀	4	除了反流向清洗时间外，长关
反流向清洗出口阀	5	除了表面清洗和反流向清洗时间外，长关（根据既定的开度来调节反流向清洗的流量）
表面清洗进口阀	6	除了表面清洗时间外，长关（根据既定的开度来调节清洗的流量）
清洗出口阀	7	除了清洗时间外，长关
空气排放阀	8	长关

3）停止使用时的操作

过滤器停止使用状态有两种：短期停歇和长期停歇。短期停歇是在进行清洗操作之后，以满水状态停歇下来。而对于长期停歇，就应在充分进行反流向清洗操作后，把过滤器中的水放空，并关闭各阀实现停歇。

四、炉外水处理及钠离子交换器

为了使水达到标准要求，就要对硬水进行软化处理，现在输油泵站最常用的方法就是用钠离子交换器来进行水处理。

如果原水的硬度很高（>6mmol/L），直接进行离子交换软化处理将很不经济，可采用沉淀软化预处理，使钙、镁离子反应后呈沉淀析出，再过滤除去。对于硬度、碱度均高的水，宜用石灰作沉淀剂；对于硬度高、碱度低的水宜用石灰－纯碱联合沉淀剂。当采用沉淀软化处理时，将水加热到70~80℃，可提高软化效果，处理后水中的残余硬度甚至可降至0.3~0.4mmol/L。

1. 钠离子交换器的工作原理

原水是用一根粗管引至交换器顶部的分配漏斗，并从中喷出均匀地通过交换层而被软化，软水在交换器底部汇集后排出。

当原水经过钠离子交换剂层时，水中的 Ca^{2+}、Mg^{2+} 等阳离子与交换剂中的 Na^{+} 进行交换，使水得到软化。其反应式如下（通常用 R 表示树脂母体）：

$$Ca^{2+} + 2NaR = 2Na^{+} + CaR_2$$

$$Mg^{2+} + 2NaR = 2Na^{+} + MgR_2$$

经钠离子交换剂软化后的水质，只是把钙、镁盐类等转变成了不能生成水垢的钠盐，而钠的当量值要比钙和镁的当量值高，因此软水的含盐量将有所提高。

随着交换过程的不断进行，交换剂中的 Na^{+} 被大部分或全部置换掉，出水中便又含有 Ca^{2+}、Mg^{2+}（出现了硬度），当硬度达到一定数值后（不符合锅炉给水的标准），则说明离子交换剂失效，需要再生。故再生过程就是使含有大量 Na^{+} 的 NaCl 溶液通过失效的交换剂层，将离子交换剂中含有的钙、镁离子排出，而 Na^{+} 被交换剂吸附，使交换剂重新恢复交换能力。

2. 钠离子交换器的结构

钠离子交换器内部结构主要由进水装置、进盐液装置及底部排水装置三部分组成，如图 5-6-16 所示。

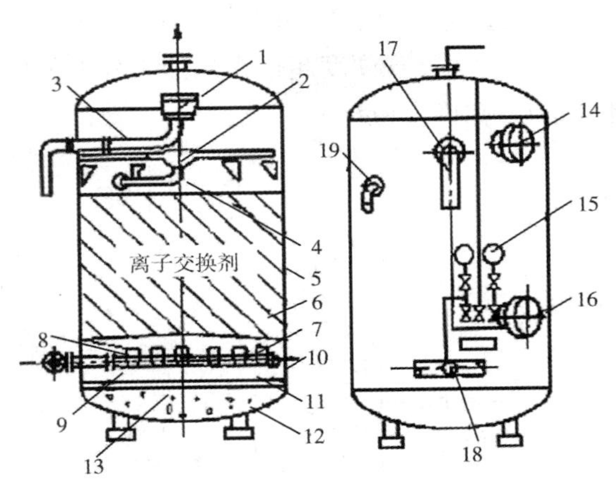

图 5-6-16 钠离子交换器结构图

1—溢水漏斗；2—盐水支管；3—泵水管；4—盐水主管；5—罐体；6—离子交换剂；7、11—砂滤层；8—排水帽；9—集水管；10—集水总管；12—垫层；13—水泥面；14—人孔；15—压力表；16—平孔；17—泵水进口；18—软水进口；19—盐水进口

（1）进水装置。常用的和最简单的进水装置为分配漏斗和多孔分配板，其作用是使水分配均匀。分配漏斗最大截面积应为交换器截面积的 2% ~4%，漏斗上口至交换器封头顶的距离为 100 ~150mm。

（2）进盐液装置。进盐液装置多采用环形管。为了使盐液扩散均匀，多在环形管上装喷嘴，不装喷嘴的则在环形管上钻孔眼，孔径为 10 ~20mm，环形管上孔眼的总面积应能控制盐液流速在 1～1.5m/s 范围内。环形管上孔眼的喷力不能太大，距软化剂表面也不可过近，否则将把软化剂表面冲成凹凸不平，影响软化及还原效果，故有的交换器的环形管的孔眼制成向上喷射，但这样做，在反冲时杂质又易堵塞孔眼。环形管中心阀的直径可取软化器直径的一半。交换器的直径为 1mm 左右的，环形管直径采用 40mm；交换器直径为 1.5mm 的，环形管直径可取 50mm。

（3）底部排水装置。小型的交换器多采用孔板型排水，孔板与筒底部的大法兰拼装在一起，在孔板上均匀地装有许多排水帽或在孔板间夹涤纶布（国产 611 罗纹涤纶布），这样可使出水均匀，排水帽上开有许多缝隙或小孔，水可从缝隙或小孔流入排水管，用此排水帽的交换器内可不设砂层，经过软化的水则由该排水装置从交换器底部引出。

钠离子交换器的规格一般有 ϕ500mm、ϕ75mm、ϕ1000mm、ϕ1500mm、ϕ2000mm 及 ϕ2500mm 等。交换剂装填高度约为交换器高度的 60% 即可，其余的空间作为水垫层，同时可满足反洗膨胀所需，一般交换剂层高度有 1.5m、2m 及 2.5m 等多种。

3. 钠离子交换器的操作和使用规则

钠离子交换器的运行过程是由软化、反洗、再生和正洗四个重复而又连续的操作过程所组成的。

（1）软化（还原）。

如图 5-6-17 所示：关闭阀门 2、3、5 和 6，打开阀门 1 和 4，原水经阀门 1 进入交换器上部，均匀流向交换层，再经阀门 4 供给锅炉用水。在整个软化期间，要经常化验出口的软水硬度（约 2h 化验一次）。当发现硬度超过锅炉给水标准的硬度时，就应停止使用，进行再生（还原）的预备阶段操作，即反洗。

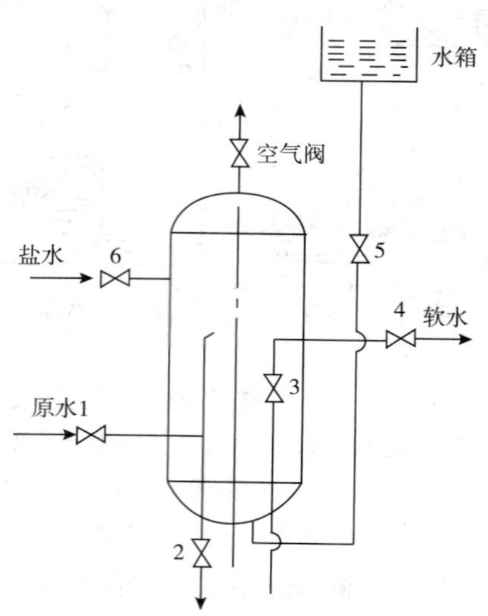

图 5-6-17　离子交换器运行示意图

1—原水泵；2—反洗出口阀；3—再生液出口阀；4—软水出口阀；5—反进水阀；6—盐水进口阀

（2）反洗（或称逆洗）。

反洗的作用是松动交换剂层，给交换剂还原时创造良好的接触条件，同时可冲去交换剂表面的污物及破碎的交换剂颗粒。

反洗操作：关闭阀门1、3、4和6，打开阀门2和5，反洗水由上至水箱经过阀门5进入交换器底部由上至下流经交换剂层进行翻松，直至由阀门2流出的水澄清时，即可停止反洗。

反洗时间一般为12~15min，正常情况时，每立方米交换剂反洗用水约为2.5~3t。反洗时间长，浪费大量的水。一些单位采用先反洗15min，再正洗7min，然后再反洗10min，可收到较好的效果（反洗-正洗-反洗的具体时间，也可由取水样观察其澄清情况来定）。

反洗时的水压不可过大，否则在反洗时交换剂易流失。当反洗系统出水不均匀时，水流大的地方交换剂层低，水流阻力小；水流小的地方交换剂层高，水流阻力大，这样会造成水流短路而影响软化效果。

（3）再生（又称还原）。

离子交换剂运行到一定时间后，由于不断交换水中阳离子，而使其失去交换能力，故要进行再生，使交换剂恢复软化能力。

其方法是关闭阀门1、2、4和5，打开阀门6和3，将预先制备好的5%~10%浓度的氯化钠溶液经阀门6进入交换器，盐液由上至下流经离子交换层进行再生。

根据设备的配置不同，再生（还原）操作一般可分为四种方式：

①将盐放在压力式盐溶解器中溶解过滤，然后以3~4m^3/h的流速流过离子交换器，时间约为12~15min。

②将盐在溶解箱内先溶好，将澄清的盐液保持在一定的压力下流过离子交换器。

③把澄清的盐液以3~5m^3/h的流速流入离子交换器中，盐液流满后，关闭所有阀门数十分钟，然后再打开排水阀，用压力式盐溶解器中剩余的盐液再还原十几分钟。

④还原时，如果交换器下部被抽空，空气会漏入离子交换剂层之间。为了防止这个问题的出现，在还原时，先打开交换器的放气阀及排水阀，待上部的水流尽后，关闭排水阀，打开盐水阀，启动盐水泵至放气阀门溢水时，关闭放气阀门，打开下部排水阀进行还原。

当进行还原操作时，还必须检查运行中的交换器的盐水阀是否关闭，避免盐水流入正在运行的离了交换器中，而使软水中的盐和氯大量增加，造成软水质最变差。

还原用的盐一般为业用盐，其硬度（含钙、镁离子）不能过大。盐溶解成10%浓度的溶液后，其硬度应小于40mg/L，不溶物应小于20%。

盐水浓度对还原效果也有影响，太稀不能还原完全，太浓又浪费盐。一般，小型锅炉的软水处理还原常用的盐水浓度以6%~8%为宜。若采用分段还原，可先用浓度为3%~5%的盐水还原，然后用浓度为8%~12%的盐水还原，可以提高还原效果。

当用压力式盐溶解器进行还原时，开始时含盐浓度很高，然后浓度逐渐降低，这样影响了还原效率。为了克服这一缺点，在开始还原后的0.5h时，将盐水溶解器出口阀打开，进水阀小开，同时将溶解器反洗的进水阀小开，使两个进水阀的流量相等。这样就使一部分水从反洗进水管直接加至盐溶解器过滤层的底部，而将盐水稀释，然后把反洗进水阀关闭，将正常运行的进水阀打开，使总流量不变。再运行1h左右，这样就能使还原效率提高。

（4）正洗。再生后，离子交换剂颗粒间残留有大量的置换物（Ca^{2+}、Mg^{2+}）和盐残渣，因此，在投入运行前应将其冲洗干净。正洗一般可分两个阶段进行：关闭阀门2、4、5和6，打开阀门1和3，正洗水（即原水）由阀门1流入离子交换器，控制水速在4～5m/h，正洗25min左右，然后进入第二阶段；此时打开阀门5，关闭阀门3，一直冲洗到出口洗液完全透明以及硬度降低到锅炉水质要求标准时，才允许投入运行。

一般正洗流速为6～8m/h，正洗时间为30～40min，每立方米交换剂正洗用水约为$5m^3$。但根据经验，降低正洗流速，将正洗时间延长至1.5～2h，氯根除去较为彻底。

如果正洗后不立即投入运行，最好还原后不立即正洗，或先用20%～30%的正洗水量稍正洗一下，使交换剂浸在稀盐水溶液中，停1～2h后再正洗，或投入运行前再正洗。

4. 树脂装填量、一次再生用盐量及周期制水量的估算

$$树脂填装量 = V_R\rho \tag{5-6-4}$$

式中 ρ——树脂的湿视密度，一般强酸性阳离子交换树脂约0.8kg/L；

V_R——树脂填装体积，V_R = 交换器工作面积×数值填装高度，m^3。

$$一次再生用盐量 = V_R E_G B/(1000b) \tag{5-6-5}$$

式中 E_G——树脂的工作交换容量，mol/m^3，一般强酸性阳离子交换树脂约1000～1200 mol/m^3；

B——盐耗，g/mol，一般逆流再生约为100 g/mol，顺流再生约为150 g/mol；

b——盐中氯化钠的百分含量，一般约为95%，但加碘盐中氯化钠含量要低些。

$$周期制水量 = V_R E_G/H_{总} \tag{5-6-6}$$

式中 $H_{总}$——原水总硬度，mmol/L。

其他符号同前。

[例5-6-1] 一台直径为500mm的逆流再生式钠离子交换器，树脂装填高度为1.6m，如果树脂的工作交换容量为1100mol/L，原水平均硬度为1.8mmol/L，问该交换器需装树脂多少千克？一次再生需食盐多少？再生后大约可制软水几吨？

解：$V_R = 3.14 \times (0.5/2)^2 \times 1.6 = 0.314m^3$

需树脂质量 $= 0.314 \times 0.8 \times 1000 \approx 250kg$

一次再生用盐量 $= (0.314 \times 1100 \times 100)/(1000 \times 95\%) \approx 36kg$

周期制水量 $= 0.314 \times 1100 \div 1.8 \approx 192t$

5. 钠离子交换器的软化效果及注意事项

在选购离子交换树脂时，需特别注意鉴别假冒伪劣产品，如果外观颜色不一，颗粒大小不均，半球状颗粒多，用手一使劲便能捻碎的，就极有可能是劣质树脂，它的交换容量很低，有的甚至几乎无法工作。

新购的交换树脂在使用前应做预处理，对于钠型树脂，可用浓度为10%的盐水浸泡5～6h，洗至出水合格即可投用。树脂在保存时应保持湿态，一旦失水干燥就不可直接放入水中，需用饱和盐水浸泡。

离子交换器在正常工作时，不论进入交换器的原水硬度变化如何，软水的残留硬度都不受影响，如图5-6-18所示为软水硬度变化示意图。

开始时，残留硬度高，但此情况很快消失（使用中应先正洗至合格后才能将水放入给水箱），软水的残留硬度就很小，并保持平衡，这种情况的出现属于正常现象。当交换剂失效后，残留硬度就迅速增高，图中后部的曲线部分表示交换剂已趋于失效。性能良好的交换剂失效后的曲线接近垂直，若曲线倾斜，则说明交换能力还较大，交换剂的置换能力未被充分利用。

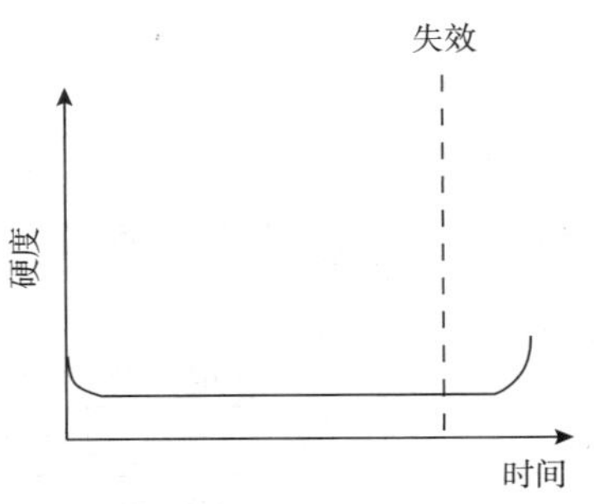

图5-6-18　交换剂的交换能力与软水硬度的关系

影响软化效果的几个因素包括以下几个方面：

（1）交换剂的颗粒应保持均匀，粒径在0.25mm以下的颗粒不超过5%，每装760～1000mm厚度时，用水自下而上翻松，洗去粉状细粒，直到冲洗水澄清为止，然后继续装料，装到比设计高度高出70～100mm后，再翻松一次，经过20～25min后慢慢停止。经过水力分类过程后，粗颗粒在最下部，将被冲到表面的细颗粒层（约50mm厚）除去。

（2）当原水中Al^{3+}、Fe^{3+}等阳离子量多时，离子交换剂在吸取这些阳离子后，很难分离（或称为交换剂中毒），这时交换剂就失去软化、还原功能。遇此情况，必须用浓度为1%～2%的酸液冲洗，用H^+置换Al^{3+}、Fe^{3+}，恢复交换剂的软化能力。

（3）在软化前，进行2～3min的正洗，使Cl^-达到标准后再投入运行。以后每班对软化水的氯根及碱度化验一次，软水的硬度需经常化验。当软水的残留硬度在0.01mg/L以下时，可隔2h化验一次，否则需每小时化验一次。当交换剂接近失效时，每0.5h化验一次，当残留硬度达到锅炉给水标准时，应立即停止运行。

6. 钠离子交换器的维护保养

（1）经常检查各个阀门是否严密，开关是否灵活，如有不严密或失灵应及时更换或检修。

（2）经常检查所有仪表指示是否正确。

（3）检查在交换器正、反洗时，有无交换剂被冲出。造成这种情况主要是由于操作不好，正、反洗强度太大，或由于交换器内排水帽损坏所致。前者应降低正、反洗强度，后者应及时修理。并应定期根据交换剂损失情况补加交换剂。

（4）装置在停止使用时，应把通入装置的原水阀全关闭。在长时间停止运行时，必须把水通入本体中，并把各阀关闭，特别注意不能打开放水阀。在冬季，应采取保温措施。

无论长期或短期停止运行，当再次开始运行时，首先应正洗2～3min，再进行通水。

7. 钠离子交换器的常见故障及消除方法

钠离子交换器的常见故障及消除方法见表5-6-5。

表5-6-5 钠离子交换器故障消除方法

故障情况	可能产生的原因	处理方法
树脂工作交换能力降低，周期制水量减少	生水中，Fe^{3+}、Al^{3+}含量高，使树脂中毒（这时树脂颜色变黑呈暗红色）	将树脂装入耐酸容器中，用8%～10%的HCl浸泡一昼夜，用水清洗，中和至中性，再将树脂装回交换器中，用10%的盐水浸泡转型
	树脂被悬浮物污染，交换剂有结块现象，产生偏流	彻底清洗交换剂层，尽量降低水的悬浮物含量（可采用过滤方法）
	再生剂用量太少或浓度太低；食盐中（如加碘低钠盐）钠离子含量过低	适当增加再生剂用量或提高再生液浓度，使用含钠量高的工业盐
	交换剂层高度太低或交换剂逐渐减少	适当增加交换剂层高度
	再生液流速太快或再生方法不对	严格按正确的再生方法操作
	原水水质突然恶化，或运行流速太快	掌握水质变化规律，适当降低运行流速
运行或再生反洗过程中有交换剂流失	排水装置如排水帽破裂	检修或更换排水装置、排水帽
	反洗强度太大	反洗时注意观察树脂膨胀高度，当树脂膨胀接近顶部时，适当降低反洗强度
整个软化过程中，交换器出水总是有硬度	反洗阀门或盐水阀门泄漏，关不严	及时检修阀门
	交换剂层高度不够或运行流速太快	添加交换剂，调整运行流速
	交换剂“中毒”变质，已失去交换能力	处理或更换交换剂
	化验试剂中有硬度或指示剂失效	检查或更换试剂，正确进行化验操作
软化水氯离子含量增加	再生时误开出水阀或运行时误开盐水阀	减少操作，防止差错
	盐水阀或正在再生的交换器出水阀泄漏	及时检修阀门
	再生后正洗不彻底，或水源水质变化	正洗至进、出水氯根含量基本一致，检测生水氯根含量是否增加

8. 盐溶解器

盐溶解器是用来溶解与过滤钠离子交换器再生（还原）用的食盐溶液，目前常用的是压力式盐溶解器。

1）压力式盐溶解器的结构

如图5-6-19所示为压力式盐溶解器的结构图。在溶解器的内部装有滤料，打开装料口上盖，即可向器内投放滤料。

盐溶解器内用石英砂作滤料，须对石英砂进行酸性和碱性的化学稳定性实验。

2）正常操作

（1）打开上盖板，将还原用的固体盐倒入器内，将盖板盖好盖紧。

（2）打开阀1、4及上部排气阀7，直至排气阀出水后再关闭阀门。打开阀门3，即可使溶解液进入钠离子交换器。

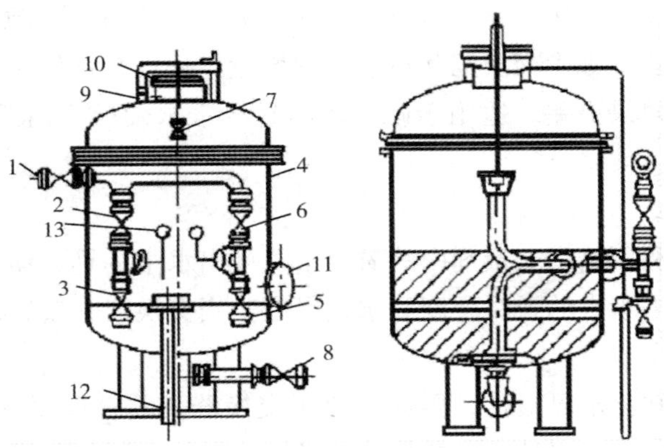

图 5-6-19 压力式盐溶解器的结构

1—原水进水阀；2、3、5、6—阀门；4—器体；7—排气阀；

8—排污阀；9—入料口；10—入料口盖；11—人孔；12—盐溶液出口阀；13—压力表

(3) 待离子交换器还原完成后，食盐杂质淤积在过滤层上面。关闭阀 3、4，打开阀 2、5，冲洗至排出水洁净为止，待下次再用。

3) 维护保养方法

(1) 经常检查外壳、附件及管子状况。

(2) 通过加盐日检查内部给水管是否完整。尤其是入水口顶部挡泥板有无脱落。

(3) 检查水阀、盐水阀等是否泄漏，如有应进行消除。

(4) 过滤层表面是否有杂物（如盐中的杂草等），应定期清理。

(5) 内、外壁要刷防锈漆。

9. 部分钠离子软化法

部分钠离子软化法是利用一部分较高碱度的软化水与另一部分生水，在水箱内混合后作为锅炉的给水，其交换系统如图 5-6-20 所示。一部分水流经钠离子交换器，使水中的碳酸盐硬度转变为碱度，再与另一部分未经钠离子交换的生水中的硬度产生作用，生成碳酸钙沉渣，通过排污除掉。

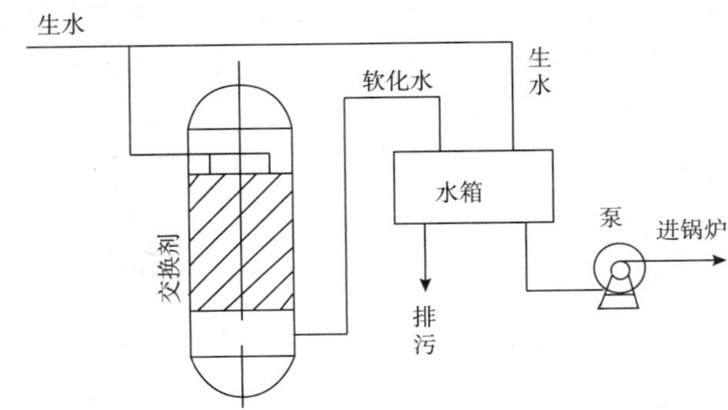

图 5-6-20 部分钠离子软化装置

此法较钠离子交换法的优点是可以除去部分硬度，有利于提高蒸汽品质和防止脆化，可以缩小钠离子交换器，减少交换剂和再生剂的用量。缺点是：软化不彻底，特别是当水中永久硬度较低时，效果更差。适用于硬度较高且给水永硬/给水总硬大于0.5锅炉给水的硬化。

10. 氢离子软化法

氢离子软化法是利用离子交换剂中的氧离子置换出水中的钙、镁离子。与钠离子软化法一样，可以同时除去水中的暂时硬度和永久硬度。当交换剂失效后，将1.5%～2%浓度的稀硫酸溶液作为再生剂。

经氢离子交换后软化水显酸性，因此氢离子交换器及其管道要有防止酸腐蚀的措施，软化后的水也不能直接进入锅炉。通常将氢离子软化和钠离子软化并用，即氢－钠离子软化法。

11. 氢－钠离子软化法

氢－钠离子软化法可使经氢离子交换生成的酸性水与经钠离子交换生成的碱性水相中和，既除去水中的硬度，又能降低碱度，使软化水不呈酸性，并保持合适的碱度。

氢－钠离子交换系统分为综合软化法、并联软化法和串联软化法三种。

（1）氢－钠离子综合软化法。在一离子交换器中同时装有氢、钠两种离子交换剂，生水只经上层的氢离子交换剂，成为酸性软化水。然后再经下层的钠离子交换剂，并且使酸碱进行中和，最后获得具有一定碱度的合格软化水。当交换剂再生时，使上层离子交换剂还原为氢离子交换剂，然后用食盐溶液进一步软化，首先用硫酸溶解离子交换剂。使用硫酸溶液的数量越多，使下层离子交换剂还原为钠并转变为氢离子交换剂的层越厚。

（2）氢－钠离子并联软化法。氢－钠离子并联软化系统如图5－6－21所示，一部分生水进入氢离子交换器软化后呈酸性。另一部分生水经钠离子交换器软化后呈碱性，再将两部分软化水混合进入除二氧化碳器，除去水中的游离二氧化碳。此种软化系统可以根据生水水质，调节进入两个软化器中水量的比例。例如，当水中的暂时硬度越大时，通过氢离子交换器的水量应越多。

（3）氢－钠离子串联软化法。氢－钠离子串联软化系统如图5－6－22所示，是将一部分生水先经氢离子交换器软化，再与另一部分生水混合后进入除二氧化碳器，除去水中的游离二氧化碳，然后用水泵送到钠离子交换器进一步软化，达到所要求质量的软化水。

图5－6－21　氢－钠离子并联软化系统图

1—氢离子交换器；2—钠离子交换器；
3—除二氧化碳器；4—水箱；5—水泵

图5－6－22　氢－钠离子串联软化系统

1—氢离子交换器；2—混合器；
3—除二氧化碳器；4—中间水箱；5—水泵；
6—钠离子交换器

五、锅内加药水处理

锅内加药水处理就是通过在给水中加入适量的防垢剂，使其在锅内与水中硬度物质发生化学反应，生成疏松的、有流动性的水渣，随排污除去而防止锅炉结垢的方法。

锅内加药水处理法具有投资少、设备简单、操作容易、管理方便等优点，但其防垢效果不如锅外化学水处理法，对于燃油锅炉来说，单纯的锅内水处理仅适用于无水冷壁管的立式炉。另外，对于采用钠离子交换处理的，当残留硬度较大或锅水 pH 值和碱度达不到标准要求时，也需进行锅内加药补充处理。

1. 防垢剂的主要作用

（1）与硬度物质反应生成水渣，通过排污除去，防止结垢。

（2）保持锅水一定的碱度和 pH 值。

（3）在金属表面形成保护膜，防止腐蚀。

（4）促使硫酸盐、碳酸盐老垢疏松脱落。

2. 常用的防垢剂

（1）纯碱（碳酸钠）。既可单独使用，也常与其他药剂组成复合防垢剂。

（2）磷酸盐。常单独作为锅外化学水处理后消除残余硬度的校正处理药剂，也可作为复合防垢剂的组成之一。一般多采用磷酸三钠，当给水碱度较高时，也用磷酸氢二钠或磷酸二氢钠以降低碱度。

（3）复合防垢剂。根据不同的水质特点，选择合适的药剂按一定的比例组成，常用的有三钠－胺胶（碳酸钠、磷酸三钠、氢氧化钠和栲胶）、二钠－胺胶、纯碱－腐殖酸钠等。

（4）有机磷酸盐、聚羧酸盐等有机合成防垢剂，其有用量少、防垢效果好，但价格较贵，目前在锅炉上用得还较少。

3. 防垢剂用量

防垢剂的用量根据化验结果确定，加药后应使锅水的 pH 值和碱度都达到国家标准。由于碳酸钠在高温下会水解产生部分氢氧化钠，因此一般防垢剂由碳酸钠、磷酸三钠和栲胶组成，加药量可根据给水的总硬度与总碱度之差，参照表 5-6-6 选用。

表 5-6-6　防垢剂用量

药剂名称	给水总硬度－总碱度/（mmol/L）			
	<1	1～2	2～3	3～4
碳酸钠	58～85	86～138	140～192	195～250
磷酸三钠	10	16	23	30
栲胶	3	4	5	5

4. 加药装置和加药方法

加药方法有很多，常用的有注水器加药法、水箱加药法、利用压力装置连续加药法。读者可选择合适的加药方法，设计和选用相应的加药装置。

锅炉有给水箱的，也可将溶解后的药液直接倒入水箱中。注意固体药剂千万不可不经溶解就直接加到水箱内。

六、给水除氧

在锅炉给水中含有氧和二氧化碳气体时，会引起金属腐蚀，使壁厚减薄，削弱机械强度。氧和二氧化碳的腐蚀特征是：在金属表面形成直径不等的鼓疱。鼓疱的表面颜色由黄褐色到砖红色，内层是黑色粉末状腐蚀产物。将其清除后，便出现凹坑。

因为给水中的氧和二氧化碳随着水的流动逐渐被消耗，所以省煤器最容易被腐蚀，其次是给水管道和锅筒水位线附近。

目前，除氧处理常用的有热力除氧、真空除氧、化学除氧及其他新型开发的除氧方法等。输油泵站给水除氧的方法多数采用热力除氧，但近几年有些泵站废除了锅炉加热，而采用加热炉热媒换热热水给站内管道和油罐加热，由于水中含氧，致使换热器腐蚀穿孔，因此本部分内容也介绍一些其他除氧方法以供参考。

1. 热力除氧

1）热力除氧的原理

气体在水中的溶解度与水的温度有关，在一定的压力下，水的温度越高，气体的溶解度就越小。当水的温度达到沸点时，将使水中的各种溶解气体都分离出来，热力除氧就是根据这个原理来除氧的。

2）常用热力除氧器的结构

为了使溶解氧能顺利地从水中解析出来，除氧时必须将水加热至沸点以上。还需在设备上创造必要的条件，因为水中溶解氧必须穿过水层和气水界面，才能从水中分离出去，所以要使解析过程能较快地进行，就需尽量使水分散成小水滴或小股水流，以缩短扩散路程和增大气水界面。热力除氧器就是按照将水加热至沸点和使水流分散这两个原理设计的一种设备。

中、低压锅炉常用大气式热力除氧器，其结构如图5-6-23所示。含氧的水从除氧塔顶部进入，通过多孔配水盘分散成许多股细小的水流，层层向下淋，加热蒸汽从除氧塔下部引入。经蒸汽分配器向上流动，穿过淋水层，将水加热至沸点。从水中逸出的氧和其他气体随一些多余的蒸汽通过顶部排汽管排出，而除去氧的水流入下部除氧水箱。为了保证从水中析出的氧气迅速离去，除氧器的剩余压力应高于0.02MPa，温度约105℃，因为进入锅炉的给水温度超过100℃，因此热力除氧法不适用于有铸铁省煤器的蒸汽锅炉和低温热水锅炉。

2. 真空除氧

真空除氧的原理和热力除氧的原理相似，也是利用水在沸腾状态时的溶解度接近于零的特点，除去水中所溶解的氧和二氧化碳等气体。由于水的沸点和压力有关，在常温下可利用抽真空的方法使之呈沸腾状态。当水的温度一定时，压力越低（即真空度越高），则水中残余的氧及二氧化碳等气体含量就越少。

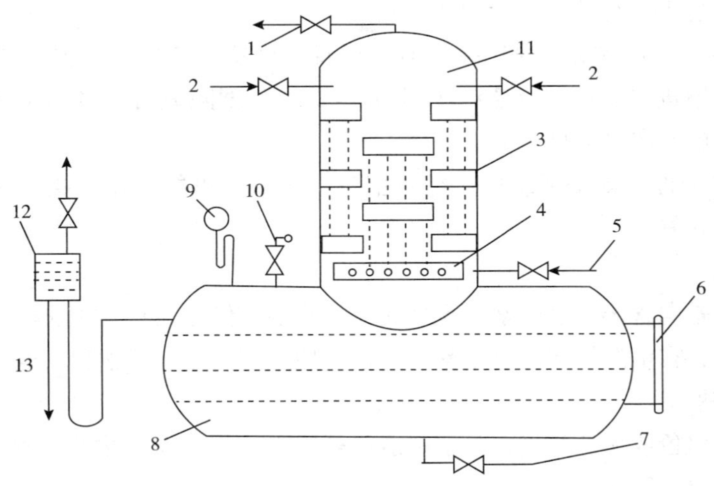

图 5-6-23　大气式热力除氧器

1—排气管；2—软化水入口；3—多孔配水室；4—蒸汽分配管；5—蒸汽管；6—水位计；7—出水管；8—除氧水箱；9—压力表；10—安全阀；11—除氧塔；12—安全水封；13—溢流管

真空式除氧器的结构如图 5-6-24 所示。水由除氧塔上部进入，经喷头使之在全部断面上喷成雾状，再经中部填料呈水膜往下流。从水中解析出来的氧等气体由塔体顶部被抽气装置抽出体外。

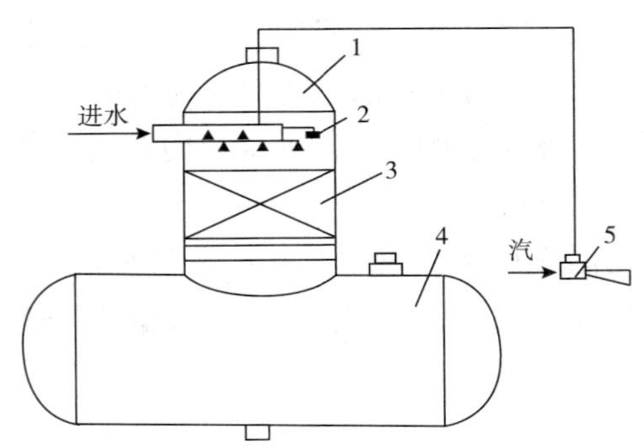

图 5-6-24　真空式除氧器

1—除氧塔；2—喷头；3—填料；4—除氧水箱；5—喷射器

真空除氧器的使用需要注意以下几点：

（1）喷头。它是除氧塔中的关键部件，其喷水分散度对除氧效果影响较大。喷头的数量应与除氧器的出力相适应，喷头散量过多，雾化效果不好；喷头数量过少，则水流通过的阻力增大。此外，为了防止喷头被堵塞而影响喷水量，在除氧器进水管道上应装过滤器。

（2）填料。填料的作用主要是使水呈膜状，有利于溶解氧的析出。可用不锈钢凹环或蜂窝格填料。填料应保证装有一定的高度。

（3）抽气装置。抽气装置有多种：蒸汽喷射器、水喷射器、水环式真空泵等。选用的抽气装置的抽气能力应与处理水量相适应。

（4）进水温度。进水温度应比除氧器运行真空度所对应的饱和温度高3～5℃，以保证除氧效果，一般进水温度应在15℃以上。当要求深度除氧时，可用预热法提高进水温度，以降低设备的必要真空度。

（5）系统严密性。整个系统应严密不漏气，管道尽可能采用焊接，法兰间用胶垫为好，抽气管越短越好。

3. 化学除氧

化学除氧就是向含溶解氧的水中投加还原性药剂，使之与氧发生化学反应，以达到除氧的目的。目前，在锅炉给水除氧中常用的还原性药剂为亚硫酸钠和联氨。

1）亚硫酸钠

亚硫酸钠为白色或无色结晶，与水中溶解氧反应后，生成硫酸钠。亚硫酸钠的加药量（G）可按式（5-6-7）估算：

$$G=\frac{8\,[O_2]+\beta}{b} \tag{5-6-7}$$

式中 8——每除去1g氧约需8g无水亚硫酸钠；

$[O_2]$——水中溶解氧的含量，mg/L；

β——给水中亚硫酸钠的过剩量，一般为3～4mg/L；

b——工业亚硫酸钠的纯度。

亚硫酸钠和氧的反应速度与水温及过剩量有关，温度越高，过剩量越多，反应就越快。亚硫酸钠的加药方式，通常在溶解箱内将药剂配制成6%～9%的浓度，然后利用活塞泵（或压差式加药罐）压入给水泵前的管道内或锅筒内。当贮存、配制亚硫酸钠时，应在密闭的不与空气接触的容器中进行。

由于亚硫酸钠在锅内高温作用下会发生水解或分解反应，不仅使锅水含盐量有所增加，而且会产生部分有害气体。因此，亚硫酸钠除氧只能用于工作压力小于6.86MPa的中、低压锅炉，不能用于高压锅炉。

2）硫酸亚铁除氧

锅炉水中段加硫酸亚铁，它不但可以除去锅炉水中的溶解氧，还有吸附锅炉水中悬浮杂物和防止水结垢的作用。

3）联氨

联氨又称为肼，在常温下是一种无色而易挥发、易燃、易爆，且有一定毒性的液体。因此，不能用于生活炉，不过它与氧反应后的生成物是无害的氮气和水。锅炉给水采用联氨除氧，既能防止氧腐蚀又能减缓锅内氧化铁结垢。由于反应的生成物是水和氮气，并不增加锅炉水中的溶解盐量，而且对蒸汽质量及锅炉排污均无影响。其投用量按理论计算，每除去1mg的氧，只需要1mg的联氨。为了加速反应，应保持一定的过剩量，一般要过量50%。

联氨易挥发，对人体呼吸系统和皮肤有危害，在使用时必须加强防护。经验证明，对低压锅炉，若保持炉水中联氨含量在 20 ~ 30mg/L 时，即使给水不在炉外除氧，也可防止锅炉腐蚀。

4）钢屑除氧

钢屑除氧就是将原水经过钢屑过滤器，钢屑遇水中的溶解氧后被氧化，从而达到除氧的目的，如图 5-6-25 所示。

常用的钢屑为 0 ~ 6 号普通碳素钢，钢屑厚度一般为0.5 ~ 1.0mm，长度在 10mm 左右，最好用刚切削下不久的钢屑，切不可用合金钢屑。影响钢屑除氧效果的因素有很多，主要包括下列四个方面：

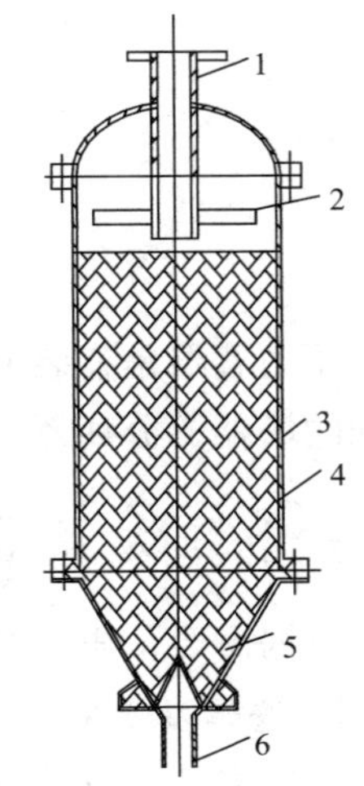

图 5-6-25　钢屑除氧器
1—进水管；2—进水分配器；3—外壳；4—钢屑层；5—出水罩；6—出水管

（1）水的流速。水中含氧量越多，水流速度应相应降低。一般水中含氧 3 ~ 5mg/h 时，水流速度约为 20 ~ 70m/h。

（2）水的温度。水温一般保持在 0℃ 以上，温度越高，反应速度越快，还不易带出铁锈。

（3）钢屑表面的清洁程度。表面被污染的钢屑，在使用前应先进行碱洗降油，再经酸洗除锈。

（4）钢屑装入量。装入量太少会使钢屑与氧接触时间减少，除氧效果降低；装入量过多，则使水流阻力增加。通常取钢屑装填密度为 0.8 ~ 1t/m^3（800 ~ 1000kg/m^3）。在装填钢屑时，应逐层捣紧，尽量充填均匀。

钢屑除氧器可以采取单设的方式，一般多布置在给水泵的吸入侧，但是必须保证其阻力不破坏给水泵正常运行。附设式的（附于其他设备中）钢屑除氧器则可以直接装在给水箱中，只是水通过钢屑时的流量不容易控制均匀，影响除氧效果。钢屑除氧器设备简单，运行方便，维护容易，适用于小型锅炉的除氧。但在新换钢屑初期，除氧效果好，以后则逐渐下降。钢屑除氧法的除氧率约为 50%，不能满足需要，但如果和加药除氧方法配合使用，也可以得到比较满意的效果。

第七章 压力容器选材

第一节 压力容器基本知识

压力容器是盛装液体或气体，承载一定压力的密闭容器。在原油地面工程设计中通常遇到的塔器、分离器、换热器、球罐等一般都属于压力容器。

一、压力容器的分类

根据需要，压力容器可以有多种分类方法。

1. 按压力分类

对压力容器按其设计压力（P）分为四个压力等级：

（1）低压容器（$0.1 \leqslant P < 1.6$MPa）；

（2）中压容器（$1.6 \leqslant P < 10$MPa）；

（3）高压容器（$10 \leqslant P < 100$MPa）；

（4）超高压容器（$P \geqslant 100$MPa）。

2. 按温度分类

按温度，一般将容器分为：低温容器（< -20℃）、常温容器（-20～450℃）和高温容器（>450℃）。

3. 按功能分类

按压力容器在生产过程中的作用将压力容器分为如下四个品种：

（1）反应容器（代号 R）。主要用于完成介质的物理、化学反应的压力容器，如反应器、反应釜、分解塔等。

（2）换热容器（代号 E）。主要完成介质的热量交换的压力容器，如管壳式换热器、热交换器、加热器、冷却器等。

（3）分离容器（代号 S）。主要完成介质的流体压力平衡缓冲和气体净化分离的压力容器，如分离器、集油器、吸收器、干燥塔等。

（4）储存容器（代号 C，其中球罐代号 B）。主要是储存和盛装气体、液体、液化气体等介质的压力容器，如储罐、缓冲罐、排污罐等。

在一种压力容器中，如同时具备两个以上的工艺作用原理时，应当按照工艺工程中的主要作用来划分品种。

4. 按《固定式压力容器技术监察规程》分类

TSG R0004《固定式压力容器技术监察规程》将压力容器分为Ⅰ、Ⅱ、Ⅲ类。压力容器类别划分按设计压力、容积和介质危害性三个因素确定，利用 *PV* 值在不同介质分组坐标图上查取相应的类别，简单易行、科学合理、准确唯一。新的分类方法根据强化危险性原则，突出本质安全思想，按照危险程度对压力容器进行分类管理。

介质分为两组，一组为危险性介质：毒性程度为极度危害、高度危害的化学物质，易爆介质、液化气体；另一组为非危险性介质，除第一组之外的介质。介质毒性危害程度和爆炸危险程度按照 HG 20660《压力容器中化学介质毒性危害和爆炸危险程度分类》确定。HG 20660 中没有规定的，由压力容器设计单位参照 GB 5044《职业性接触毒物危害程度分级》的原则，决定介质组别。

二、压力容器的工作条件及特点

压力容器广泛应用于石油化工、能源工业、科研、军工等行业，随着科学技术的发展，在各个应用领域中，承压设备都日趋大型化，工作条件越来越苛刻。工作温度、压力范围更加宽泛。承装的物料品种繁杂多样，同时又是在不同条件下，金属材料的腐蚀现象也是很复杂的。

在石油化工等行业中，绝大多数压力容器承装的介质都是易燃易爆、有毒或有腐蚀性的物质，同时这些物质的状态在工艺过程中又要承受温度、压力的不断变化。安全可靠性是压力容器最重要的质量特性，其选材、制造必须符合有关标准、规范。

第二节　材料的性能

压力容器承压材料一般都是金属材料，对压力容器用金属材料而言，首先要求有一定的强度，同时还具有良好的塑性、韧性、可成型性及焊接性。

一、材料的力学性能指标

钢材在一定的温度和外力作用下，所表现的抵抗某种变形或破坏的能力称为钢材的力学性能。材料的力学性能指标是很重要的性能指标，可以用一定的实验方法按标准测试出来。

1. 常规力学性能

钢材的常规力学性能有 5 项：R_{eH}、R_{eL}、R_m、A、Z、HB。

1）屈服强度（R_{eH}和 R_{eL}）

屈服强度是当金属材料呈现屈服现象时，在实验期间达到塑性变形而又不增加的应力点。又可区分为上屈服强度（R_{eH}）和下屈服强度（R_{eL}）。对于处于退火、正火、调质状态的碳素钢和低合金结构钢存在物理屈服现象，在应力－应变曲线上出现上屈服线、下屈服线，这类材料取下屈服强度为该材料的屈服强度。对于其他类没有明显物理屈服现象的材料，如不锈钢、淬火状态的碳素钢和低合金钢等，则根据零件或机构服役条件允许的残余变形量，规定非比例延伸强度。

2）抗拉强度（R_m）

抗拉强度是金属由均匀塑性变形向局部集中塑性变形过渡的临界值。它表现的是材料在拉断前所能承受的最大应力值。抗拉强度是静拉伸实验中最容易测定的力学性能指标，且重现性好，所以适合于作为产品规格说明或质量控制的指标。

3）断后伸长率（A）

断后伸长率是试样拉断后的残余伸长与原长之比的百分率，表现材料被拉伸的程度。

4）断后收缩率（Z）

断后收缩率是试样拉断后的断面与原断面之比，表现材料被拉细的程度。伸长率和断面收缩率是钢材的塑性指标，相应的数值愈大，钢材的塑性愈好。在压力容器设计中，往往要求材料有较好的塑性，不仅是为了适应加工制造的需要，更主要的是为了在压力容器使用中缓解高度集中的局部应力，避免容器因局部应力升高而导致直接破裂。

5）硬度

所谓硬度是指金属材料抵抗压入物压陷能力的大小，也可以说是材料对局部塑性的抗力。硬度可采用不同的方法在不同的仪器上测定，其所得的硬度指标也各不相同。最常用的硬度指标为布氏硬度（HB）、洛氏硬度（HR）和维氏硬度（HV），其数值可以互相换算。

硬度是金属材料的重要性能之一。一般情况下，材料的硬度高，其耐磨性也较好。材料的硬度与强度之间也有一定的关系（因为硬度是反映材料局部塑性变形的抗力），根据经验，硬度与抗拉强度有如下近似关系：

（1）轧制、正火或退火的低碳钢：$\sigma_b = 0.36HB$；

（2）轧制、正火或退火的中碳钢：$\sigma_b = 0.35HB$；

（3）硬度 $HB \leqslant 250$、经热处理的合金钢：$\sigma_b = 0.34HB$；

（4）硬度 HB 为 250～400，经热处理的合金钢：$\sigma_b = 0.33HB$。

由于测定硬度较方便，在生产中常用测定硬度的方法来估算钢材的强度。对焊接接头，也常用测定热影响区硬度的方法来确定其淬硬程度。

当换热管与管板的连接采用胀接时，换热管材料的硬度值一般须低于管板材料的硬度值。

当螺栓和螺母匹配使用时，一般螺栓材料的硬度值须高于螺母 30HB。

2. 其他力学性能

其他力学性能主要有：冲击韧性、断裂韧性、持久强度极限、蠕变极限和脆性转变温度。

1）冲击韧性和断裂韧性

冲击韧性和断裂韧性都是评价钢材抵抗断裂的韧性指标。冲击韧性 K_{V2} 反映在冲击载荷下，裂纹的形成、扩展直至断裂全过程所消耗的总能量，即钢材抵抗断裂全过程的能力；断裂韧性 K_{1C} 只反映已有裂纹扩展过程所消耗的能量，即钢材抵抗裂纹失稳扩展的能力。

在工程实践中，由于积累了大量的工程经验，冲击韧性已成为检验钢材冶金质量、脆化趋势、低温钢材性能的仲裁指标。一般而言，提高冲击韧性的有效措施，对提高断裂韧性具有相似的作用。但当钢材强度较高时，裂纹扩展的能量在钢材断裂总能量中所占的比例不断下降，就很难从冲击韧性 K_{V2} 来衡量断裂韧性 K_{1C}。

冲击功是金属材料各项机械性能指标中对材料的化学成分、冶金质量、组织状态及内部缺陷等比较敏感的一个质量指标，而且也是衡量材料脆性转变和断裂特性的一个重要指标，所以对压力容器用钢来说，尤其是低温压力容器冲击功是一项重要的性能指标。

GB 150—2011《压力容器》对压力容器用钢在冲击试样的制备方面提出了严格的要求：冲击试样应垂直于焊接方向截取，焊接金属的冲击试样应在最后焊道的焊缝侧截取。

2）持久强度极限和蠕变极限

持久强度极限和蠕变极限都是高温力学性能指标。高温力学性能不能简单地用应力-应变关系来评定，还要考虑温度和时间这两个因素。通常，钢材温度达到（0.4～0.5）T_m（T_m 为金属熔点）时为高温，达到 $0.3T_m$ 时，钢材就会产生蠕变。蠕变是金属在长时间的恒温、恒载荷作用下缓慢产生的塑性变形的现象。蠕变现象随温度的升高而越来越明显，如碳素钢超过 300～350°C，低合金钢超过 400°C，低合金铬钼钢超过 450°C，高合金钢超过 550°C，蠕变现象明显。

持久强度极限是试样在规定的温度和规定的时间内，引起断裂的最大应力值。在压力容器行业中，σ_D^t表示钢材在设计温度 t 时经 10×10^4h 断裂时的持久强度极限。

蠕变极限是材料抵抗蠕变能力大小的指标，一般用规定温度下和规定时间内达到一定总变形量的应力值来表示。在压力容器行业中，以 $\sigma^t{}_n$表示钢材在设计温度 t 时，经 10×10^4h 蠕变率为 1% 的蠕变极限。

3）脆性转变温度

几乎所有的压力容器用钢板的韧性都会随着温度的下降而降低，当达到某一温度时，将发生韧脆转变现象，这一温度称为韧脆转变温度。材料一旦发生韧脆转变现象，其断裂形式便由韧性状态转变为脆性状态，冲击吸收功明显下降，断口由纤维状变为结晶状，断裂机理由微孔聚集型变为穿晶解理型。

具有低温韧脆转变特性的金属材料，其韧脆转变温度是通过一系列温度下夏比缺口冲击实验测得的。韧性转变温度反映了温度为金属材料韧性或脆性的影响因素，对压力容器在低温环境下的安全运行是十分重要的。韧性转变温度一般使用标准夏比 V 型缺口冲击试样进行测定。

二、许用应力

许用应力是压力容器设计中的基本参数，由材料的力学性能除以相应的材料设计系数来确定。许用应力是设计准则的重要组成部分，建立在长期实践的基础上，体现了标准的技术水平、成熟程度和国家的综合生产技术水平及管理水平。不同的标准有不同的确定许用应力系数，与其相应的技术原则、计算方法、制造、检验等一系列环节相适应、相协调。GB 150《压力容器》在2011年版本中对抗拉强度的安全系数由3.0调整为2.7；对碳素钢和低合金钢屈服强度的安全系数由1.6调整为1.5。

在GB 150—2011《压力容器》中，钢材（除螺栓材料外）确定许用应力的依据按表5-7-1执行。钢制螺栓材料确定许用应力的依据按表5-7-2执行。

表5-7-1　钢材（螺栓材料除外）许用应力取值

材　料	许用应力（取下列值中的最小值）/MPa
碳素钢、低合金钢	$\frac{R_m}{2.7}$、$\frac{R_{eL}}{1.5}$、$\frac{R_{eL}^t}{1.5}$、$\frac{R_D^t}{1.5}$、$\frac{R_n^t}{1.0}$
高合金钢	$\frac{R_m}{2.7}$、$\frac{R_{eL}\ (R_{p0.2})}{1.5}$、$\frac{R_{eL}^t\ (R_{p0.2}^t)}{1.5}$、$\frac{R_D^t}{1.5}$、$\frac{R_n^t}{1.0}$

表5-7-2　钢制螺栓材料许用应力的取值

<table>
<tr><th>材　料</th><th>螺栓直径/mm</th><th>热处理状态</th><th colspan="2">许用应力（取下列值中的最小值）/MPa</th></tr>
<tr><td rowspan="2">碳素钢</td><td>≤22</td><td rowspan="2">热轧、正火</td><td>$\frac{R_{eL}^t}{2.7}$</td><td rowspan="7">$\frac{R_D^t}{1.5}$</td></tr>
<tr><td>22～48</td><td>$\frac{R_{eL}^t}{2.5}$</td></tr>
<tr><td rowspan="3">低合金钢、马氏体高合金钢</td><td>≤22</td><td rowspan="3">调质</td><td>$\frac{R_{eL}^t\ (R_{p0.2}^t)}{3.5}$</td></tr>
<tr><td>22～48</td><td>$\frac{R_{eL}^t\ (R_{p0.2}^t)}{3.0}$</td></tr>
<tr><td>≥52</td><td>$\frac{R_{eL}^t\ (R_{p0.2}^t)}{2.7}$</td></tr>
<tr><td rowspan="2">奥氏体高合金钢</td><td>≤22</td><td rowspan="2">固溶</td><td>$\frac{R_{eL}^t\ (R_{p0.2}^t)}{1.6}$</td></tr>
<tr><td>22～48</td><td>$\frac{R_{eL}^t\ (R_{p0.2}^t)}{1.5}$</td></tr>
</table>

注：R_m 为钢材标准抗拉强度下限值，MPa；
R_{eL} 为常温下屈服点，MPa；
R_{eL}^t 为设计温度下屈服点，MPa；
R_D^t 为设计温度下经 10×10^4h 断裂的持久强度的平均值，MPa；
R_n^t 为设计温度下经 10×10^4h 蠕变率为1%的蠕变极限，MPa。

三、合金元素对钢材的影响

金属材料分为两大类，即黑色金属与有色金属。在元素周期表中，除了铁、锰、铬三种元素为黑色金属元素外，其余的元素均为有色金属元素。通常将以铁、锰、铬为基体的合金称为黑色金属，其中以铁为基体的合金通常称为钢；以其余金属元素为基体的合金称为有色金属。

钢中主要合金元素对性能的影响如下：

（1）锰。一般是随着炼钢脱氧剂带入，锰与硫的结合力较强，生成的 MnS 夹杂在钢中，可防止因 FeS 而导致的热脆现象。降低钢的下临界点，增加奥氏体冷却的影响，为降低合金钢的重要合金化元素之一。提高钢的淬透性的作用强，但有增加晶粒粗化和回火脆性的不利倾向。

（2）硅。常用的脱氧剂，可提高钢的淬透性和抗回火性，对钢的综合力学性能，特别是弹性极限有利。还可增强钢在大气环境中的耐腐蚀性。当含量较高时，对钢的焊接性不利。

（3）铬。增加钢的淬透性并有二次硬化作用，使钢有良好的高温抗氧化性和耐氧化性介质腐蚀的作用，并增加钢的热强性。为不锈钢酸钢及耐热钢的主要合金元素。

（4）镍。固溶强化及提高淬透性的作用中等，细化铁素体晶粒，提高钢的塑性和韧性，特别是低温韧性，为主要奥氏体形成元素，并改善钢的耐腐蚀性能。与铬、钼等联合使用，提高钢的热强性和耐蚀性，为不锈耐酸钢及耐热钢的主要合金元素。

（5）钼。抑制奥氏体到珠光体转变的能力强，从而提高钢的淬透性，并为贝氏体高强度钢的主要合金化学元素。当含量约为 0.2% 时，能降低或抑制其他合金元素导致的回火脆性。在高温回火温度下，形成弥散分布的特殊碳化物，而二次硬化作用，提高钢的热强性。含量 2%～3% 能增加耐蚀钢抗有机酸及还原性介质腐蚀的能力。

（6）钛。固溶强化作用强，但同时降低固溶体的韧性。固溶于奥氏体中提高钢的淬透性作用很强；但化合钛，由于其细微颗粒形成新相晶核从而促进奥氏体分解，降低钢的淬透性，提高钢的回火稳定性，并有二次硬化的作用。有防止和减轻不锈耐酸钢晶间和应力腐蚀的作用。由于能细化晶粒和固定碳，因而对钢的焊接有利。

（7）钒。固溶于奥氏体中可提高钢的淬透性；单以化合物状态存在的钒，由于此类化合物的细小颗粒形成新相晶核，将降低钢的淬透性，增加钢的回火稳定性，并有强烈的二次硬化作用。固溶于铁素体中有极强的固溶强化作用。有细化晶粒的作用，所以对低温冲击韧性有利。钒通过细小碳化物颗粒的弥散分布，可以提高钢的蠕变和持久强度，并提高钢抗高温高压氢腐蚀的能力，但对钢高温抗氧化性不利。

（8）铌。当固溶于奥氏体时，显著提高钢的淬透性；但以碳化物和氧化物微细颗粒形态存在时，却细化晶粒并降低钢的淬透性。增加钢的回火稳定性，有二次硬化的作用，提高钢的强度。由于细化晶粒的作用，提高钢的冲击韧性并降低其脆性转变温度，有利于改善焊接性能。

（9）铝。主要用来脱氧和细化晶粒。当含量高时，赋予钢高温抗氧化及耐氧化介质、H_2S 气体的腐蚀作用。固溶强化作用大。有促使石墨化的倾向，对淬透性影响不显著。

第三节　压力容器材料

钢材的形状包括板、管、棒、丝、锻件、铸件等。压力容器用钢的主要形状是板、管和锻件。

一、压力容器用钢板

钢板是压力容器最常用的材料，如圆筒一般由钢板卷焊而成，钢板通过冲压或旋压制成封头等。在制造过程中，钢板要经过各种冷热加工，如下料、卷板、焊接、热处理等，因此，钢板应具有较高的强度以及良好的塑性、韧性、冷弯性能和焊接性能。

压力容器常用钢板标准有 GB 713《锅炉和压力容器用钢板》、GB 3531《低温压力容器用低合金钢钢板》、GB 4237《不锈钢热轧钢板》、GB 24511《承压设备用不锈钢板及钢带》及 GB 19189《压力容器用调质高强度钢板》。

GB 150《压力容器》规定最小成型厚度碳素钢和低合金钢为 3mm，高合金钢制容器厚度一般不小于 2mm。

1. 碳素钢及低合金钢板

碳素钢指钢中不特意添加其他合金元素，除铁和碳以外，只含有少量的硫、磷、硅、锰等杂质元素的铁碳合金。压力容器用碳素钢板主要有 Q235B、Q235C、Q245R。GB150《压力容器》对 Q235B、Q235C 的应用范围作了严格规定，不得用于介质毒性程度为极度或高度危害的介质。

低合金钢是在碳素钢的基础上，加入少量的合金元素（总含量不超过 5%，一般在 3% 以下），具有较好的综合力学性能，其强度、韧性、耐腐蚀性、低温和高温性能等均优于相同含碳量的碳素钢。低合金钢的生产工艺相对简单，交货状态多为热轧和正火，部分钢种为正火加回火或调质，其焊接性能优良。采用低合金钢，不仅可以减小容器的厚度，减轻重量，节约钢材，而且能解决大型压力容器在制造、检验、运输、安装中因厚度太大所带来的各种困难。常用碳素钢及低合金钢板力学性能见表 5-7-3。

表 5-7-3　常用碳素钢及低合金钢板力学性能

钢　号	钢板标准	使用状态	厚度/mm	R_m/MPa	R_{eL}/MPa	A_{kV}/J
Q235B	GB/T 3274	热轧	3～16	370～500	≥235	纵向 20℃ ≥27
			>16～30		≥225	
Q235C	GB/T 3274	热轧	3～16	370～500	≥235	纵向 0℃ ≥27
			>16～40		≥225	

续表

钢　号	钢板标准	使用状态	厚度/mm	R_m/MPa	R_{eL}/MPa	A_{kV}/J
Q245R	GB 713	热轧、控轧或正火	3 ~ 16	400 ~ 520	≥245	横向 0℃ ≥34
			>16 ~ 36		≥235	
			>36 ~ 60		≥225	
			>60 ~ 100	390 ~ 510	≥205	
			>100 ~ 150	380 ~ 500	≥185	
			>150 ~ 250	370 ~ 490	≥175	
Q345R	GB 713	热轧、控轧或正火	3 ~ 16	510 ~ 640	≥345	横向 0℃ ≥41
			>16 ~ 36	500 ~ 630	≥325	
			>36 ~ 60	490 ~ 620	≥315	
			>60 ~ 100	490 ~ 620	≥305	
			>100 ~ 150	480 ~ 610	≥285	
			>150 ~ 250	470 ~ 600	≥265	
Q370R	GB713	正火	10 ~ 16	530 ~ 630	≥370	横向 −20℃ ≥47
			>16 ~ 36		≥360	
			>36 ~ 60	520 ~ 620	≥340	
			>60 ~ 100	510 ~ 610	≥330	
18MnMoNbR	GB 713	正火加回火	30 ~ 60	570 ~ 720	≥400	横向 0℃ ≥47
			>60 ~ 100		≥390	
13MnNiMoR	GB 713		30 ~ 100	570 ~ 720	≥390	横向 0℃ ≥47
			>100 ~ 150		≥380	
15CrMoR	GB 713		6 ~ 60	450 ~ 590	≥295	横向 20℃ ≥47
			60 ~ 100		≥275	
			>100 ~ 200	440 ~ 580	≥255	
14Cr1MoR	GB 713		6 ~ 100	520 ~ 680	≥310	横向 20℃ ≥47
			>100 ~ 200	510 ~ 670	≥300	
12Cr2Mo1R	GB 713		6 ~ 200	520 ~ 680	≥310	横向 20℃ ≥47
12Cr1MoVR	GB 713		6 ~ 60	440 ~ 590	≥245	横向 20℃ ≥47
			>60 ~ 100	430 ~ 580	≥235	
07MnMoVR	GB 19189	调质	10 ~ 60	610 ~ 730	≥490	横向 −20℃ ≥80
12MnNiVR	GB 19189	调质	10 ~ 60	610 ~ 730	≥490	横向 −20℃ ≥80

Q345R 是屈服点为 345MPa 级的压力容器专用钢板，具有良好的综合力学性能、焊接性能、工艺性能及低温冲击韧性。它也是中国压力容器行业使用量最大的钢板，主要用于制造中、低压压力容器和多层高压容器。

Q345R 在厚度较大时，若焊接工艺不当，即使刚性较强时也会产生冷裂纹。为了减少淬硬和冷裂倾向，可采用焊前预热。预热可降低焊接冷却速度，从而降低焊缝的淬硬倾向，确保焊缝的塑性和韧性，同时也降低了焊缝的残余应力。另外，还可采取焊后保温或后热一段时间，减少淬硬倾向，利于焊缝消氢。在必要时，应做焊后整体热处理。

18MnMoNbR是国内钢制压力容器标准中强度级别最高的一种钢材，在采用合金元素锰强化的基础上再采用Mo－Nb复合强化手段进一步强化的钢。在正火加回火的状态下的18MnMoNbR，焊接性尚可，但有一定的淬硬倾向，焊接时必须严格执行正确的焊接工艺，其中最关键的是焊前预热（200～250℃），焊后立即加热消氢。这样仍然可以获得良好的焊接区性能。对任何18MnMoNbR钢板，焊后必须进行热处理。热处理的加热条件是600～650℃。

13MnNiMoR是我国目前单层卷焊厚壁压力容器中综合性能较好的一个钢号，该钢是在C－Mn钢的基础上，添加Mo、Cr、Ni等溶于铁素体中的元素，通过固溶强化而提高钢材的热强性，在400℃时屈服强度仍可达300MPa，所以在推荐至450℃使用温度范围时仍有理想的中温强度。

2. 低温钢板

在压力容器行业中，称工作温度低于－20℃的设备为低温设备，制造低温设备用的钢称为低温钢。常用低温钢板及其力学性能见表5－7－4。

表5－7－4 常用低温钢板的力学性能

钢　号	钢板标准	使用状态	厚度/mm	R_m/MPa	R_{eL}/MPa	A_{kV}/J
16MnDR	GB 3531	正火、正火加回火	6～16	490～620	≥315	横向－40℃≥47
			>16～36	470～600	≥295	
			>36～60	460～590	≥285	
			>60～100	450～580	≥275	横向－30℃≥47
			>100～120	440～570	≥265	
15MnNiDR	GB 3531		6～16	490～620	≥325	横向－45℃≥60
			>16～36	480～610	≥315	
			>36～60	470～600	≥305	
15MnNiNbDR	GB 3531		10～16	530～630	≥370	横向－50℃≥60
			>16～36	530～630	≥360	
			>36～60	520～620	≥350	
09MnNiDR	GB 3531		6～16	440～570	≥300	横向－70℃≥60
			>16～36	430～560	≥280	
			>36～60	430～560	≥270	
			>60～120	420～550	≥260	

续表

钢　号	钢板标准	使用状态	厚度/mm	R_m/（MPa）	R_{eL}/MPa	A_{kV}/J
08Ni3DR	GB 3531	正火，正火加回火，或淬火加回火	6～60	490～620	≥320	横向 -100℃ ≥60
			>60～100	480～610	≥300	
06Ni9DR	GB 3531	调质或两次正火加回火（≤12mm 时）	5～30	680～820	≥560	横向 -196℃ ≥100
			>30～50		≥550	
07MnNiVDR	GB 19189	调质	10～60	610～730	≥490	横向 -40℃ ≥80
07MnNiMoDR	GB 19189	调质	10～50	610～730	≥490	横向 -50℃ ≥80

16MnDR 是制造 -40℃压力容器的经济而成熟的钢种，可用于制造液氨储罐等设备。在 16MnDR 的基础上，降低碳含量并加镍和微量钒而研制成功的 15MnNiDR，提高了低温韧性，常用于制造 -45℃级低温球形容器。09MnNiDR 是一种 -70℃级低温压力容器用钢，用于制造液丙烯（-47.7℃）、液硫化氢（-61℃）等设备。07MnNiMoDR 为低焊接裂纹敏感性用钢，用来制造大型低温球罐。

3. 高合金钢板

压力容器中采用的低碳或超低碳高合金钢大多是耐腐蚀、耐高温钢，主要有铬钢、铬镍钢和铬镍钼钢。钢板的交货状态按 GB 24511 的相应规定。铁素体型（S1xxxx）钢板以退火状态交货，奥氏体-铁素体型（S2xxxx）钢板和奥氏体钢板（S3xxxx）以固溶热处理状态交货。

铬钢 S11306 是常用的铁素体不锈钢，有较高的强度、塑性、韧性和良好的切削加工性能，在室温的稀硝酸以及弱有机酸中有一定的耐腐蚀性，但不耐硫酸、盐酸、热磷酸等介质的腐蚀。

S30408、S32168、S30403 这三种钢均属于奥氏体不锈钢。S30408 在固溶态时具有良好的塑性、韧性、冷加工性，在氧化性酸和大气、水、蒸汽等介质中耐腐蚀性亦佳。但长期在水及蒸汽中工作时，S30408 有晶间腐蚀倾向，并且在氯化物溶液中易发生应力腐蚀开裂。S32168 具有较高的抗晶间腐蚀能力，可在 -196～600℃温度范围内长期使用。S30403 为超低碳不锈钢，具有更好的耐蚀性。

S21953 是奥氏体-铁素体双相不锈钢，耐应力腐蚀、小孔腐蚀的性能良好，适用于制造介质中含氯离子的设备。表 5-7-5 为常用高合金钢板的力学性能。

表 5-7-5 常用高合金钢板的力学性能

钢 号	牌 号	钢板标准	使用状态	R_m/MPa	$R_{p0.2}$/MPa
S30408	06Cr19Ni10	GB 24511	奥氏体 固溶处理	≥520	≥205
S30403	022Cr19Ni10	GB 24511		≥490	≥180
S30409	07Cr19Ni10	GB 24511		≥520	≥205
S31008	06Cr25Ni20	GB 24511		≥520	≥205
S31608	06Cr17Ni12Mo2	GB 24511		≥520	≥205
S31603	022Cr17Ni12Mo2	GB 24511		≥490	≥180
S31668	06Cr17Ni12Mo2Ti	GB 24511		≥520	≥205
S39042	015Cr21Ni26Mo5Cu2	GB 24511		≥490	≥220
S31708	06Cr19Ni13Mo3	GB 24511		≥520	≥205
S31703	022Cr19Ni13Mo3	GB 24511		≥520	≥205
S32168	06Cr18Ni1Ti	GB 24511		≥520	≥205
S21953	022Cr19Ni5Mo3Si2N	GB 24511	奥氏体－铁素体 固溶处理	≥630	≥440
S22253	022Cr22Ni5Mo3N	GB 24511		≥620	≥450
S22053	022Cr23Ni5Mo3N	GB 24511		≥620	≥450
S11348	06Cr13Al	GB 24511	铁素体 退火处理	≥415	≥170
S11972	019Cr19Mo2NbTi	GB 24511		≥415	≥275
S11306	06Cr13	GB 24511		≥415	≥205

除上述钢材外，耐腐蚀压力容器还采用复合板。复合板由复层和基层组成。复层与介质直接接触，要求与介质有良好的相容性，通常为不锈钢、钛等耐腐蚀材料，其厚度一般为基层厚度的1/10～1/3。基层与介质不接触，主要起承载作用，通常为碳素钢和低合金钢。用复合板制造耐腐蚀压力容器，可节省大量昂贵的耐腐蚀材料，从而降低压力容器的制造成本。

复合板的焊接比一般钢板复杂，焊接接头往往是耐腐蚀的薄弱环节，因此厚度较薄、直径小的压力容器最好不用复合板。

4. 压力容器设计中钢板的选用原则

（1）当所需钢板厚度小于8mm时，在碳素钢与低合金钢强度之间，应采用碳素钢板。

（2）在以刚度或结构设计为主的场合，应尽量选用普通碳素钢。在以强度设计为主的场合，应根据压力、温度、介质等使用限制，选用Q235B（C）、Q245R、Q345R等钢板。

（3）碳素钢和碳锰钢在大于425℃温度下长期使用时，应考虑钢中碳化物相的石墨化倾向。

（4）不锈钢用于介质腐蚀性较高（如电化学腐蚀、化学腐蚀）、防铁离子污染或设计温度大于500℃的耐热钢或设计温度小于100℃低温用钢。

（5）当奥氏体钢的使用温度大于525℃时，含碳量应不小于0.04%。

（6）当所需不锈钢钢板厚度大于12mm时，应尽量采用衬里、复合、堆焊等结构形式。

二、压力容器用钢管

压力容器的接管、换热管等常用无缝钢管制造。它们通过焊接与容器壳体、法兰等连接在一起。一般要求钢管有较高的强度、塑性和良好的焊接性能。压力容器常用的钢管标准有 GB 5310《高压锅炉用无缝钢管》、GB 6479《化肥设备用高压无缝钢管》、GB/T 8163《输送流体用无缝钢管》、GB 9948《石油裂化用无缝钢管》、GB 13296《锅炉、热交换器用不锈钢无缝钢管》和 GB/T 14976《流体输送用不锈钢焊接钢管》。常用无缝钢管的使用温度范围见表 5-7-6。

表 5-7-6　常用无缝钢管的使用温度范围

钢　号	钢管标准	壁厚/mm	使用状态	使用温度范围/℃
10	GB/T 8163	≤10	HR	-10 ~ 475
	GB 9948	≤30	N	-20 ~ 475
20	GB/T 8163	≤10	HR	0 ~ 475
	GB 9948	≤30	N	
Q345D	GB/T 8163	≤10	N	-20 ~ 475
20	GB 6479	≤40	N	0 ~ 475
Q345B	GB 6479	≤40	N	20 ~ 475
Q345C	GB 6479	≤40	N	0 ~ 475
Q345D	GB 6479	≤40	N	-20 ~ 475
Q345E	GB 6479	≤40	N	-40 ~ 475
09MnD	GB 150.2 附录 A	≤8	N	-50 ~ 350
09MnNiD	GB 150.2 附录 A	≤8	N	-70 ~ 350
06Cr19Ni10 (S30408)	GB 13296	≤14	S	-196 ~ 700
	GB/T 14976	≤28		
06Cr18Ni11Ti (S32168)	GB 13296	≤14	S	-196 ~ 700
	GB/T 14976	≤28		
022Cr19Ni10 (S30403)	GB 13296	≤14	S	-196 ~ 450
	GB/T 14976	≤18		

注：HR 为热轧，N 为正火，S 为固溶。

在 GB/T 8163 中，10、20 钢和 Q345D 钢管不得用于换热管、设计压力不得大于 4.0MPa，不得用于毒性程度为极度或高度危害的介质。

当 GB 9948 和 GB 6479 的钢管用于换热管时，应选用冷拔或冷轧钢管。钢管尺寸精度应选用高级精度。

三、压力容器用锻件

高压容器的平盖、端部法兰与接管法兰等常用锻件制造。锻件的形状有筒形、环形、饼形、碗形、长颈法兰形和条形 6 种。根据材质不同，分为承压设备用碳素钢和合金钢锻件

(GB/T 47008)、低温承压设备用低合金钢锻件（GB/T 47009）、承压设备用不锈钢和耐热钢锻件（GB/T 47010）。根据检验项目和数量的不同，锻件分为 I、II、III、IV 四个级别。同一材料锻件的价格随级别的提高而升高。每个级别的检验项目按表 5-7-7 的规定。

表 5-7-7　每个锻件级别的检验项目

锻件级别	检验项目		检验数量
	GB/T47008、GB/T47009	GB/T47010	
I	硬度（*HBW*）	硬度（*HBW*）	逐件
II	拉伸和冲击（R_m、R_{eL}、A、K_{V2}）	拉伸（R_m、$R_{p0.2}$、A）	同冶炼炉号、同炉热处理的锻件组成一批，每批抽检一件
III	拉伸和冲击（R_m、R_{eL}、A、K_{V2}）	拉伸（R_m、$R_{p0.2}$、A）	
	超声检测		逐件
IV	拉伸和冲击（R_m、R_{eL}、A、K_{V2}）	拉伸（R_m、$R_{p0.2}$、A）	逐件
	超声检测		逐件

注：1 低温锻件（GB/T 47009）没有 I 级锻件，只有 II、III、IV 级 3 级。
2 在 GB/T 47008 中，I 级锻件仅适用于公称厚度小于或等于 100mm 的 20、35、16Mn 锻件。
3 在 GB/T 47010 中，I 级锻件仅适用于公称厚度小于或等于 150mm 的 S11306、S30408 锻件。

1. 锻件级别的确定

压力容器用锻件应根据其使用条件及尺寸、质量大小选用相应的锻件级别。

（1）一般或非承压锻件可选用 I 级。

（2）下列锻件应至少为 II 级锻件：

①设计压力≥1.6MPa；

②设计压力＜10MPa 的法兰以及几何尺寸类似的锻件。

（3）下列锻件应至少为 III 级锻件：

①设计压力≥10MPa 的中、小型锻件应符合 III 级要求；

②设计压力≥10MPa 的大型锻件应符合 III 级或 IV 级要求；

③使用介质的毒性为极度或高度危害性的锻件应符合 III 级或 IV 级要求；

④公称厚度＞300mm 的锻件应符合 III 级或 IV 级要求。

2. 大型锻件和中、小型锻件的确定

锻件尺寸和质量符合下列条件之一者为中、小型锻件，超过下列条件者为大型锻件。

（1）法兰尺寸≤*PN*2.5mm、*DN*600mm 的人孔法兰或相当于该尺寸的其他环形锻件；

（2）锻件质量≤800kg 的饼状、筒形和异型锻件（如三通、阀体等）；

（3）直径≤200mm 且质量≤1500kg 的条形或轴类锻件。

常用锻件的使用温度范围见表 5-7-8。

表 5-7-8　常用锻件的使用温度范围

钢　号	锻件标准	热处理状态	公称厚度/mm	使用温度范围/℃
20	GB/T47008	N、N+T	≤300	-20～475
16Mn	GB/T47008	N、N+T、Q+T	≤300	-20～475

续表

钢　号	锻件标准	热处理状态	公称厚度/mm	使用温度范围/℃
20MnMo	GB/T47008	Q+T	≤700	-20~500
16MnD	GB/T 47009	Q+T	≤100	-45~350
			>100~300	-40~350
08MnNiCrMoVD	GB/T 47009	Q+T	≤300	-40~200
09MnNiD	GB/T 47009	Q+T	≤300	-70~350
06Cr19Ni10（S30408）	GB/T 47010	S	≤300	-196~700
06Cr18Ni11Ti（S32168）	GB/T 47010	S	≤300	-196~700
022Cr19Ni10（S30403）	GB/T 47010	S	≤300	-196~450

注：HR 为热轧，CR 为控轧，N 为正火，N+T 为正火+回火，Q+T 为调质，A 为退火，S 为固溶。

四、紧固件用钢材

压力容器用棒钢主要用于制造螺柱（包括螺栓）和螺母，作为压力容器紧固件使用。常用螺柱用钢的使用范围见表5-7-9。

表5-7-9　常用螺柱用钢的使用范围

钢　号	钢材标准	使用状态	规格/mm	使用温度范围/℃	其他限制
20	GB/T 699	N	≤27	-20~350	适用于 P_d≤1.6MPa 的容器
35	GB/T 699	N	≤27	0~350	适用于 P_d≤10.0MPa 的容器。当密封要求高时，使用温度宜小于或等于200℃
40MnB	GB/T 3077	Q+T	≤36	0~400	
40MnVB	GB/T 3077	Q+T	≤36	0~400	
40Cr	GB/T 3077	Q+T	≤36	0~400	
30CrMoA	GB/T 3077	Q+T	≤56	-100~500	适用于 P_d≥2.5MPa 的容器。当密封要求高时，使用温度宜小于或等于400℃
35CrMoA	GB/T 3077	Q+T	≤105	-70~500	
35CrMoVA	GB/T 3077	Q+T	≤140	-20~425	
06Cr19Ni10（S30408）	GB/T 1220	S	≤48	-196~700	不限
06Cr18Ni11Ti（S32168）	GB/T 1220	S	≤48	-196~700	不限
06Cr17Ni12Mo2（S31608）	GB/T 1220	S	≤48	-196~700	不限

注：表中使用状态符号意义同前。

与各螺柱用钢组合使用的螺母用棒材的钢号、钢材标准和使用情况见 GB 150《压力容器》。螺母与螺柱应有一定的硬度差，一般螺母比螺柱的硬度应低 20~40*HB*。

五、压力容器用焊接材料

压力容器零部件间焊接还需要焊条、焊丝、焊剂、电极和衬垫等焊接材料。一般，应根据待连接件的化学成分、力学性能、焊接性能，结合压力容器的结构特点和使用条件综合考虑选用焊接材料，必要时还应通过实验确定。压力容器用钢的焊接材料可参阅有关标准。

对各类钢的焊缝金属要求如下：

（1）碳素钢、低合金钢、低温钢的焊缝金属应保证其力学性能。

（2）中温抗氢钢的焊缝金属应保证其力学性能和化学成分。焊缝还应保证冲击功要求。

（3）不锈钢的焊缝金属应保证其力学性能和耐腐蚀性能。

（4）不锈钢复合钢基层的焊缝金属应保证其力学性能。复层的焊缝金属应保证其耐腐蚀性能，当有力学性能要求时，还应保证其力学性能。

（5）焊缝金属的力学性能要求其抗拉强度不应超过母材标准规定的上限值加30MPa。

六、有色金属

有色金属在退火状态下的强度比较稳定，一般都在退火状态下使用，选用时应注意选择同类有色金属中的合适牌号。压力容器中常用的有色金属有以下几种：

（1）铜及其合金。在没有氧存在的情况下，铜在许多非氧化性酸中都是比较耐腐蚀的。但铜最有价值的性能是在低温下保持较高的塑性及冲击韧性，是制造深冷设备的良好材料。

（2）铝及其合金。铝很轻（密度约为钢的1/3），耐浓硝酸、醋酸、碳酸、氢铰、尿素等，不耐碱，在低温下具有良好的塑性和韧性，使用温度范围为－269～200℃，有良好的成型和焊接性能，可用来制作压力较低的储罐、塔、热交换器，防止污染产品的设备及深冷设备。

（3）镍及其合金。在强腐蚀介质中比不锈钢有更好的耐腐蚀性，比耐热钢有更好的抗高温强度，最高使用温度可达900℃，由于价格高，一般只用于制造特殊要求的压力容器。

（4）钛及其合金。对中性、氧化性、弱还原性介质耐腐蚀，如湿氯气、氯化钠和次氯酸盐等氯化物溶液，具有密度小、强度高（相当于Q245R）、低温性能好、黏附力小等优点，但单位质量价格高，比一般钢材高20倍左右，使用温度仅限于350℃以内。在介质腐蚀性强、寿命长的设备中应用，可获得较好的综合经济效果。

第四节 钢材的腐蚀

一、腐蚀概述

金属腐蚀是指金属材料与周围环境产生作用而发生的损坏和变质。按腐蚀环境分为化学介质腐蚀、大气腐蚀、海水腐蚀、土壤腐蚀；按作用机理分为化学腐蚀、电化学腐蚀和物理腐蚀；按破坏形式分为均匀腐蚀和局部腐蚀。

压力容器常见的腐蚀有以下几种：

(1) 均匀腐蚀。

均匀腐蚀指与腐蚀介质直接接触的全部或大部分金属表面发生比较均匀的大面积腐蚀。它会使压力容器的厚度均匀减薄，致使强度不足而发生鼓胀，甚至爆裂。

选用耐腐蚀材料、采用衬里或堆焊等措施可以防止全面腐蚀。当腐蚀速率较小时，厚度增加，腐蚀裕量也可抵消全面腐蚀对容器强度的削弱作用。

(2) 点腐蚀。

金属表面产生针状、点状、小孔状的局部腐蚀。大多数小孔腐蚀与卤素离子有关，影响最大的是氯化物、溴化物和次氯酸盐。点腐蚀常发生在停滞的液体中，提高流速就可减轻点腐蚀；此外，在不锈钢中增加钼的含量和尽量降低介质中的氯离子、碘离子的含量，均可有效地减少点腐蚀。

(3) 晶间腐蚀。

晶间腐蚀是一种常见的局部腐蚀，腐蚀沿晶粒边界和它的邻近区域产生和发展，而晶粒本身的腐蚀则很轻微。这是一种危害很大的腐蚀，因为材料产生这种腐蚀后，宏观上没有什么明显的变化，不易被察觉。例如，产生了晶间腐蚀的奥氏体不锈钢表面仍然可以十分光亮，但是，材料的晶间结合力实际上已丧失，强度几乎完全消失，当破坏突然发生，往往给生产带来很大的危害。

引起晶间腐蚀的环境因素有电解质溶液、过热水蒸气、高温水和熔融金属等。晶间腐蚀必须在腐蚀环境中，并且晶界物质的物理化学状态与晶粒本体不同时，才能产生。

对晶间腐蚀敏感的材料有铁素体和奥氏体不锈钢、铝合金、镁合金、铜合金等。为防止不锈钢的晶间腐蚀，可以采取在奥氏体不锈钢中加入稳定元素钛和铌，或采用超低碳不锈钢（如00Cr18Ni9）等措施。

(4) 缝隙腐蚀。

缝隙腐蚀通常发生在一些电解质溶液（特别是含有卤素离子时）停滞的缝隙中或屏蔽的表面内。换热管与管板连接处、法兰的连接面、与铆钉、螺栓、垫片、垫圈、阀座等相接触处，都容易发生缝隙腐蚀。这种由于缝隙中积存静止介质或沉积物而引起的腐蚀称为缝隙腐蚀。

介质处于停滞状态而引起浓度增加，就会加速这些缝内金属材料的腐蚀。为了尽量避免缝隙腐蚀，在压力容器的结构设计中，常采取措施避免或减少缝隙形成，如避免介质的流动死角或死区，要使液体做到能完全排净；并采用胀焊，减少管子和管板间的间隙等。

二、应力腐蚀

金属材料在拉伸应力和特定腐蚀介质的共同作用下，将出现低于材料强度极限的脆性开裂现象，致使设备和零件失效，这种现象称为应力腐蚀开裂。它与单纯由均匀腐蚀引起的破坏不同，往往由均匀腐蚀性极弱的介质引起；它与单纯由应力造成的破坏也不同，可以在低应力下发生破坏。

应力腐蚀破坏过程一般可分为三个阶段：第一阶段为孕育阶段，是逐步形成应力腐蚀裂纹时期；第二阶段为裂纹稳定扩展阶段，在应力和腐蚀介质作用下，裂纹缓慢扩展；第三阶段为裂纹失稳阶段，最终发生突然断裂。在断裂前，往往没有明显塑性变形，是突发性的，因而很难预防，是一种危险性很大的破坏形式。

值得注意的是，第三阶段不一定总会发生，因为在第二阶段形成的裂纹有可能使压力容器泄漏，导致压力（应力）下降，而不出现第三阶段，即发生未爆先漏。

1. 应力腐蚀开裂的特征

应力腐蚀开裂一般有以下特征：

（1）拉伸应力。除外加载荷引起的应力外，还应考虑热应力、冷加工和（或）热加工（焊接、锻造等）引起的应力，以及裂纹锈蚀产物产生的应力。应力大小影响应力腐蚀开裂历程，同时存在一个临界值，只有当应力大于临界值时才会发生应力腐蚀，反之，则不会发生。压缩应力不会引起应力腐蚀破坏。

（2）特定合金和介质的组合。只有特定的合金与介质相组合才会造成应力腐蚀。例如，在氯化物溶液中，面心立方晶体的奥氏体不锈钢容易发生应力腐蚀（又称氯脆），而体心立方晶体的铁素体不锈钢，就不容易发生这种腐蚀。

（3）一般为延迟脆性断裂。应力腐蚀裂纹的形成、扩展需要一定的时间，断裂时没有明显的宏观变形，但断口可为晶间、穿晶或混合型断裂。

2. 常见的应力腐蚀

应力腐蚀引起压力容器断裂或泄漏的现象十分普遍，即使耐腐蚀性很好的钛合金在某些介质中也会发生应力腐蚀。下面举几个例子。

（1）氢氧化钠（NaOH）溶液。高浓度的 NaOH 溶液，在溶液沸点附近很容易使碳素钢产生应力腐蚀。镍铬钢在 NaOH 溶液中也会发生应力腐蚀。例如，某人造水晶釜，材料为 PCrNi3MoVA，在使用过程中突然爆炸，其原因是内壁高应力区的氢氧化钠浓度大幅度增加，在较高轴向拉伸应力和高浓度的高温碱液作用下产生应力腐蚀断裂。

（2）湿 H_2S。在以原油、天然气或煤为原料的压力容器中，湿 H_2S 应力腐蚀是一个较普遍的现象。硫化氢浓度越高、溶液的 pH 值越低、钢的强度和硬度越高，就越容易产生硫化氢应力腐蚀。

（3）液氨。用于液氨储存和运输的压力容器，若在充装、排料及检修过程中，无水液氨受空气污染，溶入氧和二氧化碳，反应生成的氨基甲酸铵对碳钢有强烈的腐蚀作用。钢的强度越高发生应力腐蚀开裂的倾向也越大。

（4）氯化物溶液。奥氏体不锈钢与氯离子接触，易发生应力腐蚀。

3. 应力腐蚀的预防措施

对于压力容器来说，焊接、冷加工及安装时的残余应力是主要的应力来源。一般从选材、设计、改善介质条件和防护等方面采取措施，预防应力腐蚀引起的压力容器失效。

（1）合理选择材料。针对压力容器的载荷形式和环境条件选择耐应力腐蚀的材料，如高浓度氯化物溶液，一般选用不含镍、铜或者仅含微镍、铜的低碳高铬铁素体不锈钢。

（2）减少或消除残余拉应力。残余拉应力是引起应力腐蚀的一个重要原因。据调查，对于奥氏体不锈钢设备，约80%的应力腐蚀裂纹是由弯曲成型及焊接残余应力引起的。采用焊后消除应力热处理；或采用喷丸或其他表面处理方法，使零件与介质接触的表面产生残余压应力，可有效减少应力腐蚀。

（3）改善介质条件。一种方法是设法减少甚至消除促进应力腐蚀的有害离子或某种成分，如减少硫化氢的含量，控制与奥氏体不锈钢接触的介质中的氯离子含量；另一种方法是在腐蚀性介质中添加缓蚀剂，如在液氨中加0.2%的蒸馏水或去离子水。

（4）涂层保护。在与介质接触的表面施以保护层，避免介质与钢材直接接触。

（5）合理设计。避免缝隙等死角，特别是在应力集中部位和高温区，以免介质浓缩。

第五节 环境对压力容器用钢性能的影响

压力容器的工作环境对压力容器材料性能也有着显著的影响。环境的影响因素很多，主要有温度高低、载荷波动、介质性质、加载速率等。这些影响因素往往不是单独存在，而是同时存在、交互影响的。

一、温度

有的压力容器，例如热壁加氢反应器，长期在高温下工作；又如液氢或液氧储罐，在低温下工作。钢材在高温和低温下的性能与常温下的性能并不相同，且高温下的性能往往与作用时间有关。

1. 短期静载下温度对钢材力学性能的影响

在高温情况下，弹性模量和屈服点随温度升高而降低，而抗拉强度先随温度升高而升高，但当温度达到一定值时，反而很快下降。因此，在温度较高时，仅仅根据常温下材料抗拉强度和屈服点来决定许用应力是不够的，一般还应考虑设计温度下材料的屈服点。

在低温情况下，随着温度降低，碳素钢和低合金钢的强度提高，而韧性降低。当温度低于20℃时，钢材可采用20℃时的许用应力。

当温度低于某一界限时，钢的冲击吸收功大幅度下降，从韧性状态变为脆性状态。这一温度通常被称为韧脆性转变温度或脆性转变温度。低温变脆现象是低温压力容器经常遇到的现象。

温度对低碳钢力学性能的影响，从韧性转变为脆性不是在一个特定的温度，而是在一个温度范围内发生的，因此确定材料的韧脆转变温度，就有不同的方法和手段。一般需要在不同温度下进行冲击实验，根据实验结果作出冲击吸收功和温度的关系曲线、断口形貌中各区所占面积和温度的关系曲线、试样断裂后塑性变形量和温度的关系曲线，再确定韧性转变温度。

必须注意，并不是所有金属都会低温变脆。一般来说，具有体心立方晶格的金属，如碳素钢和低合金钢，都会低温变脆；而面心立方晶格材料，如铜、铝和奥氏体不锈钢，冲击吸收功随温度的变化很小，在很低的温度下仍具有很高的韧性。

2. 高温、长期静载下钢材的性能

在室温下，材料的力学性能一般与所受载荷的持续时间的关系并不大，但是在高温下则不然，材料的强度等性能除随温度的升高而改变外，还和时间有密切关系。由高温和恒定载荷功及温度的关系曲线可知，金属材料会产生随时间而发展的塑性变形，这种现象称为蠕变现象。钢和许多有色金属，只有当温度达到一定程度时才会出现蠕变。当碳素钢的温度超过420℃，低合金钢的温度超过400～500℃时，在一定的应力作用下，才会发生蠕变。蠕变的结果是使压力容器材料产生蠕变脆化、应力松弛、蠕变变形和蠕变断裂。因此，在高温压力容器设计时应采取措施防止蠕变破坏发生。

（1）蠕变曲线。当温度和应力给定时，金属材料应变与时间之间的关系可用图5-7-1所示的蠕变曲线来表示。典型的蠕变曲线一般可分为三个阶段：减速蠕变、恒速蠕变和加速蠕变。图中 Oa 线段是试样加载后的瞬时应变，从 a 点开始随时间增加而产生的应变才属于蠕变。蠕变曲线上任一点的斜率表示该点的蠕变速率。

在图5-7-1中，ab 为蠕变的第一阶段，即蠕变的不稳定阶段，蠕变速率随时间的增加而逐渐降低，因此也称为蠕变的减速阶段；bc 为蠕变的第二阶段，在此阶段，材料以接近恒定蠕变速率进行变形，故也称为蠕变的恒速阶段；cd 为蠕变的第三阶段，在这个阶段里蠕变速率不断增加，直至断裂。

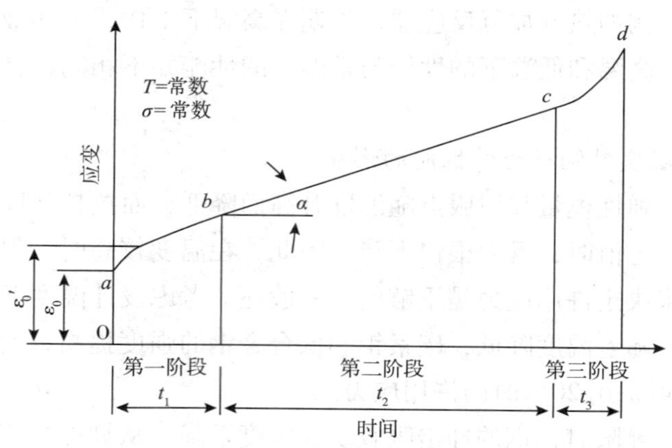

图5-7-1 蠕变应变与时间的关系

同一材料在给定温度、不同应力或给定应力、不同温度下的蠕变曲线形状并不相同。当应力较小或温度很低时，第二阶段的持续时间长，甚至无第三阶段；相反，当应力较大或温度较高时，第二阶段持续时间短，甚至完全消失。

（2）蠕变极限与持久强度。蠕变极限是在高温长期载荷作用下，材料对变形的抗力。它有两种表示法：一种是在给定温度下，使试样产生规定的第二阶段蠕变速率的应力值；另一种是在给定温度和规定时间内，使试样产生一定量的蠕变总伸长率的应力值。

在给定温度下，经过一定时间后发生断裂时构件所能承受的最大应力，称为持久强度。

蠕变极限是以蠕变变形来规定的，适用于在高温运行中要严格控制变形的零件的设计，如涡轮叶片设计。在高温压力容器设计中，不仅要防止过大的变形，而且要确保在规定条件下不会蠕变断裂，往往同时用蠕变极限和持久强度来确定许用应力。蠕变极限常用第二种表示方法，且一般规定时间为 10^5h，总伸长率为 1%；确定持久时间为 10^5h。

温度和应力对蠕变断裂形式有显著的影响。在高应力、较低的温度时发生穿晶型断裂，即在断裂前有大量的塑性变形，断裂后伸长率较高，断口呈韧性形态；而在应力低、温度高时，则发生晶间型断裂，其特征是断裂前塑性变形小，断裂呈脆性，断后伸长率较低，缩颈较小，在晶体内部常发现大量的细小裂纹。

在常温下工作的零件，在发生弹性变形后，如果变形总量保持不变，则零件内的应力将保持不变。但在高温和应力作用下，随着时间的增长，如果变形总量保持不变，因蠕变而逐渐增加的塑性变形将逐步代替原来的弹性变形，从而使零件内的应力逐步降低，这种现象称为松弛。如高温压力容器中的连接螺栓，可能因松弛而引起容器泄漏。

3. 高温下材料性能的劣化

在常温下，钢材的金相组织及力学性能一般都相当稳定，不随时间而变化。但在高温下，材料的表现与室温下材料的表现不同，材料的金相组织和力学性能发生变化，即发生材料性能的劣化。在高温下长期工作的钢材，除前面介绍的蠕变脆化外，材料性能的劣化主要有：珠光体球化、石墨化、高温回火脆化、氢腐蚀和氢脆。

（1）珠光体球化。压力容器用碳素钢和低合金钢，在常温下的组织一般为铁素体加珠光体。珠光体晶粒中的铁素体及渗碳体是呈薄片状相互间夹的。片状珠光体是一种不稳定的组织，当温度较高时，原子活动力增强，扩散速度增加，片状渗碳体便逐渐转化成球状，再聚集成大球团，从而使材料的屈服强度、抗拉强度、冲击韧性、蠕变极限和持久极限下降，这种现象称为珠光体球化。例如，中度球化会使碳素钢常温强度下降 10% ~ 15%；严重球化时下降 20% ~30%。已发生球化的钢材可采用热处理的方法使之恢复原来的组织。

（2）石墨化。钢在高温的长期作用下，珠光体内渗碳体会自行分解出石墨的现象，$Fe_3C = 3Fe + C$（石墨），称为石墨化或析墨现象。石墨化现象只出现在一定的高温范围内。对碳素钢和碳锰钢，当在温度 425°C 以上长期工作时，都有可能发生石墨化。温度升高，使石墨化加剧，但温度过高，非但不出现石墨化现象，反而使已生成的石墨和铁化合成渗碳体。要阻止石墨化现象，可在钢中加入与碳结合能力强的合金元素，如铬、钛、钒等，但硅、铝、镍等却起促进石墨化的作用。

4. 回火脆化

2.25Cr－1Mo 等铬钼是高温压力容器的常用材料。这种钢长期在 300 ~600°C 下使用，或者从此温度范围缓慢冷却，韧性转变温度会升高，冲击韧性降低，这种现象称为回火脆化。

研究表明：影响2.25Cr－1Mo钢回火脆化的主要因素为化学成分和热处理条件。磷、锑、锡和砷等杂质元素越多，奥氏体化温度越高，2.25Cr－1Mo钢对回火脆化越敏感。

5. 氢腐蚀和氢脆

氢能引起材料多种类型的性质劣化，在加氢反应器等压力容器中常见的是氢腐蚀和氢脆。

（1）氢腐蚀是指高温高压下氢与钢中的碳形成甲烷的化学反应，又称为氢蚀。氢腐蚀有两种形式：①和钢表面的碳化合生成甲烷，引起钢表面脱碳，使力学性能恶化；②渗透到钢内部，与渗碳体反应生成甲烷。生成的甲烷分子体积较大，不能从钢中扩散出去，聚集在晶界上，在此形成压力很高的气泡，气泡的数目和尺寸随时间的增长而增加，气泡扩大和相互连接的结果是形成出现在晶界上的裂纹。

影响氢腐蚀的因素主要有：温度、氢分压、时间、合金成分、应力等。一般情况下，碳素钢在200°C以上的高压氢环境中有可能发生氢腐蚀。钢中加入铬、钒、钛、钨等能形成稳定碳化物的元素，可提高钢抗氢腐蚀的能力。奥氏体不锈钢可以很好地抵抗氢腐蚀。

目前，一般按照Nelson曲线选用抗氢用钢。根据该曲线，碳素钢在氢分压小于3.45MPa时，允许的使用温度约为250°C；1.25Cr－0.5Mo钢在氢分压小于6.9MPa时，允许的使用温度大约为520℃。

（2）氢脆是指钢因吸收氢而导致韧性下降的现象。氢的来源有两种途径：①内部氢，指钢在冶炼、焊接、酸洗等过程中吸收的氢；②外部氢，指钢在氢环境中使用时所吸收的氢。

在高温、高氢分压环境下工作的压力容器，氢会以原子形式渗入到钢中，被钢的基体所溶解吸收。当容器冷却后，氢的溶解度大为降低，形成分子氢的富集，造成氢脆。因此，这类容器在停车时，应先降压，在保温消氢（200°C以上）后，再降至常温。切不可先降温后降压。

钢材长时间在高温下，还会发生合金元素在固溶体和碳化物相之间的重新分配，那些对固溶体起强化作用的合金元素，如铬、铝、锰等，都会不断脱溶，从而使材料高温强度下降。

除低温、高温外，中子辐照也会引起材料辐照脆化。例如，核反应堆中的压力容器，除了受介质压力、高温载荷的作用外，还要受中子辐照的影响，在中子辐照后，材料的冲击韧性下降、韧脆转变温度上升。

材料的脆化单靠外观检查和无损检测不能被有效地发现，因而由此引起的事故往往具有突发性。在设计阶段，预测材料性能是否会在使用中劣化，并采取有效的防范措施，对提高压力容器的安全性具有重要意义。

二、介质

压力容器经常与酸、碱、盐等各种各样的介质接触，如液氨储罐中的液氨、煤加氢液化装置中的硫化氢和氢气、人造水晶釜中的氢氧化钠等。介质有可能引起材料腐蚀和组织性能的改变，导致压力容器破坏。

对于应力腐蚀环境中的容器，除进行焊后消除应力热处理外，在焊接要求、焊接接头硬度等方面都要提出具体要求。

奥氏体不锈钢材料在氯化物溶液、高温水、高浓度 NaOH 等介质中往往产生应力腐蚀。

几种常见的应力腐蚀环境：

1. NaOH 溶液

NaOH 溶液的应力腐蚀与介质浓度、温度有关。碳钢及低合金钢焊制化工容器如果焊后或冷加工后，不进行消除应力热处理，则盛装 NaOH 溶液的使用温度不应大于表 5-7-10 所列的温度。对介质当 NaOH 溶液在其与烃类的混合物中体积大于或等于 5% 时，也应符合该要求。当 NaOH 溶液浓度小于或等于 1% 或 NaOH 溶液在其与烃类的混合物中体积小于 5% 时，不受此限制。

表 5-7-10 NaOH 溶液中的使用温度上限

NaOH 溶液（wt）/%	2	3	5	10	15	20	30	40	50
温度上限/℃	82	82	82	81	76	71	59	53	47

2. 湿 H_2S 应力腐蚀

介质同时符合下列条件时，即为湿 H_2S 应力腐蚀环境：

（1）温度小于或等于 $(60+2P)$℃，P 为压力，MPa（表压）。

（2）H_2S 分压大于或等于 0.00035MPa，即相当于常温下在水中 H_2S 溶解度大于或等于 7.7mg/L。

（3）介质中含有液相水或处于水的露点温度以下。

（4）pH <7 或有氰化物（HCN）存在。

在湿 H_2S 应力腐蚀环境中使用碳钢及低合金钢应符合下列要求：

（1）材料标准规定的下屈服强度 $R_{eL} \leqslant 355$MPa。

（2）材料实测的抗拉强度 $R_m \leqslant 630$MPa。

（3）材料的使用状态为正火或正火加回火、退火、调质状态。

（4）碳当量的限制（当碳当量限制超标时，应加大硬度限制的检测频度）：

①低碳钢和碳锰钢：$CE \leqslant 0.43$，$CE = C + Mn/6$；

②低合金钢（包括低温镍钢）：$CE \leqslant 0.45$，$CE = C + Mn/6 + (Cr + Mo + V)/5 + (Ni + Cu)/15$。

（5）对非焊接件或焊后经正火或回火处理的材料，硬度限度如下：

①低碳钢：HV（10）≤220（单个值）；

②低合金钢：HV（10）≤245（单个值）。

（6）当壳体对钢板厚度大于 20mm 时，应该按《承压设备无损检测》进行超声检测，符合 II 级要求为合格。

（7）不应采用铜及各种铜合金。

（8）壳体用钢板的腐蚀裕量不应小于3mm。

3. 液氨应力腐蚀环境

当容器接触的液氨介质同时符合下列各项条件时，即为液氨应力腐蚀环境：

（1）介质为液态氨，含水量不高（≤0.2%），且有可能受空气（O_2 或 CO_2）污染的场合；

（2）使用温度高于－5℃。

4. 氢腐蚀环境

氢在常温常压下不会对铁碳合金引起氢蚀，当温度在200～300℃时发生“氢脆”，金属在高温下与氢反应生成甲烷，甲烷在晶界空隙内引起裂纹，使材料的塑性降低，引起这种腐蚀的有合成氨、合成甲醇、石油加氢等工业生产过程。

设计温度大于或等于200℃与氢气氛相接触的压力容器用钢应按 Nelson 曲线选材，并应留有20℃以上的温度安全裕量。满足于曲线的碳素钢和珠光体耐热钢在氢气氛中使用须经过焊后消除应力热处理。

奥氏体不锈钢在氢分压范围的氢气中使用都是令人满意的，焊后也没有必要进行消除应力热处理。

第六节　压力容器制造工艺对钢材性能的影响

在压力容器制造中，往往先将钢板进行冷或热压力加工，使它变成所要求的零件形状，再通过焊接等方法将各零部件连接在一起，必要时还应进行热处理。因此，有必要研究冷或热压力加工造成的塑性变形、焊接工艺和热处理对钢材性能的影响。

一、塑性变形

在载荷作用下，材料将发生变形。当载荷卸除后随之消失的变形为弹性变形。当材料中的应力超过弹性极限时，但是在外加应力超过屈服极限时，若卸除载荷，变形就不会完全消失，仍有一部分不消失的变形，这部分变形称为塑性变形或永久变形。

1. 应变硬化

在常温下钢经过塑性变形后，内部组织将发生变化，晶粒沿变形最大的方向被伸长，晶格被扭曲，从而提高材料的抗变形能力。例如，在常温下把钢预拉到塑性变形，然后卸载，当再次加载时，材料的比例极限将提高而塑性降低。这种现象称为应变硬化或加工硬化。

2. 热加工和冷加工

从金属学的观点来区分，冷、热加工的分界线是金属的再结晶温度。金属的再结晶温度一般为（0.35～0.4）T_m（T_m 为金属熔点）。凡是在再结晶温度以上进行的塑性变形，都称为热加工或热变形；反之，在再结晶温度以下进行的塑性变形，称之为冷加工或冷变形。

金属的冷成型，实质上是液态金属在外载荷的作用下产生塑性变形，从而达到改变金属材料形状与尺寸的目的。这种塑性变形主要是金属内部晶粒间受剪应力作用，产生滑移的结果。金属材料在冷成型中金属材料内部晶粒产生滑移后，在滑移面上的晶格产生扭曲和畸变，使晶粒被拉长、破碎及纤维化，因而金属材料的强度及硬度升高而塑性与韧性下降，产生了加工硬化。

加工硬化是一种不稳定现象，具有自发回复到稳定状态的倾向。在热变形时，加工硬化和再结晶现象同时出现，但加工硬化被再结晶消除，变形后具有再结晶组织，因而无加工硬化现象。在冷变形中，无再结晶出现，因而有加工硬化现象。

由于在冷变形时有加工硬化现象，金属材料塑性降低，每次的冷变形程度不宜过大，否则，变形金属将产生断裂破坏。

钢板冷成型受压元件在超过一定限度，或用于盛装毒性为极高或高度危害介质的容器时，要进行恢复性能热处理。

3. 各向异性

金属内部存在着不溶于基体金属的非金属夹杂物，在热变形时，这些夹杂物随金属晶粒的变形而被拉长或压缩，呈纤维状。当金属再结晶时，被压碎的晶粒恢复为等轴细晶粒，而纤维状夹杂物无再结晶能力，仍保持原状，这种组织称为纤维组织。对于存在第二相的合金，塑性变形使这些第二相破碎或被拉长，并顺着变形方向排列成带状，称为带状组织。

纤维组织和带状组织使金属材料的力学性能产生方向性，平行纤维组织方向的强度、塑性和韧性提高，而垂直纤维组织方向的塑性和韧性降低。变形程度越大，纤维组织越明显，性能差异也越显著。

纤维组织的稳定性高，不能用热处理方法加以消除。在压力容器设计时，应尽可能使零件在工作时产生的最大正应力与纤维方向重合，最大切应力方向与纤维方向垂直。

4. 应变时效

当退火状态的低碳钢试样拉伸到超过屈服点发生少量塑性变形后即卸载，然后立即重新加载拉伸，则可见其拉伸曲线不再出现屈服点，此时试样不会发生屈服现象。如果将预变性试样在常温下放置几天或经 200℃ 左右短时加热后再行拉伸，则屈服现象又会出现，且屈服应力进一步提高，此现象通常称为应变时效。

应变时效主要发生在低碳钢中。低碳钢在压力容器制造中的应用十分广泛，这些钢材的冷加工（如筒节的冷卷、封头的冷旋压等）一般会引起一定的塑性变形，通常塑性变形在大于 3% 时就会产生明显的应变时效。

一般认为，在合金钢中氧、氮、锰、铜元素会显著提高应变时效倾向，镍可降低该倾向。

二、焊接

焊接是两件或两件以上零件，在加热或（和）加压的状态下，通过原子或分子之间的结合和扩散，形成永久性连接的工艺过程，其具有生产效率高、节省材料、结构紧凑等优点。焊接是压力制造的重要工序，焊接质量在很大程度上决定了压力容器的制造质量。在压力容器制造中应用最广的是熔焊。

熔焊是采用局部加热的方法，将焊接接头部位加热至熔化状态，熔化的母材金属和填充金属共同构成熔池，熔池经冷却结晶后，形成牢固的原子间结合，使待连接件成为一体。

1. 焊接接头的组织和性能

焊接接头是指用焊接方法连接的接头。熔焊时，由于各个部位加热和冷却速度不同，焊接接头一般由焊缝、熔合区和热影响区组成，各区有不同的组织和性能。

（1）焊缝。焊缝由熔池的液态金属凝固结晶而成，通常由填充金属和部分母材金属组成。因结晶是从熔池边缘的半熔化区开始的，低熔点的硫磷杂质和氧化铁等易偏析集中在焊缝中心区，影响焊缝的力学性能。

（2）熔合区。在焊接接头中，焊缝向热影响区过渡的区域。熔合区的加热温度在合金的固相和液相线之间，其化学成分和组织性能有很大的不均匀性，因而塑性、韧性差，硬度高，脆性大，易产生焊接裂纹，是焊接接头中最薄弱的环节之一。

（3）热影响区。热影响区是焊缝两侧母材因焊接热作用（但未熔化）而发生金相组织和力学性能变化的区域。在热影响区内，各处离焊缝金属距离不同，材料被加热和冷却速度也不同，从而形成了多种金相组织区，使其力学性能也不同。现以低碳钢为例加以说明。

①过热区。过热区是热影响区内具有过热组织或晶粒显著粗大的区域。它的温度在A_{c3}以上100～200℃至固相线之间。由于温度远远超过A_{c3}，奥氏体晶粒发生严重长大，冷却后粗晶粒组织非常明显，金属的塑性及冲击韧性较低。对于焊接刚度大的结构或含碳量高的易淬火钢，常在此区内产生裂纹。

②正火区。正火区是热影响区内相当于受正火热处理的区域。加热温度约在A_{c3}至A_{c3}以上100～200℃之间。在此区内金属发生了再结晶，区内是均匀、细小的铁素体和珠光体组织，其力学性能得到明显改善，是焊接接头中组织和性能最好的区域。

③部分正火区。此区域的加热温度处于A_{c1}～A_{c3}之间，产生不完全再结晶。发生再结晶的材料，冷却后得到细晶的铁素体和珠光体；而未发生再结晶的材料，则得到粗大的铁素体和细晶粒珠光体的混合组织。由于晶粒大小不均匀，所以力学性能也很不均匀。

2. 焊接应力与变形

焊接过程的局部加热导致焊接件产生较大的温度梯度，除引起焊接接头组织和性能不均匀外，还会产生焊接应力和变形。焊接应力和变形分别是指焊接过程中焊件内产生的应力和变形。焊后残留在焊件内的焊接应力称为焊接残余应力。

焊接残余应力是没有外载荷作用时就存在的应力，它与外载荷产生的应力相叠加，会造成局部区域应力过高，使结构承载能力下降，而引起裂纹，甚至导致结构失效。焊接变形使焊件形状和尺寸发生变化，需要进行矫正。变形过大会因无法矫正而报废。

平板对接焊缝焊接残余应力分布如图 5-7-2 所示。焊接时，焊缝和近焊缝区的金属处于高温状态；焊接后，金属冷却沿焊缝纵向收缩时，受到焊件低温部分的阻碍，因此，焊缝和近焊缝区纵向受拉应力，远离焊缝区受压应力，整个工件纵向和横向尺寸有一定的缩短。由于焊缝和近焊缝区的热变形受到约束，会产生焊接残余变形。如果在焊接过程中，焊件能较自由地伸缩，则焊后的变形较大而焊接应力小；反之，变形小，焊接应力大。

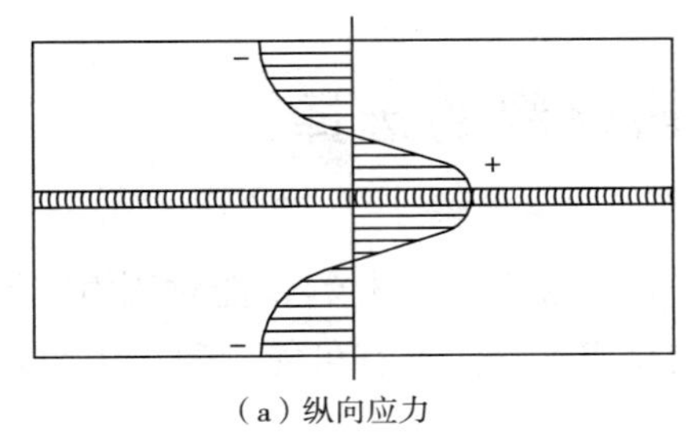

（a）纵向应力

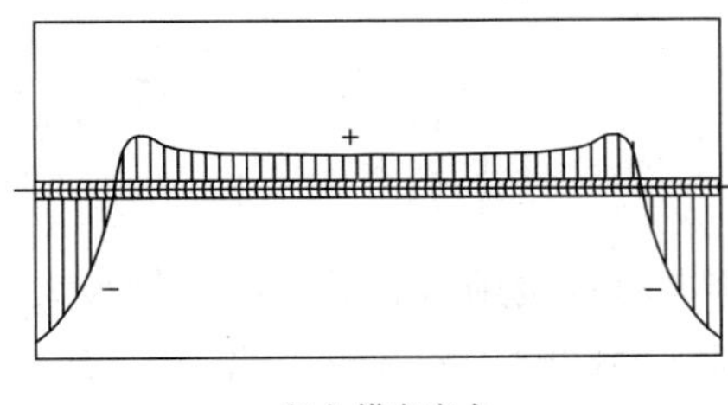

（b）横向应力

图 5-7-2　对接焊缝焊接残余应力分布

此外，在焊接前，如果压力容器成型不符合要求或强行组装，例如筒体的不圆度，也会产生焊接装配应力，而使局部区域应力升高。

3. 减少焊接应力和变形的措施

为减少焊接应力和变形，应从设计和焊接工艺两个方面采取措施，如尽量减少焊接接头数量，相邻焊缝间应保持足够的间距，尽可能避免交叉，焊缝不要布置在高应力区，避免出现十字焊缝，以及焊前预热等。当焊接造成的残余应力会影响结构安全运行时，还需设法消除焊接残余应力。

4. 焊接接头常见缺陷

焊接会使压力容器产生各种缺陷，较为常见的有裂纹、夹渣、未熔透、未熔合、焊瘤、气孔和咬边。

（1）裂纹。在焊接应力及其他致脆因素共同作用下，在焊接接头中，局部区域的金属原子结合力遭到破坏而形成的缝隙，它具有尖锐的裂端和大的长宽比。裂纹多数发生在焊缝中，也有的产生在焊缝热影响区。裂纹是焊接接头中最危险的缺陷，压力容器的破坏事故多数是由裂纹引起的。

（2）夹渣。残留在焊缝金属中的熔渣称为夹渣。因夹渣的几何形状不规则，存在棱角或尖角，易造成应力集中，它往往是裂纹的起源，过长和密集的夹渣是不允许存在的。

（3）未熔透。焊接接头根部未完全熔透而留下空隙的现象称为未熔透。它减少了焊缝的有效承载面积，在根部处产生应力集中，容易引起裂纹，导致结构破坏。

（4）未熔合。对于厚截面结构，在熔焊时需要多道焊接。在焊道与母材之间，或焊道与焊道之间，未能完全熔化结合的部分称为未熔合。它类似于裂纹，易产生应力集中，也是危险缺陷。

（5）焊瘤。在焊接过程中，熔化金属流到焊缝以外未熔化的母材上所形成的金属堆积。焊瘤的危害在于它易造成应力集中，并在下面伴随着未熔合、未熔透等缺陷。

（6）气孔。气孔是在焊接过程中，熔池金属中的气体在金属凝固时未来得及逸出，而在焊缝金属中残留下来所形成的孔穴。它在一定程度上减少了焊缝的承载面积，但由于没有尖锐的边缘，危害性相对较小。

（7）咬边。沿着焊趾的母材部位产生的凹陷或沟槽，称为咬边。它不仅会减小母材的承载面积，还会产生应力集中，危害较为严重，当较深时应予以消除。

第七节　压力容器材料的选择

压力容器材料费用占总成本的比例很大，一般超过30%。材料性能对压力容器运行的安全性有显著的影响。若选材不当，不仅会增加总成本，而且有可能导致压力容器破坏事故。因此，合理选材是压力容器设计的关键之一。

压力容器用材料多种多样，有钢、有色金属、非金属、复合材料等，如前所述，使用最多的还是钢。本节重点讨论钢材的基本要求和选用。

一、压力容器用钢的基本要求

压力容器用钢的基本要求是有较高的强度，良好的塑性、韧性、制造性能和与介质相容性。改善钢材性能的途径主要有化学成分的设计、组织结构的改变和零件表面改性。现对压力容器用钢的基本要求做进一步分析。

1. 化学成分

钢材化学成分对其性能和热处理有较大的影响。提高碳含量可能使强度增加，但可焊性变差，焊接时易在热影响区出现裂纹。因此，压力容器用钢的含碳量一般不应大于0.25%。在钢中加入钒、钛、铌等元素，可提高钢的强度和韧性。

硫和磷是钢中最主要的有害元素。硫能促进非金属杂质的形成，使塑性和韧性降低。磷能提高钢的强度，但会增加钢的脆性，特别是低温脆性。将硫和磷等有害元素含量控制在很低的水平，即大大提高钢材的纯净度，可提高钢材的韧性、抗中子辐照脆化能力，改善抗应变时效性能、抗回火脆化性能和耐腐蚀性能。因此，与一般结构钢相比，压力容器用钢对硫、磷、氢等有害杂质元素含量的控制更加严格。例如，我国压力容器用钢的硫和磷含量分别应低于0.020%和0.030%。随着冶炼水平的提高，目前已可将含硫量控制在0.002%以内。

另外，化学成分对热处理也有决定性的影响，如果成分控制不严，就达不到预期的热处理效果。

2. 力学性能

由于载荷（如载荷类型、作用方式等）和应力状况的不同，以及钢材在受力状态下所处的工作环境不同，钢材受力后所表现出的不同行为，称为材料的力学性能。例如，低碳钢拉伸试件缩颈中心部位处于三向应力状态时，出现的是大体上与载荷方向垂直的纤维状断口，而边缘区域接近平面应力状态时，产生的是载荷成45°的剪切唇。因此，钢材的力学行为，不仅与钢材的化学成分、组织结构有关，而且与此材料所处的应力状态和环境有密切的关系。

钢材的力学性能是表征强度、韧性和塑性变形能力的主要依据，是机械设计时选材和强度设计的主要依据。在压力容器设计中，常用的强度判断包括抗拉强度、屈服强度、持久极限、蠕变极限、疲劳极限；塑性判断包括延伸率、断面收缩率；韧性判断包括冲击吸收功、韧脆转变温度、断裂韧性等。

韧性对压力容器安全运行具有重要意义。在载荷作用下，压力容器中的缺陷常会发生扩展，当裂纹扩展到某一临界尺寸时将会引起断裂事故，此临界断裂尺寸的大小主要取决于钢的韧性。如果钢的韧性高，压力容器所允许的临界裂纹尺寸就越大，安全性也越高。因此，为防止发生脆性断裂和裂纹快速扩展，压力容器常选用韧性好的钢材。

夏比V型缺口冲击吸收功A_{kv}对温度变化很敏感，能较好地反映材料的韧性，与断裂韧性也有较好的数值联系，世界各国压力容器规范标准都对A_{kv}提出了要求。如Q345R钢板，要求0°C时的横向（指冲击试件的取样方向）A_{kv}不小于41J。当使用温度低于－20°C时，需要考虑低温冲击韧性，并根据应力水平、设计温度和厚度，确定夏比V型缺口冲击实验温度和A_{kv}的指标。

在一般设计中，力学性能判据数值可从相关的规范标准中查到。但这些数据仅为规定的必须保证值，对实际使用的材料是否满足要求，除要查看质量证明书外，有时还要对材料进行复验；必要时，还应模拟使用环境进行测试。现行的最基本的实验方法是拉伸实验和冲击实验，其目的是测量钢材的抗拉强度、屈服点、延伸率、断面收缩率和冲击吸收功A_{kv}。

为测定钢材的化学成分和金相组织，对比分析化学成分、金相组织和力学性能的关系，有时还要进行化学分析和金相检验。

3. 制造工艺性能

对材料制造工艺性能的要求与容器结构形式和使用条件紧密相关。在制造过程中进行冷卷、冷冲压加工的零部件，要求钢材有良好的冷加工成型性能和塑性，其延伸率应在15%～20%以上。为检验钢板承受弯曲变形的能力，一般应根据钢板的厚度，选用合适的弯心直径，在常温下做弯曲角度为180°的弯曲实验。试样外表面无裂纹的钢材方可用于压力容器制造。

压力容器各零件间主要采用焊接连接，良好的可焊性是压力容器用钢的一项极为重要的指标。可焊性是指在一定焊接工艺条件下，获得优质焊接接头的难易程度。钢材的可焊性主要取决于它的化学成分，其中影响最大的是含碳量。含碳量愈低，愈不易产生裂纹，可焊性愈好。各种合金元素对可焊性亦有不同程度的影响，这种影响通常是用碳当量 C_{eq} 来表示。

碳当量的估算公式较多，国际焊接学会所推荐的公式为：

$$C_{eq} = C + \frac{Mn}{6} + \frac{Ni + Cu}{15} + \frac{Cr + Mo + V}{5} \qquad (5-7-1)$$

式中的元素符号表示该元素在钢中的百分含量。一般认为，当 $C_{eq} < 0.4\%$ 时，可焊性优良；当 $C_{eq} > 0.6\%$ 时，可焊性差。在我国“锅炉压力制造许可证”中，碳当量的计算公式为：

$$C_{eq} = C + \frac{Mn}{6} + \frac{Si}{24} + \frac{Ni}{40} + \frac{Cr}{5} + \frac{Mo}{4} + \frac{V}{14} \qquad (5-7-2)$$

按式（5-7-2）计算的碳当量不得大于0.45%。

二、压力容器钢材的选择

选择压力容器用材，须根据容器的使用条件（如温度、压力、介质特性和操作特点等）、材料的性能（力学性能、工艺性能、化学性能和物理性能）、容器的制造工艺、材料的焊接性能及经济合理性，选择合适的材料。注意在同一工程中应尽量用材统一，具体在选材过程中应考虑如下因素：

1. 压力容器的使用条件

使用条件包括设计温度、设计压力、介质特性和操作特点，材料选择主要由使用条件决定。对于高温、高压、临氢压力容器，所用材料必须满足高温下的热强性（蠕变极限、持久极限）、抗高温氧化性、抗氢腐蚀及氢脆性，应选用抗氢钢，如：15CrMoR、2.25Cr-1Mo 等。当用碳素钢或珠光体耐热钢作为抗氢钢时，应按 Nelson 设计曲线选用。

流体高速流动会产生冲蚀或气蚀。流体速度也会影响材料的选择。当流体中含有固体颗粒时，冲蚀速度有可能显著增加。

对于压力很高的容器，常选用高或超高强度钢。由于钢的韧性往往随着强度的提高而降低，此时应特别注意强度和韧性的匹配，在满足强度要求的前提下，尽量采用塑性和韧性好的材料。这是因为塑性、韧性好的高强度钢，能降低脆性破坏的概率。在承受交变载荷时，可将失效形式改变为未爆先漏，提高运行安全性。

2. 相容性

相容性一般是指材料必须与其相接触的介质或其他材料相容。对于腐蚀性介质，应选用耐腐蚀材料。当压力容器零部件由多种材料制造时，各种材料必须相容，特别是需要焊接连接的材料。当不相似的金属在电介质溶液中时，金属接触会加快腐蚀速率。例如，钢在海水中与铜合金接触时，腐蚀速率明显加快。

3. 零件的功能和制造工艺

明确零件的功能和制造工艺，据此提出相应的材料性能要求，如强度、耐腐蚀性等。例如，筒体和封头的功能主要是形成所需要的承压空间，属于受压元件，且与介质直接接触，对于介质腐蚀性很强的中、低压压力容器，它们应选用耐腐蚀的压力容器专用钢板；而支座的主要功能是支撑容器并将其固定在基础上，属于非受压元件，且不与介质接触，除垫板外，可选用一般结构钢，如普通碳素钢。

选材时还应考虑制造工艺的影响。例如，主要用于强腐蚀场合的搪玻璃压力容器，其耐腐蚀性能主要靠搪玻璃层来保证，由于含碳量超过 0.19% 时，玻璃层不易搪牢，且沸腾钢的搪玻璃效果比镇静钢好，可选用沸腾钢。

4. 材料的使用经验

对于成功地使用材料的实例，应搞清楚所用材料的化学成分（特别是硫和磷等有害元素）的控制要求、载荷作用下的应力水平和状态、操作规程和最长使用时间。因为这些因素会影响材料的性能。即使使用相同钢号的材料，由于上述因素的改变，也会使材料具有不同的力学行为。对不成功的材料使用实例，应查阅有关的失效分析报告，根据失效原因，采取有针对性的措施。

5. 综合经济性

影响材料价格的因素主要有冶炼要求（如化学成分、检验项目和要求等）、尺寸要求（厚度及其偏差、长度等）和市场供应量等。

一般情况下，相同规格的碳素钢的价格低于低合金钢，不锈钢的价格高于低合金钢。当所需不锈钢的厚度较大时，应尽量采用复合板、衬里、堆焊或多层结构。与介质接触的复层、衬里、堆焊层或内层，用耐腐蚀材料，而外层用一般压力容器用钢。

在有的场合中，虽然有色金属的价格高，但由于耐腐蚀性强，使用寿命长，采用有色金属更加经济。

6. 规范标准

与一般结构钢相比，压力容器用钢有不少的特殊要求，应符合相应国家标准和行业标准的规定。钢材使用温度下限和上限、使用条件应满足标准要求。许用应力也应按标准选取或计算。当采用国外材料时，应选用国外压力容器规范允许使用，且国外已有成功使用实例的材料，其使用范围应符合材料生产国的相应规范和标准的规定。

第八节　压力容器热处理

金属材料的性能不仅与其化学成分、金相组织有关，而且与热处理状态紧密相关，热处理是改善金属材料或其制品性能的重要工序，根据不同的目的将材料或其制件加热到规定的温度、保温，随后以不同的方法冷却，改善其金相组织（有时仅要求改变其表面组织或改变其表面部分的成分），以获得所要求的性能。

GB 150《压力容器》明确规定了各种压力容器钢板在其使用中的热处理状态，如热轧状态、正火状态、退火状态、正火加回火状态、调质状态、固溶状态和稳定化状态。

热处理的种类有很多，各类方法也不相同。在压力容器行业中，习惯上依据目的的不同，将常用的热处理方法分为四大类，即焊后热处理、恢复力学性能热处理、消氢处理以及改善力学性能热处理。

一、焊后消除应力热处理

焊后热处理是指为改善焊接接头的组织和性能，消除焊接残余应力等影响，将焊接接头及其邻近局部在金属相变点以下，均匀加热到足够的温度，保持一定的时间，然后缓慢冷却的过程。该过程实际上是加热金属低于A_{c1}线以下的退火。

焊后热处理可以松弛焊接残余应力，软化淬硬区，改善组织形态，减少含氢量，尤其是提高某些钢种的冲击韧性，改善力学性能。但是，如果焊后热处理的温度过高或保温时间过长，反而会使焊缝金属中碳化物聚集、粗化，或脱碳层厚度增加，从而造成力学性能、蠕变强度及缺口韧性下降。

焊后热处理的方法包括：

（1）炉内整体热处理。其是将工件整体放入炉内加热的方法。由于工件在炉内受热均匀，温度及升降温速易于控制，效果好，在可能的条件下宜优先选用。根据工件大小、形状不同，热处理炉分为箱式、井式两种，并配有完善的温控系统。

（2）分段炉内热处理。工件过长，受加热炉尺寸的限制，只能采取分段的办法进行热处理。分段炉内热处理有两大技术关键，一是确定工件重复加热的长度，二是工件裸露在炉外部分的保温措施。

（3）局部热处理。常用的局部热处理装置为红外线高温陶瓷电加热器，它由耐热陶瓷片用加热电阻丝串联而成，具有易弯曲、折叠，对工件外形适用性广等优点，它既可用于焊后热处理，也可用于焊前预热及消氢。局部热处理的技术关键在于加热装置要有足够的功率和准确的温控系统；足够的加热宽度以及适宜的保温措施。

（4）现场热处理。整体炉外焊后热处理是将压力容器的壳体作为高温加热炉的炉体，在容器壳体内部加热，壳体外部用绝热材料保温。加热的方式有燃油、燃气、电加热及高温烟气加热等，其中燃油法应用得最为普遍。压力容器由于制造或运输的原因需在施工现场组焊，如高塔、球罐等，这些设备如果需要热处理，一般都采用现场热处理。目前，这种方法在我国以日渐成熟，但受天气的影响，雨雪大风都会给现场热处理效果造成不良的影响。

GB 150《压力容器》对需要进行焊后热处理的容器进行了详细的规定。

二、恢复材料力学性能热处理

压力容器零部件的成型，如筒体的卷制、封头的冲压与旋压，就是金属材料在冷态或热态下借助外力产生塑性变形的过程。一般认为，在A_{c3}温度以上的加工为热加工，在压力容器行业中称为热成型。中温成型是将钢材加热至500~600°C成型。

在热成型时，成型的温度越高，金属的塑性越好，对变形的抗力较小，越易成型，但热成型不但消耗能源，且会引起局部厚度减薄，成型后材料的表面质量也受到影响。对调质板而言，热成型还会破坏钢板原有的调质状态。

冷成型不仅消耗能源少，不易产生局部厚度减薄，还对材料的外观质量不会产生不良的影响，但金属材料在冷态塑性变形时会产生加工硬化现象，加工硬化可通过热处理消除，以恢复材料的力学性能。

这一热处理的主要目的在于恢复因加工硬化而降低的塑性、韧性，保证压力容器的质量与安全。

三、消氢处理

工程实践和科学实验证明，氢进入金属后将对金属的力学性能造成严重的损伤，溶解于金属晶格中的氢使金属材料的塑性、韧性明显下降，甚至产生裂纹，导致脆性破坏。

在脆性破坏前，容器的外观无任何可见的变形，其破坏不仅具有突然性且容易产生金属碎片，而且可能在应力水平较低的情况下发生，亦称低应力脆断，因而其事故后果的危害性较大。

金属中的氢可以是在设备制造工艺过程中吸收的，如焊接时氢溶解在液态金属中，冷却后氢却保留在焊缝中；金属中的氢亦可能是材料在长期的高温临氢环境下使用，逐渐被金属吸收的。

这一热处理的主要目的在于消除容器金属焊接过程中产生的氢。焊缝与金属材料中吸收的氢，可以通过后热处理扩散出来。实践证明，只要焊后能及时进行焊后热处理，即可消除过大的焊接应力，亦可使焊接接头中的扩散氢逸出。

四、改善材料力学性能热处理

通过热处理可以改变金属材料的力学性能，以满足设计的不同需求，如对钢板进行退火、正火、正火加回火、淬火加回火（调质）处理等。

通过热处理改善钢材力学性能，可在钢厂进行，亦可在容器制造企业进行。多数情况下在钢厂进行。

由于钢厂的热处理水平与生产经验优于容器制造厂，更易保证钢材热处理的质量。由钢厂直接购进热处理后的钢材，即给容器制造企业提供了方便的条件，同时在工艺和质量管理方面亦提出了新的要求，那就是当材料供货的热处理状态与使用的热处理状态相一致时，在整个设备制造过程中不得破坏供货时的热处理状态。例如，对处于调质状态供货的钢材，如采用热成型，其加热温度将超过原回火温度，从而破坏了钢材供货时的热处理状态，该钢材虽然化学成分没有变化，但其金相组织与性能完全变了，在使用时将会发生危险。当设计者采用调质钢等对温度十分敏感的材料时，选择制造企业一定要慎重，尤其应认真考虑其钢板卷制、封头成型的能力。

容器制造企业也可以通过热处理改善材料力学性能，此时每台容器均应按标准要求制备母材热处理试板，通过拉伸、冷弯与冲击试样的检验，来考核改善材料力学性能热处理的结果是否符合设计要求。

压力容器的热处理尚有高合金钢的固溶处理、稳定化处理等。

第九节 无损检测

一、无损检测的基本概念

无损检测是在不损伤被检物（材料、工件或容器）的完整结构和使用性能的情况下，利用电磁波、声、光、热、电、磁等与物质的相互作用，探测被检物内部或表面的宏观缺陷，并对其种类、形状、尺寸、取向和位置作出判断的工艺方法。

在原材料中和压力容器制造过程中，产生缺陷是不可避免的，针对具体使用情况，其中某些缺陷可能是不允许的，而对一定程度的另一些缺陷是允许的。因此，设计者应提出合理的检测合格级别，保证压力容器产品既有满足安全使用要求的可靠性，又有经济合理的制造成本。

无损检测的方法主要有目视、射线、超声、磁粉、渗透、涡流等检测方法。每种方法都有各自的优缺点和局限性。各种方法的缺陷的检出概率不可能是100%，不同方法对同一缺陷的检测结果也不会完全一致。射线和超声检测主要用于检测内部缺陷，磁粉和涡流检测常用于检测表面和近表面缺陷，渗透检测方法仅用于检测表面缺口缺陷。

目视检测是以目视检查和测量识别来确定材料或工件的表面状态或清洁程度、形状或装配关系，观察压力容器和部件的泄漏迹象等。目视检查的具体方法和要求，目前还没有统一的标准。通常根据图样和技术文件的要求，由制造安装单位自行编制操作规程。

射线检测是利用射线在穿透一定厚度物体时有衰减的特性，用强度均匀的X射线、γ射线和中子射线等照射焊接接头，使透过的射线在工业胶片上感光，感光后的胶片经过显影、定影、水洗、干燥等过程后，得到与被检物体内部结构和缺陷相对应的黑白不同的图像，即射线底片，在被检物完好部位的黑度小，在缺陷部位的黑度较大，从而检查内部缺陷的种类、大小和分布状况。射线检测对体积性缺陷如未焊透、气孔、夹渣、疏松、缩孔等检测灵敏度比较高。

超声检测是根据反射波探测内部缺陷的位置和相对尺寸。当超声波在被检工件中传播时，若遇到夹渣、气孔、裂纹等缺陷，则有一部分超声波在缺陷处被反射。超声检测按作用原理可以分为三类：脉冲反射法、穿透法和共振法。超声检测对面缺陷如分层、裂纹的检测率比较高，而对体缺陷的检测率比较低。

磁粉检测是利用在强磁场中，铁磁性材料表面缺陷产生的漏磁场吸引磁粉的现象而进行的无损检测方法。通过磁场使焊接接头磁化，在工件表面均匀涂上磁粉，有缺陷的位置会出现磁粉聚集现象，从而找到缺陷的位置。

渗透检测是利用黄绿色的荧光渗透液或红色的着色渗透液，对狭窄缝隙的渗透，经过渗透、清洗、显示处理后，用自视法观察，对表面缺陷的性质和尺寸作出适当的判断。一般探测出的缺陷深度约0.02mm，宽度约0.001mm。

涡流检测的原理是电磁感应。当工件接近一个带有交变磁场的测量线圈时，这个磁场在工件中产生涡流状的感应电流，工件中缺陷的存在会影响涡流磁场的变化，因而通过涡流磁场的变化量的测试可检测工件中存在的缺陷。

无损检测的主要使用标准为 GB/T 47013《承压设备无损检测》。

二、原材料的无损检测

原材料的无损检测目的是发现超标缺陷，保证原材料的质量，其中包括钢板、钢锻件等原材料。

壳体钢板应按表 5-7-11 的规定逐张进行超声检测。

表 5-7-11　壳体用钢板超声检测要求

钢号	钢板厚度/mm	容器使用条件	质量等级
Q245R Q345R	>30~36	—	不低于 III 级
	>36	—	不低于 II 级
Q370R Mn-Mo 系 Cr-Mo 系 Cr-Mo-V 系	>25	—	不低于 II 级
16MnDR Ni 系低温钢 （调质状态除外）	>20	—	不低于 II 级
调质状态 使用的钢号	>16	—	I 级
多层容器 内筒钢板	≥12	—	I 级
—	≥12	介质毒性程度为极度或高度危害；在湿 H_2S 环境中使用；设计压力大于或等于 10MPa	不低于 II 级

三、焊接接头的无损检测

压力容器焊接接头内部缺陷主要有气孔、夹渣、未焊透、未熔合、裂纹。无损检测的方法及质量等级，由无损检测的方法标准确定。压力容器何时需进行无损检测以及无损检测方法、长度、质量合格级别的选择，则由设计技术条件或有关产品制造标准确定。

在制造过程中，常用的无损检测方法有射线、超声、磁粉、渗透。前两种方法主要用于埋藏缺陷的检测，后两种方法则适用于表面缺陷的检测。

GB 150《压力容器》将容器受压元件之间的焊接接头分为 A、B、C、D 四大类。根据对于 A、B 类焊接接头一般进行射线或超声检测，其检测范围分为 100% 及局部两大类。

GB 150《压力容器》规定，凡是符合下列条件的容器及受压元件，对 A、B 类焊接接头进行全部射线或超声检测：

（1）设计压力大于或等于 1.6MPa 的第 III 类容器；

（2）采用气压或气液组合耐压实验的容器；

（3）焊接接头系数取 1.0 的容器；

（4）使用后需要但是无法进行内部检验的容器；

（5）盛装毒性为极度或高度危害介质的容器；

（6）设计温度低于 -40℃ 的或者焊接接头厚度大于 25mm 低温容器；

（7）奥氏体不锈钢、碳素钢、Q345R、Q370R 及其配套锻件的焊接接头厚度大于 30mm 的容器；

（8）18MnMoNbR、13MnNiMoR、12MnNiVR 及其配套锻件的焊接接头厚度大于 20mm 的容器；

（9）15CrMoR、14Cr1MoR、08Ni3DR、奥氏体 - 铁素体型不锈钢及其配套锻件的焊接接头厚度大于 12mm 的容器；

（10）铁素体型不锈钢、其他 Cr - Mo 低合金钢制容器；

（11）标准抗拉强度下限值 $R_m \geq 540$MPa 的低合金钢制容器；

（12）图样规定须 100% 检测的容器。

检测比例和范围与容器类别、材质、安全性、结构等有关。无损检测是压力容器产品质量与运行安全的重要保证，正确选择无损检测方法与百分率是设计者的责任，除此之外设计者还应明确标准对无损检测的各项规定仅是对各类产品通用的最低要求，它不一定能满足所有产品，尤其是安全性要求较高的特殊产品的质量要求。因此，设计者的重要职责为根据设计容器的运行参数、材质、结构等进行正确的判断。

参考文献

[1] 宋世昌，李光，杜丽民. 天然气地面工程设计[M]. 北京：中国石化出版社，2013.11.
[2] 中国石油天然气总公司. 石油地面工程设计手册[M]. 东营：石油大学出版社，1995.10.
[3] 黄春芳. 原油管道输送技术[M]. 北京：中国石化出版社，2003.10.
[4] 李国清. 原油性质及产品质量[M]. 北京：中国石化出版社，2017.03.
[5] 田松柏. 原油评价标准试验方法[M]. 北京：中国石化出版社，2010.03.
[6] 贾鹏林，娄世松，楚喜丽. 原油电脱盐脱水技术[M]. 北京：中国石化出版社，2010.05.
[7] 戴静君，董正远，田野. 油气集输[M]. 北京：石油工业出版社，2012.08.
[8] 《油田油气集输设计技术手册》编写组. 油田油气集输设计技术手册[M]. 北京：石油工业出版社，1994.12.
[9] 蒋洪，刘武. 原油集输工程[M]. 北京：石油工业出版社，2006.01.
[10] 兰州石油机械研究所. 换热器（第2版）[M]. 北京：中国石化出版社，2013.01.
[11] 田松柏. 原油及加工科技进展[M]. 北京：中国石化出版社，2006.11.
[12] 汤林，王忠祥，张维智，等. 油田采出水处理及地面注水技术[M]. 北京：石油工业出版社，2017.08.
[13] 冯永训. 油田采出水处理设计手册[M]. 北京：中国石化出版社，2005.09.
[14] 孙兰义，马占华，王志刚，等. 换热器工艺设计[M]. 北京：中国石化出版社，2015.03.
[15] 钱锡俊，陈弘. 泵和压缩机（第2版）[M]. 东营：中国石油大学出版社，2007.
[16] 张德姜，王怀义，刘绍叶. 泵石油化工装置工艺管道安装设计手册[M]. 北京：中国石化出版社，2009.
[17] 林存瑛. 天然气矿场集输[M]. 北京：石油工业出版社，1997.
[18] [丹] A.C. 霍夫曼，[美] L.E. 斯坦因. 旋风分离器：原理、设计和工程应用[M]. 彭维明，姬忠译. 北京：化学工业出版社，2002.
[19] 钱颂文. 换热器设计手册[M]. 北京：化学工业出版社，2002.
[20] 庄骏，张红. 热管技术及其工程应用[M]. 北京：化学工业出版社，2000.
[21] 李亭寒，华诚生. 热管设计与应用[M]. 北京：化学工业出版社，1987.
[22] 毛希澜. 换热器设计[M]. 上海：上海科学技术出版社，1988.
[23] 胡居传，岳永亮，王铁恒，等. 热管的应用及发展现状[J]. 制冷，2001，20（3）：20~26.
[24] 王云瑛，张湘亚. 泵和压缩机[M]. 北京：石油工业出版社，1987.
[25] 郁永章. 活塞式压缩机[M]. 北京：机械工业出版社，1982.
[26] 丁成伟. 离心泵和轴流泵[M]. 北京：机械工业出版社，1982.
[27] 《机械工程手册》《电机工程手册》编辑委员会. 机械工程手册：泵、真空泵[M]. 北京：机械工业出版社，1980.
[28] 机械工业部编. 阀门产品样本[M]. 北京：机械工业出版社，1983.
[29] 张明先，王家国. 安全阀的选用与使用[J]. 石油化工设备技术，1996，13（3）：60.

[30] 李秀科．浅谈蒸汽疏水阀的选用[J]．石油化工设备技术，1999，20（2）：21.
[31] 潘康．控制蝶阀调节特性的研究[D]．杭州：浙江大学，2008.
[32] 李俊英，李新华．机械行业标准《管路法兰及垫片》修订概论[J]．石油化工设备技术，1996，17（4）：46.
[33] 黄远，王松练，周芳德．油田地面工程建设新技术[M]．北京：石油工业出版社,2012. 03.
[34] 张文艺．石油石化工业污水处理与回用技术[M]．北京：中国石化出版，2013. 04.
[35] 张学洪，解庆林，王敦球．高盐度采油废水生物处理技术研究与应用[M]．北京：科学出版社，2009. 03.
[36] [西德] W. V. 贝克曼．阴极保护简明手册[M]．北京：石油工业出版社，1987. 04.
[37] 李化民．油田含油污水处理[M]．北京：石油工业出版社，1992. 03.
[38] [日] 小若正伦．金属的腐蚀破坏与防蚀技术[M]．袁宝林等译．北京：化学工业出版社，1988.
[39] 张尊举，伦海波，张仁志．水污染控制案例教程[M]．北京：化学工业出版社，2014. 01.
[40] 杨筱蘅．输油管道设计与管理[M]．东营：中国石油大学出社，2011. 10.
[41] 王光然．油气集输[M]．北京：石油工业出版社，2006. 07.
[42] 冯叔初，郭揆常．油气集输与矿产加工（第2版）[M]．东营：中国石油大学出版社，2006.
[43] 孔令富，刘兴斌，李英伟．生产测井油气水多相流测量方法与传感技术研究[M]．北京：科学出版社，2017. 03.
[44] 王明信．油田地面工程基础知识[M]．北京：石油工业出版社，2017. 03.
[45] 潘永密，李斯特．化工机器[M]．北京：石油工业出版社，1980.
[46] 杨源泉．阀门设计手册[M]．北京：机械工业出版社，1992.
[47] 王训钜．阀门的使用与维修技术[M]．武汉：湖北科学技术出版社，1985.
[48] 陆培文，孙晓霞，杨炯良．阀门选用手册[M]．北京：机械工业出版社，2001.
[49] 杨有涛．液体流量计[M]．北京：中国标准出版社，2017. 06.
[50] 潘光坦．原油贸易计量[M]．北京：石油工业出版社，2000. 08.
[51] 张鸿仁，张松．油气处理[M]．北京：石油工业出版社，1995.
[52] GPSA. Engineering Data Book. 12th Edution[M]. Tulsa：Oklahoma，2004.
[53] 卢世红．陆上原油集输[M]．东营：中国石油大学出版社，2000.
[54] 冯叔初．油气集输[M]．东营：石油大学出版社，1988.
[55] K. E. Brown. The Technology of Artificial Lift Methods[M]. Petroleum Publishing Co，Tulsa，OK. 1977.
[56] 汤林．油气田地面工程关键技术[M]．北京：石油工业出版社，2014. 05.
[57] [美] 肯·阿诺德，莫里斯·斯图尔特．油气田地面处理工艺[M]．北京：石油工业出版社，1992. 01.
[58] 林罡．油气田地面工程一体化集成装置[M]．北京：石油工业出版社，2014. 11.
[59] 张德义．含硫原油技术应用[M]．北京：中国石化出版社，2010. 04.
[60] 戴静君．油气集输知识问答原油脱水净化[M]．北京：化学工业出版社，2007. 01.
[61] 李家栋．原油性质及产品质量[M]．北京：中国石化出版社，2017. 03.
[62] 黄春芳．石油管道输送技术[M]．北京：中国石化出版社，2008. 10.
[63]《中原油田地面规划建设研究与实践》编委会．中原油田地面规划建设研究与实践[M]．北京：中国科学技术出版社，1998.
[64] 李永军，夏政．长庆低渗透油田油气集输[M]．北京：石油工业出版社，2011. 07.
[65] 代有凡．加热炉[M]．北京：中国石化出版社，2010. 07.

[67] 邓寿禄，王贵生．油田加热炉[M]. 北京：中国石化出版社，2011. 07.
[68] 科研工作者汇编．油水分离器工作原理[M]. 北京：化学工业出版社，2015. 07.
[69] 肖素琴，韩厚义．质量流量计[M]. 北京：中国石化出版社，1999. 03.
[70]《原油成套计量仪表》编著组．原油成套计量仪表[M]. 上海：上海科学技术出版社，1980. 03.
[71] 周陆，白玉，孙培林．油田地面工程施工[M]. 北京：石油工业出版社，2007. 08.
[72] 马波，姜德华，周太文．原油稳定装置操作基础[M]. 北京：石油工业出版社，2016. 07.
[73] 寇杰．油气集输技术数据手册[M]. 北京：中国石化出版社，2013. 07.